uni—texte

Lehrbücher

J. Barner, Der Wald Begründung, Aufbau und Erhaltung

H. Dallmann/K.-H. Elster, Einführung in die höhere Mathematik

D. Geist, Physik der Halbleiter I

S. G. Krein/V. N. Uschakowa, Vorstufe zur höheren Mathematik

H. Lau/W. Hardt, Energieverteilung

R. Ludwig, Methoden der Fehler- und Ausgleichsrechnung

E. Meyer/E.-G. Neumann, Physikalische und technische Akustik

E. Meyer/R. Pottel, Physikalische Grundlagen der Hochfrequenztechnik

L. Prandtl, Führer durch die Strömungslehre

J. Rieck, Lichttechnik

W. Rieder, Plasma und Lichtbogen

W. Tutschke, Grundlagen der Funktionentheorie

H.-G. Unger, Elektromagnetische Wellen I

H.-G. Unger, Elektromagnetische Wellen II

H.-G. Unger, Quantenelektronik

H.-G. Unger, Theorie der Leitungen

H.-G. Unger/W. Schultz, Elektronische Bauelemente und Netzwerke I

In Vorbereitung:

Dewar, Einführung in die moderne Chemie

Geist, Physik der Halbleiter II

Hàla/Boublik, Einführung in die statistische Thermodynamik

Meyer/Gulking, Schwingungslehre

Meyer/Zimmermann, Elektronische Meßtechnik

Taegen, Elektrische Maschinen I, II

E. Meyer / R. Pottel

Physikalische Grundlagen der Hochfrequenztechnik

Eine Darstellung mit zahlreichen Versuchsbeschreibungen

Lehrbuch für Physiker und Elektrotechniker

Mit 324 Bildern

Springer Fachmedien Wiesbaden GmbH

Verlagsredaktion: *Alfred Schubert*

1969

ISBN 978-3-663-19861-1 ISBN 978-3-663-20199-1 (eBook)
DOI 10.1007/978-3-663-20199-1

Ursprünglich erschienen bei Friedr. Vieweg & Sohn GmbH, Verlag, Braunschweig 1969.

Softcover reprint of the hardcover 1st edition 1969

Library of Congress Catalogue Card No. 74-80657

Umschlaggestaltung: Peter Kohlhase, Lübeck

Best.-Nr.:

gebunden 8257

Paperback 8277

Vorwort

Das Buch „Physikalische Grundlagen der Hochfrequenztechnik“ geht auf eine viersemestrige Vorlesungsreihe „Schwingungsphysik“ zurück. Die anderen Teile sind „Physikalische und Technische Akustik“ (als Buch bereits erschienen), „Elektronische Meßtechnik“ und „Schwingungslehre“.
Sämtliche elektromagnetischen Erscheinungen mit Frequenzen zwischen dem Hörbereich und dem optischen Bereich bilden das Gebiet der Hochfrequenzphysik und -technik. In der heute üblichen Unterscheidungsweise umfaßt die Hochfrequenz*technik* die Erzeugung der elektromagnetischen Schwingungen, die Führung, Abstrahlung und Ausbreitung der elektromagnetischen Wellen, die entsprechende Meßtechnik sowie umfangreiche Anwendungen, insbesondere zur Nachrichtenübertragung. Mit den Mitteln der Hochfrequenztechnik werden in der Hochfrequenz*physik* vorwiegend die Wechselwirkungen der elektromagnetischen Felder mit Materie untersucht, um elektronische, atomare und molekulare Vorgänge aufzuklären. Das vorliegende Buch behandelt die den beiden Teilgebieten gemeinsamen Grundlagen.
Bei der überaus großen Stoffmenge der Hochfrequenztechnik ist es nicht nur eine Frage der Erfahrung, sondern auch bis zu gewissem Grade Gefühlssache, eine geeignete Stoffauswahl zu treffen und entsprechend zu gruppieren. Dabei waren die über zwei Jahrzehnte gehaltenen Vorlesungen des einen der beiden Autoren von Nutzen.
Im Vordergrund steht das Bestreben, den physikalischen Kern der Erscheinungen qualitativ zu erklären und die Beschreibungen durch Experimente zu belegen. Theorie und Rechnung werden in einfacher Form nur soweit gebracht, als sie zum besseren Verständnis beitragen.
Zwei Eigenarten kennzeichnen das Buch. Elektrisch-mechanische bzw. elektrisch-akustische Analogien weisen den Leser auf entsprechende Vorgänge in anderen Zweigen der Schwingungsphysik hin und vertiefen damit sein Verständnis. In ähnlicher Weise wurde in dem Buch „Physikalische und Technische Akustik“, nur mit „umgekehrtem Richtungssinn“, verfahren.
Die zweite Eigenart besteht in den eingefügten Versuchsbeschreibungen. Im Laufe der Jahre wurde für die Vorlesung eine sehr große Zahl von geeigneten Demonstrationsexperimenten zusammengestellt, die bei jeder Wiederholung des Kollegs vervollkommnet wurden; die Vorführung im Hörsaal erfolgt dabei meist unter Benutzung eines Speicheroszillografen und einer Fernsehanlage. Wir entschieden uns, die Versuchsbeschreibungen jeweils im Anschluß an den zugehörigen Text im Kleindruck einzufügen und sie so ausführlich zu gestalten, daß eine Wiederholung möglich ist. Wenn auch die Darstellungen der

Demonstrationsexperimente im Buch den unmittelbaren Eindruck bei der Vorführung im Hörsaal nicht ersetzen, so glauben wir doch, daß sie zur Erweiterung des Verständnisses beitragen, zumal man vielfach daraus auch die praktischen Grenzen ablesen kann.

Wie in einem Lehrbuch üblich, werden die Autorennamen, die mit den einzelnen Tatbeständen, mit Theorien oder Experimenten verknüpft sind, nur in besonderen Fällen angegeben. Einige Figuren konnten wir dankenswerterweise der Fachliteratur entnehmen.

Bei der Erwähnung der vielen uns zuteil gewordenen Hilfe steht an erster Stelle ein herzlicher Dank an den Rundfunkmechanikermeister, Herrn *H. Henze*, für seine fachkundige technische Unterstützung, sowie für seine nie ermüdende Bereitschaft, Experimente neu aufzubauen oder sie dem jeweiligen Stand der Meßtechnik anzupassen. In Herrn *W. Ebrecht* hatte er einen verständnisvollen Gehilfen.

Im Laufe der Jahre haben viele wissenschaftliche Mitarbeiter des III. Physikalischen Institutes der Universität Göttingen mit Rat und Tat geholfen, das „Versuchsrepertoire" auszubauen. Ihnen allen gilt unser herzlicher Dank. Besonders verdient haben sich die Herren Dr. *Karl Giese* und Dr. *Dirk Ronneberger* mit der kritischen Durchsicht des Manuskripts gemacht. Wir verdanken ihnen wichtige Verbesserungsvorschläge. Auch beim Lesen der Korrekturen sind wir von Institutsmitgliedern unterstützt worden.

Abschließend danken wir dem Verlag Friedr. Vieweg & Sohn für die bereitwillige Berücksichtigung unserer Wünsche und für die gute Ausstattung des Buches.

Göttingen, im Januar 1969

Erwin Meyer *Reinhard Pottel*

Inhaltsverzeichnis

Bildnachweis

Folgende Bilder stammen von fremden Autoren:

Bilder 8.4, 8.5, 8.15, 8.16

N. Marcuvitz, Waveguide Handbook; McGraw-Hill, New York 1951.

Bilder 8.17, 8.55, 10.31, 12.11

H. Meinke, F. W. Gundlach, Taschenbuch der Hochfrequenztechnik; Springer, Berlin 1962.

Bild 8.68

B. Lax, K. J. Button, Microwave Ferrites and Ferrimagnetics; McGraw-Hill, New York 1962.

Bild 11.2

F. E. Terman, Electronic and Radio Engineering; McGraw-Hill, New York 1955.

Bild 11.6

W. Henne, Einführung in die Höchstfrequenztechnik; Kordass und Münch, München 1966.

Bild 11.27

H. Pollmann, Telefunken-Forschungsinstitut, Ulm 1966.

Bild 11.34

R. W. De Grasse, E. O. Schulz-DuBois, H. E. D. Scovil, Bell Syst. Tech. J. **38** (1959) 307.

Bild 12.15

H. S. Black, Modulation Theory; D. van Nostrand, New York 1953.

Bild 12.23

L. V. Blake, Microwaves, March 1966, S. 21.

Außerdem konnten dankenswerterweise einige Bilder den Arbeiten entnommen werden, die seit etwa 1950 im III. Physikalischen Institut der Universität Göttingen entstanden sind.

1. Einleitung

Die ersten 11 Dekaden (10^0 bis 10^{11} Hz) des Spektrums elektromagnetischer Schwingungen und Wellen bilden einen Frequenzbereich, der durch die in ihm übliche Technik und deren historische Entwicklung gegen den anschließenden optischen Spektralbereich abgegrenzt ist. Bis etwa zum Jahre 1960 gab es nur im Spektralgebiet unterhalb von 10^{11} Hz extrem monochromatische Strahlungsquellen und damit nur hier die Möglichkeit, unbeschränkt kohärente (d. h. interferenzfähige) Wellen zu erzeugen. Der LASER brachte diese Vorzüge auch der Optik. Bis zum Jahre 1954 bildeten die Frequenzen zwischen 10^{11} und 10^{12} Hz die Grenze zwischen der Strahlungserzeugung mittels kontinuierlicher Elektronenströme und mittels quantenelektronischer Prozesse. Mit dem MASER gelangten Quantenprozesse auch bei tieferen Frequenzen zur Anwendung. Auch wenn die Abgrenzung gegenüber der Optik an Schärfe verloren hat, bleiben doch in den meisten Fällen die Art der Strahlungserzeugung und der Gebrauch metallischer Wellenleiter die wesentlichen Kennzeichen des Frequenzbereichs unter etwa 10^{12} Hz.

Das hier zu behandelnde „Hochfrequenz"-Gebiet umfaßt üblicherweise elektromagnetische Schwingungen und Wellen der Frequenzen 15 kHz bis 300 GHz. Die bekanntesten Anwendungen liegen in der Nachrichten- und Ortungstechnik. Damit führte sich die folgende Aufteilung in Wellenlängen- bzw. Frequenz-„Bänder" ein:

Wellenlängen	Frequenzen	...Wellenband	Technische Anwendungen
20 ... 1 km	15 ... 300 kHz	Lang-	Navigation, Rundfunk
1 km ... 200 m	0,3 ... 1,5 MHz	Mittel-	Rundfunk
200 ... 10 m	1,5 ... 30 MHz	Kurz-	Rundfunk und andere Nachrichtenfernverbindungen
10 ... 1 m	30 ... 300 MHz	Ultrakurz-	Nachrichten-Nahverkehr, Hör- und Fernsehrundfunk
1 m ... 10 cm	0,3 ... 3 GHz	Dezimeter-	Richtfunk
10 ... 1 cm	3 ... 30 GHz	Zentimeter- } Mikro-	Radar, Richtfunk
1 cm ... 1 mm	30 ... 300 GHz	Millimeter- } Mikro-	

Über diese umfangreichen technischen Anwendungen hinaus spielen hochfrequente elektromagnetische Wellen für viele physikalische Untersuchungen eine wichtige Rolle. Als Beispiel seien nur die Messungen der magnetischen Kernresonanz, der para- und ferromagnetischen Elektronenspinresonanz, der

Elektronen-Zyklotronresonanz, der Dielektrizitätszahl, der magnetischen Permeabilitätszahl, der elektrischen Leitfähigkeit genannt. Sie geben wertvolle Aufschlüsse über die elektronische, atomare oder molekulare Struktur von Festkörpern und Flüssigkeiten, während die Mikrowellenspektroskopie Daten einzelner Moleküle im Gaszustand zu bestimmen gestattet. Der Empfang hochfrequenter elektromagnetischer Strahlung kosmischen Ursprungs (z. B. der Radiosterne; des interstellaren Wasserstoffs) verhilft der astrophysikalischen Forschung zu wichtigen Erkenntnissen. Hochfrequente elektromagnetische Schwingungserzeuger (Quarzoszillatoren, MASER) dienen als sehr genaue Frequenz- bzw. Zeitnormale.

2. Grundbegriffe

In elektromagnetischen Schwingungen und Wellen treten elektrische und magnetische Felder wegen ihrer zeitlichen Änderung gekoppelt auf. Das elektrische Feld wird durch die vektorielle *elektrische Feldstärke* $\boldsymbol{E}$, das magnetische durch die vektorielle *magnetische Feldstärke* $\boldsymbol{H}$ beschrieben. Die beiden Feldgrößen sind durch die *Maxwellschen Gleichungen* miteinander verknüpft. Zur Beschreibung der Wechselwirkungen des elektrischen und magnetischen Feldes mit Materie dienen die *Dielektrizitätszahl* ε, die *elektrische Leitfähigkeit* σ und die magnetische *Permeabilitätszahl* μ.

Um die Stellung der elektromagnetischen Erscheinungen im größeren Rahmen der Schwingungsphysik zu verdeutlichen, wird in diesem Buch häufig auch kurz auf die akustisch-mechanischen Parallelen hingewiesen. Deshalb seien hier die den elektromagnetischen Feldgrößen entsprechenden Schallfeldgrößen angeführt. Es entsprechen einander: der (skalare) Schalldruck p und die elektrische Feldstärke $\boldsymbol{E}$ sowie die Schallschnelle $\boldsymbol{u}$ (zeitliche Ableitung der Teilchenauslenkung) und die magnetische Feldstärke $\boldsymbol{H}$. Die akustisch-mechanischen Eigenschaften der Materie werden durch die Kompressibilität ($\triangleq \varepsilon$) und die Dichte ($\triangleq \mu$) beschrieben. In porösen Medien tritt der Strömungswiderstand hinzu.

2.1. Elektrisches Feld

Der zum Nachweis und zur Ausmessung eines elektrischen Wechselfeldes anwendbare Elementarprozeß ist die Schwingung, die ein elektrisch geladener, freier Massenpunkt, z. B. ein Elektron der Ladung $-e$, unter der Wirkung der Kraft

$$\boldsymbol{F} = -e\boldsymbol{E} \tag{2.1}$$

im elektrischen Feld der Stärke $\boldsymbol{E}$ (Einheit: V/m) ausführt. Zur Erzielung genügender Nachweisempfindlichkeit geschieht die praktische Messung mit Hilfe der Vielzahl von Elektronen in einem metallischen Leiter und im Fall harmonischer Schwingungen häufig unter Ausnutzung von Resonanzerscheinungen. Das einfachste Leitersystem, in dem für hochfrequente Schwingungen der Elektronen Resonanz auftreten kann, bildet ein gerades Stück Metalldraht geeigneter Länge (s. Abschnitt 10.2.1). Damit hat man die viel benutzte elektrische Dipolsonde. In ihr fließt unter der Wirkung des elektrischen Feldes $\boldsymbol{E}$ ein Strom mit der Stromdichte

$$\boldsymbol{j} = -ne\boldsymbol{u} \tag{2.2}$$

(n Elektronenzahldichte, $\boldsymbol{u}$ Elektronendriftgeschwindigkeit), der nach Gleichrichtung und Verstärkung zur Anzeige gelangt (Bild 2.1). Die zu maximalem Strom führende Orientierung des Sondendrahtes bezeichnet die Richtung der elektrischen Feldstärke.

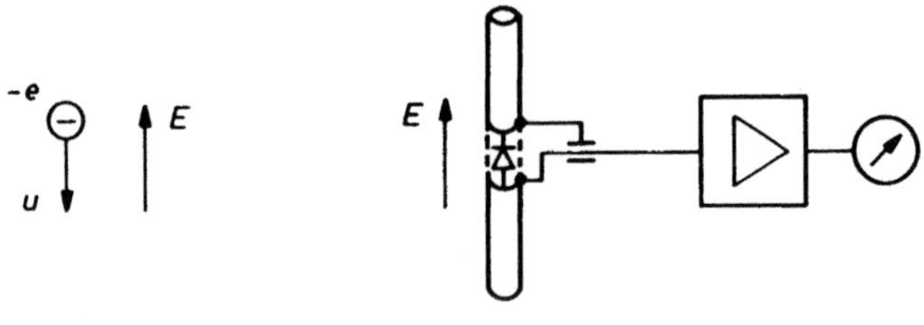

a b

Bild 2.1. Elektron im elektrischen Feld, (a). Elektrische Dipolsonde mit Gleichrichter, Verstärker und Anzeigegerät zum Nachweis elektrischer Wechselfelder, (b).

In Wechselwirkung mit nichtleitender Materie ruft das elektrische Feld allgemein Verformung der Elektronenhüllen und Verlagerung der Atomkerne hervor. Dadurch erhält jedes materieerfüllte Volumenelement ein elektrisches Dipolmoment der räumlichen Dichte $\boldsymbol{P}$. Diese *dielektrische Polarisation* ist in isotropen Materialien über die skalare, dimensionslose *Dielektrizitätszahl* ε gemäß

$$\boldsymbol{P} = \varepsilon_0(\varepsilon - 1)\boldsymbol{E} \tag{2.3}$$

mit der elektrischen Feldstärke $\boldsymbol{E}$ verknüpft[1]). Hier bedeutet $\boldsymbol{E}$ die in einem langen, engen, parallel zur Feldrichtung liegenden Kanal meßbare Feldstärke und ε_0 die maßsystembedingte elektrische Feldkonstante der Größe $\varepsilon_0 = 10^7/(4\pi c^2)\,\mathrm{Am/Vs} = 8{,}854 \cdot 10^{-12}\,\mathrm{As/Vm}$ mit $c = 3 \cdot 10^8$ m/s.

Die wichtigsten speziellen dielektrischen Polarisationsprozesse sind:

Deformation der Elektronenhüllen; $\varepsilon \approx 2 \ldots 3$; Beispiel: Polyäthylen.

Ionenverschiebung in Ionenkristallen; $\varepsilon \approx 5 \ldots 20$; Beispiel: Natriumchlorid.

Orientierung von Molekülen mit permanentem elektrischen Dipolmoment; $\varepsilon \approx 10^1 \ldots 10^2$; Beispiel: Wasser.

Wandverschiebung ferroelektrischer Bereiche; $\varepsilon \approx 10^3 \ldots 10^4$; Beispiel: $BaTiO_3$.

Stauung frei beweglicher Ladungsträger an inneren Grenzflächen; $\varepsilon \approx 10^4 \ldots 10^5$; Beispiel: Ferrite.

Zwischenmolekulare Wechselwirkungen können zur Folge haben, daß sich die dielektrische Polarisation verzögert gegenüber den zeitlichen Änderungen elektrischer Hochfrequenzfelder einstellt. Diese *dielektrische Relaxation* führt im Fall cosinus- bzw. sinusförmiger Zeitabhängigkeit $\exp(\mathrm{i}\omega t)$ des elektrischen Feldes zu einer Phasenverschiebung zwischen $\boldsymbol{P}$ und $\boldsymbol{E}$, die man in der komplexen Form

$$\varepsilon = \varepsilon' - \mathrm{i}\varepsilon'' \tag{2.4}$$

---

[1]) Anstelle der dielektrischen Polarisation benutzt man zur Beschreibung des Verhaltens von Materie im elektrischen Feld, besonders bei hohen ε-Werten, auch die „elektrische Verschiebungsdichte" $\boldsymbol{D} = \varepsilon_0 \varepsilon \boldsymbol{E}$.

der Dielektrizitätszahl zum Ausdruck bringt. Die verzögerte Einstellung der Polarisation ist mit Verlust elektrischer Energie verbunden. Das Verhältnis der in einem Volumenelement während $1/(2\pi)$ Schwingungsperioden verlorenen zu der in diesem Volumenelement gespeicherten elektrischen Feldenergie gibt der *dielektrische Verlustfaktor*

$$\tan \delta_\varepsilon = \frac{\varepsilon''}{\varepsilon'} \tag{2.5}$$

an. In elektrischen Hochfrequenzfeldern können dielektrische Verluste außer durch die sehr häufigen Relaxationsprozesse (die Schwingungs-Differentialgleichung für $\boldsymbol{P}$ enthält nur $\boldsymbol{P}$ und $\dot{\boldsymbol{P}}$) auch durch *Resonanzprozesse* (die Schwingungs-Differentialgleichung für $\boldsymbol{P}$ enthält außer $\boldsymbol{P}$, $\dot{\boldsymbol{P}}$ auch $\ddot{\boldsymbol{P}}$) auftreten, und zwar in Ionenkristallen (Gitterschwingung) sowie in Gasen (Molekülrotation, innere Molekülbewegung). Im Bereich der Relaxations- und der Resonanzverluste, wo $\varepsilon'' > 0$ ist, ändern sich ε' und ε'' in kennzeichnender Weise mit der Frequenz des elektrischen Wechselfeldes (Bilder 3.2, 3.5).

An der Oberfläche eines durch ein äußeres elektrisches Feld mit der Normalkomponente E'_n polarisierten Dielektrikums ruft die Normalkomponente P_n der Polarisation eine elektrische Flächenladung hervor, deren Flächendichte den Wert P_n hat. Die Flächenladungen zweier aneinandergrenzender Dielektrika mit den unterschiedlichen Dielektrizitätszahlen ε_1, ε_2 kompensieren sich nur teilweise. Die verbleibende resultierende Flächenladung erzeugt ein Zusatzfeld E'' senkrecht zur Trennfläche mit unterschiedlichem Richtungssinn in den beiden Dielektrika (Bild 2.2). Das resultierende normale elektrische Feld $E_n (E_{1n} = E'_n - E''$, $E_{2n} = E'_n + E''$ im Fall $\varepsilon_1 > \varepsilon_2)$ ändert sich daher sprunghaft an der Trennfläche gemäß

$$\varepsilon_1 E_{1n} = \varepsilon_2 E_{2n}. \tag{2.6}$$

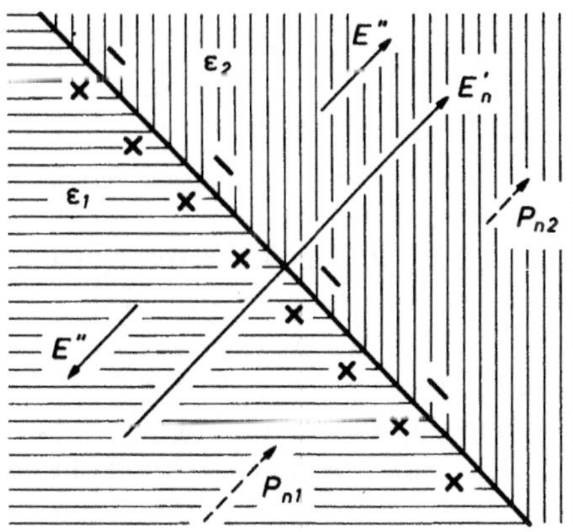

Bild 2.2. Verhältnisse an der Grenzfläche zweier verschiedener Dielektrika ($\varepsilon_1 > \varepsilon_2$) auf Grund dielektrischer Polarisation durch ein äußeres Feld mit der Normalkomponente E'_n.

Die tangentiale Polarisation an der Oberfläche eines Dielektrikums ruft kein zusätzliches Feld hervor. Die Tangentialkomponente E_t des elektrischen Feldes bleibt daher an der Trennfläche zwischen zwei verschiedenen Dielektrika stetig:

$$E_{1t} = E_{2t}. \tag{2.7}$$

Enthält die Materie ungebundene Ladungsträger, so ruft das elektrische Feld eine Drift der geladenen Teilchen mit der Driftgeschwindigkeit $\boldsymbol{u}$ hervor. Meist bestehen zwischen den Ladungsträgern und ihrer Umgebung Wechselwirkungen, die sich in bewegungshemmenden (Reibungs-)Kräften proportional $\boldsymbol{u}$ äußern und die Feldkraft Gl. (2.1) ausgleichen. Auf Grund der Gl. (2.2) ergibt dann die Drift der geladenen Teilchen den elektrischen Strom der Dichte

$$\boldsymbol{j} = \sigma \boldsymbol{E} \qquad \text{(Ohmsches Gesetz)}, \tag{2.8}$$

deren Größe durch die feldunabhängige elektrische Leitfähigkeit $\sigma(\Omega^{-1}\,\mathrm{m}^{-1})$ bestimmt wird.

Im idealisierten Metall mit der Leitfähigkeit $\sigma \to \infty$ stellt sich immer eine Ladungsverteilung ein, die zum Verschwinden des elektrischen Feldes im Innern des Metalls führt. Das gilt in meist ausreichender Näherung auch für gut leitende Metalle, wie Kupfer mit $\sigma \approx 5{,}9 \cdot 10^7\,\Omega^{-1}\,\mathrm{m}^{-1}$.

2.2. Magnetisches Feld

Ein zum Nachweis und zur Ausmessung eines magnetischen Wechselfeldes anwendbarer Elementarprozeß ist die Drehschwingung, die ein magnetischer Dipol, z. B. ein Elektron mit dem unkompensierten spinbedingten magnetischen Moment $\boldsymbol{\mu}_\mathrm{B}$, unter der Wirkung des Drehmoments

$$\boldsymbol{T} = \boldsymbol{\mu}_\mathrm{B} \times \boldsymbol{H} \tag{2.9}$$

im magnetischen Feld der Stärke $\boldsymbol{H}$ (Einheit: A/m, gelegentlich auch $\mathrm{Oe} \mathrel{\hat{=}} (10^3/4\pi)\,\mathrm{A/m}$) ausführt. Zur Erzielung genügender Nachweisempfindlichkeit kann die praktische Messung mit Hilfe der Vielzahl gleichsinnig spingekoppelter Elektronen, wie sie in einem nichtleitenden ferrimagnetischen Stäbchen vorliegen, und im Fall hochfrequenter harmonischer Schwingungen unter Ausnutzung der ferromagnetischen Resonanz geschehen. Dazu werden die Elektronen einem zusätzlichen statischen Magnetfeld geeigneter Stärke (s. Abschnitt 8.4.1) $\boldsymbol{H}_0$ parallel zur Stäbchenachse y ausgesetzt. Alle magnetischen Elementardipole, deren Dipolmomentdichte die Sättigungsmagnetisierung M_s bildet, sind dann bezüglich ihrer Drehbarkeit elastisch an die $\boldsymbol{H}_0$-Richtung gebunden. Wenn die Stäbchenachse senkrecht zum Wechselfeld $\boldsymbol{H}$ steht, erfolgt die Auslenkung der Magnetisierung durch $\boldsymbol{H}$ als Präzessionsbewegung um $\boldsymbol{H}_0$ (Bild 2.3a), bei der die axiale Komponente M_y der Magnetisierung abnimmt. Zum Nachweis oder zur Messung von $\boldsymbol{H}$ wird die Abnahme $M_s - M_y$ beobachtet, die im meist vorliegenden Fall $\hat{H} \ll H_0$ proportional $\hat{H}^2$ ist („magnetische Gleichrichtung"). Ändert sich die Amplitude $\hat{H}$ des hochfrequenten Magnetfeldes zeitlich mit niedriger Frequenz, so gelingt die Anzeige von $M_s - M_y$ mittels einer kleinen, zu $\boldsymbol{H}_0$ achsenparallelen Induktionsspule und anschließendem Niederfrequenzverstärker (Bild 2.3b). Die zum Sondensignal Null führende Stäbchenorientierung bezeichnet die Richtung der magnetischen Wechselfeldstärke $\boldsymbol{H}$.

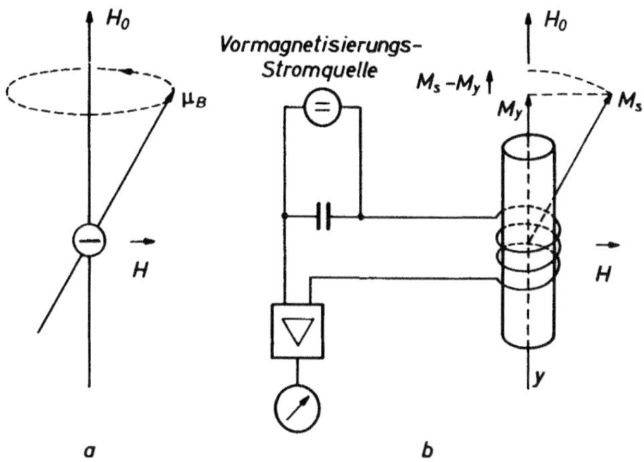

Bild 2.3. (a) Elektron unter dem Einfluß eines magnetischen Wechselfeldes $\boldsymbol{H}$ und eines demgegenüber starken statischen Magnetfeldes $\boldsymbol{H}_0$. (b). Ferrimagnetisches Stäbchen als magnetische Dipolsonde mit Induktionsspule, Verstärker und Anzeigegerät zum Nachweis zeitlich niederfrequent amplitudenveränderlicher magnetischer Hochfrequenzfelder. Der Gleichstrom erzeugt in der Induktionsspule das statische Magnetfeld $\boldsymbol{H}_0$.

Einfachere Mittel zum Nachweis hochfrequenter magnetischer Wechselfelder sind die *Schleifenantenne* (Bild 2.5) und die *Rohrschlitzantenne* (Bild 10.12c). Jedoch sprechen diese Sonden bei bestimmten Orientierungen auch auf das elektrische Feld an, was die beschriebene ferrimagnetische Dipolsonde nicht tut.

In Wechselwirkung mit nichtleitender Materie ruft das magnetische Feld allgemein Rotation der Elektronenhüllen (Larmor-Rotation; Diamagnetismus) und Orientierung etwa vorhandener permanenter magnetischer Dipole (Para-, Ferromagnetismus) hervor. Dadurch erhält jedes materieerfüllte Volumenelement ein magnetisches Dipolmoment der räumlichen Dichte $\boldsymbol{M}$. Diese *magnetische Polarisation*, auch *Magnetisierung* genannt[1]), ist über die dimen-

[1]) Die in „Symbols, Units and Nomenclature in Physics", Document U.I.P. 11 (S.U.N. 65-3) (1965), *IUPAP* (Herausgeber), Symbole, Einheiten und Nomenklatur in der Physik, Braunschweig 1966, Friedr. Vieweg & Sohn, zu findende Unterscheidung zwischen magnetischer Polarisation $\boldsymbol{J} = \mu_0(\mu - 1)\boldsymbol{H}$ und Magnetisierung $\boldsymbol{M} = (\mu - 1)\boldsymbol{H}$ sowie die Bezeichnung $\boldsymbol{J}$ für erstere wird hier bewußt vermieden.

sionslose *Permeabilitätszahl* μ gemäß

$$\boldsymbol{M} = \mu_0(\mu - 1)\boldsymbol{H} \tag{2.10}$$

mit der magnetischen Feldstärke $\boldsymbol{H}$ verknüpft[1]). Hier bedeutet $\boldsymbol{H}$ die in einem langen, engen, parallel zur Feldrichtung liegenden Kanal meßbare Feldstärke und μ_0 die maßsystembedingte magnetische Feldkonstante der Größe $\mu_0 = 4\pi \cdot 10^{-7}$ Vs/Am $= 1{,}256 \cdot 10^{-6}$ Vs/Am.

Spezielle magnetische Polarisationsprozesse sind: Larmor-Rotation der Elektronenhülle; $\mu - 1 \approx -10^{-6} \ldots -10^{-4}$; in allen Stoffen.

Orientierung magnetischer Kern-Spinmomente; $\mu - 1 \approx 10^{-9}$; Beispiel: wasserstoffhaltige Stoffe.

Orientierung magnetischer Elektronen-Bahn- und Spinmomente; $\mu - 1 \approx 10^{-4} \ldots 10^{0}$; Beispiel: Salze seltener Erden.

Elektronenspinpräzession in Ferromagnetika; $\mu \approx 10^{1} \ldots 10^{4}$; Beispiel: Ferrite.

Wandverschiebung ferromagnetischer Bereiche; $\mu \approx 10^{2} \ldots 10^{5}$; Beispiel: Ferromagnetische Metalle.

Außer bei der Larmor-Rotation der Elektronenhülle erfolgt die Einstellung der Magnetisierung in hochfrequenten magnetischen Wechselfeldern über Relaxations- oder Resonanzprozesse. Sie verursachen im Fall cosinus- bzw. sinusförmiger Zeitabhängigkeit $\exp(\mathrm{i}\omega t)$ des magnetischen Feldes Phasenverschiebung zwischen $\boldsymbol{M}$ und $\boldsymbol{H}$, die man in der komplexen Form

$$\mu = \mu' - \mathrm{i}\mu'' \tag{2.11}$$

der Permeabilitätszahl zum Ausdruck bringt. Im Bereich der Relaxations- und der Resonanzverluste, wo $\mu'' > 0$ ist, ändern sich μ' und μ'' in kennzeichnender Weise mit der Frequenz des magnetischen Wechselfeldes (Bilder 3.2, 3.5). Mit Relaxations- oder Resonanz-Einstellung der Magnetisierung ist Verlust magnetischer Energie verbunden. Das Verhältnis der in einem Volumenelement während $1/(2\pi)$ Schwingungsperioden verlorenen zu der in diesem Volumenelement gespeicherten magnetischen Feldenergie gibt der *magnetische Verlustfaktor*

$$\tan\delta_\mu = \frac{\mu''}{\mu'} \tag{2.12}$$

an.

An der Trennfläche zwischen zwei Stoffen unterschiedlicher Permeabilitäten μ_1, μ_2 ruft die Normalkomponente der Magnetisierung magnetische Pole her-

---

[1]) Anstelle der magnetischen Polarisation benutzt man zur Beschreibung des Verhaltens von Materie im magnetischen Feld, besonders bei hohen μ-Werten, auch die „magnetische Induktion“ $\boldsymbol{B} = \mu_0 \mu \boldsymbol{H}$.

vor. In ähnlicher Weise wie für das elektrische Feld an der Trennfläche zwischen zwei Dielektrika (Abschnitt 2.1) erklären sich daraus die Änderung der Normalkomponente H_n des magnetischen Feldes an der Trennfläche,

$$\mu_1 H_{1n} = \mu_2 H_{2n}, \tag{2.13}$$

und die Stetigkeit der Tangentialkomponente H_t

$$H_{1t} = H_{2t}. \tag{2.14}$$

2.3. Maxwellsche Gleichungen

Bewegte Ladungen, z. B. Elektronen in einem den Strom I führenden Leiter (Bild 2.4), erzeugen erfahrungsgemäß ein den Stromweg ringförmig umschließendes Magnetfeld. Längs eines geschlossenen Weges (vektorielles Wegelement d$\boldsymbol{s}$), der ein kleines ebenes Flächenstück dA mit der Normalenrichtung d$\boldsymbol{A}$ berandet, gilt

$$\oint \boldsymbol{H}\, \mathrm{d}\boldsymbol{s} = \boldsymbol{j}\, \mathrm{d}\boldsymbol{A} \quad \text{(Oerstedsches Gesetz)}, \tag{2.15}$$

wenn durch dA Strom der Dichte $\boldsymbol{j}$ fließt. Ist der Weg des Leitungsstromes unterbrochen, z. B. durch einen Kondensator wie im Bild 2.4, so stauen sich Ladungsträger an den Enden des Leiters und erzeugen dazwischen ein zeitlich

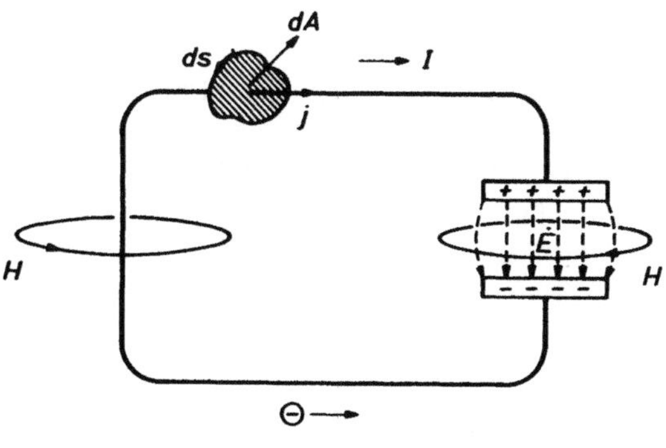

Bild 2.4. Verknüpfung des Stroms I in einem Leiter und des „Verschiebungsstroms" $\varepsilon_0 \varepsilon \dot{\boldsymbol{E}}$ zwischen den Platten eines Kondensators mit magnetischen Feldern $\boldsymbol{H}$.

veränderliches elektrisches Feld. Nach *Maxwell* umgibt sich auch dieses zeitlich veränderliche Feld sowie gegebenenfalls eine zeitlich veränderliche dielektrische Polarisation ringförmig mit einem Magnetfeld, das, Gl. (2.15) entsprechend, gemäß

$$\oint \boldsymbol{H}\, \mathrm{d}\boldsymbol{s} = \varepsilon_0 \varepsilon \frac{\partial \boldsymbol{E}}{\partial t} \mathrm{d}\boldsymbol{A} \tag{2.16}$$

mit der „Verschiebungsstrom“-Dichte $\varepsilon_0 \varepsilon \partial \boldsymbol{E}/\partial t$ im nichtleitenden Dielektrikum der Dielektrizitätszahl ε zusammenhängt. Führt man die Linienintegration der Gleichungen (2.15) und (2.16) um drei ebene Flächenelemente der Größe $\mathrm{d}x\mathrm{d}y$, $\mathrm{d}x\mathrm{d}z$, $\mathrm{d}y\mathrm{d}z$ herum aus, die parallel zur (x,y)-, (x,z)- bzw. (y,z)-Ebene am gleichen Ort mit den rechtwinkligen Koordinaten x, y, z liegen, und faßt die Ergebnisse in vektorieller Form zusammen, so ergibt sich

$$\operatorname{rot} \boldsymbol{H} = \varepsilon_0 \varepsilon \frac{\partial \boldsymbol{E}}{\partial t} + \boldsymbol{j}. \tag{2.17}$$

Das ist die 1. *Maxwellsche Gleichung.* Für die y-Komponente der Gleichung (2.17) gilt:

$$\frac{\partial H_x}{\partial z} - \frac{\partial H_z}{\partial x} = \varepsilon_0 \varepsilon \frac{\partial E_y}{\partial t} + j_y. \tag{2.18}$$

Aus der Erfahrung leitet sich auch das *Induktionsgesetz* her, nach dem zeitliche Änderungen eines Magnetfeldes oder auch einer etwa vorhandenen Magnetisierung zu ringförmig geschlossenen elektrischen Feldern Anlaß geben. Längs eines geschlossenen Weges, der ein kleines ebenes Flächenstück $\mathrm{d}A$ berandet, gilt

$$\oint \boldsymbol{E} \mathrm{d}s = -\mu_0 \mu \frac{\partial \boldsymbol{H}}{\partial t} \mathrm{d}\boldsymbol{A}, \tag{2.19}$$

wenn das sich ändernde Magnetfeld $\mathrm{d}A$ durchsetzt. In einer demnach ebenfalls als Sonde für ein magnetisches Wechselfeld anwendbaren Leiterschleife (Drahtring, Bild 2.5) ruft das magnetfeld-induzierte elektrische „Wirbel“-Feld einen Strom hervor, dessen eigenes Magnetfeld dem induzierenden Feld entgegen gerichtet ist (Minuszeichen in Gl. (2.19), *Lenzsche Regel*). Auf dieselbe Weise,

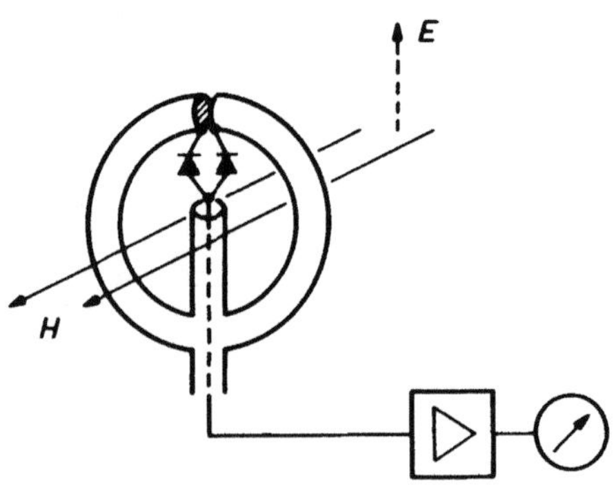

Bild 2.5. Leiterschleife als Hochfrequenz-Magnetfeldsonde mit Doppelweg-Gleichrichter, Verstärker und Anzeigegerät. Das zusammen mit dem Magnetfeld vorhandene elektrische Feld trägt auch zur Anzeige bei, wenn es eine Komponente senkrecht zum Ringschlitz hat. Bei bekannter Feldgeometrie läßt sich der Beitrag des elektrischen Feldes durch geeignete Orientierung der Sonde ausschließen.

wie für Gl. (2.17) beschrieben, erhält man die vektorielle Differentialform von Gl. (2.19)

$$\operatorname{rot} \boldsymbol{E} = -\mu_0 \mu \frac{\partial \boldsymbol{H}}{\partial t}, \tag{2.20}$$

die die *2. Maxwellsche Gleichung* darstellt. Für die z-Komponente von (2.20) folgt:

$$\frac{\partial E_y}{\partial x} - \frac{\partial E_x}{\partial y} = -\mu_0 \mu \frac{\partial H_z}{\partial t}. \tag{2.21}$$

Die wichtigen *Stetigkeitsbedingungen* für das tangentiale elektrische und magnetische Feld, Gl. (2.7) und (2.14), an der Trennfläche zwischen verschiedenen Nichtleitern lassen sich unmittelbar aus den Gleichungen (2.19) und (2.16) ableiten. Dazu wird als Flächenstück dA, um das herum die Integration auszuführen ist, ein Rechteck gewählt, dessen Schmalseiten die Trennfläche senkrecht durchsetzen, und dessen Längsseiten parallel dazu liegen (Bild 2.6). Die Stetigkeitsbeziehungen Gl. (2.7) und (2.14) ergeben sich dann mit gegen Null gehender Schmalseitenlänge und Fläche dA des Rechtecks.

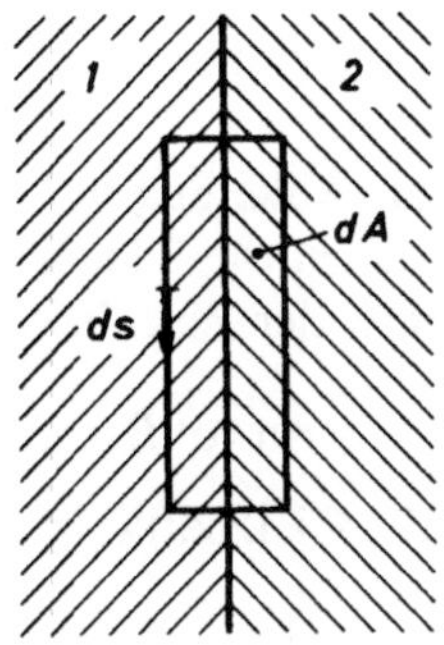

Bild 2.6. Integrationsweg für die Ableitung der Stetigkeitsbedingungen für das tangentiale elektrische und magnetische Feld an der Trennfläche zwischen verschiedenen Nichtleitern 1, 2.

Von elektrischen Ladungsträgern sowie von Trennflächen zwischen verschiedenen Dielektrika gehen elektrische Felder und von Trennflächen zwischen Stoffen mit verschiedenen magnetischen Eigenschaften magnetische Felder aus. Im Raum außerhalb solcher Feldquellen gilt

$$\operatorname{div} \boldsymbol{E} = 0, \tag{2.22}$$

$$\operatorname{div} \boldsymbol{H} = 0. \tag{2.23}$$

3. Ebene Wellen in Nichtleitern

Nicht allein auf Grund des Oerstedschen und des Induktionsgesetzes, Gl. (2.15) und (2.19), sondern erst als Folge auch davon, daß der Maxwellsche Verschiebungsstrom $\varepsilon_0 \varepsilon \partial \boldsymbol{E}/\partial t$ ein Magnetfeld gemäß Gl. (2.16) erzeugt (Bild 2.4), ist der gekoppelte Transport elektrischer und magnetischer Energie in Form elektromagnetischer Wellen *ohne* führende Leitung möglich.

Nichtleiter sind alle jene Stoffe, in denen Ladungsträger fehlen, die unter dem Einfluß eines elektrischen Feldes „driften" und so einen elektrischen Leitungsstrom führen können. Gemäß Gl. (2.2) und (2.8) gilt für die Nichtleiter also $\sigma = 0$.

Zur Ableitung der Wellengleichung für das elektrische Feld $\boldsymbol{E}$ in Nichtleitern werden die Gleichung (2.20) rotordifferenziert, die Gleichung (2.17) mit $\boldsymbol{j} = 0$ nach der Zeit differenziert und $\partial(\mathrm{rot}\,\boldsymbol{H})/\partial t$ eliminiert:

$$\mathrm{rot}\,\mathrm{rot}\,\boldsymbol{E} \equiv \mathrm{grad}\,\mathrm{div}\,\boldsymbol{E} - \Delta \boldsymbol{E} = -\mu_0 \varepsilon_0 \mu \varepsilon \frac{\partial^2 \boldsymbol{E}}{\partial t^2}. \tag{3.1}$$

Mit Gl. (2.22) folgt daraus die Wellengleichung

$$\Delta \boldsymbol{E} = \mu_0 \varepsilon_0 \mu \varepsilon \frac{\partial^2 \boldsymbol{E}}{\partial t^2} \tag{3.2}$$

für ein nichtleitendes Medium. Eine häufig benutzte, einfache Lösung der Wellengleichung ist die „monochromatische", ebene Welle der Kreisfrequenz ω. Alle Feldkomponenten ändern sich dabei gemäß

$$\boldsymbol{E}, \boldsymbol{H} \sim \exp(\mathrm{i}\omega t) \qquad (\omega = 2\pi f,\ f \text{ Frequenz}) \tag{3.3}$$

cosinus- bzw. sinusförmig mit der Zeit. In Ebenen senkrecht zu der hier willkürlich gewählten Ausbreitungsrichtung x ändern sich die Feldkomponenten örtlich nicht:

$$\frac{\partial}{\partial y}(\boldsymbol{E}, \boldsymbol{H}) = \frac{\partial}{\partial z}(\boldsymbol{E}, \boldsymbol{H}) = 0. \tag{3.4}$$

Es gibt keine Feldkomponenten in Ausbreitungsrichtung:

$$E_x = H_x = 0. \tag{3.5}$$

Bleibt das elektrische Feld auf die y-Richtung beschränkt ($E_z = 0$, „linear polarisierte" Wellen), so vereinfacht sich die Wellengleichung mit Gl. (3.3), (3.4) und (3.5) zu

$$\frac{\partial^2 E_y}{\partial x^2} = -\mu_0 \varepsilon_0 \mu \varepsilon \omega^2 E_y. \tag{3.6}$$

In der Form $\exp(-\gamma x)$ mit imaginärem oder komplexem γ umfaßt ihre Lösung alle folgend behandelten Fälle, die sich so nur noch in der Beschaffenheit von γ unterscheiden.

3.1. Verlustfreie Medien

In verlustfreien Medien erfolgt bei der dielektrischen und magnetischen Polarisation keine Umwandlung elektrischer bzw. magnetischer Energie in andere Energieformen (meistens Wärme). Im Idealfall verlustfreier Medien gilt

$$\varepsilon'' = \mu'' = 0. \tag{3.7}$$

Wirkliche Materie ist nie ganz frei von Verlusten. Sehr klein sind sie im allgemeinen bei Gasen. Die verlustärmsten festen und flüssigen Dielektrika haben Verlustfaktoren $\tan\delta_\varepsilon = 10^{-4} \ldots 10^{-5}$. Für technische Anwendungen (z. B. Kabelisolation, Leiterstützen) interessante feste Stoffe mit künstlich erniedrigten Verlusten sind Schaumstoffe aus verlustarmen Hochpolymeren, z. B. Polystyrol-Hartschaum ($\varepsilon' = 1{,}01 \ldots 1{,}03$).

Mit $\varepsilon = \varepsilon'$, $\mu = \mu'$ folgt aus Gl. (3.6) für das elektrische Feld E_y ebener Wellen in verlustfreien Medien:

$$E_y = \hat{E}_y \mathrm{e}^{\mathrm{i}(\omega t - \beta x)}. \tag{3.8}$$

Die *Phasenkonstante* β hängt allgemein mit der *Wellenlänge* λ, der *Phasengeschwindigkeit* v und der Kreisfrequenz ω gemäß

$$\beta = \frac{2\pi}{\lambda} = \frac{\omega}{v} \tag{3.9}$$

zusammen. Für die Phasengeschwindigkeit v gilt im vorliegenden Fall verschwindender Verluste

$$v = \frac{c}{\sqrt{\mu' \varepsilon'}} \tag{3.10}$$

mit $c = (\sqrt{\mu_0 \varepsilon_0})^{-1} = 3 \cdot 10^8$ m/s = *Vakuum-Lichtgeschwindigkeit.*

Die Abweichung der Phasengeschwindigkeit in Materie von der Vakuum-Lichtgeschwindigkeit erklärt sich daraus, daß eine Welle die Atome als Oszillatoren zu Schwingungen und damit zu eigener Strahlung anregt. Diese Strahlung ist jedoch gegenüber der anregenden Welle phasenverschoben. Die resultierende Welle erfährt deshalb an jeder senkrecht zu ihrer Ausbreitungsrichtung liegenden mit Atomen besetzten Ebene einen Phasensprung, der zu der Phasenänderung durch Ausbreitung mit Vakuum-Lichtgeschwindigkeit hinzukommt.

Wegen $E_x = E_z = 0$ hat das Magnetfeld nur eine z-Komponente, zu deren Bestimmung E_y aus Gl. (3.8) in Gl. (2.21) eingesetzt wird:

$$H_z = \sqrt{\frac{\varepsilon_0}{\mu_0}} \sqrt{\frac{\varepsilon'}{\mu'}}\, E_y. \tag{3.11}$$

Die Beziehung (3.11) besagt, daß elektrisches und magnetisches Feld einer fortschreitenden Welle im verlustfreien Medium, wie im Bild 3.1 als Momentaufnahme dargestellt, gleichphasig sind. Das Verhältnis

$$\frac{E_y}{H_z} = \sqrt{\frac{\mu_0}{\varepsilon_0}}\sqrt{\frac{\mu'}{\varepsilon'}} = Z \tag{3.12}$$

wird als *Feldwellenwiderstand* bezeichnet. Im leeren Raum hat er die Größe

$$Z_0 = \sqrt{\frac{\mu_0}{\varepsilon_0}} = 4\pi \cdot 30\ \Omega \approx 377\,\Omega. \tag{3.13}$$

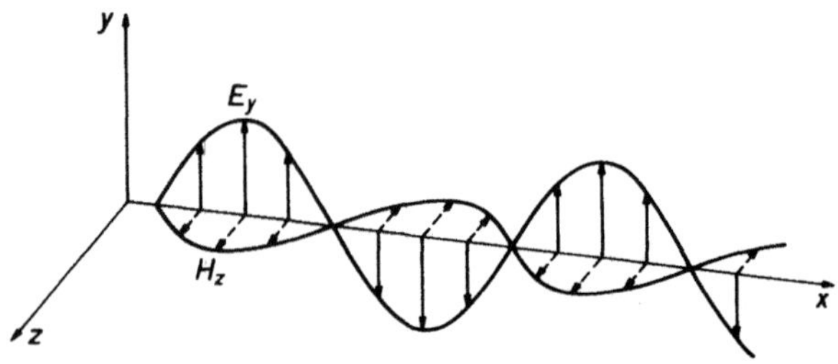

Bild 3.1. Elektrisches und magnetisches Feld einer ohne Verluste fortschreitenden Welle („Momentaufnahme").

Die Flußdichte der von der Welle transportierten elektromagnetischen Energie beschreibt allgemein der *Poynting-Vektor*

$$\boldsymbol{S} = \boldsymbol{E} \times \boldsymbol{H} \tag{3.14a}$$

bei reeller Darstellung der Feldgrößen $\boldsymbol{E}$, $\boldsymbol{H}$. In komplexer Schreibweise gilt für die zeitlich gemittelte Energieflußdichte

$$\bar{\boldsymbol{S}} = \tfrac{1}{2}\,\mathrm{Re}(\boldsymbol{E} \times \boldsymbol{H}^*), \tag{3.14b}$$

worin der Stern die konjugiert komplexe Größe kennzeichnet. Im Fall der durch Gl. (3.8) gegebenen, linear polarisierten, ebenen Welle vereinfacht sich Gl. (3.14b) zu

$$\bar{S}_x = \frac{1}{2}\,\mathrm{Re}(E_y H_z^*) = \frac{\hat{E}_y^2}{2Z}. \tag{3.15}$$

Für die in unmittelbarer Nähe von Rundfunk-Sendeantennen auftretenden Feldstärken der Größenordnung $E = 100$ V/m beträgt die mittlere Energieflußdichte $\bar{S}_x \approx 13$ W/m^2. Die Erdoberfläche erhält von der Sonne, ohne Berücksichtigung der atmosphärischen Absorption, die Energieflußdichte 1,35 kW/m^2 („Solarkonstante").

Das elektrische und magnetische Feld einer annähernd ebenen Welle führen wir mit der Apparatur nach Bild 5.2a (ohne Metallwand) vor und zeigen, daß $\boldsymbol{E}$ senkrecht auf $\boldsymbol{H}$ steht und daß keine Längskomponenten der Felder vorhanden sind.

3.2. Medien mit dielektrischen Verlusten

Dielektrische Verluste treten meist dadurch auf, daß die Einstellung der dielektrischen Polarisation einer Relaxation unterliegt. Realteil ε' und Imaginärteil ε'' der Dielektrizitätszahl ändern sich dann in der im Bild 3.2 gezeigten typischen Weise mit der Frequenz. Besonders klar ist dieser Frequenzgang in polaren Flüssigkeiten ausgeprägt. Zum Beispiel fällt im Wasser bei der Temperatur 25 °C der Realteil der Dielektrizitätszahl vom statischen Wert $\varepsilon(0) = 78{,}3$ in der Umgebung der Relaxationsfrequenz $f_{\mathrm{rel}} = 19{,}4$ GHz auf $\varepsilon(\infty) \approx 5$ an der oberen Grenze des Hochfrequenzbereichs ab. In festen Stoffen, z. B. Hochpolymeren, kann das Dispersions-/Absorptionsgebiet der Dielektrizitätszahl, abweichend von Bild 3.2, stark verbreitert sein. Häufig reihen sich mehrere solcher Gebiete aneinander.

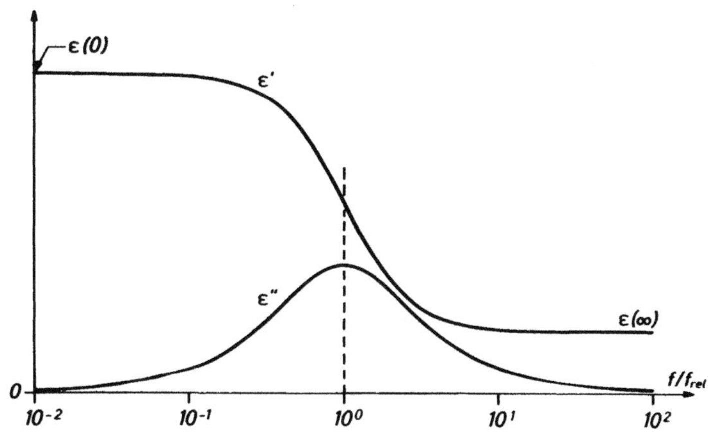

Bild 3.2. Frequenzgang des Realteils ε' und des Imaginärteils ε'' der Dielektrizitätszahl eines Mediums, das dielektrische Relaxation aufweist (f_{rel} Relaxationsfrequenz). Auch die Permeabilitätszahl μ ferromagnetischer Stoffe kann einer derartigen Frequenzabhängigkeit unterliegen.

Da Stoffe ohne magnetische Verluste ($\mu'' = 0$) meist magnetisch nahezu unwirksam sind, wird für die Behandlung der Wellenausbreitung in dielektrisch verlustbehafteten Medien vereinfachend $\mu' = 1$ gesetzt. Wegen $\varepsilon = \varepsilon' - \mathrm{i}\varepsilon''$ hat die Lösung der Wellengleichung (3.6) jetzt die Form

$$E_y = \hat{E}_y \mathrm{e}^{\mathrm{i}\omega t - \gamma x} \tag{3.16}$$

mit der komplexen *Ausbreitungskonstante*

$$\gamma = \alpha + \mathrm{i}\beta . \tag{3.17}$$

Die Wellenausbreitung im verlustbehafteten Medium zeichnet sich dadurch aus, daß die Amplitude der Welle längs ihres Weges x gemäß

$$|E_y(x)| = |E_y(0)|\,\mathrm{e}^{-\alpha x} \tag{3.18}$$

exponentiell abklingt und daß elektrisches und magnetisches Feld nicht mehr phasengleich sind. Das äußert sich im komplexen Feldwellenwiderstand

$$Z = \frac{E_y}{H_z} = \frac{Z_0}{\sqrt{\varepsilon' - \mathrm{i}\varepsilon''}}. \tag{3.19}$$

Zur numerischen Angabe des räumlichen Abklingens der Welle durch die Dämpfungskonstante α sind zwei verschiedene Maße üblich: Der auf Grund der Umkehrform von Gl. (3.18)

$$\alpha = -\frac{1}{x}\ln\left|\frac{E_y(x)}{E_y(0)}\right| \quad (\mathrm{Np/m}). \tag{3.20}$$

bestimmte Dämpfungswert erhält die Bezeichnung Neper/m, und der auf Grund der Definition

$$\alpha' = -\frac{20}{x}\,{}_{10}\log\left|\frac{E_y(x)}{E_y(0)}\right| = -\frac{10}{x}\,{}_{10}\log\left|\frac{S_x(x)}{S_x(0)}\right| \quad (\mathrm{dB/m}) \tag{3.21}$$

bestimmte Wert erhält die Bezeichnung Dezibel/m. Die Umrechnung der beiden Dämpfungsmaße erfolgt gemäß

$$\alpha'\ (\mathrm{dB/m}) = 8{,}686\,\alpha\ (\mathrm{Np/m}) \tag{3.22}$$

Die Angabe 1 dB bedeutet einen Amplitudenunterschied von ungefähr 12 % und einen Leistungsunterschied von ungefähr 26 %. Bei Schallsignalen stellt 1 dB für die Lautstärkewahrnehmung etwa die Unterschiedsschwelle des menschlichen Gehörs dar.

Die Beziehung zwischen der komplexen Ausbreitungskonstante γ und der komplexen Dielektrizitätszahl ε erhält man mit Gl. (3.16) aus Gl. (3.6):

$$\gamma^2 = \alpha^2 - \beta^2 + 2\mathrm{i}\alpha\beta = -\mu_0\varepsilon_0(\varepsilon' - \mathrm{i}\varepsilon'')\omega^2. \tag{3.23}$$

Auflösung nach der Dämpfungs- und Phasenkonstante und Einführung von

$$\beta_0 = \frac{2\pi}{\lambda_0} = \sqrt{\mu_0\varepsilon_0}\,\omega = \frac{\omega}{c} \tag{3.24}$$

als Phasenkonstante im leeren Raum ergeben für die Ausbreitung im dielektrisch verlustbehafteten Medium:

$$\left.\begin{matrix}\alpha\\ \beta\end{matrix}\right\} = \beta_0\sqrt{\tfrac{1}{2}(|\varepsilon| \mp \varepsilon')}\,. \qquad \begin{matrix}(3.25)\\ (3.26)\end{matrix}$$

Im Fall geringer Verluste gelten die Näherungsbeziehungen

$$\alpha \approx \tfrac{1}{2}(\tan\delta_\varepsilon)\beta_0\sqrt{\varepsilon'} \qquad (3.27)$$

$$\left(\tan\delta_\varepsilon = \frac{\varepsilon''}{\varepsilon'} \ll 1\right)$$

$$\beta \approx \beta_0\sqrt{\varepsilon'}. \qquad (3.28)$$

Zur Bestimmung der komplexen Dielektrizitätszahl aus Dämpfungs- und Phasenmessungen dienen die Umkehrungen der Gleichungen (3.25) und (3.26):

$$\varepsilon' = \left(\frac{\beta}{\beta_0}\right)^2 - \left(\frac{\alpha}{\beta_0}\right)^2, \qquad (3.29)$$

$$\varepsilon'' = 2\,\frac{\beta}{\beta_0}\cdot\frac{\alpha}{\beta_0}. \qquad (3.30)$$

Wellenausbreitungsdämpfung in verlustbehafteten Flüssigkeiten

Als Beispiel für ein dielektrisch verlustbehaftetes Medium wählen wir reines Wasser bei Zimmertemperatur, das sich in einem dünnwandigen Plexiglasbecken befindet (Bild 3.3). Ein von einem leistungsstarken Generator (hier Magnetron, s. Abschnitt 11.1.5) gespeister Sendedipol strahlt eine amplitudenmodulierte Welle der Frequenz 3 GHz in das Wasser ab. Im Wasser ist eine elektrische

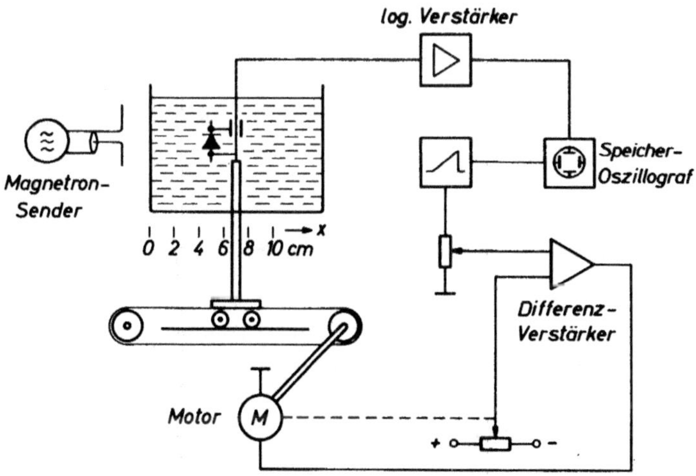

Bild 3.3. Apparatur zur Vorführung der Wellenausbreitungsdämpfung in verlustbehafteten Flüssigkeiten (z. B. Wasser und wäßrige Salzlösung). Die Sondenverschiebung erfolgt proportional zum Momentanwert einer Sägezahnspannung dadurch, daß der Antriebselektromotor ein Potentiometer dreht und damit eine Gleichspannung steuert, die mit dem Momentanwert der Sägezahnspannung in einem Differentialverstärker verglichen wird. Dessen Ausgangsspannung speist den Elektromotor.

Dipolsonde mit Kristallgleichrichter in Wellenausbreitungsrichtung verschiebbar angeordnet. Das quadratisch gleichgerichtete Sondensignal gelangt über einen logarithmischen Verstärker auf einem bildspeichernden Kathodenstrahloszillographen vertikal zur Anzeige. Zur horizontalen Kathodenstrahlablenkung dient eine Sägezahnspannung mit einigen Sekunden Anstiegszeit, die auch die Verschiebung der Sonde proportional zu ihrem Momentanwert steuert.

Mit dieser Anordnung entsteht das Diagramm Bild 3.4, das den Verlauf von $20 \log |E(x)/E(0)|$ über der Sondenstellung x zeigt. Dem exponentiellen Abklingen einer ebenen Welle im verlustbehafteten Medium entsprechend sollte die elektrische Empfangsleistung in der logarithmischen

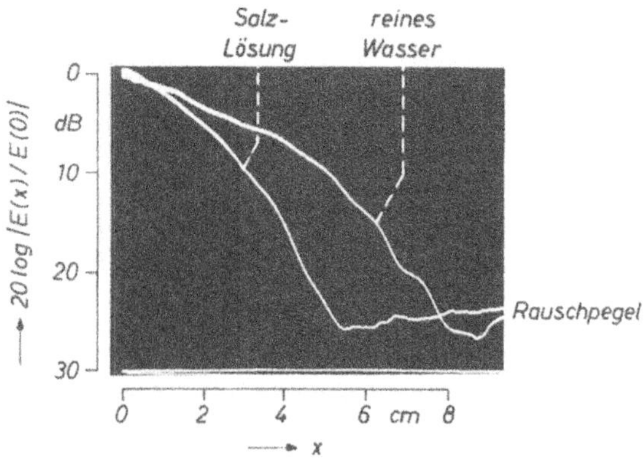

Bild 3.4. Amplitudenabnahme einer 3 GHz-Welle längs ihres Weges in reinem Wasser bzw. wäßriger Salzlösung (NaCl, 0,2 mol/l, s. Abschnitt 4.2) bei Zimmertemperatur.

Darstellung linear mit wachsender Weglänge der Welle im Wasser abnehmen. Jedoch wirken Reflexionen von den seitlichen Grenzflächen des Wasservolumens störend, die sich in der Welligkeit der Kurven ausdrücken. Auf die steiler abfallende Kurve der wäßrigen Salzlösung wird im Abschnitt 4.2 eingegangen.

3.3. Medien mit magnetischen Verlusten

Erhebliche magnetische Verluste treten lediglich in ferromagnetischen Stoffen auf. Nur in elektrisch nichtleitenden ferromagnetischen Stoffen – den meisten ferrimagnetischen Oxiden (Ferriten) – können dielektrische Verluste, allerdings nur in einem Teil des Hochfrequenzbereichs, vernachlässigt werden ($\varepsilon'' \approx 0$). Magnetische Verluste können sowohl auf Relaxations- wie auf Resonanzprozessen beim Magnetisierungsvorgang beruhen. Bei vielen Ferriten ändern sich Realteil μ' und Imaginärteil μ'' der Permeabilitätszahl in der im Bild 3.5 gezeigten, für „natürliche" ferromagnetische Resonanz typischen Weise mit der Frequenz, sofern die Materialien sich isotrop verhalten. Es handelt sich um eine verbreiterte Resonanzkurvenform, der eine Resonanzfrequenzverteilung zugrundeliegt. Die Permeabilitätszahlen betragen bei tiefen Frequenzen $\mu'(0) \approx 10^1 \ldots 10^3$. Für die Schwerpunktsresonanzfrequenz f_{res} findet man $10^7 \ldots 10^9$ Hz. Im Mikrowellengebiet liegt μ' meist nahe bei $\mu'(\infty)=1$. Die mehr oder weniger deutlich ausgeprägten Extremwerte im Frequenzgang von μ' unterscheiden diese Kurve von einer Relaxations-Dispersionskurve (Bild 3.2). Schärfer ausgeprägte Resonanzkurven $\mu(f)$ findet man nur in Materialien mit magnetischer Anisotropie, die kristallbedingt oder von einem äußeren statischen Magnetfeld hervorgerufen sein kann. Dann hat μ im allgemeinen Tensorcharakter. Auf diesen Fall wird erst im Abschnitt 8.4.1 eingegangen.

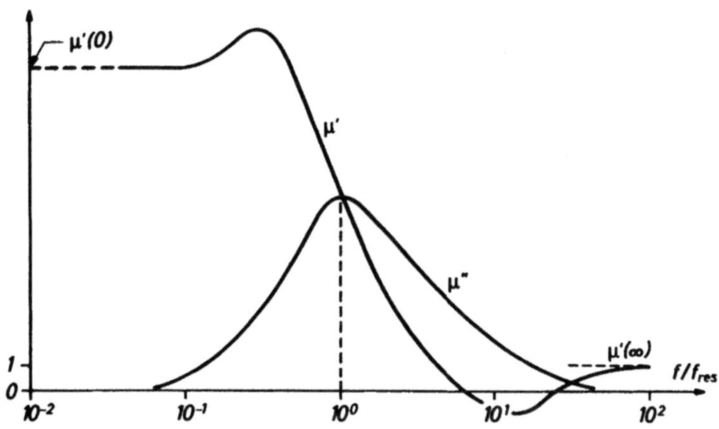

Bild 3.5. Frequenzgang des Realteils μ' und des Imaginärteils μ'' der Permeabilitätszahl von Ferriten auf Grund „natürlicher" ferromagnetischer Resonanz (f_{res} mittlere Resonanzfrequenz). Auch die Dielektrizitätszahl ε von Ionenkristallen kann einer ähnlichen Frequenzabhängigkeit unterliegen (Beispiel: $BaTiO_3$-Einkristall, $f_{\text{res}} \approx 300$ GHz bei 130 °C).

Bei der Behandlung der Wellenausbreitung in isotropen Ferriten als typischen Medien mit vorwiegend magnetischen Verlusten ist also mit $\mu' \gtreqless 0$, $\mu''>0$ und, bei Beschränkung auf genügend hohe Frequenzen, mit $\varepsilon'=10\ldots100$, $\varepsilon''=0$ zu rechnen. Unverändert gelten hier die Gleichungen (3.16), (3.17) und (3.18). Die Amplitude der ebenen Welle nimmt längs ihres Weges exponentiell ab. Der komplexe Feldwellenwiderstand

$$Z = \frac{E_y}{H_z} = Z_0 \sqrt{\frac{\mu' - \mathrm{i}\mu''}{\varepsilon'}} \tag{3.31}$$

zeigt eine Phasenverschiebung zwischen elektrischem und magnetischem Feld an, die hier aber ein anderes Vorzeichen als im Fall dielektrischer Verluste hat, sofern $\mu' > 0$ ist. Mit der elektrischen Feldstärke Gl. (3.16) folgt aus der Wellengleichung (3.6) für die komplexe Ausbreitungskonstante

$$\gamma^2 = -\mu_0 \varepsilon_0 \varepsilon' (\mu' - \mathrm{i}\mu'') \omega^2 \tag{3.32}$$

und daraus für die Dämpfungs- und Phasenkonstante

$$\left.\begin{matrix} \alpha \\ \beta \end{matrix}\right\} = \beta_0 \sqrt{\tfrac{1}{2}\varepsilon' (|\mu| \mp \mu')}. \qquad (3.33),\ (3.34)$$

Im Fall geringer Verluste gelten die Näherungsbeziehungen

$$\alpha \approx \tfrac{1}{2}(\tan\delta_\mu)\beta_0 \sqrt{\varepsilon' \mu'} \tag{3.35}$$

$$\left(\tan\delta_\mu = \frac{\mu''}{\mu'} \ll 1\right)$$

$$\beta \approx \beta_0 \sqrt{\varepsilon' \mu'} \tag{3.36}$$

3.4. Medien mit dielektrischen und magnetischen Verlusten

Will man die Wellenausbreitung in ferromagnetischen Nichtleitern ohne Beschränkung auf höhere Frequenzen beschreiben, so müssen auch dielektrische Verluste Berücksichtigung finden. Sowohl die Dielektrizitätszahl als auch die Permeabilitätszahl hängen nun in der oben erwähnten Weise von der Frequenz ab (Bilder 3.2 bzw. 3.5).

Der Feldwellenwiderstand hat hier die allgemeine Form

$$Z = \frac{E_y}{H_z} = Z_0 \sqrt{\frac{\mu' - \mathrm{i}\mu''}{\varepsilon' - \mathrm{i}\varepsilon''}}. \tag{3.37}$$

Im allgemeinen sind E_y und H_z gegeneinander phasenverschoben, außer im Sonderfall übereinstimmender Verlustfaktoren, $\tan\delta_\mu = \tan\delta_\varepsilon$, in dem Z reell wird. Ausbreitungs-, Dämpfungs- und Phasenkonstante lauten

$$\gamma^2 = -\mu_0 \varepsilon_0 (\mu' - \mathrm{i}\mu'')(\varepsilon' - \mathrm{i}\varepsilon'')\omega^2, \tag{3.38}$$

$$\left.\begin{matrix} \alpha \\ \beta \end{matrix}\right\} = \beta_0 \sqrt{\tfrac{1}{2}[|\varepsilon||\mu| \mp (\mu'\varepsilon' - \mu''\varepsilon'')]}. \qquad (3.39),\ (3.40)$$

Im Fall geringer Verluste gelten die Näherungsbeziehungen

$$\alpha \approx \tfrac{1}{2}(\tan\delta_\varepsilon + \tan\delta_\mu)\beta_0 \sqrt{\varepsilon' \mu'} \tag{3.41}$$

$$(\tan\delta_\varepsilon, \tan\delta_\mu \ll 1).$$

$$\beta \approx \beta_0 \sqrt{\varepsilon' \mu'} \tag{3.42}$$

4. Ebene Wellen in Leitern

Leitende Stoffe enthalten bewegliche Ladungsträger, die im elektrischen Feld $\boldsymbol{E}$ driften. Die Bewegung der Ladungsträger unterliegt meist geschwindigkeitsproportionalen „Reibungs“kräften, so daß die Stromdichte dem Ohmschen Gesetz

$$\boldsymbol{j}=\sigma \boldsymbol{E} \tag{2.8}$$

mit feldstärkeunabhängiger Leitfähigkeit σ gehorcht. Bei der in Abschnitt 3 für Nichtleiter beschriebenen Ableitung der Wellengleichung aus den Maxwellschen Gleichungen (2.17), (2.20) und (2.22) ist jetzt dieser Leitungsstrom zu berücksichtigen. Die Wellengleichung erhält damit die Form

$$\Delta \boldsymbol{E}=\mu_0 \varepsilon_0 \mu \varepsilon \frac{\partial^2 \boldsymbol{E}}{\partial t^2} + \mu_0 \mu \sigma \frac{\partial \boldsymbol{E}}{\partial t}, \tag{4.1}$$

die sich für die durch Gl. (3.3), (3.4) und (3.5) gekennzeichnete, linear polarisierte, in x-Richtung laufende ebene Welle der Kreisfrequenz ω zu

$$\frac{\partial^2 E_y}{\partial x^2} = (-\mu_0 \varepsilon_0 \mu \varepsilon \omega^2 + \mathrm{i}\mu_0 \mu \sigma \omega) E_y \tag{4.2}$$

vereinfacht. Eine entsprechende Form hat die Wellengleichung für Schallwellen in porösen Medien (z. B. Watte).

Die Ableitung der Wellengleichung (4.1) beruht mit der Gleichung (2.22) $\operatorname{div} \boldsymbol{E}=0$ auf der meist erfüllten Voraussetzung, daß die Raumladung der beweglichen Ladungsträger durch eine gleichgroße Raumladung entgegengesetzten Vorzeichens ausgeglichen ist (wie die der Elektronen in Metallen durch die der Gitterionen). Für nicht ladungskompensierte Plasmen, z. B. in Elektronenröhren, wäre die Raumladungsdichte ρ durch

$$\operatorname{div} \boldsymbol{E} = \frac{\rho}{\varepsilon_0} \tag{4.3}$$

bei der Herleitung der Wellengleichung zu berücksichtigen.

Ebenso wie in verlustbehafteten Nichtleitern läßt sich auch in Leitern das elektrische Feld der Welle durch

$$E_y=\hat{E}_y \mathrm{e}^{\mathrm{i}\omega t - \gamma x} \tag{3.16}$$

beschreiben. Für die komplexe Ausbreitungskonstante γ folgt mit Gl. (3.16) aus Gl. (4.2)

$$\gamma^2 =(\alpha + \mathrm{i}\beta)^2 = -\mu_0 \varepsilon_0 \omega^2 \mu \left(\varepsilon - \mathrm{i}\frac{\sigma}{\varepsilon_0 \omega}\right) \tag{4.4}$$

und für den Feldwellenwiderstand mit Gl. (3.16) und (4.4) aus Gl. (2.21)

$$Z = \frac{E_y}{H_z} = \frac{\mathrm{i}\omega \mu_0 \mu}{\gamma} = Z_0 \sqrt{\frac{\mu}{\varepsilon - \mathrm{i}\sigma/(\varepsilon_0 \omega)}}. \tag{4.5}$$

Man erkennt hieran, daß die Leitfähigkeit mit $\sigma/(\varepsilon_0 \omega)$ in den Imaginärteil der Dielektrizitätszahl einbezogen werden kann. Eine nur bei einer Frequenz ausgeführte Messung der komplexen Dielektrizitätszahl erlaubt es nicht, zwischen dielektrischem (Abschnitt 3.2) und Leitungsverlust zu unterscheiden. Erst die kennzeichnenden Unterschiede im Frequenzgang von ε'' nach Bild 3.2 und von $\sigma/(\varepsilon_0 \omega)$ ermöglichen eine Trennung.

Im allgemeinsten Fall leitender Stoffe sind außer der Leitfähigkeit ($\sigma > 0$) auch dielektrische ($\varepsilon'' > 0$) und magnetische ($\mu'' > 0$) Verluste zu berücksichtigen (*Beispiel:* schwach leitender Ferrit). Um aber die Bedeutung von Leitungsströmen für die Wellenausbreitung in Leitern übersichtlich zu behandeln, empfiehlt es sich, von dielektrischen und magnetischen Verlusten abzusehen und dementsprechend in Gl. (4.4) und (4.5) $\varepsilon = \varepsilon'$, $\mu = \mu'$ zu setzen.

Wichtige Gruppen leitender Stoffe sind die Metalle mit $\sigma \approx 6 \cdot 10^7 \ldots 10^6\,\Omega^{-1}\mathrm{m}^{-1}$ (z. B. Ag, Fe, Hg), die Halbleiter mit $\sigma \approx 10^6 \ldots 10^0\,\Omega^{-1}\mathrm{m}^{-1}$ (z. B. dotiertes bis „reines" Si, Ge), wäßrige Salzlösungen mit $\sigma \approx 10^1 \ldots 10^{-2}\,\Omega^{-1}\mathrm{m}^{-1}$ (z. B. Meerwasser) und gasförmige Plasmen mit $\sigma \approx 10^0 \ldots 10^{-3}\,\Omega^{-1}\mathrm{m}^{-1}$ (z. B. Leuchtröhren, Ionosphäre in 100 km Höhe). Für die besonderen Erscheinungen der Wellenausbreitung in Leitern bietet die Leitfähigkeit σ kein ausreichendes Unterscheidungsmerkmal. In σ gehen als die beiden wesentlichen Größen die *Ladungsträgerkonzentration n* und die *Zahl v der Stöße* je Sekunde eines Ladungsträgers (Ladung e, Masse m) mit Nachbarteilchen ein gemäß

$$\sigma = \frac{n e^2}{m v}. \tag{4.6}$$

Die beiden wichtigen Grenzfälle der Wellenausbreitung in Leitern sind durch große Stoßfrequenz, nämlich in Metallen mit $v \approx 10^{14}\,\mathrm{s}^{-1}$ (Cu), und kleine Stoßfrequenz, nämlich in Gasplasmen mit $v \approx 10^6\,\mathrm{s}^{-1}$ (Ionosphäre), voneinander unterschieden.

4.1. Metalle. Skineffekt

Die Bewegung der Leitungselektronen in Metallen unter dem Einfluß des elektrischen Feldes $E_y = \hat{E}_y(x)\mathrm{e}^{\mathrm{i}\omega t}$ wird beschrieben durch

$$m \frac{\partial u_y}{\partial t} + m v u_y = (\mathrm{i}\omega m + m v) u_y = -e E_y \tag{4.7}$$

mit m = Masse, $-e$ = Ladung und u_y = Driftgeschwindigkeit der Elektronen. Im Hochfrequenzbereich ist die Kreisfrequenz des elektrischen Wechselfeldes ($\omega < 10^{12}\,\mathrm{s}^{-1}$) gegenüber der Stoßfrequenz in Metallen ($\nu \approx 10^{14}\,\mathrm{s}^{-1}$) vernachlässigbar. Die häufigen Stöße der Elektronen mit den Gitterbausteinen, bei denen sie die vom Feld aufgenommene Energie immer wieder verlieren, unterdrücken im zeitlichen Mittel die beschleunigende Wirkung des Feldes. So führt die Bewegungsgleichung (4.7) auf die feldproportionale Stromdichte

$$j_y = -n e u_y = \frac{n e^2}{m \nu} E_y = \sigma E_y \qquad (\omega \ll \nu) \tag{4.8}$$

des Ohmschen Gesetzes.

Die Dämpfungs- und Phasenkonstante der ebenen Welle Gl. (3.16) im Metall mit $\varepsilon = \varepsilon'$, $\mu = \mu'$ lauten gemäß Gl. (4.4)

$$\left.\begin{matrix}\alpha\\ \beta\end{matrix}\right\} = \omega\sqrt{\varepsilon_0 \varepsilon' \mu_0 \mu'}\sqrt{\frac{1}{2}\left[\sqrt{1 + \left(\frac{\sigma}{\varepsilon_0 \varepsilon' \omega}\right)^2} \mp 1\right]}. \qquad \begin{matrix}(4.9)\\ (4.10)\end{matrix}$$

Im Hochfrequenzbereich gilt für Metalle $\sigma/(\varepsilon_0 \varepsilon' \omega) > 10^5$, so daß sich Gl. (4.9) und (4.10) durch die sehr gute Näherung

$$\alpha \approx \beta \approx \sqrt{\frac{\mu_0 \mu' \sigma \omega}{2}} \qquad \left(\frac{\sigma}{\varepsilon_0 \varepsilon' \omega} \gg 1\right) \tag{4.11}$$

ersetzen lassen. Die Amplitude der Welle fällt also längs einer Wellenlänge $\lambda = 2\pi/\beta$ im Metall sehr steil ab, nämlich um den Faktor $e^{-2\pi} \approx 0{,}0019 \mathrel{\hat{=}} -54{,}5$ dB. Phasengeschwindigkeit $v = \omega/\beta$ und Wellenlänge $\lambda = 2\pi/\beta$ sind im Vergleich zur Ausbreitung im leeren Raum stark verkleinert, wie das Zahlenbeispiel für Kupfer zeigt:

Cu: $\sigma \approx 6 \cdot 10^7\,\Omega^{-1}\,\mathrm{m}^{-1} \rightarrow \omega/\beta \approx 0{,}41 \cdot \sqrt{f}$ (m/s)

f	$v = \omega/\beta$	$\lambda = 2\pi/\beta$
50 Hz	2,9 m/s	5,8 cm
10 kHz	41 m/s	0,41 cm
10 GHz	$4{,}1 \cdot 10^4$ m/s	$4{,}1 \cdot 10^{-4}$ cm

Der Feldwellenwiderstand

$$Z = \frac{E_y}{H_z} = \sqrt{\frac{\mu_0}{\varepsilon_0}}\sqrt{\frac{\mu'}{\varepsilon'}}\frac{1}{\sqrt{1 - \mathrm{i}\dfrac{\sigma}{\varepsilon_0 \varepsilon' \omega}}} \approx \sqrt{\frac{\mathrm{i}\mu_0 \mu' \omega}{\sigma}} = e^{\mathrm{i}\frac{\pi}{4}}\sqrt{\frac{\mu_0 \mu' \omega}{\sigma}} \tag{4.12}$$

läßt erkennen, daß E_y und H_z um 45° gegeneinander phasenverschoben sind. Der Betrag des Feldwellenwiderstandes bleibt im gesamten Hochfrequenzgebiet unter 1 Ω.

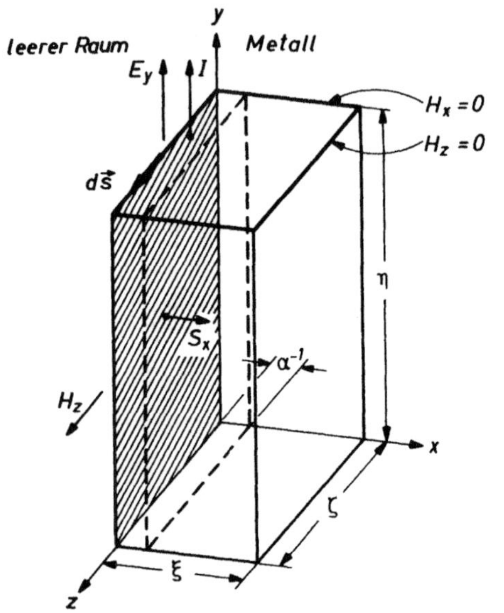

Bild 4.1. Stück der Oberflächenschicht eines metallischen Halbraums ($x>0$) mit den zur Berechnung des skineffektbedingten Flächenwiderstandes benutzten Bezeichnungen. Die gestrichelten Linien deuten etwa die innere Begrenzung der stromführenden Oberflächenschicht an.

Das Verhalten elektromagnetischer Wellen in Metallen entspricht demjenigen von mechanischen Schubwellen in zähflüssigen Medien. In beiden Fällen dringt eine von außen auftreffende Welle nur in eine dünne Oberflächenschicht ein. Die Erscheinung, daß nur in der Oberflächen-„Haut" von Metallen elektromagnetische Felder bestehen können, heißt *Skineffekt*, $\alpha^{-1} = \lambda/2\pi$ heißt *Skintiefe*. Demzufolge sind Hochfrequenzströme immer auf die Leiteroberflächen beschränkt, so daß metallische Leiter für sie einen größeren ohmschen Widerstand als für Gleichstrom aufweisen. Für die quantitative Beschreibung dieses Widerstandes werden Leitungsstrom und Energiefluß zunächst für den Fall bestimmt, daß eine ebene Welle aus dem leeren Raum ($x<0$) senkrecht auf die in der y,z-Ebene bei $x=0$ liegende Oberfläche eines metallischen Halbraums ($x>0$) auftrifft (Bild 4.1). Der gesamte parallel zur Oberfläche fließende Strom, der das in Bild 4.1 dick umrandet gezeichnete Rechteck mit den Kantenlängen $\xi \gg \alpha^{-1}, \zeta$ durchsetzt, folgt aus Gl. (2.15) zu

$$I = \oint \boldsymbol{H}\, \mathrm{d}\boldsymbol{s} = (H_z)_{x=0} \cdot \zeta. \tag{4.13}$$

Zum Linienintegral trägt nur die magnetische Feldstärke H_z in der Oberfläche ($x=0$) bei, weil nach Gl. (3.5) $H_x = 0$ ist und für $x = \zeta \gg \alpha^{-1}$ auch $H_z \sim \exp(-\alpha x)$ gegen Null geht.

Der mit der ebenen Welle durch das Metalloberflächenstück $\eta\zeta$ tretende mittlere Energiefluß (= „Wirkleistung") ergibt sich gemäß Gl. (3.15) als Realteil der Größe $\frac{1}{2} E_y H_z^* \eta\zeta$. Der Imaginärteil davon beschreibt den zwischen dem Feld und den Elektronen verlustfrei periodisch ausgetauschten Leistungsanteil, die „Blindleistung“. Die Gl. (4.13) ermöglicht die Umformung

$$\frac{1}{2} E_y H_z^* \eta \zeta = \frac{1}{2} Z H_z H_z^* \eta \zeta = \frac{1}{2} Z \frac{\eta}{\zeta} I I^*, \tag{4.14}$$

die auf die vom Strom I am Widerstand $(\eta/\zeta)Z$ umgesetzte (Realteil) bzw. die mit ihm ausgetauschte (Imaginärteil) Leistung führt. Unter Verwendung des Feldwellenwiderstandes in der Form

$$Z \approx \sqrt{\frac{\mu_0 \mu' \omega}{2\sigma}} + \mathrm{i}\omega \sqrt{\frac{\mu_0 \mu'}{2\omega\sigma}} \tag{4.12a}$$

kann man also auf Grund von Gl. (4.14) der stromführenden Oberflächenschicht der Breite ζ und der Länge η den ohmschen Widerstand $\sqrt{\mu_0 \mu' \omega / 2\sigma} \times (\eta/\zeta)$ und die Induktivität $\sqrt{\mu_0 \mu' / 2\omega\sigma}(\eta/\zeta)$ zuschreiben. Den mit ζ/η multiplizierten Widerstand nennt man *Flächenwiderstand*. Er ist der Widerstand zwischen gegenüberliegenden Kanten eines quadratischen $(\eta = \zeta)$ Stückes einer dünnen Leiterschicht. Demnach stellt

$$R_\sim = \sqrt{\frac{\mu_0 \mu' \omega}{2\sigma}} \quad (\Omega) \tag{4.15}$$

den skineffektbedingten Flächenwiderstand einer Metalloberfläche dar.

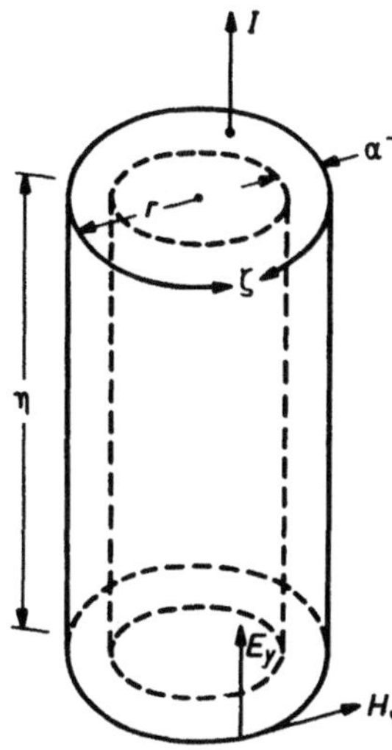

Bild 4.2. Metalldrahtstück mit den zur Berechnung des skineffektbedingten Widerstandes benutzten Bezeichnungen. Die gestrichelten Linien deuten etwa die innere Begrenzung der stromführenden Oberflächenschicht an.

Die für eine ebene Metalloberfläche angestellte Betrachtung läßt sich auf einen stromführenden runden Draht übertragen, wenn man nur die in der Oberfläche liegenden Feldkomponenten E_y, H_φ berücksichtigt (Bild 4.2). Das ebene Oberflächenschichtstück mit den Kantenlängen η, ζ aus Bild 4.1 ist beim Draht zur Zylindermantelschicht mit dem Umfang $\zeta = 2\pi r$ (r = Drahtradius) und der Länge η zusammengerollt (Bild 4.2). Mit der gleich $2\pi r$ gewählten Länge η hat das Drahtstück dann gerade einen Widerstand gleich dem Skin-Flächenwiderstand $R_\sim$, Gl. (4.15), und der skineffektbedingte Widerstand je 1 m Drahtlänge beträgt

$$R'_\sim = \frac{R_\sim}{2\pi r} = \frac{\sqrt{\mu_0 \mu' \omega/(2\sigma)}}{2\pi r} \quad (\Omega/\mathrm{m}). \tag{4.16}$$

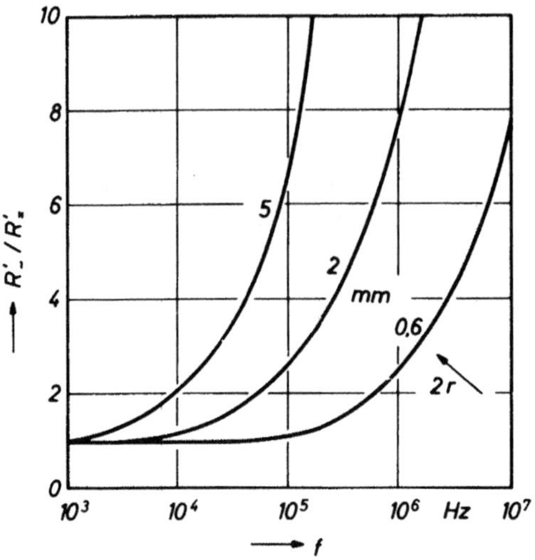

Gegenüber Gleichstrom besitzt der Draht den längenbezogenen Widerstand

$$R'_{=} = \frac{1}{\pi r^2 \sigma} \; (\Omega/\mathrm{m}). \tag{4.17}$$

Bild 4.3. Verhältnis des ohmschen Hochfrequenzwiderstandes $R'_{\sim}$ zum Gleichstromwiderstand $R'_{=}$ von Kupferdrähten verschiedenen Durchmessers $2r$ in Abhängigkeit von der Frequenz f.

Das Verhältnis des ohmschen Hochfrequenzwiderstandes zum Gleichstromwiderstand von Drähten

$$\frac{R'_{\sim}}{R'_{=}} = \frac{r}{2} \sqrt{\frac{\mu_0 \mu' \omega \sigma}{2}} \tag{4.18}$$

ist im Diagramm Bild 4.3 in Abhängigkeit von der Frequenz f für Kupferdrähte verschiedenen Durchmessers $2r$ dargestellt. Mit zunehmendem Drahtdurchmesser wird ein immer kleinerer Teil des Querschnitts vom Hochfrequenzstrom ausgenutzt. Anstelle dicker, massiver Drähte genügen also zur Fortleitung von Hochfrequenzströmen Rohre, deren Widerstand durch Oberflächenversilberung und Polieren verringert werden kann. Wirksamer als ein dicker massiver Draht erweist sich auch Litze, d. h. ein Bündel dünner, voneinander isolierter, miteinander verdrillter Drähte.

Führt der in Bild 4.2 skizzierte Draht eine axial laufende Welle, oder gehört er zu einem wellenführenden Leitersystem (Lecherleitung, Koaxialleitung, s. Abschnitt 6.1), so überwiegt in der Umgebung des Drahtes die Radialkomponente des elektrischen Feldes. Dagegen dringt radial in die Oberflächenschicht des Drahtes eine „Skinwelle“ mit axialem elektrischen Feld E_y ein. Sie entsteht dadurch, daß ein kleiner Teil der streifend den Draht entlanglaufenden Welle in den Draht radial hineingebrochen wird (Brechungsgesetz, s. Abschnitt 5.3).

Nachweis des Skineffekts

Hochfrequenzlitze, also ein Bündel dünner, gegeneinander isolierter, miteinander verdrillter Drähte, weist einen kleineren ohmschen Widerstand für Hochfrequenzströme auf als ein massiver Draht mit einem Querschnitt gleich dem resultierenden Leiterquerschnitt der HF-Litze, weil

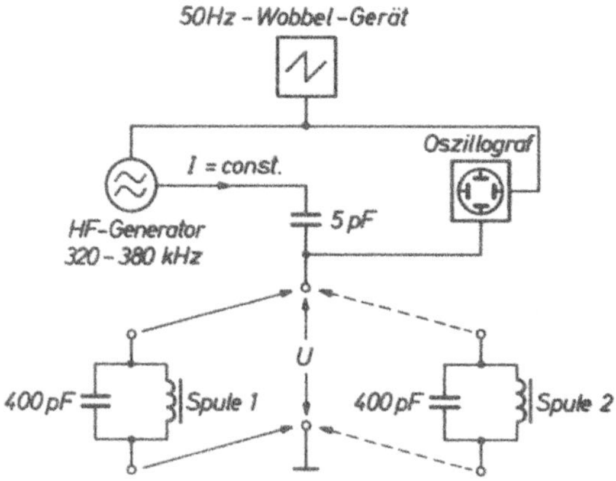

Bild 4.4. Apparatur zum Nachweis des Skineffektes.

deren Leiteroberfläche größer ist. Zur Vorführung dieses Widerstandsunterschiedes benutzen wir zwei auf gleiche Spulenkörper („Dralowid-Würfel") gewickelte Spulen gleicher Windungszahl. Jede Spule bildet zusammen mit je einem parallelgeschalteten Kondensator einen Schwingungskreis mit der Resonanzfrequenz 350 kHz. Die Spule 1 ist mit Kupfer-HF-Litze aus zwanzig 0,05 mm starken Adern und die Spule 2 mit 0,45 mm starkem massivem Kupferdraht gewickelt.

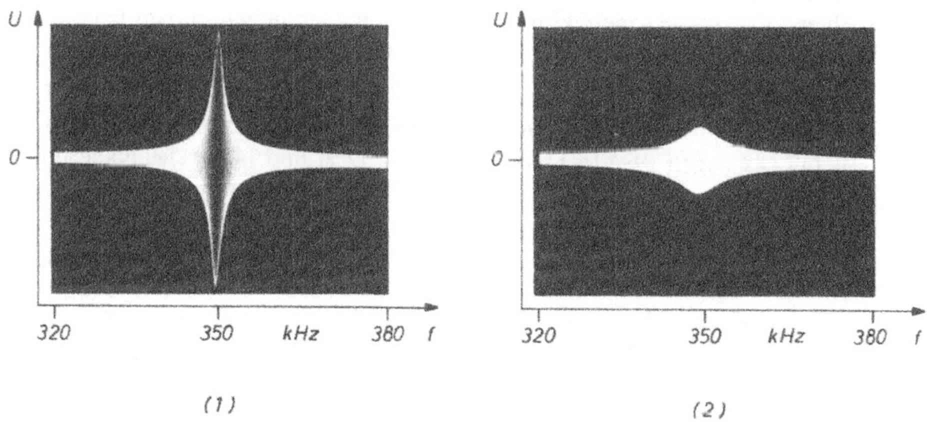

Bild 4.5. Mit der Apparatur nach Bild 4.4 erhaltene Resonanzkurven (Spannung über Frequenz) zweier Schwingkreise. (1) Spule aus HF-Litze, (2) aus Massivdraht gewickelt.

Der gesamte Leiterquerschnitt der HF-Litze beträgt 0,04 mm^2 und der Querschnitt des massiven Drahtes 0,16 mm^2. Dementsprechend ergibt die Messung der Gleichstromwiderstände der Spulen 2,4 Ω bzw. 0,6 Ω. Zur Beobachtung des Hochfrequenzverhaltens speisen wir den einen oder anderen Schwingungskreis, wie im Bild 4.4 schematisch dargestellt, aus einem Hochfrequenzgenerator über einen kleinen Kondensator (5 pF), der nahezu unabhängig von dem im Vergleich zu seinem Widerstand kleinen Schwingkreiswiderstand die Stromstärke vorgibt. Die Generatorfrequenz wird periodisch mit 50 Hz zwischen 320 und 380 kHz zeitlinear verändert („gewobbelt"). Die Generatorspannung und damit der Strom durch den Schwingungskreis bleiben konstant. Ein Kathodenstrahloszillograph zeichnet die Schwingkreisspannung über der Frequenz auf. Die so entstandenen Resonanzkurven der beiden Schwingungskreise zeigt Bild 4.5. Die relative Halbwertsbreite ist annähernd proportional dem ohmschen Hochfrequenzwiderstand der Spule. Trotz des viermal größeren Gleichstromwiderstandes der Litzenspule (1) ergibt sich bei ihr aus dem Vergleich der Resonanzkurvenbreiten ein etwa vierfach kleinerer Hochfrequenzwiderstand als bei der Massivdrahtspule (2).

4.2. Nichtmetallische feste und flüssige Leiter

Unter den Nichtmetallen gibt es eine Reihe von Stoffen mit beweglichen Ladungsträgern (Elektronen, Defektelektronen oder Löcher, Ionen), deren Stoßfrequenzen ν, ähnlich wie in Metallen, sehr groß gegenüber den Frequenzen elektrischer Hochfrequenzfelder sind ($\nu \gg \omega$), so daß für die Stromdichte wiederum (4.8) gilt (gegebenenfalls mit e, m für Ionen). Jedoch weisen diese Stoffe viel kleinere Ladungsträgerkonzentrationen n als die Metalle auf (Metalle: $n \approx 10^{23}\,\text{cm}^{-3}$; Halbleiter: $n \approx 10^{14} \ldots 10^{20}\,\text{cm}^{-3}$), so daß nicht mehr $\sigma/(\varepsilon_0 \varepsilon' \omega) \gg 1$, sondern vielfach (wenigstens im oberen Hochfrequenzbereich) $\sigma/(\varepsilon_0 \varepsilon' \omega) \ll 1$ gilt. Zu diesen Stoffen mit kleiner Leitfähigkeit σ („schlechte" Leiter) gehören insbesondere die Halbleiter, Mischstoffe aus dielektrischen und leitenden Materialien (z. B. Kunstharz oder Paraffin mit Graphitpulver, Kohlepapier) sowie ionenhaltige Flüssigkeiten. Genau genommen fallen auch viele als Nichtleiter bezeichnete Materialien hierunter, die sehr geringe Mengen beweglicher Ladungsträger enthalten können.

Für die Dämpfungs- und Phasenkonstante ebener Wellen in schlechten Leitern mit $\nu \gg \omega$, $\sigma/(\varepsilon_0 \varepsilon' \omega) \ll 1$ folgen aus Gl. (4.9) und (4.10) die Näherungsbeziehungen

$$\alpha \approx \frac{\sigma}{2} \sqrt{\frac{\mu_0 \mu'}{\varepsilon_0 \varepsilon'}}, \tag{4.19}$$

$$\beta \approx \omega \sqrt{\varepsilon_0 \mu_0} \sqrt{\varepsilon' \mu'} = \beta_0 \sqrt{\varepsilon' \mu'}. \tag{4.20}$$

Der Feldwellenwiderstand erhält nach Gl. (4.5) die Näherungsform

$$Z \approx Z_0 \sqrt{\frac{\mu'}{\varepsilon'}} \left(1 + \mathrm{i}\,\frac{\sigma}{2 \varepsilon_0 \varepsilon' \omega}\right). \tag{4.21}$$

$\sigma/(\varepsilon_0 \varepsilon' \omega)$ ist das Verhältnis von kapazitivem zu ohmschem Widerstand eines mit dem schwach leitenden Material gefüllten Kondensators.

In den Formeln (4.19), (4.20) und (4.21) finden dielektrische Verluste keine Berücksichtigung. Die erwähnten Gruppen schlechter Leiter können aber durchaus auch dielektrische Verluste aufweisen ($\varepsilon'' > 0$). Die Wellenkenndaten müssen dann den Gleichungen (4.4) und (4.5) entnommen werden.

Das Verhältnis von kapazitivem zu ohmschem Widerstand nimmt für tiefe Frequenzen auch bei schwach leitenden Stoffen sehr große Werte $\sigma/(\varepsilon_0 \varepsilon' \omega) \gg 1$ an, was die niederfrequente Messung der Dielektrizitätszahl ε' unmöglich macht. Die Bestimmung des statischen Wertes $(\varepsilon')_{f \to 0}$ gelingt dann nur durch Extrapolation von Hochfrequenzmeßdaten $(\varepsilon')_{f \gg 0}$ (aus α, β oder Z) auf die Frequenz Null.

Wellenausbreitungsdämpfung in einer schwach leitenden Flüssigkeit

Als Beispiel einer schwach leitenden Flüssigkeit wählen wir eine Lösung von Kochsalz (NaCl) in Wasser. Die Vorführung der Dämpfung einer Welle in dieser Lösung erfolgt mit der im Anschluß an Abschnitt 3.2 erwähnten Apparatur. Die steilere der beiden Kurven im Diagramm Bild 3.4 beschreibt für eine etwa 0,2 molare Lösung den räumlichen Amplitudenverlauf $20 \log |E(x)/E(0)|$ bei der Frequenz 3 GHz und Zimmertemperatur. Leitfähigkeitsverluste und dielektrische Verluste haben ähnliche Größe gemäß $\sigma/(\varepsilon_0 \varepsilon' \omega) \approx 0{,}16$; $\varepsilon''/\varepsilon' \approx 0{,}15$.

4.3. Plasmen

Der Begriff Plasma umfaßt solche leitenden Stoffe, deren ungebundene Ladungsträger sich im Gegensatz zu den beiden vorher behandelten Leitergruppen durch verhältnismäßig kleine Stoßfrequenzen auszeichnen. Die Zahl ν der Stöße je Sekunde eines Ladungsträgers mit Nachbarteilchen ist von ähnlicher Größe wie oder kleiner als die Frequenz hochfrequenter elektrischer Felder ($\nu \lesssim \omega$). Das trifft nicht nur auf gasförmige Plasmen, sondern bei genügend hohen Frequenzen und tiefen Temperaturen auch auf manche Halbleiter, z. B. InSb, zu, so daß man gelegentlich von Festkörperplasmen spricht.

Im Hinblick auf die Wellenausbreitung in der Ionosphäre interessieren hier vorwiegend gasförmige Plasmen, die aus freien Elektronen und Ionen gleicher Anzahldichte n, sowie aus neutralen Gasmolekülen bestehen. Die Feldfrequenzen seien so groß angenommen, daß die schweren Ionen gegenüber den leichten Elektronen als ruhend betrachtet werden können. Dann gilt wieder Gleichung (4.7) für die Driftbewegung der ungebundenen Elektronen unter dem Einfluß des elektrischen Feldes $E_y = \hat{E}_y(x) e^{i\omega t}$

$$(i\omega m + m\nu) u_y = -e E_y. \tag{4.7}$$

Im Gegensatz zu den Metallen ist jetzt aber der Beschleunigungsterm $i\omega m$ nicht mehr gegenüber dem „Reibungs"-Term vernachlässigbar, so daß sich für die Stromdichte

$$j_y = -neu_y = \frac{ne^2}{m(i\omega + \nu)} E_y = \left[\frac{ne^2 \nu/m}{\omega^2 + \nu^2} - i\omega \frac{ne^2/m}{\omega^2 + \nu^2}\right] E_y \tag{4.22}$$

ergibt. Würde hier wie in Gl. (4.8) die Leitfähigkeit eingeführt, so wäre sie gemäß Gl. (4.22) komplex. Der Imaginärteil der Gleichung (4.22) beschreibt einen Stromdichteanteil, der gegenüber dem elektrischen Feld die Phasenverschiebung 90° aufweist. Das ist aber gerade die kennzeichnende Eigenschaft der dielektrischen Verschiebungs- und der Polarisationsstromdichte

$$\frac{\partial P_y}{\partial t} = \varepsilon_0(\varepsilon' - 1)\frac{\partial E_y}{\partial t} = i\omega\varepsilon_0(\varepsilon' - 1)E_y. \tag{4.23}$$

Dementsprechend wird aus dem Imaginärteil von Gl. (4.22) die von den ungebundenen Elektronen herrührende Dielektrizitätszahl

$$\varepsilon_e' = 1 - \frac{ne^2/(\varepsilon_0 m)}{\omega^2 + \nu^2} \tag{4.24}$$

abgeleitet. Nimmt man in Gl. (4.23) die von den Ionen und neutralen Molekülen herrührende Polarisationsstromdichte $i\omega\varepsilon_0(\varepsilon_g' - 1)E_y$ mit dazu, so folgt für die resultierende Dielektrizitätszahl des Plasmas

$$\varepsilon' = \varepsilon_g' + \varepsilon_e' - 1 = \varepsilon_g' - \frac{ne^2/(\varepsilon_0 m)}{\omega^2 + \nu^2}. \tag{4.25}$$

Aus dem Realteil von Gl. (4.22) erhält man für die Leitfähigkeit des Plasmas

$$\sigma = \frac{ne^2}{m\nu} \cdot \frac{\nu^2}{\omega^2 + \nu^2}. \tag{4.26}$$

Das zu $\varepsilon_e' < 1$ führende Minuszeichen in Gl. (4.24) ist lediglich eine Folge davon, daß die Verschiebung y freier Masseteilchen, von Stößen einmal abgesehen, der zeitlich sinusförmig wechselnden Kraft F_y gemäß

$$m\frac{\partial^2 y}{\partial t^2} = -m\omega^2 y = F_y \tag{4.27}$$

entgegengerichtet ist. Die für Plasmen kennzeichnende Eigenschaft $\varepsilon_e' < 1$ beeinflußt entscheidend die Wellenausbreitung. Das kommt besonders klar zum Ausdruck, wenn die Stoßfrequenz gegenüber der Feldfrequenz vernachlässigbar ist. Dann erhält man mit

$$\varepsilon' \approx \varepsilon_g' \left[1 - \frac{n e^2/(\varepsilon_0 \varepsilon_g' m)}{\omega^2}\right] = \varepsilon_g' \left[1 - \left(\frac{\omega_P}{\omega}\right)^2\right] \tag{4.25a}$$

$$(\nu^2 \ll \omega^2)$$

$$\sigma \approx 0 \tag{4.26a}$$

aus Gl. (4.4) für die Ausbreitungskonstante

$$\gamma = \alpha + i\beta = i\beta_0 \sqrt{\varepsilon_g' \left[1 - \left(\frac{\omega_P}{\omega}\right)^2\right]} \tag{4.28}$$

und aus Gl. (4.5) für den Feldwellenwiderstand

$$Z = \frac{Z_0}{\sqrt{\varepsilon_g' \left[1 - \left(\frac{\omega_P}{\omega}\right)^2\right]}}. \tag{4.29}$$

Die hier durch

$$\omega_P = \sqrt{\frac{n e^2}{\varepsilon_0 \varepsilon_g' m}} = \frac{2\pi}{\sqrt{\varepsilon_g'}} \cdot 8{,}979 \cdot \sqrt{n/[\mathrm{m}^{-3}]}\ [\mathrm{s}^{-1}] \tag{4.30}$$

eingeführte „Plasmakreisfrequenz" stellt eine Grenzfrequenz dar. Wellen mit Kreisfrequenzen $\omega > \omega_P$ breiten sich ungedämpft aus gemäß

$$\beta = \beta_0 \sqrt{\varepsilon_g' \left[1 - \left(\frac{\omega_P}{\omega}\right)^2\right]}; \quad \alpha = 0, \quad (\omega > \omega_P). \tag{4.31}$$

Eine mit Kreisfrequenzen $\omega < \omega_P$ erfolgende Anregung führt zu keiner Wellenausbreitung, sondern zu einer räumlich exponentiell abklingenden, überall gleichphasigen Schwingung gemäß

$$\alpha = \beta_0 \sqrt{\varepsilon_g' \left[\left(\frac{\omega_P}{\omega}\right)^2 - 1\right]}; \quad \beta = 0, \quad (\omega < \omega_P). \tag{4.32}$$

Bild 4.6 zeigt das Diagramm der Frequenzabhängigkeit von β und α. Die räumlich exponentielle Abnahme $E, H \sim \exp(-\alpha x)$ des elektrischen und magnetischen Feldes ist nicht mit Verlust an elektromagnetischer Energie verbunden („Blinddämpfung“). Die für $\omega < \omega_P$ mit $\varepsilon' < 0$ aus dem rein imaginären Feldwellenwiderstand Z, Gl. (4.29), folgende 90°-Phasenverschiebung zwischen E_y und H_z bedeutet, daß jeglicher Wirkleistungstransport fehlt. Hinter der Aussage $\varepsilon'_e < 1$, Gl. (4.24), steht, daß das von den schwingenden Elektronen (gegebenenfalls auch positiven Ionen) erzeugte elektrische Sekundärstrahlungsfeld dem anregenden Feld entgegengerichtet ist. Mit abnehmen-

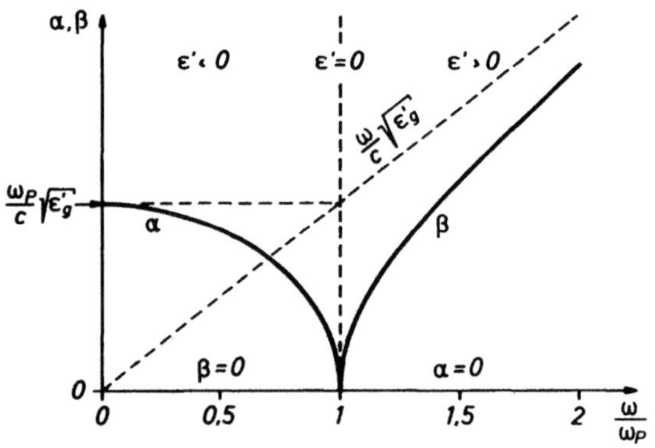

Bild 4.6. Frequenzabhängigkeit der Phasenkonstante β und der Dämpfungskonstante α elektromagnetischer Wellen in Plasmen mit der Plasma-Kreisfrequenz ω_P.

der Frequenz wächst die Amplitude des Sekundärstrahlungsfeldes und wird für $\omega \to \omega_P$ ebenso groß wie die Amplitude des anregenden Feldes ($\varepsilon' \to 0$, Gl. 4.25). Wegen der Gegenphasigkeit beider Felder hört damit die Wellenausbreitung auf.

Aus der Phasenkonstante β in Gl. (4.31) und Bild 4.6 folgt für die Phasengeschwindigkeit

$$v = \frac{\omega}{\beta} = \frac{c}{\sqrt{\varepsilon'_g \left[1 - \left(\frac{\omega_P}{\omega}\right)^2\right]}} \tag{4.33}$$

und für die Gruppengeschwindigkeit (s. Abschnitt 7.3.2.1, Gl. (7.84))

$$v' = \frac{d\omega}{d\beta} = \frac{c}{\sqrt{\varepsilon'_g}} \sqrt{1 - \left(\frac{\omega_P}{\omega}\right)^2}, \tag{4.34}$$

deren Frequenzabhängigkeiten Bild 4.7 zeigt.

Sollen die Stöße der Elektronen mit den Ionen und neutralen Molekülen Berücksichtigung finden, dann sind α und β mit ε' gemäß Gl. (4.25) und mit σ gemäß Gl. (4.26) aus Gl. (4.4) zu bestimmen. Sowohl im bisherigen „Sperrgebiet“ $\omega < \omega_P$ als auch im Ausbreitungsgebiet $\omega > \omega_P$ tritt dann Wirkdämpfung auf, die nur gering ist, wenn $v < \omega$ bleibt. Im bisherigen Sperrgebiet $\omega < \omega_P$ geht die Phasenkonstante nicht auf Null, sondern behält sehr kleine Werte $\beta > 0$ bei. Wegen der nach wie vor großen Blinddämpfung $\alpha \gg \beta$ kommt der Wellencharakter aber kaum zum Ausdruck.

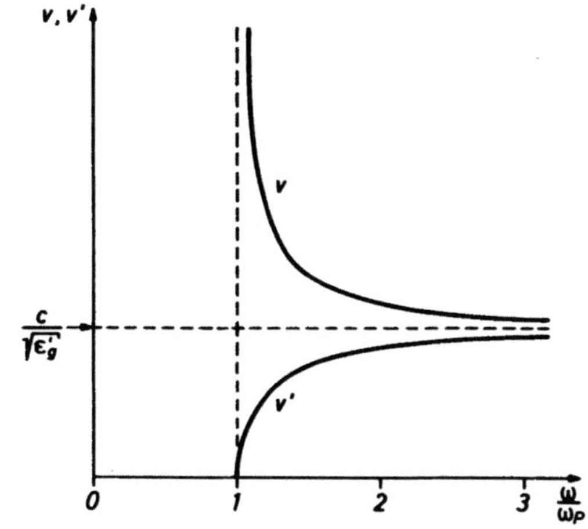

Bild 4.7. Frequenzabhängigkeit der Phasengeschwindigkeit v und der Gruppengeschwindigkeit v' elektromagnetischer Wellen in Plasmen mit der Plasma-Kreisfrequenz ω_P.

Unterliegt das Plasma einem statischen Magnetfeld, so kann es neben der Plasmafrequenz ω_P, Gl. (4.30), noch weitere kritische Frequenzen geben, die zusätzliche Sperrgebiete von Ausbreitungsgebieten abgrenzen. Hierauf wird bei der Behandlung der Wellenausbreitung in der Ionosphäre noch eingegangen (Abschnitt 10.4.2).

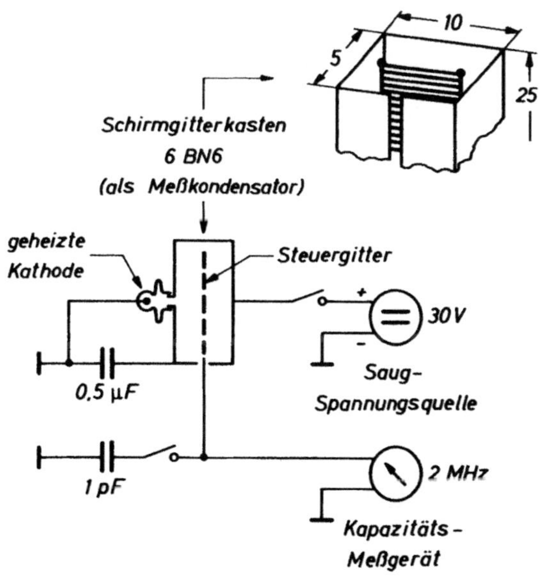

Bild 4.8. Apparatur zur Messung der Dielektrizitätszahl eines Elektronenplasmas.

Dielektrizitätszahl eines Plasmas

Mit einem zunächst leeren und dann mit freien Elektronen gefüllten Kondensator läßt sich zeigen, daß die Dielektrizitätszahl ε_e' eines aus freien Elektronen bestehenden Plasmas gemäß Gl. (4.24) $\varepsilon_e' < 1$ ist. Als Kondensator kann z. B. das kastenförmig ausgebildete Schirmgitter mit dem davon umhüllten Steuergitter der Elektronen-Spezialröhre 6BN6 dienen, die teilweise im Bild 4.8 schematisch dargestellt ist. Von der geheizten Kathode können Elektronen durch einen schmalen Spalt nur dann in den Schirmgitterkasten, also in den „Meßkondensator" gelangen, wenn zwischen der Kathode und dem hier als Anode wirkenden Schirmgitterkasten eine Saugspannung von etwa 30 V liegt. Ohne diese Spannung wird zunächst die Leerkapazität des Meßkondensators von etwa 4 pF mit einem bei der Frequenz 2 MHz arbeitenden Kapazitätsmeßgerät angezeigt (Relativanzeige genügt). Werden mittels der Saugspannung Elektronen in den Meßkondensator gebracht, so erniedrigt sich wegen $\varepsilon_e' < 1$ die Kapazitätsanzeige. Hinzuschalten eines 1-pF-Kondensators bringt sie wieder auf den ursprünglichen Wert.

5. Ebene Wellen an Grenzflächen

Die Wechselwirkung elektromagnetischer Wellen mit Materie beruht auf Elementarprozessen, die darin bestehen, daß das Wellenfeld Moleküle, Atome oder freie Elektronen zu elektrischen (gegebenenfalls auch magnetischen) Dipolschwingungen anregt und sie damit zur Aussendung von Sekundärstrahlung veranlaßt. Der einzelne Elementarstrahler strahlt (isotrope Polarisierbarkeit vorausgesetzt) vorwiegend senkrecht zur Richtung des anregenden elektrischen Feldes rundum ab, in Feldrichtung dagegen nicht („Hertzsche Dipolstrahlung", s. Abschnitt 10.1). In einem unendlich ausgedehnten, homogenen, isotropen Medium setzen sich die von einer ebenen Welle angeregten Sekundärwellen aller Elementarstrahler ebenfalls zu einer ebenen Welle mit gleicher Ausbreitungsrichtung wie der der anregenden Welle zusammen. Die seitwärts oder rückwärts gerichtete Strahlung aller Elementarstrahler interferiert zu Null. Diese Interferenz wird gestört, wenn in einem Teil des Raumes alle Elementarstrahler fehlen, das Medium also begrenzt ist, oder wenn sich in einem Teil des Raumes Elementarstrahler mit anderer Polarisierbarkeit oder Anzahldichte befinden, also Medien verschiedener Dielektrizitätszahl (gegebenenfalls Permeabilitätszahl) aneinandergrenzen. An derartigen Grenzflächen entstehen daher meist „Rückwärtsstrahlung", *Reflexion*, und Richtungsänderung der „Vorwärtsstrahlung", *Brechung*. Reflektierte und gebrochene Welle bleiben eben, wenn die Grenzfläche eben und, im Idealfall, unendlich ausgedehnt ist. Gekrümmte Grenzflächen und Grenzflächen endlicher Ausdehnung zerstören die ebene Wellenform. Die Erscheinung, daß hier nicht nur die dem Reflexions- und Brechungsgesetz (s. Abschnitt 5.3) gehorchende Sekundärstrahlung, sondern zusätzliche Abstrahlung in die verschiedensten Richtungen erfolgt, heißt *Beugung*.

Eine innerhalb eines verlustbehafteten Mediums laufende Welle wird längs der Wegstrecke $x \gg \alpha^{-1}$ (s. Abschnitte 3.2, 3.3, 3.4, 4.2) absorbiert. Trifft eine Welle aus dem freien Raum auf die ebene Grenzfläche eines verlustbehafteten Mediums, so wird sie meist teilweise reflektiert, und nur der eingedrungene Teil wird absorbiert. Ebene Wände aus stark absorbierenden Stoffen sind häufig schlechte „Absorber" für auftreffende Strahlung, da ihre Oberfläche meist stark reflektiert. Um *reflexionsarme Absorption* zu erreichen, bedarf es besonderer Maßnahmen.

5.1. Reflexion bei senkrechtem Einfall

Eine ebene, linear polarisierte Welle mit dem elektrischen Feld

$$E_{ye} = \hat{E}\,\mathrm{e}^{-\gamma_1 x}\,\mathrm{e}^{\mathrm{i}\omega t} \tag{5.1}$$

und dem magnetischen Feld

$$H_{ze} = \frac{\hat{E}}{Z_1} e^{-\gamma_1 x} e^{i\omega t} \tag{5.2}$$

(„homogene" Welle) treffe aus dem Medium 1 $(x<0)$, wie im Bild 5.1 dargestellt, bei $x=0$ senkrecht auf die ebene Grenzfläche des sich bis $x \to \infty$ ausdehnenden Mediums 2. Die für die Wellenausbreitung wichtigen Eigen-

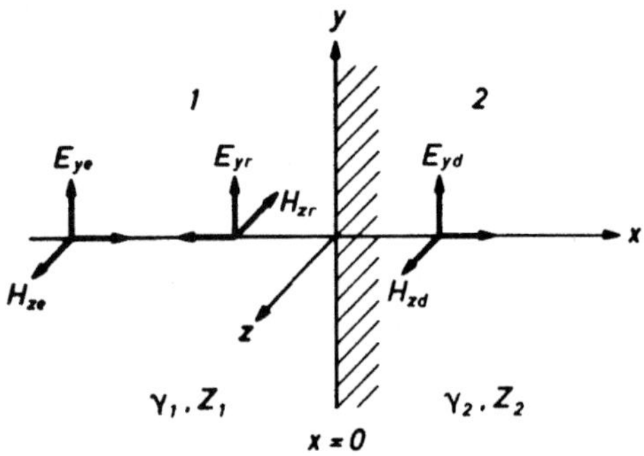

Bild 5.1. Einfallende (E_e, H_e), reflektierte (E_r, H_r) und durchtretende (E_d, H_d) Welle an der ebenen Grenzfläche zwischen zwei verschiedenen Medien 1, 2 mit den Feldwellenwiderständen Z_1, Z_2 und den Ausbreitungskonstanten γ_1, γ_2.

schaften der Medien 1, 2 sind durch die Ausbreitungskonstanten γ_1, γ_2 und die Feldwellenwiderstände Z_1, Z_2 gegeben. Durch Reflexion an der Grenzfläche tritt die rücklaufende Welle

$$E_{yr} = r \hat{E} e^{\gamma_1 x} e^{i\omega t}, \tag{5.3}$$

$$H_{zr} = -r \frac{\hat{E}}{Z_1} e^{\gamma_1 x} e^{i\omega t} \tag{5.4}$$

auf, deren Amplitude um den im allgemeinen komplexen *Reflexionsfaktor* r $(|r| \leq 1)$ gegenüber der der einfallenden Welle verändert ist. Von der Trennfläche $(x=0)$ aus dringt die Welle

$$E_{yd} = d \hat{E} e^{-\gamma_2 x} e^{i\omega t}, \tag{5.5}$$

$$H_{zd} = d \frac{\hat{E}}{Z_2} e^{-\gamma_2 x} e^{i\omega t} \tag{5.6}$$

in das Medium 2 ein. Den Stetigkeitsbedingungen Gl. (2.7) und (2.14) entsprechend müssen die Felder beiderseits der Trennfläche zwischen den Medien 1, 2 für $x \to 0$ übereinstimmen:

$$E_{ye} + E_{yr} = E_{yd} \qquad (x=0) \tag{5.7}$$

$$H_{ze} + H_{zr} = H_{zd}. \tag{5.8}$$

Die Gleichungen (5.7) und (5.8) führen auf den Reflexionsfaktor

$$r=\frac{Z_2-Z_1}{Z_2+Z_1} \tag{5.9}$$

und auf den *Durchlaßfaktor*

$$d=\frac{2Z_2}{Z_2+Z_1} \tag{5.10}$$

der Trennfläche. Der Reflexionsfaktor wird gelegentlich auch Reflexions*zahl* genannt. Das Quadrat seines Betrages, $|r|^2$, heißt Reflexions*grad*. $20\cdot\log|r|$ (dB) bezeichnet man als Reflexions*maß*. Entsprechendes gilt für den Durchlaßfaktor.

Das aus einfallender und reflektierter Welle zusammengesetzte Feld im Medium 1 hat besonders übersichtliche Struktur, wenn eine Welle aus dem leeren Raum an einer Metallwand reflektiert wird. Im Fall unendlich großer Leitfähigkeit ($\sigma\rightarrow\infty$) des Metalls – eine der Praxis häufig genügend angemessene Näherung – kann in ihm kein elektrisches Feld bestehen. Der Feldwellenwiderstand Z_2 verschwindet nach Gl. (4.12), wodurch der Reflexionsfaktor gemäß Gl. (5.9) den Wert $r=-1$ erhält. Mit $Z_2=0$, $Z_1=Z_0=\sqrt{\mu_0/\varepsilon_0}$, $\gamma_1=\mathrm{i}\beta_0$ ergibt sich aus Gl. (5.3) bis (5.6) für das resultierende Feld im leeren Raum (praktisch Luft) vor der Metallwand

$$E_y=\hat{E}\,\mathrm{e}^{\mathrm{i}\omega t}(\mathrm{e}^{-\mathrm{i}\beta_0 x}-\mathrm{e}^{+\mathrm{i}\beta_0 x})=-\hat{E}\,\mathrm{e}^{\mathrm{i}\omega t}\,2\,\mathrm{i}\sin(\beta_0 x), \tag{5.11}$$

$$H_z=\frac{\hat{E}}{Z_0}\mathrm{e}^{\mathrm{i}\omega t}(\mathrm{e}^{-\mathrm{i}\beta_0 x}+\mathrm{e}^{+\mathrm{i}\beta_0 x})=\frac{\hat{E}}{Z_0}\mathrm{e}^{\mathrm{i}\omega t}\,2\cos(\beta_0 x), \tag{5.12}$$

dessen zeitlich feste räumliche Amplitudenverteilung Bild 5.2 zeigt. Man bezeichnet sie als „stehende Welle“. Der Faktor i in E_y gibt an, daß an jedem Ort $x<0$ elektrisches und magnetisches Feld zeitlich um $\omega\Delta t=\pi/2$ gegen-

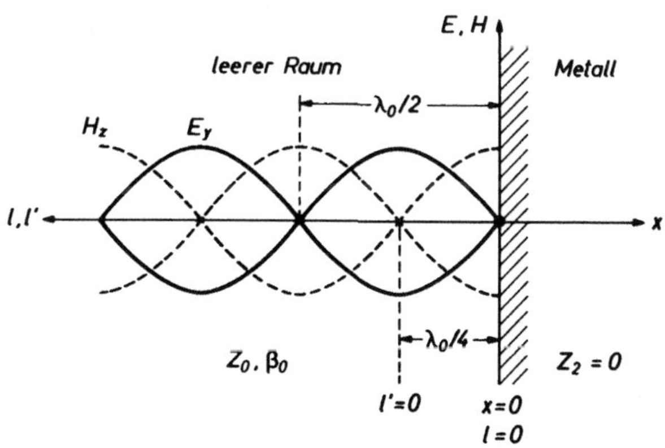

Bild 5.2. Räumliche Verteilung des elektrischen und magnetischen Feldes (Amplituden-Einhüllende) einer „stehenden Welle“ vor einer Metallwand.

einander phasenverschoben sind, daß also kein Wirkleistungstransport stattfindet, was natürlich auf Grund der gleichen Amplituden von einfallender und reflektierter Welle auch zu erwarten ist. Der durch $\sin(\beta_0 x)$, $\cos(\beta_0 x)$ gegebene Unterschied zwischen E_y, H_z bezeichnet die zu jeder Zeit t vorhandene räumliche Phasenverschiebung $\beta_0 \Delta x = \pi/2$, die sich in den $\lambda_0/4$ voneinander entfernten E_y- und H_z-„Bäuchen" bzw. -„Knoten" äußert (Bild 5.2). Das im Abstand l vor der Ebene $x=0$ gebildete Verhältnis

$$\left(\frac{E_y}{H_z}\right)_{x=-l} = W(l) \tag{5.13}$$

nennt man den in die Ebene $x=-l$ „transformierten Widerstand" der Wand ($x=0$). Aus Gl. (5.11) und (5.12) folgt für den transformierten Widerstand der Metallwand

$$W(l) = Z_0 \tanh(\mathrm{i}\beta_0 l) = \mathrm{i} Z_0 \tan(\beta_0 l). \tag{5.14}$$

Im Abstand $l \ll \lambda_0/4$ dicht vor der Metallplatte erweist sich dieser Widerstand entsprechend der dort überwiegend gespeicherten magnetischen Feldenergie als „induktiver" Widerstand

$$W(l) \approx \mathrm{i}\omega \frac{Z_0 l}{c}, \quad (\beta_0 l \ll 1). \tag{5.15}$$

Der transformierte Widerstand $W(l)$, Gl. (5.14), der Metallwand mit dem „Eingangswiderstand" $W(0) = Z_2 = 0$ wechselt räumlich periodisch zwischen $0, +\mathrm{i}\infty, -\mathrm{i}\infty, 0$. Eine materielle Wand mit dem Eingangswiderstand $W(0) = \infty$ gibt es für elektromagnetische Wellen nicht. Man erhält jedoch die entsprechende räumliche Variation des transformierten Widerstandes, wenn man im Stehwellenfeld vor einer Metallwand die bei $l = \lambda_0/4$ liegende Knotenfläche des magnetischen Feldes als Bezugsebene wählt und den Abstand l' gemäß $l' = l - \lambda_0/4$ von hier aus zählt (Bild 5.2):

$$W'(l') = Z_0 \coth(\mathrm{i}\beta_0 l') = -\mathrm{i} Z_0 \cot(\beta_0 l'), \quad \left(l' = l - \frac{\lambda_0}{4}\right). \tag{5.16}$$

Entsprechend der im Bereich $0 < l' \ll \lambda_0/4$ überwiegend gespeicherten elektrischen Feldenergie ergibt die Gl. (5.16) den kapazitiven Widerstand

$$W'(l') \approx \left(\frac{\mathrm{i}\omega l'}{c Z_0}\right)^{-1}.$$

Für Schallwellen in Luft hat die „schallharte" Wand ($u=0$) den Widerstand $p/u = \infty$, während die „schallweiche" Wand ($p=0$) mit $p/u=0$ nur schwer zu verwirklichen ist. Gegenüber Wasserschall weist die Grenzfläche Wasser–Luft den Widerstand $p/u \approx 0$ auf.

Im Freifeld lassen sich stehende Wellen der Form Gl. (5.11) und (5.12) kaum sauber verwirklichen, da die hierzu nötigen ebenen Wellen im freien Raum einen idealisierten Grenzfall darstellen (der sich am besten noch bei sehr kurzen Wellenlängen zwischen den möglichst großen planparallelen Reflektorplatten eines Fabry-Perot-Interferometers annähern läßt). Dagegen spielen stehende Wellen bei Messungen auf Leitungen eine wichtige Rolle (s. Abschnitt 6).

Der durch Gl. (5.13) eingeführte und bisher nur auf das Feld vor einer Metallwand angewandte Widerstandsbegriff soll nun auch auf das Feld vor und an einer Grenzfläche zwischen zwei beliebigen Medien 1, 2 (Bild 5.1) übertragen werden. Das aus den Gesamtfeldern Gl. (5.1) bis (5.4) vor der Grenzfläche ($x<0$) gebildete Verhältnis E_y/H_z hat in der Ebene $x=-l$, ($l \geq 0$), die Form

$$Z_1 \frac{e^{\gamma_1 l} + r e^{-\gamma_1 l}}{e^{\gamma_1 l} - r e^{-\gamma_1 l}} = W(l). \tag{5.17}$$

Wenn im Medium 2, wie bisher vorausgesetzt, lediglich die fortschreitende Welle Gl. (5.5) und (5.6) vorhanden ist, folgt aus Gl. (5.17) und gemäß Gl. (5.7) und (5.8) als dessen Eingangswiderstand $W(0)=(E_{yd}/H_{zd})_{x=0}=Z_2$. Tritt irgendwo im Medium 2 ($x>0$) Reflexion auf, so ist das Feld der reflektierten Welle in der Eingangsebene in Gl. (5.7) und (5.8) hinzuzufügen, so daß im allgemeinen $W(0)=(E_y/H_z)_{x \geq 0} \neq Z_2$ gilt und der Reflexionsfaktor jetzt

$$r = \frac{W(0)-Z_1}{W(0)+Z_1} \tag{5.18}$$

anstelle von Gl. (5.9) lautet. Damit erhält man aus Gl. (5.17) die allgemeine Widerstands-Transformationsbeziehung

$$W(l) = Z_1 \frac{W(0) + Z_1 \tanh(\gamma_1 l)}{W(0) \tanh(\gamma_1 l) + Z_1}, \tag{5.19}$$

die unabhängig davon gilt, wie der Widerstand $W(0)$ in der Ebene $l=0$ zustandekommt.

Ausmessung des Feldes einer stehenden Welle

Die räumliche Verteilung des elektrischen und magnetischen Feldes der senkrecht auf eine ebene Metallwand auftreffenden und dort vollständig reflektierten Welle (Bild 5.2) führen wir mit der im Bild 5.2a skizzierten Apparatur vor. Ein niederfrequent modulierter 3-GHz-Sender strahlt über einen elektrischen Dipol, besser über einen Trichter, senkrecht auf eine ebene Metallwand. Davor ist eine Sondenkombination in Wellenlaufrichtung verschiebbar angeordnet. Sie besteht aus einem elektrischen Dipol mit Gleichrichter und einer in der gleichen Ebene befindlichen Induktionsschleife mit Gleichrichter. Deren Signale erlauben nach Verstärkung die Anzeige des Quadrats (wegen quadratischer Gleichrichterkennlinie) der elektrischen bzw. magnetischen Feldstärkeamplitude. Eine reflexionsarme, schwach absorbierende Wand (Keilrippenabsorber) soll den Meßraum von störenden schräg einfallenden Wellen aus dem umgebenden Raum abschirmen und Mehrfachreflexionen zwischen Sender und Empfänger schwächen.

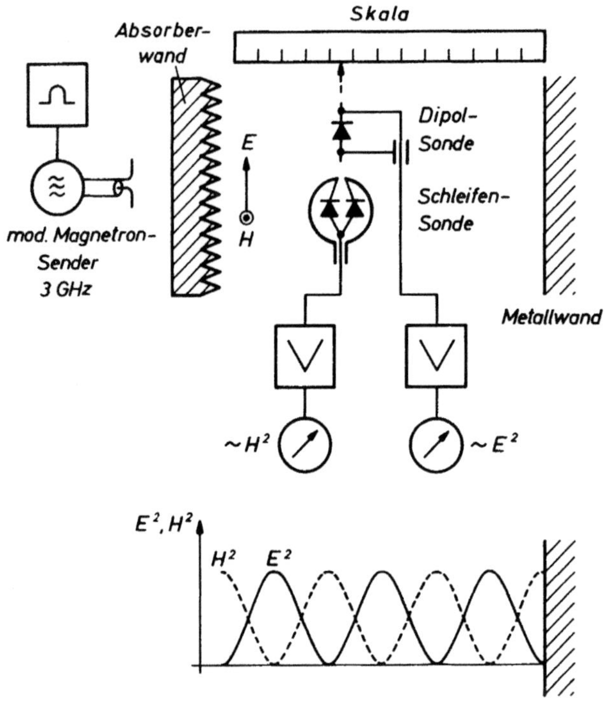

Bild 5.2a. Apparatur zur Ausmessung des Feldes einer stehenden Welle.

5.2. Reflexionsarme Absorption

Die Ausmessung von Strahlungs-, Beugungs- oder Streufeldern kann bei freier Wellenausbreitung in geschlossenen Räumen durch Reflexionen an den Raumwänden erheblich gestört werden. Für diese und ähnliche Meßaufgaben ist es daher häufig erwünscht, eine bestimmte Wand, eine Raumdecke oder noch besser alle Begrenzungsflächen des Meßraumes weitgehend reflexionsarm zu machen. Auch in der Rückstrahlortungstechnik („Radar") kann es vorkommen, daß man in dem abgetasteten Panorama feststehende, etwa in der Nähe des Meßstandortes befindliche Objekte, z. B. Schiffsaufbauten, Schornsteine oder ähnliches, möglichst unsichtbar machen, d. h. also reflexionsarm verkleiden möchte. Reflexionsfreie Anordnungen sind aber nicht nur im Freifeld, sondern auch für geführte Wellen wichtig. Man benötigt sie in Meßleitungen aller Art, wie in koaxialen oder Hohlrohr-Leitungen, besonders häufig als „reflexionsfreie Abschlüsse".

Reflexionsarme Absorptionsanordnungen, im folgenden kurz „Absorber" genannt, sollen möglichst geringe Reflexionsfaktoren, $|r| < 10^{-1}$ für Wandverkleidungen, $|r| < 10^{-2}$ für Meßgeräte, innerhalb eines möglichst großen Frequenzbereichs aufweisen. Außerdem sollten die Absorber weitgehend unabhängig von der Polarisations- und Einfallsrichtung der auftreffenden Welle wirksam sein. Die folgende Betrachtung einiger Beispiele von Absorbern beschränkt sich auf senkrechten Welleneinfall. Das in praktisch brauchbaren Absorbern angewandte verlustbehaftete Material muß die völlige Absorption der Welle innerhalb einer Schicht gewährleisten, deren Dicke aus Kosten- und Platzgründen möglichst weniger als eine Freifeldwellenlänge λ_0 beträgt. Die ebene Grenzfläche eines solchen Materials reflektiert meist stark. Um diese Oberflächen-Reflexion vermindern oder beseitigen zu können, muß man daher nicht nur auf die Beschaffenheit des Absorptionsmaterials an sich achten, sondern muß es auch besonders geschickt räumlich anordnen.

5.2.1. Der 377 Ω-Folien-Absorber

Bei dem sehr einfach aufgebauten „377 Ω-Folien"-Absorber ist das Absorptionsmaterial in der Form einer dünnen (Dicke l_1), ebenen, leitenden Folie (z. B. graphitiertes Papier) im Abstand $\lambda_0/4$ vor einer dazu planparallelen Metallwand angeordnet, wie im Bild 5.3 schematisch dargestellt. An der

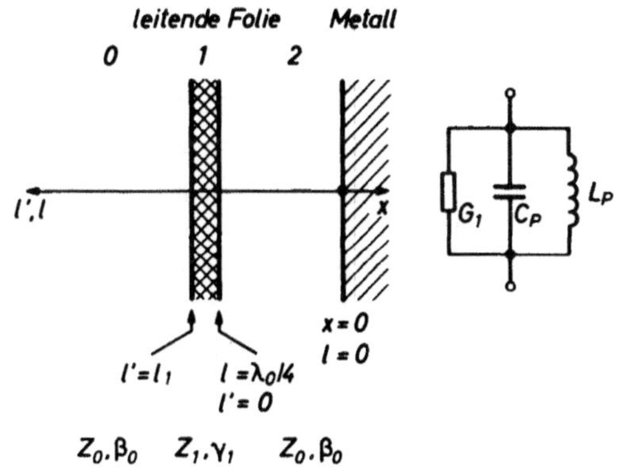

Bild 5.3. Der 377 Ω-Folien-Absorber und seine Ersatzschaltung.

Rückseite ($l = \lambda_0/4$) der Folie ruft die Metallwand gemäß Gl. (5.14) den transformierten Widerstand $W(\lambda_0/4) = \infty$ hervor. Für die räumliche Widerstandsänderung innerhalb der Folie ($0 \leq l' \leq l_1$) gilt daher Gl. (5.19) mit $W(l'=0) = \infty$:

$$W'(l') = Z_1 \coth(\gamma_1 l'). \tag{5.20}$$

Der leitenden Folie kann man nach Gl. (4.11) und (4.12) die Ausbreitungskonstante $\gamma_1 \approx \sqrt{i\omega\mu_0\sigma_1}$ und den Feldwellenwiderstand $Z_1 \approx \sqrt{i\omega\mu_0/\sigma_1}$ zuschreiben, wenn die Folienleitfähigkeit σ_1 der Bedingung $\sigma_1 \gg \varepsilon_0 \varepsilon_1' \omega$ genügt.

Dann führt Gl. (5.20) mit der Zusatzbedingung $|\gamma_1| l_1 \ll 1$ auf den Widerstand an der Folienvorderseite

$$W'(l_1) = Z_1 \coth(\gamma_1 l_1) = \frac{Z_1}{\tanh(\gamma_1 l_1)} \approx \frac{Z_1}{\gamma_1 l_1} = \frac{1}{\sigma_1 l_1}. \tag{5.21}$$

Der Widerstand $W'(l_1)$ bedingt den Reflexionsfaktor der Folien-Metallwand-kombination

$$r = \frac{W'(l_1) - Z_0}{W'(l_1) + Z_0}, \tag{5.22}$$

dessen Phase auf die Folienvorderseite bezogen ist. Verschwindende Reflexion wird durch

$$W'(l_1) = \frac{1}{\sigma_1 l_1} = Z_0 \approx 377\ \Omega \tag{5.23}$$

erreicht, d. h. der ohmsche „Flächenwiderstand" $(\sigma_1 l_1)^{-1}$ (der Widerstand zwischen gegenüberliegenden Kanten eines quadratischen Folienstücks) muß $377\,\Omega$ betragen. Mit $(\sigma_1 l_1)^{-1} = Z_0$ geht die der Gleichung (5.21) zugrunde-liegende Bedingung $\sigma_1 \gg \varepsilon_0 \varepsilon_1' \omega$ in die Forderung nach genügend kleiner Foliendicke

$$l_1 \ll \frac{\lambda_0}{2\pi \varepsilon_1'} \tag{5.24}$$

über. Die nach Gl. (5.23) und (5.24) gewählten Foliendaten l_1, σ_1 erfüllen auch die zweite für Gl. (5.21) gemachte Voraussetzung $|\gamma_1| l_1 \ll 1$.

Der aus Gl. (5.19) und (5.14) mit $|\gamma_1| l_1 \ll 1$, $|\tan(\beta_0 l)| > 1$ folgende Eingangs-widerstand der dünnen leitenden Folie im Abstand l vor der Metallwand kann in der Weise gedeutet werden, daß dem von der Metallwand in die Folien-Ebene (Bild 5.3) transformierten Widerstand der Flächenwiderstand der dünnen Folie „parallel geschaltet" ist. Das kommt in der Formel für den auf die Folienebene bezogenen reziproken Eingangswiderstand, den „Ein-gangsleitwert", klar zum Ausdruck:

$$Y \approx \frac{Y_0}{\mathrm{i} \tan(\beta_0 l)} + G_1 \tag{5.25}$$

mit $Y_0 = \sqrt{\varepsilon_0/\mu_0}$ und $G_1 = \sigma_1 l_1$. Der von der Metallwand herrührende Ima-ginärteil verschwindet bei den durch $\lambda_0 = 4l/(2n+1)$ festgelegten „Resonanz-frequenzen" $\omega_{rn} = (2n+1)\pi c/(2l)$, $n = 0, 1, 2, \ldots$ Für Frequenzen ω nahe ω_{r0} (entsprechend $\lambda_{0r} = 4l$) hat dieser Leitwertsanteil Y_M in erster Näherung die Frequenzabhängigkeit

$$\frac{Y_M}{Y_0} \approx \mathrm{i} \frac{\pi}{2} \frac{\omega - \omega_{r0}}{\omega_{r0}}. \tag{5.26}$$

Sie entspricht näherungsweise der des imaginären Leitwerts Y_P eines Parallelresonanzkreises mit der Induktivität L_P und der Kapazität C_P in der Umgebung seiner Resonanzfrequenz $\omega_r = 1/\sqrt{L_\mathrm{P} C_\mathrm{P}}$:

$$Y_\mathrm{P}\sqrt{\frac{L_\mathrm{P}}{C_\mathrm{P}}} = \mathrm{i}\left(\frac{\omega}{\omega_r} - \frac{\omega_r}{\omega}\right) \approx 2\mathrm{i}\,\frac{\omega - \omega_r}{\omega_r}. \tag{5.27}$$

Zur Beschreibung des Frequenzganges von Y, Gl. (5.25), nahe ω_{r0} eignet sich also als Ersatzschaltung der durch den reellen Leitwert $G_1 = \sigma_1 l_1$ gedämpfte Parallelresonanzkreis (Bild 5.3) mit der Induktivität $L_\mathrm{P} = 8\mu_0 l/\pi^2$ und der Kapazität $C_\mathrm{P} = \varepsilon_0 l/2$. Aus den Gleichungen (5.25) und (5.22) folgt für den Reflexionsfaktor des 377 Ω-Folienabsorbers in Abhängigkeit von der Frequenz

$$r = \frac{-1}{1 + 2\mathrm{i}\tan\left[(2n+1)\dfrac{\pi\omega}{2\omega_{rn}}\right]}. \tag{5.28}$$

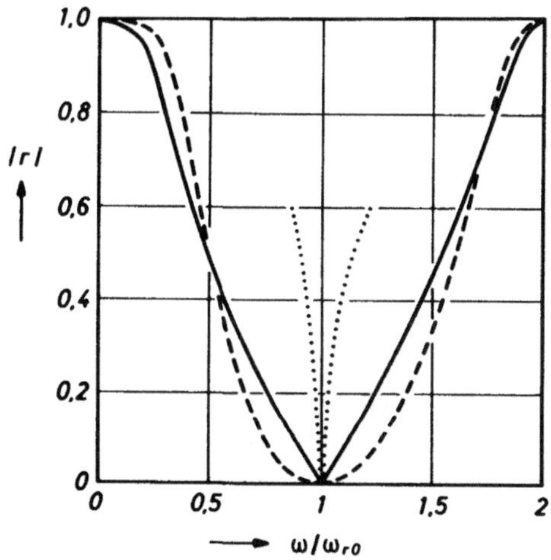

Bild 5.4 Betrag des Reflexionsfaktors verschiedener „Resonanz-Absorber“ in Abhängigkeit von der auf den Resonanzwert bezogenen Frequenz. —— 377 Ω-Folien-Absorber. ------ Dipolabsorber. ······· Schlitzfolien-Absorber.

Sein Betrag $|r(\omega/\omega_r)|$ ist im Diagramm Bild 5.4 für $n=0$, d.h. $l = \lambda_{0r}/4$, dargestellt (ausgezogene Kurve). Das steile Anwachsen des Reflexionsfaktorbetrages für $\omega \gtrless \omega_{r0}$ beruht darauf, daß dann die Metallplatte nicht mehr den Widerstand ∞, sondern einen kapazitiven oder induktiven Widerstand in der Folienebene erzeugt.

Man kann den 377 Ω-Folienabsorber auch als Parallelplatten-(Fabry-Perot-)Resonator (s. Abschnitt 6.4.3) betrachten, der über die teildurchlässige leitende Folie an das eingestrahlte Feld angekoppelt ist. Die Funktion $|r(\omega/\omega_{rn})|^2$ beschreibt die in Reflexion beobachtbare Resonanzkurve mit der Halbwertsbreite

$$\frac{\Delta\omega}{\omega_{rn}} \approx \frac{1{,}41}{2n+1}, \quad \left(\lambda_{0r} = \frac{4l}{2n+1}, \quad n = 0, 1, \ldots\right). \tag{5.29}$$

Die Halbwertsbreite, und damit auch die zur Absorption ausnutzbare Frequenzbandbreite, nimmt mit wachsender Ordnungszahl der Resonanz, z.B.

durch Verlängerung des Resonators, ab (Bild 5.11). Mit einer Verlängerung des Resonators wächst das Verhältnis der zwischen den Resonatorplatten gespeicherten Energie zum Energieverlust in der Folie je $1/2\pi$ Schwingungsperioden, und das bedeutet Vergrößerung der „Güte“ $Q=\omega_r/\Delta\omega$ des Resonators (s. Abschnitt 6.4.3).

Die Wirkung des 377Ω-Folienabsorbers kommt dadurch zustande, daß sich die leitende Folie geeigneten Flächenwiderstandes im Bauch des elektrischen Stehwellenfeldes befindet, wo das elektrische Feld den größtmöglichen Leitungsstrom und damit Energieumsatz in der Folie hervorrufen kann. Der entsprechende Luftschallabsorber besteht aus einer dünnen, porösen Folie im Abstand $\lambda_0/4$ vor einer schallharten Wand. Die poröse Folie liegt damit in der Ebene maximaler Schallschnelle und entzieht dem Wellenfeld durch ihren Strömungswiderstand von 414 $\mathrm{kgm^{-2}s^{-1}}$ die Energie.

5.2.2. Weitere Absorber mit einfach flächenhaft verteiltem Absorptionsmaterial

Die Konzentration des Absorptionsmaterials in einer gegen die Wellenlänge sehr dünnen, ebenen Schicht in geeignetem Abstand vor einer Metallplatte kennzeichnet neben dem 377Ω-Folienabsorber noch eine Reihe weiterer Absorber. Innerhalb der dünnen Schicht (Folie) braucht das Absorptionsmaterial nicht homogen verteilt zu sein. Ein im Vergleich zur Wellenlänge genügend engmaschiges Netz aus konzentrierten ohmschen Widerständen kann die homogene leitende Folie ersetzen. Nimmt man Halbleiterdioden als Widerstände, so kann man wegen ihrer stark nichtlinearen Strom-/Spannungs-Kennlinie die Leitfähigkeit durch geeignete elektrische Vorspannung steuern und damit den Reflexionsfaktor des Absorbers einfach und rasch verändern.

Der Frequenzbereich geringer Reflexion (z. B. $|r|<0{,}1$) läßt sich gegenüber dem des 377Ω-Folienabsorbers ($(\Delta\omega/\omega_r)_{|r|\leq 0,1}\approx 28\,\%$) erweitern, wenn der Folienleitwert G_1 eine dem transformierten Metallwandleitwert $Y_M=-\mathrm{i}\,Y_0\cot(\beta_0 l)$ (s. Gleichungen (5.25) und (5.26)) gegenläufige Frequenzabhängigkeit erhält. Dazu muß G_1 in der näherungsweise nahe ω_r gültigen Ersatzschaltung (Bild 5.3) durch einen Serienresonanzkreis mit dem ohmschen Widerstand Z_0, der Kapazität C_s und der Induktivität L_s, s. Bild 5.5, ersetzt werden. Gleiche Abstimmung und gegenläufiger Frequenzgang des Serien- und Parallelresonanzkreises sind durch die Beziehungen

$$\frac{1}{L_s C_s}=\frac{1}{L_P C_P}=\omega_r^2, \tag{5.30}$$

$$\sqrt{\frac{L_s}{C_s}}=Z_0^2\sqrt{\frac{C_P}{L_P}} \tag{5.31}$$

in erster Näherung gewährleistet. Die Reihenschaltung R_s, L_s, C_s läßt sich durch ein Gitter aus vielen verlustbehafteten, $\lambda_{0r}/2$ langen Dipolen (z. B. aus homogener graphitierter Kunststoff-Folie ausgeschnittene Streifenstücke) mit passendem ohmschen Widerstand und geeigneter Anzahldichte nachbilden (s. Abschnitt 10.2.1), das statt der 377Ω-Folie im Abstand $l=\lambda_{0r}/4$ vor die Metallwand gesetzt wird (Bild 5.5). Der elektrische Feldstärkevektor der zu absorbierenden Welle muß parallel zu den Dipolachsen gerichtet sein. Die Wirksamkeit des Absorbers hängt also von der Polarisation der einfallenden Welle ab. Diese Abhängigkeit verschwindet bei Verwendung gekreuzter Dipole. Die gestrichelte Kurve im Diagramm Bild 5.4 zeigt den Reflexionsfaktorbetrag des „Dipolabsorbers" in Abhängigkeit von der Frequenz. Der Frequenzbereich geringer Reflexion ist deutlich breiter $((\Delta\omega/\omega_r)_{|r|\leq 0,1}\approx 53\%)$ als beim 377Ω-Folienabsorber.

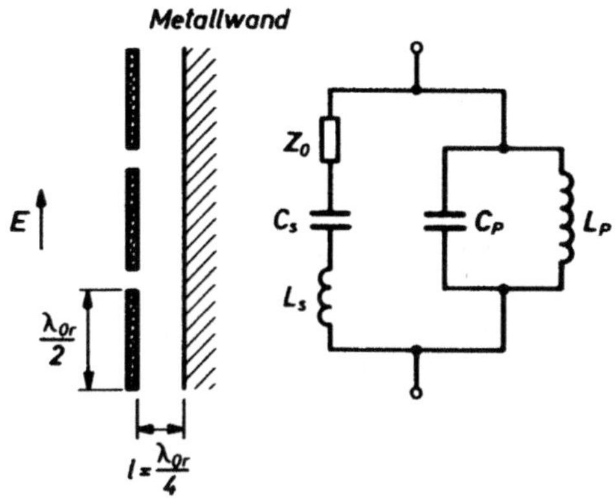

Bild 5.5. Der Dipolabsorber und seine Ersatzschaltung.

Absorber geringerer Dicke als bisher erhält man, wenn man die absorbierende Folie mit dem Leitwert G_1 möglichst dicht $(l \ll \lambda_0/4)$ vor die Metallwand setzt. Die Folie muß dann aber einen kapazitiven Blindleitwert aufweisen, um den für $l \ll \lambda_0/4$ stark induktiven Leitwert $Y_M \approx c/(\mathrm{i}\omega Z_0 l)$, Gl. (5.15), der Metallwand kompensieren und so zum reellen Eingangswiderstand Z_0 gelangen zu können. Senkrecht zum elektrischen Feldstärkevektor der einfallenden Welle in die leitende Folie gestanzte schmale Schlitze von etwas mehr als $\lambda_0/2$ Länge verleihen der Folie den erforderlichen kapazitiven Leitwert (Bild 5.6a). Die Blindleitwerte von Metallwand und Folie kompensieren sich jetzt nur bei einer Frequenz ω_r gemäß

$$\mathrm{Im}(Y) \approx \frac{\mathrm{i}c}{Z_0 l \omega_r^2}\left(\frac{\omega^2-\omega_r^2}{\omega}\right), \tag{5.32}$$

und $\mathrm{Re}(Y)$ ist nahe ω_r auch frequenzabhängig. Daher hat dieser „Schlitzfolien"-Absorber ein sehr schmales Reflexionsfaktorminimum, das für $l \approx 10^{-2}\lambda_0$ im Diagramm Bild 5.4 punktiert eingetragen ist. Auch die Wirksamkeit des Schlitzfolienabsorbers hängt von der Polarisation der einfallenden Welle ab. Diese Einschränkung entfällt, wenn man Kreisschlitze verwendet.

Der Eingangswiderstand der Schlitzfolie verhält sich in der Nähe der Schlitzresonanzfrequenz, bei der $\lambda_0/2$ mit der Schlitzlänge annähernd übereinstimmt, ebenso wie der eines bedämpften Parallelresonanzkreises. Für Schlitzfolienabsorber mit dem Folienabstand $l \ll \lambda_0/4$ von der Metallwand muß der Resonanzkreis kapazitiv verstimmt sein. Ein ebenfalls kapazitiv verstimmtes Parallelresonanzkreis-System liegt beim „Schleifen"-Absorber (Bild 5.6 b) vor.

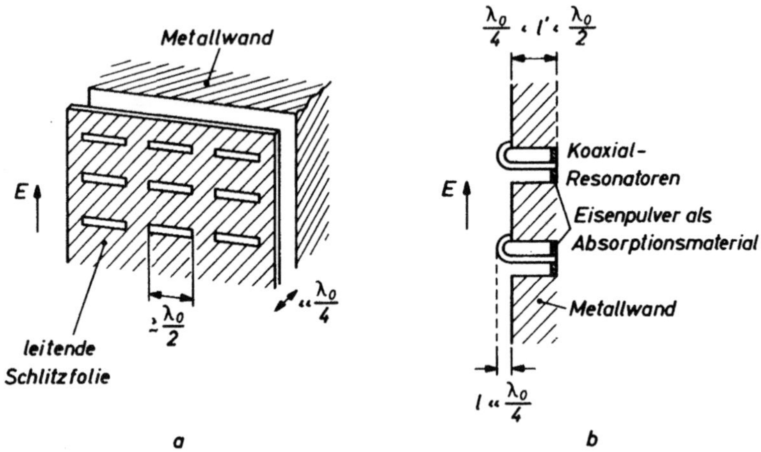

Bild 5.6 Schlitzfolien-Absorber (a) und Schleifenabsorber (b).

Er besteht aus vielen kleinen, verlustbehafteten, einseitig kurzgeschlossenen Koaxialleitungsstücken, deren Länge zwischen $\lambda_0/4$ und $\lambda_0/2$ beträgt. Der baulichen Einfachheit halber sind sie in die Metallwand eingelassen und mittels kleiner induktiver Schleifen (Längsausdehnung $l \ll \lambda_0/4$) an das Magnetfeld der zu absorbierenden Welle angekoppelt. Das Reflexionsfaktor-Minimum, dessen Größe sich durch passende Wahl der Anzahldichte und Dämpfung der Koaxialresonatoren auf Null bringen läßt, ist ähnlich dem des Schlitzfolienabsorbers sehr scharf.

Als akustisches Analogon des Schleifenabsorbers kann man den „Lochplatten"-Absorber für Luftschall, eine gelochte Platte in kleinem Abstand ($<\lambda_0/4$) vor einer starren Wand, ansehen. Die in den Löchern schwingende Luft bildet als Masse zusammen mit der federnd wirkenden Luft zwischen Lochplatte und Abschlußwand einen mechanischen Schwingungskreis, der durch die Strömungsreibung in den Löchern bedämpft ist. Strömungswiderstand und Anzahldichte der Löcher bestimmen die Anpassung.

So wie die elektrisch leitende homogene 377Ω-Folie im Bauch der elektrischen Feldstärke $\lambda_0/4$ vor der Metallwand maximal absorbiert, so bewirkt eine „magnetisch leitende" dünne Schicht, d. h. eine homogene Schicht mit magnetischen Verlusten, im Bauch der magnetischen Feldstärke, also unmittelbar vor der Metallwand, maximale Absorption. Eine solche rückseitig mit $W(0)=0$ abgeschlossene Schicht genügend geringer Dicke $l_1 \ll |\gamma_1|^{-1}$ hat gemäß Gl. (5.19) den Eingangswiderstand

$$W(l_1) \approx Z_1 \gamma_1 l_1 = \mathrm{i}\omega \mu_1 \frac{Z_0 l_1}{c}; \quad (|\gamma_1| l_1 \ll 1), \tag{5.33}$$

der sich nach Vergleich mit Gl. (5.15) als der mit der Permeabilitätszahl μ_1 des Folienmaterials multiplizierte induktive Widerstand der Metallwand im Abstand l_1 erweist. Um verschwindende Reflexion (also $W(l_1) = Z_0$) zu erzielen, muß die Permeabilitätszahl der Beziehung

$$\mu_1' = 0, \quad \mu_1'' = \frac{(Z_0 l_1)^{-1}}{\varepsilon_0 \omega} \tag{5.34}$$

genügen. Für das elektrisch leitende Folienmaterial des 377 Ω-Folienabsorbers findet man unter Berücksichtigung von $\varepsilon_1'' = \sigma_1/(\varepsilon_0 \omega)$ (s. Abschnitt 4) und Gl. (5.23) die der Gl. (5.34) entsprechende Beziehung

$$\varepsilon_1'' = \frac{(Z_0 l_1)^{-1}}{\varepsilon_0 \omega}. \tag{5.35}$$

Einem gemäß Gl. (5.34) magnetisch verlustbehafteten Material könnte also die „magnetische Leitfähigkeit" $(Z_0 l_1)^{-1}$ zugeschrieben werden. Eine damit gefüllte Spule wirkt als ohmscher Widerstand! Manche Ferrite weisen im Frequenzbereich nahe oberhalb der natürlichen ferromagnetischen Resonanz (s. Abschnitt 3.3, Bild 3.5) annähernd den durch Gl. (5.34) geforderten Frequenzgang des Imaginärteils der Permeabilitätszahl und sehr kleine Werte des Realteils auf. Sie ermöglichen so die Herstellung von „Ferrit-Dünnschicht"-Absorbern mit Dicken $l_1 \approx 10^{-3} \lambda_{0\max}$ und Reflexionsfaktoren $|r| < 0{,}1$ innerhalb eines Frequenzintervalls $f_{\min}:f_{\max} \approx 1:10$ bei Frequenzen zwischen etwa 10^7 und 10^9 Hz! Für höhere Frequenzen gibt es bisher keine geeigneten Ferrite.

5.2.3. Absorber mit räumlich verteiltem Absorptionsmaterial

Den bisher behandelten Absorbern ist gemeinsam, daß das Absorptionsmaterial innerhalb einer einzigen zur Materialwellenlänge sehr dünnen Schicht senkrecht zur Welleneinfallsrichtung konzentriert ist. Vom Ferrit-Dünnschicht-Absorber abgesehen, läßt sich mit solchen Anordnungen kaum reflexionsarme ($|r| < 0{,}1$) Absorption über ein Frequenzintervall 1:1,5 hinaus erreichen. Das gelingt dagegen mit manchen der im folgenden erwähnten Absorptionsanordnungen, bei denen das Absorptionsmaterial auch in Welleneinfallsrichtung weitläufiger verteilt ist.

Der „$\lambda/4$-Schicht"-Absorber besteht aus einer etwa 1/4 Materialwellenlänge dicken, homogenen, verlustbehafteten Schicht unmittelbar vor einer Metallwand. Die Schichtdicke l_1 und die Materialkennwerte ε_1, μ_1 müssen der Anpassungsbedingung

$$W(l_1) = Z_0 \sqrt{\frac{\mu_1}{\varepsilon_1}} \tanh(\mathrm{i}\sqrt{\varepsilon_1 \mu_1}\, \beta_0 l_1) = Z_0 \tag{5.36}$$

genügen. Der $\lambda/4$-Schichtabsorber stellt, ebenso wie der 377Ω-Folienabsorber, einen bedämpften Fabry-Perot-Resonator dar, dessen Verluste nun nicht nur in dem einen Reflektor stecken, sondern im ganzen Resonatorvolumen gleichmäßig verteilt sind. Der Absorptionsfrequenzbereich ($|r| < 0{,}1$) des $\lambda/4$-Schicht-Absorbers ist schmaler als der des 377Ω-Folienabsorbers.

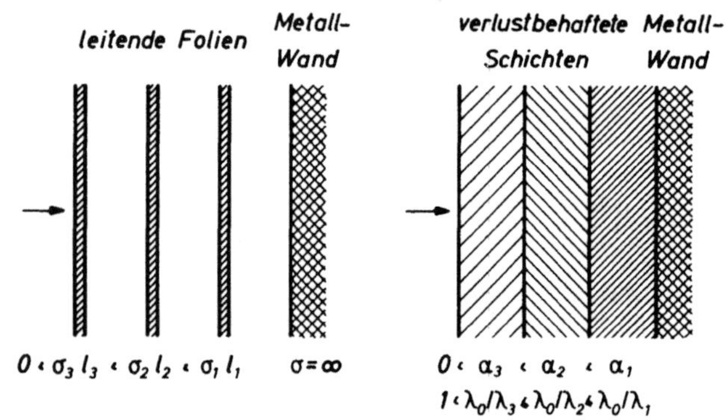

Bild 5.7. Mehrfolien-Absorber aus leitenden Folien mit Flächenleitwerten $\sigma_\nu l_\nu$ und Mehrschichtenabsorber aus verlustbehafteten Schichten mit Dämpfungskonstanten α_ν und Brechzahlen λ_0/λ_ν.

Ebenso, wie die schmale Resonanzkurve eines Resonators durch Kopplung mehrerer Resonatoren in eine breitere Resonanzkurve („Bandfilterkurve") übergeht, geschieht das auch mit den Reflexionsfaktor-Frequenzkurven des

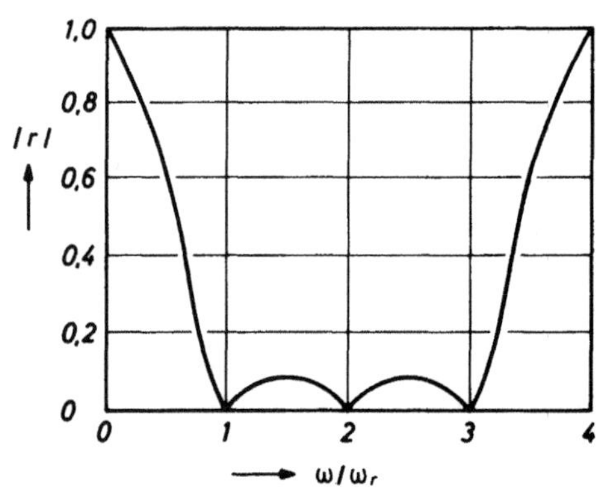

Bild 5.8. Beispiel für die Frequenzabhängigkeit des Reflexionsfaktorbetrages eines Mehrfach-Resonanzabsorbers. (2 leitende Folien mit $\sigma_2 l_2 Z_0 = 0{,}683$; $\sigma_1 l_1 Z_0 = 1{,}634$ zwischen 3 verlustfreien dielektrischen Platten mit $\sqrt{\varepsilon'_\nu}\, l_\nu = \lambda_{0r}/8$; $\varepsilon'_\nu = 1{,}76$. $\omega_r/2\pi = c/\lambda_{0r}$ tiefste Resonanzfrequenz).

geeignet abgewandelten Folien- bzw. Schichtabsorbers. Mit mehreren voreinander gesetzten leitenden Folien oder verlustbehafteten Schichten (Bild 5.7) lassen sich „breitbandig" wirksame Absorber herstellen (Bild 5.8). Die erforderlichen Folienabstände bzw. Schichtdicken und Materialdaten ε_v (gegebenenfalls auch μ_v) kann man durch stufenweise Anwendung der Widerstandstransformation Gl. (5.19) ermitteln. Als allgemeine Regel ergibt sich, daß die Folienflächenleitwerte $\sigma_v l_v$ bzw. die Dämpfungskonstanten α_v der Schichtmaterialien von der Eingangsebene zur Metallwand hin zunehmen müssen. Dann reflektieren eingangsnahe Trennflächen schwach, und die rücklaufenden Teilwellen erleiden nur geringe Dämpfung. Tieferliegende Trennflächen reflektieren stärker, die rücklaufenden Teilwellen unterliegen aber auch größerer Dämpfung. Aus verschiedenen Tiefen reflektierte Teilwellen haben vor dem Absorber also ähnliche Amplituden und können daher bei geeigneten Phasenbeziehungen zu Null interferieren.

Im Grenzfall sehr vieler eng benachbarter leitender Folien bzw. sehr vieler dünner verlustbehafteter Schichten gelangt man zu einer kontinuierlich inhomogenen Verteilung des Absorptionsmaterials mit zur Metallwand hin stetig zunehmenden Verlusten und meist auch Brechzahlen $\lambda_0/\lambda(x)$. Ebenso wirken auch Anordnungen, in denen homogenes Absorptionsmaterial geeignet geometrisch geformt ist, z. B. in Pyramiden oder angespitzten Rippen (Bild 5.9).

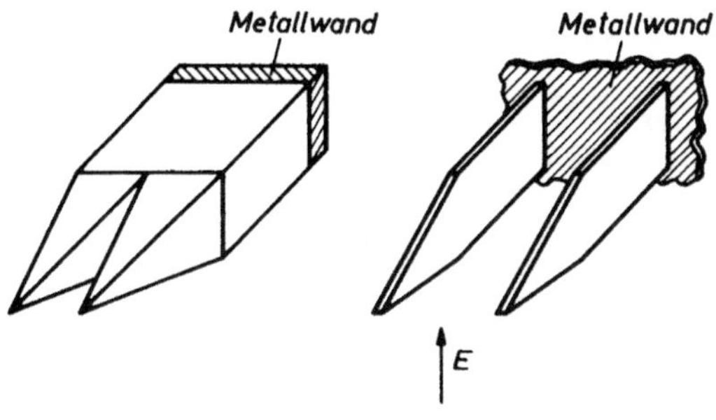

Bild 5.9. Absorber aus pyramiden- bzw. rippenförmig angeordnetem Absorptionsmaterial.

Diese Absorberarten finden am häufigsten Anwendung, zumal sie auch bei schrägem Welleneinfall in einem großen Winkelbereich wirksam bleiben. Die quantitative Behandlung solcher inhomogen aufgebauten Absorber führt auf eine Riccatische Differentialgleichung für den „örtlichen“ (innerhalb des Absorptionsmaterials ortsabhängig definierten) Reflexionsfaktor.

Bei den analogen, ebenso geformten akustischen Absorbern dienen als Absorptionsmaterialien für Luftschall poröse Stoffe mit Strömungsverlusten (z. B. Glas- oder Gesteinswolle in Pyramidenform) und für Wasserschall Stoffe mit Kompressionsverlusten (z. B. Gummi mit kleinen Hohlräumen in Rippenform). Wird das poröse Material keilförmiger Luftschallabsorber mit Graphitpulver in geeigneter Konzentration versetzt, so absorbieren solche Absorber auch elektromagnetische Wellen ohne Reflexion.

Als verlustbehaftete Materialien zur Absorption elektromagnetischer Wellen bewähren sich häufig Mischstoffe. Sie bestehen aus einem verlustarmen Trägermaterial (Kunstharz, Paraffin) und verlustbehafteten Füllstoffen (Graphit, Eisenpulver). Zur willkürlichen Beeinflussung des Realteils ε' der Dielektrizitätszahl eignen sich Zusätze pulverisierter, gut leitender Metalle (Kupfer).

Die ebene Oberfläche eines homogenen dielektrisch und magnetisch wirksamen Materials reflektiert nicht, wenn seine Dielektrizitäts- und Permeabilitätszahl übereinstimmen, da dann

$$Z = Z_0 \sqrt{\frac{\mu}{\varepsilon}} = Z_0, \quad (\varepsilon' = \mu', \ \varepsilon'' = \mu'') \tag{5.37}$$

wird. Die Rückwärtsstrahlung der atomaren elektrischen und magnetischen Elementarstrahler ist in diesem Fall gleich stark, aber gegenphasig. Manche Nickel-Zink-Ferrite erfüllen annähernd die Bedingung $\varepsilon = \mu$ bei Frequenzen zwischen $3 \cdot 10^7$ und $3 \cdot 10^8$ Hz und haben hier so hohe Verluste, daß vollständige Absorption innerhalb dünner Schichten möglich ist („$\varepsilon = \mu$"-Absorber).

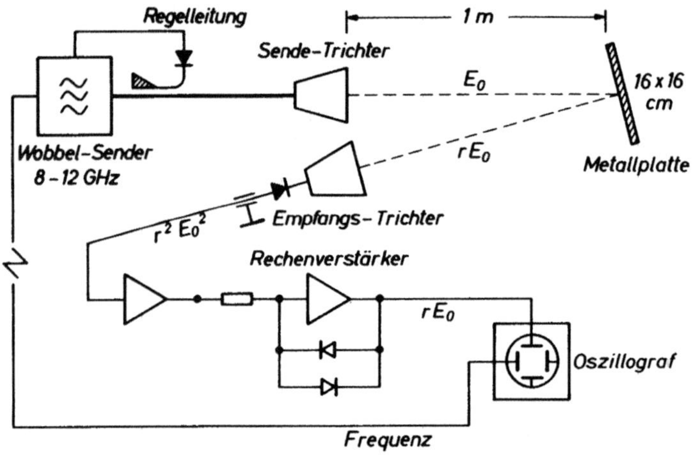

Bild 5.10 Apparatur zur Vorführung des Frequenzgangs der Reflexion von Absorbern. Die Absorber werden vor die Metallplatte, die das Bezugssignal ($|r| = 1$) liefert, gehängt.

Messungen des Reflexionsfaktors verschiedener Absorber

Wir messen den Reflexionsfaktor von einigen der beschriebenen Absorber in Abhängigkeit von der Frequenz mit der im Bild 5.10 dargestellten Apparatur. Als Generator dient ein „Wobbel"-Sender, der etwa alle 10^{-2} s zeitlinear den Frequenzbereich 8 bis 12 GHz (entsprechend 3,75 bis 2,5 cm Wellenlänge) mit konstanter Ausgangsamplitude durchläuft. Das Generatorsignal wird über einen Trichter abgestrahlt und gelangt fast senkrecht auf eine Metallplatte oder einen davor gehängten Absorber. Die reflektierte Welle wird vom Empfangstrichter dicht neben dem Sendetrichter aufgenommen. Ein Rechenverstärker mit Dioden im Gegenkopplungsweg linearisiert das

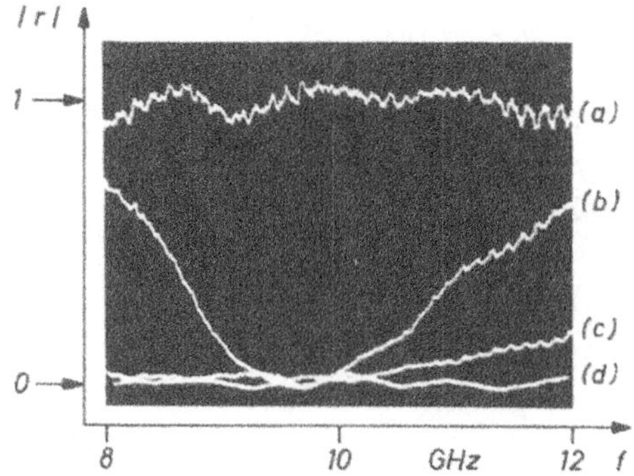

Bild 5.11. Frequenzgang des Reflexionsfaktorbetrages einer etwa $5\,\lambda_0 \times 5\,\lambda_0$ großen Metallplatte (a), einer 377 Ω-Folie im Abstand $3\,\lambda_0/4$ vor der Metallplatte (b), einer 377 Ω-Folie im Abstand $\lambda_0/4$ vor der Metallplatte (c) und eines Keilrippen-Absorbers (d).

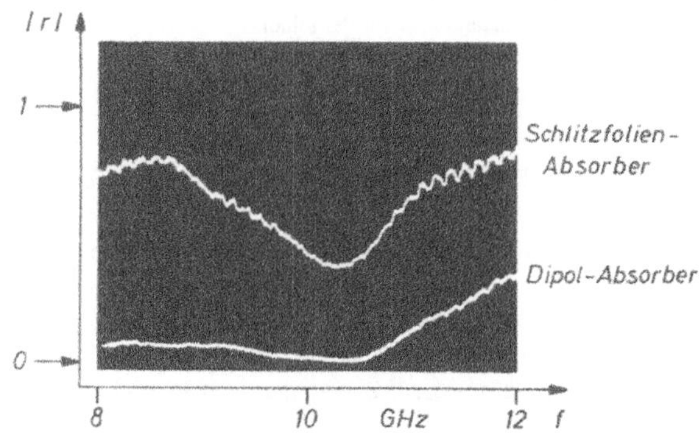

Bild 5.12. Frequenzgang des Reflexionsfaktorbetrages eines Schlitzfolien- und eines Dipol-Absorbers.

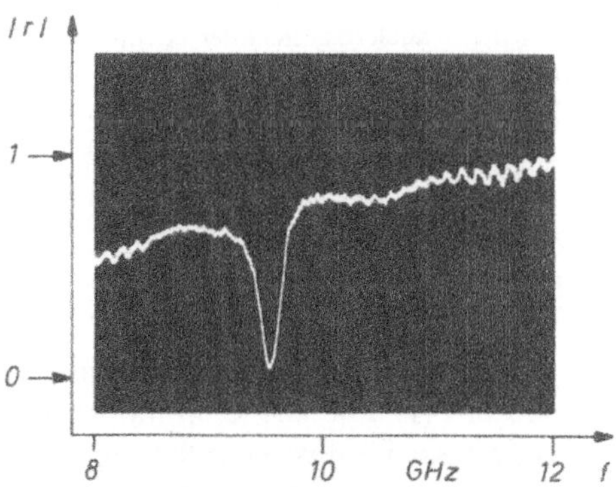

Bild 5.13. Frequenzgang des Reflexionsfaktorbetrages eines Schleifen-Absorbers.

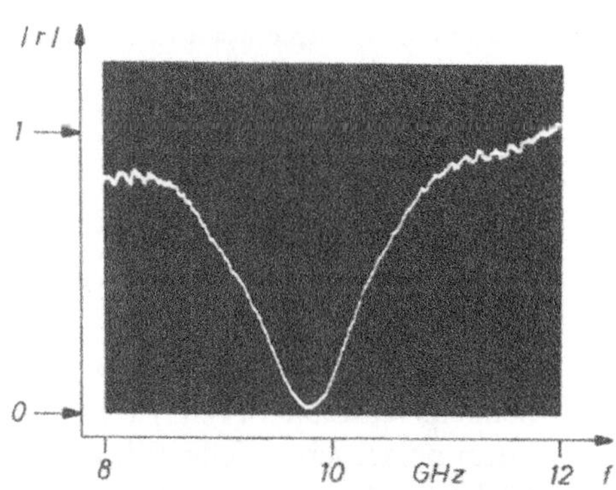

Bild 5.14. Frequenzgang des Reflexionsfaktorbetrages eines $3\,\lambda/4$-Schicht-Absorbers (Graphit und Kupferpulver in Paraffin).

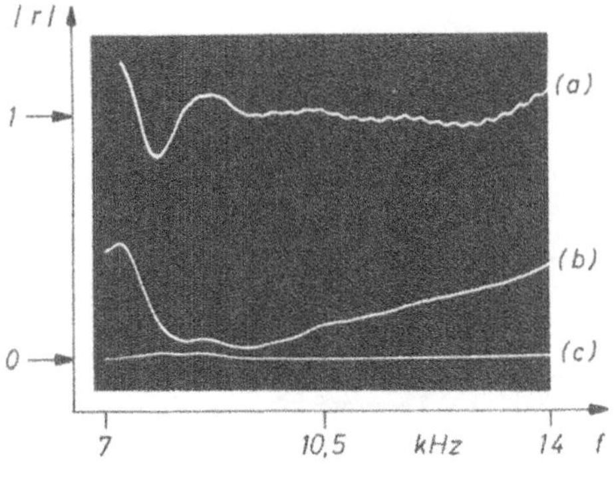

Bild 5.15. Für Luftschall: Frequenzgang des Reflexionsfaktorbetrages einer etwa $5\lambda_0 \times 5\lambda_0$ großen schallharten Wand (a) und einer Z_0-Folie im Abstand $\lambda_0/4$ vor der schallharten Wand (b). Ohne reflektierendes Objekt (c).

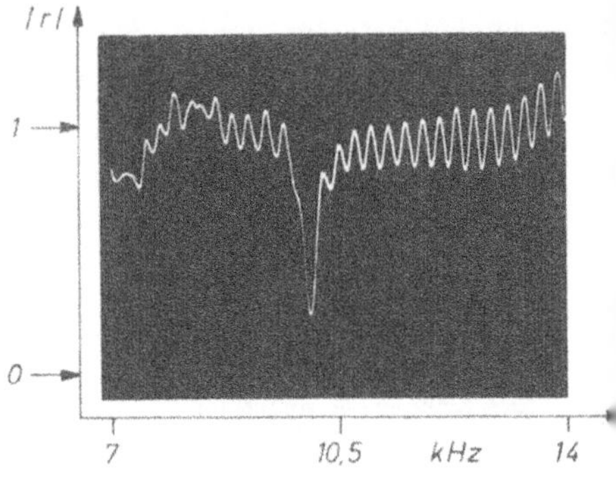

Bild 5.16. Für Luftschall: Frequenzgang des Reflexionsfaktorbetrages einer Lochplatte im Abstand $<\lambda_0/4$ vor einer schallharten Wand.

quadratisch gleichgerichtete Empfangssignal, ehe es die Vertikalablenkung eines Kathodenstrahloszillographen steuert und hier eine dem Reflexionsfaktor proportionale Anzeige gibt. Die horizontale Oszillographenauslenkung erfolgt frequenzproportional.

Die Bilder 5.11 bis 5.14 zeigen Oszillographenschirm-Photos von Reflexionsfaktor-Frequenzkurven verschiedener Absorber. Die den Kurven überlagerte Welligkeit kleiner Amplitude und Periode rührt von Störreflexionen aus der Umgebung der Apparatur her. Die Schwankungen in der $|r|=1$-Kurve können auf Beugung an den Rändern der Metallplatte beruhen (Abmessungen etwa $5\lambda_0 \times 5\lambda_0$).

Zur Verdeutlichung der engen Verwandtschaft zwischen elektromagnetischen und akustischen Systemen führen wir auch den Reflexionsfaktor einiger Luftschallabsorber in Abhängigkeit von der Frequenz ebenfalls mit Wellenlängen nahe 3 cm vor. Wir benutzen dazu eine dem Schema in Bild 5.10 völlig entsprechende Apparatur mit elektrostatischen Wandlern anstelle der Trichter und einem 7- bis 14-kHz-Wobbelsender. Die Bilder 5.15, 5.16 zeigen Oszillographenschirm-Photos von Reflexionsfaktor-Frequenzkurven des Z_0-Folien- und des Lochplatten-Absorbers. (Z_0 mit dem Produkt Dichte mal Schallgeschwindigkeit übereinstimmender Strömungswiderstand der Folie.)

5.3. Reflexion bei schrägem Einfall

Auf die ebene Trennfläche zwischen zwei homogenen, isotropen, aber sonst beliebigen Medien (1), (2) treffe aus dem Medium (1) eine ebene, homogene, linear polarisierte Welle. Wie im Bild 5.17 skizziert, sei die x, z-Ebene die Trennfläche ($y=0$), von der aus sich die Medien (1), (2) mit den Feldwellenwiderständen $Z_1 = \mathrm{i}\omega\mu_0\mu_1/\gamma_1$ bzw. $Z_2 = \mathrm{i}\omega\mu_0\mu_2/\gamma_2$ bis $y \to +\infty$ bzw. $y \to -\infty$ erstrecken. Die auf den Ebenen gleicher Phase und Amplitude senkrecht stehende Wellen-Normale $\boldsymbol{\Gamma}$ der einfallenden Welle mit der Ausbreitungskonstante $\gamma_1 = \alpha_1 + \mathrm{i}\beta_1$ liege in der (x, y)-Ebene (= Einfallsebene) und schließe mit der y-Achse den Einfallswinkel φ_1 ein. Die einfallende Welle mit zunächst beliebiger Orientierung des elektrischen Feldstärkevektors ist zerlegbar in zwei Wellen mit $\boldsymbol{E}$ parallel bzw. $\boldsymbol{E}$ senkrecht zur Einfallsebene, deren Verhalten an der Trennfläche gesondert behandelt wird.

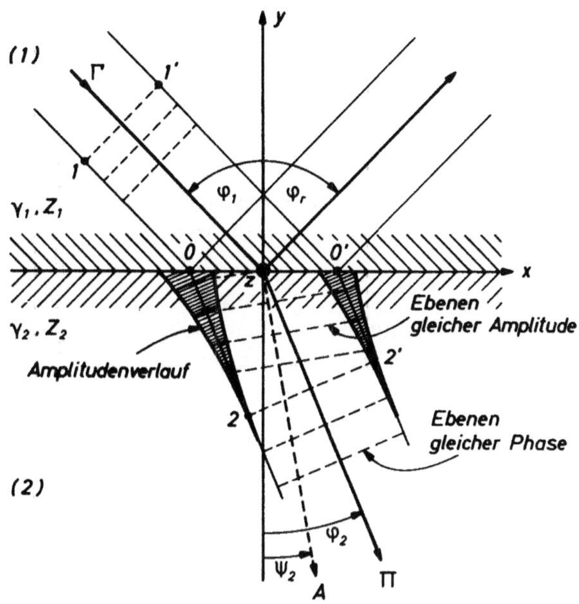

Bild 5.17. Verhältnisse an der Grenzfläche zwischen zwei verschiedenen Medien (1), (2) bei schrägem Welleneinfall.

5.3.1. Elektrisches Feld parallel zur Einfallsebene

Die Feldstärkekomponenten der einfallenden homogenen Welle, deren elektrische Feldstärke parallel zur Einfallsebene liegt, lauten

$$\left.\begin{aligned} H_{ze} &= \hat{H}_e \\ E_{xe} &= \hat{H}_e Z_1 \cos\varphi_1 \\ E_{ye} &= \hat{H}_e Z_1 \sin\varphi_1 \end{aligned}\right\} \cdot \mathrm{e}^{-\gamma_1(x\sin\varphi_1 - y\cos\varphi_1)}\,\mathrm{e}^{\mathrm{i}\omega t}. \qquad \begin{aligned}(5.38)\\(5.39)\\(5.40)\end{aligned}$$

Die aus dem Medium (1) einfallende Welle regt eine in das Medium (2) eindringende Welle an. Die auf den Ebenen gleicher Phase senkrecht stehende Wellen-Normale $\boldsymbol{\Pi}$ dieser Welle schließe mit der y-Achse den Winkel φ_2 ein, der von φ_1 verschieden sein wird, wenn Brechung auftritt. Man verfolge zwei Wege, z. B. 1–0–2 und 1'–0'–2' im Bild 5.17, die beide von derselben Fläche gleicher Phase 1–1′ der einfallenden Welle ausgehen, im Medium (1) parallel zur Wellen-Normale $\boldsymbol{\Gamma}$ und im Medium (2) parallel zu $\boldsymbol{\Pi}$ verlaufen und beide auf derselben Fläche gleicher Phase 2–2′ der in das Medium (2) eindringenden Welle enden. Längs dieser Wege der Längen $s_{10}+s_{02}$ bzw. $s_{1'0'}+s_{0'2'}$ wird man im allgemeinen, verlustfreie Medien oder senkrechter Welleneinfall ($\varphi_1=0$) ausgenommen, verschiedene Dämpfung der Feldamplituden feststellen, da

$$\alpha_1 s_{10}+\alpha_2 s_{02} \neq \alpha_1 s_{1'0'}+\alpha_2 s_{0'2'} \tag{5.41}$$

sein wird. Es ist also nicht mehr zu erwarten, daß im Medium (2) die Ebenen gleicher Phase parallel zu den Ebenen gleicher Amplitude liegen. Die auf den Ebenen gleicher Amplitude senkrecht stehende Wellen-Normale $\boldsymbol{\Lambda}$ der in das Medium (2) eindringenden Welle schließt demnach einen Winkel $\psi_2 \neq \varphi_2$ mit der y-Achse ein. Diese Feststellung kommt in dem Ansatz für das Magnetfeld H_{zd} im Medium (2) zum Ausdruck:

$$H_{zd}=\hat{H}_d \mathrm{e}^{-\alpha_2'(x\sin\psi_2 - y\cos\psi_2)-\mathrm{i}\beta_2'(x\sin\varphi_2 - y\cos\varphi_2)}\mathrm{e}^{\mathrm{i}\omega t}. \tag{5.42}$$

Zur Bestimmung der beiden elektrischen Feldkomponenten empfiehlt es sich, auf die 1. Maxwellsche Gleichung (2.17) zurückzugehen. Nach Einsetzen von H_{zd} erhält man

$$E_{xd} = \frac{\alpha_2'\cos\psi_2+\mathrm{i}\beta_2'\cos\varphi_2}{\alpha_2+\mathrm{i}\beta_2} Z_2 H_{zd}, \tag{5.43}$$

$$E_{yd} = \frac{\alpha_2'\sin\psi_2+\mathrm{i}\beta_2'\sin\varphi_2}{\alpha_2+\mathrm{i}\beta_2} Z_2 H_{zd}. \tag{5.44}$$

Die in $\boldsymbol{\Lambda}$-Richtung wirksame Dämpfungskonstante α_2' und die in $\boldsymbol{\Pi}$-Richtung wirksame Phasenkonstante β_2' sind über die Wellengleichung (3.2) mit der Ausbreitungskonstante $\gamma_2=\alpha_2+\mathrm{i}\beta_2=\mathrm{i}\omega\sqrt{\mu_0\varepsilon_0}\sqrt{\mu_2\varepsilon_2}$ der im Fall $\varphi_1=\varphi_2=\psi_2=0$ nicht „schräg gedämpften" ebenen Welle verknüpft gemäß:

$$\alpha_2'^2-\beta_2'^2=\alpha_2^2-\beta_2^2, \tag{5.45}$$

$$\alpha_2'\beta_2'\cos(\varphi_2-\psi_2)=\alpha_2\beta_2. \tag{5.46}$$

Eine durch $\psi_2 \neq \varphi_2$ gekennzeichnete Welle nennt man *inhomogene Welle.*

Im Medium (1) geht von der Trennfläche eine reflektierte Welle aus, die, ebenso wie die Welle im Medium (2), Gl. (5.42), zunächst als quergedämpft angesetzt werden müßte. Da sich jedoch die reflektierte Welle auf Grund der Stetigkeitsbedingungen für die Felder an der Trennfläche ($y=0$) als querdämpfungsfrei erweist, werden die Feldkomponenten der Übersichtlichkeit halber gleich dementsprechend vereinfacht angesetzt:

$$\left.\begin{aligned} H_{zr} &= \hat{H}_r \\ E_{xr} &= -\hat{H}_r Z_1 \cos\varphi_r \\ E_{yr} &= \hat{H}_r Z_1 \sin\varphi_r \end{aligned}\right\} \cdot \mathrm{e}^{-\gamma_1(x\sin\varphi_r + y\cos\varphi_r)}\,\mathrm{e}^{\mathrm{i}\omega t}. \qquad \begin{aligned}(5.47)\\(5.48)\\(5.49)\end{aligned}$$

Gemäß den Stetigkeitsbedingungen Gl. (2.14) und (2.7) müssen die Tangentialkomponenten des magnetischen bzw. elektrischen Feldes beiderseits der Trennfläche für $y \to 0$ übereinstimmen:

$$\hat{H}_e \mathrm{e}^{-\gamma_1 x \sin\varphi_1} + \hat{H}_r \mathrm{e}^{-\gamma_1 x \sin\varphi_r} = \hat{H}_d \mathrm{e}^{-\alpha_2' x \sin\psi_2 - \mathrm{i}\beta_2' x \sin\varphi_2}, \tag{5.50}$$

$$\begin{aligned} &\hat{H}_e Z_1 \cos\varphi_1 \mathrm{e}^{-\gamma_1 x \sin\varphi_1} - \hat{H}_r Z_1 \cos\varphi_r \mathrm{e}^{-\gamma_1 x \sin\varphi_r} \\ &\qquad = (\alpha_2' \cos\psi_2 + \mathrm{i}\beta_2' \cos\varphi_2) \frac{Z_2}{\gamma_2} \hat{H}_d \mathrm{e}^{-\alpha_2' x \sin\psi_2 - \mathrm{i}\beta_2' x \sin\varphi_2}. \end{aligned} \tag{5.51}$$

Um diese Gleichungen für beliebige x erfüllen zu können, müssen die Exponenten einander gleich sein. Es ergeben sich das *Reflexionsgesetz*

$$\varphi_r = \varphi_1 \tag{5.52}$$

und die *Brechungsgesetze*

$$\alpha_1 \sin\varphi_1 = \alpha_2' \sin\psi_2, \tag{5.53}$$

$$\beta_1 \sin\varphi_1 = \beta_2' \sin\varphi_2, \tag{5.54}$$

die unter Hinzunahme der Beziehungen (5.45) und (5.46) die Winkel ψ_2, φ_2 festlegen.

Im Fall verlustfreier Medien bleibt nur das Brechungsgesetz (5.54) übrig und vereinfacht sich zu

$$\beta_1 \sin\varphi_1 = \beta_2 \sin\varphi_2 \quad \text{oder} \quad \frac{\sin\varphi_1}{\sin\varphi_2} = \sqrt{\frac{\varepsilon_2' \mu_2'}{\varepsilon_1' \mu_1'}}, \quad (\alpha_1 = \alpha_2 = 0). \tag{5.55}$$

Es besagt, daß die in Richtung der Wellenfronten auf die Trennfläche projizierten Wellenlängen und Phasengeschwindigkeiten, die „Spur"-Wellenlängen und -Geschwindigkeiten der Wellen in den Medien (1) und (2) übereinstimmen.

Die Stetigkeitsbedingungen (5.50) und (5.51) legen außerdem die Amplituden der reflektierten und eindringenden Wellen fest:

$$\hat{H}_r = \hat{H}_e \frac{Z_1 \cos\varphi_1 - Z_2(\alpha_2' \cos\psi_2 + \mathrm{i}\beta_2' \cos\varphi_2)/\gamma_2}{Z_1 \cos\varphi_1 + Z_2(\alpha_2' \cos\psi_2 + \mathrm{i}\beta_2' \cos\varphi_2)/\gamma_2}, \tag{5.56}$$

$$\hat{H}_d = \hat{H}_e \frac{2 Z_1 \cos\varphi_1}{Z_1 \cos\varphi_1 + Z_2(\alpha_2' \cos\psi_2 + \mathrm{i}\beta_2' \cos\varphi_2)/\gamma_2}. \tag{5.57}$$

Aus den Beziehungen (5.53) bis (5.57) lassen sich eine Reihe bemerkenswerter Sonderfälle ableiten. Das Brechungsgesetz für die Flächen gleicher Amplitude Gl. (5.53) führt im Fall $\alpha_1=0$, $\alpha_2 \neq 0$ und folglich $\alpha'_2 \neq 0$ auf $\psi_2=0$. Ist das Medium (2) ein Metall, so wird wegen $\beta_2 \gg \beta_1$ außerdem $\varphi_2 \approx 0$.

Auch wenn beide Medien (1), (2) verlustfrei sind, $\alpha_1=\alpha_2=0$, kann $\psi_2=0$ werden. Hat nämlich das Medium (1) eine größere „Brechzahl" $\sqrt{\varepsilon'\mu'}$ als das Medium (2), so läßt sich das vereinfachte Brechungsgesetz (5.55) nur bis zu dem Einfallswinkel φ_{1T} anwenden, bei dem sich

$$(\beta_1/\beta_2)\sin\varphi_{1T}=1, \quad \varphi_2=\frac{\pi}{2}, \quad (\beta_1>\beta_2) \tag{5.58}$$

einstellt. Bei diesem und größeren Einfallswinkeln $\varphi_1 \geq \varphi_{1T}$ hat die Welle im Medium (2) gemäß (5.54) die Phasenkonstante

$$\beta'_2=\beta_1\sin\varphi_1, \quad (\varphi_1 \geq \varphi_{1T}), \tag{5.59}$$

läuft also mit der Spurgeschwindigkeit der Welle im Medium (1) streifend entlang der Trennfläche. Trotz abwesender Wirkdämpfung $\alpha_2=0$ klingt die Amplitude der Welle im Medium (2) rasch ab, wie die Gl. (5.45) zusammen mit Gl. (5.59) anzeigt:

$$\alpha'_2=\sqrt{\beta'^2_2-\beta^2_2}=\sqrt{\beta^2_1\sin^2\varphi_1-\beta^2_2}, \quad (\varphi_1 \geq \varphi_{1T}). \tag{5.60}$$

Man nennt diese, ohne Verlust elektromagnetischer Energie auftretende, räumliche Amplitudenabnahme „Blinddämpfung". Die Amplitude klingt senkrecht zur Wellenlaufrichtung ($\varphi_2=\pi/2$) ab, da das Brechungsgesetz für die Flächen gleicher Amplitude Gl. (5.53) mit $\alpha_1=0$, $\alpha'_2 \neq 0$ auf $\psi_2=0$ führt (äußerster Fall der Querdämpfung!). Aus der Gl. (5.56) folgt für $\alpha_1=\alpha_2=0$, $\varphi_2=\pi/2$, daß die Amplituden der reflektierten und einfallenden Welle dem Betrage nach übereinstimmen:

$$|\hat{H}_r|=|\hat{H}_e|, \quad \left(\alpha_1=\alpha_2=0, \quad \varphi_2=\frac{\pi}{2}\right). \tag{5.61}$$

Für Einfallswinkel $\varphi_1 \geq \varphi_{1T}$ tritt also „*Totalreflexion*" auf. Wie die Gleichungen (5.43) und (5.44) erkennen lassen, ist hierbei das elektrische Feld der im Medium (2) längs der Trennfläche laufenden Welle elliptisch polarisiert. Das Achsenverhältnis der *in* der Einfallsebene liegenden Schwingungsellipse beträgt

$$\frac{|E_{xd}|}{|E_{yd}|}=\frac{\alpha'_2}{\beta'_2}=\sqrt{1-\frac{\beta^2_2}{\beta^2_1\sin^2\varphi_1}}. \tag{5.62}$$

Dipolstrahler strahlen nicht in die Richtung der Dipolachse ab (s. Abschnitt 10.1). Daher sollte im Medium (1) keine reflektierte Strahlung auftreten, wenn das Brechungsgesetz auf eine Richtung des elektrischen Feldes $\boldsymbol{E}_d$ und damit der Dipolachsen der Elementarstrahler im Medium (2) führt, die parallel zur Reflexionsrichtung liegt. Im Fall verlustfreier Medien (1), (2) ($\alpha_1 = \alpha_2 = 0$, $\varphi_2 = \psi_2$) hat $\boldsymbol{E}_d$ die Reflexionsrichtung für $\varphi_r + \varphi_2 = \varphi_1 + \varphi_2 = \pi/2$. Den hierzu erforderlichen Einfallswinkel $\varphi_{1\mathrm{B}}$ liefert das Brechungsgesetz (5.55) in der Form

$$\tan\varphi_{1\mathrm{B}} = \frac{\beta_2}{\beta_1}, \qquad \left(\varphi_1 + \varphi_2 = \frac{\pi}{2}\right). \tag{5.63}$$

Einsetzen von $\alpha_1 = \alpha_2 = \alpha_2' = 0$, $\beta_2' = \beta_2$, $\varphi_2 = \psi_2 = (\pi/2) - \varphi_{1\mathrm{B}}$ zusammen mit (5.63) in (5.56) ergibt

$$\hat{H}_r = \hat{H}_e \frac{Z_1\beta_1 - Z_2\beta_2}{Z_1\beta_1 + Z_2\beta_2} = \hat{H}_e \frac{\mu_1' - \mu_2'}{\mu_1' + \mu_2'}, \qquad \left(\varphi_1 + \varphi_2 = \frac{\pi}{2}\right). \tag{5.64}$$

Die Amplitude der reflektierten Welle verschwindet also für $\mu_1' = \mu_2'$, z. B. $\mu_1' = \mu_2' = 1$ (voraussetzungsgemäß ist $\mu_1'' = \mu_2'' = 0$). Diese Sonderforderung an die magnetischen Eigenschaften der Medien (1), (2) erklärt sich daraus, daß die

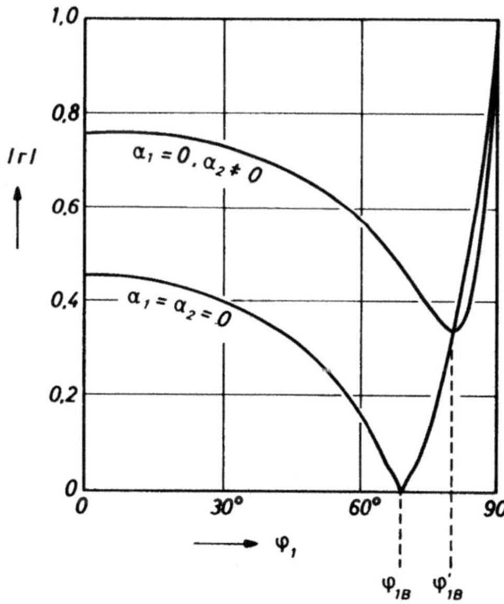

Bild 5.18. Betrag des Reflexionsfaktors einer schräg aus einem Medium (1) auf die ebene Grenzfläche eines Mediums (2) treffenden Welle in Abhängigkeit vom Einfallswinkel φ_1. Das elektrische Feld liegt in der Einfallsebene. (Medium (1): $\varepsilon_1 = \mu_1 = 1$, $\alpha_1 = 0$. Medium (2) verlustfrei: $\varepsilon_2' = 7$, $\varepsilon_2'' = \alpha_2 = 0$. Medium (2) verlustbehaftet: $\varepsilon_2' = 7$, $\varepsilon_2'' = 30$, $\alpha_2 > 0$.)

Dipolachsen der magnetischen Elementarstrahler parallel zu $\boldsymbol{H}_d$ und damit senkrecht zu $\boldsymbol{E}_d$ stehen. Die Unterdrückung der von den magnetischen Elementarstrahlern ausgehenden reflektierten Strahlung gelingt daher nur durch

„magnetische Anpassung" der Medien (1), (2). Der Einfallswinkel φ_{1B} für verschwindende Reflexion heißt *Brewster-Winkel.* Er bestimmt sich aus den Dielektrizitätszahlen der Medien (1), (2) gemäß

$$\tan\varphi_{1B} = \sqrt{\frac{\varepsilon_2'}{\varepsilon_1'}}, \qquad (\mu_1' = \mu_2'). \tag{5.65}$$

Durchläuft φ_1 den Brewsterwinkel, so ändert sich die Phase der reflektierten Welle um π, da die Projektion von $\boldsymbol{E}_d$ auf die Wellenfronten der reflektierten Welle ihre Richtung umkehrt. Der Brewsterwinkel hat für die Wellenausbreitung zwischen dem Erdboden und der Ionosphäre Bedeutung. Unter diesem Winkel ist frequenzunabhängig reflexionsfreie Durchstrahlung planparalleler dielektrischer Platten möglich („Fenster"). Bild 5.18 zeigt den Reflexionsfaktorbetrag $|r| = |\hat{H}_r/\hat{H}_e|$ in Abhängigkeit vom Einfallswinkel φ_1 mit dem Brewster-Minimum bei φ_{1B} für verlustfreies und bei φ_{1B}' für verlustbehaftetes Medium (2). Hat das Medium (2) Verluste ($\alpha_2 \neq 0$), so erreicht das Brewster-Minimum nicht mehr $|r| = 0$. Wegen $\psi_2 \neq \varphi_2$ weist dann, wie die Gleichungen (5.43) und (5.44) erkennen lassen, das elektrische Feld $\boldsymbol{E}_d$ elliptische Polarisation auf. Daher ändert sich seine Richtung zeitlich, so daß für $\varphi_1 \approx \varphi_{1B}'$ doch kleine Komponenten senkrecht zur Reflexionsrichtung erscheinen und damit reflektierte Strahlung auftritt.

Brewsterwinkel

Das Reflexionsminimum einer unter dem Brewsterwinkel auf die ebene Oberfläche eines Dielektrikums eingestrahlten Welle führen wir mit der Geräteanordnung im Bild 5.19 vor. Die Abstrahlung erfolgt linear polarisiert über einen Hohlleitertrichter, der von einem amplitudenmodulierten 9,5-GHz-Klystron gespeist wird. Ein ebensolcher polarisationsrichtungsempfindlicher Trichter empfängt die an der Oberfläche des Dielektrikums reflektierte Welle. Nach quadratischer Gleichrichtung und Verstärkung gelangt das Empfangssignal zur Anzeige. Als Dielektrikum dient Wasser, das bei Zimmertemperatur (20° C) und bei der Frequenz 9,5 GHz die komplexe Dielektrizitätszahl $\varepsilon' \approx 62$, $\varepsilon'' \approx 32$ aufweist. Auf Grund der dielektrischen Verluste des Wassers geht das Reflexionsfaktorminimum beim „Pseudo"-Brewsterwinkel $\varphi_{1B}' \approx 83°$ nicht ganz auf Null (s. Bild 5.18). Die in das Wasser eingetretene Welle wird so stark gedämpft ($\alpha_2 \approx 34$ db/cm), daß eine Wasserschichtdicke von 1 cm genügt, um die vom Boden des Wasserbehälters reflektierte Welle unwirksam zu machen.

Wir wählen die Einstrahlungs- und Empfangsrichtung zwischen 70° und 80°. In der Sende- und Empfangstrichterstellung (a) (Bild 5.19) steht der elektrische Feldstärkevektor senkrecht auf der Einfallsebene, und am Empfänger tritt ein starkes Reflexionssignal auf. Nach 90°-Drehung der Trichter (Stellung (b)) verschwindet das Reflexionssignal fast völlig. Es kehrt wieder, wenn wir eine leichte Metallplatte auf die Wasseroberfläche legen (die auf Grund der Oberflächenspannung zunächst schwimmt). Versenken wir die Metallplatte, so stellt sich wieder minimale Reflexion ein.

Die Verwendung von Wasser für diese Vorführung hat den Vorteil, daß wir die Änderung des Brewsterwinkels mit der Dielektrizitätszahl besonders deutlich machen können. Wir betrachten deshalb auch die Reflexion sichtbaren, linear polarisierten Lichts. Dem optischen Brechungsindex $\sqrt{\varepsilon_2'} \approx 1{,}33$ des Wassers entsprechend finden wir verschwindende Licht-Reflexion bei dem Brewsterwinkel $\varphi_{1B} \approx 53°$.

Zur Vorführung des Reflexionsminimums beim Brewsterwinkel mit 9,5-GHz-Wellen eignet sich auch eine planparallele, verlustarme dielektrische Platte, z. B. aus Polystyrol. Die unter dem Brewsterwinkel reflexionsfrei in die Platte eingedrungene Welle durchsetzt wegen $\sqrt{\varepsilon_2'} = \tan\varphi_{1B} = \cot\varphi_{2B}$, $\tan\varphi_{2B} = 1/\sqrt{\varepsilon_2'}$ auch die Plattenrückseite reflexionsfrei, wenn hier leerer Raum angrenzt. Zur Vermeidung von Störreflexionen setzen wir hinter die Platte eine reflexionsarme Absorberwand.

Unter dem Brewsterwinkel durchstrahlte, planparallele, verlustarme dielektrische Platten finden als reflexionsfreie „Fenster" bei Gas-Lasern Anwendung.

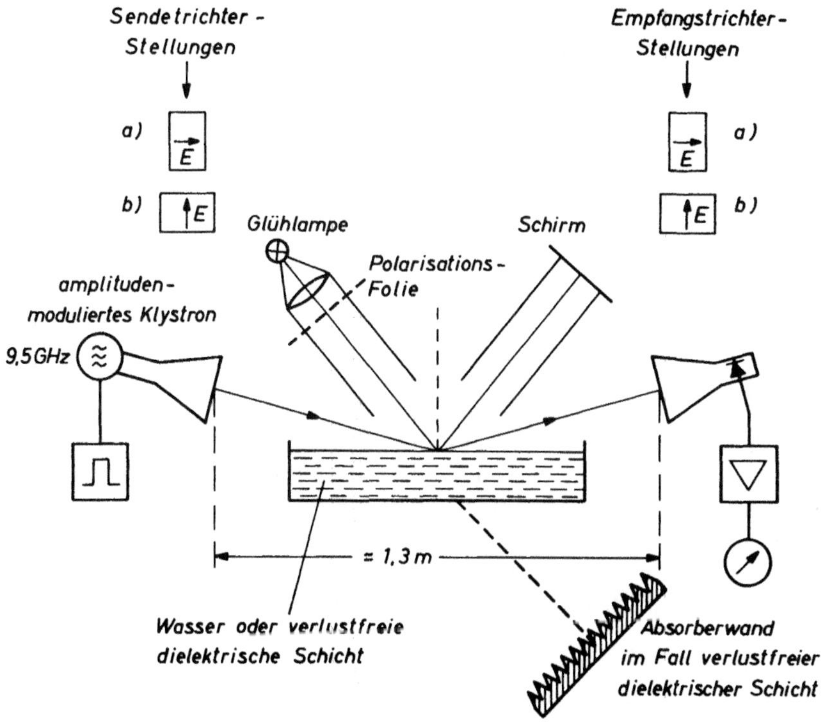

Bild 5.19. Geräteanordnung zur Vorführung des Reflexionsminimums einer unter dem Brewsterwinkel auf eine Wasseroberfläche oder auf eine verlustfreie dielektrische Platte treffenden Welle.

5.3.2. Elektrisches Feld senkrecht zur Einfallsebene

Steht das elektrische Feld der einfallenden Welle senkrecht auf der Einfalls-(x, y-)Ebene, so sind folgende Feldstärkekomponenten zu berücksichtigen:

Aus dem Medium (1) einfallende homogene Welle:

$$E_{ze}=\hat{E}_e \mathrm{e}^{-\gamma_1(x\sin\varphi_1-y\cos\varphi_1)}\mathrm{e}^{\mathrm{i}\omega t}, \tag{5.66}$$

$$H_{xe}=-\frac{E_{ze}}{Z_1}\cos\varphi_1, \tag{5.67}$$

$$H_{ye}=-\frac{E_{ze}}{Z_1}\sin\varphi_1. \tag{5.68}$$

In das Medium (2) eindringende Welle:

$$E_{zd}=\hat{E}_d \mathrm{e}^{-\alpha'_2(x\sin\psi_2-y\cos\psi_2)-\mathrm{i}\beta'_2(x\sin\varphi_2-y\cos\varphi_2)}\mathrm{e}^{\mathrm{i}\omega t}, \tag{5.69}$$

$$H_{xd}=-\frac{\alpha'_2\cos\psi_2+\mathrm{i}\beta'_2\cos\varphi_2}{\alpha_2+\mathrm{i}\beta_2}\cdot\frac{E_{zd}}{Z_2}, \tag{5.70}$$

$$H_{yd}=-\frac{\alpha'_2\sin\psi_2+\mathrm{i}\beta'_2\sin\varphi_2}{\alpha_2+\mathrm{i}\beta_2}\cdot\frac{E_{zd}}{Z_2}. \tag{5.71}$$

Reflektierte Welle im Medium (1):

$$E_{zr}=\hat{E}_r \mathrm{e}^{-\gamma_1(x\sin\varphi_r+y\cos\varphi_r)}\mathrm{e}^{\mathrm{i}\omega t}, \tag{5.72}$$

$$H_{xr}=\frac{E_{zr}}{Z_1}\cos\varphi_r, \tag{5.73}$$

$$H_{yr}=-\frac{E_{zr}}{Z_1}\sin\varphi_r. \tag{5.74}$$

Für die Verknüpfung von α'_2, β'_2 mit α_2, β_2 gelten wieder die Gleichungen (5.45) und (5.46). Die Stetigkeitsbedingungen an der Trennfläche zwischen den Medien (1), (2) führen hier ebenfalls auf das Reflexionsgesetz (5.52) und die Brechungsgesetze (5.53) und (5.54). Die Amplituden der reflektierten und eindringenden Wellen unterscheiden sich dagegen bei ähnlichem Aufbau der Formeln von denen der parallel zur Einfallsebene polarisierten Wellen:

$$\hat{E}_r=\hat{E}_e\frac{Z_2\cos\varphi_1-Z_1(\alpha'_2\cos\psi_2+\mathrm{i}\beta'_2\cos\varphi_2)/\gamma_2}{Z_2\cos\varphi_1+Z_1(\alpha'_2\cos\psi_2+\mathrm{i}\beta'_2\cos\varphi_2)/\gamma_2}, \tag{5.75}$$

$$\hat{E}_d=\hat{E}_e\frac{2Z_2\cos\varphi_1}{Z_2\cos\varphi_1+Z_1(\alpha'_2\cos\psi_2+\mathrm{i}\beta'_2\cos\varphi_2)/\gamma_2}. \tag{5.76}$$

Auch hier gibt es einen Brewster-Einfallswinkel $\varphi_{1\mathrm{B}}$, bei dem im Fall fehlender Verluste ($\alpha_1=\alpha_2=0$) die reflektierte Welle verschwindet ($\hat{E}_r=0$). Die Medien (1), (2) müssen dazu aber „dielektrisch angepaßt“ sein ($\varepsilon'_1=\varepsilon'_2$). Er bestimmt sich aus den Permeabilitätszahlen der Medien (1), (2) gemäß

$$\tan\varphi_{1\mathrm{B}} = \sqrt{\frac{\mu_2'}{\mu_1'}}, \qquad (\varepsilon_1' = \varepsilon_2'). \tag{5.77}$$

Dieser Fall der Brewster-Anpassung hat jedoch keine praktische Bedeutung. Für streifend einfallende Wellen, d. h. für $\varphi_1 \to \pi/2$ ergeben die Amplituden-Gleichungen (5.56), (5.57), (5.75) und (5.76), daß die aus einfallender und reflektierter Welle resultierenden Felder im Medium (1) sowie die Felder im Medium (2) verschwinden. Längs der ebenen Trennfläche zwischen zwei Medien können sich also die durch (5.38) bis (5.40) oder (5.66) bis (5.68) angesetzten *homogenen* ebenen Wellen nicht ausbreiten. Jedoch gibt es mehrere Arten *inhomogener* ebener Wellen entlang einer Trennfläche. Sie spielen bei der Führung und Abstrahlung von Wellen eine Rolle (s. Abschnitte 9.1 und 10.4.1).

5.3.3. Feld vor einer Metallwand

Im Medium (1), Bild 5.17, bilden die einfallende und reflektierte Welle ein Interferenzfeld, wie es auch bei geführten Wellen in den noch zu behandelnden metallischen Hohlleitern und dielektrischen Stäben vorkommt. Es hat eine besonders einfache Struktur, wenn aus einem verlustfreien Medium (1), ($\alpha_1 = 0$), eine ebene, linear polarisierte Welle schräg auf eine Metallwand (Medium (2)) trifft und dort reflektiert wird.

Liegt das elektrische Feld in der Einfalls-(x, y-)Ebene, so ergibt sich mit $Z_2 = 0$ für die Magnetfeldamplitude der reflektierten Welle gemäß Gl. (5.56) $\hat{H}_r = \hat{H}_e = \hat{H}$.

Faßt man die einander entsprechenden Feldkomponenten (5.38) bis (5.40) und (5.47) bis (5.49) von einfallender und reflektierter Welle zusammen, so erhält man mit $\alpha_1 = 0$:

$$\left.\begin{aligned} H_z &= 2\hat{H}\cos(\beta_1 y\cos\varphi_1) && (5.78)\\ E_x &= 2\mathrm{i}\hat{H}Z_1\cos\varphi_1\sin(\beta_1 y\cos\varphi_1) && (5.79)\\ E_y &= 2\hat{H}Z_1\sin\varphi_1\cos(\beta_1 y\cos\varphi_1) && (5.80)\end{aligned}\right\} \cdot \mathrm{e}^{-\mathrm{i}\beta_1 x\sin\varphi_1}\,\mathrm{e}^{\mathrm{i}\omega t}.$$

Aus dieser Darstellung geht hervor, daß man das Interferenzfeld als eine parallel zur Metallwand (in x-Richtung) fortschreitende Welle mit der Wellenlänge

$$\Lambda_x = \frac{\lambda_1}{\sin\varphi_1}, \qquad \left(\lambda_1 = \frac{2\pi}{\beta_1}\right) \tag{5.81}$$

ansehen kann, die senkrecht dazu die räumliche Modulation einer stehenden Welle mit der Wellenlänge

$$\Lambda_y = \frac{\lambda_1}{\cos\varphi_1} \tag{5.82}$$

aufweist. Die in x-Richtung laufende Welle nennt man „E-Welle“ oder „TM-Welle“ wegen der in Ausbreitungsrichtung vorhandenen elektrischen Feldstärkekomponente E_x bzw. wegen des rein transversalen Magnetfeldes. Die Überlagerung der H_{ze}- und H_{zr}-Wellenfronten zum resultierenden Interferenzfeld H_z zeigt Bild 5.20.

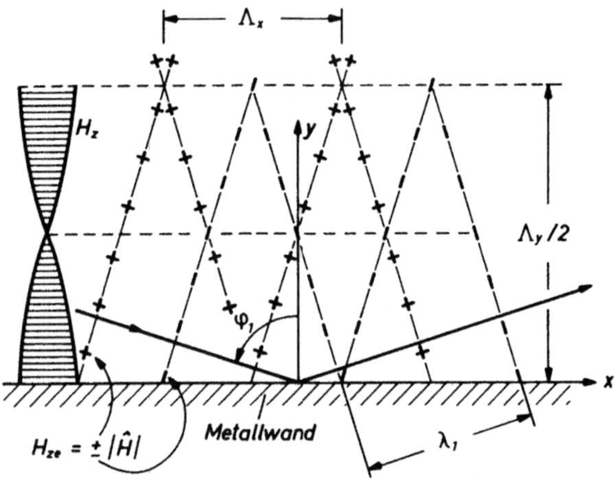

Bild 5.20 Überlagerung der magnetischen Felder von einfallender und reflektierter Welle vor einer Metallwand. Magnetfeldrichtung senkrecht zur Zeichen- (= Einfalls-)Ebene. Es sind nur die Wellenfronten maximaler positiver (+) und negativer (−) Feldstärke gezeichnet.

Steht das elektrische Feld senkrecht auf der Einfallsebene, also parallel zur reflektierenden Metallwand, so ergibt sich mit $Z_2=0$ für die elektrische Feldstärkeamplitude der reflektierten Welle gemäß Gl. (5.75) $\hat{E}_r = -\hat{E}_e = -E$, und damit erhält man nach geeigneter Zusammenfassung von Gl. (5.66) bis (5.68) und (5.72) bis (5.74) für das Interferenzfeld

$$E_z = 2\mathrm{i}\,\hat{E}\sin(\beta_1 y\cos\varphi_1) \tag{5.83}$$

$$H_x = -2\,\frac{\hat{E}}{Z_1}\cos\varphi_1\cdot\cos(\beta_1 y\cos\varphi_1) \quad \Bigg\} \cdot \mathrm{e}^{-\mathrm{i}\beta_1 x\sin\varphi_1}\,\mathrm{e}^{\mathrm{i}\omega t}. \tag{5.84}$$

$$H_y = -2\mathrm{i}\,\frac{\hat{E}}{Z_1}\sin\varphi_1\cdot\sin(\beta_1 y\cos\varphi_1) \tag{5.85}$$

Wegen der magnetischen Feldkomponente in Ausbreitungsrichtung x heißt diese Welle „H-Welle“ oder wegen des rein transversalen elektrischen Feldes auch „TE-Welle“. Wie ihr H_x-Feld durch die Überlagerung der H_{xe}- und H_{xr}-Wellenfronten zustandekommt, erläutert ebenfalls das Bild 5.20, wenn man darin H_z durch H_x ersetzt. Die räumliche Verteilung der einzelnen Feldkomponenten sowohl der E- als auch der H-Welle verdeutlicht das Bild 5.21.

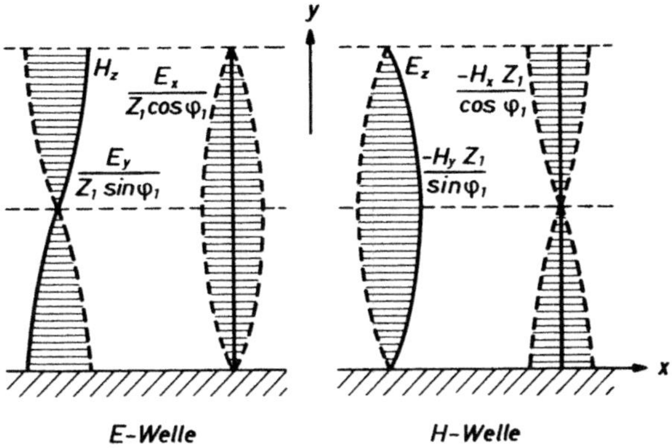

Bild 5.21. Räumliche Amplitudenverteilung der einzelnen Feldkomponenten einer *E*-Welle und einer *H*-Welle, die sich aus den Feldern von einfallender und reflektierter Welle bei parallel bzw. senkrecht zur Einfalls-(x, y)-Ebene liegendem elektrischen Feld vor einer Metallwand zusammensetzen. Die ausgezogene Null-Linie und die ausgezogene Umhüllende gehören zeitlich zusammen und zeigen so den Phasenunterschied zwischen den Feldkomponenten.

Interferenzfeld vor einer Metallwand

Mit einem amplitudenmodulierten 3-GHz-Magnetronsender speisen wir einen Dipolstrahler, der zur Strahlungsbündelung in einem Paraboloidspiegel oder einem Trichter sitzt. Die so erzeugte annähernd ebene Welle lassen wir schräg auf eine ebene Metallwand treffen (Bild 5.22). Das aus einfallender und reflektierter Welle gebildete Interferenzfeld tasten wir mit einer elektrischen

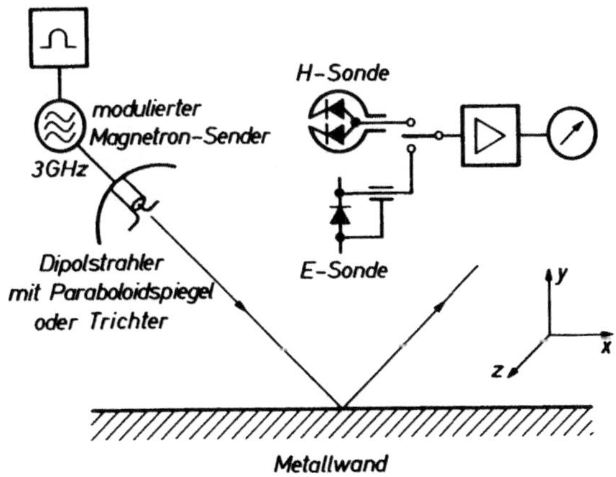

Bild 5.22. Geräteanordnung zur Vorführung des Interferenzfeldes von einfallender und reflektierter Welle vor einer Metallwand.

Dipolsonde und einer Schleifensonde ab. Damit weisen wir die räumliche Amplitudenverteilung der elektrischen und magnetischen Feldkomponenten sowohl für die E-Welle (*E* parallel zur Einfallsebene) als auch für die H-Welle (*E* senkrecht zur Einfallsebene) nach, wie Bild 5.21 sie zeigt. Aus dem Abstand benachbarter Feldknoten oder -bäuche in y-Richtung bestimmen wir $\Lambda_y/2$ bei verschiedenen Einfallswinkeln und vergleichen diese Werte mit dem von $\lambda_1/2$, den wir bei senkrechtem Welleneinfall auf die Metallplatte ermitteln.

Ein der H-Welle entsprechendes Interferenzfeld erhält man auch mit Schallwellen in Wasser, die schräg auf eine schallweiche, ebene Wand treffen. Wir benutzen ein Flachwasserbecken mit einer Wasserhöhe $\lesssim \lambda_0 = 6{,}8$ cm, dessen eine Wand mit einer Schaumgummischicht schallweich verkleidet ist, und dessen übrige Wände reflexionsarm beschaffen sind. Ein Magnetostriktions-Nickelschwinger strahlt mit der Frequenz 22 kHz schräg auf die schallweiche Wand (Bild 5.23).

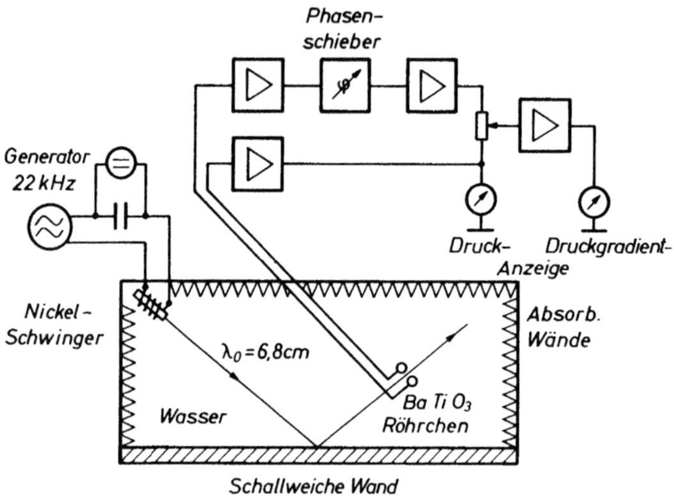

Bild 5.23. Geräteanordnung zur Vorführung des Interferenzfeldes von einfallender und reflektierter Schallwelle vor einer schallweichen Wand in Wasser.

Als kombinierte Schalldruck-/Schallschnelle-Sonde dienen zwei dicht nebeneinander angeordnete Bariumtitanat-Röhrchen (piezoelektrische Sonden). Das elektrische Signal des einen Röhrchens wird getrennt von dem des anderen zur Anzeige des Drucks gebracht. Zur Messung des Druckgradienten und damit der Schnelle wird die Differenz der beiden Signale gebildet, wobei die beiden Sondenröhrchen in Richtung der zu messenden Schnelle nebeneinander stehen müssen. Die Phasenrichtigkeit der beiden Signale prüfen wir zuvor in der fortschreitenden Welle und korrigieren erforderlichenfalls mit einem Phasenschieber. Die Schallfeldkomponenten Druck p, Schnelle u_x, u_y entsprechen den Feldkomponenten E_z, H_y, H_x der elektromagnetischen H-Welle. Mit der Schall-Sonde finden wir also die im Bild 5.21 rechts skizzierte räumliche Verteilung der Feldkomponenten, die wir auch wieder für verschiedene Einfallswinkel abtasten.

5.4. Beugung

Beugungserscheinungen spielen bei der Ausbreitung elektromagnetischer Wellen bis zu hohen Frequenzen häufig eine bedeutende Rolle, weil deren Wellenlängen mit den Abmessungen der Gegenstände vergleichbar sind, die normalerweise von solchen Wellen getroffen werden, z. B. Trichterantennen, Reflektoren, Absorber, offene Leitungsenden; Häuser, Bäume usw. Im Gegensatz dazu sind die Wellenlängen des Lichts sehr klein gegen die Abmessungen optischer Meß- und Übertragungseinrichtungen, so daß in fast allen Fällen die Vorstellung von sich geradlinig ausbreitenden Lichtstrahlen genügt. Abweichungen von der geometrisch-optischen Ausbreitung machen sich erst bei verfeinerter Beobachtungsweise bemerkbar.

Die theoretische Behandlung von Beugungsproblemen ist schwierig und nur für Körper einfacher Geometrie exakt durchführbar. Grundsätzlich kann man das durch Primäreinstrahlung, Reflexion und Beugung an beliebigen Körpern in einem Beobachtungspunkt hervorgerufene Wellenfeld bestimmen, wenn man die Feldverteilung auf einer den Beobachtungspunkt umgebenden geschlossenen Fläche kennt. Nach *Kirchhoff* läßt sich die Auswirkung dieser Feldverteilung ersatzweise durch eine Belegung der Fläche mit Elementarstrahlern beschreiben. Die Kirchhoffsche Formel verknüpft die Strahlerbelegung mit dem Feld im Beobachtungspunkt. Sie ist die mathematische Formulierung des Huygens-Fresnelschen Prinzips, nach dem die Punkte eines Wellenfeldes Quellen von Elementarwellen sind, deren Summe unter Berücksichtigung der Phasen den Wellenvorgang im Beobachtungspunkt ergibt. Meistens läßt sich das Feld auf der den Beobachtungspunkt umgebenden Fläche auch nicht genau angeben. Die Bedeutung des Kirchhoffschen Verfahrens liegt aber darin, daß man durch geschickte Wahl des Flächenverlaufs mit einfachen Näherungen für die Feldverteilung auskommt. Zum Beispiel bezieht man bei der Beugung an Blenden und Schirmen diese in den Flächenverlauf ein. Es genügt dann, in erster Näherung das Feld im geometrischen Schattengebiet gleich Null und im direkt bestrahlten Gebiet gleich dem Feld der primär einfallenden Welle zu setzen.

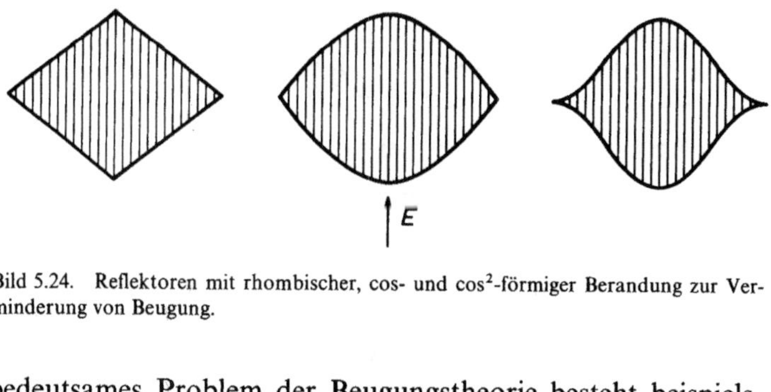

Bild 5.24. Reflektoren mit rhombischer, cos- und $\cos^2$-förmiger Berandung zur Verminderung von Beugung.

Ein praktisch bedeutsames Problem der Beugungstheorie besteht beispielsweise darin, geeignete Formen für ebene Reflektoren als Umlenkantennen zu finden. Die Rundfunkversorgung vom Sender direkt nicht erreichbarer Empfänger, etwa in Gebirgstälern, erfordert solche Umlenkantennen („passive Relaisstationen"), die möglichst keine Strahlungsnebenmaxima in unerwünschten Richtungen haben sollen. Die im Bild 5.24 gezeigten rhombischen, cos- und $\cos^2$-förmigen Berandungen vermindern die seitliche Beugung an Flächenantennen. Die Berandung eines Reflektors hat keinen Einfluß auf die Beugung mehr, wenn seine Fläche nicht bis zum Rand hin „ausgeleuchtet" wird. Die für die Beugung entscheidende Bündelbegrenzung erfolgt dann bereits an anderer Stelle im Strahlengang.

Die Behandlung der Beugung ebener Wellen an Kugeln und Zylindern ermöglicht ein Verfahren von *G. Mie*. Dabei beschreibt man das Gesamtfeld als Überlagerung der einfallenden ebenen Welle mit einer von dem beugenden Körper ausgehenden Streuwelle. Die Verknüpfung beider Felder erfolgt durch die Randbedingungen für das elektrische und magnetische Feld an der Oberfläche des Körpers. Erst die modernen elektrischen Rechenanlagen erlauben es, diese Rechnungen mit erträglichem Zeitaufwand numerisch durchzuführen.

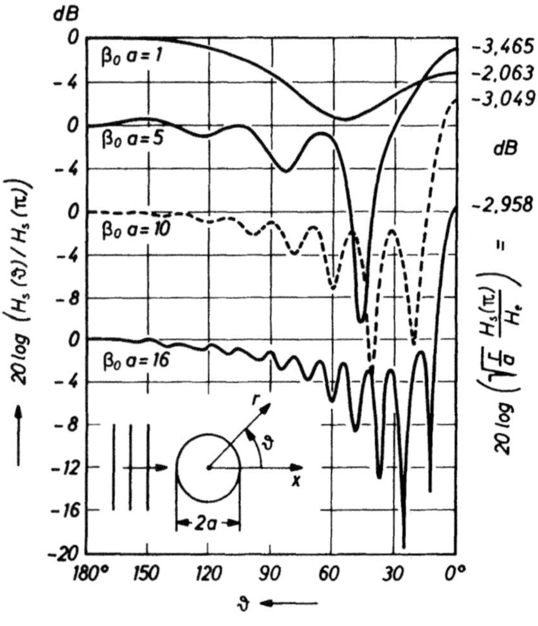

Bild 5.25. Magnetisches Streufernfeld H_s von Metallzylindern in Abhängigkeit vom Azimut ϑ. Das magnetische Feld $\boldsymbol{H}_e$ der einfallenden ebenen Welle mit $\beta_0 = 2\pi/\lambda_0$ liegt parallel zur Zylinderachse.

Die Bilder 5.25, 5.26 zeigen einige Beispiele derartiger Rechenergebnisse. Die Kurven geben den Betrag des magnetischen (H_s) bzw. elektrischen (E_s) Streufernfeldes von Metallzylindern verschiedener Durchmesser $2a$ in Abhängigkeit vom Azimut ϑ an. Man findet dieses Feld beim Umkreisen eines Zylinders in zur Wellenlänge λ_0 großen Entfernungen r mit einem Richtempfänger, der für genügend große Winkel ϑ (etwa $\vartheta > 45°$, d. h. in Seitwärts- und Rückwärtsrichtungen) nur die vom Zylinder ausgehende Strahlung aufnimmt und nicht auf die ebene Primärwelle anspricht. Für kleine Winkel ϑ (in Vorwärtsrichtungen) spricht auch ein Richtempfänger auf das Gesamtfeld an. Um trotzdem das Streufeld allein zu erhalten, muß man zusätzlich auf den Empfänger gegenphasig das Signal geben, das er von der ungestörten Primärwelle nach Entfernen des beugenden Objekts erhalten würde. Die Diagramme Bilder 5.25, 5.26 unterscheiden sich dadurch, daß im ersten das magnetische Feld $\boldsymbol{H}_e$ der

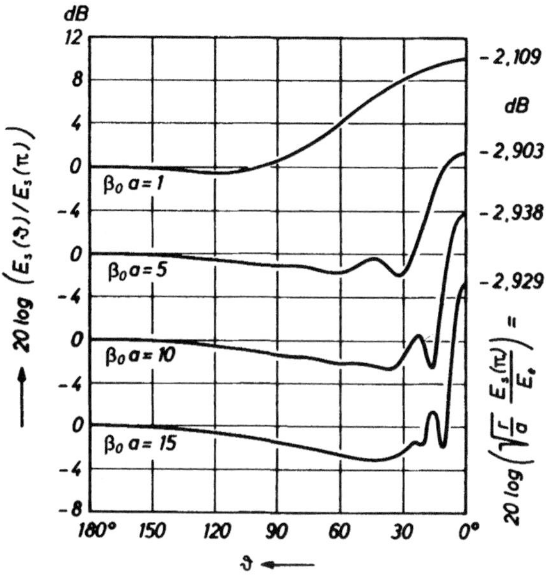

Bild 5.26. Elektrisches Streufernfeld E_s von Metallzylindern in Abhängigkeit vom Azimut ϑ. Das elektrische Feld $\boldsymbol{E}_e$ der einfallenden ebenen Welle mit $\beta_0 = 2\pi/\lambda_0$ liegt parallel zur Zylinderachse.

einfallenden ebenen Welle, im zweiten das elektrische Feld $\boldsymbol{E}_e$ parallel zur Zylinderachse liegt, womit das elektrische Gesamtfeld an der Zylinderoberfläche $\neq 0$ bzw. $= 0$ ist.

Die Streustrahlung kommt durch Reflexion und Beugung zustande. Die Beugung äußert sich darin, daß eine die Zylinderoberfläche umwandernde „*Kriechwelle*“ entsteht, die die Winkelabhängigkeit der Streustrahlung entscheidend beeinflußt. Von der einfallenden Welle getroffene Elemente der Zylinderoberfläche regen mit ihrer Sekundärstrahlung längs des Zylinderumfangs benachbarte Flächenelemente zur Strahlung an, die wiederum ihre Nachbarn anregen und so fort. Auf diese Weise wird Strahlung aus der „Lichtzone“ ($180° \geq \vartheta > 90°$) über die „Schattengrenze“ ($\vartheta = 90°$) hinaus an Flächenelemente in der „Schattenzone“ ($90° > \vartheta \geq 0°$) und um den Zylinder herum fortschreitend als Kriechwelle „weitergereicht“. Jedes schwingende Flächenelement überträgt seine Energie nicht nur auf Nachbarelemente, sondern strahlt sie vorwiegend in den freien Raum ab, so daß die Kriechwelle gedämpft ist.

Von den beiden Schattengrenzen ($\vartheta = \pm 90°$) ausgehende, einander entgegenlaufende Kriechwellen interferieren miteinander in der Schattenzone, wodurch es dort zu ausgeprägten Erregungsmaxima und -minima an der Zylinderoberfläche kommt. Sie sind für die starken Schwankungen des Streufernfeldes in der Umgebung von $\vartheta = 0$ verantwortlich (Bilder 5.25, 5.26), die wegen der Kriechwellendämpfung zu größeren Winkeln ϑ hin abklingen und sich mit wachsendem Zylinderumfang auf immer kleinere Winkel zurückziehen. Die Schwankungen des Streufeldes, die sich bis in die Lichtzone hinein erstrecken können (Bild 5.25), lassen sich auch aus der Interferenz zwischen Kriechwellenanteil und geometrisch reflektiertem Anteil gemäß Bild 5.27 erklären, wenn man den Einfluß des Kriechwellenweges auf Phase und Amplitude der Kriechwelle berücksichtigt.

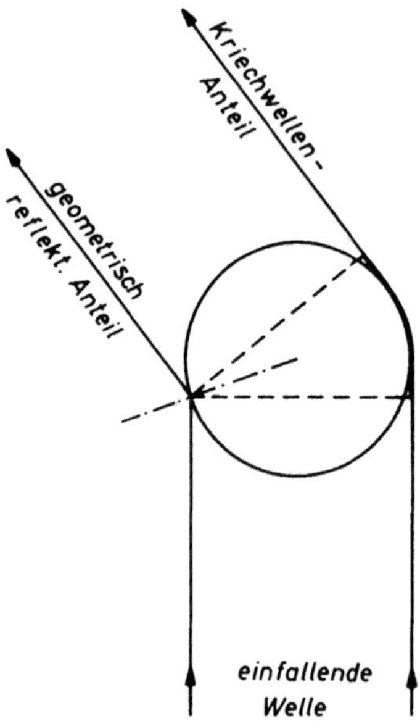

Bild 5.27. Zur Erklärung der Struktur des Streufernfeldes eines Metallzylinders aus der Interferenz zwischen Kriechwellen- und geometrisch reflektierter Strahlung. Mit dem Streuwinkel ändern sich der Kriechwellenweg und damit der Phasen- und Amplitudenunterschied zwischen den beiden Strahlungsanteilen.

Das Fernfeldrichtdiagramm zeigt stärkere Schwankungen, wenn das elektrische Feld senkrecht zur Zylinderachsenrichtung (Bild 5.25) als wenn es parallel dazu (Bild 5.26) liegt, weil die Ausbreitungsdämpfung der Kriechwelle im ersten Fall kleiner als im zweiten ist. Diese Erscheinung wird aus der Vorstellung von der Kriechwelle als dem Ergebnis von Mehrfachstreuung heraus verständlich: Zu einem Zylinder-Oberflächenelement kommt Strahlung von Nachbarelementen teils unmittelbar, teils über Reflexion an einem Zwischenelement. Im Fall $\boldsymbol{E}$ senkrecht zur Zylinderachse sind beide Anteile in Phase (s. Gln. (5.40), (5.49) und (5.56)), im Fall $\boldsymbol{E}$ parallel zur Zylinderachse wegen des Phasensprungs um π bei der Reflexion dagegen nicht (s. Gln. (5.66), (5.72) und (5.75)), so daß sie sich teilweise auslöschen, also weniger zur Anregung des betrachteten Oberflächenelements und mehr zur direkten Abstrahlung führen.

Die meistens sehr großen Streufeldwerte in der Schattenrichtung $\vartheta = 0°$ erklären sich aus der Aufteilung des Gesamtfeldes in das ohne Zylinder vorhandene Primärfeld und das Streufeld. Das besonders hinter dicken Zylindern sehr schwache Gesamtfeld erfordert ein dem Primärfeld gegenphasiges, annähernd amplitudengleiches Streufeld.

Die Diagramme in den Bildern 5.25 und 5.26 gelten ebenso für den Betrag des Schalldruckes im Streufernfeld bei der Schallstreuung an schallharten Zylindern (z. B. Metall in Luft) bzw. schallweichen Zylindern (z. B. Schaumstoff mit luftgefüllten Poren in Wasser).

Streuung elektromagnetischer Wellen an Metallzylindern

Die Anordnung der verwendeten Geräte zeigt das Bild 5.28. Ein mit 1 kHz amplitudenmoduliertes 9,6-GHz-Klystron ($\lambda_0 = 3{,}13$ cm) speist zur Erzeugung der annähernd ebenen Primärwelle einen Hornstrahler. Sie trifft auf ein kreisrundes Metallrohr genügender Länge, so daß die Rohrenden keine Strahlung mehr erhalten. Das Rohr steht auf einem Drehtisch mit Ausleger, an dem eine

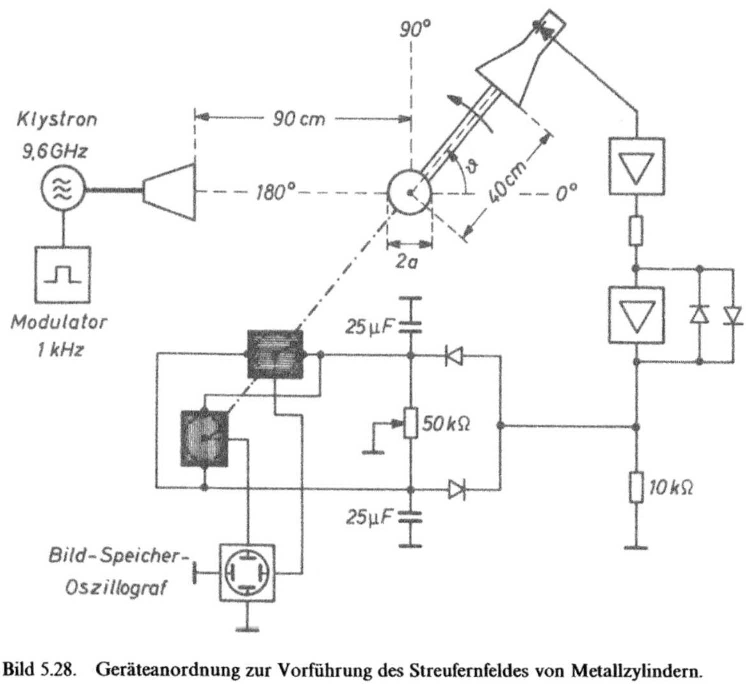

Bild 5.28. Geräteanordnung zur Vorführung des Streufernfeldes von Metallzylindern.

zweite Hornantenne als Richtempfänger befestigt ist. Das quadratisch gleichgerichtete Empfangssignal wird mit einem quadratisch gegengekoppelten Rechenverstärker linearisiert und nach Niederfrequenzgleichrichtung an zwei gekreuzte Flächenwiderstandsbahnen gelegt. Vom Drehtisch mitgeführte Schleifer greifen davon die Bruchteile $\cos\vartheta$ oder $\sin\vartheta$ des Empfangssignals ab, die zur Horizontal- bzw. Vertikalauslenkung eines Speicheroszillographen dienen. Die Auslenkung des Elektronenstrahls vom Schirmzentrum als Nullpunkt aus ist so proportional zur Empfangsfeldstärke und gibt in ihrer Richtung die Winkelstellung des Empfängers wieder.

Die Bilder 5.29a, b; 5.30a, b zeigen einige mit dieser Anordnung gewonnene Fern-Richtungsdiagramme von Metallzylindern mit 6 cm ($\hat{=}\beta_0 a=6$) bzw. 15 cm ($\hat{=}\beta_0 a=15$) Durchmesser $2a$. Die Diagramme 5.29a, 5.30a gelten für parallel zur Zylinderachse liegendes Magnetfeld, 5.29b, 5.30b für achsenparalleles elektrisches Feld. Der Richtschärfe des Empfangstrichters entsprechend stellen die Diagramme nur für Winkel ϑ zwischen 180° und $\pm 50°$ die Streufeldamplitude dar, während sie für kleinere Winkel bis $\vartheta=0°$ den Übergang zum Gesamtfeld angeben.
Die Diagramme 5.29a, 5.30a lassen im Vergleich zu den Diagrammen 5.29b, 5.30b deutlich vielfältigere Auffiederung erkennen, die von den stärker ausgebildeten Kriechwellen im Fall achsenparallelen Magnetfeldes herrührt. Die aus den Diagrammen 5.30 gegenüber 5.29 entnehmbare größere Rückstreuung beruht vorwiegend auf der erhöhten geometrischen Reflexion der dickeren Zylinder. Nahe $\vartheta=180°$ schattet der Empfangstrichter die einfallende Welle ab.

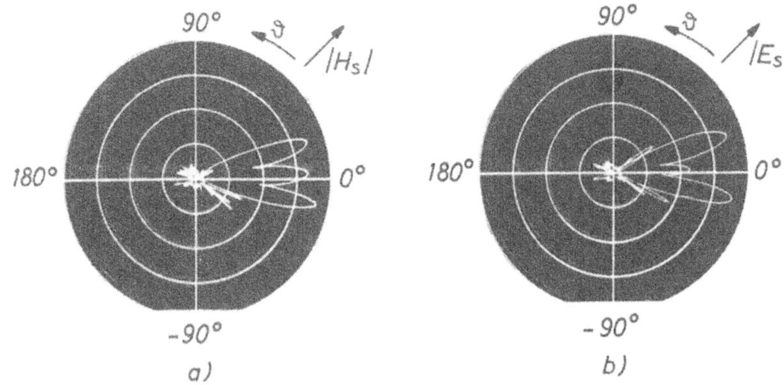

Bild 5.29. Fernfeld in der Umgebung eines Metallzylinders mit dem Durchmesser $6\lambda_0/\pi$, auf den aus der Richtung $\vartheta=180°$ eine ebene Welle mit achsenparallelem magnetischen Feld (a) bzw. achsenparallelem elektrischen Feld (b) trifft.

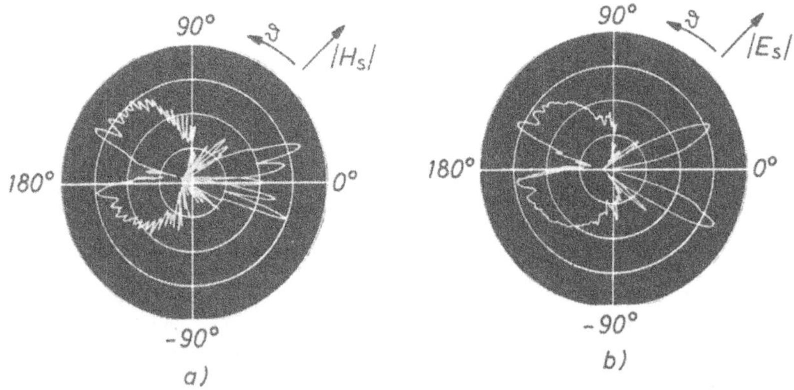

Bild 5.30. Fernfeld in der Umgebung eines Metallzylinders mit dem Durchmesser $15\lambda_0/\pi$, auf den aus der Richtung $\vartheta=180°$ eine ebene Welle mit achsenparallelem magnetischen Feld (a) bzw. achsenparallelem elektrischen Feld (b) trifft.

6. Elektrisch und magnetisch transversale Wellen auf Leitungen

6.1. TEM-Wellenleitungsformen

Die einfachste Art einer elektromagnetischen Welle mit lediglich transversalem, d. h. zur Ausbreitungsrichtung senkrechtem elektrischen und magnetischen Feld („TEM-Welle") ist die ebene, linear polarisierte Welle im leeren Raum oder in einem unbegrenzten, verlustfreien Medium (s. Gln. (3.8), (3.11) und Bild 3.1). Dieselbe Feldverteilung läßt sich zwischen zwei unbegrenzten, planparallelen Metallplatten unendlich großer Leitfähigkeit herstellen, wenn in den Plattenzwischenraum eine Welle mit senkrecht zu den Platten stehendem elektrischen Feld eingestrahlt wird und der Plattenabstand klein zur Wellenlänge λ_0 ist. Auf den einander zugekehrten Plattenoberflächen stellt sich dann eine Ladungs- und Stromverteilung ein, wie sie im Bild 6.1 angedeutet ist. Das Metallplattenpaar führt die Welle ohne Veränderung der Feldverteilung, es bildet also eine Wellenleitung.

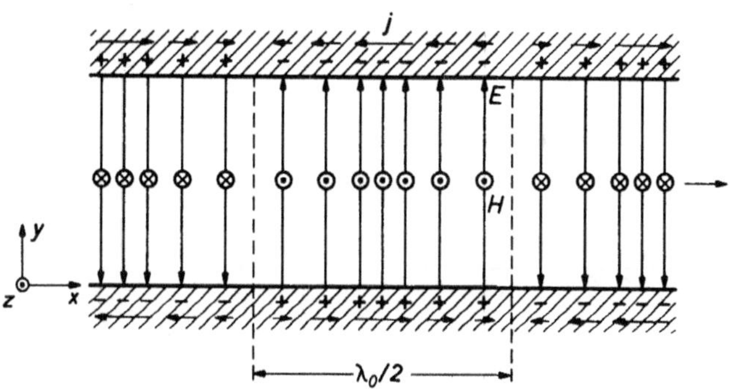

Bild 6.1. Elektrisches Feld ***E***, magnetisches Feld ***H***, Leitungsstromdichte *j* und Ladungsverteilung bei der Ausbreitung einer TEM-Welle zwischen planparallelen Metallplatten.

In der praktischen Ausführung weist diese Leitungsform natürlich endliche Plattenabmessungen senkrecht (in z-Richtung) zur Wellenausbreitungsrichtung (x) auf und heißt dann „Bandleitung" (Bild 6.2a). Man sollte zunächst erwarten, daß die an den Plattenkanten fließenden Ströme Abstrahlung verursachen (s. Abschnitt 10) und damit die Führungseigenschaft der Leitung zunichtemachen. Jedoch kompensieren sich die Strahlungsfelder der in y-Richtung benachbarten Kanten, wenn der Plattenabstand sehr klein zur Wellenlänge λ_0 ist, da ihre Ströme gegensinnig fließen.

Biegt man die Platten einer Bandleitung in der Querschnittsebene ringförmig zusammen, so gelangt man zur „Koaxialleitung" (Bild 6.2b). Sie zeichnet sich durch völlige Abschirmung gegen äußere Störfelder aus und findet daher am häufigsten Anwendung.

In sehr flachen elektronischen Schaltungsaufbauten („gedruckte Schaltungen") kommt die „Streifenleitung" vor (Bild 6.2c). Ein schmaler Metallstreifen befindet sich hierbei, getrennt durch eine dünne, verlustfreie dielektrische Schicht, über einer ausgedehnten metallischen Grundplatte.

Als weiteres Beispiel einer „offenen" Leitung sei noch die symmetrische Zweidrahtleitung oder „Lecherleitung" erwähnt (Bild 6.2d), die häufig als Anschlußleitung für Dipolantennen dient. Die Zweidrahtleitung kann zur Abschirmung auch von einem metallischen Hohlzylinder umgeben sein.

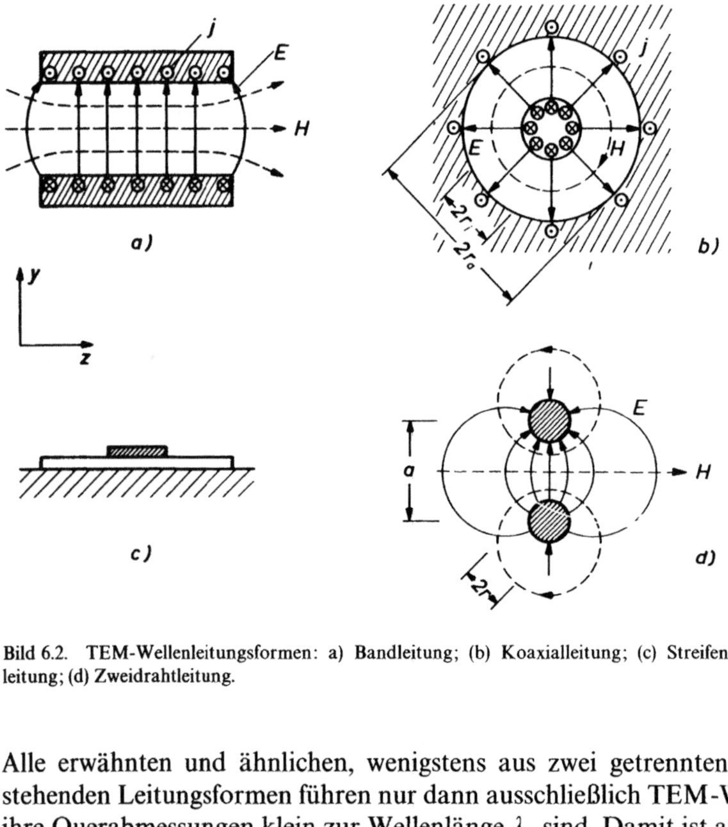

Bild 6.2. TEM-Wellenleitungsformen: a) Bandleitung; (b) Koaxialleitung; (c) Streifenleitung; (d) Zweidrahtleitung.

Alle erwähnten und ähnlichen, wenigstens aus zwei getrennten Leitern bestehenden Leitungsformen führen nur dann ausschließlich TEM-Wellen, wenn ihre Querabmessungen klein zur Wellenlänge λ_0 sind. Damit ist auch bei allen offenen derartigen Leitungsformen Abstrahlung ausgeschlossen, wie beispielsweise am Fall der Bandleitung gezeigt wurde. Das gilt nicht mehr, wenn im Leitungsverlauf Symmetriestörungen, z. B. durch Krümmungen, auftreten.

In allen praktisch wichtigen TEM-Wellenleitern hat das Feld nicht mehr eine so einfache Form wie in einer ebenen Welle zwischen zwei planparallelen

Metallplatten. Während die Flächen gleicher Phase noch Ebenen senkrecht zur Leitungsachse sind, weisen die Feldstärkeamplituden und -richtungen in diesen Ebenen eine inhomogene Verteilung auf ($\partial/\partial y \neq 0$, $\partial/\partial z \neq 0$, Bilder 6.2a, b, d). Die genaue Beschreibung dieser inhomogenen Felder mittels der Maxwellschen Feldgleichungen (2.17) und (2.20) bereitet meist Schwierigkeiten. Um die Wellenausbreitung längs der Leitungen zu beschreiben, braucht man jedoch die örtliche Feldverteilung quer zur Leitung nicht zu kennen. Dazu genügen die Feldintegralgrößen *elektrische Spannung*

$$U = \int_1^2 \boldsymbol{E}\,\mathrm{d}\boldsymbol{s} \tag{6.1}$$

und *elektrischer Strom*

$$I = \oint \boldsymbol{H}\,\mathrm{d}\boldsymbol{s}. \tag{6.2}$$

Der Integrationsweg 1, 2 im Integral (6.1) ist in einer Querschnittsebene von der Oberfläche des einen Leiters zu der des anderen zu führen. Der Integrationsweg im Integral (6.2) muß in derselben Ebene einen der Leiter ganz umfassen. Unter Verwendung der Spannung und des Stroms läßt sich die Leitungs-Wellenausbreitung leicht unmittelbar formulieren.

Die endliche Leitfähigkeit der Leiter praktischer Leitungen hat ein longitudinales elektrisches Feld zur Folge (s. Abschnitt 9.1). Genau genommen liegen dann keine TEM-Wellen mehr vor. Die Maxwellschen Gleichungen liefern aber im Fall genügend großer Leitfähigkeit noch den TEM-Wellen ähnliche Näherungslösungen, bei denen der Einfluß der endlichen Leitfähigkeit auf das Transversalfeld vernachlässigbar klein bleibt. In diesem Rahmen ist die folgende Beschreibung der Wellenausbreitung durch die *Leitungswellengleichung* und die *Leitungsgleichungen* für die Spannung und den Strom eine meist gute Näherungsbeschreibung.

6.2. Leitungswellenausbreitung

Das Bild 6.3a zeigt ein kurzes Stück einer Leitung, die aus zwei Leitern besteht. Die Anordnung und Form der Leiter in der Querschnittsebene kann beliebig sein, also z. B. die Form der Band-, Koaxial- oder Lecherleitung haben. Die Länge Δx des betrachteten Leitungsstückes sei sehr klein gegen eine viertel Wellenlänge λ der längs der Leitung laufenden Welle. Die beiden benachbarten kurzen Leiterstücke, durch die gegensinnig der Strom $I(x)$ fließt, weisen zusammen den ohmschen Widerstand $R'\Delta x$ auf (s. z. B. Gl. (4.16)). Zwischen ihnen herrscht die Spannung $U(x)$. Sie besitzen gegeneinander die Kapazität $C'\Delta x$. Die Verluste in dem die Leiter umgebenden Dielektrikum wirken sich wie der ohmsche Querleitwert $G'\Delta x$ aus. Die Selbst- und Gegeninduktivität beider Leiter lassen sich ersatzweise als Längsinduktivität $L'\Delta x$ darstellen. Wenn die auf die Längeneinheit bezogenen Größen R', C', G', L' nicht vom Ort x längs der Leitung abhängen, spricht man von einer „homogenen" Leitung. Diese vier Größen beschreiben das betrachtete kurze Leitungsstück vollständig. Es verhält sich also gegenüber dem Strom I und der Spannung U so wie der aus konzentrierten Schaltelementen aufgebaute „T-Vierpol" (s. Abschnitt 7.2) im Bild 6.3b. Ebenso stellt auch der „Π-Vierpol" im Bild 6.3c die Eigenschaften des kurzen Leitungsstücks dar. Das für Wechselstrom verallgemeinerte Ohmsche Gesetz verknüpft den Spannungsabfall und Strom im Längszweig gemäß

$$-\frac{\partial U}{\partial x}\Delta x = \left(R'I + L'\frac{\partial I}{\partial t}\right)\Delta x \tag{6.3}$$

und den abgezweigten Strom mit der Spannung am Querzweig gemäß

$$-\frac{\partial I}{\partial x}\Delta x = \left(G'U + C'\frac{\partial U}{\partial t}\right)\Delta x\,. \tag{6.4}$$

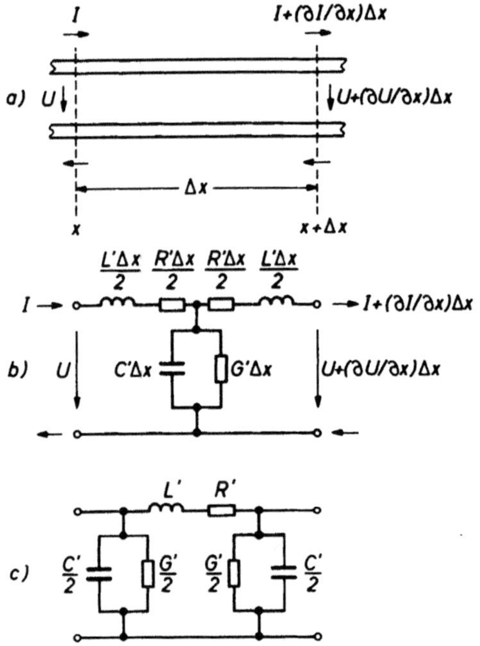

Bild 6.3. Kurzes Leitungsstück (a) und seine Ersatzschaltungen T-Vierpol (b) und Π-Vierpol (c) mit den in die Leitungsgleichungen eingehenden Bezeichnungen.

Bei der Ableitung der Gln. (6.3) und (6.4) findet man, daß auf der rechten Seite I bzw. U noch mit Faktoren behaftet sind, die um $(1/2I)(\partial I/\partial x)\Delta x$ in Gl. (6.3) und $(1/2U)(\partial U/\partial x)\Delta x$ in Gl. (6.4) von 1 abweichen. Diese Abweichungen der Größenordnung $|\Delta x/\lambda| \ll 1$ sind jedoch vernachlässigbar. Differenziert man die Gl. (6.3) nach x und ersetzt dann $\partial I/\partial x$ durch die Gl. (6.4) sowie $\partial^2 I/\partial t\,\partial x$ durch die nach t differenzierte Gl. (6.4), so erhält man die *Leitungswellengleichung für die Spannung*:

$$\frac{\partial^2 U}{\partial x^2} = R'G'U + (R'C' + G'L')\frac{\partial U}{\partial t} + L'C'\frac{\partial^2 U}{\partial t^2}\,. \tag{6.5}$$

Sie heißt *Telegraphengleichung* und beschreibt Wellenvorgänge beliebigen, z.B. sinus- oder impulsförmigen Zeitverlaufs. Die Leitungswellengleichung für den Strom lautet entsprechend. Mit der harmonisch-periodischen Zeitabhängigkeit $\exp(i\omega t)$ hat die einfachste und wichtigste Lösung der Telegraphengleichung die Form der fortschreitenden, gedämpften Welle

$$U = \hat{U} e^{i\omega t} e^{\mp \gamma x}, \tag{6.6}$$

$$I = \hat{I} e^{i\omega t} e^{\mp \gamma x}, \tag{6.7}$$

aus der alle komplizierteren Signalfunktionen wegen des in U und I linearen Verhaltens der Leitung durch Fouriersynthese gewonnen werden können. Die Ausbreitungskonstante γ ergibt sich durch Einsetzen von Gl. (6.6) in Gl. (6.5) oder gleich übersichtlicher durch Einsetzen von Gl. (6.6) und (6.7) in Gl. (6.3) und (6.4) und Multiplikation dieser beiden Gleichungen:

$$\gamma = \alpha + i\beta = \sqrt{(R' + i\omega L')(G' + i\omega C')}. \tag{6.8}$$

Die Division von Gl. (6.3) und (6.4) liefert für den *Leitungswellenwiderstand*

$$Z = \frac{U}{I} = \sqrt{\frac{R' + i\omega L'}{G' + i\omega C'}}. \tag{6.9}$$

Außer der hier unmittelbar ersichtlichen Frequenzabhängigkeit müssen im allgemeinen auch Änderungen von R', L', G' und C' mit der Frequenz in Betracht gezogen werden (s. z. B. Abschnitte 3.2 und 4.1).

Zur Signalübertragung bestimmte Leitungen dürfen nur geringe Verluste aufweisen. Mit $R' \ll \omega L'$ und $G' \ll \omega C'$ entnimmt man der Gl. (6.8) als Näherungsausdrücke für die Phasenkonstante

$$\beta \approx \omega \sqrt{L'C'} \tag{6.10}$$

und für die Dämpfungskonstante

$$\alpha \approx \frac{R'}{2}\sqrt{\frac{C'}{L'}} + \frac{G'}{2}\sqrt{\frac{L'}{C'}}. \tag{6.11}$$

Die längenbezogene Kapazität und Induktivität homogener Leitungen beliebiger Querschnittsform lassen sich (meist nur unter großen mathematischen Schwierigkeiten) nach Regeln der Elektrostatik bzw. Magnetostatik berechnen. In den einfachen Fällen der Koaxial- und Zweidrahtleitung ergibt sich unter der Voraussetzung verschwindender Skintiefe (nach Gl. (4.11) $\alpha_{\text{Skin}}^{-1} \to 0$ für $\sigma \to \infty$; völlige Stromverdrängung):

Koaxialleitung: $$C' = \frac{2\pi\,\varepsilon_0\,\varepsilon'}{\ln(r_a/r_i)}, \tag{6.12}$$

$$L' = \frac{\mu_0\,\mu'}{2\pi}\ln\left(\frac{r_a}{r_i}\right); \tag{6.13}$$

Zweidrahtleitung: $$C' = \frac{\pi\,\varepsilon_0\,\varepsilon'}{\ln(a/r)}, \tag{6.14}$$

$$(r \ll a)$$

$$L' = \frac{\mu_0\,\mu'}{\pi}\ln\left(\frac{a}{r}\right) \tag{6.15}$$

(zu r_a, r_i, a und r vgl. Bild 6.2b und d).

Die Dielektrizitätszahl ε' und die Permeabilitätszahl μ' beziehen sich auf das die Leiter umgebende verlustfreie Medium. Aus den Gln. (6.12) bis (6.15) liest man die allgemein für TEM-Wellenleiter gültige Beziehung

$$L'C' = \varepsilon_0\,\mu_0\,\varepsilon'\,\mu' = \frac{\varepsilon'\,\mu'}{c^2} \tag{6.16}$$

ab. Sie besagt zusammen mit Gl. (6.10), daß die Phasengeschwindigkeit $v = \omega/\beta = 1/\sqrt{L'C'}$ auf verlustarmen TEM-Wellenleitungen mit der für freie Wellen im unbegrenzten Medium übereinstimmt. Wegen der Frequenzunabhängigkeit von ε', μ' in verlustarmen Medien (s. Bilder 3.2, 3.5 für $f \lessgtr f_{\text{rel.}}$ bzw. $f \lessgtr f_{\text{res.}}$) folgt aus Gl. (6.10) und (6.16) weiter, daß verlustarme Leitungen dispersionsfrei ($\mathrm{d}v/\mathrm{d}\omega = 0$) sind.

Aus der Gl. (6.11) geht hervor, daß die Dämpfungskonstante α im Fall nicht zu vernachlässigender Verluste des die Leiter umgebenden Mediums ($G' > 0$) für sehr kleine und sehr große Werte des Induktivitäts-/Kapazitätsverhältnisses L'/C' ansteigt. Also muß es ein Verhältnis $(L'/C')_0$ geben, das zu einem Minimum der Dämpfung führt. Man erhält $\mathrm{d}\alpha/\mathrm{d}(L'/C') = 0$ für $(L'/C')_0 = R'/G'$ und damit für die minimale Dämpfungskonstante $\alpha_{\min} = \sqrt{R'G'}$ als Folge geeigneter Bemessung der Energiespeicher der Leitung im Verhältnis zu den Energieverzehrern. Früher, als es noch keine kleinen Verstärker mit hohem Verstärkungsgrad und geringem Speiseleistungsbedarf gab, wurde die längenbezogene Induktivität L' von Fernübertragungskabeln durch in Serie zwischengeschaltete Spulen gemäß $L'/C' = R'/G'$ korrigiert. Diese von *O. Heaviside* (1893) vorgeschlagene Idee verwirklichte *Pupin* (1900). Die „Pupin-Spulen" machen aus einem homogenen Kabel eine inhomogene Leitung, die oberhalb einer Grenzfrequenz durch Blinddämpfung sperrt. Die Induktivitätserhöhung durch „Pupinisierung" führt zur Erniedrigung der Phasengeschwindigkeit.

Auswirkung der Pupinisierung

Anstelle eines langen Kabels benutzen wir ersatzweise eine Drosselkette aus 20 Π-Gliedern, in deren Längszweige wir zusätzliche Spulen zur Dämpfungsminderung einschalten können (Bild 6.4). Auf den Eingang der Ersatzleitung geben wir eine amplitudenkonstante Spannung, deren Frequenz von 0,1...8 kHz durchläuft. Die ausgangsseitig von einem Oszillographen aufgezeichnete Spannung zeigt das Bild 6.5, aus dem deutlich die dämpfungsmindernde Wirkung der Pupinspulen und die Sperrung oberhalb der herabgesetzten Grenzfrequenz hervorgeht.

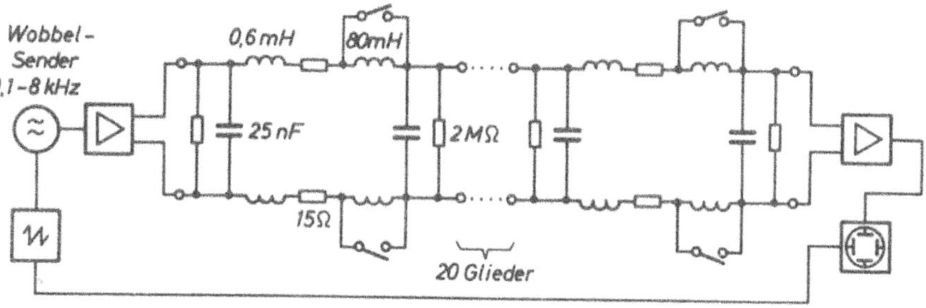

Bild 6.4. Apparatur zum Nachweis der dämpfungsmindernden Wirkung von Pupinspulen.

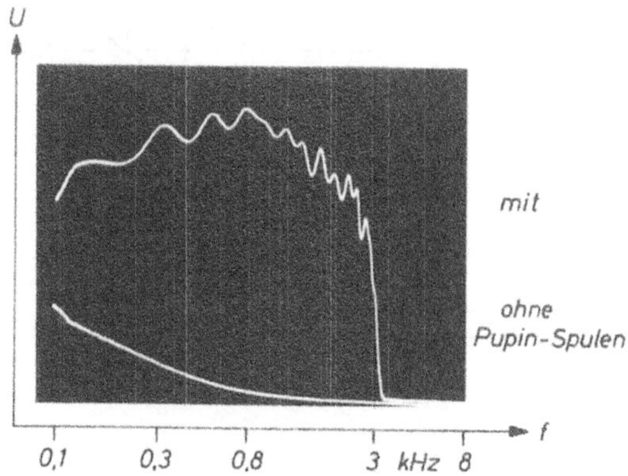

Bild 6.5. Spannung U am Ausgang der nicht pupinisierten und der pupinisierten Leitung im Bild 6.4 in Abhängigkeit von der Frequenz f.

Die Dämpfung auf Leitungen mit Luft als Dielektrikum ($\varepsilon' = \mu' = 1$; $G' = 0$ in Gl. (6.11)) beruht lediglich auf der endlichen Leitfähigkeit ($\sigma < \infty$) praktisch verfügbarer metallischer Leiter. Das Diagramm Bild 6.6 zeigt die skineffektbedingte Frequenzabhängigkeit der Dämpfung für die beiden wichtigsten Leitungsarten, die Koaxial- und Doppeldrahtleitung, im Falle günstigster Bemessung, bezogen auf die Leitungslänge $l = r_i$ bzw. $l = 1{,}32\,r$.

Für verschwindende Leitungsverluste, $R' \to 0$, $G' \to 0$, hat der Leitungswellenwiderstand nach Gl. (6.9) den reellen Wert

$$Z = \sqrt{\frac{L'}{C'}}. \tag{6.17}$$

Er beträgt für die Koaxial- bzw. Doppeldrahtleitung:

$$Z = Z_0 \sqrt{\frac{\mu'}{\varepsilon'}} \frac{1}{2\pi} \ln\left(\frac{r_a}{r_i}\right) \tag{6.18}$$

$$\left(Z_0 = \sqrt{\frac{\mu_0}{\varepsilon_0}}\right)$$

$$Z = Z_0 \sqrt{\frac{\mu'}{\varepsilon'}} \frac{1}{\pi} \ln\left(\frac{a}{r}\right). \qquad (r \ll a) \tag{6.19}$$

Der Leitungswellenwiderstand setzt sich also aus dem Wellenwiderstand der freien Welle im unbegrenzten Medium und einem Geometriefaktor zusammen. Leitungswellenwiderstandswerte für verschiedene Koaxial- und Lecher-

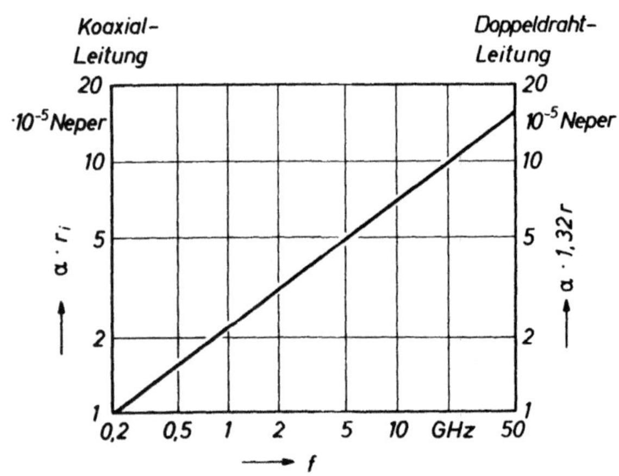

Bild 6.6. Skineffektbedingte Frequenzabhängigkeit der Dämpfungskonstante α auf Koaxialleitungen mit dem optimalen Außen-/Innenleiter-Radienverhältnis $r_a/r_i = 3{,}6$ und auf Doppeldrahtleitungen mit dem optimalen Abstands-/Radius-Verhältnis $a/r = 4{,}6$ der Drähte für beliebige Werte r_i bzw. r. Metall: Messing (70% Cu), $\sigma = 1{,}45 \cdot 10^7\,\Omega^{-1}\,\mathrm{m}^{-1}$. Dielektrikum: Luft.

leitungsabmessungen kann man dem Diagramm Bild 6.7 entnehmen. Die Wellenwiderstandswerte üblicher Koaxialleitungen betragen $Z = 50 \ldots 75\,\Omega$, da für die entsprechenden Leiterabmessungen die skineffektbedingte Dämpfung (Bild 6.6) ihr Minimum annimmt.

Ebenso wie bei komplizierten Leiterformen das elektrische und magnetische Feld in der Querschnittsebene einer TEM-Wellenleitung ist auch der Leitungswellenwiderstand nur schwer berechenbar. Deshalb sei eine Methode erwähnt, die ihn einfach zu messen gestattet. An das senkrecht zur Leitungsachse eben begrenzte Leitungsende wird eine dünne leitende Folie mit dem Flächenwiderstand R_F (Widerstand zwischen gegenüberliegenden Kanten eines quadratischen Folienstückes) gleichmäßig flach angedrückt. Eine zwischen die beiden Leiter geschaltete Gleich- oder Niederfrequenz-Spannungsquelle erzeugt ein elektrisches Feld, dessen Verteilung über den Leitungsquerschnitt mit derjenigen des hochfrequenten elektrischen Wellenfeldes ($\lambda \gg$ Querabmessungen der Leitung) übereinstimmt. Die dadurch in der leitenden Folie hervorgerufenen Ströme folgen den elektrischen Feldlinien und rufen so senkrecht dazu ein Magnetfeld hervor, dessen Verteilung ebenfalls der des Wellenfeldes entspricht. Für ein kleines, annähernd quadratisches Folienstück, dessen Kanten der Länge ds parallel zum örtlichen elektrischen bzw. magnetischen Feld liegen (Bild 6.8 oben rechts), ergibt das Ohmsche Gesetz

$$E\,\mathrm{d}s = H\,\mathrm{d}s\,R_\mathrm{F}. \tag{6.20}$$

Um das sich mit Gleich- oder Niederfrequenzspannung in der Folie einstellende Verhältnis E/H mit dem Verhältnis $E/H = Z_0$ im hochfrequenten Feld der fortschreitenden Leitungswelle in Übereinstimmung zu bringen, muß nach Gl. (6.20) also $R_\mathrm{F} = Z_0$ (im Fall $\varepsilon' = \mu' = 1$) gewählt werden. Unter Verwendung einer Folie dieses Flächenwiderstandes ($\approx 377\,\Omega$) mißt man dann zwischen den Leitern mit dem Gleich- oder Niederfrequenzwechselstrom unmittelbar den Leitungswellenwiderstand.

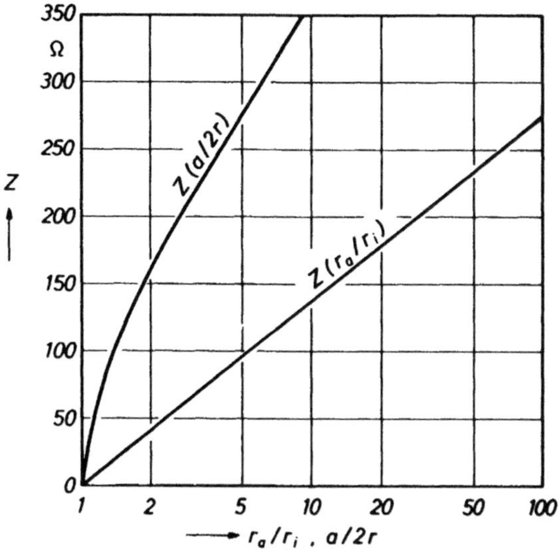

Bild 6.7. Leitungswellenwiderstand von Koaxialleitungen in Abhängigkeit vom Außen-/Innenleiter-Radienverhältnis r_a/r_i und von Zweidrahtleitungen in Abhängigkeit vom Abstands-/Durchmesser-Verhältnis $a/2r$ der Drähte. Dielektrikum: Luft.

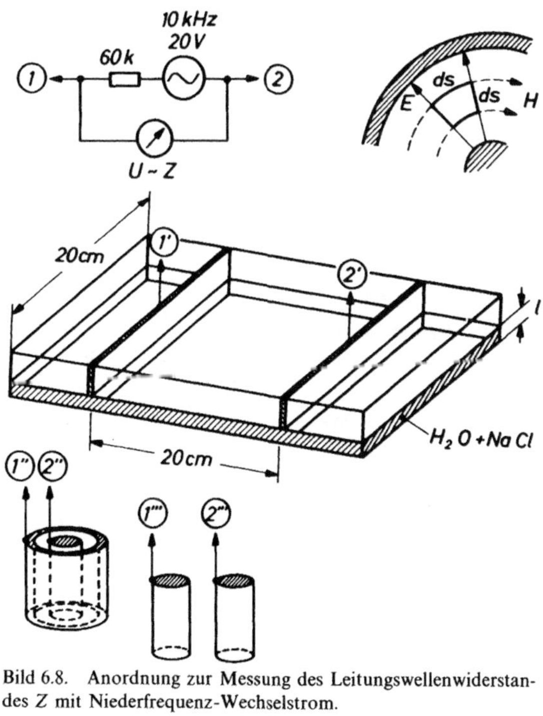

Bild 6.8. Anordnung zur Messung des Leitungswellenwiderstandes Z mit Niederfrequenz-Wechselstrom.

Messung des Leitungswellenwiderstandes (Bild 6.8)

Als dünne leitende „Folie", mit der die Leitungsmodellstücke (1″, 2″), (1‴, 2‴) (zweckmäßig aus Massiv-Nickel) in Kontakt gebracht werden sollen, benutzen wir eine Schicht wäßriger Natriumchloridlösung. Durch die leicht veränderliche Schichtdicke l läßt sich damit rasch der erforderliche Flächenwiderstand $R_F = 1/(\sigma l) = Z_0 \approx 377\,\Omega$ einstellen. Für diese vorbereitende Widerstandsmessung dienen die Elektroden 1′, 2′ an einem quadratischen Schichtstück. Die Widerstandsmeßanordnung besteht aus der Spannungsquelle (20 V, 10 kHz), einem hohen Serienwiderstand zum Konstanthalten des Stroms und einem Voltmeter, das den zu messenden Widerstand Z zwischen den Leitern der Leitungsmodelle anzeigt.

6.3. Leitungswellenreflexion. Widerstandstransformation

An dem beliebig beschaffenen Ende einer homogenen Leitung wird eine längs der Leitung in x-Richtung laufende Welle im allgemeinen teilweise reflektiert. Die Überlagerung der einfallenden und reflektierten Welle führt zu der Spannungs- und Stromverteilung

$$U = \hat{U}(\mathrm{e}^{-\gamma x} + r\,\mathrm{e}^{+\gamma x})\mathrm{e}^{\mathrm{i}\omega t}, \tag{6.21}$$

$$I = \frac{\hat{U}}{Z}(\mathrm{e}^{-\gamma x} - r\,\mathrm{e}^{+\gamma x})\mathrm{e}^{\mathrm{i}\omega t} \tag{6.22}$$

entlang der Leitung. Der komplexe, d. h. die Amplitude *und* Phase der reflektierten Welle bestimmende Reflexionsfaktor r hängt von der Beschaffenheit des bei $x=0$ befindlichen Leitungsendes ab. Sie wird durch den im allgemeinen komplexen Widerstand $W(0) = (U/I)_{x=0}$ beschrieben, mit dem die Leitung abgeschlossen erscheint (Bild 6.9). Die für das Leitungsende $(x=0)$

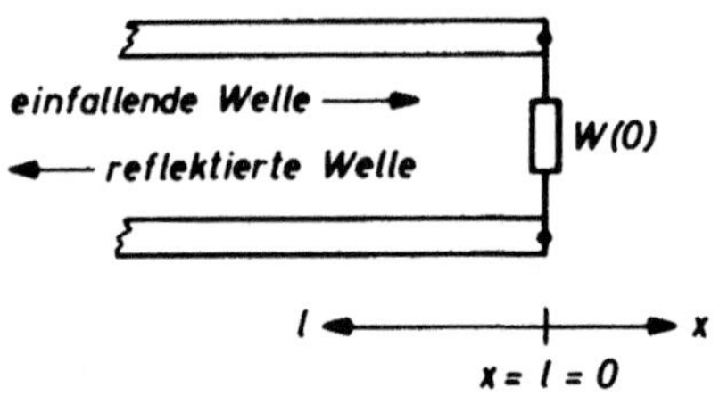

Bild 6.9. Mit dem komplexen Widerstand $W(0)$ abgeschlossenes Ende einer homogenen Leitung.

geschriebenen und durcheinander dividierten Gleichungen (6.21) und (6.22) verknüpfen $W(0)$ und r gemäß (s. auch (5.18))

$$\left(\frac{U}{I}\right)_{x=0} = W(0) = Z\,\frac{1+r}{1-r}, \tag{6.23}$$

$$r = \frac{W(0)-Z}{W(0)+Z}. \tag{6.24}$$

Bemerkenswerte Sonderfälle sind das offene Leitungsende mit $W(0)=\infty$, $r=1$; das kurzgeschlossene Leitungsende mit $W(0)=0$, $r=-1$ und der reflexionsfreie ($r=0$) Abschluß mit dem Leitungswellenwiderstand $W(0)=Z$. In der Leitungsmeßtechnik werden Widerstände häufig nicht unmittelbar aus einer Strom-/Spannungsmessung am Ort des Widerstandes bestimmt, sondern durch Messung des Reflexionsfaktors r auf einer vorgeschalteten verlustfreien ($\alpha=0$) Leitung (s. Abschnitt 6.4). Eine rasche Zuordnung zwischen dem gemessenen Reflexionsfaktor $r=|r|\exp(\mathrm{i}\rho)$ und dem Abschlußwiderstand $W(0)$ ermöglicht das im Bild 6.10 dargestellte Smith-Diagramm. Es stellt die durch die Gl. (6.24) vermittelte konforme Abbildung der komplexen $W(0)$-Ebene auf die komplexe r-Ebene dar, bei der die Geraden $\mathrm{Re}(W/Z)=\mathrm{const.}$, $\mathrm{Im}(W/Z)=\mathrm{const.}$ in Kreise übergehen.

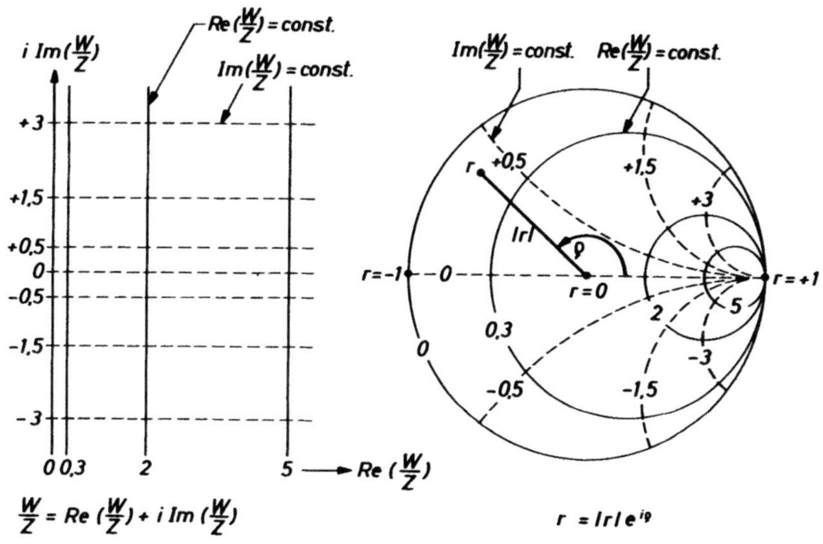

Bild 6.10. Konforme Abbildung der komplexen Widerstands-(W-)Ebene auf die komplexe Reflexionsfaktor-(r-)Ebene (Smith-Diagramm).

Im Abstand l vor dem Leitungsende (s. Bild 6.9) findet man als Verhältnis U/I aus Gl. (6.21) und (6.22) den Widerstand (s. auch Gl. (5.17))

$$\left(\frac{U}{I}\right)_{x=-l}=W(l)=Z\,\frac{\mathrm{e}^{\gamma l}+r\mathrm{e}^{-\gamma l}}{\mathrm{e}^{\gamma l}-r\mathrm{e}^{-\gamma l}}=Z\,\frac{1+r\mathrm{e}^{-2\gamma l}}{1-r\mathrm{e}^{-2\gamma l}}. \tag{6.25}$$

Das Leitungsstück der Länge l „transformiert" den Abschlußwiderstand $W(0)$ in den Widerstand $W(l)$. Die wichtige Widerstands-Transformationsbeziehung (s. auch Gl. (5.19)) folgt aus Gl. (6.25) nach Einsetzen von r aus Gl. (6.24):

$$W(l) = Z\,\frac{W(0) + Z\tanh(\gamma l)}{W(0)\tanh(\gamma l) + Z}. \tag{6.26}$$

Geschieht die Transformation mittels einer verlustfreien Leitung ($\alpha = 0$), so erweist sich auch hier das Smith-Diagramm als sehr nützlich. Wie der Vergleich von Gl. (6.23) und (6.25) zusammen mit der Betrachtung des Bildes 6.11 für $\alpha = 0$ lehren, liegen $W(l)/Z$ und $W(0)/Z$ in der Reflexionsfaktorebene auf demselben Kreis um den Punkt $r = 0$ mit dem Radius $|r|$. Die Länge des $W(0)/Z$ mit $W(l)/Z$ verbindenden Kreisbogens ergibt sich aus $|r|$ mal der Phasendrehung $2\beta l = 4\pi l/\lambda$, die die Welle nach zweimaligem Durchlaufen des Leitungsstückes erfährt. Hat die Leitung Verluste ($\alpha \neq 0$), so geht der von $W(0)/Z$ nach $W(l)/Z$ führende Weg in eine logarithmische Spirale über, die für $l \to \infty$ in den Punkt $r = 0$ einmündet (Bild 6.11).

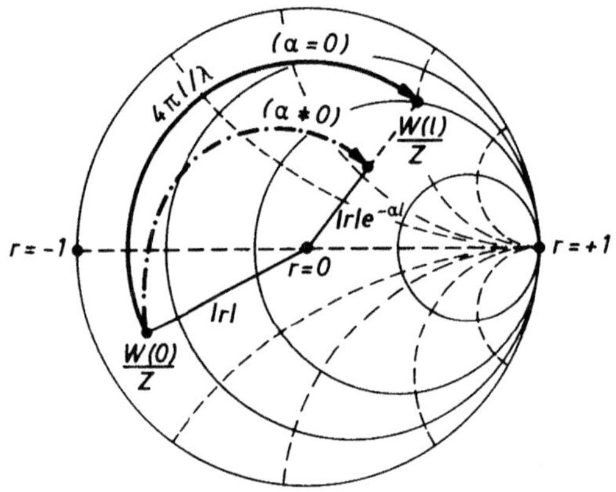

Bild 6.11. Darstellung der von einem Leitungsstück der Länge l bewirkten Widerstandstransformation im Smith-Diagramm.

Die Lösung mancher Aufgaben der Wellenleitungstechnik, z. B. die Herstellung von Filtern erfordert es, an vielen Stellen einer Leitung zusätzliche Widerstände parallelzuschalten oder viele Leitungsstücke mit unterschiedlichen Ausbreitungskonstanten und Leitungswellenwiderständen hintereinanderzusetzen. Die Bestimmung des Eingangswiderstandes einer solchen komplizierten Leitungsanordnung ist grundsätzlich durch wiederholte Anwendung der Widerstandstransformationsgleichung (6.26) möglich. Für die praktische Anwendung (z. B. Rechenmaschinen-Programmierung) erweist sich eine andere, in der Vierpoltheorie (s. Abschnitt 7) übliche Transformationsbeziehung als besser geeignet. Sie verknüpft Eingangs-Strom und -Spannung eines homogenen Leitungsstücks mit dessen Ausgangs-Strom und -Spannung oder umgekehrt. Zur Ableitung dieser *Leitungsgleichungen* wird in den Gleichungen (6.21) und (6.22) die Spannungsamplitude U der einfallenden Welle am Leitungsende gemäß

$$\hat{U} = \frac{U(0)}{1+r} \tag{6.27}$$

durch die Gesamtspannung $U(0)$ am Leitungsende ausgedrückt. Der Reflexionsfaktor r wird nach Gl. (6.24) durch den Abschlußwiderstand $W(0)$ und dieser schließlich durch das Spannungs-/Stromverhältnis $U(0)/I(0)$ am Ausgang ersetzt. Die Gln. (6.21) und (6.22) erhalten dann die Form

$$U(l) = U(0)\cosh(\gamma l) + Z\,I(0)\sinh(\gamma l), \tag{6.28}$$

$$I(l) = \frac{U(0)}{Z}\sinh(\gamma l) + I(0)\cosh(\gamma l). \tag{6.29}$$

Dieses Gleichungssystem gilt bis auf das Vorzeichen von $\sinh(\gamma l)$ auch nach Vertauschen der entsprechenden Ein- und Ausgangsgrößen. Die wiederholte Anwendung im Falle zusammengesetzter Leitungssysteme erfordert lediglich Matrizen-Multiplikation.

Die differentiellen Leitungsgleichungen (6.3) und (6.4), die Leitungswellengleichung (Telegraphengleichung) (6.5) und die Leitungsgleichungen (6.28) und (6.29) haben weit über die Vorgänge auf TEM-Wellenleitungen hinausgehende Bedeutung. Sie gelten entsprechend z. B. für longitudinale Schallwellen in Festkörpern, Flüssigkeiten und Gasen, für Torsionswellen in Stäben, für transversale Saitenwellen, allgemein für Wellenvorgänge, die sich durch lineare Differentialgleichungen zweiter Ordnung beschreiben lassen (Biegewellen auf Stäben und Platten gehorchen Differentialgleichungen 4. Ordnung).

Impulsausbreitung

Aus einem Impulsgenerator geben wir mit der Wiederholungsfrequenz 100 Hz $0{,}2\,\mu s$ lange Rechteckimpulse auf den Eingang eines etwa 100 m langen, homogenen Koaxialkabels mit dem Leitungswellenwiderstand $Z = 50\,\Omega$ (Bild 6.12). Der $50\,\Omega$ betragende Ausgangswiderstand des Impulsgenerators schließt den Kabeleingang reflexionsfrei ab. Das Signal am Kabeleingang gelangt

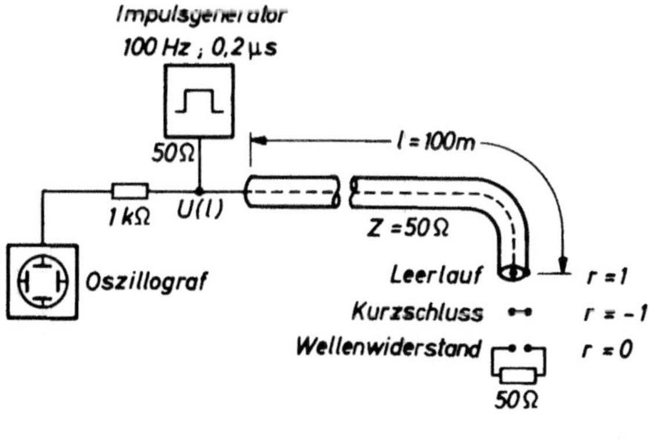

Bild 6.12. Apparatur zur Beobachtung der Impulsausbreitung auf einem Kabel.

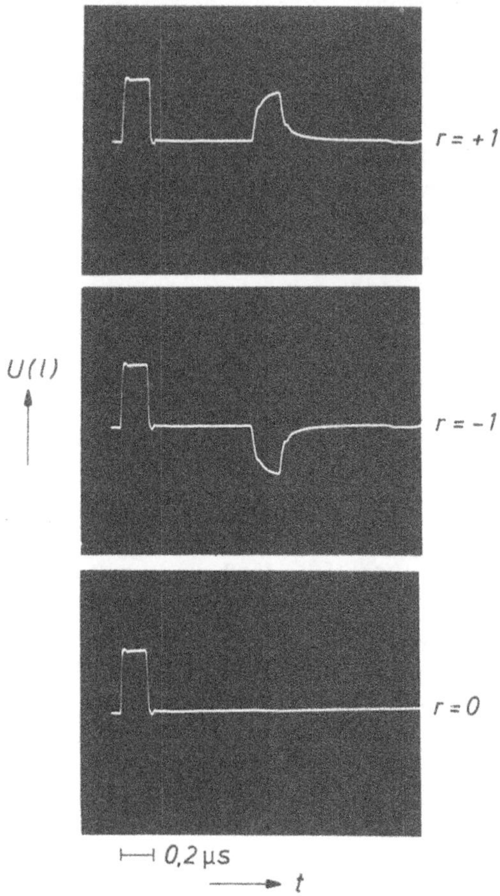

Bild 6.13. Zeitlicher Verlauf der Spannung $U(l)$ am Eingang ($x=-l$) des Kabels in der Apparatur nach Bild 6.12 für offenes ($r=+1$), kurzgeschlossenes ($r=-1$) und mit Z abgeschlossenes ($r=0$) Kabelende ($x=0$).

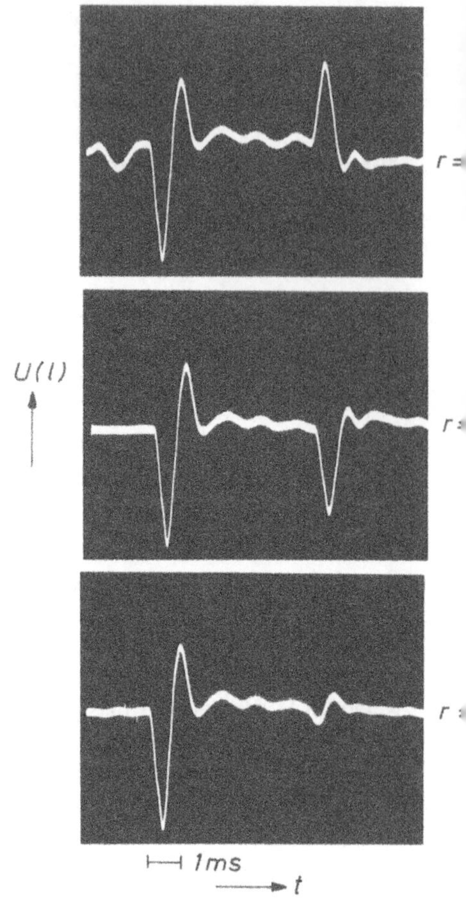

Bild 6.15. Zeitlicher Verlauf der Mikrophonspannung $U(l)$, die den Schalldruck am Anfang ($x=-l$) des Rohres in der Apparatur nach Bild 6.14 angibt, für offenes ($r=-1$), für hart ($r=+1$) und mit Watte ($r=0$) abgeschlossenes Rohrende ($x=0$).

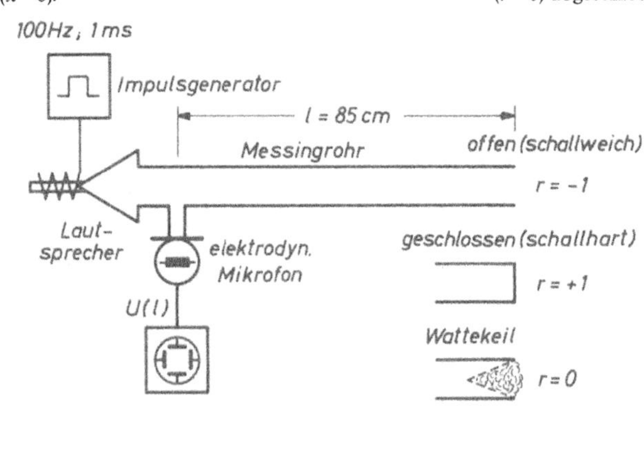

Bild 6.14. Apparatur zur Beobachtung der Luftschall-Impulsausbreitung in einem schallharten Rohr.

zum Teil über einen gegen Z großen Widerstand auf einen Oszillographen. Das Leitungsende wird abwechselnd offengelassen, kurzgeschlossen oder mit einem ohmschen Widerstand gleich dem Leitungswellenwiderstand abgeschlossen. Das Bild 6.13 zeigt den zeitlichen Signalverlauf am Kabeleingang. Dem Sendeimpuls folgt nach der Zeit, die das Signal für den Hin- und Rücklauf durch das Kabel benötigt, der vom offenen Ende ($W(0)=\infty$) reflektierte Impuls mit gleichem Vorzeichen ($r=+1$) bzw. der vom kurzgeschlossenen Ende ($W(0)=0$) reflektierte Impuls mit entgegengesetztem Vorzeichen ($r=-1$). Die Verformung des reflektierten Impulses beruht darauf, daß für die im Sendeimpuls enthaltenen höchstfrequenten Signalkomponenten von etwa 50 MHz die Kabeldämpfung durch endliche Leitfähigkeit, Skineffekt und dielektrische Verluste nicht mehr vernachlässigbar klein ist. Im Fall des Abschlusses mit dem Wellenwiderstand fehlt der reflektierte Impuls.

Die Beobachtung von Impulsreflexionen eignet sich gut zum Aufsuchen von Fehlerstellen auf langen Kabeln. Wir führen eine solche Fehlersuche vor, indem wir an einer beliebigen Stelle unserer 100 m langen Koaxialleitung den Kabelmantel mit einer Nadel bis zum Innenleiter durchstechen.

Kabel, die ein Dielektrikum mit hoher Dielektrizitätskonstante enthalten und dementsprechend niedrige Phasengeschwindigkeit aufweisen, finden wegen ihrer großen Impulslaufzeit zur Verzögerung kurzer Signale Anwendung („Laufzeitkabel").

Parallel zur vorstehend beschriebenen Ausbreitung eines elektromagnetischen Impulses längs eines Kabels führen wir auch die Luftschall-Impulsausbreitung in einem schallharten Rohr vor. Das Bild 6.14 veranschaulicht die Geräteanordnung (Impulsgenerator, Lautsprecher, Mikrophon). Im Bild 6.15 ist die den zeitlichen Druckverlauf am Rohranfang wiedergebende Mikrophonspannung für offenes (schallweiches) Rohrende ($r=-1$), für hart abgeschlossenes Rohrende ($r=+1$) und für Abschluß mit Watte ($r=0$) aufgezeichnet.

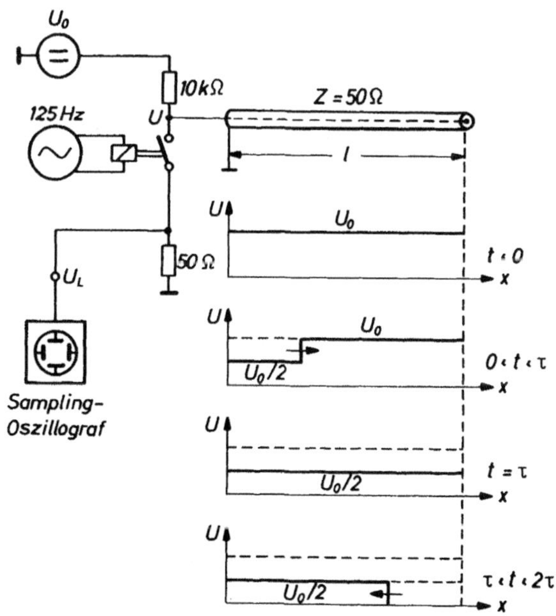

Bild 6.16. Apparatur zur Impulserzeugung durch Kabelentladung.

Ähnlich wie bei Kabeln mit elektrischen Impulsen findet das Impuls-Echoverfahren mit Ultraschallwellen zur zerstörungsfreien Werkstoffprüfung Anwendung, um Fehler im Innern von Materialien festzustellen.

Impulserzeugung durch Kabelentladung

Die Telegraphengleichung besagt, daß sich ein Spannungs- oder Stromsignal beliebiger zeitlicher Änderung auf einer homogenen, verlustfreien Leitung unter der Voraussetzung $dL'/d\omega = dC'/d\omega = 0$ mit einheitlicher Phasengeschwindigkeit ohne Formänderung ausbreitet, also z. B. auch eine Spannungsstufe. Wir legen an den Eingang eines verlustarmen Koaxialkabels ($Z = 50\,\Omega$) mit offenem Ende über einen großen Widerstand eine Gleichspannungsquelle (Bild 6.16) und laden damit das Kabel elektrisch auf. Die durch den Vorwiderstand und die Kabelkapazität bestimmte Ladezeit soll groß gegen die Signal-Laufzeit τ auf dem Kabel sein. Nach der Ladezeit besteht überall auf dem Kabel die zeitlich konstante Spannung U_0 der Spannungsquelle. Mit einem magnetisch gesteuerten Quecksilberkontakt wird nun ($t = 0$) dem Kabeleingang der Widerstand $Z = 50\,\Omega$ parallelgeschaltet und die Verbindung zu einem Sampling-Oszillographen hergestellt. Jetzt wirkt das Kabel als Spannungsquelle, die mit ihrem Innenwiderstand ($= Z$) belastet wird, wodurch ihre „Klemmenspannung“ auf den halben „Leerlaufwert“ $U_0/2$ abfällt. Damit ist dem Kabeleingang das Spannungssprungsignal $U(t<0) = 0$, $U(t>0) = -U_0/2$ zusätzlich aufgeprägt worden, das die Leitung der Länge l entlangläuft (Bild 6.16). Beim Erreichen des offenen Leitungsendes ($t = \tau$) besteht dann überall auf dem Kabel die Spannung $U_0/2$. Nach der Reflexion mit $r = +1$ baut das rücklaufende Spannungssprungsignal auch diese restliche Spannung ab, was zur Zeit

$$t = 2\tau = 2l\sqrt{L'C'} \tag{6.30}$$

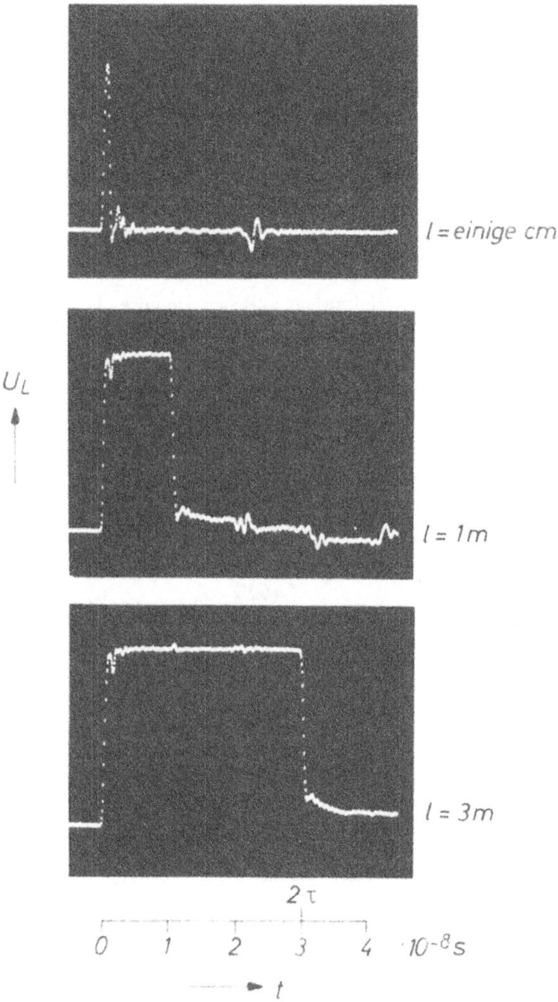

Bild 6.17. Zeitlicher Verlauf der Spannung U_L am Lastwiderstand ($= Z$), über den sich das aufgeladene Kabel in der Apparatur nach Bild 6.16 entlädt, für verschiedene Kabellängen l.

beendet ist. So erhalten wir am angeschalteten Lastwiderstand Z den rechteckförmigen Impulsspannungsverlauf U_L gemäß Bild 6.17. Der mit 125 Hz wiederholte Vorgang wird vom Sampling-Oszillographen stroboskopisch abgetastet und sichtbar gemacht. Das Bild 6.17 zeigt Oszillogramme für Kabellängen von einigen Zentimetern, 1 m und 3 m. Wir haben damit eine wichtige Methode zur Erzeugung sehr kurzer elektrischer Impulse definierter Dauer der Größenordnung $10^{-7} \dots 10^{-9}$ s und mit extrem kurzen Anstiegszeiten kennengelernt.

6.4. Leitungsmeßtechnik

Messungen mit elektromagnetischen Wellen führt man, soweit nur irgend möglich, auf Leitungen aus. Sie bieten gegenüber Freifeldmeßanordnungen den Vorteil einfach beschreibbarer und auswertbarer räumlicher Feldverteilungen sowie geringer Störanfälligkeit. Häufig zu messende Größen sind Reflexionsfaktoren, komplexe Widerstände („Impedanzen"), die Übertragungseigenschaften Dämpfung αl und Phasendrehung βl von Leitungsstücken sowie die Wellenlänge λ der benutzten Leitungswelle. Widerstands- und Übertragungsmessungen dienen der Untersuchung von Leitungsbauteilen, die man für Meß- und Übertragungseinrichtungen benötigt, oder von Leitungsstücken, die man mit Materialproben füllt, um elektrische und magnetische Stoffeigenschaften (Dielektrizitätszahl, Leitfähigkeit, Permeabilitätszahl) zu bestimmen. Die Kenntnis dieser Materialgrößen in Abhängigkeit von der Frequenz, der Temperatur oder anderen Parametern liefert Beiträge zur Aufklärung der elektronischen, atomaren und molekularen Struktur der Materie.

6.4.1. Reflexions- und Widerstandsmessungen

Zur Widerstandsmessung bestimmt man meist die Reflexion, die der fragliche Widerstand als Abschluß einer Leitung hervorruft. Den Reflexionsfaktor erhält man aus der Abtastung stehender Wellen oder mittels *Richtkopplern.* Bei nicht zu hohen Frequenzen kann man stattdessen auch das Spannungs-/Strom-Verhältnis unmittelbar am zu messenden Widerstand bestimmen.

Bei der erstgenannten Widerstandsmeßmethode interessiert die Spannungs-(oder Strom-)Verteilung längs einer verlustfreien Leitung ($\alpha=0$) mit dem Wellenwiderstand Z und der Phasenkonstante $\beta=2\pi/\lambda$, wenn sie mit dem Widerstand W abgeschlossen ist (Bild 6.18). Die Überlagerung der eingespeisten und reflektierten Welle führt zu der allgemein durch die Gl. (6.21) beschriebenen Spannungsverteilung. In der hier ausreichenden speziellen Form lautet sie

$$U=\hat{U}\,e^{i\beta l}(1+|r|\,e^{i\rho}\,e^{-2i\beta l}), \tag{6.31}$$

wobei l den vom Leitungsende her positiv gemessenen Ort auf der Leitung, $|r|\exp(i\rho)$ den komplexen Reflexionsfaktor und $\hat{U}$ die Amplitude der eingestrahlten Welle bedeuten. Zur Ausmessung dieser Spannungsverteilung benutzt man häufig Abtast- und Anzeigevorrichtungen, die das Quadrat des Signalbetrages bilden, und erhält so

$$\left|\frac{U}{\hat{U}}\right|^2 = (1-|r|)^2 + 4|r|\cos^2\left(\beta l - \frac{\rho}{2}\right). \tag{6.32}$$

In dieser Form zeigt Bild 6.18 die als stehende oder „teilweise" stehende Welle bezeichnete Spannungsverteilung längs der Leitung. Die Messung beginnt damit, bei kurzgeschlossenem Leitungsende ($W=0$, $r=-1$) die Lage eines der bei $l=n\lambda/2$; $n=0,1,2,\ldots$ auftretenden Spannungsminima $|U/\hat{U}|_{\min}=0$ zu bestimmen. Der dann angeschlossene Widerstand W verschiebt die Span-

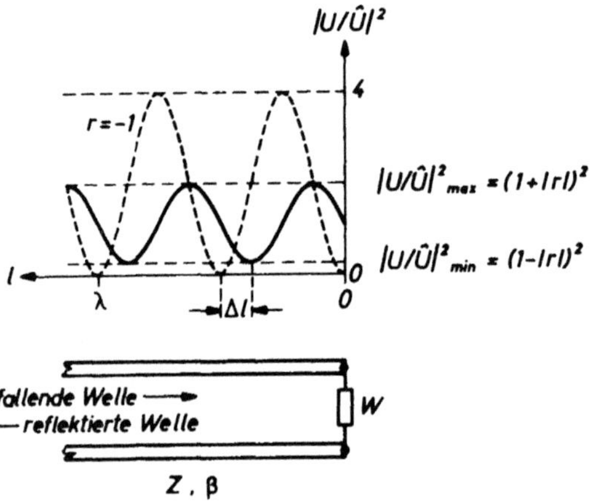

Bild 6.18. Räumliche Verteilung der quadrierten und normierten Spannung U auf einer mit dem Widerstand W reflektierend (Reflexionsfaktor r) abgeschlossenen Leitung.
— $W \neq Z$, $|r|<1$;
--- $W=0$, $r=-1$.

nungsverteilung um die Strecke Δl, erniedrigt die Maxima auf $|U/\hat{U}|_{\max}<2$ und erhöht die Minima auf $|U/\hat{U}|_{\min}>0$, falls $0<|W|<\infty$. Die Meßgrößen, Minimumsverschiebung Δl und „*Welligkeit*" $m=|U|_{\max}/|U|_{\min}$, stehen gemäß Gl. (6.32) in folgender Beziehung mit der Phase ρ bzw. dem Betrag $|r|$ des Reflexionsfaktors:

$$\rho = 2\beta\Delta l \pm \pi, \tag{6.33}$$

$$|r| = \frac{m-1}{m+1}. \tag{6.34}$$

Auf Grund der Gl. (6.23) erhält man den Widerstandswert mit Δl, m aus

$$W = Z\,\frac{1-\mathrm{i}m\tan(\beta\Delta l)}{m-\mathrm{i}\tan(\beta\Delta l)}. \tag{6.35}$$

Die Auswertung der Meßgrößen $\Delta l, m$ nach Gl. (6.35) gelingt rasch mit Hilfe eines Smith-Diagramms (Bild 6.10), bei dem der Umfang des Kreises $|r|=1$ die $\beta \Delta l$-Teilung nach Gl. (6.33) trägt und vom Mittelpunkt $r=0$ aus ein Maßstab mit der m-Teilung nach Gl. (6.34) angelegt wird.

Zur Abtastung der Spannungsverteilung dient üblicherweise eine Koaxial-„Meßleitung" mit längsgeschlitztem Mantel. In den Schlitz, der die Leitungseigenschaften praktisch nicht beeinflußt (da nur Längsströme fließen), taucht eine längs der Leitung verschiebbare Sonde ein (Bild 6.19). Ein dünner Stift als Sonde, der den Zustand auf der Leitung möglichst wenig stört, koppelt kapazitiv mit dem elektrischen Feld. Eine mit der Sonde verbundene Abstimmvorrichtung (s. Abschnitt 6.5.2) ermöglicht Anpassung an den Signalempfänger, der meist aus einem Gleichrichter mit quadratischer Kennlinie und Anzeigeverstärker besteht. Die Ausführung guter Meßleitungen ($<10^{-4}$ relativer Fehler in l; $<10^{-3}$ relativer Fehler in m) erfordert hohe mechanische Präzision.

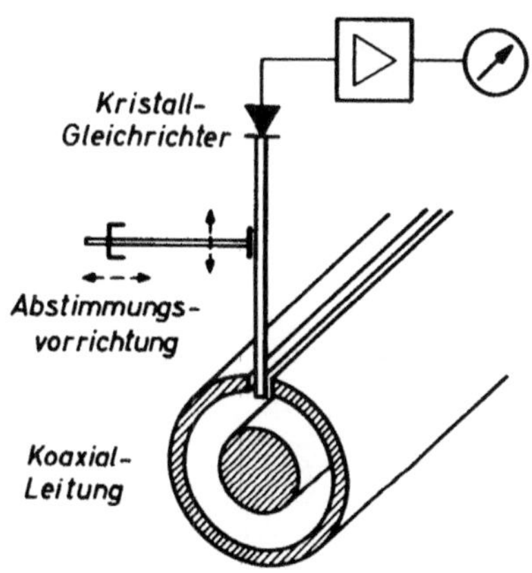

Bild 6.19. Koaxial-Meßleitung mit kapazitiver Sonde (Stift).

Die Methode der Reflexionsmessung mittels zweier Richtkoppler *(Reflektometer)* unterscheidet sich von der Methode der stehenden Wellen dadurch, daß die reflektierte und die eingestrahlte Welle getrennt voneinander ausgemessen werden. Die Trennung erfolgt im „Interferenz-Richtkoppler" (Bild 6.20) durch schwache elektrische (oder magnetische) Signalauskopplung an *zwei* festen, um $\lambda/4$ längs der Leitung voneinander entfernten Stellen 1 und 2. Die Auskoppelstellen sind durch ein zusätzliches $\lambda/4$ langes Stück Leitung direkt miteinander verbunden und haben angepaßte, d. h. mit dem Wellenwiderstand Z der Verbindungsleitung abgeschlossene Ausgänge 1 a, 2 a. Die aus der rücklaufenden Welle bei 2 und 1 ausgekoppelten Signale gleicher Amplitude gelangen auf (bezüglich der Auskoppelstelle 2) gleich langen Wegen zum Ausgang 1 a, überlagern sich dort also gleichphasig. Das bei 1 ausgekoppelte Signal benötigt zum Ausgang 2a jedoch den um $2\lambda/4$ längeren Weg und interferiert daher dort mit dem über die Auskoppelstelle 2 direkt gelaufenen Signal zu Null. Entsprechendes gilt mit vertauschter Numerierung für die hinlaufende Welle, so daß am Ausgang 1a ein der Amplitude der rücklaufenden, am Ausgang 2a ein der Amplitude der hinlaufenden Welle proportionales Signal auftritt. Das Verhältnis beider Signale ergibt also den Betrag $|r|$ des

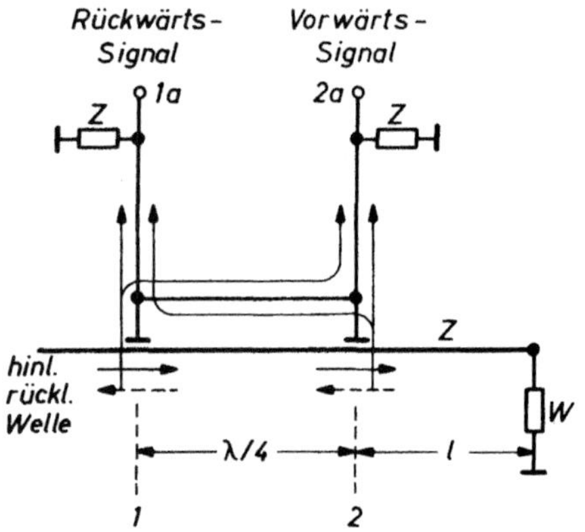

Bild 6.20. Prinzip des als Reflektometer ausgebildeten Interferenz-Richtkopplers.

Reflexionsfaktors. Mißt man den Betrag des Differenz- oder Summensignals der Ausgänge 2a, 1a und dividiert durch die Signalamplitude des Ausgangs 2a, so erhält man

$$\left|\frac{U_{2a} \mp U_{1a}}{U_{2a}}\right| = \sqrt{1 \pm 2|r|\sin(2\beta l - \rho) + |r|^2}. \tag{6.36}$$

Hieraus läßt sich nach Einsetzen von $|r|$ und des Abstands l zwischen der Auskoppelstelle 2 und dem mit W abgeschlossenen Leitungsende die Phase ρ des Reflexionsfaktors bestimmen.

Der beschriebene Interferenz-Richtkoppler hat die gewünschte Richtwirkung nur bei oder nahe bei der Frequenz, für die $\lambda/4$ mit dem Abstand der beiden Auskoppelstellen 1 und 2 übereinstimmt. Mit mehr als zwei Auskoppelstellen verschieden starker Auskopplung (von den mittleren zu den äußeren Stellen hin abnehmend) kann die Wirksamkeit auf ein Frequenzband von etwa 1:3 ausgedehnt werden.

Der Aufbau eines Breitbandrichtkopplers gestaltet sich einfacher, wenn an nur *einer* Auskoppelstelle das elektrische *und* das magnetische Feld zusammen abgetastet werden. Dazu dient eine gegen die Wellenlänge kleine Leiterschleife, deren Anordnung in einem Koaxial-Doppel-Richtkoppler das Bild 6.21 zeigt.

Der mit der sonst nur induktiv koppelnden Schleife in Serie liegende ohmsche Widerstand ermöglicht die hier außerdem nötige kapazitive Kopplung. Die Schleifenabmessungen und der Abschlußwiderstand R sind so gewählt, daß die Amplituden des magnetisch und des elektrisch ausgekoppelten Signals übereinstimmen. Bezüglich gleichen Richtungssinns des elektrischen Feldes haben die hin- und rücklaufende Welle gegensinnige Magnetfeldrichtung. Die elektrisch und magnetisch ausgekoppelten Signale der einen Welle kompen-

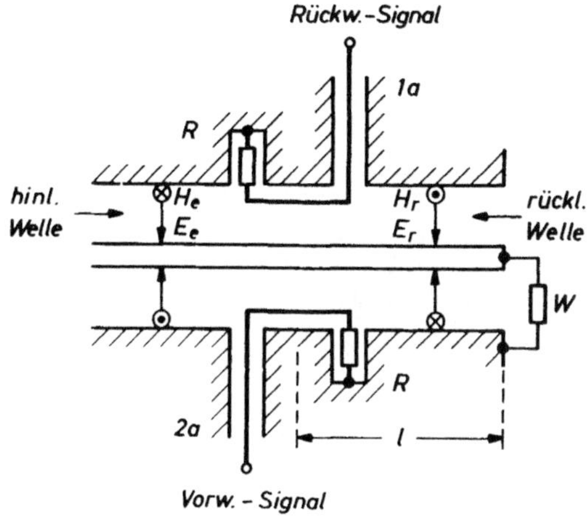

Bild 6.21. Aus zwei E, H-Richtkopplern bestehendes Reflektometer.

sieren sich daher, während die der anderen sich gleichphasig addieren. Zur Messung des Reflexionsfaktors sind zwei solche „E, H-Richtkoppler", wie im Bild 6.21, zu einem Reflektometer zusammengefaßt. Die Ausgangsspannungen U_{1a}, U_{2a} ergeben den Betrag und die Phase des Reflexionsfaktors gemäß

$$\left|\frac{U_{1a}}{U_{2a}}\right| = |r|, \tag{6.37}$$

$$\left|\frac{U_{2a} \mp U_{1a}}{U_{2a}}\right| = \sqrt{1 \mp 2|r|\cos(2\beta l - \rho) + |r|^2}. \tag{6.38}$$

Typische Frequenzbereiche derartiger Reflektometer sind etwa 10...600 MHz oder 0,3...4,2 GHz.

Eine unmittelbar auf die Definition $W = U/I$ zurückgehende Methode der Widerstandsmessung wird in „Impedanz-Meßbrücken" der im Bild 6.22 dargestellten Art bei Frequenzen unterhalb von etwa 1 GHz angewandt. Auf der Koaxialleitung, die mit dem zu messenden Widerstand abgeschlossen ist, befindet sich möglichst nahe am Leitungsende eine Auskoppelstelle mit einer nur auf das Magnetfeld $H \sim I$ ansprechenden induktiven Sonde (Schleife) und einer nur auf das elektrische Feld $E \sim U$ ansprechenden kapazitiven Sonde. Beide Sonden lassen sich in je einem gegen λ engen Hohlrohr (unterhalb seiner Grenzfrequenz angeregter Hohlleiter mit Dämpfungskonstante α_c,

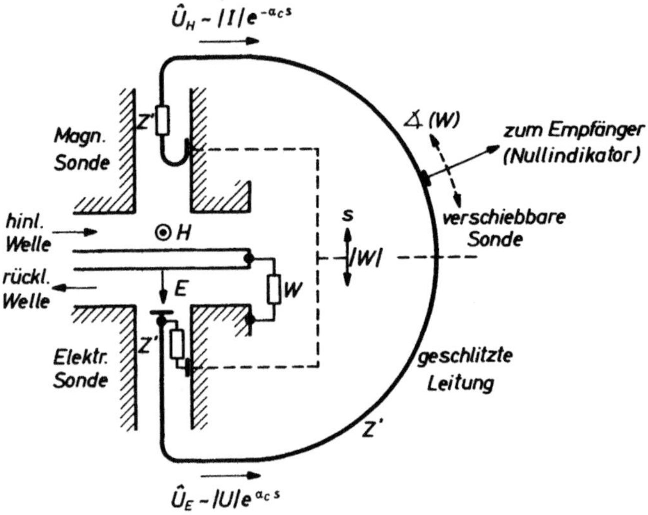

Bild 6.22. Impedanzmeßbrücke für direkte Bestimmung des Spannungs-/Stromverhältnisses U/I am unbekannten Widerstand W.

s. Abschnitt 8.1.1) gemeinsam, aber nur gegensinnig verschieben. Bei einer Verschiebung um die Strecke s ändern sich die Amplituden der ausgekoppelten Signale gemäß

$$\hat{U}_H = A|I|\,\mathrm{e}^{-\alpha_c s}, \tag{6.39}$$

$$\hat{U}_E = B|U|\,\mathrm{e}^{+\alpha_c s}, \tag{6.40}$$

während ihre Phasen erhalten bleiben. Die Sonden sind über eine geschlitzte Meßleitung miteinander verbunden, auf der die ausgekoppelten Wellen einander entgegenlaufen und danach am jeweils entgegengesetzten Leitungsende im Abschlußwiderstand Z' reflexionsfrei absorbiert werden. Mit der verschiebbaren Meßleitungssonde sucht man das der Leitungsmitte nächst benachbarte Minimum der aus U_H, U_E gebildeten stehenden Welle auf, regelt mit der Auskoppelsondenverschiebung s die Minimumspannung auf Null und erhält so $\hat{U}_H = \hat{U}_E$. Dann mißt s_0 bis auf die einzueichenden frequenzunabhängigen Apparatekonstanten A, B, α_c den Widerstandsbetrag $|W|$ gemäß

$$s_0 = -\frac{1}{2\alpha_c} \ln\left(\frac{B}{A}|W|\right). \tag{6.41}$$

Der Phasenwinkel $\sphericalangle(W)$ ist proportional dem Abstand des Stehwellen-Minimums auf der Meßleitung von der Mittellage und proportional der Frequenz f. Bei einer genauen Messung muß man die Widerstandstransformation längs des kurzen Hauptleitungsstücks zwischen Auskoppelstelle und Widerstand im Meßergebnis berücksichtigen.

6.4.2. Übertragungsmessungen

Die Messung der Übertragungseigenschaften eines unbekannten Leitungsstücks, z. B. eines mit einem zu untersuchenden Stoff gefüllten Leitungsstücks oder irgendeines übertragungsfähigen Leitungsbauteils läßt sich auf Widerstandsmessungen zurückführen oder erfolgt mittels des durchgelassenen Signals. Das als homogen vorausgesetzte unbekannte Leitungsstück habe den Leitungswellenwiderstand Z_x, die Ausbreitungskonstante γ_x und die Länge l.

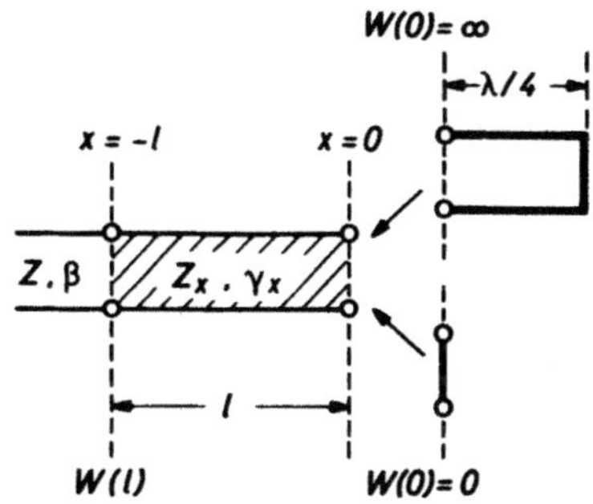

Bild 6.23. Zur Bestimmung des Leitungswellenwiderstandes Z_x und der Ausbreitungskonstante γ_x eines unbekannten Leitungsstückes aus der Messung des Kurzschluß- und des Leerlaufwiderstandes.

Zur Bestimmung von Z_x, γ_x mißt man nach einer der im Abschnitt 6.4.1 beschriebenen Methoden den Eingangskurzschlußwiderstand $W_k(l)$ des Leitungsstücks mit kurzgeschlossenem Ende $(W(0)=0)$ und den Leerlaufwiderstand $W_L(l)$ mit dem Abschlußwiderstand $W(0)=\infty$ (Bild 6.23). Der unendlich große Abschlußwiderstand ist bei tiefen Frequenzen durch das offene Leitungsende genügend gut verwirklicht. Bei hohen Frequenzen besteht die Gefahr geringer Abstrahlung aus der offenen Leitung. Daher empfiehlt es sich, das Leitungsende mit einem $\lambda/4$ langen Stück am Ende kurzgeschlossener verlustfreier Leitung abzuschließen, das gemäß Gl. (6.26) den Eingangswiderstand unendlich hat. Auf das unbekannte Leitungsstück angewandt ergibt die Widerstandstransformationsbeziehung (6.26)

$$W_k(l) = Z_x \tanh(\gamma_x l), \tag{6.42}$$

$$W_L(l) = Z_x \coth(\gamma_x l), \tag{6.43}$$

woraus

$$Z_x = \sqrt{W_k(l)\, W_L(l)}, \tag{6.44}$$

$$\tanh(\gamma_x l) = \sqrt{\frac{W_k(l)}{W_L(l)}} \tag{6.45}$$

für die gesuchten Größen folgt. Handelt es sich um ein Leitungsstück, das mit einem Stoff der komplexen Dielektrizitätszahl ε und der komplexen Permeabilitätszahl μ gefüllt ist, so sind die Ergebnisse der Kurzschluß-/Leerlaufwiderstandsmessung in der Form

$$\varepsilon = \frac{\gamma_x Z}{\mathrm{i}\beta Z_x}, \tag{6.46}$$

$$\mu = \frac{\gamma_x Z_x}{\mathrm{i}\beta Z} \tag{6.47}$$

auswertbar. Die Größen Z, β beziehen sich auf das als verlustfrei angenommene Leitungsstück ohne Füllung, dessen Querabmessungen natürlich mit denen der anschließenden (leeren) Leitungen übereinstimmen müssen.

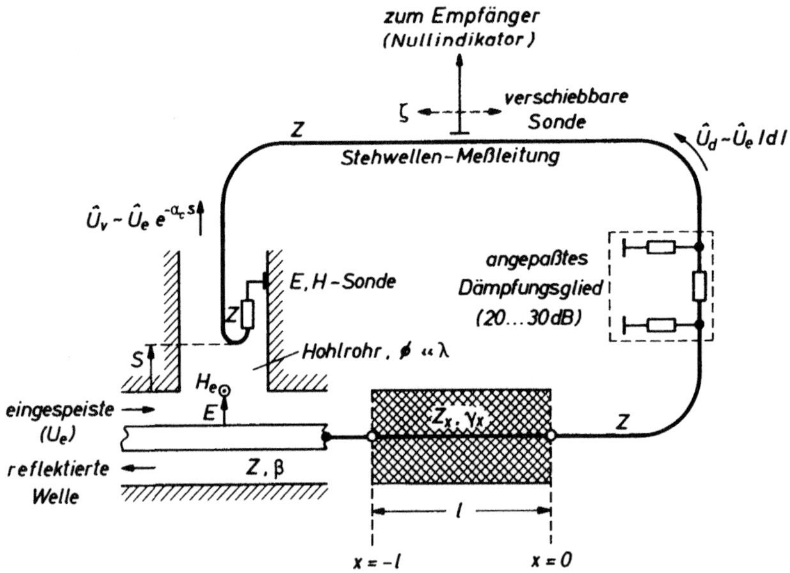

Bild 6.24. Interferenz-Meßanordnung zur Bestimmung des Durchlaßfaktors d eines unbekannten Leitungsstückes.

Hat das zu untersuchende Leitungsstück sehr große Dämpfung $\alpha_x l$, so erweist sich die Kurzschluß-/Leerlaufwiderstands-Meßmethode als schwer durchführbar. Besser eignet sich dann eine Durchlaßmessung, die zusammen mit einer Reflexionsmessung auch Z_x, γ_x zu bestimmen gestattet. In der Durchlaßmeßanordnung, Bild 6.24, laufen die vom unbekannten Leitungsstück durchgelassene Welle (U_d) und eine Vergleichswelle definierter Phase und Amplitude (U_v) auf einer Stehwellen-Meßleitung einander entgegen und werden nach einmaligem Durchlauf im Abschlußwiderstand Z der E,H-Sonde bzw. im angepaßten Wirkdämpfungsglied reflexionsfrei absorbiert. Das Vergleichssignal entnimmt die richtungsempfindlich koppelnde E,H-Sonde (s. E,H-Richtkoppler, Abschnitt 6.4.1) lediglich der eingespeisten Welle. Die Amplitude $\hat{U}_v \sim \hat{U}_e \exp(-\alpha_c s)$ des Vergleichssignals läßt sich ohne Phasenänderung meßbar regeln durch Verschieben der E,H-Sonde in dem unterhalb seiner Grenzfrequenz angeregten Hohlrohr mit der Dämpfungskonstante α_c (s. Abschnitt 8.1.1). Man gleicht sie der Amplitude $\hat{U}_d \sim \hat{U}_e |d|$ der entgegenlaufenden, vom zu untersuchenden Leitungsstück durchgelassenen Welle an, indem man das Signal der Meßleitungssonde im Stehwellenminimum auf Null bringt. Diese Einstellung führt man zunächst ohne ($l=0$) und dann mit Meßobjekt aus. Aus der Differenz $s-s_0$ der E,H-Sondenstellungen errechnet sich der Betrag und aus der Verschiebung $\zeta-\zeta_0$ des Stehwellenminimums die auf den Eingang ($x=-l$) bezogene Phase des Durchlaßfaktors $d=U(0)/\hat{U}_e$ gemäß

$$|d| = \mathrm{e}^{-\alpha_c(s-s_0)}, \tag{6.48}$$

$$\arg d = 2\pi \frac{\zeta-\zeta_0}{\lambda} \tag{6.49}$$

(λ = Wellenlänge auf der Stehwellen-Meßleitung).

Zu den gesuchten Größen Z_x, γ_x gelangt man durch geeignete Verknüpfung der Gleichungen (6.29), (6.28) und (6.27) unter Berücksichtigung von $U(0) = Z I(0)$ und der Gleichungen (6.26) und (6.24):

$$\frac{Z_x}{Z} = \frac{(1+r)^2 - d^2}{\sqrt{(1-r^2+d^2)^2 - 4d^2}}, \tag{6.50}$$

$$\cosh(\gamma_x l) = \frac{1-r^2+d^2}{2d}. \tag{6.51}$$

Der Reflexionsfaktor r des mit Z abgeschlossenen Meßobjektes ist nach einer der im Abschnitt 6.4.1 beschriebenen Methoden gesondert zu bestimmen. Im Fall großer Dämpfung $\alpha_x l$ vereinfachen sich die Beziehungen (6.50) und (6.51) zu

$$\frac{Z_x}{Z} \approx \frac{1+r}{1-r}, \tag{6.52}$$

$$(e^{2\alpha_x l} \gg 1)$$

$$e^{\gamma_x l} \approx \frac{1-r^2}{d}. \tag{6.53}$$

Dieses Ergebnis erhält man auch leicht unmittelbar aus der Betrachtung, daß die reflektierte Welle nur vom Eingang des unbekannten Leitungsstückes stammt und für die durchgelassene Welle nur einmalige Reflexion am Eingang (Faktor $(1+r)$), einmaliges Durchlaufen des Leitungsstückes (Faktor $e^{-\gamma_x l}$) und einmalige Reflexion am Ausgang (Faktor $(1-r)$) maßgebend sind.

6.4.3. Wellenlängenmessung

In alle vorstehend beschriebenen Messungen geht die Wellenlänge ein. Mit mäßiger Genauigkeit (bis auf etwa 1 % Fehler) läßt sie sich aus dem Abstand der Spannungsminima oder -maxima (Bild 6.18) auf einer Stehwellen-Meßleitung (Bild 6.19) bestimmen, die möglichst stark reflektierend ($|r| \to 1$) abgeschlossen ist. Einer größeren Meßgenauigkeit steht außer den Eigenfehlern der Meßleitung die große relative „Halbwertsbreite"

$$\frac{{}_h\Delta l}{l} = \frac{\lambda/4}{n\lambda/4} = \frac{1}{n}, \quad n = 1, 3, \ldots \tag{6.54}$$

(${}_h\Delta l$ = Abstand benachbarter Punkte mit $|U|^2 = |U|^2_{max}/2$; Bild 6.18) der auszumessenden Stehwellenextrema entgegen, deren Abstand l vom Leitungsende praktisch meist nur wenige Viertel Wellenlängen beträgt.

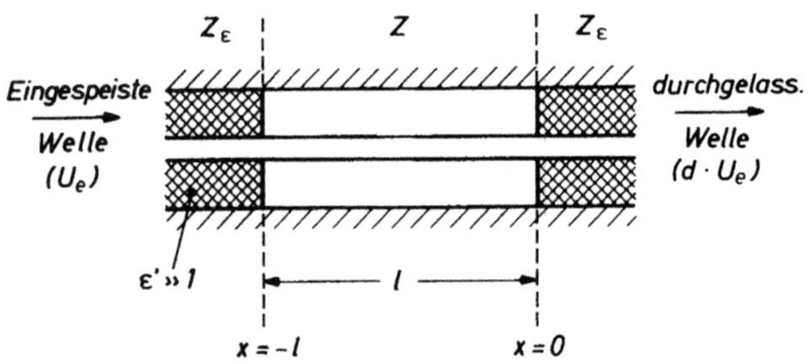

Bild 6.25. Leitungsresonator.

Eine wesentlich genauere Wellenlängenmessung wird durch vielfache Überlagerung einer Welle mit sich selbst möglich, wie sie in einem als „Resonator" ausgebildeten Leitungsstück erfolgt. Die beobachtete Meßspannung hängt hierbei sehr empfindlich von der Änderung $\Delta l/l$ der Resonatorlänge ab. Die quantitative Beschreibung praktisch angewandter „Resonanz-Wellenmesser" ist kompliziert. Die im Bild 6.25 skizzierte einfachere Ausführung zeigt grundsätzlich ähnliches Verhalten und reicht hier zur Erklärung aus. Der Resonator besteht aus einem Stück leerer Koaxialleitung der Länge l mit dem Leitungswellenwiderstand $Z=\sqrt{L'/C'}$. Zur Einspeisung und Auskopplung schließen sich beidseitig Koaxialleitungen gleicher Abmessungen an, die jedoch durch Füllung mit verlustarmem Dielektrikum sehr hoher Dielektrizitätszahl $\varepsilon' \gg 1$ (z. B. Rutil $= TiO_2$, $\varepsilon' \approx 120$) den gegen Z sehr kleinen Leitungswellenwiderstand $Z_\varepsilon = Z/\sqrt{\varepsilon'}$ aufweisen. Leiterverluste und dielektrische Verluste bleiben hier zunächst außer Betracht.

Zur Beziehung $U(0)=d\cdot\hat{U}_e$ zwischen der zu beobachtenden Ausgangsspannung $U(0)$ und der Amplitude $\hat{U}_e$ der eingespeisten Welle gelangt man über die Umkehrform der Leitungsgleichung (6.28), wenn man darin die Eingangsspannung und den Eingangsstrom gemäß $U(l)=(1+r)\hat{U}_e$, $I(l)=(1-r)\hat{U}_e/Z_\varepsilon$ (Gl. (6.21) und (6.22) für $x=0$) mit $r=[W(l)-Z_\varepsilon]/[W(l)+Z_\varepsilon]$ (Gl. (6.24)) durch $\hat{U}_e$ und $W(l)$ ausdrückt. Führt man noch für den Eingangswiderstand $W(l)$ die Widerstands-Transformations-Gl. (6.26) mit $W(0)=Z_\varepsilon$ (im Fall reflexionsfreien Empfangs der durchgelassenen Welle) ein, so ergibt sich zusammengefaßt für den Durchlaßfaktor

$$d = \frac{2}{2\cos(\beta_0 l) + \mathrm{i}\left(\dfrac{Z}{Z_\varepsilon} + \dfrac{Z_\varepsilon}{Z}\right)\sin(\beta_0 l)}, \tag{6.55}$$

dessen Phase auf den Eingang bezogen ist.

Verändert man bei fester Frequenz der eingespeisten Welle stetig die Resonatorlänge l (etwa durch Verschieben einer der dielektrischen Füllungen innerhalb der Leitung) oder bei fester Länge l die Frequenz $\omega=\beta_0 c$, so durchläuft der Betrag des Durchlaßfaktors Maxima

$$|d|_{\max}=1 \quad \text{für} \quad (\beta_0 l)_{\mathrm{R}} = n\pi; \quad n=1,2,\ldots. \tag{6.56}$$

In der nächsten Umgebung $\beta_0 l-(\beta_0 l)_{\mathrm{R}}=\delta(\beta_0 l)$ der Maxima gilt für die „Resonanzkurve" $|d(\delta(\beta_0 l))|^2$, Bild 6.26, unter Berücksichtigung von $|\delta(\beta_0 l)| \ll 1$, $(Z_\varepsilon/Z)^2 \ll 1$:

$$|d|^2 \approx \frac{(2Z_\varepsilon/Z)^2}{(2Z_\varepsilon/Z)^2+(\delta(\beta_0 l))^2}. \tag{6.57}$$

Sie hat die „Halbwertsbreite" (s. Bild 6.26)

$$\frac{\Delta(\beta_0 l)}{(\beta_0 l)_{\mathrm{R}}} \approx \frac{2}{n\pi}\left(2\frac{Z_\varepsilon}{Z}\right). \tag{6.58}$$

Das Resonanzverhalten des wegen $Z_\varepsilon \ll Z$ stark reflektierend begrenzten Leitungsstückes der Länge $l_R = n\lambda_{0R}/2$ kommt dadurch zustande, daß die eingetretene Welle zwischen den Enden $(x=0, \ -l)$ vielfach hin und her reflektiert wird und sich die in gleicher Richtung laufenden Teilwellen wegen der Laufwegunterschiede $m \cdot n\lambda_{0R} (m=1,2,\ldots)$ alle gleichphasig überlagern.

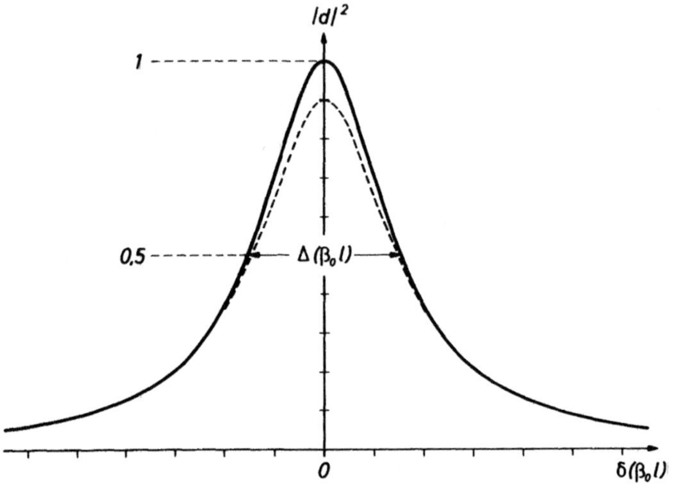

Bild 6.26. Resonanzkurven: Quadrierter Betrag des Durchlaßfaktors d des Leitungsresonators nach Bild 6.25 in Abhängigkeit von der Verstimmung $\delta(\beta_0 l)$. ——— $\alpha=0$; – – – – $\alpha \neq 0$. (Teilstrichabstand auf der Abszisse 0,1 für $Z_\varepsilon/Z=0{,}077$; gestrichelte Kurve für $n\pi\alpha/\beta=0{,}008$).

Im verstimmten Resonator, $\beta_0 l \neq (\beta_0 l)_R$, geht diese Gleichphasigkeit verloren. Hätten alle Teilwellen, wie im nicht zu verwirklichenden Grenzfall $Z_\varepsilon \to 0$, gleiche Amplitude $\hat{U}$, so gäbe ihre Summe Null:

$$U = \hat{U} \sum_{m=0}^{\infty} e^{-i\beta_0(x+2ml)} = 0, \qquad (\beta_0 l \neq n\pi) \tag{6.59}$$

(zu jeder Teilwelle findet sich eine gegenphasige Teilwelle). Im verstimmten, verlustfreien Resonator kann also keine Schwingung bestehen. Statt der Resonanzkurve im Bild 6.26 gäbe es nur die Linie $\delta(\beta_0 l)=0$. Jeder wirkliche Resonator hat jedoch Verluste. Im hier gewählten Beispiel sind es zunächst nur die Koppelverluste auf Grund der geringen Durchlässigkeit d' bzw. unvollständigen Reflexion r'

$$d' = \frac{2Z_\varepsilon}{Z+Z_\varepsilon}, \tag{6.60}$$

$$r' = \frac{Z_\varepsilon - Z}{Z_\varepsilon + Z} \tag{6.61}$$

der Resonatorendflächen. Die Teilwellen haben also mit zunehmender Ordnungszahl m abnehmende Amplituden, so daß ihre Summe auch im verstimmten Resonator von Null verschieden bleibt und am Ausgang das durch die Gleichungen (6.55) und (6.57) und das Bild 6.26 beschriebene Signal $d \cdot \hat{U}_e$ ergibt:

$$U = \hat{U}_e \frac{Z}{Z_\varepsilon} d' \cdot \left\{ \mathrm{e}^{-\mathrm{i}\beta_0(x+l)} \sum_{m=0}^{\infty} r'^{2m} \mathrm{e}^{-2\mathrm{i}m\beta_0 l} + r' \mathrm{e}^{+\mathrm{i}\beta_0(x-l)} \sum_{m=0}^{\infty} r'^{2m} \mathrm{e}^{-2\mathrm{i}m\beta_0 l} \right\}$$

$$\xrightarrow[(x\to 0)]{} \hat{U}_e d \qquad \text{nach rechts} \qquad \text{nach links} \qquad \text{laufende Teilwellen} \tag{6.62}$$

Der relative Amplitudenunterschied aufeinanderfolgender Teilwellen (hier $1-r'^2$) bestimmt die Signalhöhe außerhalb der Resonanz und damit die Halbwertsbreite der Resonanzkurve:

$$\Delta(\beta_0 l) \approx 1 - r'^2 \tag{6.63}$$

(Einsetzen von Gl. (6.61) führt wegen $Z_\varepsilon/Z \ll 1$ auf Gl. (6.58)).

Als „Güte" des Resonators bezeichnet man das Verhältnis der im Resonator gespeicherten Energie zu der während der Zeit $1/\omega$ verlorenen Energie. Auf jede der beiden Resonatorendflächen der Größe A trifft der Energiefluß ${}_{\mathrm{A}}\bar{S} A$ (${}_{\mathrm{A}}\bar{S}$ über den Leitungsquerschnitt gemittelte Energieflußdichte; s. Abschnitt 3.1). Er transportiert innerhalb der Zeit l_{R}/c eines Resonatordurchlaufs in beiden Richtungen zusammen die gespeicherte Energie $2\,{}_{\mathrm{A}}\bar{S} A\, l_{\mathrm{R}}/c$. An beiden Resonatorendflächen zusammen geht in der Zeit $1/\omega_{\mathrm{R}}$ die Energie $2\,{}_{\mathrm{A}}\bar{S} A(1-r'^2)/\omega_{\mathrm{R}}$ durch Auskopplung verloren. Folglich gilt für die Güte unter Verwendung von Gl. (6.63) und (6.56)

$$Q = \frac{2\,{}_{\mathrm{A}}\bar{S} A\, l_{\mathrm{R}}/c}{2\,{}_{\mathrm{A}}\bar{S} A(1-r'^2)/\omega_{\mathrm{R}}} = \frac{(\beta_0 l)_{\mathrm{R}}}{\Delta(\beta_0 l)}. \tag{6.64}$$

Nach dem Abschalten der Einspeisung nimmt die Energie im Resonator dauernd um den Faktor $(1-r'^2)$ je Durchlaufzeit l_{R}/c ab. Der Abfall erfolgt also exponentiell und erreicht den Bruchteil e^{-1} innerhalb der „Abklingzeit"

$$\tau = \frac{l_{\mathrm{R}}/c}{1-r'^2} = \frac{Q}{\omega_{\mathrm{R}}}. \tag{6.65}$$

Das Abklingen läßt sich in stark entdämpften Resonatoren mit supraleitenden Metallwänden durch Anregung mit zeitlich veränderlicher Frequenz und

Überlagerung des Resonatorausgangs-Signals mit dem anregenden Signal gut beobachten (s. Abschnitt 8.2.3).

Im bisher behandelten Beispiel eines Leitungsresonators liegt lediglich Dämpfung durch Auskopplung vor. Macht man jedoch die Ein- und Auskopplung sehr schwach, so sind dagegen die Leiterverluste durch den ohmschen Längswiderstand R' nicht mehr vernachlässigbar. In die Gleichungen, die das Verhalten des Resonators beschreiben, geht dann zusätzlich die meist kleine Leitungsdämpfung $\alpha l \ll 1$ ein. Im Nenner von $|d|^2$, Gl. (6.57), und in der Halbwertsbreite, Gl. (6.58), ist $(2 Z_g/Z)$ durch $[2(Z_g/Z)+n\pi\alpha/\beta_0]$ zu ersetzen. Als wesentliche Folge der Leitungsdämpfung erreicht der Betrag des Durchlaßfaktors in der Resonanz, $|d|_{\max}$, nicht mehr den Wert 1 (gestrichelte Resonanzkurve im Bild 6.26). Die relative Halbwertsbreite vergrößert sich und läßt sich nicht mehr durch Verlängerung (großes n in Gl. (6.56) und (6.58)) des Resonators beliebig klein machen $([\Delta(\beta_0 l)/(\beta_0 l)_R]_{\min} \approx 2\alpha/\beta_0)$.

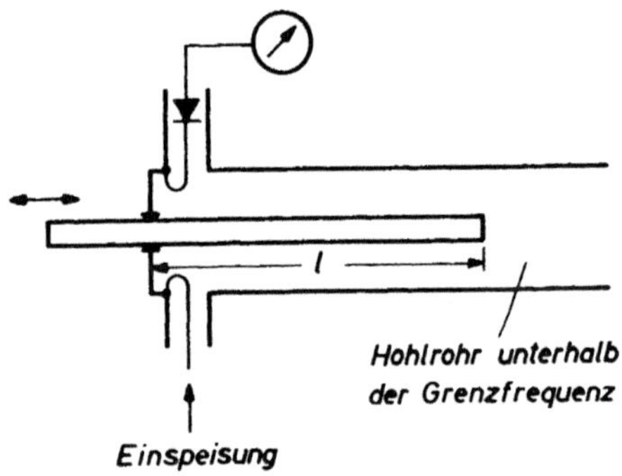

Bild 6.27. Resonanzwellenmesser. Das „offene“ Leitungsende (rechts) wird durch das anschließende, unterhalb seiner Grenzfrequenz angeregte und daher keine Wellenausbreitung ermöglichende Hohlrohr (s. Abschnitt 8.1.1) abgeschirmt.

Das Bild 6.27 zeigt einen praktisch verwendeten Resonanz-Wellenmesser. Er besteht aus einem Koaxialleitungsstück, dessen eines Ende kurzgeschlossen und dessen anderes Ende offen ist. Die Resonanzlängen $l_R \approx \lambda_0/4 + n\lambda_0/2$ kann man durch Verschieben des Innenleiters einstellen und aus ihrer Differenz $\lambda_0/2$ bestimmen. Die Ein- und Auskopplung erfolgt über kleine Leiterschleifen. Die Meßfehler derartiger Wellenmesser betragen etwa $\Delta\lambda/\lambda \approx 10^{-4}$.

6.5. Leitungsbauteile

Das wesentliche Rüstzeug der Leitungsmeßtechnik (s. Abschnitt 6.4) stellen die Stehwellen-Meßleitung, der Richtkoppler und das geeichte, veränderliche Dämpfungsglied, insbesondere das Hohlrohr-Blinddämpfungsglied (s. Abschnitt 8.2.2), dar. Als Präzisions-Meßinstrumente stehen sie meist nur für bestimmte Leitungsformen (Koaxial- oder Hohlleitung) und für genormte

Leitungsabmessungen zur Verfügung. Um sie trotzdem zur Untersuchung verschiedenartigster Meßobjekte einsetzen zu können, benötigt man eine Reihe von Hilfsmitteln wie Übergangsstücke zwischen Leitungen verschiedener Form und verschiedenen Wellenwiderstandes sowie Anpassungsglieder. Beim Aufbau von Leitungssystemen ergibt sich häufig die Aufgabe, definierte Impedanzen herzustellen. Da sich konzentrierte Widerstände bei höheren Frequenzen (etwa $f > 0{,}5$ GHz) kaum oder gar nicht verwirklichen lassen, spielen hierfür kurze Leitungsstücke eine wichtige Rolle.

Viele der im folgenden erwähnten Leitungsbauteile kommen häufig lediglich mit Luft als Dielektrikum ($\varepsilon' = \mu' = 1$, $\varepsilon'' = \mu'' = 0$) zur Anwendung. Die dementsprechend geschriebenen Formeln gelten aber auch für Leitungsbauteile, die verlustfreie Dielektrika mit $\varepsilon' > 1$ enthalten, wenn β_0 durch β ersetzt und ε_0 mit ε' multipliziert wird.

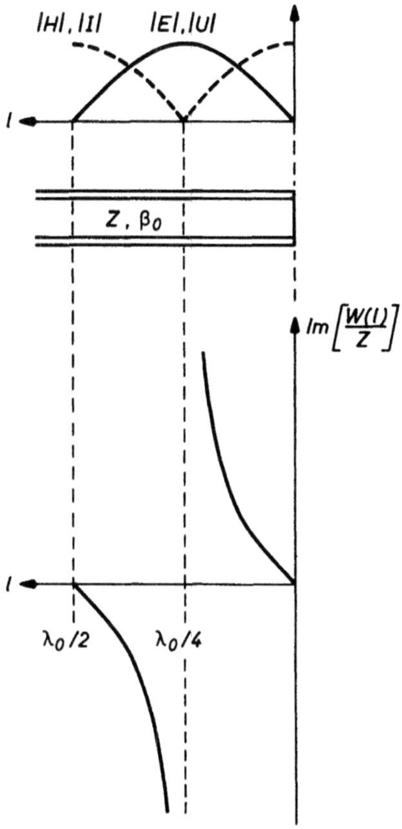

Bild 6.28. Verlauf der Felder $|E|$, $|H|$, der Spannung $|U|$, des Stroms $|I|$ und des Widerstandes W längs einer am Ende kurzgeschlossenen Leitung.

6.5.1. Definierte Blind- und Wirkwiderstände

Im Abstand l vor dem kurzgeschlossenen Ende ($W(0)=0$) einer verlustfreien Leitung mit dem Leitungswellenwiderstand Z und der Phasenkonstante $\beta_0 = 2\pi/\lambda_0 = \omega/c$ findet man gemäß der Widerstands-Transformationsbeziehung (6.26) den rein imaginären Widerstand

$$W(l) = \mathrm{i}\, Z \tan(\beta_0 l). \tag{6.66}$$

Sein Verlauf mit der Länge l (Bild 6.28) ist auch unmittelbar aus der Spannungs-, Stromverteilung entnehmbar. Sehr nahe am Leitungsende, $l \ll \lambda_0/4$, wo maximaler Strom fließt, überwiegt die magnetische Feldenergie. Ein gegen $\lambda_0/4$ kurzes, leitend abgeschlossenes Leitungsstück verhält sich also wie eine Spule mit der Induktivität L als Speicher magnetischer Energie (Bild 6.30a). Das bringt auch der Frequenzgang des Widerstandes zum Ausdruck:

$$W(l \ll \lambda_0/4) \approx \mathrm{i} Z \beta_0 l = \mathrm{i}\omega L \quad \text{mit} \quad L = \mu_0 l \frac{Z}{Z_0}. \tag{6.67}$$

Das genau $\lambda_0/4$ lange, kurzgeschlossene Leitungsstück hat den Eingangswiderstand $W(l) = \infty$. An beliebiger Stelle einer Leitung seitlich angesetzt, beeinflußt es den Zustand auf der Leitung nicht. Es kann also z. B. als Leitungsstütze für Leitungen dienen, die nur zur Übertragung von Wellen einer bestimmten Frequenz vorgesehen sind.

Ein Stück einer am Ende offenen Leitung ($W(0) = \infty$) der Länge l hat den rein imaginären Eingangswiderstand

$$W(l) = \frac{Z}{\mathrm{i}\tan(\beta_0 l)}, \tag{6.68}$$

dessen Verlauf mit l aus dem Bild 6.29 hervorgeht. Sehr nahe am Leitungsende, $l \ll \lambda_0/4$, wo sich durch Unterbindung des Stroms Ladungen stauen, überwiegt die elektrische Feldenergie. Ein gegen $\lambda_0/4$ kurzes, offenes Leitungsstück verhält sich also wie ein Kondensator mit der Kapazität C als Speicher

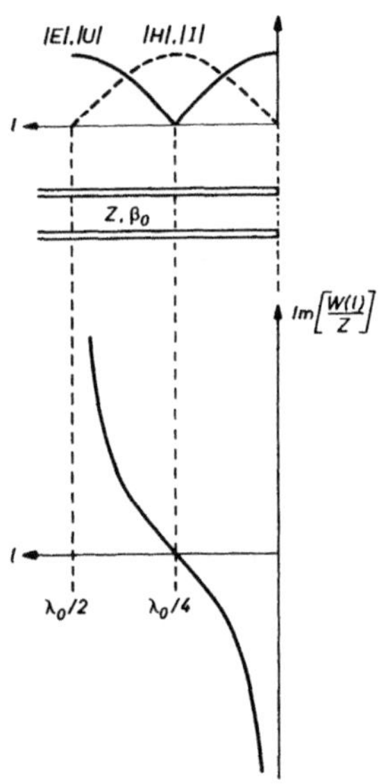

Bild 6.29. Verlauf der Felder $|E|$, $|H|$, der Spannung $|U|$, des Stromes $|I|$ und des Widerstandes W längs einer am Ende offenen Leitung.

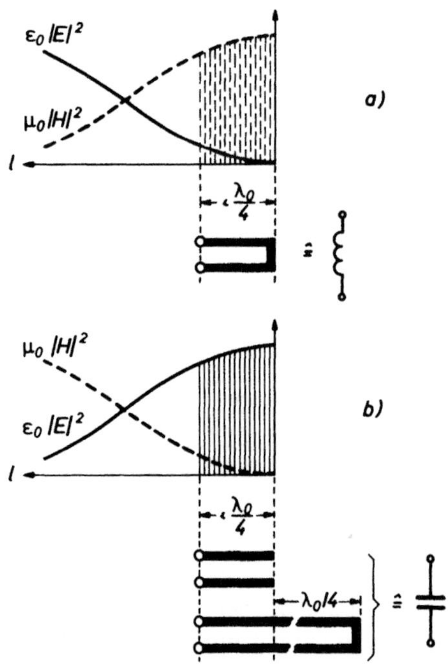

Bild 6.30. Eigenschaften von gegenüber $\lambda_0/4$ kurzen Leitungsstücken: a) bei kurzgeschlossenem Ende; b) bei offenem Ende und zusätzlich angefügter $\lambda_0/4$-Kurzschlußleitung.

elektrischer Energie (Bild 6.30b). Dem entspricht auch der Frequenzgang des Widerstandes

$$W(l \ll \lambda_0/4) \approx \frac{Z}{\mathrm{i}\beta_0 l} = \frac{1}{\mathrm{i}\omega C} \quad \text{mit} \quad C = \varepsilon_0 l \frac{Z_0}{Z}. \tag{6.69}$$

Das Verhalten des kurzen, offenen Leitungsstücks bleibt unverändert, wenn ein genau $\lambda_0/4$ langes, kurzgeschlossenes Leitungsstück dahinter gesetzt wird. Mit Hilfe der im Bild 6.30 ausgedrückten Vorstellung vom Verhalten kurzer Leitungsstücke kann man rasch das Ergebnis der Messung eines komplexen Widerstandes auf einer Stehwellen-Meßleitung qualitativ beurteilen. Verschiebt der Widerstand das Stehwellenfeld im Vergleich zum Kurzschlußfall um weniger als $\lambda_0/4$ zum Leitungsende hin, so hat er einen induktiven Blindanteil. Denn diese Verschiebung entspricht derjenigen des induktiven, weniger als $\lambda_0/4$ langen, kurzgeschlossenen Leitungsstücks (Bild 6.30a). Ein kapazitiver Widerstand verschiebt das Stehwellenfeld im Vergleich zum Kurzschlußfall um weniger als $\lambda_0/4$ vom Leitungsende weg, wie das kapazitive, zwischen $\lambda_0/4$ und $\lambda_0/2$ lange, kurzgeschlossene Leitungsstück (Bild 6.30b) es tut.

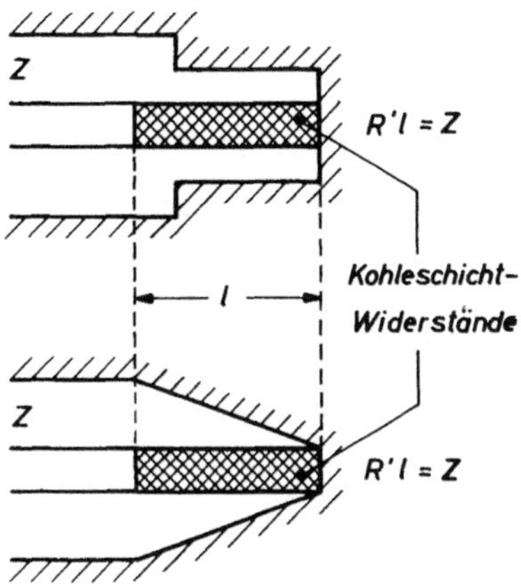

Bild 6.31. Reflexionsfreie Koaxialleitungs-Abschlüsse.

Die vorstehend behandelten reinen Blindwiderstände führen als Leitungsabschlüsse zu vollständiger Reflexion ($|r| = 1$) der eingespeisten Welle. Im Gegensatz dazu steht der häufig benötigte *reflexionsfreie Leitungsabschluß*, der durch den Wirkwiderstand $W = Z$ gebildet wird. Am einfachsten läßt sich der Wellenwiderstandsabschluß durch eine schwach leitende Folie mit dem Flächenwiderstand $R_\mathrm{F} = Z_0 = 377\,\Omega$ verwirklichen, die mit dem offenen Leitungsende in Kontakt gebracht wird (s. Abschnitt 6.2). Praktischen Anforderungen genügt diese Anordnung jedoch nicht. Zur Abschirmung eines derartigen Koaxialleitungsabschlusses wäre zusätzlich eine kurzgeschlossene $\lambda/4$-Leitung anzuschließen, die den Eingangswiderstand frequenzabhängig macht. Bei praktischen koaxialen Ausführungsformen (Bild 6.31) benutzt man daher ein gegen $\lambda/4$ kurzes, geschlossenes Leitungsstück mit schwach leitendem Innenleiter des ohmschen Widerstandes $R' l = Z$. In homogener Bauweise wäre der Eingangswiderstand nach den Gleichungen (6.26), (6.9) und (6.8)

$$W(l) = Z_1 \tanh(\gamma_1 l) \approx Z_1 \gamma_1 l = Z + \mathrm{i}\omega L' l, \quad (|\gamma_1| l \ll 1). \tag{6.70}$$

Durch geeignete Formung des Außenleiters läßt sich der Blindanteil kompensieren.

Um die Amplitude einer Leitungswelle definiert und ohne Reflexion abzuschwächen, bedient man sich eines verlustbehafteten Leitungsstückes als Wirkdämpfungsglied. Zur Erzielung der gewünschten Dämpfung und Anpassung muß es sowohl einen ohmschen Längswiderstand $R' l$ als auch einen Querleitwert $G' l$ aufweisen. Nach Gl. (6.9) ist

$$\frac{R'}{G'} = Z^2 \tag{6.71}$$

zu wählen, um dem Dämpfungsglied den Wellenwiderstand $Z = \sqrt{L'/C'}$ der anschließenden Leitungen zu verleihen. Das Bild 6.32 zeigt eine koaxiale Ausführung, bei der Längs- und Querwiderstand in Π-Form angeordnet sind. Außer den Dämpfungsgliedern mit fest eingestellter Dämpfung gibt es auch solche mit mechanisch oder elektrisch stetig regelbarer Abschwächung. Im elektrisch steuerbaren Dämpfungsglied befinden sich *PIN*-Halbleiter-*Dioden* als Querwiderstände (Bild 6.48). Ihr Widerstandswert für hohe Frequenzen läßt sich mittels eines kleinen Gleichstroms (z. B. 0 mA bis einige mA) durch die zwischen der P- und der N-Schicht befindliche Eigenleitungsschicht (I = intrinsic) in einem weiten Bereich ändern (z. B. 10 kΩ…10 Ω).

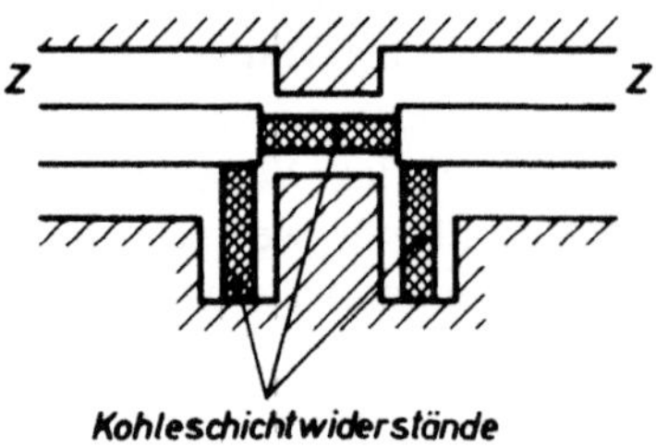

Bild 6.32. Koaxialleitungs-Dämpfungsglied.

6.5.2. Anpassungsglieder

Die Aufgabe eines Anpassungsgliedes besteht darin, die Reflexion zu unterdrücken, die von einem beliebigen Widerstand $W(0)$ am Ende einer verlustfreien Leitung (Z, β_0) ausgeht. Dazu können sowohl verlustfreie (falls $\mathrm{Re}\,(W) > 0$) als auch verlustbehaftete Leitungsanordnungen dienen.

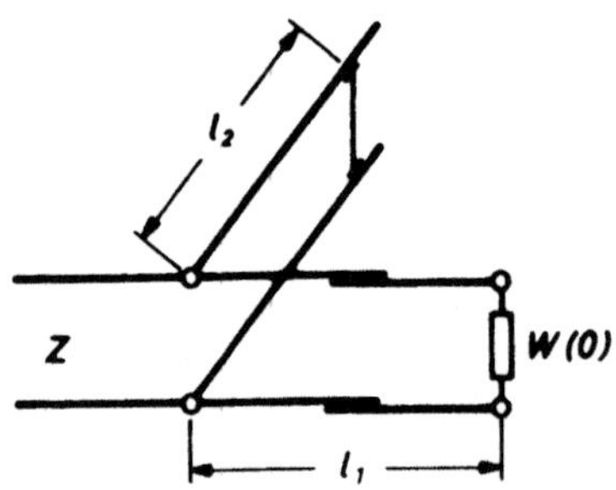

Bild 6.33. Verlustfreies Anpassungsglied, bestehend aus einer kurzgeschlossenen Stichleitung veränderlicher Länge l_2 und veränderlichen Abstandes l_1 vom anzupassenden Abschlußwiderstand $W(0)$.

Das Bild 6.33 zeigt ein verlustfreies Anpassungsglied. Es besteht aus dem Leitungsstück der veränderlichen Länge l_1 („Posaune“) und dem eingangsseitig dazu parallel geschalteten, kurzgeschlossenen Leitungsstück der veränderlichen Länge l_2 („Kurzschlußschieber"). Die Länge l_1 wird so eingestellt, daß der Realteil des Leitwerts $W^{-1}(0) = X(0) + \mathrm{i}\, Y_1(0)$ die Transformation in den Wert

$$X(l_1) = \frac{1}{Z} \tag{6.72}$$

erfährt. Die beiden dazu geeigneten Leitungslängen l_1' oder l_1'' lassen sich aus dem Smith-Diagramm (s. Abschnitt 6.3) im Bild 6.34 ablesen. Gemäß der konformen Abbildung

$$r = \frac{W/Z - 1}{W/Z + 1} = -\frac{Z/W - 1}{Z/W + 1} \tag{6.24a}$$

findet man den zu W gehörigen Leitwert W^{-1} durch Richtungsumkehr des zu W gehörigen r-Vektors. Wegen

$$W^{-1}(l) = Z^{-1} \frac{W^{-1}(0) + \mathrm{i}\, Z^{-1} \tan(\beta_0 l)}{\mathrm{i}\, W^{-1}(0) \tan(\beta_0 l) + Z^{-1}}, \tag{6.26a}$$

(vgl. (6.26)) erfolgt die Leitwertstransformation im Smith-Diagramm ebenso wie die Widerstandstransformation. Die gesuchten Längen l_1', l_1'' ergeben sich daher aus den Kreisbögen $|r| = |[W(0)/Z - 1]/[W(0)/Z + 1]| = \mathrm{const}$, die vom Punkt $Z/W(0)$ zu den beiden Schnittpunkten mit dem Kreis $\mathrm{Re}(Z/W) = 1$ führen. Dem durch das Leitungsstück l_1 von $W^{-1}(0)$ auf $W^{-1}(l_1) = Z^{-1} + \mathrm{i}\, Y_1(l_1)$ transformierten Leitwert wird nun mittels der parallel geschalteten „Reaktanzleitung" der Leitwert $\mathrm{i}\, Y_2(l_2) = -\mathrm{i}\, Y_1(l_1)$ hinzugefügt, so daß schließlich als resultierender Eingangsleitwert Z^{-1} übrigbleibt. Die geeigneten Längen l_2' bzw. l_2'' ergeben sich aus den Einheitskreisbögen $|r| = 1$, die vom Punkt $Z\, Y_2(0) = \infty$ zu den Schnittpunkten mit den Kreisen $\mathrm{Im}(Z/W) = -Z\, Y_1(l_1')$ bzw. $= -Z\, Y_1(l_1'')$ führen.

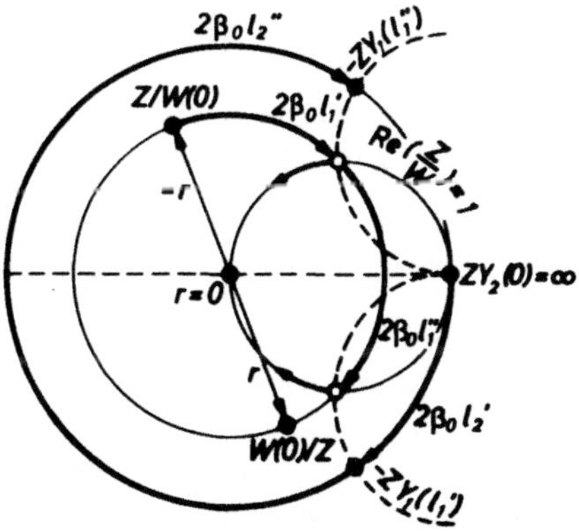

Bild 6.34. Bestimmung der zur Anpassung des Widerstandes $W(0)$ führenden Leitungslängen l_1, l_2 des Anpassungsgliedes nach Bild 6.33 im Smith-Diagramm.

Ein weiteres gebräuchliches Anpassungsglied, bei dem jedoch die Länge der Hauptleitung fest bleibt, ist im Bild 6.35 dargestellt. Hier dienen drei kurzgeschlossene Stichleitungen veränderlicher Länge dazu, die Transformation auf Z und die Kompensation des Blindleitwerts zu bewerkstelligen. Der Abstand zwischen den

Stichleitungen beträgt meist etwa $\lambda_0/4$. Ihre Wirkungsweise kann ebenfalls im Smith-Diagramm Schritt für Schritt verfolgt werden.

Die beschriebenen verlustfreien Anpassungsglieder gewährleisten Anpassung nur bei der Frequenz, bei der der $(r=0)$-Abgleich vorgenommen wurde. Um innerhalb eines größeren Frequenzbereichs näherungsweise Anpassung eines beliebigen Widerstandes W (z. B. eines Leitungssystems an einen Sender) zu erzielen, schaltet man häufig ein reflexionsfreies Dämpfungsglied (s. Abschnitt 6.5.1) davor und nimmt den damit verbundenen Leistungsverlust

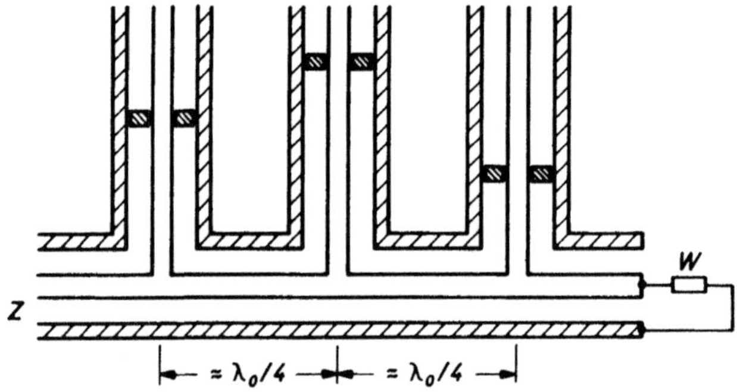

Bild 6.35. Verlustfreies Anpassungsglied aus drei kurzgeschlossenen Stichleitungen veränderlicher Länge.

zwangsläufig in Kauf. Der Betrag $|r|=|(W-Z)/(W+Z)|$ des von dem Widerstand verursachten Reflexionsfaktors erniedrigt sich durch ein davorgesetztes Dämpfungsglied mit der Dämpfung αl auf

$$|r_1| = |r|\,\mathrm{e}^{-2\alpha l}, \tag{6.73}$$

mit $\alpha' l = 20\,\mathrm{dB}$ also auf $|r_1| = 10^{-2}|r| \le 1\,\%$. Besser eignen sich für diese Art der Breitbandanpassung nichtreziproke Dämpfungsglieder (s. Abschnitt 8.4.2), die die eingespeiste Welle kaum ($\alpha' l < 1\,\mathrm{dB}$), die reflektierte Welle dagegen erheblich ($\alpha' l \approx 30\,\mathrm{dB}$) dämpfen.

6.5.3. Leitungsübergänge. Inhomogene Leitungsstücke

An Stoßstellen zwischen gleichartigen Leitungen verschiedenen Wellenwiderstandes sowie verschiedenartigen Leitungen gleichen und verschiedenen Wellenwiderstandes entsteht Reflexion. Sie stört nicht nur durch Verminderung der übertragenen Leistung. Auch starke Frequenzabhängigkeit der Übertragung (Phasendrehung, Amplitudenänderung) kann auftreten, falls es zwischen mehreren Störstellen in einem Leitungszug zu Mehrfachreflexionen kommt. Zur Verbindung von Leitungen unterschiedlicher Eigenschaften benötigt man daher besondere Übergangsstücke.

Eine weitgehend frequenzunabhängige Anpassung gleichartiger Leitungen verschiedener Wellenwiderstände Z_1, Z_2 aneinander durch ein gegen $\lambda/4$ kurzes Leitungsstück gelingt nur mit einem aus ohmschen Widerständen bestehenden Vierpol. Ein solcher, im Bild 6.36 gezeigter unsymmetrischer Vierpol muß im Fall $Z_1 > Z_2$ den Längswiderstand

$$R_1 = \sqrt{Z_1(Z_1 - Z_2)} \qquad (6.74)$$

und den Querwiderstand

$$R_2 = Z_2 \sqrt{\frac{Z_1}{Z_1 - Z_2}} \qquad (6.75)$$

haben.

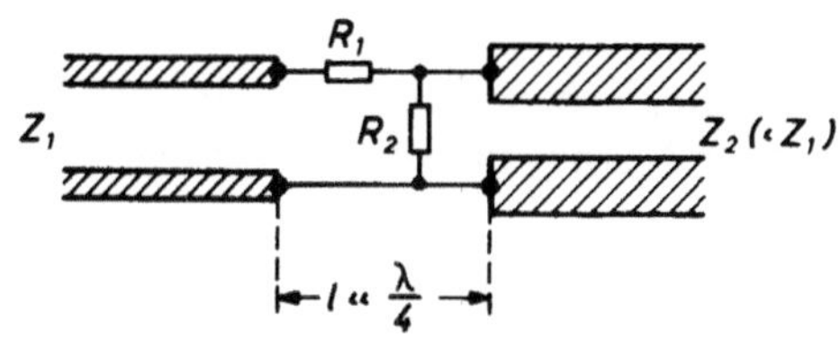

Bild 6.36. Aus ohmschen Widerständen bestehender Vierpol zur Anpassung gleichartiger Leitungen verschiedener Wellenwiderstände aneinander.

Dämpfungsfreie, beschränkt frequenzunabhängige Anpassung läßt sich mit einem inhomogenen, verlustfreien Leitungsstück erreichen, dessen ortsabhängiger Wellenwiderstand $Z(x)$ stetig vom Eingangswert Z_1 auf den Ausgangswert Z_2 übergeht. Geringe Reflexion erfordert eine mit λ vergleichbare Länge l des inhomogenen Leitungsstücks. Angewandt auf ein kurzes Teilstück dx der inhomogenen Leitung führt die Widerstands-Transformations-Beziehung Gl. (6.26) zu einer Riccati-Differentialgleichung in $W(x)$ und $Z(x)$. Näherungslösungen ermöglichen die Bestimmung optimaler Wellenwiderstandsverteilungen $Z(x)$ für reflexionsarme Übergangsstücke. Als Beispiel sei die Verteilung

$$Z(x) = \sqrt{Z_1 Z_2} \exp\left\{\left(\frac{1}{2} + \frac{x}{l}\right) \ln\left(\frac{Z_2}{Z_1}\right)\right\}; \quad (0 > x > -l) \qquad (6.76)$$

der „Exponentialleitung" erwähnt. Für den Reflexionsfaktor eines Exponential-Leitungsüberganges gilt

$$|r| < 0{,}1 \left|\ln \frac{Z_2}{Z_1}\right| \quad \text{bei Längen} \quad l > 0{,}8\,\lambda. \qquad (6.77)$$

Ein zwar nicht optimales, aber einfach herstellbares inhomogenes Übergangsstück ist im Bild 6.37 dargestellt.

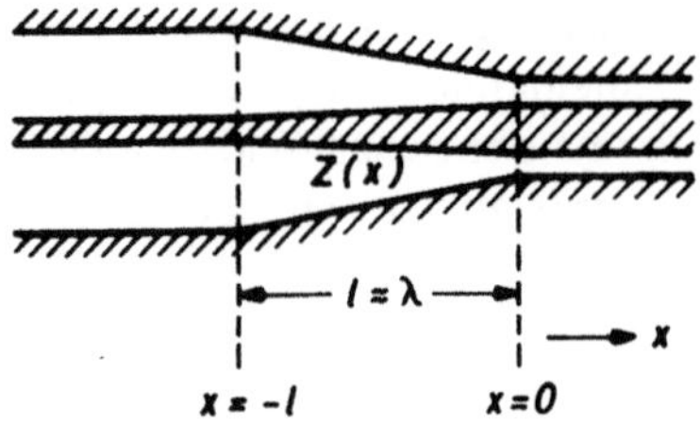

Bild 6.37. Inhomogenes Leitungsstück zur Anpassung von Koaxialleitungen verschiedener Wellenwiderstände aneinander.

Eine homogene, verlustfreie Leitung der Länge $l = \lambda/4$ transformiert gemäß Gl. (6.26) einen auf den Leitungswellenwiderstand normierten Widerstand $W(0)/Z$ in seinen Kehrwert:

$$\frac{W(\lambda/4)}{Z} = \frac{Z}{W(0)}. \tag{6.78}$$

Ein derartiger „$\lambda/4$-Transformator", Bild 6.38, kann auch zur Anpassung gleichartiger Leitungen mit den verschiedenen Wellenwiderständen $Z_1(= W(\lambda/4))$, $Z_2(= W(0))$ aneinander dienen, wenn sein Wellenwiderstand Z der Forderung

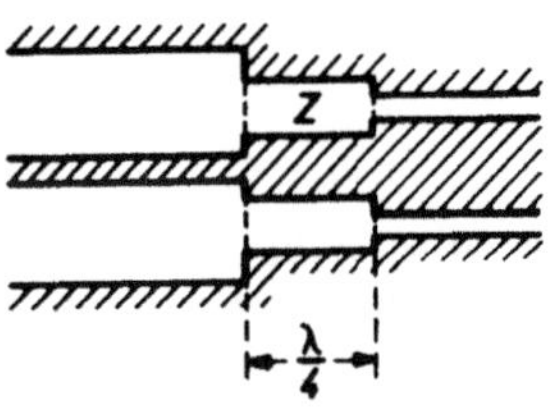

Bild 6.38. „$\lambda/4$-Transformator" zur Anpassung von Koaxialleitungen verschiedener Wellenwiderstände aneinander.

$$Z = \sqrt{Z_1 Z_2} \tag{6.79}$$

genügt. Auf dem gleichen Prinzip beruht die Oberflächenvergütung optischer Linsen (Brechzahl $n_2 = \sqrt{\varepsilon'}$) mittels $\lambda/4$ dicker dielektrischer Überzüge der Brechzahl $n = \sqrt{n_2}$ $(n_1 = 1)$.

Die Forderung, verschiedenartige Leitungen miteinander zu verbinden, ergibt sich besonders häufig bei der Koaxial- und der Zweidrahtleitung. Während das Koaxialleitungsfeld zwangsläufig auf das Innere der Leitung beschränkt ist, dehnt sich das Feld der Zweidrahtleitung so weit aus (Bild 6.2d), daß der Einfluß ferner Leitersysteme („Erde") nicht unberücksichtigt bleiben darf. Andererseits steht der Koaxialleitungsmantel üblicherweise mit den fernen Leitersystemen in leitender Verbindung. Der Außenleiterstrom der Koaxialleitungswelle braucht also an der Verbindungsstelle beider Leitungen nicht völlig auf den angeschlossenen einen Draht der Zweidrahtleitung überzugehen, sondern kann zum Teil auch über die Außenseite des Koaxialleitungsmantels auf das ferne Leitersystem fließen. Der Mittelleiterstrom der Koaxialleitungswelle muß dagegen vollständig auf den angeschlossenen anderen Draht der Zweidrahtleitung fließen. Mit unterschiedlichen Strombeträgen in den beiden

Drähten geht jedoch die Symmetrie der Zweidrahtleitung verloren, was Abstrahlung und fehlerhafte Widerstandstransformation zur Folge hat. Die Verbindung zwischen Koaxial- und Zweidrahtleitung muß also „erdsymmetrisch" erfolgen, d. h. so, daß zwischen „Erde" (Koaxialleitungsmantel) und den beiden Drähten gleich große Spannungen entgegengesetzten Vorzeichens liegen. Damit sind dann die störenden „Erdströme" unterbunden. Die Bilder 6.39, 6.40 und 6.41 zeigen einige gebräuchliche Arten der dazu erforderlichen Symmetrierglieder.

Bild 6.39. Verbindung von Koaxial- und Zweidrahtleitung mittels $\lambda/2$-Umwegleitung zur Symmetrierung.

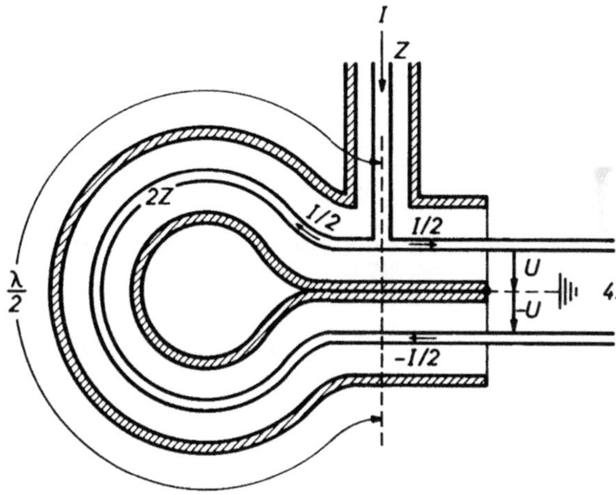

In der $\lambda/2$-Umwegleitungs-Anordnung, Bild 6.39, verzweigt sich die Koaxialleitung symmetrisch. Der eine Mittelleiter-Zweig ist direkt, der andere über eine $\lambda/2$ lange Umwegleitung mit je einem Leiter der Zweidrahtleitung verbunden. Die symmetrische Verzweigung erzwingt gleiche Strombeträge auf den beiden Drähten. Die Phasendrehung π längs der $\lambda/2$-Umwegleitung verleiht den Spannungen zwischen jedem Draht und „Erde" entgegengesetztes Vorzeichen. Da die beiden Koaxialleitungszweige, von der Hauptkoaxialleitung mit dem Wellenwiderstand Z her gesehen, parallel, von der Zweidrahtleitung her gesehen in Serie geschaltet wirken, ist das Symmetrierglied angepaßt, wenn die koaxialen Zweigleitungen den Wellenwiderstand $2Z$ und die Zweidrahtleitung den Wellenwiderstand $4Z$ besitzen.

Bei der Symmetrierschleifen-Anordnung im Bild 6.40 werden sowohl der Koaxial-Außenleiterstrom als auch der Koaxial-Mittelleiterstrom (I) im gleichen Verhältnis aufgeteilt zwischen je einem Leiter der Zweidrahtleitung (I_1) und der parallelgeschalteten „Symmetrierschleife" (I_2). Die Symmetrierschleife ist ein am Ende kurzgeschlossenes und dort symmetrisch mit „Erde" (Koaxialleitungsmantel) verbundenes Zweidrahtleitungsstück. Die auf den beiden Leitern der Symmetrierschleife laufenden Teilströme I_2 gleichen Betrages können nicht als Mantelstrom abfließen, da sie auf dem Mantel gegenphasig wären. Anpassung ist gewährleistet, wenn die Koaxial- und die Zweidrahtleitung den gleichen Wellenwiderstand Z und die parallelgeschaltete Symmetrierschleife den Eingangswiderstand ∞ haben. Die Länge der Symmetrierschleife muß also $\lambda_0/4$ betragen.

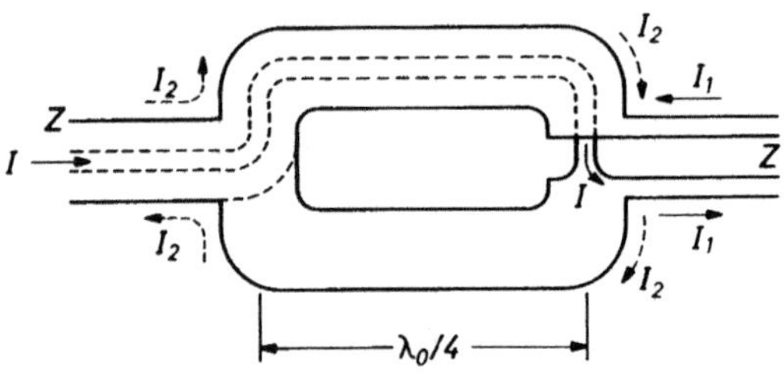

Bild 6.40. Verbindung von Koaxial- und Zweidrahtleitung mittels „Symmetrierschleife".

Eine andere Ausführung des Symmetrierschleifen-Übergangs zeigt das Bild 6.41. Als Symmetrierschleifenleiter dienen hier gleich die beiden Halbschalen, in die der Koaxialleitungsmantel durch $\lambda/4$ lange Längsschlitze am Leitungsende unterteilt ist.

Diese Symmetrieranordnung ermöglicht in besonders einfacher Weise, eine Dipolantenne (Bild 10.5, anstelle der Zweidrahtleitung im Bild 6.41) unmittelbar an eine Koaxialleitung anzuschließen. Die geeignete Länge der Schlitze im Koaxialleitungsmantel läßt sich mittels eines auf diesem verschiebbaren, eng anliegenden Metallzylinderstücks einstellen.

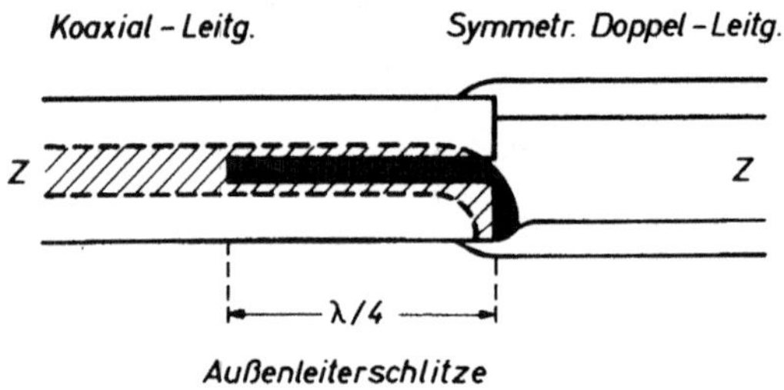

Bild 6.41. Verbindung von Koaxial- und Zweidrahtleitung mittels „Symmetrierschleife", die hier von dem geschlitzten Stück des Koaxialleitungsmantels gebildet wird.

In der vorstehenden Beschreibung von Leitungsübergängen wurde die Anpassung als gewährleistet betrachtet, wenn die Wellenwiderstände der aneinander stoßenden Leitungen geeignet bemessen sind. Genau genommen reicht das jedoch selten aus. Die an den Stoßstellen meist gestörte Leitungsgeometrie (wie bei allen gezeigten Übergängen, Bilder 6.36 bis 6.41) hat Verzerrungen des elektrischen und magnetischen Feldes zur Folge, die sich als zusätzliche kapazitive bzw. induktive Blindwiderstände bemerkbar machen. Daß die Anpassung nach dem Wellenwiderstand nicht genügt, zeigt sich am Beispiel der Stoßstelle zwischen zwei gleichartigen Leitungen gleichen Wellenwiderstandes, aber unterschiedlicher Abmessungen (Bild 6.42a). Der im Ersatzschaltbild (Bild 6.42b) dargestellte kapazitive Blindwiderstand muß erst durch eine geeignete Geometrieänderung, hier durch die Verschiebung der Innen- und Außenleitersprungstellen gegeneinander (Bild 6.42c) kompensiert werden, um

Anpassung zu erhalten. Weitere Beispiele von Geometrieänderungen zur Kompensation störender Blindwiderstände an Leitungsinhomogenitäten stellen die Leitungsecke im Bild 6.43a und die dielektrische Koaxial-Mittelleiterstütze im Bild 6.43b dar.

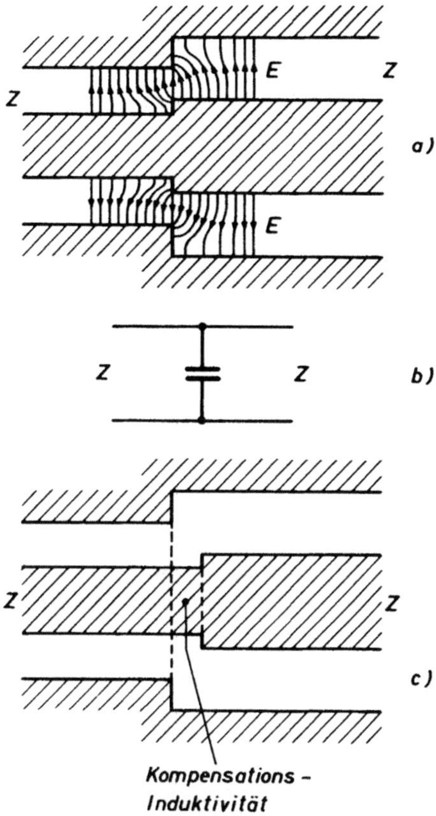

Bild 6.42. Verbindung von Koaxialleitungen gleichen Wellenwiderstandes, aber verschiedener Abmessungen. (a) Verzerrung der elektrischen Feldlinien an der Stoßstelle. (b) Ersatzschaltbild der Stoßstelle. (c) Stoßstelle mit kompensiertem Blindwiderstand.

Feldverteilung auf einer Leitung für verschiedene Abschlüsse

Zur Vorführung einiger Wellenvorgänge auf Leitungen benutzen wir eine symmetrische, offene Doppelleitung (Lecherleitung), weil man daran jegliche experimentellen Eingriffe unmittelbar, durch keine Abschirmung verdeckt, beobachten kann. Um Zusatzanordnungen (Sonden, Richtkoppler, Stichleitung) sicherer aufsetzen zu können, wurde der Leiterquerschnitt quadratisch gewählt. Die Speisung der Leitung erfolgt aus einem 20-Watt-Scheibentrioden-Sender bei der Frequenz 750 MHz über ein die Rückwirkung minderndes 10-dB-Dämpfungsglied und über ein Symmetrierglied mit $\lambda/2$-Umwegleitung (Bild 6.44).

Wir machen die gesamte Spannungsverteilung längs der am Ende vollständig reflektierenden Leitung gleichzeitig sichtbar, indem wir eine Reihe kleiner Glühlampen (3,8 V; 0,07 A) mit ihren Fassungsklemmen auf die Leitung setzen. Eine zwischen die Klemmen und die Leitung gelegte dünne, isolierende Folie sorgt für eine genügend schwache, lediglich kapazitive Ankopplung der Glühbirnen. Sie sind zur Erhöhung der Anzeigeempfindlichkeit untereinander mit einer Leitung verbunden, die einen Gleichstrom zum Vorheizen bis knapp an die Rotglut zu-

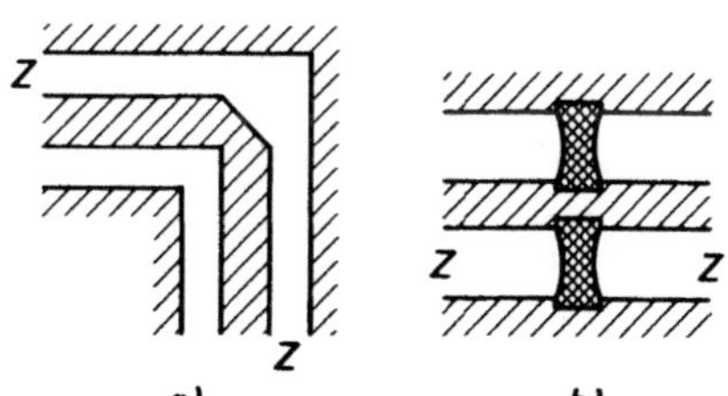

Bild 6.43. (a) Koaxialleitungs-Ecke und (b) -Mittelleiterstütze mit kompensiertem Blindwiderstand.

führt. Das Bild 6.45 zeigt die von der stehenden Welle hervorgerufene räumlich periodische Helligkeitsverteilung mit dem Abstand $\lambda_0/2 \approx 20$ cm der Spannungsknoten bzw. -bäuche. Der Abstand verringert sich, wenn wir zwischen die Leiter der Doppelleitung einen Stab aus verlustfreiem Dielektrikum mit der Dielektrizitätszahl $\varepsilon' \approx 16$ eng anliegend einfügen. Beim reflexions-

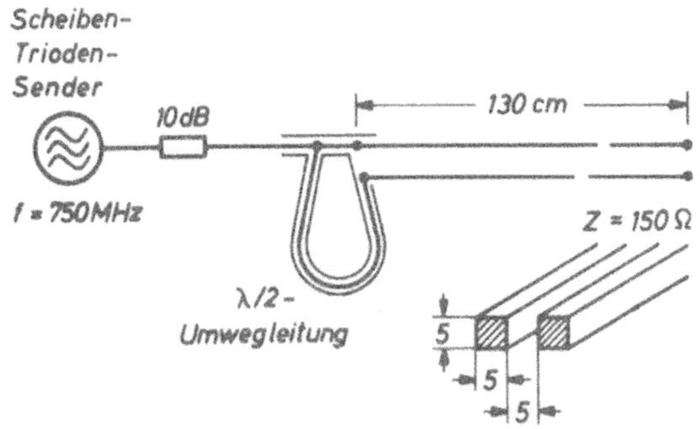

Bild 6.44. Apparatur zur Vorführung von Wellenvorgängen auf einer symmetrischen Doppelleitung.

freien Abschluß der Leitung (ohne Dielektrikum) durch einen kleinen Röhrchen-Schichtwiderstand mit dem Widerstandswert $R \approx Z = 150\,\Omega$ (Leitungswellenwiderstand) oder durch eine ausgedehnte leitende Folie mit dem Flächenwiderstand $R_F \approx Z_0 = 377\,\Omega$ (Feldwellenwiderstand) läßt die fortschreitende Welle alle Birnen gleichmäßig aufleuchten.

Zur annähernd punktweisen Abtastung des elektrischen Feldes dient eine einzelne, mit ihren Fußklemmen kapazitiv an die Leitung gekoppelte Birne (Bild 6.46a). Die Magnetfeldabtastung

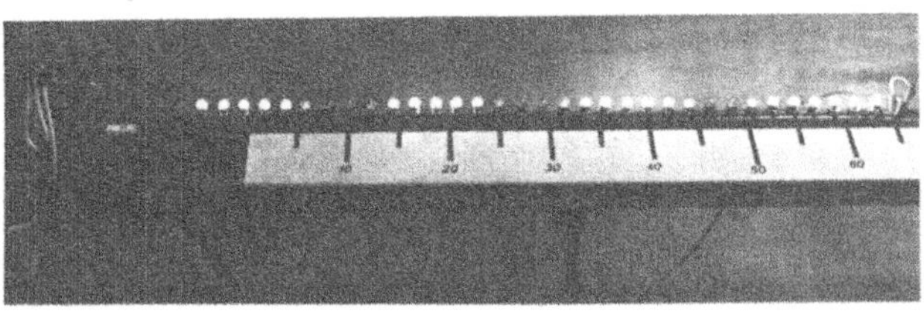

Bild 6.45. Nachweis der Spannungsverteilung auf der am Ende vollständig reflektierenden Leitung nach Bild 6.44.

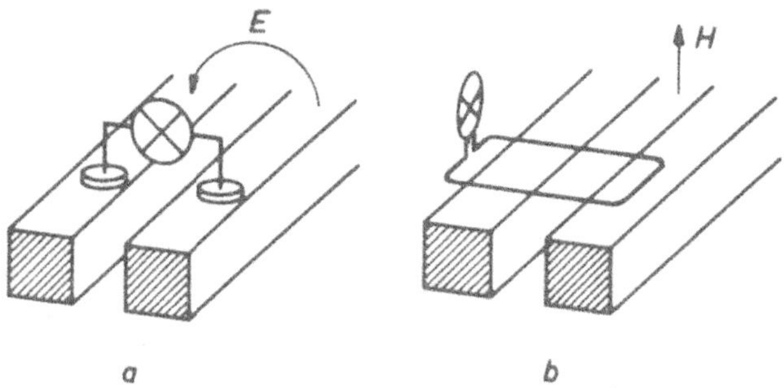

Bild 6.46. (a) Kapazitiv angekoppelte Glühbirne zur Abtastung des elektrischen Feldes $\boldsymbol{E}$ und (b) Glühbirne mit Induktionsschleife zur Abtastung des magnetischen Feldes $\boldsymbol{H}$ auf der Leitung nach Bild 6.44.

erfolgt mit einer kleinen, an eine Birne angeschlossenen Leiterschleife (Bild 6.46 b). Mit der einen oder anderen dieser verschiebbaren Sonden zeigen wir die Verschiebung des stehenden Wellenfeldes durch die Belastung des Leitungsendes mit einem kleinen Kondensator oder einer kleinen Spule und mit kurzgeschlossenen Leitungsstücken ($\lambda_0/2 > l > \lambda_0/4$ bzw. $\lambda_0/4 > l > 0$) als deren Nachbildungen (Bild 6.30). Auch der Einfluß einer aufgesteckten Stichleitung mit verschiebbarem Kurzschluß (Parallelwiderstand $W(\lambda_0/4) = \infty$, $W(\lambda_0/2) = 0$) läßt sich gut sichtbar machen.

Bild 6.47. Doppelrichtkoppler für die Leitung nach Bild 6.44 (vgl. Bild 6.20).

Richtkoppler und Anpassungsglieder

Für Anpassungs-Untersuchungen bedienen wir uns eines Doppel-Richtkopplers, dessen Aufbau (Bild 6.47) genau der im Abschnitt 6.4.1 behandelten, übersichtlichen Anordnung (Bild 6.20) entspricht. Die Anzeige-Birnen schließen die Auskoppelleitungen mit dem Wellenwiderstand ab. Die Richtungsabhängigkeit der Anzeige des auf die Leitung nach Bild 6.44 gesetzten Richtkopplers machen wir dadurch anschaulich, daß wir die Einspeisung und den reflexionsfreien Abschlußwiderstand Z abwechselnd zwischen den Leitungsenden vertauschen. Mit Hilfe des Doppelrichtkopplers führen wir auch vor, daß ein $\lambda/4$-Transformator (Abschnitt 6.5.3, Bild 6.38) den reflexionsfreien Übergang auf eine Leitung anderen Wellenwiderstands ermöglicht und wie die veränderliche Stichleitung (Bild 6.33) zur Anpassung eines von Z abweichenden, komplexen Widerstandes führt.

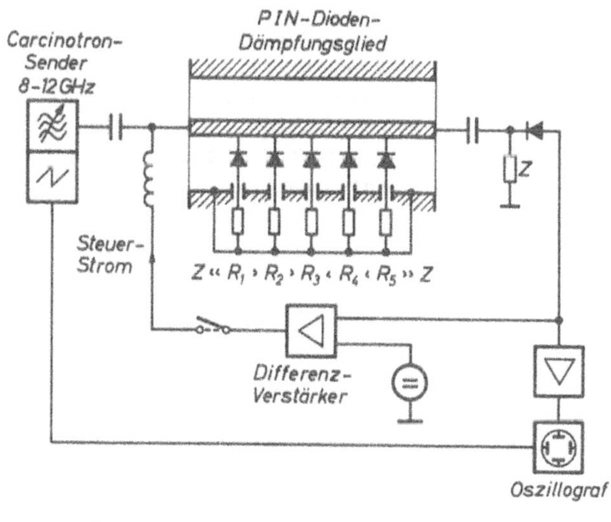

Bild 6.48. Apparatur zur Vorführung des elektrisch steuerbaren, koaxialen PIN-Dioden-Dämpfungsgliedes.

Elektrisch steuerbares Dämpfungsglied

Aus der Vielfalt möglicher Vorführungen von Leitungsbauteilen greifen wir noch die des elektrisch steuerbaren Dämpfungsgliedes mit PIN-Dioden heraus. Wie im Bild 6.48 dargestellt, ist das koaxiale PIN-Dioden-Dämpfungsglied an einen Carcinotron-Sender (s. Abschnitt 11.1.4) angeschlossen, dessen Frequenz periodisch von 8 bis 12 GHz durchläuft. Das Signal vom Ausgang des Dämpfungsgliedes gelangt nach Gleichrichtung und Verstärkung auf einem Oszillographen zur Anzeige, dessen Horizontalablenkung proportional zur Senderfrequenz erfolgt. Die PIN-Dioden erhalten zunächst keinen Steuerstrom, so daß das Dämpfungsglied unwirksam bleibt.

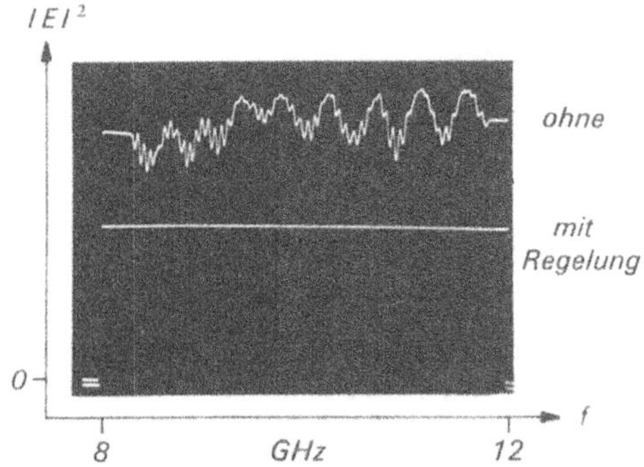

Bild 6.49. Ausgangsleistung des Carcinotronsenders ohne und mit Regelung durch das PIN-Dioden-Dämpfungsglied in der Apparatur nach Bild 6.48.

Die so gewonnene obere Kurve im Bild 6.49 zeigt die für einen Carcinotronsender typischen Amplitudenschwankungen in Abhängigkeit von der Frequenz. Legt man das gleichgerichtete und verstärkte Ausgangssignal nach Subtraktion einer festen Bezugsspannung an die PIN-Dioden zur raschen Steuerung ihres Widerstandes, so regelt das Dämpfungsglied die Amplitudenschwankungen aus, wie aus der unteren Kurve im Bild 6.49 zu ersehen ist. In der hier beispielsweise gebrachten wichtigen Anwendung ermöglicht das PIN-Dioden-Dämpfungsglied Dämpfungsänderungen von etwa 35 dB, als Impulsmodulator 80 dB mit Anstiegs- und Abfallszeiten von etwa 10^{-8} s. Das im Bild 6.48 dargestellte Dämpfungsglied ist trotz fehlender Längswiderstände angepaßt, weil die Querwiderstände von der Mitte zu den Enden des Dämpfungsgliedes hin zunehmende Widerstandswerte haben und sich diese örtliche Widerstandsänderung über etwa eine Wellenlänge erstreckt (vgl. inhomogene Leitungsübergänge, Abschnitt 6.5.3, und Absorber mit kontinuierlich inhomogen verteiltem Absorptionsmaterial, Abschnitt 5.2.3).

7. Vierpole

Viele elektrische Netzwerke, wie auch andere physikalische Systeme, bieten sich einer vom speziellen Aufbau absehenden Betrachtung als Übertragungssysteme dar, die eine Eingangsgröße in bestimmter Weise in eine Ausgangsgröße überführen. Zur Verknüpfung der Ein- und Ausgangsgrößen kann man einmal dadurch gelangen, daß man unmittelbar von den einzelnen das System bildenden Elementen ausgeht, ihre Eigenarten berücksichtigt und ihre Wirkungen, dem Aufbau des Systems entsprechend, zusammensetzt. Man kann aber auch zunächst versuchen, übergeordnete, das System als Ganzes betreffende Gesetzmäßigkeiten aufzustellen und erst dann die Eigenart und Anordnung der System-Elemente in den Rechnungsgang einzuführen.

In der Anwendung des erstgenannten Verfahrens auf ein elektrisches Netzwerk (z. B. ein vielteiliges Filter oder ein Dämpfungsglied) würde man erst für jedes einzelne Element und dann stufenweise weiter für Elementkombinationen das verallgemeinerte Ohmsche Gesetz aufschreiben und so wahrscheinlich zu sehr unhandlichen Gleichungen gelangen (der Leser möge das wirklich einmal versuchen!). Am Anfang des zweiten Weges dagegen steht die Vierpoltheorie, die das elektrische Netzwerk lediglich als System mit zwei Eingangs- und zwei Ausgangsklemmen („Polen"), also als „Vierpol", wahrnimmt. Sie macht Aussagen über die an diesen Klemmen meßbaren Größen. Die aus der Vierpoltheorie gewonnenen Zusammenhänge erleichtern die Behandlung vielteilig zusammengesetzter Netzwerke ganz erheblich. Sie umfassen sowohl aus konzentrierten Schaltelementen als auch aus Leitungsteilen bestehende Vierpole.

7.1. Grundgleichungen der Vierpole

Durch die Eingangsklemmen 1, 1′ des zu betrachtenden Vierpols im Bild 7.1 fließen in entgegengesetzter Richtung die gleich großen Ströme I_1, während dazwischen die Spannung U_1 liegt. Durch das Ausgangsklemmenpaar 2, 2′ fließt der Strom I_2. Dazwischen besteht die Spannung U_2. Die gleiche Größe der Ströme durch jede Klemme des Eingangs ($I'_1 = I_1$) bzw. Ausgangs ($I'_2 = I_2$) bedeutet, daß Energiefluß oder Energieaustausch nur über das Eingangs- und das Ausgangs-Klemmenpaar, nicht jedoch über ein aus einer Ein- und einer Ausgangsklemme gebildetes Klemmenpaar erfolgen soll. Der Vierpol soll keine Spannungsquellen enthalten, also ein *passiver* Vierpol sein. Er soll sich gegenüber einem Signal unabhängig von gleichzeitig vorhandenen weiteren Signalen, also *linear* verhalten.

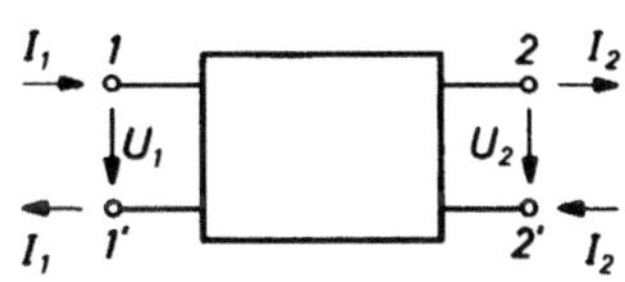

Bild 7.1. Vierpol.

Legt man an den Eingang und an den Ausgang des Vierpols Spannungsquellen verschwindenden inneren Widerstands mit den Spannungen U_1 bzw. U_2, so hängt der Eingangsstrom I_1 von der Eingangsspannung U_1, den Vierpoleigenschaften, aber auch, wiederum über die Vierpoleigenschaften, von der Ausgangsspannung U_2 ab. Entsprechendes gilt für I_2. Auf Grund der Passivität und Linearität des Vierpols lassen sich diese Abhängigkeiten durch die Gleichungen

$$I_1 = Y_{11} U_1 + Y_{12} U_2, \tag{7.1}$$

$$I_2 = Y_{21} U_1 + Y_{22} U_2 \tag{7.2}$$

ausdrücken. Die den Vierpol vollständig beschreibende Matrix (Y_{ij}) heißt seine *Leitwert-Matrix*. Löst man das Gleichungssystem (7.1) und (7.2) nach U_1, U_2 auf, so erhält man die Beschreibung

$$U_1 = W_{11} I_1 + W_{12} I_2, \tag{7.3}$$

$$U_2 = W_{21} I_1 + W_{22} I_2 \tag{7.4}$$

mit der *Widerstandsmatrix* (W_{ij}). Für die Behandlung von Vierpolketten benötigt man die nach den Eingangs- (oder Ausgangs-)Größen aufgelöste Gleichungsform

$$U_1 = A_{11} U_2 + A_{12} I_2, \tag{7.5}$$

$$I_1 = A_{21} U_2 + A_{22} I_2 \tag{7.6}$$

mit der *Kettenmatrix* (A_{ij}). Die Beziehungen zwischen den Matrizen lauten:

$$(W_{ij}) = \frac{1}{|Y_{ij}|}\begin{pmatrix} Y_{22} & -Y_{12} \\ -Y_{21} & Y_{11} \end{pmatrix} = \frac{1}{A_{21}}\begin{pmatrix} A_{11} & -|A_{ij}| \\ 1 & -A_{22} \end{pmatrix}; \qquad (7.7), (7.8)$$

$$(Y_{ij}) = \frac{1}{|W_{ij}|}\begin{pmatrix} W_{22} & -W_{12} \\ -W_{21} & W_{11} \end{pmatrix} = \frac{1}{A_{12}}\begin{pmatrix} A_{22} & -|A_{ij}| \\ 1 & -A_{11} \end{pmatrix}; \qquad (7.9), (7.10)$$

$$(A_{ij}) = \frac{1}{W_{21}}\begin{pmatrix} W_{11} & -|W_{ij}| \\ 1 & -W_{22} \end{pmatrix} = \frac{1}{Y_{21}}\begin{pmatrix} -Y_{22} & 1 \\ |Y_{ij}| & Y_{11} \end{pmatrix}, \qquad (7.11), (7.12)$$

wobei $|Y_{ij}|, |A_{ij}|, |W_{ij}|$ die wie

$$|W_{ij}| = W_{11} W_{22} - W_{12} W_{21} \tag{7.13}$$

zu bildenden Determinanten der Matrizen sind.

Die Bedeutung der Elemente W_{ij} der Widerstands-Matrix ergibt sich aus den folgenden Betriebsbedingungen und Meßvorschriften:

$$I_2 = 0: \quad \frac{U_1}{I_1} = \quad W_{11} \quad \text{Eingangs-Leerlaufwiderstand,} \tag{7.14}$$

$$\frac{U_2}{I_1} = \quad W_{21} \quad \text{„Kernwiderstand" vorwärts,} \tag{7.15}$$

$$I_1 = 0: \quad -\frac{U_2}{I_2} = -W_{22} \quad \text{Ausgangs-Leerlaufwiderstand,} \tag{7.16}$$

$$-\frac{U_1}{I_2} = -W_{12} \quad \text{„Kernwiderstand" rückwärts.} \tag{7.17}$$

Die negativen Vorzeichen in den Beziehungen (7.16) und (7.17) berücksichtigen, daß sich die Stromrichtung bei Speisung von rückwärts umkehrt.

Der Vierpol heißt *widerstandssymmetrisch*, wenn seine Leerlaufwiderstände übereinstimmen:

$$\text{Widerstandssymmetrie:} \quad W_{11} = -W_{22}. \tag{7.18}$$

Er transformiert dann einen angeschlossenen Widerstand vorwärts und rückwärts in der gleichen Weise.

Der Vierpol heißt *übertragungssymmetrisch* („reziprok"), wenn seine Kernwiderstände übereinstimmen:

$$\text{Übertragungssymmetrie:} \quad W_{12} = -W_{21}, \quad \triangleq |A_{ij}| = +1. \tag{7.19a, b}$$

Die durch ihn verursachte Phasendrehung und Dämpfung ist dann vorwärts und rückwärts gleich. Die meisten der gebräuchlichen passiven, linearen Vierpole verhalten sich übertragungssymmetrisch.

Nicht übertragungssymmetrisch ist z. B. ein Vierpol, der in einer Übertragungsrichtung die Phase nicht, in der anderen dagegen um π dreht. Man bezeichnet einen solchen Vierpol als

$$\textit{Gyrator:} \quad W_{12} = +W_{21}, \quad \triangleq |A_{ij}| = -1. \tag{7.20a, b}$$

Die Bezeichnung „Gyrator" geht darauf zurück, daß die aus Gl. (7.20a, b) folgenden Verknüpfungen zwischen den Vierpol-Spannungen und -Strömen übereinstimmen mit den Verknüpfungen zwischen Drehmomenten und Winkelgeschwindigkeiten senkrecht zur Achse eines Kreisels. Mechanischer „Eingang" und „Ausgang" sind hierbei durch senkrecht aufeinander (und auf der Kreiselachse) stehende Richtungen unterschieden.

Gyratoren lassen sich z. B. unter Verwendung der Faraday-Rotation (s. Abschnitt 8.4.3) verwirklichen oder durch einen elektrostatischen und einen elektrodynamischen Wandler (z. B. Kondensatormikrophon + dynamischer Lautsprecher), die mechanisch miteinander gekoppelt sind. Für den aus einem übertragungssymmetrischen Vierpol und einem Gyrator zusammengeschalteten Vierpol gilt $|W_{12}| \neq |W_{21}|$.

Der Eingangswiderstand einer sehr (theoretisch unendlich) langen Kette gleicher, abwechselnd in Vorwärts- und Rückwärtsrichtung aneinandergesetzter Vierpole heißt *Wellenwiderstand*. Seine Größe hängt im allgemeinen von der Übertragungsrichtung des ersten Vierpols dieser Kette ab. Sind die Vierpole widerstandssymmetrisch, so weist die Kette dagegen unabhängig von den Übertragungsrichtungen der Vierpole nur einen einzigen Wellenwiderstand Z auf. Es ist der Widerstand, mit dem man den Ausgang eines einzelnen Vierpols abschließen muß, um auch als Eingangswiderstand Z zu messen. Zur einfachen Beschreibung des mit seinem Wellenwiderstand abgeschlossenen widerstandssymmetrischen Vierpols dient das *Übertragungsmaß*

$$g = a + \mathrm{i}b \tag{7.21}$$

als logarithmisches Maß des Eingangs-/Ausgangsspannungsverhältnisses

$$\frac{U_1}{U_2} = \mathrm{e}^g \quad \text{oder} \quad g = \ln \frac{U_1}{U_2}, \quad \left(\frac{U_2}{I_2} = Z\right). \tag{7.22}$$

Der Realteil von g, das *Dämpfungsmaß* a, gibt die vom Vierpol hervorgerufene Amplitudenänderung, der Imaginärteil, das *Phasenmaß* b, die Phasendrehung an.

Welchen Eingangswiderstand $W_1 = U_1/I_1$ weist der mit einem beliebigen Widerstand $W_2 = U_2/I_2$ abgeschlossene Vierpol auf? Für den allgemeinen Vierpol führen die Widerstandsgleichungen (7.3) und (7.4) rasch auf die Antwort, wenn sie durch I_1 bzw. I_2 dividiert und von I_2/I_1 befreit werden:

$$W_1 = W_{11} + \frac{W_{12} W_{21}}{W_2 - W_{22}}. \tag{7.23}$$

Hieraus folgt mit $W_{11} = -W_{22}$, $W_{12} = -W_{21}$ auch unmittelbar die Antwort für den widerstands- und übertragungssymmetrischen Vierpol. Um für diesen wichtigen Fall jedoch die Widerstandstransformationsbeziehung in den praktisch meist interessierenden Parametern Z und g zu erhalten, ist eine andere Herleitung lehrreicher. Hierbei (s. Bild 7.2) wird der Abschlußwiderstand W_2

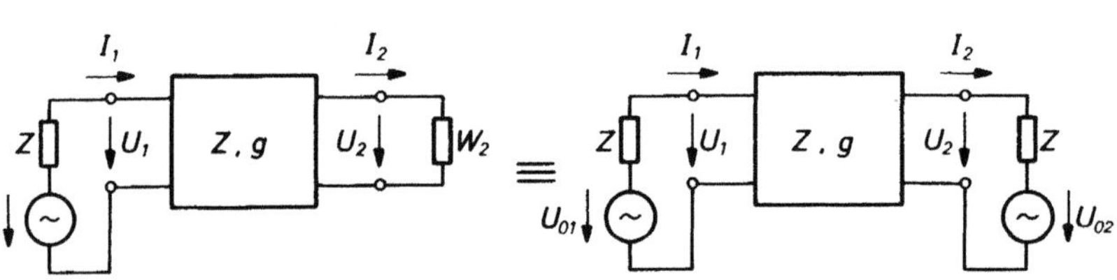

Bild 7.2. Ersatzschaltung für einen Vierpol mit beliebigem Abschlußwiderstand W_2 zur Herleitung der Widerstandstransformationsbeziehung symmetrischer Vierpole.

durch eine Spannungsquelle mit dem Innenwiderstand Z und der „Urspannung“ (Leerlaufspannung)

$$U_{02} = U_2 - I_2 Z = (W_2 - Z) I_2 \tag{7.24}$$

ersetzt, deren Größe die ursprünglichen Werte I_2, $U_2 = W_2 I_2$ aufrechterhält. Eingangsseitig erfolgt die Speisung auch durch eine Spannungsquelle mit dem Innenwiderstand Z, deren Urspannung U_{01} gemäß

$$U_{01} = U_1 + I_1 Z = (W_1 + Z) I_1 \tag{7.25}$$

mit der Eingangsspannung U_1 und dem Eingangsstrom I_1 zusammenhängt. Die Linearität des Vierpols und seine beidseitige Anpassung durch den ein- und ausgangsseitigen Abschluß mit Z ermöglichen nun, die Ströme I_1, I_2 einfach in die Anteile zu zerlegen, die die beiden Spannungsquellen getrennt voneinander hervorrufen. Unter Einführung von e^g nach Gl. (7.22) gilt für diese Zerlegungen

$$I_1 = \frac{U_{01}}{2Z} - e^{-g} \frac{U_{02}}{2Z}, \tag{7.26}$$

$$I_2 = -\frac{U_{02}}{2Z} + e^{-g} \frac{U_{01}}{2Z}. \tag{7.27}$$

Die Faktoren $\frac{1}{2}$ rühren daher, daß sich die Urspannung jeder der beiden Spannungsquellen auf deren Innenwiderstand Z und den Eingangs- bzw. Ausgangswiderstand Z des angepaßten Vierpols je zur Hälfte aufteilt. Ersetzt man die Ströme I_1, I_2 durch die Urspannungen und Widerstände nach den Gleichungen (7.25) bzw. (7.24), so folgt

$$\frac{U_{01}}{2} = \frac{W_1 + Z}{W_1 - Z} e^{-g} \frac{U_{02}}{2}, \tag{7.28}$$

$$\frac{U_{02}}{2} = \frac{W_2 - Z}{W_2 + Z} e^{-g} \frac{U_{01}}{2}. \tag{7.29}$$

Nach der Multiplikation dieser beiden Gleichungen und nach geeigneter Umformung erhält man schließlich die gesuchte Widerstands-Transformationsbeziehung des Vierpols:

$$W_1 = Z \frac{W_2 + Z \tanh g}{W_2 \tanh g + Z}. \tag{7.30}$$

Sie stimmt mit der Beziehung (6.26) für die Transformation des Widerstandes W_2 durch ein homogenes Leitungsstück mit dem Leitungswellenwiderstand Z und der elektrischen Länge $\gamma l = g$ überein. Der Zusammenhang mit der aus der Wellenreflexion entwickelten Leitungs-Widerstandstransformation

(s. Abschnitt 6.3) läßt sich aus den Gleichungen (7.26) und (7.29) deutlich erkennen. Man denke sich im Bild 7.2 die Verbindung zwischen der Speisespannungsquelle (dem „Sender“) und dem Vierpoleingang als ein sehr kurzes Stück ($|\gamma| l \ll 1$) homogener Leitung mit dem Wellenwiderstand Z, auf der dem Strom I_1 und der Spannung U_1 Wellen zugeordnet werden können. In dieser Betrachtungsweise stellt der erste Anteil von I_1 in der Gl. (7.26) den Strom der vom Sender in den Vierpol laufenden Welle dar. Beim zweiten Anteil von I_1 handelt es sich um den Strom der am Vierpolausgang reflektierten und rückwärts durch den Vierpol gelaufenen Welle. Das beweist der Ausdruck Gl. (7.29) für die Spannung $U_{02}/2$ der Ersatzspannungsquelle. Die von der Ersatzspannungsquelle (U_{02}, Z) dem Vierpol zugeführte Welle entspricht genau der Welle, die aus der Senderwelle nach Durchlaufen des Vierpols (e^{-g}) und Reflexion am Abschlußwiderstand W_2 mit dem Reflexionsfaktor $r = (W_2 - Z)/(W_2 + Z)$ hervorgeht.

Mit $W_2 = 0$ oder $W_2 = \infty$ folgt aus der Gl. (7.30) für den Eingangs-Kurzschlußwiderstand W_{1K} bzw. für den Eingangs-Leerlaufwiderstand $W_{1L} = W_{11}$

$$W_{1K} = Z \tanh g, \tag{7.31}$$

$$W_{1L} = Z \coth g. \tag{7.32}$$

Aus der Messung dieser beiden Widerstände bestimmen sich die Vierpolparameter Z, g gemäß

$$Z = \sqrt{W_{1K} W_{1L}}, \tag{7.33}$$

$$\tanh g = \sqrt{\frac{W_{1K}}{W_{1L}}}. \tag{7.34}$$

Unter Verwendung dieser Ausdrücke läßt sich die Widerstandstransformation des Vierpols auch mittels W_{1K}, W_{1L} durch

$$W_1 = W_{1L} \frac{W_2 + W_{1K}}{W_2 + W_{1L}} \tag{7.35}$$

darstellen.

Bei der Nachbildung des offenen Vierpolausgangs ($W_2 = \infty$, $I_2 = 0$) mittels der Ersatzspannungsquelle (U_{02}, Z) entsteht an deren Innenwiderstand kein Spannungsabfall, so daß

$$(U_2)_{I_2=0} = U_{02} \tag{7.36}$$

gilt. Aus der Gl. (7.29) folgt mit $W_2 = \infty$

$$(U_{02})_{I_2=0} = e^{-g} U_{01}. \tag{7.37}$$

Mit den Beziehungen (7.36) und (7.37) gestattet die Gl. (7.26), den Kernwiderstand gemäß seiner Definition (7.15) anzugeben:

$$W_{21} = \left(\frac{U_2}{I_1}\right)_{I_2=0} = \frac{Z}{\sinh g}. \tag{7.38}$$

Unter Berücksichtigung der Gleichungen (7.38), (7.32), (7.19), (7.18) und (7.7)...(7.12) können nun alle Matrizen des widerstands- und übertragungssymmetrischen Vierpols mittels des Wellenwiderstandes Z und des Übertragungsmaßes g ausgedrückt werden. Zum Beispiel lauten die Widerstandsmatrix und die Kettenmatrix:

$$(W_{ij}) = Z \begin{pmatrix} \coth g & \dfrac{-1}{\sinh g} \\ \dfrac{1}{\sinh g} & -\coth g \end{pmatrix}, \tag{7.39}$$

$$(A_{ij}) = \begin{pmatrix} \cosh g & Z \sinh g \\ \dfrac{\sinh g}{Z} & \cosh g \end{pmatrix}. \tag{7.40}$$

Schaltet man mehrere Vierpole, wie im Bild 7.3 angedeutet, hintereinander („in Kette“), so ist die Kettenmatrix des resultierenden Vierpols das Produkt der Kettenmatrizen der einzelnen Vierpole. Handelt es sich um eine Kette aus n gleichen Teilvierpolen, so ist der Wellenwiderstand der Kette gleich dem der einzelnen Glieder. Das Übertragungsmaß erhöht sich auf ng. Eine homogene Leitung (γ, Z) der Länge l läßt sich durch eine solche Vierpolkette mit $ng = \gamma l$ nachbilden, und zwar um so genauer, je größer n ist (s. Bild 6.3).

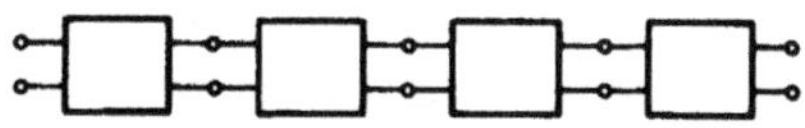

Bild 7.3. Vierpol-Kette.

7.2. Gebräuchliche Vierpolformen

Für praktische Anwendungen kommen vorwiegend solche Vierpole in Frage, die einfach aufgebaut sind und sich rechnerisch leicht behandeln lassen. Drei Grundformen übertragungs- und widerstands-symmetrischer Vierpole sind gebräuchlich: Das T-Glied, das Π-Glied und das X-Glied. Die Buchstaben T, Π, X bezeichnen die Anordnung des komplexen Widerstandes $W = R + iX$ und des komplexen Leitwerts $Y = G + iB$, aus denen der Vierpol besteht.

Für das T-Glied liest man aus dem Bild 7.4 unter Berücksichtigung der Beziehungen (7.14), (7.15), (7.18) und (7.19)

$$W_{11} = -W_{22} = \frac{1}{Y}\left(1 + \frac{WY}{2}\right), \tag{7.41}$$

$$W_{21} = -W_{12} = \frac{1}{Y} \tag{7.42}$$

ab. Damit folgt aus der Verknüpfung (7.39) als Bestimmungsgleichung für das Übertragungsmaß g

$$\cosh g = \frac{W_{11}}{W_{21}} = 1 + \frac{WY}{2} \tag{7.43}$$

und für den Wellenwiderstand

$$Z = \sqrt{W_{11}^2 - W_{21}^2} = \sqrt{\frac{W}{Y}}\sqrt{1 + \frac{WY}{4}}. \tag{7.44}$$

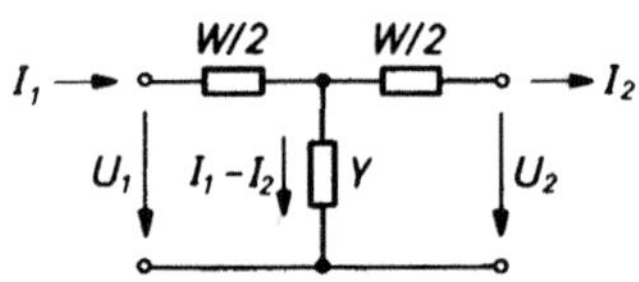

Bild 7.4. T-Vierpol.

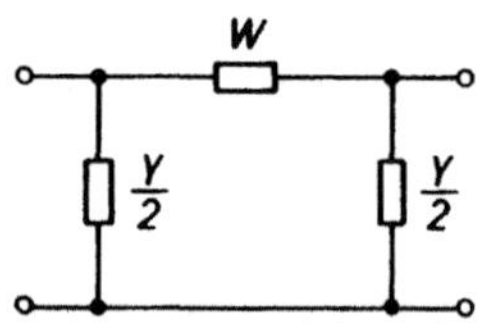

Bild 7.5. Π-Vierpol.

Für das Π-Glied nach Bild 7.5 findet man am einfachsten die Kettenmatrix-Elemente unter Anwendung der Gl. (7.5) mit $I_2 = 0$ oder $U_2 = 0$:

$$A_{11} = \left(\frac{U_1}{U_2}\right)_{I_2=0} = \frac{W + \frac{2}{Y}}{\frac{2}{Y}} = 1 + \frac{WY}{2}, \tag{7.45}$$

$$A_{12} = \left(\frac{U_1}{I_2}\right)_{U_2=0} = W. \tag{7.46}$$

Die Matrix-Darstellung (7.40) liefert dann

$$\cosh g = A_{11} = 1 + \frac{WY}{2}, \tag{7.47}$$

$$Z = \frac{A_{12}}{\sqrt{A_{11}^2 - 1}} = \sqrt{\frac{W}{Y}} \frac{1}{\sqrt{1 + \frac{WY}{4}}}. \tag{7.48}$$

Für die spätere Bestimmung des Übertragungsmaßes spezieller T- und Π-Vierpole eignet sich anstelle von Gl. (7.43) und (7.47) besser die Beziehung

$$\sinh\left(\frac{g}{2}\right) = \sqrt{\frac{\cosh g - 1}{2}}$$

$$= \sinh\left(\frac{a}{2}\right)\cos\left(\frac{b}{2}\right) + \mathrm{i}\cosh\left(\frac{a}{2}\right)\sin\left(\frac{b}{2}\right) = \sqrt{\frac{WY}{4}}. \tag{7.49}$$

Das Kreuz-(X-)Glied im Bild 7.6a gewinnt an Übersichtlichkeit, wenn man es in die Form der Wheatstone-Brücke, Bild 7.6b, umzeichnet. Hieran erkennt

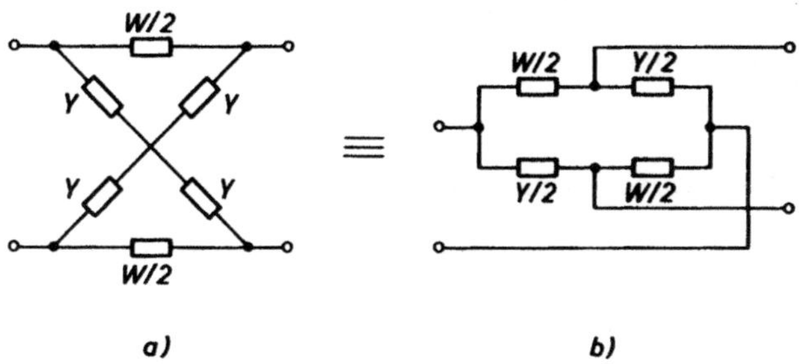

Bild 7.6. Kreuz-(X-)Vierpol in der namengebenden Form, (a), und in der umgezeichneten Form einer Wheatstone-Brücke, (b).

man unmittelbar den Eingangs-Kurzschlußleitwert und den Eingangs-Leerlaufleitwert:

$$\frac{1}{W_{1\mathrm{K}}} = \left(\frac{I_1}{U_1}\right)_{U_2=0} = \frac{1}{2}\left(\frac{2}{W} + \frac{Y}{2}\right), \tag{7.50}$$

$$\frac{1}{W_{1\mathrm{L}}} = \left(\frac{I_1}{U_1}\right)_{I_2=0} = \frac{2}{\dfrac{W}{2} + \dfrac{2}{Y}}. \tag{7.51}$$

Damit ergeben die Gleichungen (7.34) und (7.33):

$$\cosh g = \frac{1}{\sqrt{1 - \dfrac{W_{1\mathrm{K}}}{W_{1\mathrm{L}}}}} = \frac{4 + WY}{4 - WY}, \tag{7.52}$$

$$Z = \sqrt{W_{1\mathrm{K}} W_{1\mathrm{L}}} = \sqrt{\frac{W}{Y}}. \tag{7.53}$$

7.3. Spezielle Vierpole

Vierpole finden z. B. Anwendungen als Dämpfungsglieder, um Spannungen in definierter Weise herabzusetzen, als Schwingungssiebe, um Signale verschiedener Frequenz voneinander zu trennen, als Laufzeitglieder, als Phasenschieber und als Anpassungsglieder. Die einfachsten Schwingungssiebe sind der Tiefpaß, der Hochpaß, der Bandpaß und die Bandsperre. Eine Unterscheidung verschieden frequenter Signale allein durch Phasendrehung bewirkt der Allpaß.

Die im folgenden gebrachten Beispiele spezieller Vierpole sollen den Leser lediglich mit einigen Grundschaltungen vertraut machen. Zur Entwicklung praktischer Schaltungen von Vierpolen mit vorgegebenen Eigenschaften bei geringstem technischen Aufwand gibt es besondere Theorien, deren Behandlung hier zu weit führt.

7.3.1. Wirkdämpfungsglieder

Als *Wirkdämpfungsglieder* benutzt man Vierpole, die aus rein ohmschen Widerständen mit dem Widerstandswert $W=R$ bzw. dem Leitwert $Y=G$ in T- oder Π-Anordnung bestehen. Gemäß der Gl. (7.49) gilt für das Phasenmaß b und das Dämpfungsmaß a:

$$b=0, \tag{7.54}$$

$$a=2\operatorname{arsinh}\sqrt{\frac{RG}{4}}. \tag{7.55}$$

Um einen Dämpfungsvierpol mit dem vorgegebenen Wellenwiderstand Z und dem vorgegebenen Dämpfungsmaß a zu erhalten, muß man R und G wie folgt bemessen:

$$\text{T-Glied:} \quad \frac{R}{2} = Z\tanh\left(\frac{a}{2}\right), \tag{7.56}$$

$$G = \frac{\sinh a}{Z}; \tag{7.57}$$

$$\Pi\text{-Glied:} \quad R=Z\sinh a, \tag{7.58}$$

$$\frac{G}{2} = \frac{\tanh\left(\frac{a}{2}\right)}{Z}. \tag{7.59}$$

Nach diesen Vorschriften hergestellte Dämpfungsglieder haben den großen Vorteil, daß sie auf einfache Weise die Dämpfung bei festem Wellenwiderstand Z zu ändern gestatten. So bleibt also auch der Eingangswiderstand unverändert, wenn das Dämpfungsglied mit seinem Wellenwiderstand abgeschlossen

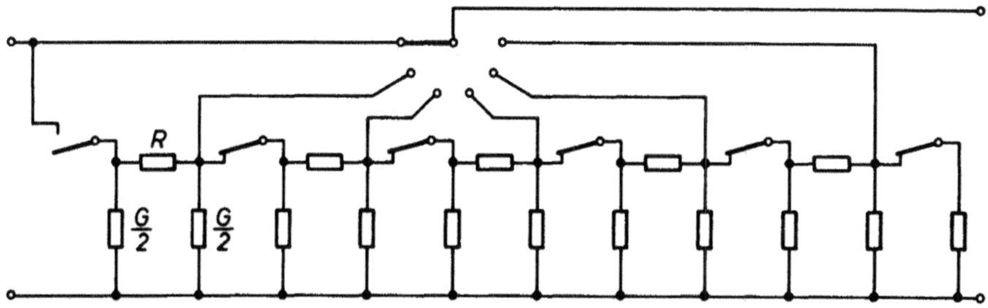

Bild 7.7. Veränderliches Wirkdämpfungsglied aus zusammenschaltbaren Π-Vierpolen gleichen Wellenwiderstands. Das Schließen eines Drehschalterkontakts und das Öffnen des damit verbundenen Kippschalters erfolgen gekoppelt.

ist. Veränderliche Dämpfungsglieder der im Bild 7.7 dargestellten Bauart finden in der Meßtechnik als „Eichleitungen" hoher Genauigkeit bis herauf zu Frequenzen von einigen GHz häufige Anwendung. Die maximalen Dämpfungswerte liegen bei $a \approx 100\,\text{dB}$.

7.3.2. Schwingungssiebe

Die einfachsten Formen der Schwingungssiebe *Tiefpaß*, *Hochpaß*, *Bandpaß* und *Bandsperre* bestehen lediglich aus Blindwiderständen solcher Zusammensetzung, daß $W = \mathrm{i}X$ und $Y = \mathrm{i}B$ gleiche Vorzeichen haben. Damit folgen aus der Gl. (7.49) die Bestimmungsgleichungen

$$\mathrm{i}\cosh\left(\frac{a}{2}\right)\sin\left(\frac{b}{2}\right) = \sqrt{\frac{WY}{4}} = \pm\,\mathrm{i}\sqrt{\frac{XB}{4}}, \tag{7.60}$$

$$\sinh\left(\frac{a}{2}\right)\cos\left(\frac{b}{2}\right) = 0 \tag{7.61}$$

für das Dämpfungsmaß a und das Phasenmaß b. Sie haben zwei Lösungen. Die eine bedeutet Durchlaß:

$$a = 0, \tag{7.62}$$

$$\frac{XB}{4} < 1, \tag{7.63}$$

$$b = \pm 2 \arcsin \sqrt{\frac{XB}{4}}; \tag{7.64}$$

die andere Sperrung:

$$b = \pm \pi, \tag{7.65}$$

$$\frac{XB}{4} > 1, \tag{7.66}$$

$$a = 2 \operatorname{ar} \cosh \sqrt{\frac{XB}{4}}. \tag{7.67}$$

7.3.2.1. Tiefpaß

Der induktive Längswiderstand $W = \mathrm{i}X = \mathrm{i}\omega L$ und der Leitwert $Y = \mathrm{i}B = \mathrm{i}\omega C$ der Querkapazität des Vierpols im Bild 7.8 wachsen mit zunehmender Frequenz an. Tieffrequente Signale werden also besser als hochfrequente über-

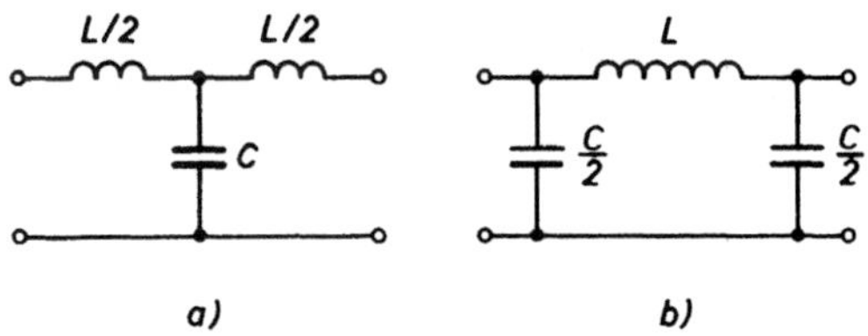

Bild 7.8. Tiefpaß-Vierpol in T-Schaltung, (a), und in Π-Schaltung, (b).

tragen: Der Vierpol stellt einen *Tiefpaß* dar. Das die Phasendrehung und die Dämpfung bestimmende Produkt aus Widerstands- und Leitwertsbetrag lautet

$$\frac{XB}{4} = \omega^2 \frac{LC}{4} = \left(\frac{\omega}{\omega_0}\right)^2, \tag{7.68}$$

worin

$$\omega_0 = \frac{2}{\sqrt{LC}} \tag{7.69}$$

die „Grenzfrequenz" bedeutet, die den Durchlaßfrequenzbereich vom Sperrfrequenzbereich trennt. Damit gilt im Durchlaßfrequenzbereich $\omega < \omega_0$ für das Phasenmaß nach Gl. (7.64)

$$\sin\left(\frac{b}{2}\right) = \frac{\omega}{\omega_0} \tag{7.70}$$

und für den Wellenwiderstand nach den Gleichungen (7.44) bzw. (7.48)

$$Z_T = \sqrt{\frac{L}{C}} \sqrt{1 - \left(\frac{\omega}{\omega_0}\right)^2}, \tag{7.71}$$

$$Z_\Pi = \sqrt{\frac{L}{C}} \frac{1}{\sqrt{1 - \left(\frac{\omega}{\omega_0}\right)^2}}. \tag{7.72}$$

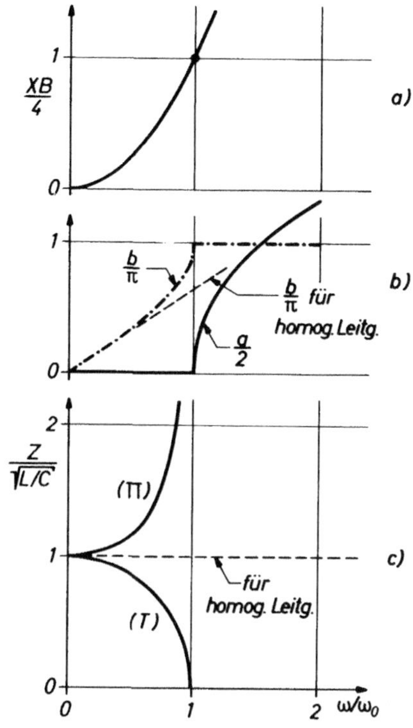

Bild 7.9. Produkt aus Widerstands- und Leitwertsbetrag, XB, Phasenmaß b, Dämpfungsmaß a und Wellenwiderstand Z des Tiefpaß-T- oder Π-Vierpols in Abhängigkeit von der auf die Grenzfrequenz ω_0 bezogenen Frequenz ω.

Im Sperrfrequenzbereich $\omega > \omega_0$ weist der Vierpol die nach Gl. (7.67) durch

$$\cosh\left(\frac{a}{2}\right) = \frac{\omega}{\omega_0} \tag{7.73}$$

gegebene Blinddämpfung auf. D. h. die Sperrung erfolgt mangels ohmscher Widerstände nicht durch Leistungsverlust, sondern durch Reflexion, was auch der für $\omega > \omega_0$ imaginäre Wellenwiderstand zum Ausdruck bringt. Das Bild 7.9 zeigt die den Vierpol kennzeichnenden Größen $XB/4, a, b$ und Z in ihrer Abhängigkeit von der Frequenz.

Die Wahl des positiven Vorzeichens in den Gleichungen (7.60), (7.64) und (7.65) wird nahegelegt durch das Verhalten des Vierpols für $\omega \to 0$. Unter Vernachlässigung des gegen Null gehenden kapazitiven Querleitwertes (Bild 7.8) stehen dann Ein- und Ausgangsspannung bei Abschluß mit $W_a = Z \approx \sqrt{L/C}$ im Verhältnis $U_1/U_2 = e^{ib} \approx 1 + i\omega L/Z = 1 + 2i\omega/\omega_0$, das die mit abnehmender Frequenz positiv gegen Null gehende Phasendrehung $b \underset{\to}{>} 0$ der Längsinduktivität anzeigt.

Bei Frequenzen weit unterhalb der Grenzfrequenz hat das Phasenmaß b des Tiefpaßvierpols nach Gl. (7.70) die gleiche Frequenzabhängigkeit

$$b \approx 2\frac{\omega}{\omega_0} = \omega\sqrt{LC}, \quad (\omega \ll \omega_0) \tag{7.74}$$

wie das Phasenmaß eines Stückes homogener Leitung mit $\beta l = b$ (s. Gl. (6.10)). Zwischen der Ausgangsspannung U_2 und der Eingangsspannung

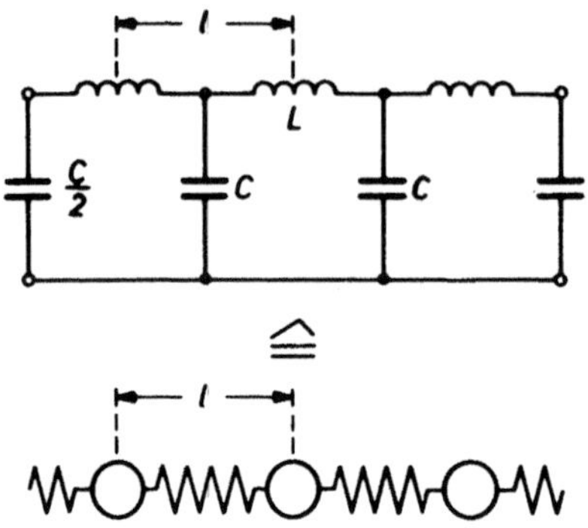

Bild 7.10. „Drosselkette" (oben) und Masse-/Feder-Kette als entsprechendes mechanisches Schwingungssystem (unten).

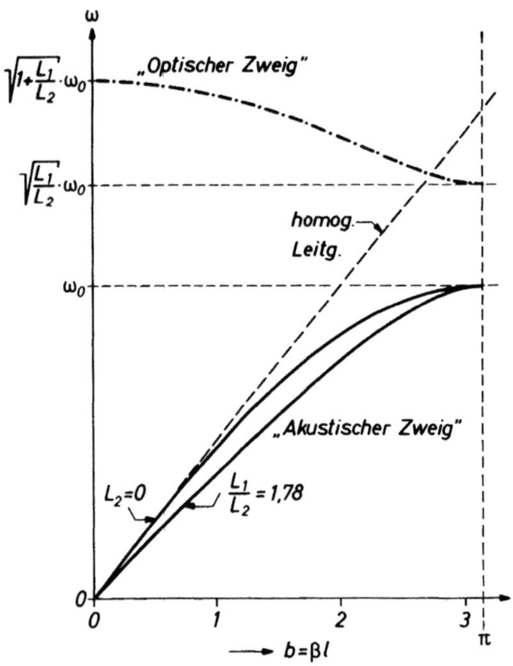

Bild 7.11. „Dispersionskurven" $\omega(\beta)$ der Wellenausbreitung auf einer Drosselkette oder Masse-/Feder-Kette aus einheitlichen Gliedern nach Bild 7.10 (ausgezogene Kurve, $L_2=0$) bzw. aus uneinheitlichen Gliedern nach Bild 7.12 (ausgezogene Kurve, $L_2 \neq 0$ und strichpunktierte Kurve).

$U_1 = \hat{U}_1 \exp(\mathrm{i}\omega t)$ des mit seinem Wellenwiderstand abgeschlossenen Tiefpaßvierpols besteht dann nach Gl. (7.22) und (7.74) die Beziehung

$$U_2 = \hat{U}_1 \,\mathrm{e}^{\mathrm{i}\omega t}\,\mathrm{e}^{-\mathrm{i}b} \approx \hat{U}_1 \,\mathrm{e}^{\mathrm{i}\omega\left(t - \frac{2}{\omega_0}\right)}. \qquad (7.75)$$

Der Tiefpaßvierpol bewirkt also die Signalverzögerung

$$\tau = \frac{2}{\omega_0} = \sqrt{LC}, \qquad (7.76)$$

die man als „Laufzeit" der Signalübertragung durch den Vierpol bezeichnet. Daher finden Längs-L/Quer-C-Vierpole (Bild 7.8) nicht nur als Tiefpaßfilter, sondern auch als „Laufzeitglieder" häufige Anwendung.

Soll die Dämpfung a eines Tiefpasses im Sperrgebiet $\omega > \omega_0$ steiler als nach Gl. (7.73), Bild 7.9b, ansteigen oder soll die Verzögerung τ eines Laufzeitvierpols bei Frequenzen $\omega \ll \omega_0$ mehr als $2/\omega_0$ betragen, so hat man n L-C-Grundvierpole zu einer „Drosselkette" hintereinanderzuschalten, um die Dämpfung $n\,a$ bzw. die Verzögerung $n\,\tau$ zu erhalten.

Das der Drosselkette entsprechende mechanische Schwingungssystem ist die

Masse-/Feder-Kette (Bild 7.10). Man kann sie als lineares Modell eines einatomigen Kristalls ansehen. Das $b(\omega/\omega_0)$-Diagramm im Bild 7.9b (Gl. (7.70)) gibt daher auch das vereinfachte Dispersionsgesetz der Ausbreitung elastischer Wellen in Kristallen wieder. Nach Umzeichnen nimmt das Diagramm mit $b=\beta l$ die übliche Dispersionskurvenform $\omega(\beta)$ im Bild 7.11, $L_2=0$, an. Eine Näherungsbeschreibung der Wellenausbreitung in mehratomigen Kristallen erfordert die Berücksichtigung wenigstens zweier verschiedener Atomsorten. Die linearen Modelle müssen dann, wie im Bild 7.12 angedeutet, wenigstens zwei verschiedene Massen $M_1, M_2<M_1$ bzw. Induktivitäten $L_1, L_2<L_1$ enthalten. Solche Ketten ermöglichen auch eine Wellenausbreitung im höherliegenden Frequenzband

$$\omega_0 < \sqrt{\frac{L_1}{L_2}}\,\omega_0 < \omega < \sqrt{1+\frac{L_1}{L_2}}\,\omega_0 \quad \text{mit} \quad \omega_0 = \frac{2}{\sqrt{L_1 C}}, \tag{7.77}$$

bei der benachbarte Glieder gegenphasig schwingen. Handelt es sich dabei um entgegengesetzt elektrisch geladene Teilchen in Ionenkristallen, so koppelt diese Schwingung mit elektromagnetischen Wellen optischer Frequenzen. Man nennt daher die zugehörige, im Bild 7.11 strichpunktiert gezeichnete $\omega(\beta l)$-Kurve den „optischen Dispersionszweig“ im Unterschied zum darunterliegenden „akustischen Zweig“. Dazwischen liegt ein „verbotenes Band“.

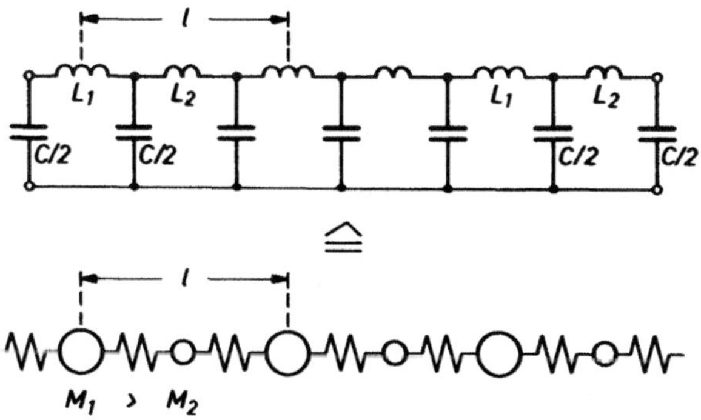

Bild 7.12. Drosselkette mit uneinheitlichen Gliedern und entsprechende Masse-/Feder-Kette. Die Festlegung des Grundvierpols durch die Strecke l ergibt einheitliche Glieder.

Abweichend von der homogenen Leitung (gestrichelte Kurve im Bild 7.11) weist die Drosselkette nahe ihrer Grenzfrequenz „Dispersion“ auf. D. h. die Phasengeschwindigkeit (s. Gl. (3.9)) der Wellenausbreitung hängt von der Frequenz bzw. von der Wellenlänge ab gemäß

$$v = \frac{\omega}{\beta} = \frac{\omega_0 l}{2}\,\frac{\sin(\beta l/2)}{\beta l/2} = v_0\,\frac{\sin(\beta l/2)}{\beta l/2} \tag{7.78}$$

(v_0 = Phasengeschwindigkeit weit unterhalb der Grenzfrequenz). Im Fall von Dispersion muß hiervon die *Gruppengeschwindigkeit* unterschieden werden.

Das ist die Geschwindigkeit eines Information vermittelnden Signals. Als solches eignet sich nur eine Schwingung endlicher Dauer bzw. ein Wellenzug endlicher Länge. Ein derartiges Signal besteht aus einer Wellengruppe. Sie setzt sich aus einer Schar von Wellen zusammen, deren Wellenzahlen β sich

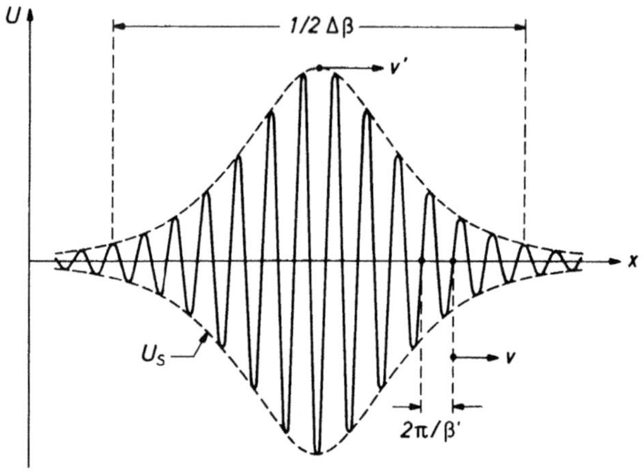

Bild 7.13. Wellengruppe mit der Gruppengeschwindigkeit v' (= Geschwindigkeit der Umhüllenden U_s) und der Phasengeschwindigkeit v.

auf ein sehr schmales Intervall $2\Delta\beta$ um einen Wert β' herum kontinuierlich verteilen. Die Einzelwellen haben die Amplituden $\hat{U}(\beta)\mathrm{d}\beta$ und die Frequenzen $\omega(\beta)$. Für die Signalspannung gilt also

$$U = \int_{\beta'-\Delta\beta}^{\beta'+\Delta\beta} \hat{U}(\beta)\,\mathrm{d}\beta\, \mathrm{e}^{\mathrm{i}[\omega(\beta)t-\beta x]}, \qquad (\Delta\beta \ll \beta'). \tag{7.79}$$

Die Überlagerung der Einzelwellen führt nur längs der Strecke $\Delta x = 1/(2\Delta\beta)$ zu einer wesentlich von Null verschiedenen Spannung, während sie sich jenseits davon nahezu auslöschen (Bild 7.13). Mit der Umformung

$$\beta = \beta' + (\beta - \beta') \tag{7.80}$$

und der wegen $\Delta\beta \ll \beta'$ möglichen Entwicklung

$$\omega(\beta) = \omega(\beta') + \left(\frac{\mathrm{d}\omega}{\mathrm{d}\beta}\right)_{\beta'} (\beta - \beta') \tag{7.81}$$

im Exponenten geht die Gl. (7.79) über in

$$U = \left\{ \int_{\beta'-\Delta\beta}^{\beta'+\Delta\beta} \hat{U}(\beta)\,\mathrm{d}\beta\, \mathrm{e}^{\mathrm{i}\left[\frac{\mathrm{d}\omega}{\mathrm{d}\beta}(\beta-\beta')t-(\beta-\beta')x\right]} \right\} \mathrm{e}^{\mathrm{i}[\omega(\beta')t-\beta' x]} = U_s \mathrm{e}^{\mathrm{i}[\omega(\beta')t-\beta' x]}. \tag{7.82}$$

Die Gl. (7.82) beschreibt eine Welle mit der mittleren Frequenz $\omega(\beta')$ und der mittleren Wellenzahl β', deren Amplitude durch die räumlich und zeitlich veränderliche Umhüllende U_s geformt wird (Bild 7.13). Aus der Bewegungsgleichung der Umhüllenden

$$\left(\frac{d\omega}{d\beta}\right)_{\beta'}(\beta-\beta')t-(\beta-\beta')x=\text{const} \tag{7.83}$$

folgt nach zeitlicher Differentiation die Gruppengeschwindigkeit v':

$$\frac{dx}{dt}=v'=\frac{d\omega}{d\beta}. \tag{7.84}$$

Da U_s die mit der Welle verknüpfte Leistung gemäß

$$P=\tfrac{1}{2}|U_s|^2\,\mathrm{Re}\left(\frac{1}{Z^*}\right) \tag{7.85}$$

bestimmt (vgl. Gl. (3.15)), gibt v' auch die Geschwindigkeit des Energietransports an. Nach Gl. (7.70) erfolgt auf der Drosselkette die Signalausbreitung mit der Gruppengeschwindigkeit

$$v'=\frac{\omega_0 l}{2}\cos\left(\frac{\beta l}{2}\right)=v_0\cos\left(\frac{\beta l}{2}\right), \tag{7.86}$$

die also bei Annäherung an die Grenzfrequenz ω_0, entsprechend $\beta l\to\pi$, gegen Null geht.

Der Längs-L/Quer-C-Vierpol findet nicht nur als Tiefpaß und Laufzeitglied, sondern gelegentlich auch als Transformator Anwendung (z. B. zur Anpassung eines piezoelektrischen Quarzwandlers an eine Spannungsquelle). Aus der T-Vierpolschaltung im Bild 7.8 liest man leicht den Eingangs-Kurzschlußwiderstand

$$W_{1K}=i\left(\omega\frac{L}{2}-\frac{1}{\omega C-\dfrac{2}{\omega L}}\right)=i\omega\frac{L}{2}\left(\frac{2\left(\dfrac{\omega}{\omega_0}\right)^2-2}{2\left(\dfrac{\omega}{\omega_0}\right)^2-1}\right) \tag{7.87}$$

und den Eingangs-Leerlaufwiderstand

$$W_{1L}=i\left(\omega\frac{L}{2}-\frac{1}{\omega C}\right)=\frac{i}{\omega C}\left(2\left(\frac{\omega}{\omega_0}\right)^2-1\right) \tag{7.88}$$

ab. Bei der Leerlaufresonanzfrequenz $\omega_0/\sqrt{2}=\sqrt{2/LC}$ geht W_{1K} gegen $\pm i\infty$ und W_{1L} gegen 0. Unter Berücksichtigung dessen ergibt die Beziehung (7.35) für die Transformation eines Abschlußwiderstandes W_2 in den Eingangswiderstand W_1 für $\omega\gtrapprox\omega_0/\sqrt{2}$:

$$W_1 \gtrapprox \frac{W_{1L} W_{1K}}{W_2} = \frac{Z^2}{W_2} \tag{7.89}$$

mit $Z = \sqrt{L/C}\sqrt{1-(\omega/\omega_0)^2} \to \sqrt{L/2C}$. Diese Widerstandstransformation entspricht der eines $\lambda/4$ langen Stücks homogener Leitung (vgl. Gl. (6.78)).

Durchlaßkurve eines Tiefpaßfilters

Wir benutzen einen handelsüblichen Tiefpaß mit stufenweise umschaltbarer Grenzfrequenz, der aus zwei Π-Gliedern besteht. Auf den Eingang geben wir die konstante Spannung eines Wobbelsenders, dessen Frequenz den Bereich $f = 20\,\text{Hz} \dots 20\,\text{kHz}$ logarithmisch mit der Zeit einige Male je Sekunde durchläuft. Das Ausgangssignal gelangt nach linearer Gleichrichtung und Glättung auf einem Speicheroszillographen vertikal zur Anzeige, während die Horizontalablenkung

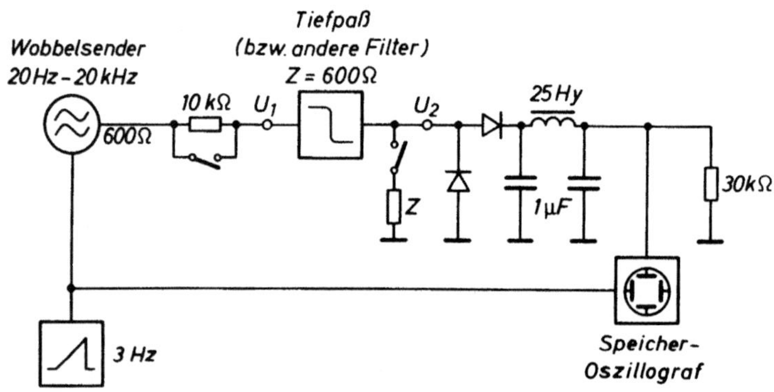

Bild 7.14. Apparatur zur Vorführung der Durchlaßkurve von Schwingungssieben. Schalter geschlossen: Ein- und ausgangsseitiger Abschlußwiderstand $W_a = Z = 600\,\Omega$. Schalter geöffnet: $W_a \gg Z$.

proportional zu $\log f$ erfolgt (Bild 7.14). Die Schirmbildaufnahme, Bild 7.15, zeigt die Ausgangsspannung des Tiefpasses über $\log f$ bei 5 verschiedenen Grenzfrequenzen im Abstand 1:2. Während dieser Aufnahme war der Tiefpaß vorn und hinten mit seinem Wellenwiderstand Z abgeschlossen. Wie wichtig die Anpassung ist, geht aus dem Vergleich der beiden Durchlaßkurven im Bild 7.16 hervor. Im Fall der Fehlanpassung durch ein- und ausgangsseitige Abschlußwiderstände $W_a \gg Z$ weist die Durchlaßkurve Höcker auf. Darin äußern sich die aufgespaltenen Resonanzen des Systems gekoppelter Schwingungskreise, als das man den Tiefpaß auch betrachten und rechnerisch behandeln kann. Jedoch macht diese Behandlung im Gegensatz zur vierpoltheoretischen viel größere Schwierigkeiten. Der Wellenwiderstandsabschluß bedämpft das System gekoppelter Schwingungskreise gerade so weit, daß es sich im resonanzüberhöhungsfreien, aperiodischen Grenzfall befindet ($W_a = Z$ bewirkt kritische Dämpfung).

Das Durchlaß- und Sperrverhalten des Tiefpasses führen wir auch an seiner mechanischen Form, der Masse-/Federkette vor. Die praktische Ausführung zeigt das Bild 7.17. Die Anregung der periodischen Horizontalbewegung erfolgt mittels Schubstange und Kurbel von einer Drehbewegung aus. Den reflexionsfreien Abschluß bewirkt ein in einem Zylinder reibungsgehemmt laufender Kolben.

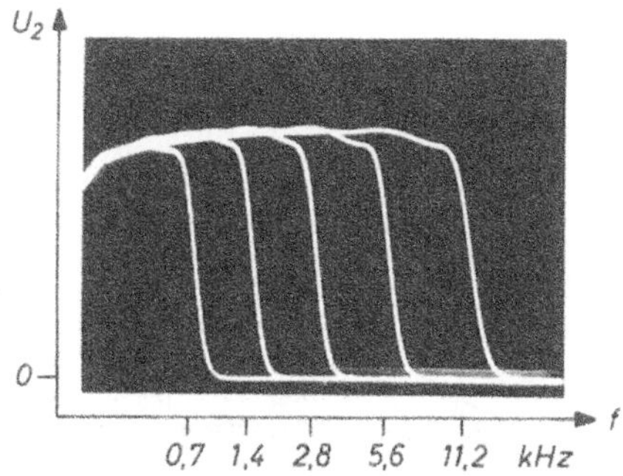

Bild 7.15. Am Ausgang eines Tiefpaßfilters in der Apparatur nach Bild 7.14 aufgezeichnete Spannungsamplituden U_2 in Abhängigkeit von der Frequenz f für verschieden eingestellte Grenzfrequenzen bei ein- und ausgangsseitigem Abschluß mit dem Wellenwiderstand.

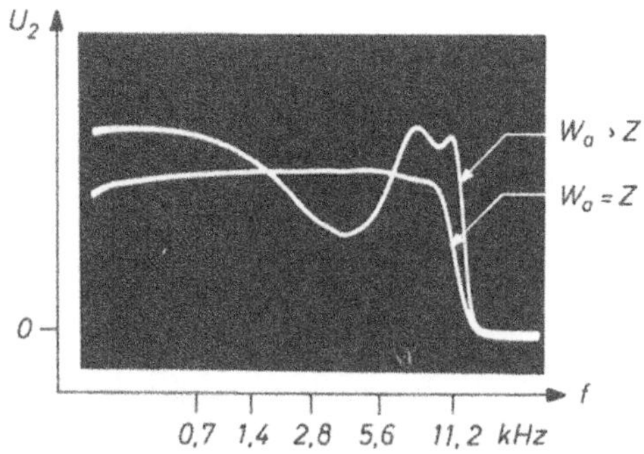

Bild 7.16. Am Ausgang eines Tiefpaßfilters in der Apparatur nach Bild 7.14 aufgezeichnete Spannungsamplituden U_2 in Abhängigkeit von der Frequenz f mit ein- und ausgangsseitigem Abschlußwiderstand $W_a = Z$ bzw. $> Z$.

Impulsübertragung auf Laufzeitketten

Aus einem Impulsgenerator speisen wir zwei verschiedene Laufzeitketten (Bild 7.18) in gleicher Weise mit Rechteckimpulsen von 10 μs Dauer, Anstiegs- bzw. Abfallzeiten $<0{,}1$ μs und 10 kHz Folgefrequenz. Die Laufzeitketten sind vorn und hinten mit ihrem Wellenwiderstand abgeschlossen. Der ausgangsseitige Abschlußwiderstand besteht in beiden Fällen aus einer speziellen Kombination komplexer Widerstände, die den Frequenzgang des Laufzeitketten-Wellenwiderstandes (s. Bild 7.9c) näherungsweise nachbildet.

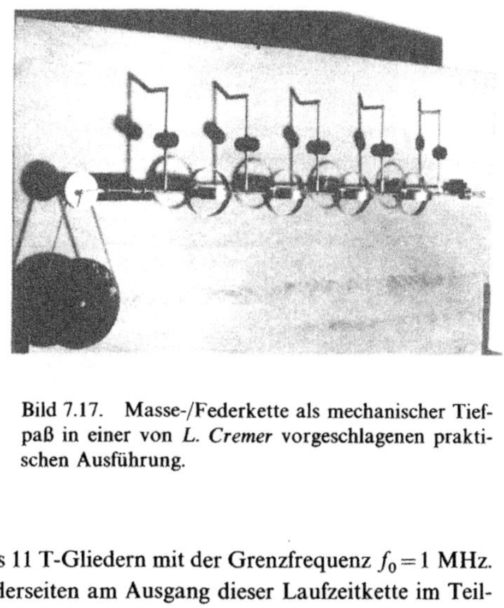

Bild 7.17. Masse-/Federkette als mechanischer Tiefpaß in einer von *L. Cremer* vorgeschlagenen praktischen Ausführung.

Die obere Laufzeitkette im Bild 7.18 besteht aus 11 T-Gliedern mit der Grenzfrequenz $f_0 = 1$ MHz. Die Oszillographenaufnahme der Impuls-Vorderseiten am Ausgang dieser Laufzeitkette im Teilbild 7.19b weist merkliche Verzerrungen, verglichen mit der Impulsform am Ketteneingang, Teilbild 7.19a, auf. Die der Anstiegszeit des Originalimpulses entsprechenden höchstfrequenten Signalanteile (Fourier-Komponenten) von etwa 10 MHz ($>f_0$) überträgt die Kette nicht mehr. Die Anstiegszeit erniedrigt sich bei der Übertragung daher auf etwa $1/f_0$. Das Phasenmaß b steigt zur Grundfrequenz hin, vom linearen Verlauf abweichend, immer steiler an (Bild 7.9b). Dementsprechend erfahren die Signalanteile mit Frequenzen nahe der Grenzfrequenz eine zunehmende Verzögerung $b/\omega - 2/\omega_0$ gegenüber den tieferfrequenten Anteilen und tragen so zur Welligkeit des Impulsdaches bei. Für die Impulsdachverzerrung („Gibbssche Höcker") ist jedoch vor allem das Fehlen der Signalanteile mit Frequenzen oberhalb f_0 verantwortlich.

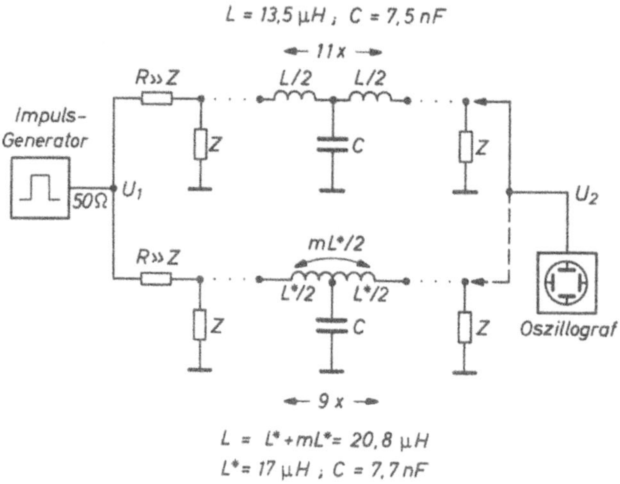

Bild 7.18. Apparatur zur Vorführung der Impulsverformung bei der Impulsübertragung auf zwei verschiedenen Laufzeitketten.

Die untere Laufzeitkette im Bild 7.18 mit der gleichen Grenzfrequenz $f_0 = 1$ MHz vermag die Rechteckimpulse verzerrungsärmer zu übertragen, wie das Teilbild 7.19 c der Oszillographenaufnahme zeigt. Der Grund dafür liegt darin, daß diese Laufzeitkette eine weniger steile Dämpfungsflanke bei der Grenzfrequenz (Bild 7.9 b) sowie einen weitergehend linearen Frequenzgang des Phasenmaßes b und damit geringere Laufzeitunterschiede zwischen hohen und tiefen Frequenzen besitzt. Im Unterschied zur vorher behandelten Laufzeitkette sind hier die beiden Teilspulen jedes T-Vierpols zu einer durchgehenden Spule zusammengefaßt und so auch magnetisch miteinander gekoppelt. Diese Maßnahme nähert den Aufbau der Vierpolkette etwas weiter dem der homogenen Leitung mit ihrem völlig linearen Frequenzgang des Phasenmaßes an, in der ja benachbarte Leitungselemente durchgehend magnetisch miteinander koppeln. Die Vierpole mit zusammengefaßten Teilspulen haben gegenüber denen mit magnetisch getrennten Teilspulen bei gleicher Grenzfrequenz f_0 den weiteren Vorteil größerer Laufzeit. Wir erhalten daher bei unserer Vorführung mit 9 T-Vierpolen des zweiten Typs die gleiche Gesamtlaufzeit von $n\tau \approx 3{,}6\,\mu s$ wie mit den 11 T-Vierpolen des ersten Typs, was für praktische Ausführungen von Laufzeitketten bedeutsam ist.

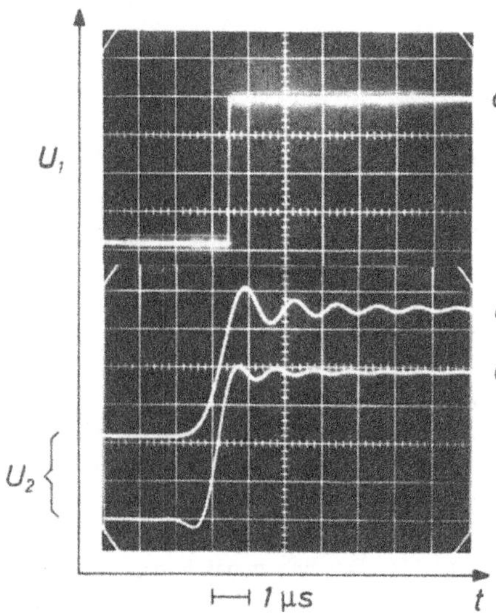

Bild 7.19. Spannungsverlauf der Impulsvorderseite (a) am Eingang der beiden Laufzeitketten nach Bild 7.18, (b) am Ausgang der oberen und (c) am Ausgang der unteren Laufzeitkette im Bild 7.18.

Zur Vorführung der Impulslaufzeit und Impulsreflexion benutzen wir die im Bild 7.20 dargestellte Anordnung mit einer aus 40 Gliedern bestehenden Laufzeitkette. Die Verzögerungszeit des einzelnen Gliedes beträgt $\tau \approx 35\,\mu s$, die Grenzfrequenz $f_0 = 17$ kHz. Die Oszillographenaufnahme, Bild 7.21, zeigt oben den Eingangsimpuls und darunter die an verschiedenen aufeinander folgenden

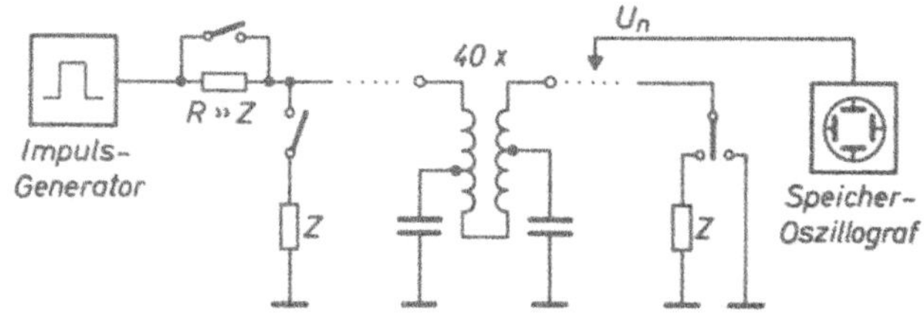

Bild 7.20. Apparatur zur Vorführung der Laufzeit und Reflexion von Impulsen auf einer Laufzeitkette.

Stellen der Kette abgegriffenen Signale U_n bei ein- und ausgangsseitigem Wellenwiderstandsabschluß. Mit zunehmender Gliederzahl n zwischen Eingang und Abgriff wächst die Signalverzögerung.

Um Impulsreflexionen am Aus- und Eingang der Laufzeitkette zu erhalten, entfernen wir die wellenwiderstandsgleichen Abschlußwiderstände, so daß am Eingang $W_a \gg Z$ und am Ausgang wahlweise $W_a = \infty$ oder $W_a = 0$ liegt. Wir greifen die am Eingang der Kette ($n = 0$) auftretende Spannung ab und erhalten bei offenem Kettenende die im Bild 7.22 oben aufgezeichnete Impuls-

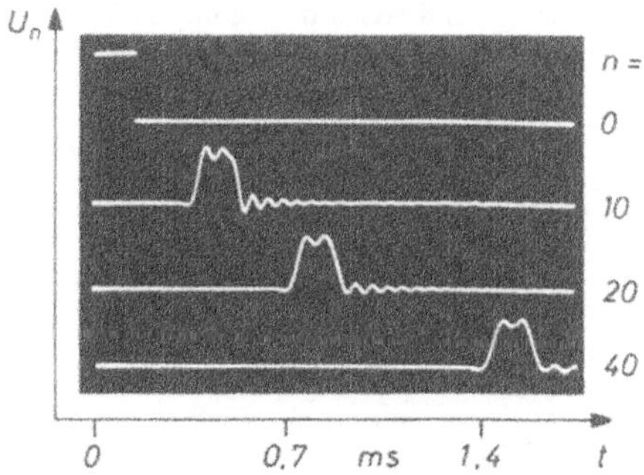

Bild 7.21. Spannungsverlauf am Eingang ($n = 0$) und an verschiedenen Abgriffstellen (Gliederzahl n) der Laufzeitkette nach Bild 7.20 bei ein- und ausgangsseitigem Abschluß mit dem Wellenwiderstand.

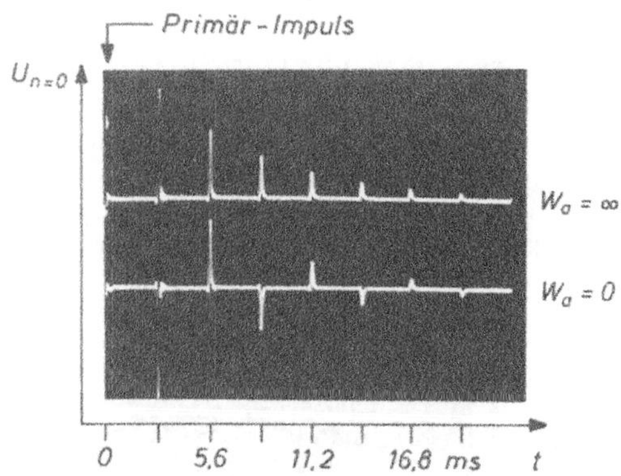

Bild 7.22. Spannungsverlauf am Eingang ($n = 0$) der Laufzeitkette nach Bild 7.20 mit eingangsseitigem Abschlußwiderstand $W_a \gg Z$ und offenem ($W_a = \infty$) oder kurzgeschlossenem ($W_a = 0$) Kettenende.

folge. Am linken Bildrand finden wir den scharfen Primärimpuls. Dann kommen die etwas verbreiterten Impulse, die ein- und mehrmals die Kette vorwärts durchlaufen haben, am Ende gleichphasig reflektiert worden sind, die Kette rückwärts durchlaufen haben und bei der Aufzeichnung gerade am Eingang der gleichphasigen Reflexion mit Amplitudenverdopplung unterliegen. Die untere Impulsfolge im Bild 7.22 gewinnen wir bei kurzgeschlossenem Kettenende. Die dort gegenphasig erfolgende Reflexion führt zu abwechselnd negativen und positiven Impulsen am Eingang. Die unvermeidlichen Spulen- und Kondensatorverluste in den Kettengliedern haben die exponentielle Abnahme der Impulsamplitude mit wachsender Laufzeit zur Folge.

Impulserzeugung mittels Laufzeitkette

In unserer Vorführung im Anschluß an Abschnitt 6.3 (Bilder 6.16 und 6.17) haben wir kurze Impulse durch Entladen eines Stücks homogener Leitung erzeugt. Wir verwenden nun im gleichen Verfahren in der entsprechenden Anordnung, Bild 7.23, anstelle der homogenen Leitung die schon

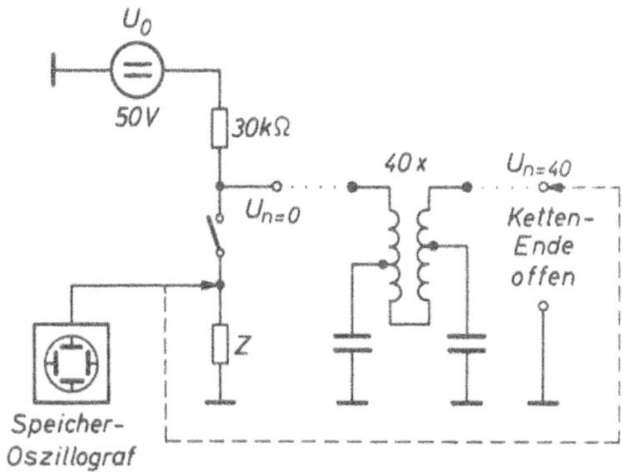

Bild 7.23. Apparatur zur Impulserzeugung durch Entladen einer Laufzeitkette (vgl. Bild 6.16).

erwähnte 40-gliedrige Laufzeitkette mit $n\tau = 1{,}4$ ms gesamter Verzögerungszeit. Die Entladung der aufgeladenen Kette leiten wir mit einem Handschalter ein und lassen den zeitlichen Verlauf der Spannung am offenen Kettenende und am Lade-/Entladeeingang von einem Speicheroszillographen aufschreiben. Wir erhalten so vertikale Schnitte durch die $U(x)$-Diagramme im Bild 6.16 bei $x = l$ und $x = 0$ (Erklärung des Entladevorgangs im Vorführungstext zu Bild 6.16). Die $U(t)$-Kurven im Bild 7.24 entsprechen dem aus den Diagrammen in Bild 6.16 entnehmbaren Verlauf.

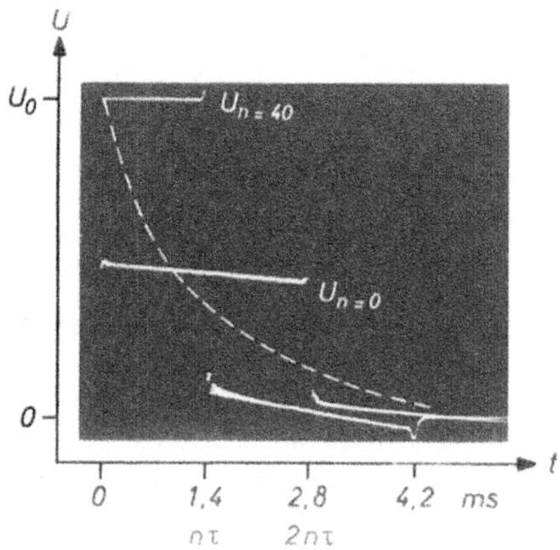

Bild 7.24. Spannungsverlauf am Ausgang ($n = 40$) und am Eingang ($n = 0$) der aufgeladenen Laufzeitkette, Bild 7.23, nach Beginn der Entladung. Gestrichelte Kurve: Spannungsverlauf bei der Entladung eines Kondensators mit der der Laufzeitkette entsprechenden Kapazität über den Widerstand Z.

Zur Zeit $n\tau$ fällt am Kettenende ($n=40$) die Spannung vom Ladewert U_0 auf Null, da dann gerade die Entladung auf $U_0/2$ bis zum Kettenende erfolgt ist und gleichzeitig von dort aus die restliche Entladung beginnt. Die Spannung am Kettenanfang ($n=0$) fällt gleich zu Beginn des Entladevorgangs wegen der Teilung zwischen dem Wellenwiderstand Z der Kette und dem gleichgroßen Außenwiderstand auf $U_0/2$ ab. Sie erreicht Null erst nach der Hin- und Rücklaufzeit $2n\tau$ der Entladespannungsstufe. Demgegenüber würde sich ein Kondensator mit der Kapazität aller in der Kette enthaltenen Kondensatoren gemäß der gestrichelten Kurve im Bild 7.24, $U=U_0\exp(-t/n\tau)$, über den Widerstand Z entladen. In der Laufzeitkette wirken die Spulen derartig zeitlich dosierend und koordinierend auf die Entladung der einzelnen Kondensatoren, daß sich die Rechteckform des Entladespannungsverlaufs ausbildet.

Das Verfahren der Laufzeitketten-Entladung wird besonders zur Erzeugung von Impulsen sehr hoher Spannung angewandt, wie sie zur Modulation mancher Sender (z. B. Magnetrons) erforderlich sind.

7.3.2.2. Hochpaß

Der kapazitive Längswiderstand $W=\mathrm{i}X=-\mathrm{i}/\omega C$ und der Leitwert $Y=\mathrm{i}B=-\mathrm{i}/\omega L$ der Querinduktivität des Vierpols im Bild 7.25 wachsen mit abnehmender Frequenz an. Hochfrequente Signale werden also besser als tieffrequente übertragen: Der Vierpol stellt einen *Hochpaß* dar. Das die Phasendrehung und die Dämpfung bestimmende Produkt aus Widerstands- und Leitwertsbetrag lautet

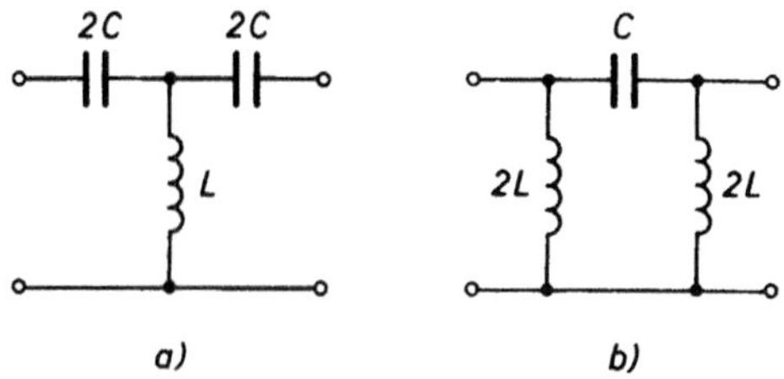

Bild 7.25. Hochpaß-Vierpol in T-Schaltung (a) und in Π-Schaltung (b).

$$\frac{XB}{4}=\frac{1}{4\omega^2 LC}=\left(\frac{\omega_0}{\omega}\right)^2, \tag{7.90}$$

worin

$$\omega_0=\frac{1}{2\sqrt{LC}} \tag{7.91}$$

die Grenzfrequenz bedeutet, die den Sperr- vom Durchlaßfrequenzbereich trennt. Damit gilt im Durchlaßfrequenzbereich $\omega>\omega_0$ für das Phasenmaß nach Gl. (7.64)

$$\sin\left(\frac{b}{2}\right)=-\frac{\omega_0}{\omega} \tag{7.92}$$

und für den Wellenwiderstand nach den Gleichungen (7.44) bzw. (7.48)

$$Z_T = \sqrt{\frac{L}{C}}\sqrt{1-\left(\frac{\omega_0}{\omega}\right)^2}, \tag{7.93}$$

$$Z_\Pi = \sqrt{\frac{L}{C}}\frac{1}{\sqrt{1-\left(\frac{\omega_0}{\omega}\right)^2}}. \tag{7.94}$$

Im Sperrfrequenzbereich $\omega < \omega_0$ weist der Vierpol die nach Gl. (7.67) durch

$$\cosh\left(\frac{a}{2}\right) = \frac{\omega_0}{\omega} \tag{7.95}$$

gegebene Blinddämpfung auf. Das Bild 7.26 zeigt die den Vierpol kennzeichnenden Größen $XB/4$, a, b und Z in ihrer Abhängigkeit von der Frequenz. Die Wahl des negativen Vorzeichens in den Gleichungen (7.60), (7.64) und (7.65) wird nahegelegt durch das Verhalten des Vierpols für $\omega \to \infty$. Unter Vernachlässigung des gegen Null gehenden induktiven Querleitwerts (Bild 7.25) stehen dann Ein- und Ausgangsspannung bei Abschluß mit $W_a = Z \approx \sqrt{L/C}$

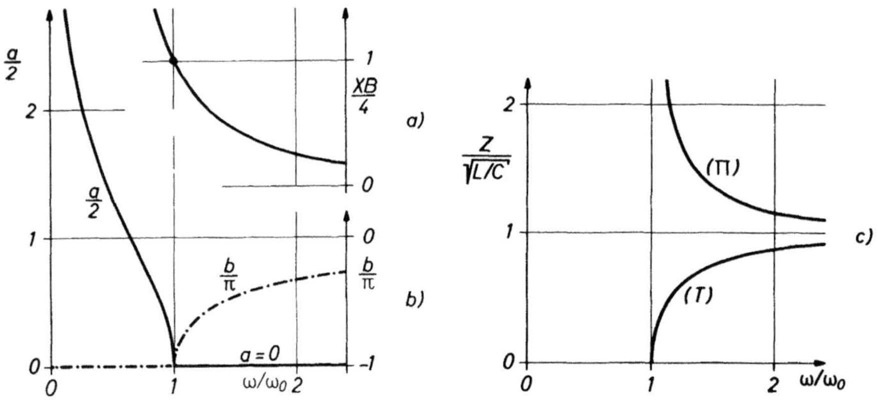

Bild 7.26. Produkt aus Widerstands- und Leitwertsbetrag, XB, Phasenmaß b, Dämpfungsmaß a und Wellenwiderstand Z des Hochpaß-T- oder Π-Vierpols in Abhängigkeit von der auf die Grenzfrequenz ω_0 bezogenen Frequenz ω.

im Verhältnis $U_1/U_2 = e^{ib} \approx 1 - i/(\omega C Z) = 1 - 2i\omega_0/\omega$, das die mit abnehmender Frequenz negativ gegen Null gehende Phasendrehung $b \lesseqgtr 0$ der Längskapazität anzeigt.

Betrachtet man eine Hochpaßkette als Leitung mit $b = \beta l$, so entspricht der negativen Phasendrehung nach Gl. (7.92) die negative Phasengeschwindigkeit

$$v = \frac{\omega}{\beta} = -\frac{\omega_0 l}{2} \cdot \frac{1}{\frac{\beta l}{2} \sin\left(\frac{\beta l}{2}\right)} < 0. \tag{7.96}$$

Eine derartige Leitung weist im gesamten Übertragungsbereich Dispersion auf. Leitungen anderer Art mit negativer Phasengeschwindigkeit finden bei den Rückwärtswellengeneratoren Anwendung (s. Abschnitt 11.1.4). Für die Gruppengeschwindigkeit der Hochpaßkette gilt

$$v' = \frac{d\omega}{d\beta} = \frac{\omega_0 l}{2} \cdot \frac{\cos\left(\frac{\beta l}{2}\right)}{\sin^2\left(\frac{\beta l}{2}\right)} \geq 0. \tag{7.97}$$

Diese Angaben verlieren für hohe Frequenzen ihren Sinn, wenn die Wellenlänge $\lambda_0 = c/f$ sich den geometrischen Abmessungen des Einzelvierpols nähert. Ein Hochpaßvierpol in der Art nach Bild 7.25 läßt sich dann grundsätzlich nicht mehr verwirklichen. Die Kondensatorzuleitungen wirken zwangsläufig als kleine Längsinduktivitäten, und die Spulen enthalten unvermeidlich kleine Querkapazitäten. Der Vierpol erweist sich so als Bandpaß der im Bild 7.29 gezeigten Art mit sehr hoch liegender zweiter Grenzfrequenz (s. Abschnitt 7.3.2.3).

Durchlaßkurve eines Hochpaßfilters

Wir benutzen einen handelsüblichen, zweigliedrigen Hochpaß mit stufenweise umschaltbarer Grenzfrequenz. Zur Aufnahme der Durchlaßkurven dient uns die im Bild 7.14 dargestellte Apparatur. Die Oszillographenaufnahme, Bild 7.27, zeigt die Ausgangsspannung des Hochpasses über $\log f$ bei fünf verschiedenen Grenzfrequenzen. Der Hochpaß war vorn und hinten mit seinem Wellenwiderstand Z abgeschlossen.

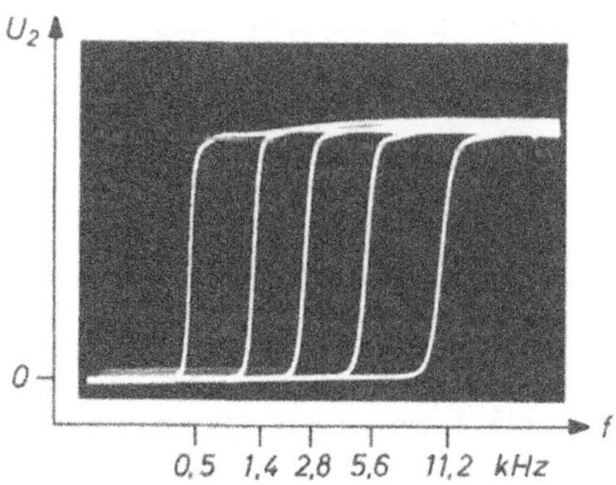

Bild 7.27. Am Ausgang eines Hochpaßfilters in der Apparatur nach Bild 7.14 aufgezeichnete Spannungsamplituden U_2 in Abhängigkeit von der Frequenz f für verschieden eingestellte Grenzfrequenzen bei ein- und ausgangsseitigem Abschluß mit dem Wellenwiderstand.

Das Sperr- und Durchlaßverhalten des Hochpasses führen wir auch an einer mechanischen Nachbildung vor. Es handelt sich um eine massebehaftete Kette, an deren Gelenken Federn angreifen (Bild 7.28). Die Anregung der periodischen Vertikalbewegung erfolgt mittels eines Kurbelgetriebes. Ein in einem Zylinder reibungsgehemmt laufender Kolben schließt die Kette reflexionsfrei ab.

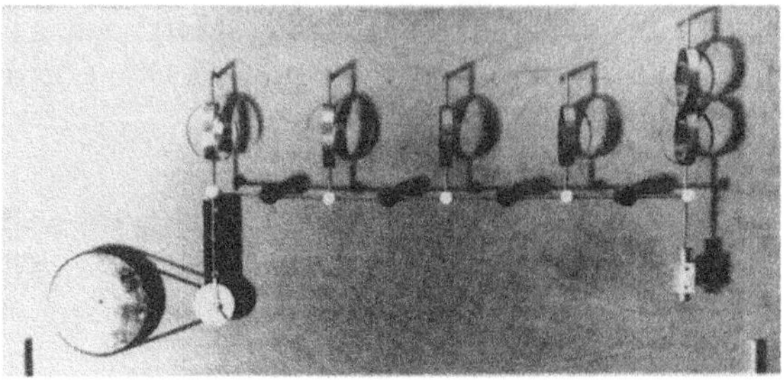

Bild 7.28. Federnd aufgehängte Kette als mechanischer Hochpaß in einer von *L. Cremer* vorgeschlagenen praktischen Ausführung.

7.3.2.3. Bandpaß und Bandsperre

Der Serienresonanzkreiswiderstand $W = \mathrm{i}X = \mathrm{i}(\omega L_\mathrm{L} - 1/\omega C_\mathrm{L})$ im Längszweig und der Leitwert $Y = \mathrm{i}B = \mathrm{i}(\omega C_\mathrm{Q} - 1/\omega L_\mathrm{Q})$ des Parallelresonanzkreises im Querzweig des Vierpols im Bild 7.29 sind bei der gleichliegenden Resonanzfrequenz

$$\omega_\mathrm{R} = \frac{1}{\sqrt{L_\mathrm{L} C_\mathrm{L}}} = \frac{1}{\sqrt{L_\mathrm{Q} C_\mathrm{Q}}} \tag{7.98}$$

Null und wachsen dem Betrage nach beiderseits davon an. Es werden also vorwiegend Signale mit und nahe der Resonanzfrequenz übertragen, höher- und tieferfrequente Signale dagegen nicht: Der Vierpol stellt einen *Bandpaß* dar.

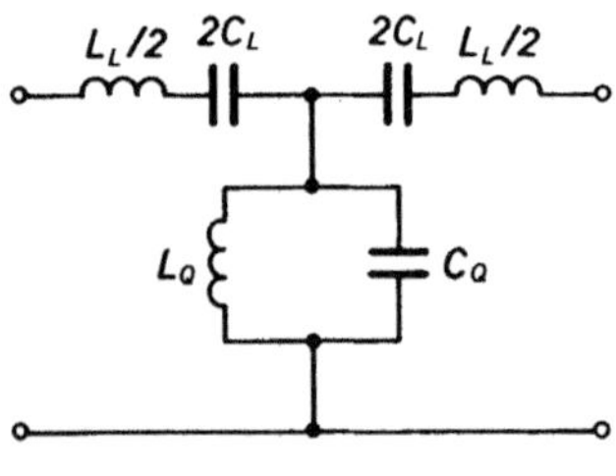

Bild 7.29. Bandpaß-Vierpol.

Für L_L, $C_\mathrm{Q} \to 0$ geht der Vierpol, Bild 7.29, in einen Hochpaß (s. Abschnitt 7.3.2.2) über, der nur Signale mit Frequenzen oberhalb der Grenzfrequenz

$$\omega_\mathrm{H} = \frac{1}{2\sqrt{L_\mathrm{Q} C_\mathrm{L}}} \tag{7.99}$$

durchläßt. Für L_Q, $C_\mathrm{L} \to \infty$ entsteht ein Tiefpaß (s. Abschnitt 7.3.2.1), der nur unterhalb der Grenzfrequenz

$$\omega_\mathrm{T} = \frac{2}{\sqrt{L_\mathrm{L} C_\mathrm{Q}}} \tag{7.100}$$

überträgt.

Im Fall des Bandpasses nimmt das die Phasendrehung und die Dämpfung bestimmende Produkt

$$\frac{XB}{4} = \frac{\omega_H}{\omega_T}\left[\frac{\omega}{\omega_R} - \frac{\omega_R}{\omega}\right]^2 \tag{7.101}$$

den Wert 1 bei den beiden Grenzfrequenzen

$$\left.\begin{matrix}\omega_1\\ \omega_2\end{matrix}\right\} = \frac{\omega_T}{2}\left[\sqrt{1+4\frac{\omega_H}{\omega_T}} \mp 1\right] \tag{7.102}$$

an, die für $\omega_H \ll \omega_T$ mit ω_H bzw. ω_T übereinstimmen. In der geometrischen Mitte des von ω_1 und ω_2 eingeschlossenen Übertragungsbereichs,

$$\sqrt{\omega_1 \omega_2} = \sqrt{\omega_T \omega_H} = \omega_R, \tag{7.103}$$

liegt die Resonanzfrequenz der beiden Schwingkreise. Im Bild 7.30 sind die den Vierpol kennzeichnenden Größen $XB/4$ nach Gl. (7.101) sowie b und a nach den Gleichungen (7.64), (7.65) bzw. (7.62) und (7.67) über der Frequenz aufgetragen.

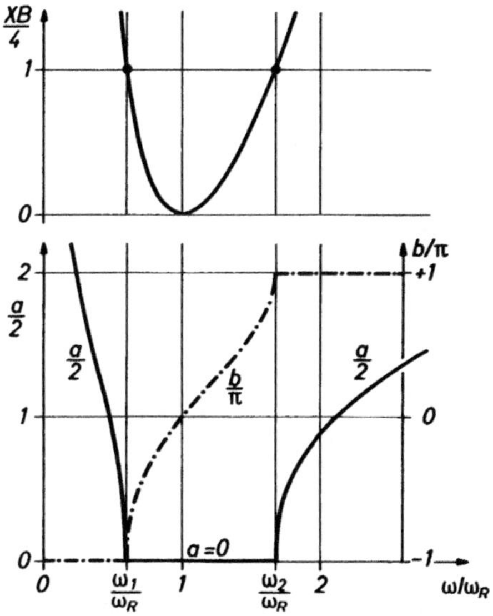

Bild 7.30. Produkt aus Widerstands- und Leitwertsbetrag, XB, Phasenmaß b und Dämpfungsmaß a des Bandpaß-Vierpols in Abhängigkeit von der auf die Resonanzfrequenz ω_R bezogenen Frequenz ω.

Der Parallelresonanzkreiswiderstand $W = \mathrm{i}X = \mathrm{i}\omega L_L/(1-\omega^2 L_L C_L)$ im Längszweig und der Leitwert $Y = \mathrm{i}B = \mathrm{i}\omega C_Q/(1-\omega^2 L_Q C_Q)$ des Serienresonanzkreises im Querzweig des Vierpols im Bild 7.31 nehmen bei der gleichliegenden Resonanzfrequenz ω_R unendlich große und beiderseits davon abfallende Beträge an. Signale mit Frequenzen in der nahen Umgebung der Resonanzfrequenz werden also, im Gegensatz zu höher- und tieferfrequenten Signalen, nicht übertragen: der Vierpol stellt eine *Bandsperre* dar. Mit den schon beim Bandpaß benutzten Frequenzbezeichnungen gilt für das Blindwiderstand-/Leitwertprodukt

$$\frac{XB}{4} = \frac{\dfrac{\omega_H}{\omega_T}}{\left(\dfrac{\omega_R}{\omega} - \dfrac{\omega}{\omega_R}\right)^2} \tag{7.104}$$

und für die beiden Grenzfrequenzen

$$\left.\begin{matrix}\omega_1\\ \omega_2\end{matrix}\right\} = \frac{\omega_H}{2}\left[\sqrt{1+4\frac{\omega_T}{\omega_H}}\mp 1\right]. \tag{7.105}$$

Im Bild 7.32 sind die den Vierpol kennzeichnenden Größen $XB/4$ nach Gl. (7.104) sowie b und a nach den Gleichungen (7.64), (7.65) bzw. (7.62) und (7.67) über der Frequenz aufgetragen.

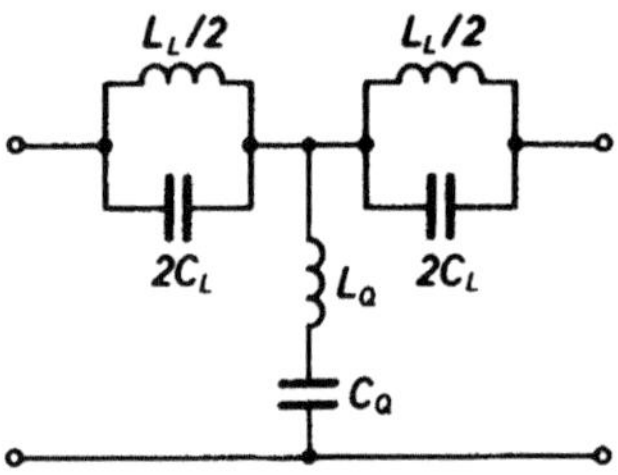

Bild 7.31. Bandsperren-Vierpol

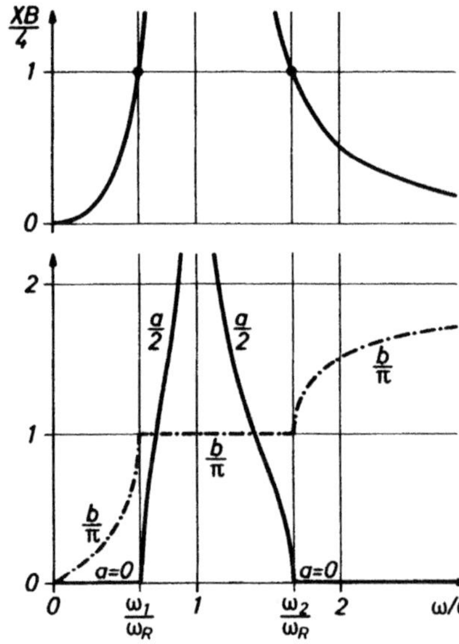

Bild 7.32. Produkt aus Widerstands- und Leitwertsbetrag, XB, Phasenmaß b und Dämpfungsmaß a des Bandsperren-Vierpols in Abhängigkeit von der auf die Resonanzfrequenz ω_R bezogenen Frequenz ω.

Schwingungssiebe (Filter) der behandelten Arten mit konzentrierten Schaltelementen lassen sich nur für solche Frequenzen bemessen, bei denen die Wellenlänge $\lambda_0 = c/f$ wesentlich größer als die Ausdehnung der Filterelemente ist. Filter für höhere Frequenzen stellt man durch Zusammenschalten kurzer homogener Leitungsstücke mit verschiedenen Wellenwiderständen her (Beispiel im Bild 8.53). Entsprechende Filter für optische Frequenzen bestehen aus mehreren dünnen dielektrischen Schichten mit verschiedenem Brechungsindex (Interferenzfilter).

Durchlaßkurven von Bandpässen

Wir verwenden ein handelsübliches Oktavsieb ($\omega_2/\omega_1 = 2$) mit stufenweise umschaltbarer Resonanzfrequenz, das aus zwei Π-Gliedern besteht. Zur Aufnahme der Durchlaßkurven dient uns wieder die im Bild 7.14 dargestellte Apparatur. Die Oszillographenaufnahme, Bild 7.33, zeigt die Ausgangsspannung des mit seinem Wellenwiderstand abgeschlossenen Bandpasses über $\log f$ bei 3 nacheinander eingeschalteten Durchlaßbereichen.

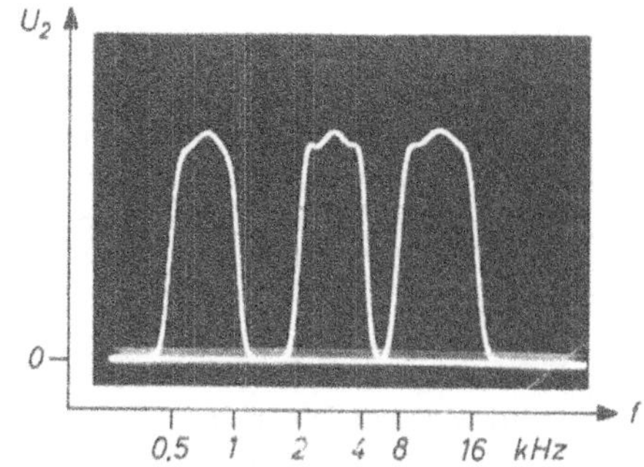

Bild 7.33. Am Ausgang eines Bandpaßfilters in der Apparatur nach Bild 7.14 aufgezeichnete Spannungsamplituden U_2 in Abhängigkeit von der Frequenz f für verschieden eingestellte Resonanzfrequenzen bei ein- und ausgangsseitigem Abschluß mit dem Wellenwiderstand.

Die in praktischen Filtern unvermeidlich auftretenden Verluste der Spulen und Kondensatoren führen zur Abrundung der Ecken (Bilder 7.30, 7.32) in den Dämpfungskurven $a(\omega/\omega_R)$ bei den Grenzfrequenzen ω_1, ω_2 und zur Abflachung der Dämpfungsflanken. Besonders geringe Verluste (hohe Güte) und platzsparende Bauweise erzielt man mit elektromechanischen Filtern. Im Bild 7.34 ist der Aufbau eines handelsüblichen derartigen Filters als Beispiel angedeutet. Das elektrische Eingangssignal regt einen Ferritstab magnetostriktiv zu Längsschwingungen an. Diese werden über dünne, $\lambda_{\text{Schall}}/4$ lange, longitudinal schwingende Koppeldrähte auf eine Reihe von Stahlzylindern übertragen. Die Stahlzylinder führen Torsionsschwingungen in der $\lambda_{\text{Schall}}/2$-Resonanz aus. Am Ende der Kette wandelt ein Ferritschwinger das mechanische Signal wieder in ein elektrisches um. Das von uns benutzte, auf 202 kHz abgestimmte Filter mit 4 kHz Bandbreite besteht

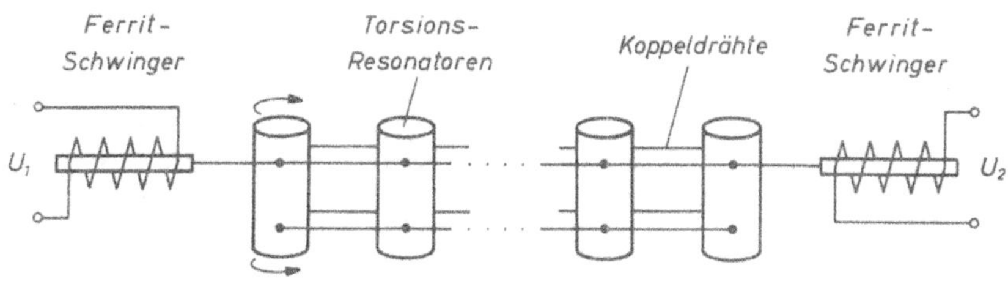

Bild 7.34. Elektromechanisches Bandpaßfilter.

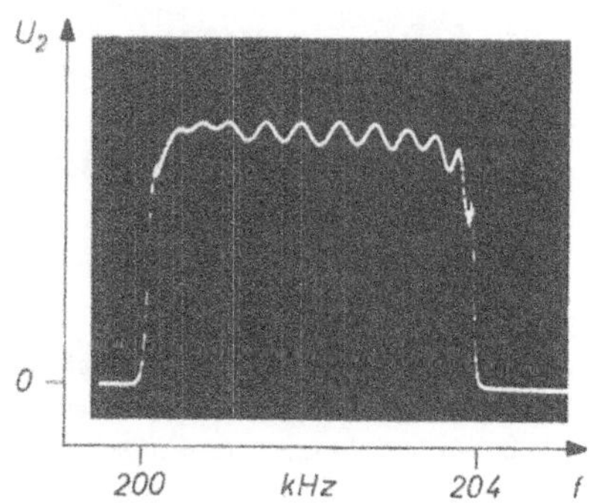

Bild 7.35. Am Ausgang des elektromechanischen Bandpaßfilters nach Bild 7.34 aufgezeichnete Spannungsamplituden U_2 in Abhängigkeit von der durchlaufenden Frequenz f der amplitudenkonstanten Eingangsspannung U_1.

aus 14 Gliedern in einem Gehäuse von nur 14 cm × 1,5 cm × 1 cm. Die Durchlaßkurve führen wir mit einer Apparatur vor, die der im Bild 7.14 dargestellten entspricht, jedoch für Frequenzen um 200 kHz herum ausgelegt ist. Das Bild 7.35 zeigt die Oszillographenaufnahme der Ausgangsspannung über der Frequenz. Wegen unvollständiger Anpassung sind die Höcker der mehrfach aufgespaltenen Resonanzkurve des Systems gekoppelter Schwingungskreise noch sichtbar. Im Sperrbereich, 0,5 kHz abseits der Grenzfrequenzen, beträgt die Dämpfung mehr als 80 dB.

Spektrometer

Als Anwendungsbeispiel für Bandpässe führen wir ein aus vielen solcher Filter bestehendes Spektrometer im Hörfrequenzbereich vor, mit dem wir ein viele Frequenzen enthaltendes Signal in seine Spektralkomponenten zerlegen können. Als zu analysierendes Signal wählen wir die Spannung $U(t)$ eines Mikrophons, das den gesprochenen Vokal „a“ einer Männerstimme aufnimmt.

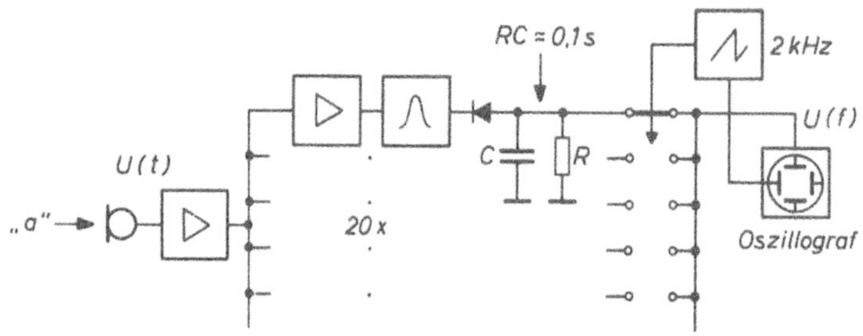

Bild 7.36. Tonfrequenz-Spektrometer aus 20 periodisch am Ausgang abgetasteten Terzbandpaßfiltern.

Das Signal gelangt, gemäß der Anordnung in Bild 7.36, nach Verstärkung auf 20 eingangsseitig parallel geschaltete Terzfilter ($\omega_1/\omega_2 = 4:5$). Die Frequenzbereiche unter 200 Hz und über 10 kHz sind durch einige zusätzliche breitere Filter überdeckt. Die gleichgerichteten Filterausgangsspannungen laden Kondensatoren auf (Zeitkonstante 0.1s), deren Ladung periodisch nach-

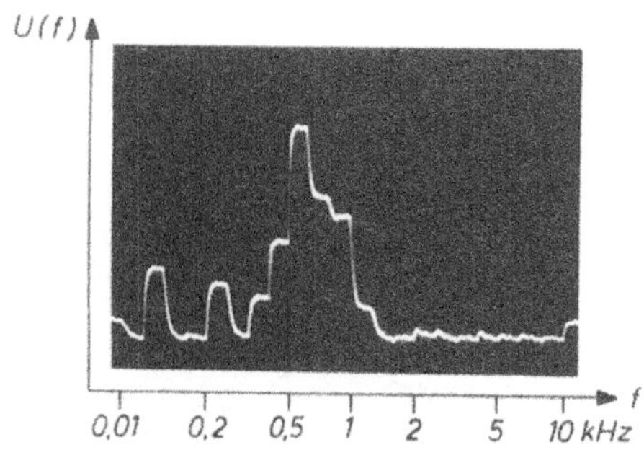

Bild 7.37. Mit dem Spektrometer nach Bild 7.36 aufgenommenes Spektrum des von einer Männerstimme gesprochenen Vokals „a“.

einander mit einem elektronischen Schalter abgenommen wird und die Vertikalauslenkung des Oszillographen bewirkt. Die Horizontalauslenkung erfolgt synchron mit der Filterabtastung (2 kHz Wiederholungsfrequenz). Das dem Vokal „a“ eigene Spektrum $U(f)$ zwischen 10 Hz und 20 kHz sehen wir im Bild 7.37.

7.3.3. Korrekturvierpole

Übertragungssysteme weisen verschiedentlich Mängel auf, die darin bestehen, daß die Amplitude oder die Phase des übertragenen Signals sich in unerwünschter Weise mit der Frequenz ändert. Derartige „Verzerrungen" des Frequenzganges eines Übertragungssystems kann man mit speziellen Korrektur- oder „*Entzerrer*"-Vierpolen ausgleichen. Für die praktische Anwendung von Korrekturvierpolen ist es wie immer erwünscht, daß ihr Einfluß lediglich auf dem speziell zu bemessenden Frequenzgang $g(\omega)$ des Übertragungsmaßes beruht und nicht auch noch auf Änderungen des Wellenwiderstandes mit der Frequenz. Zur Amplituden-Entzerrung eignen sich *überbrückte T-Filter*, zur Phasen- oder Laufzeit-Entzerrung *Allpaß-Kreuzglieder.*

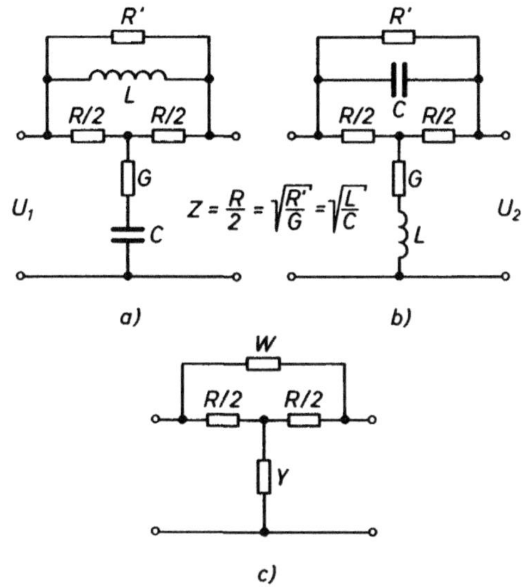

Bild 7.38. Überbrückte T-Filter als Beispiele amplituden-entzerrender Korrekturvierpole, (a) mit zunehmender Dämpfung, (b) mit abnehmender Dämpfung bei wachsender Frequenz. (c) Allgemeinere Form.

7.3.3.1. Überbrücktes T-Filter

Das Bild 7.38 zeigt zwei Beispiele überbrückter T-Filter. Im Vierpol Bild 7.38a macht die „überbrückende" Längsinduktivität L die ohmschen Längswiderstände R, R' und die Kapazität C im Querzweig den ohmschen Querwiderstand $1/G$ für tieffrequente Signale unwirksam. Signale mit Frequenzen $\omega \ll R'/L,\ R/L,\ G/C$ werden also annähernd dämpfungsfrei übertragen. Für hochfrequente Signale mit $\omega \gg R'/L,\ R/L,\ G/C$ verhält sich der Vierpol dagegen wie ein nahezu reines Wirkdämpfungsglied.

Umgekehrt machen die Längskapazität C und die Querinduktivität L den Vierpol im Bild 7.38b für tieffrequente Signale zu einem annähernd reinen Wirkdämpfungsglied und ermöglichen für hohe Frequenzen nahezu dämpfungsfreie Übertragung.

Diesen qualitativ abgeleiteten Ergebnissen entsprechen die Frequenzkurven des Ausgangs-/Eingangs-Spannungsverhältnisses im Bild 7.39, die mit der Vorführapparatur, Bild 7.14, aufgenommen wurden.

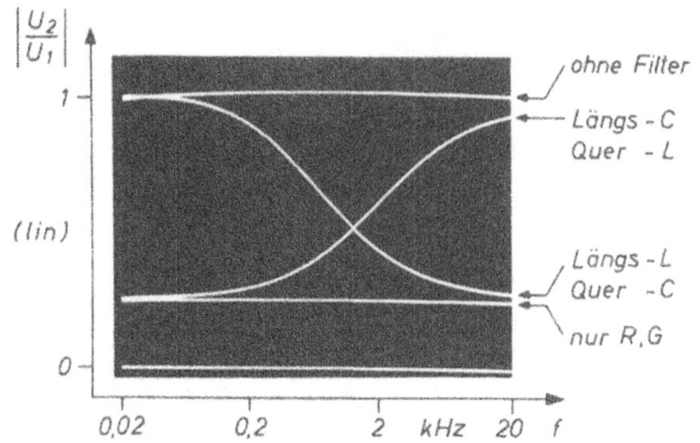

Bild 7.39. Ausgangs-/Eingangs-Spannungsverhältnisse der im Bild 7.38 gezeigten überbrückten T-Filter in Abhängigkeit von der Frequenz, aufgenommen in der Apparatur nach Bild 7.14.

Die beiden behandelten überbrückten T-Vierpole und solche allgemeinerer Art nach Bild 7.38c mit dem komplexen Überbrückungswiderstand W, dem ohmschen Längswiderstand R und dem komplexen Querleitwert Y haben nach Gl. (7.33) den frequenzunabhängigen Wellenwiderstand

$$Z = \frac{R}{2}, \tag{7.106}$$

wenn

$$\sqrt{\frac{W}{Y}} = \frac{R}{2} \tag{7.107}$$

gewählt wird. Für das Übertragungsmaß gilt dann nach Gl. (7.34)

$$e^g = 1 + 2\frac{W}{R}. \tag{7.108}$$

Außer den im Bild 7.39 gezeigten monotonen Dämpfungskurven lassen sich unter Verwendung von Serien- oder Parallelresonanzkreisen im Überbrückungs- oder Querzweig auch Dämpfungsmaxima und -minima erreichen. Man hat so die Möglichkeit, mit einem oder mehreren überbrückten T-Vierpolen verschiedenartige Dämpfungs-/Frequenzkurven nach Wunsch herzustellen und dadurch die Aufgabe der Amplituden-Entzerrung wirksam lösen zu können.

7.3.3.2. Allpaß

In dem nur aus Blindwiderständen bestehenden Kreuzvierpol nach Bild 7.40 übernehmen die Längsinduktivitäten L die Übertragung tieffrequenter Signale ohne Beeinflussung durch die Kapazitäten C in den Kreuzzweigen. Mit wachsender Frequenz sinkt die Übertragungsfähigkeit der induktiven Längszweige, während die der kapazitiven Kreuzzweige steigt. Wegen seiner frequenzunabhängig dämpfungsfreien Übertragung heißt dieser Vierpol *Allpaß*. Der Wechsel von tiefpaßartiger Übertragung mit Phasenverzögerung zu hochpaßartiger Übertragung mit voreilender, durch Kreuzung jedoch zusätzlich um π gedrehter Phase bringt einen nichtlinearen Frequenzgang der Phasendrehung mit sich. Gemäß Gl. (7.52) gilt für das Übertragungsmaß g eines Kreuzvierpols der allgemeinen Form, Bild 7.6a, mit den Blindwiderständen $W = \mathrm{i}X$, $Y = \mathrm{i}B$

$$\mathrm{e}^g = \frac{1 \pm \mathrm{i}\sqrt{\dfrac{XB}{4}}}{1 \mp \mathrm{i}\sqrt{\dfrac{XB}{4}}}. \tag{7.109}$$

Im Falle komplementärer (d. h. mit unterschiedlichem Vorzeichen behafteter) Blindwiderstände in den Längs- und Kreuzzweigen, entsprechend $XB > 0$, folgt aus Gl. (7.109) erwartungsgemäß verschwindende Dämpfung:

$$|\mathrm{e}^g| = 1, \quad \text{also} \quad a = 0. \tag{7.110}$$

Für das Phasenmaß b ergibt sich

$$\cos b = \frac{1 - \dfrac{XB}{4}}{1 + \dfrac{XB}{4}}. \tag{7.111}$$

Durch geeignete Wahl von X und B kann man den Wellenwiderstand (s. Gl. (7.53))

$$Z = \sqrt{\frac{X}{B}} \tag{7.112}$$

frequenzunabhängig machen, wie z. B. bei dem Vierpol nach Bild 7.40. Unter Verwendung verschiedener Blindwiderstandskombinationen läßt sich der Frequenzgang der Phasendrehung (s. Gl. (7.111)) vielfältig beeinflussen. So ergibt sich die Möglichkeit, mit einem oder mehreren Allpaß-Kreuzvierpolen die Aufgabe der Phasen-Entzerrung von Übertragungssystemen wirksam zu lösen. Die Laufzeitverzerrung eines Allpasses nach Bild 7.40 bietet auch eine interessante Anwendung zur Impulskompression. Darauf wird im folgenden noch näher eingegangen.

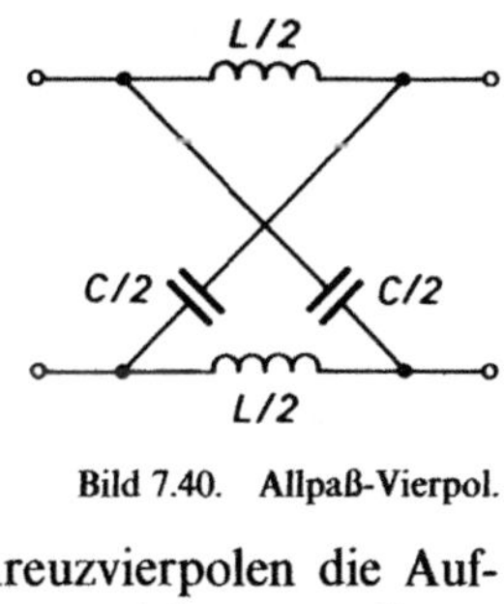

Bild 7.40. Allpaß-Vierpol.

Frequenzgang einer Allpaßübertragung

Wir speisen den im Bild 7.40 gezeigten Allpaß mit konstanter Eingangsspannung U_1 aus einem Wobbelgenerator, dessen Frequenz periodisch von 1 ... 20 kHz durchläuft (Bild 7.41). Die Ausgangsspannung U_2 lassen wir von einem Oszillographen vertikal aufschreiben, dessen Horizontal-

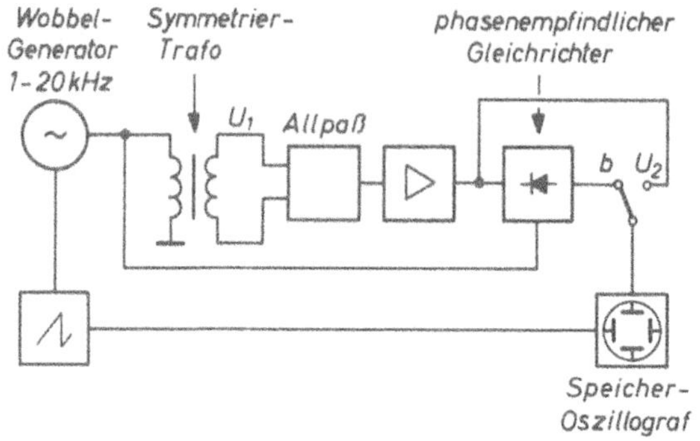

Bild 7.41. Apparatur zur Aufnahme der Ausgangsspannung U_2 und des Phasenmaßes b eines Allpaßvierpols in Abhängigkeit von der Frequenz.

ablenkung proportional zu $\log f$ erfolgt. Aus der Ausgangsspannung wird mittels eines von der Eingangsspannung gesteuerten phasenempfindlichen Gleichrichters ein Signal gewonnen, dessen Größe proportional zur Phasendrehung b des Allpasses ist. Wir lassen auch dieses Signal vom Oszillographen aufzeichnen. Die so erhaltenen Oszillographenaufnahmen von U_2 und b über $\log f$ sehen wir im Bild 7.42. Die Ausgangsspannung bleibt in guter Näherung konstant, während die Phasendrehung, wie aus Gl. (7.111) mit $X B/4 = \omega^2 LC/4$ ablesbar, mit der Frequenz anwächst und dem Grenzwert π zustrebt. Aus der Form

$$\sin\left(b - \frac{\pi}{2}\right) = \tanh\left(\ln \frac{\omega}{\omega_0}\right) \tag{7.113}$$

der Gl. (7.111) ersieht man, daß b bei der Frequenz $\omega = \omega_0 = 2/\sqrt{LC}$ den Wert $\pi/2$ annimmt und in deren Umgebung annähernd

$$b - \frac{\pi}{2} \approx \ln \frac{\omega}{\omega_0} \tag{7.114}$$

gilt. Dem entspricht der lineare Teil in der Mitte des Phasen-Diagramms Bild 7.42.

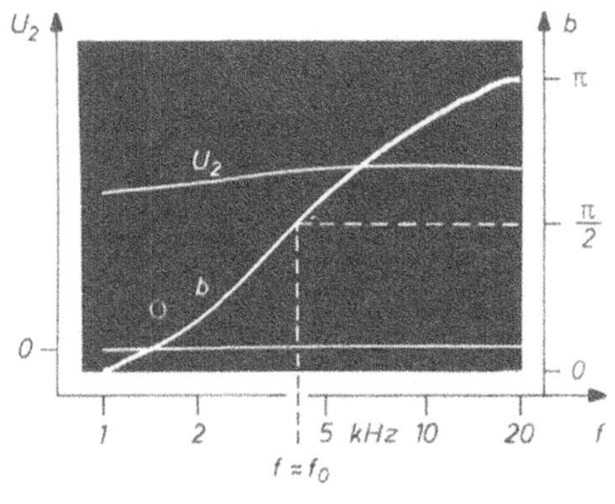

Bild 7.42. Ausgangsspannung U_2 und Phasenmaß b eines Allpaßvierpols in Abhängigkeit von der Frequenz, aufgenommen in der Apparatur nach Bild 7.41.

Impulsübertragung durch einen Allpaß

Wir geben, wie im Bild 7.43 angedeutet, eine 1 kHz-Rechteckimpulsspannung auf den Eingang eines Allpasses. Seine „Mittenfrequenz" $f_0 = 1/(\pi\sqrt{LC})$ liegt nahe bei 4 kHz. Die Eingangsspannung $U_1(t)$ lassen wir zusammen mit der Ausgangsspannung $U_2(t)$ von einem Oszillographen über der Zeit t aufzeichnen. Das Ergebnis sehen wir im Bild 7.44. Die Grundfrequenzkomponente (1 kHz) von U_2 ist gegenüber der von U_1 um etwa 20°, also deutlich weniger als $\pi/2$ in der Phase verzögert. Die in den steilen Flanken von U_1 enthaltenen hochfrequenten Anteile treten in U_2 gegenphasig in den Spitzen in Erscheinung. Diese Feststellungen entsprechen der Phasenkurve

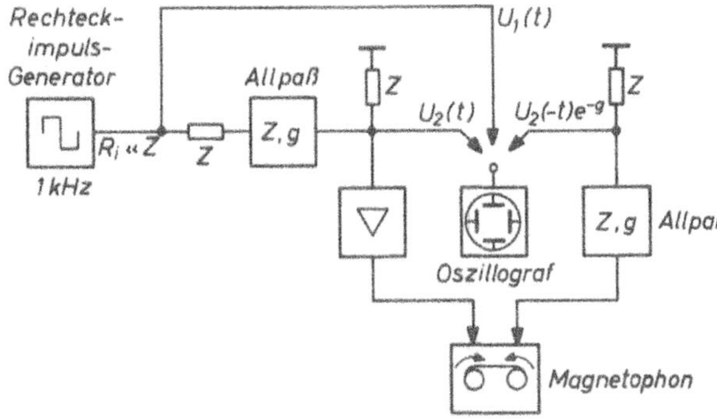

Bild 7.43. Apparatur zur Untersuchung der Impulsübertragung durch einen Allpaß.

im Bild 7.42. Danach erfahren unterhalb f_0 liegende Signalkomponenten Phasendrehungen um weniger als $\pi/2$ und wesentlich höherfrequente um annähernd π. Gemäß der Darstellung

$$U_2 = \hat{U}_1 \, e^{i\omega\left(t - \frac{b(\omega)}{\omega}\right)} \tag{7.115}$$

verzögert der Allpaß die einzelnen Fourierkomponenten des Signals um die verschiedenen Laufzeiten $\tau(\omega) = b(\omega)/\omega$, die vom Anfangswert $2/\omega_0$ bei tiefen Frequenzen bis gegen Null bei sehr hohen Frequenzen abnehmen, wie aus dem Bild 7.45 nach Gl. (7.111) hervorgeht. Diese Laufzeitverzerrung machen wir in unserer Vorführung mit der Apparatur nach Bild 7.43 annähernd wieder rückgängig, indem wir $U_2(t)$ auf einem Magnetband aufzeichnen, dieses rückwärtslaufend abtasten und die so zeitumgekehrte Spannung $U_2(-t)$ wieder durch den gleichen Allpaß geben. Wir erhalten auf diese Weise das unterste Diagramm im Bild 7.44. Die Kurvenform hat sich der ursprünglichen Rechteckform wieder angenähert. Die geringen Abweichungen erklären sich daraus, daß unser Allpaß nicht ganz fehlerfrei ist und die Übertragungsqualität des benutzten Magnetophons begrenzt ist.

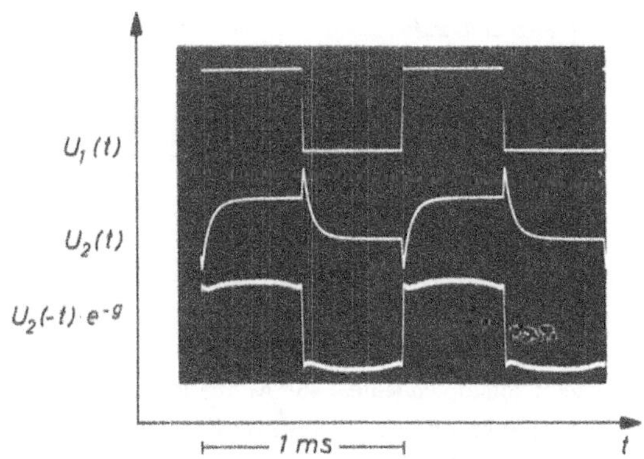

Bild 7.44. Zeitlicher Verlauf der in der Apparatur nach Bild 7.43 aufgezeichneten Spannungen am Ein- und Ausgang eines Allpasses und des nach Zeitumkehr vom Allpaß abermals übertragenen Signals.

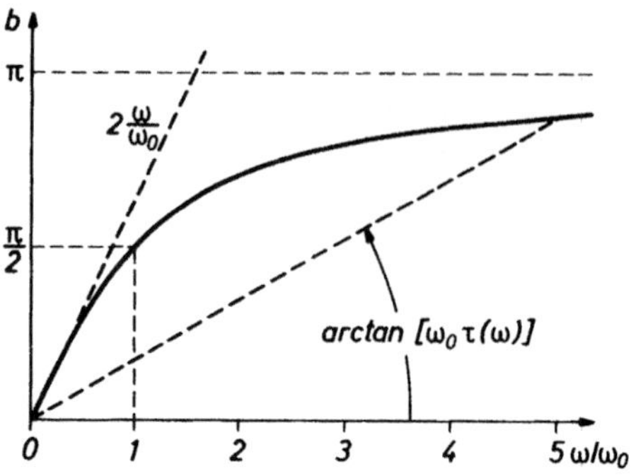

Bild 7.45. Phasenmaß b des Allpaßvierpols nach Bild 7.40 in Abhängigkeit von der auf die Resonanzfrequenz ω_0 bezogenen Frequenz ω. Verzögerungszeit $\tau(\omega) = b(\omega)/\omega$.

Impulsdehnung und -stauchung

Die Frequenzabhängigkeit $\tau(\omega)$ der Laufzeit eines Allpasses oder einer Allpaßkette ermöglicht es, Impulse zu dehnen oder zu stauchen. Zur Vorführung benutzen wir als mechanischen Ersatz einer Allpaßkette eine Biegewellenleitung. Sie besteht aus einem 5 mm breiten, 0,1 mm dicken und 1,6 m langen Stahlband. Die Biegewellenlaufzeit beträgt bei 4 kHz $\tau \approx 6$ ms und ändert sich mit der Frequenz auf Grund der Biegewellendispersion gemäß $\tau \sim 1/\sqrt{f}$. Die elektrische Anregung bzw. Abnahme von Biegewellensignalen nahe den Enden des Stahlbandes erfolgt mit Ma-

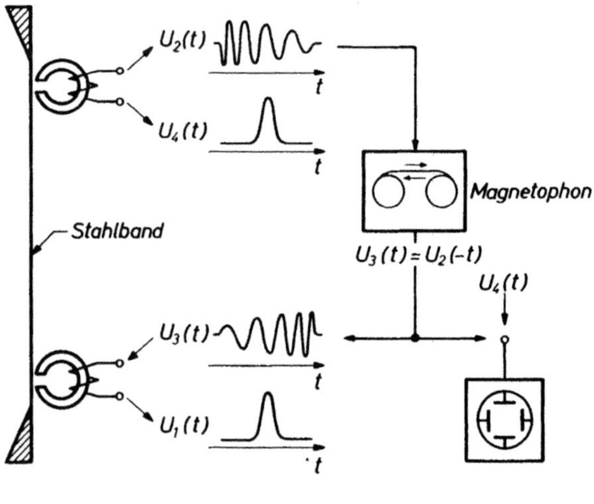

Bild 7.46. Apparatur zur Impulsdehnung und -stauchung.

gnetophonköpfen (Bild 7.46). An die Enden des Stahlbandes geklebte verlustbehaftete und keilförmig zugeschnittene Kunststoff-Folienstücke schließen die Biegewellenleitung ein- und ausgangsseitig reflexionsarm ab.

Wie im Bild 7.46 angedeutet, erzeugen wir am Leitungseingang einen kurzen Spannungsimpuls $U_1(t)$ von 0,2 ms Dauer. Man kann ihn sich aus einer Vielzahl verschiedenfrequenter Teilsignale zusammengesetzt denken, die alle gleichzeitig zu einer Biegewellenanregung führen. Während des Durchlaufens der Leitung bleiben die tieffrequenten Teilsignale gegenüber den hochfrequenten zurück, was sich in der auf etwa 10 ms auseinandergezogenen Form des Ausgangsspannungsimpulses $U_2(t)$ äußert: *Impulsdehnung.* $U_2(t)$ zeichnen wir auf einem Magnetband auf und nehmen beim Rückwärtslauf $U_3(t) = U_2(-t)$ ab. Das Oszillogramm von $U_3(t)$ sehen wir im Bild 7.47 oben. Den langen Spannungsimpuls $U_3(t)$ mit den tieffrequenten Anteilen am Anfang und den hochfrequenten am Ende geben wir wieder auf den Eingang unserer mechanischen Allpaßkette.

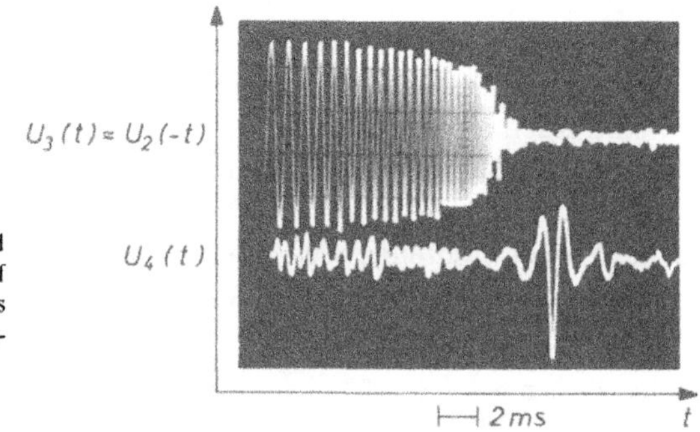

Bild 7.47. In der Apparatur nach Bild 7.46 aufgenommener Spannungsverlauf des gedehnten, zeitumgekehrten Impulses (oben) und des daraus gebildeten gestauchten Impulses (unten).

Auf Grund der Laufzeitunterschiede gelangen jetzt hoch- und tieffrequente Teilsignale annähernd gleichzeitig an den Ausgang und ergeben dort den scharfen Impuls $U_4(t)$, dessen Oszillogramm wir im Bild 7.47 unten finden.

Damit haben wir den Vorgang der *Impulskompression* kennengelernt, die für die elektromagnetischen und Schall-Ortungsverfahren, Radar bzw. Sonar, von Bedeutung ist. Die Erzielung großer Reichweiten macht große Sende-Energien je Impuls wünschenswert, deren Unterbringung in kurzen Sendeimpulsen wegen der dazu erforderlichen hohen Spannungen bzw. großen Schalldrucke (Kavitation im Wasser!) technische Schwierigkeiten bereitet. Kurze Impulse benötigt man jedoch für ein gutes Entfernungs-Auflösungsvermögen. Energiereiche, lange Sendeimpulse lassen sich dann anwenden, wenn man ihnen z. B. die Form eines Schwingungsimpulses veränderlicher Frequenz nach Bild 7.47 oben gibt und die reflektierten Empfangsimpulse in der beschriebenen Weise einer Impulskompression unterwirft.

8. Wellen mit Längsfeldkomponenten in Hohlleitern

Den geometrisch einfachsten Fall einer geführten Welle stellt die auf den Raum zwischen zwei unendlich ausgedehnten planparallelen Metallplatten begrenzte, elektrisch und magnetisch transversale ebene Welle dar (Abschnitt 6.1, Bild 6.1). Sofern der Plattenabstand klein gegenüber der Wellenlänge bleibt, ist die TEM-Welle die einzige ausbreitungsfähige Welle. Beträgt der Abstand zwischen den Metallplatten jedoch mehr als eine halbe Wellenlänge, so sind auch andere Ausbreitungsformen möglich. Das geht aus einer Fortführung der Betrachtungen über die schräge Reflexion ebener Wellen an einer Metallwand im Abschnitt 5.3.3 hervor. Das durch Überlagerung der unter dem Winkel φ einfallenden und reflektierten Welle gebildete Interferenzfeld (Bilder 5.20, 5.21) weist in den Abständen

$$y = \frac{n\lambda_0}{2\cos\varphi}, \qquad n = 1, 2, \dots \tag{8.1}$$

von der Metallwand Ebenen auf, in denen die wandnormalen Magnetfeld- und wandparallelen elektrischen Feldkomponenten verschwinden. In diesen Ebenen genügt das Feld also den für eine Metalloberfläche vorgeschriebenen Randbedingungen (s. Abschnitt 5.3 für $\sigma_2 \to \infty \mathrel{\hat{=}} Z_2 = 0$). Bringt man in eine der Ebenen eine Metallwand, so erhält die Reflexion an ihr das ursprüngliche Interferenzfeld aufrecht. Die schräg eingestrahlte Welle breitet sich zwischen den beiden Metallwänden aus, indem sie zickzackförmig von ihnen hin- und

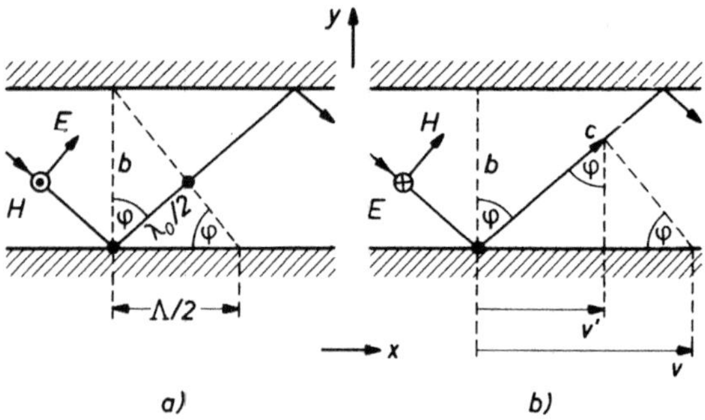

Bild 8.1. Wellenausbreitung durch Zickzackreflexion zwischen planparallelen Metallwänden, (a) mit elektrischem Feld in der Reflexionsebene (E-Welle) und (b) mit magnetischem Feld in der Reflexionsebene (H-Welle)

herreflektiert wird (Bild 8.1). Je nachdem, ob das elektrische Feld oder das magnetische Feld der ebenen Teilwellen in der Einfallsebene liegt, hat die resultierende Welle eine elektrische (E_x) bzw. magnetische (H_x) Feldkomponente längs der Ausbreitungs-(x-)Richtung. Wie schon im Abschnitt 5.3.3 erwähnt, nennt man diese beiden Arten von Wellen mit Längsfeldkomponenten *E*- oder *TM-Welle* (Bild 8.1a) bzw. *H*- oder *TE-Welle* (Bild 8.1b). Die den beiden Arten gemeinsamen Beziehungen zwischen der Leitungswellenlänge Λ und der Freifeldwellenlänge λ_0

$$\Lambda = \frac{\lambda_0}{\sin\varphi}, \tag{8.2}$$

zwischen der Phasengeschwindigkeit v bzw. der Energietransport-(Gruppen-)Geschwindigkeit v' und der Lichtgeschwindigkeit c

$$v = \frac{c}{\sin\varphi} \quad (>c), \tag{8.3}$$

$$v' = c\sin\varphi \quad (<c) \tag{8.4}$$

sowie zwischen dem Teilwellenreflexionswinkel φ, dem Plattenabstand $y=b$ und λ_0, Gl. (8.1), sind im Bild 8.1 geometrisch veranschaulicht.

Die TE-Wellenausbreitung (Bild 8.1 b) bleibt unbeeinflußt, wenn sie mittels zweier weiterer Metallwände parallel zur x, y-Ebene auf einen Kanal rechteckigen Querschnitts beschränkt wird. Das elektrische Feld endet senkrecht auf diesen Wänden in elektrischen Ladungen, deren Verteilung derjenigen im Bild 6.1 ähnelt. Wellenleiter solcher und ähnlicher Art heißen *Hohlleiter.* Der gerade beschriebene TE-Wellen-Hohlleitertyp stellt für $n=1$ in Gl. (8.1) die wichtigste Leitungsform im Frequenzbereich von einigen GHz bis etwa 200 GHz dar.

Abweichend vom TE-Wellenfeld kann das mit der Ausbreitung zwischen zwei unendlich ausgedehnten, planparallelen Metallplatten verknüpfte TM-Wellenfeld, Bild 8.1 a, nicht bestehen bleiben, wenn man zwei weitere Metallwände parallel zur x, y-Ebene einführt. Es erfüllt an diesen Wänden nicht die Bedingungen verschwindenden normalen Magnetfelds H_z und verschwindenden parallelen elektrischen Felds E_x, E_y. Das geschieht erst dadurch, daß auch Reflexion an den x, y-parallelen Wänden erfolgt, daß also die Wellen-Normalen der ebenen Teilwellen auch noch eine z-Komponente erhalten.

Abweichend vom Fall zweier planparalleler Metallwände (Bild 8.1) können sich in *Hohl*leitern grundsätzlich keine TEM-Wellen ausbreiten. Zur genaueren Behandlung der Vielzahl möglicher Hohlleiterwellen in Hohlleitern verschiedener Querschnittsformen muß man über die einführend gegebene anschauliche Darstellung hinausgehen und die geeigneten Lösungen der Maxwellschen Gleichungen aufsuchen.

Für die Anwendung der Wellen in Hohlleitern hat sich, ähnlich wie auf dem Gebiet der TEM-Wellenleitungen, eine umfangreiche Meßtechnik herausgebildet, der eine Vielzahl von Hohlleiterbauteilen dient.

8.1. Hohlleiterwellenfelder

Hohlleiterwellen mit den ihnen eigenen Längsfeldkomponenten können in *allen* geschlossenen Leitungen auftreten, wenn die Wellenlänge vergleichbar mit deren Querabmessungen oder kleiner wird. Die zugehörigen Felder können, wie etwa in Koaxial- oder abgeschirmten Doppelleitungen, eine komplizierte räumliche Struktur besitzen. Übersichtliche und einfach zu beschreibende Feldverteilungen finden sich in Hohlleitern rechteckigen und kreisrunden Querschnitts und hier wiederum besonders in den Fällen, in denen das Verhältnis der Freifeldwellenlänge zur größten Querabmessung nahe bei 1,5 liegt.

Allen Formen monochromatischer Wellen in homogenen, verlustfreien Hohlleitern wird die Beschreibung

$$\left.\begin{aligned} \boldsymbol{E} &= \boldsymbol{E}(q_1, q_2) \\ \boldsymbol{H} &= \boldsymbol{H}(q_1, q_2) \end{aligned}\right\} \cdot e^{i(\omega t - \beta_h x)} \tag{8.5}$$

für das elektrische und magnetische Feld gerecht, worin x die Koordinate längs der Hohlleiterachse und q_1, q_2 die Koordinaten in der Querschnittsebene bedeuten. Die Querverteilungsfunktionen $\boldsymbol{E}(q_1, q_2)$, $\boldsymbol{H}(q_1, q_2)$ müssen Lösungen der Wellengleichung (3.2) sein und den Randbedingungen

$$E_{\text{tang}} = H_{\text{norm}} = 0 \qquad (8.6), (8.7)$$

an den zunächst als ideal leitend ($\sigma = \infty$) angenommenen Metallwänden genügen.

8.1.1. Felder in Rechteckhohlleitern

Für Rechteckhohlleiter im x, y, z-Koordinatensystem gemäß Bild 8.2 nimmt die Wellengleichung (3.2) mit dem Ansatz (8.5) die Form

$$-\beta_h^2 \boldsymbol{E} + \left(\frac{\partial^2}{\partial y^2} + \frac{\partial^2}{\partial z^2}\right) \boldsymbol{E} = -\left(\frac{\omega}{c}\right)^2 \boldsymbol{E} \tag{8.8}$$

in $\boldsymbol{E}$ und ebenso in $\boldsymbol{H}$ an. Die der Hohlleitergeometrie und den Randbedingungen angemessenen Lösungen der Gl. (8.8) ergeben als Querverteilungsfunktionen Produkte der Art

$$\boldsymbol{E}(y,z), \boldsymbol{H}(y,z) \sim \begin{matrix}\sin\\ \cos\end{matrix}\left(\frac{m\pi z}{a}\right) \cdot \begin{matrix}\cos\\ \sin\end{matrix}\left(\frac{n\pi y}{b}\right). \tag{8.9}$$

Darin bedeuten a, $b \leq a$ die Hohlleiterquerabmessungen (Bild 8.2) und m, n ganze, positive Zahlen einschließlich Null. Welche der möglichen sin-, cos-Faktorenkombinationen in Frage kommt, richtet sich nach den einzelnen Feldkomponenten. Ohne diese schon festlegen zu müssen, erhält man durch

Einsetzen der Ausdrücke (8.9) in die Gl. (8.8) die Bestimmungsgleichung für die Phasenkonstante β_h:

$$\beta_h^2 = \left(\frac{2\pi}{\Lambda}\right)^2 = \left(\frac{\omega}{c}\right)^2 - \left(\frac{m\pi}{a}\right)^2 - \left(\frac{n\pi}{b}\right)^2 = \beta_0^2 - \beta_c^2. \tag{8.10}$$

Im Fall des leeren Hohlleiters bedeutet $\beta_0 = 2\pi/\lambda_0 = \omega/c$ die Freifeldwellenzahl. Ist der Hohlleiter mit Materie der Dielektrizitätszahl ε' und der Permeabilitätszahl μ' ganz ausgefüllt, so hat man anstelle von β_0 gemäß den Gleichungen (3.9) und (3.10) $\beta = 2\pi/\lambda = \sqrt{\mu'\varepsilon'}\,\omega/c$ zu setzen. Dielektrische und magnetische Verluste ($\varepsilon'' \neq 0, \mu'' \neq 0$) des Füllmediums berücksichtigt man, indem man statt $\mathrm{i}\beta_h$ im Ansatz (8.5) die komplexe Ausbreitungskonstante $\gamma_h = \alpha_h + \mathrm{i}\beta_h$ einführt. Der Gl. (8.10) entspricht dann die Beziehung

$$-\gamma_h^2 = -\gamma^2 - \beta_c^2, \tag{8.11}$$

in der sich die Ausbreitungskonstante γ für ebene Wellen im unendlich ausgedehnten Medium nach den Gleichungen (3.38), (3.39) und (3.40) bestimmt.

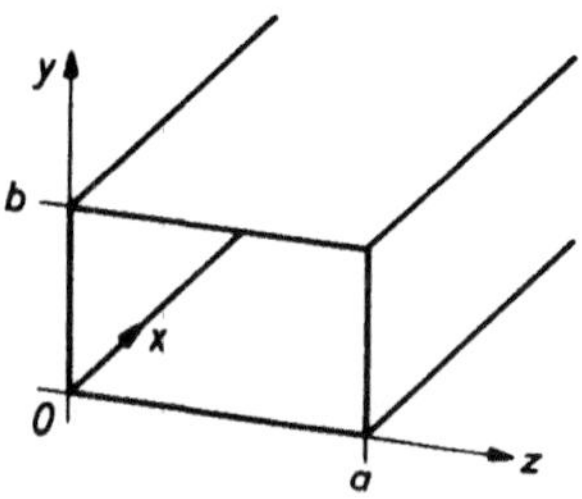

Bild 8.2. Koordinatensystem für die Beschreibung der Wellenausbreitung in Rechteckhohlleitern.

In der weiteren Behandlung der Hohlleiterfelder wird der Hohlleiter als leer vorausgesetzt. Die folgenden Formeln für die Felder lassen sich jedoch, wie eben erwähnt, auf den mit verlustbehaftetem Material gefüllten Hohlleiter anwenden, wenn man $\mathrm{i}\beta_h$ gegen γ_h und $\mathrm{i}\beta_0$ gegen γ auswechselt.

Die Größe

$$\beta_c = \frac{2\pi}{\lambda_c} = \frac{\omega_c}{c} = \sqrt{\left(\frac{m\pi}{a}\right)^2 + \left(\frac{n\pi}{b}\right)^2} \tag{8.12}$$

in der Gl. (8.10) bestimmt darüber, bei welchen Freifeldwellenlängen λ_0, Frequenzen f oder Abmessungen a, b im leeren Hohlleiter Wellenausbreitung möglich ist. Die Bedingung dafür lautet in verschiedenen Formen:

$$\beta_h^2 > 0, \qquad \beta_0 > \beta_c, \qquad \lambda_0 < \lambda_c, \qquad f > f_c, \qquad a > \frac{\lambda_0}{2}. \tag{8.13}$$

Für

$$\beta_h^2 < 0, \qquad \beta_0 < \beta_c, \qquad \lambda_0 > \lambda_c, \qquad f < f_c, \qquad a < \frac{\lambda_0}{2} \tag{8.14}$$

dagegen läßt die Gl. (8.5) mit $\beta_h = -\mathrm{i}|\beta_h|$ erkennen, daß elektrisches und magnetisches Feld sich nicht mehr wellenförmig ausbreiten, sondern längs des Hohlleiters überall gleichphasig schwingen und exponentiell abklingen:

$$\boldsymbol{E}, \boldsymbol{H} \sim \mathrm{e}^{-|\beta_h| x}\, \mathrm{e}^{\mathrm{i}\omega t}. \tag{8.15}$$

Die die Grenze zwischen Übertragung und Sperrung kennzeichnenden Größen heißen Grenzwellenzahl β_c, Grenzwellenlänge λ_c und Grenzfrequenz f_c. Der Hohlleiter stellt also einen Hochpaß dar. Signale mit Frequenzen unterhalb der Grenzfrequenz f_c erfahren Blinddämpfung und damit vollständige Reflexion. Die Dämpfungskonstante

$$\alpha_h = \sqrt{\beta_c^2 - \beta_0^2} = \beta_c \sqrt{1 - \left(\frac{\omega}{\omega_c}\right)^2} \tag{8.16}$$

erreicht für tiefe Frequenzen $f \ll f_c$ den Grenzwert

$$\alpha_h \to \beta_c = \frac{\omega_c}{c}. \tag{8.17}$$

Das bei $f < f_c$ (Teilwellenreflexionswinkel $\varphi = 0$) trotz fehlender Wellenausbreitung in den Hohlleiter eindringende Feld entspricht dem Feld, das sich bei Totalreflexion an der Grenzfläche zwischen zwei Medien verschiedener Dielektrizitätszahl (s. Abschnitt 5.3) in das Medium mit der kleineren Dielektrizitätszahl hinein, exponentiell abklingend, erstreckt. Auch das im Abschnitt 4.3 behandelte Elektronenplasma verhält sich gegenüber einer elektromagnetischen Anregung unterhalb seiner kritischen Frequenz, der Plasmafrequenz f_P, ebenso wie der Hohlleiter unterhalb seiner Grenzfrequenz f_c sperrend. Im Einfluß auf die Wellenausbreitung entsprechen sich f_P und f_c ebenfalls (s. Gl. (4.31) und (4.32) für $\varepsilon_g' = 1$). Das Hochpaß- und Sperrverhalten des Hohlleiters läßt sich auch an der noch zu be-

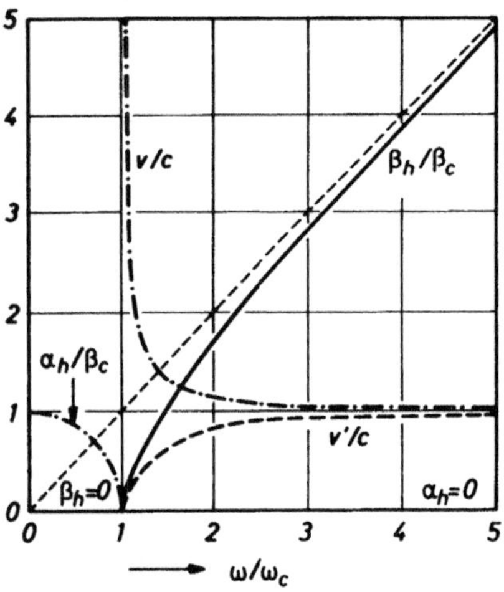

Bild 8.3. Phasengeschwindigkeit v, Gruppengeschwindigkeit v', Phasenkonstante β_h und Dämpfungskonstante α_h der Felder in Hohlleitern in Abhängigkeit von der auf die Grenzfrequenz ω_c bezogenen Frequenz ω.

handelnden näherungsweise gültigen Ersatzvierpolschaltung im Bild 8.8c ablesen.

Für die Phasengeschwindigkeit v und die Gruppengeschwindigkeit v' erhält man aus der Gl. (8.10)

$$v = \frac{\omega}{\beta_h} = \frac{c}{\sqrt{1-\left(\frac{\omega_c}{\omega}\right)^2}} = \frac{c}{\sqrt{1-\left(\frac{\lambda_0}{\lambda_c}\right)^2}} = c\frac{\Lambda}{\lambda_0}, \tag{8.18}$$

$$v' = \frac{\mathrm{d}\omega}{\mathrm{d}\beta_h} = c\sqrt{1-\left(\frac{\omega_c}{\omega}\right)^2} = c\sqrt{1-\left(\frac{\lambda_0}{\lambda_c}\right)^2} = c\frac{\lambda_0}{\Lambda} \tag{8.19}$$

mit ω_c, λ_c nach Gl. (8.12). Die Frequenzabhängigkeiten von v, v', β_h und α_h sind im Bild 8.3 zusammengestellt. Weit oberhalb der Grenzfrequenz nähern sich die Ausbreitungsverhältnisse denjenigen ebener Wellen im unbegrenzten Raum (Teilwellen-Reflexionswinkel $\varphi \to \pi/2$) an.

Zur Bestimmung der TM-(E-)Wellen-Feldkomponenten wird zunächst die Maxwellsche Gleichung (2.17) herangezogen. Unter Einführung von $H_x=0$ und $\partial/\partial x = -\mathrm{i}\beta_h$ nach Gl. (8.5) liefert die z-Komponente der Gl. (2.17):

$$H_y = -\frac{\omega\varepsilon_0}{\beta_h}E_z = -\frac{E_z}{Z_E} \tag{8.20}$$

und die y-Komponente, Gl. (2.18):

$$H_z = \frac{\omega\varepsilon_0}{\beta_h}E_y = \frac{E_y}{Z_E} \tag{8.21}$$

mit dem Feldwellenwiderstand

$$Z_E = \frac{\beta_h}{\omega\varepsilon_0} = Z_0\sqrt{1-\left(\frac{\lambda_0}{\lambda_c}\right)^2}. \tag{8.22}$$

Damit E_x der Randbedingung (8.6) an allen Hohlleiterwänden $z=0,a$; $y=0,b$ genügt, kommt von den Lösungen Gl. (8.9) der Wellengleichung (8.8) nur

$$E_x = \hat{E}\sin\left(\frac{m\pi z}{a}\right)\sin\left(\frac{n\pi y}{b}\right)\mathrm{e}^{\mathrm{i}(\omega t-\beta_h x)} \tag{8.23}$$

in Frage. Die restlichen Komponenten des elektrischen Feldes ergeben sich mit Gl. (8.23) aus der Maxwellschen Gleichung (2.20). Unter Einführung von H_z nach Gl. (8.21) bzw. von H_y nach Gl. (8.20) und von $\partial/\partial x = -\mathrm{i}\beta_h$ nach Gl. (8.5) liefert die z-Komponente der Gl. (2.20):

$$E_y = -\mathrm{i}\hat{E}\frac{\beta_h}{\beta_c^2}\cdot\frac{n\pi}{b}\cdot\sin\left(\frac{m\pi z}{a}\right)\cos\left(\frac{n\pi y}{b}\right)\mathrm{e}^{\mathrm{i}(\omega t-\beta_h x)} \tag{8.24}$$

und die y-Komponente:

$$E_z = -\mathrm{i}\hat{E}\frac{\beta_h}{\beta_c^2}\cdot\frac{m\pi}{a}\cdot\cos\left(\frac{m\pi z}{a}\right)\sin\left(\frac{n\pi y}{b}\right)\mathrm{e}^{\mathrm{i}(\omega t-\beta_h x)}. \tag{8.25}$$

Die Ausdrücke (8.23) bis (8.25) lassen erkennen, daß es TM-Wellen nur mit $m, n > 0$, also $m, n = 1, 2, \ldots$ gibt. Darin äußert sich die einleitend gemachte Feststellung, daß die ebenen Teilwellen an *beiden* Hohlleiterwandpaaren Reflexionen erleiden. Das Bild 8.4 zeigt den Feldlinien- und Wandstromverlauf der TM-Wellenform niedrigster Ordnung (TM_{11}). Die Feldlinienbilder der TM-Wellenformen höherer Ordnungen entstehen durch mehrfaches Aneinanderreihen der gezeigten Teilbilder in y- und z-Richtung. Mit den Magnetfeldern sind gemäß der Gl. (2.15) elektrische Wandströme verknüpft. Die Strombahnen laufen senkrecht zu $\boldsymbol{H}$, bei den TM-Wellen wegen $H_x = 0$ auf allen Wänden also nur in Ausbreitungs-(x-)Richtung.

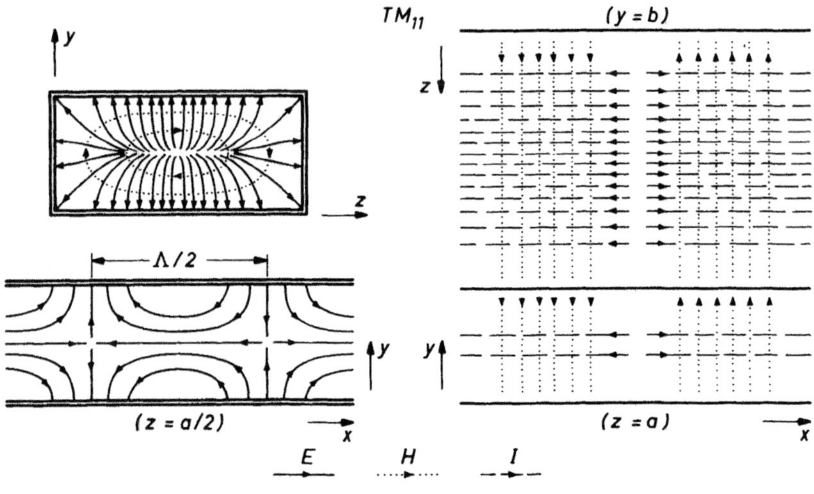

Bild 8.4. Feldlinien-(E-, H-) und Wandstrom-(I-)Verlauf der TM_{11}-Wellenform in einem Rechteckhohlleiter der Breite a und der Höhe b (Koordinatensystem wie im Bild 8.2).

Zur Bestimmung der TE-(H-)Wellen-Feldkomponenten wird zunächst die Maxwellsche Gl. (2.20) herangezogen. Unter Einführung von $E_x = 0$ und $\partial/\partial x = -\mathrm{i}\beta_h$ liefert ihre z-Komponente:

$$E_y = \frac{\omega\mu_0}{\beta_h}H_z = Z_H H_z \tag{8.26}$$

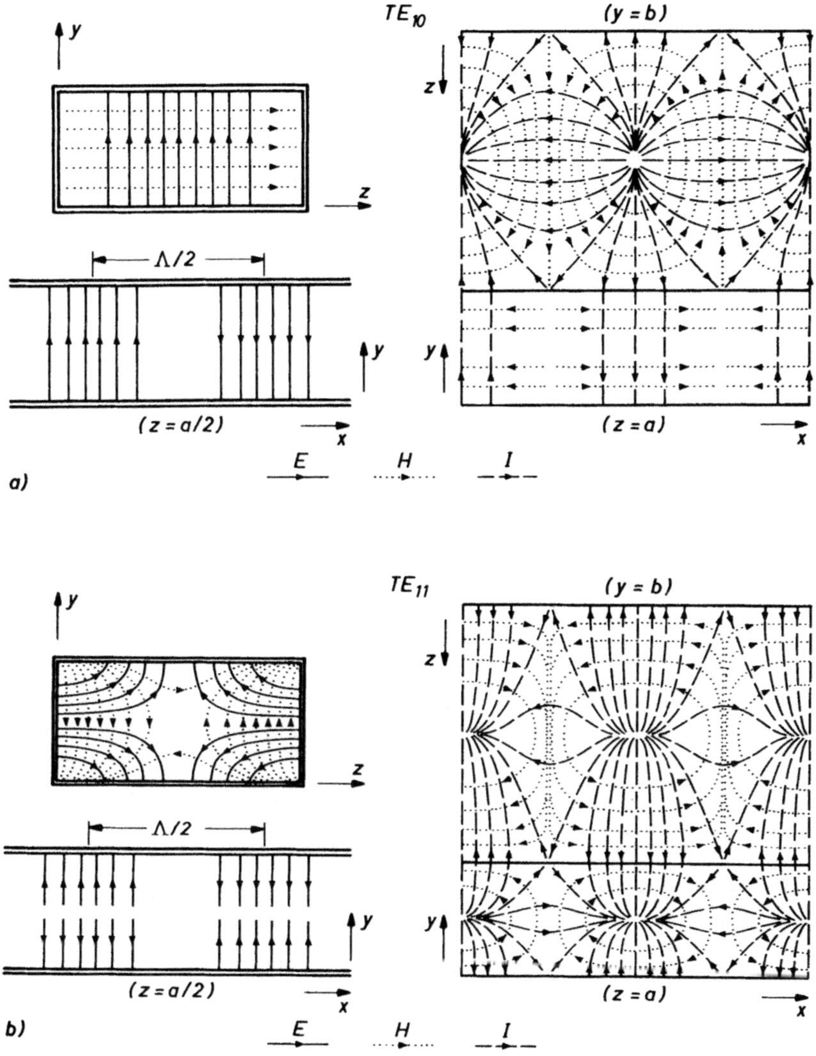

Bild 8.5. Feldlinien-(E-, H-) und Wandstrom-(I-)Verlauf der TE_{10}-Wellenform (a) und der TE_{11}-Wellenform (b) in einem Rechteckhohlleiter der Breite a und der Höhe b (Koordinatensystem wie im Bild 8.2).

und ihre y-Komponente:

$$E_z = -\frac{\omega \mu_0}{\beta_h} H_y = -Z_H H_y \tag{8.27}$$

mit dem Feldwellenwiderstand

$$Z_H = \frac{\omega \mu_0}{\beta_h} = \frac{Z_0}{\sqrt{1-(\lambda_0/\lambda_c)^2}}. \tag{8.28}$$

Damit H_y und H_z an den Wänden $y=0,b$ und $z=0,a$ der Randbedingung (8.7) genügen, kommt von den Lösungen (8.9) der Wellengleichung (8.8) nur

$$H_x = \hat{H} \cos\left(\frac{m\pi z}{a}\right) \cos\left(\frac{n\pi y}{b}\right) e^{i(\omega t - \beta_h x)} \tag{8.29}$$

in Frage. Das zeigt sich, wenn man die restlichen Komponenten des magnetischen Feldes mit Gl. (8.29) aus der Maxwellschen Gl. (2.17) bestimmt. Unter Einführung von E_z nach Gl. (8.27) bzw. von E_y nach Gl. (8.26) und von $\partial/\partial x = -i\beta_h$ liefert die z-Komponente der Gl. (2.17):

$$H_y = i\hat{H} \frac{\beta_h}{\beta_c^2} \cdot \frac{n\pi}{b} \cdot \cos\left(\frac{m\pi z}{a}\right) \sin\left(\frac{n\pi y}{b}\right) e^{i(\omega t - \beta_h x)} \tag{8.30}$$

und die y-Komponente:

$$H_z = i\hat{H} \frac{\beta_h}{\beta_c^2} \cdot \frac{m\pi}{a} \cdot \sin\left(\frac{m\pi z}{a}\right) \cos\left(\frac{n\pi y}{b}\right) e^{i(\omega t - \beta_h x)}. \tag{8.31}$$

Unter Ausschluß von $m=n=0$ beginnen die Ordnungszahlen mit $m=0,1,2,\ldots$; $n=0,1,2,\ldots$. Das Bild 8.5 zeigt den Feldlinien- und Wandstromverlauf zweier TE-Wellenformen niedriger Ordnung. Außer den Längsströmen treten bei den TE-Wellen wegen $H_x \neq 0$ auch elektrische Querströme in den Wänden auf.

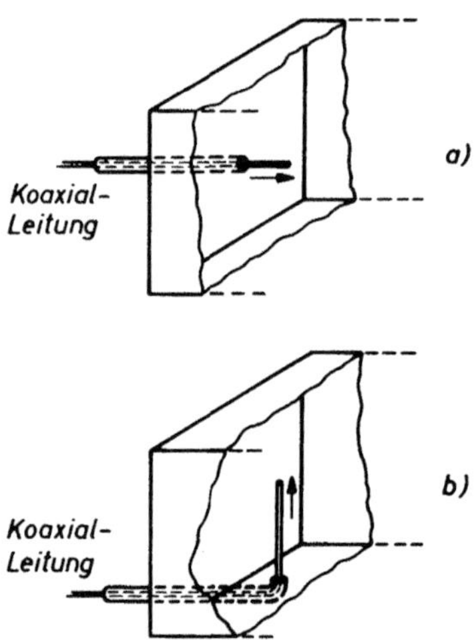

Bild 8.6. Geeignet angeordnete Stabantennen zur Anregung bestimmter Hohlleiterwellenformen: (a) TM_{11}, (b) TE_{10}.

Um eine bestimmte Hohlleiterwellenform allein anregen zu können, speist man die Signalleistung über eine oder mehrere kleine Stab- oder Schleifenantennen ein. Man muß dabei versuchen, durch geeignete Antennenanordnung das elektrische bzw. magnetische Antennenfeld dem gewünschten Hohlleiterwellenfeld möglichst gut nachzubilden. Einige Beispiele von Anregungssystemen sind im Bild 8.6 dargestellt. Trotz derartiger Maßnahmen gelingt es nur schwer, von mehreren ausbreitungsfähigen Wellenformen eine bestimmte allein anzuregen. In Hohlleitern für Meß- und Übertragungszwecke wirkt sich das gleichzeitige Vorhandensein mehrerer Wellenformen mit ihren ungleichen Ausbreitungseigenschaften jedoch störend aus. Welche Wellenformen sich in einem Hohlleiter vorgegebener Abmessungen a, b bei vorgegebener Frequenz $f=c/\lambda_0$ ausbreiten können, liest man aus dem Grenzwellenlängenspektrum im Bild 8.7 auf der betreffenden horizontalen Geraden b/a zwischen $\lambda_c/a=2$ und $\lambda_c/a=\lambda_0/a$ ab. Bleibt man mit den Hohlleiterabmessungen und der An-

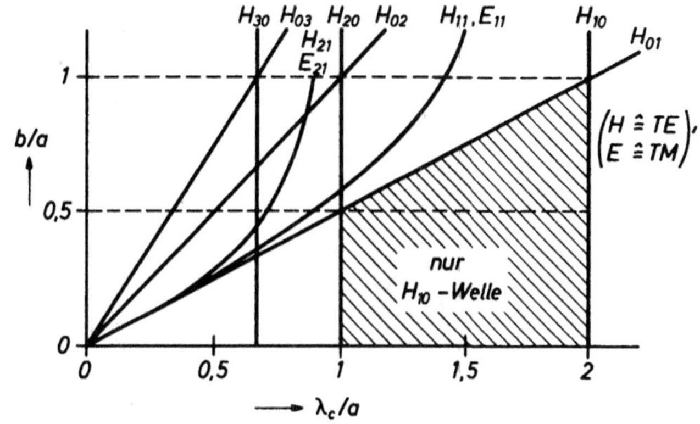

Bild 8.7. „Grenzwellenlängen-(λ_c-)Spektrum" der Wellenformen in Rechteckhohlleitern mit der Breite a und der Höhe b. Der Wellenlängen-(λ_0-)Bereich für die Ausbreitung einer H_{mn}- oder E_{mn}-Welle ergibt sich hieraus gemäß $\lambda_0/a<(\lambda_c/a)_{H_{mn}}$ bzw. $\lambda_0/a<(\lambda_c/a)_{E_{mn}}$. Die schraffierte Fläche kennzeichnet den (λ_0/a)-(b/a)-Bereich, in dem nur die H_{10}-Welle ausbreitungsfähig ist.

regungsfreifeldwellenlänge $\lambda_0=c/f$ im Diagramm Bild 8.7 innerhalb des schraffierten Bereichs, so ist nur die Wellenform mit der größten Grenzwellenlänge $\lambda_c=2a$, die TE_{10}-Welle, ausbreitungsfähig. Daher findet fast ausschließlich diese Wellenform in Hohlleiter-Meß- und Übertragungseinrichtungen Anwendung. Unter reinen TE_{10}-Wellenbetriebsbedingungen können Wellenformen höherer Ordnung lediglich in räumlich aperiodischer Weise an Stellen gestörter Hohlleitergeometrie (Querschnitts-Sprünge oder -Verformungen, Blenden, Stifte) auftreten. Füllung des Hohlleiters mit elektrisch oder magnetisch wirksamem Material kann die Bedingungen für reinen TE_{10}-Wellenbetrieb aufheben. Füllungen aus verlustbehafteten Materialien ($\varepsilon''\neq 0$ oder/und $\mu''\neq 0$) beseitigen die Sperrung des Hohlleiters für lange Wellen. Wie man nach Auflösen der Gl. (8.11) mit Hilfe der Gl. (3.38),

$$\left.\begin{matrix}\alpha_h\\ \beta_h\end{matrix}\right\}=\beta_0\sqrt{\frac{1}{2}\left[\sqrt{\left(\mu'\varepsilon'-\mu''\varepsilon''-\left(\frac{\lambda_0}{\lambda_c}\right)^2\right)^2+(\mu'\varepsilon''+\mu''\varepsilon')^2}\mp\left(\mu'\varepsilon'-\mu''\varepsilon''-\left(\frac{\lambda_0}{\lambda_c}\right)^2\right)\right]}, \tag{8.32}$$

erkennt, bleibt $\beta_h^2>0$ unabhängig von λ_0, sofern nur, wie fast ausschließlich in verlustbehafteten Stoffen, $\mu'\varepsilon''+\mu''\varepsilon'\neq 0$ gilt.

Wegen der großen praktischen Bedeutung der TE_{10}-Wellenform werden ihre Feldkomponenten noch einmal getrennt von denen aller TE-Wellenformen (Gl. (8.26) bis Gl. (8.31)) angegeben (Feldlinienverlauf s. Bild 8.5a):

$$E_x = E_z = H_y = 0, \tag{8.33}$$

$$E_y = \hat{E} \sin\left(\frac{\pi z}{a}\right) e^{i(\omega t - \beta_h x)}, \tag{8.34}$$

$$H_z = \frac{\hat{E}}{Z_H} \sin\left(\frac{\pi z}{a}\right) e^{i(\omega t - \beta_h x)}, \tag{8.35}$$

$$H_x = -i \frac{\hat{E}}{Z_0} \frac{\lambda_0}{2a} \cos\left(\frac{\pi z}{a}\right) e^{i(\omega t - \beta_h x)}, \tag{8.36}$$

$$Z_H = \frac{Z_0}{\sqrt{1 - \left(\frac{\lambda_0}{2a}\right)^2}}, \tag{8.37}$$

$$\Lambda = \frac{\lambda_0}{\sqrt{1 - \left(\frac{\lambda_0}{2a}\right)^2}}. \tag{8.38}$$

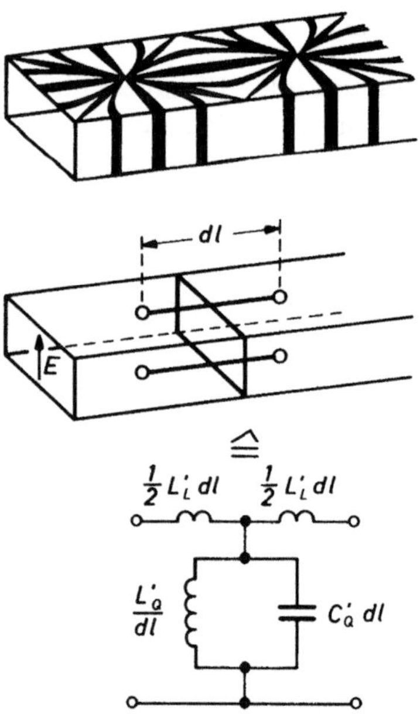

Bild 8.8. Entwicklung der Ersatzvierpolschaltung (c) eines TE_{10}-Wellen-Rechteckhohlleiters aus den Wandstrombahnen (a) über deren stark vereinfachte Form (b). Die Strichbreite im Bild (a) gibt die Größe der Stromdichte an.

Die senkrecht zu den H-Feldlinien (Bild 8.5a) laufenden Wandstrombahnen sind im Bild 8.8a allein dargestellt. Die Strichbreite gibt die Größe der Stromdichte an. Das Bild 8.8b zeigt die Hauptstrompfade noch einmal stark vereinfacht in einem kurzen Hohlleiterstück der Länge $dl \ll \lambda_c/2\pi$, $\lambda_0/2\pi$. Diese Darstellung führt auf die Ersatzvierpolschaltung im Bild 8.8c. Tatsächlich verhält sich eine Kette aus derartigen Vierpolen näherungsweise wie ein TE-Wellen-Hohlleiter. Die Anwendung der Formeln (7.43) und (7.44) für das Übertragungsmaß bzw. den Wellenwiderstand auf diesen Vierpol ergibt mit $b_h = \beta_h dl$, $a_h = \alpha_h dl$ die Ausdrücke (8.10), (8.16) und (8.28), wenn die Längsinduktivität $L'_L dl$, die Querinduktivität L'_Q/dl und die Querkapazität $C'_Q dl$, bis auf einen gemeinsamen konstanten Faktor, gemäß

$$\frac{1}{\sqrt{L'_Q C'_Q}} = \omega_c, \tag{8.39}$$

$$\frac{1}{\sqrt{L'_L C'_Q}} = c, \tag{8.40}$$

$$\sqrt{\frac{L'_L}{C'_Q}} = Z_0 \tag{8.41}$$

bemessen sind. Die Gültigkeit der Ersatzvierpolschaltung erstreckt sich über den Frequenzbereich

$$0 \leq \omega \ll \sqrt{\frac{2}{L'_L \mathrm{d}l \cdot C'_Q \mathrm{d}l}}, \tag{8.42}$$

den also nach oben hin die Serienresonanz der Längsinduktivität $(L'_L/2)\mathrm{d}l$ mit der Querkapazität $C'_Q \mathrm{d}l$ begrenzt. Mit der Parallelkreisresonanz setzt im Zuge abnehmender Frequenz die Sperrung ein. Die Blinddämpfung erweist sich im Ersatzschaltbild 8.8c als Folge der Spannungsteilung zwischen der Längs- und der Querinduktivität.

Wellenausbreitung zwischen planparallelen Metallplatten

Wie aus dem Bild 8.9 unten ersichtlich, strahlen wir von links mit einem amplitudenmodulierten 9,2-GHz-Klystronsender über einen Hohlleitertrichter eine linear polarisierte Welle ab. Sie gelangt durch einen trichterförmigen Übergang zwischen zwei planparallele Metallplatten. Nach etwa 20 cm Länge öffnet sich die Plattenleitung wieder trichterförmig zur Überführung der durchgelaufenen Welle in den Empfangstrichter mit Gleichrichter (rechts im Bild). Das gleichgerichtete und verstärkte Empfangssignal geben wir auf ein Zeigerinstrument.

Wir betrachten zunächst den Fall, daß das elektrische Feld senkrecht auf den Parallelplatten steht und verändern deren Abstand a. Von einigen Zentimetern bis herunter zu $a < \lambda_0/2 \approx 1{,}6$ cm wird die Welle durchgelassen entsprechend der hier vorhandenen grenzfrequenzfreien TEM-Wellenausbreitung. Liegt dagegen das elektrische Feld nach 90°-Drehung des Sende- und des Empfangstrichters parallel zu den Platten der Leitung, so hört die Übertragung auf, wenn wir den Plattenabstand unter $a = \lambda_0/2$ herab vermindern. Wir finden hier also das für die TE_{10}-Wellenleitung kennzeichnende Sperrverhalten. Bei dem Sperrung verursachenden Abstand $a \approx 1{,}4\,\mathrm{cm} < \lambda_0/2$ schieben wir nun eine Trolitul-(Polystyrol-)Platte mit der Dielektrizitätszahl $\varepsilon' \approx 2{,}5$ in die Parallelplattenleitung. Dadurch wird $\lambda_0/(2\sqrt{\varepsilon'}) \approx 1\,\mathrm{cm} < a \approx 1{,}4\,\mathrm{cm}$, und wir erhalten wieder TE_{10}-Wellendurchlaß.

Mit der behandelten TE-Wellenausbreitung wollen wir die Schallwellenausbreitung in Wasser zwischen zwei planparallelen schallweichen Platten (mit Schaumgummi überzogene Metallplatten) vergleichen. Dazu benutzen wir die im Bild 8.9 oben gezeigte Apparatur für 15-kHz-Schall-

Bild 8.9. Apparaturen zur Vorführung der Ausbreitung elektromagnetischer Wellen zwischen planparallelen Metallplatten (unten) und von Wasserschallwellen zwischen planparallelen schallweichen Platten (mit Schaumgummi überzogenen Metallplatten) (oben).

wellen mit $\lambda_0 \approx 10$ cm (zwei Seignettesalzwandler, verbunden mit Schwebungsgenerator bzw. mit Verstärker). Die für die Plattenabstände knapp unter $\lambda_0/2 \approx 5$ cm auftretende Sperrung können wir durch Frequenzerhöhung wieder aufheben.

Daß die Wellenausbreitung erst oberhalb einer Grenzfrequenz erfolgt, ist beiden gezeigten Fällen deshalb gemeinsam, weil das Verschwinden des elektrischen Tangentialfeldes an den Metallplatten und des Schalldruckes an den schallweichen Platten einander entsprechen.

Hochpaßeigenschaft des Hohlleiters

Wir leiten eine TE_{10}-Welle konstanter Amplitude und periodisch zwischen 8 und 12 GHz veränderlicher Frequenz aus dem hierfür üblichen Hohlleiter auf einen Hohlleiter verminderter Breite. An das Ende des 7 cm langen, verengten Hohlleiterstücks schließt sich wieder ein normaler Hohlleiter ($a \approx 2{,}3$ cm, $b \approx 1$ cm) mit Gleichrichterabschluß an. Das quadratisch gleichgerichtete

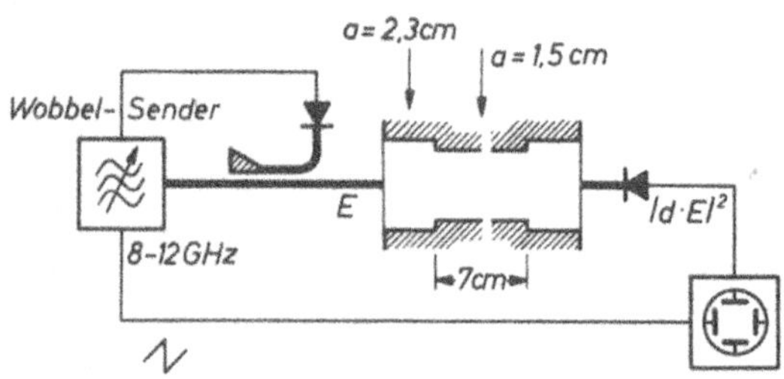

Bild 8.10. Apparatur zur Vorführung der Hochpaßeigenschaft des Hohlleiters.

Ausgangssignal lassen wir von einem Oszillographen über der Frequenz aufzeichnen. Die benutzte Apparatur ist im Bild 8.10 angedeutet. Das Oszillogramm des Ausgangssignals im Bild 8.11 unten zeigt das Hochpaßverhalten des verengten Hohlleiterstücks, dessen Grenzfrequenz, der Breite

$a = \lambda_c/2 = c/2f_c = 1{,}5$ cm entsprechend, bei 10 GHz liegt. Die Signalwelligkeit im Durchlaßbereich $f > f_c$ rührt von den Reflexionen an den beiden Querschnittssprungstellen her, die mit frequenzabhängiger Phase interferieren. Ohne das verengte Hohlleiterstück erhalten wir das annähernd frequenzunabhängige Ausgangssignal im Bild 8.11 oben. Füllen wir das Hohlleiterstück der

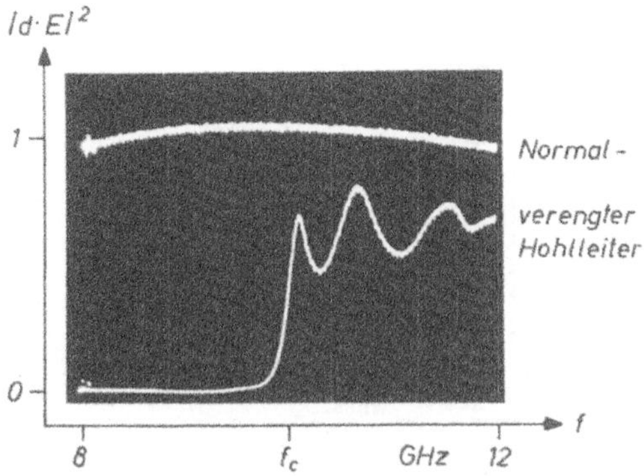

Bild 8.11. Vom Hohlleiterstück verminderter Breite in der Apparatur nach Bild 8.10 durchgelassenes Signal in Abhängigkeit von der Frequenz (unten). Oben: Übertragung ohne Querschnittsstörung.

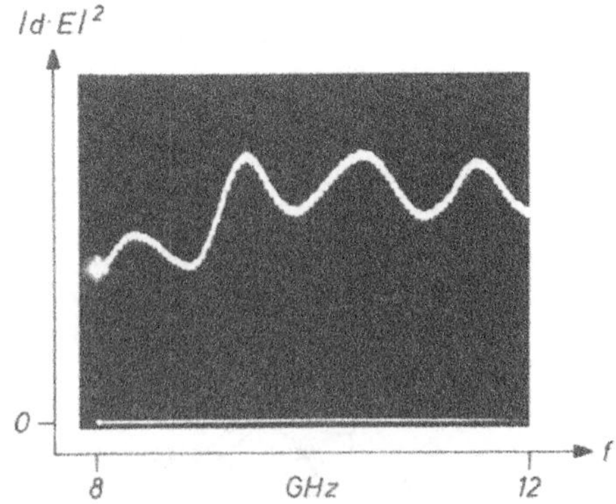

Bild 8.12. Vom Hohlleiterstück verminderter Breite in der Apparatur nach Bild 8.10 durchgelassenes Signal in Abhängigkeit von der Frequenz bei Füllung mit Dielektrikum der Dielektrizitätszahl $\varepsilon' \approx 2{,}5$.

Breite $a = 1{,}5$ cm mit einem Dielektrikum (Trolitul) der Dielektrizitätszahl $\varepsilon' = 2{,}5$, so schiebt sich die Grenzfrequenz aus unserem Meßfrequenzbereich hinaus zum Wert $f_c = c/(2a\sqrt{\varepsilon'}) \approx 6{,}3$ GHz. Wie das Oszillogramm, Bild 8.12, bestätigt, erhalten wir überall zwischen 8 und 12 GHz Durchlaß, der wegen Reflexionsinterferenzen wieder etwas schwankt.

Wellenlänge und Feldverteilung im Rechteckhohlleiter

In einer geschlitzten Schiebesonden-Meßleitung geeignet bemessenen Querschnitts ($b < a$; $\lambda_0 > a > \lambda_0/2$) regen wir mit einem amplitudenmodulierten 9,2-GHz-Klystron eine TE_{10}-Welle an. Das Klystron ist zwecks Rückwirkungsminderung über ein Dämpfungsglied angeschlossen. Das Bild 8.13 zeigt das Schema der Apparatur.

Bei zunächst kurzgeschlossenem Leitungsende tasten wir mit der Meßleitungssonde das Feld stehender Wellen ab und bestimmen aus dem doppelten Abstand der Minima die Rohrwellenlänge $\Lambda = \lambda_0/\sqrt{1-(\lambda_0/2a)^2} \approx 4{,}6$ cm für $a \approx 2{,}3$ cm. Dann öffnen wir das Leitungsende, so daß Abstrahlung in den freien Raum erfolgt. Die abgestrahlte Freifeldwelle lassen wir von einer ebenen Metallplatte, etwa 20 cm vom Hohlleitungsende entfernt, senkrecht reflektieren. Mit einer kleinen elektrischen Dipolsonde tasten wir nun das Feld stehender Wellen vor dem Metallreflektor ab und finden als doppelten Abstand der Minima die Freifeldwellenlänge $\lambda_0 \approx 3{,}3 \text{ cm} < \Lambda$.

Mit einer kleinen elektrischen Dipolsonde (Länge $l <$ Hohlleiterhöhe b) gehen wir möglichst dicht an das frei abstrahlende Hohlleiterende (Freifeldreflektor entfernt) heran und stellen so die Richtung (y) und den Betrag ($|\sin(\pi z/a)|$) des elektrischen Feldes in seiner Verteilung über den Hohlleiterquerschnitt fest. Auch die Amplitudenverteilung und die Richtung der beiden magnetischen Feldkomponenten $|H_z| \sim |\sin(\pi z/a)|$, $|H_x| \sim |\cos(\pi z/a)|$ machen wir sichtbar, indem wir uns einer Schlitzrohrsonde (s. Abschnitt 10.2.2) bedienen. Schließlich weisen wir nach, daß Feldkomponenten E_x, E_z, H_y nicht auftreten.

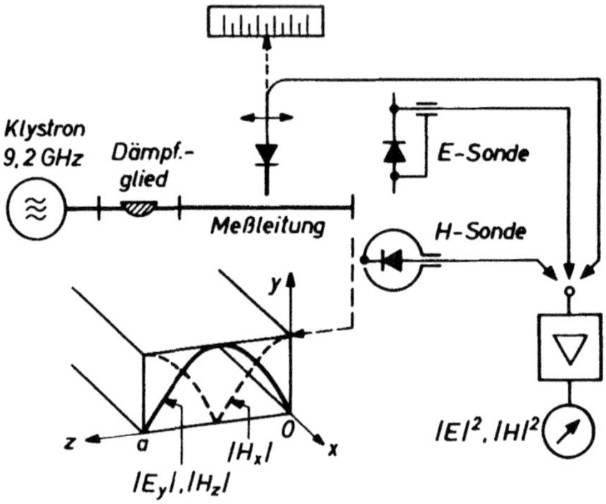

Bild 8.13. Apparatur zum Abtasten der Wellenlänge und der Feldverteilung im Rechteckhohlleiter.

8.1.2. Felder in Rundhohlleitern

Für kreisrunde Hohlleiter (Radius a) im x, r, ζ-Zylinderkoordinatensystem gemäß Bild 8.14 nimmt die Wellengleichung (3.2) mit dem Feldansatz (8.5) die Form

$$-\beta_h^2 \boldsymbol{E} + \left(\frac{\partial^2}{\partial r^2} + \frac{1}{r}\frac{\partial}{\partial r} + \frac{1}{r^2}\frac{\partial^2}{\partial \zeta^2}\right)\boldsymbol{E} = -\frac{\omega^2}{c^2}\boldsymbol{E} \tag{8.43}$$

in $\boldsymbol{E}$ und ebenso in $\boldsymbol{H}$ an. Die der Hohlleitergeometrie und den Randbedingungen angemessenen Lösungen der Gl. (8.43) ergeben als Querverteilungsfunktionen Produkte der Art

$$\boldsymbol{E}(r,\zeta), \boldsymbol{H}(r,\zeta) \sim \begin{matrix}\sin\\ \cos\end{matrix}(m\zeta) \begin{matrix}I_m\\ I'_m\end{matrix}(\beta_c r). \tag{8.44}$$

Die I_m sind Besselfunktionen erster Art der Ordnung $m = 0, 1, 2, \ldots$. Die erste Ableitung von $I_m(\beta_c r)$ gehorcht der Beziehung

$$I'_m(\beta_c r) = \frac{\mathrm{d}I_m}{\mathrm{d}(\beta_c r)} = \frac{m}{\beta_c r} I_m - I_{m+1}. \tag{8.45}$$

$I_0(\beta_c r)$ ähnelt der Funktion $\cos(\beta_c r)$ und $I_1(\beta_c r) = -I'_0(\beta_c r)$ der Funktion $\sin(\beta_c r)$. Welche der möglichen Faktorenkombinationen (8.44) in Frage kommt, richtet sich nach den einzelnen Feldkomponenten. Wie in Gl. (8.10) bedeutet hier β_c wieder die Grenzwellenzahl, die zusammen mit $\beta_0=\omega/c$ die Phasenkonstante β_h im leeren Hohlleiter gemäß

$$\beta_h^2=\beta_0^2-\beta_c^2 \tag{8.46}$$

bestimmt. Die Werte von $\beta_c=2\pi/\lambda_c$ folgen aus der Forderung, daß die Randbedingungen (8.6) und (8.7) durch die n-te Nullstelle $\beta_c a=\nu_{mn}$ von I_m bzw. $\beta_c a=\nu'_{mn}$ von I'_m mit $n=1,2,\ldots$ erfüllt werden. Mit diesen β_c-Werten oder den entsprechenden Grenzdaten λ_c, f_c gelten die Beziehungen (8.15) bis (8.19) auch für den runden Hohlleiter.

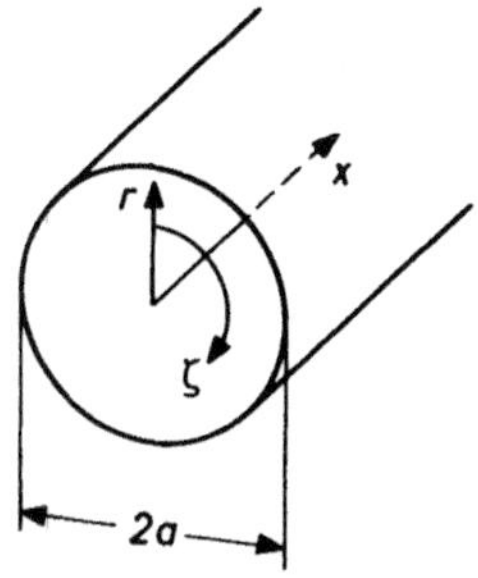

Bild 8.14. Koordinatensystem für die Beschreibung der Wellenausbreitung im Rundhohlleiter.

Zur Bestimmung der TM-(E-)Wellen-Feldkomponenten geht man von der Maxwellschen Gl. (2.17) aus. Unter Einführung von $H_x=0$ und $\partial/\partial x=-\mathrm{i}\beta_h$ liefert ihre ζ-Komponente:

$$H_r=-\frac{\omega\varepsilon_0}{\beta_h}E_\zeta=-\frac{E_\zeta}{Z_E} \tag{8.47}$$

und ihre r-Komponente:

$$H_\zeta=\frac{\omega\varepsilon_0}{\beta_h}E_r=\frac{E_r}{Z_E} \tag{8.48}$$

mit dem Feldwellenwiderstand Z_E nach Gl. (8.22). Unter den verschiedenen Faktorenkombinationen (8.44) kommt für E_x diejenige in Betracht, die die TM-Welle mit dem kleinstmöglichen $\beta_c a$-Wert (ν_{01}) einschließt:

$$E_x=\hat{E}\cos(m\zeta)I_m(\beta_c r)\mathrm{e}^{\mathrm{i}(\omega t-\beta_h x)}. \tag{8.49}$$

Die übrigen Komponenten des elektrischen Feldes folgen unter Einführung von $\partial/\partial x=-\mathrm{i}\beta_h$ und der Beziehungen (8.47) bis (8.49) aus der Maxwellschen Gl. (2.20). Ihre ζ-Komponente liefert:

$$E_r=-\mathrm{i}\hat{E}\frac{\beta_h}{\beta_c}\cos(m\zeta)I'_m(\beta_c r)\mathrm{e}^{\mathrm{i}(\omega t-\beta_h x)} \tag{8.50}$$

und ihre r-Komponente:

$$E_\zeta=\mathrm{i}\hat{E}\frac{\beta_h}{\beta_c^2}\frac{m}{r}\sin(m\zeta)I_m(\beta_c r)\mathrm{e}^{\mathrm{i}(\omega t-\beta_h x)}. \tag{8.51}$$

Für die Grenzwellenlängen der TM_{mn}-Wellen ergibt sich aus $E_x(\beta_c a)=E_\zeta(\beta_c a)=0 \mathrel{\hat{=}} I_m(\beta_c a)=0$:

$$\lambda_c = \frac{2\pi a}{\nu_{mn}} \quad \text{mit} \quad I_m(\nu_{mn}) = 0, \quad \begin{matrix} m = 0, 1, 2, \ldots \\ n = 1, 2, \ldots \end{matrix} \tag{8.52}$$

Das Bild 8.15 zeigt den Feldlinien- und Wandstromverlauf zweier TM-Wellenformen niedriger Ordnung. Das Feld der TM_{01}-Welle ähnelt dem der TEM-Koaxialleitungswelle, das der TM_{11}-Welle dem der TEM-Welle auf einer ab-

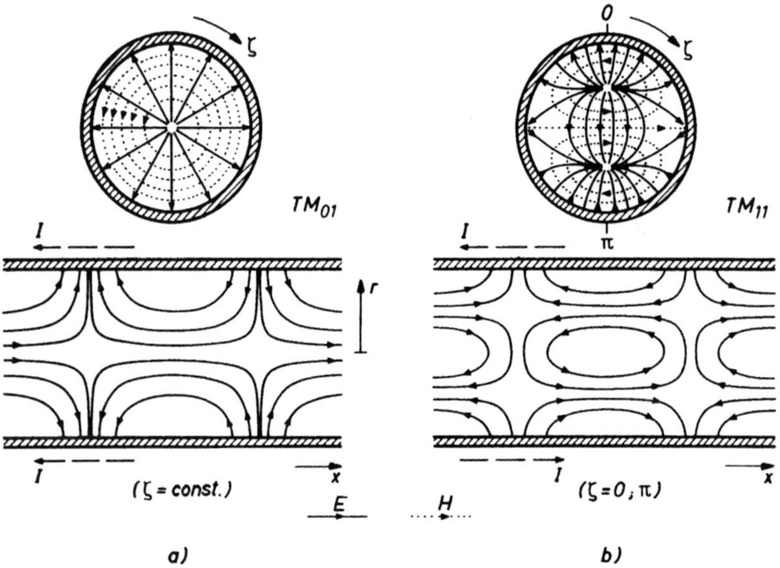

Bild 8.15. Feldlinien-(E-, H-) und Wandstrom-(I-)Verlauf der TM_{01}-Wellenform (a) und der TM_{11}-Wellenform (b) in einem Rundhohlleiter. (Koordinatensystem wie im Bild 8.14.)

geschirmten Zweidrahtleitung. Anstelle der Innenleiterströme hat der Hohlleiter die elektrischen Längsfelder. Auf den Hohlleiterwänden fließen ausschließlich Längsströme.

Für die TE-(H-)Wellen-Feldkomponenten liefert die ζ- bzw. die r-Komponente der Maxwellschen Gl. (2.20) mit $E_x = 0$, $\partial/\partial x = -\mathrm{i}\beta_h$:

$$E_r = \frac{\omega\mu_0}{\beta_h} H_\zeta = Z_H H_\zeta, \tag{8.53}$$

$$E_\zeta = -\frac{\omega\mu_0}{\beta_h} H_r = -Z_H H_r, \tag{8.54}$$

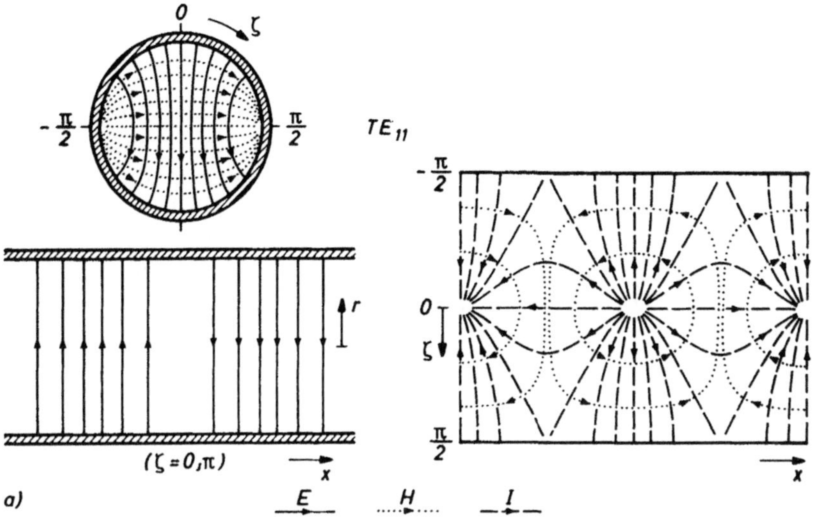

wobei für den Feldwellenwiderstand Z_{H} die Gl. (8.28) gilt. Die folgende Auswahl aus Gl. (8.44) für H_x schließt alle möglichen TE-Wellen ein:

$$H_x = \hat{H}\cos(m\zeta)\, I_m(\beta_c r)\,\mathrm{e}^{\mathrm{i}(\omega t - \beta_h x)}. \tag{8.55}$$

Die übrigen Magnetfeldkomponenten ergeben sich unter Einführung von $\partial/\partial x = -\mathrm{i}\beta_h$ und der Beziehungen (8.53) bis (8.55) aus der Maxwellschen Gl. (2.17). Ihre ζ- bzw. r-Komponente liefert:

$$H_r = -\mathrm{i}\hat{H}\frac{\beta_h}{\beta_c}\cos(m\zeta)\, I'_m(\beta_c r)\,\mathrm{e}^{\mathrm{i}(\omega t - \beta_h x)}, \tag{8.56}$$

$$H_\zeta = \mathrm{i}\hat{H}\frac{\beta_h}{\beta_c^2}\frac{m}{r}\sin(m\zeta)\, I_m(\beta_c r)\,\mathrm{e}^{\mathrm{i}(\omega t - \beta_h x)}. \tag{8.57}$$

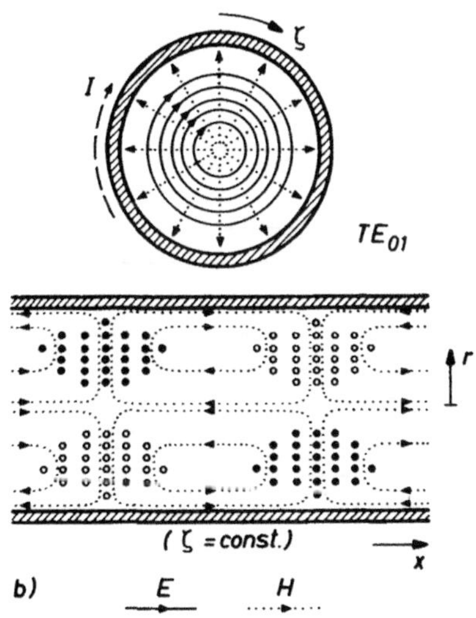

Bild 8.16. Feldlinien-(E-, H-) und Wandstrom-(I-)Verlauf der TE_{11}-Wellenform (a) und der TE_{01}-Wellenform (b) in einem Rundhohlleiter (Koordinatensystem wie im Bild 8.14.).

Die Grenzwellenlängen der TE_{mn}-Wellen werden durch $H_r(\beta_c a) = 0 \mathrel{\hat{=}} I'_m(\beta_c a) = 0$ vorgeschrieben:

$$\lambda_c = \frac{2\pi a}{v'_{mn}} \quad \text{mit} \quad I'_m(v'_{mn}) = 0, \quad \begin{array}{l} m = 0, 1, 2, \ldots \\ n = 1, 2, \ldots \end{array} \tag{8.58}$$

Der Feldlinien- und Wandstromverlauf zweier TE-Wellenformen niedriger Ordnung ist im Bild 8.16 dargestellt. Das Feld der TE_{11}-Welle entspricht dem der TE_{10}-Welle im Rechteckhohlleiter. Ebenso wie diese hat die TE_{11}-Welle im runden Rohr die tiefste Grenzfrequenz, ist also innerhalb eines begrenzten Frequenzbereichs rein anregbar. Besondere Bedeutung kommt ihr in solchen Hohlleiteranlagen zu, die polarisationsunabhängige Übertragung, z.B. bei willkürlicher Drehung der Polarisationsebene, erfordern. Im allgemeinen sind die TE-Wellen von Längs- *und* Querwandströmen begleitet. Ausnahmen bilden die TE_{0n}-Wellen, die wegen $H_\zeta = 0$ keine Längsströme hervorrufen. Ihr besonderes Dämpfungsverhalten im Fall endlicher Wandleitfähigkeit findet im Abschnitt 8.1.3 Erwähnung.

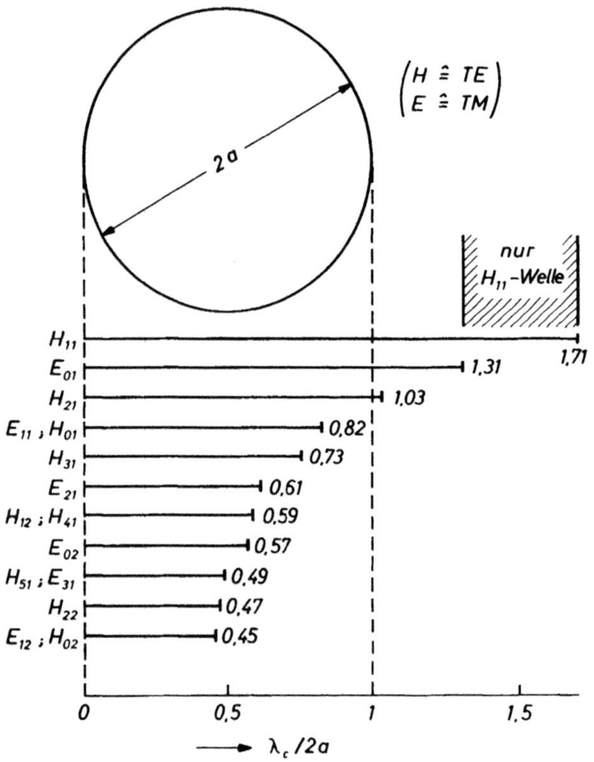

Bild 8.17. „Grenzwellenlängen-(λ_c-)Spektrum" der Wellenformen in Rundhohlleitern des Durchmessers $2a$. Der Wellenlängen-(λ_0-)Bereich für die Ausbreitung einer H_{mn}- oder E_{mn}-Welle ergibt sich hieraus gemäß $\lambda_0/2a < (\lambda_c/2a)_{H_{mn}}$ bzw. $\lambda_0/2a < (\lambda_c/2a)_{E_{mn}}$. Die schraffierte Strecke kennzeichnet den ($\lambda_0/2a$)-Bereich, in dem nur die H_{11}-Welle ausbreitungsfähig ist.

Über das Grenzwellenlängen-Spektrum von TE- und TM-Wellen für $\lambda_c > 0{,}9\,a$ gibt das Bild 8.17 Auskunft. Im Vergleich zu dem der Rechteckhohlleiterwellen, Bild 8.7, fällt auf, daß der Wellenlängenbereich für reine Grundwellenausbreitung mit 1,71:1,31 ≈ 1,31:1 beim Rundhohlleiter bedeutend schmaler als beim Rechteckhohlleiter mit 2:1 im Fall $b/a \leq 0{,}5$ ist. Mit aus diesem Grunde wird der TE_{10}-Rechteckhohlleiter in Meß- und Übertragungsanordnungen bevorzugt.

8.1.3. Wandstromdämpfung

In der bisherigen Behandlung der Wellenausbreitung in Hohlleitern sind die Metallwände als unendlich gut leitend vorausgesetzt worden. Die praktisch verfügbaren, meist aus Messing oder Silber bestehenden Hohlleiter haben natürlich endliche Wandleitfähigkeit der Größe $\sigma \approx 1{,}6 \cdot 10^7$ bzw. $6 \cdot 10^7\,\Omega^{-1}\,\mathrm{m}^{-1}$. Die genaue Berechnung der Hohlleiterfelder unter Berücksichtigung endlicher Wandleitfähigkeit führt auf komplizierte Ausdrücke. Im Fall der genannten großen Leitfähigkeitswerte unterscheiden sich die Hohlleiterfelder jedoch nur unwesentlich von denen für $\sigma \to \infty$. Man kann daher die Dämpfung ausbreitungsfähiger Hohlleiterwellen durch Wandleitfähigkeitsverluste genügend genau bestimmen, indem man die ungestörten Hohlleiterfelder nach den Abschnitten 8.1.1, 8.1.2 und die damit verknüpften Wandströme zugrundelegt.

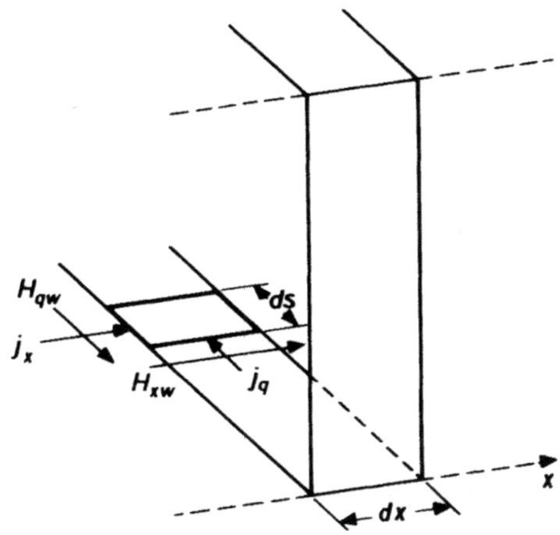

Bild 8.18. Oberflächenelement einer Hohlleiterwand mit Magnetfeld-(H-) und Stromdichte-(j-)Komponenten zur Berechnung der Wandstromdämpfung.

Da ein Teil der von der Hohlleiterwelle transportierten elektromagnetischen Energie durch die Wandströme im ohmschen Wandwiderstand laufend in Wärme übergeht, nimmt der Energiefluß

$$P = \int\limits_{\text{QSchn}} \bar{S}_x \mathrm{d}A = \frac{1}{2} \int\limits_{\text{QSchn}} \mathrm{Re}(E_q H_q^*) \mathrm{d}A = \frac{Z}{2} \int\limits_{\text{QSchn}} |H_q|^2 \mathrm{d}A \qquad (8.59)$$

entlang des Hohlleiters gemäß

$$P(x) = P(0)\mathrm{e}^{-2\alpha_h x} \qquad (8.60)$$

ab. In der Gl. (8.59) ist die Längskomponente $\bar{S}_x$ des Poyntingvektors nach Gl. (3.14b) über den gesamten Hohlleiterquerschnitt zu integrieren. E_q, H_q

sind die resultierenden, durch den Feldwellenwiderstand Z miteinander verknüpften Querfeldkomponenten. In einem kleinen quadratischen Wandstück der Kantenlängen dx, ds=dx (s. Bild 8.18) fließen der Längsstrom $I_x = H_{qw}\,\mathrm{d}s$ und der Querstrom $I_q = H_{xw}\,\mathrm{d}x$. Es weist ihnen gegenüber den Widerstand

$$R_\square = \sqrt{\frac{\mu_0\,\omega}{2\sigma}}, \quad \left(\frac{\sigma}{\varepsilon_0\,\varepsilon'\,\omega} \gg 1\right), \tag{4.15}$$

den skineffektbedingten Flächenwiderstand einer Metalloberfläche (s. Abschnitt 4.1), auf. Das kleine Wandstück nimmt daher den in Wärme übergehenden Energiefluß

$$\mathrm{d}^2P = \tfrac{1}{2}R_\square(|I_x|^2 + |I_q|^2) = \tfrac{1}{2}\mathrm{d}x \cdot R_\square(|H_{qw}|^2 + |H_{xw}|^2)\,\mathrm{d}s \tag{8.61}$$

auf. Durch die gesamte Wandfläche eines kurzen Hohlleiterstücks der Länge dx (s. Bild 8.18) tritt demnach der Energiefluß

$$\mathrm{d}P = \tfrac{1}{2}\mathrm{d}x \cdot R_\square \int\limits_{\mathrm{Umf}} (|H_{qw}|^2 + |H_{xw}|^2)\,\mathrm{d}s. \tag{8.62}$$

Die Integration über die Betragsquadrate der Magnetfeldkomponenten an der Wand (w) erfolgt längs des ganzen Hohlleiterumfangs an der Stelle x. Dem Energiefluß dP in die Wand hinein nach Gl. (8.62) entspricht die längs der Strecke dx nach Gl. (8.60) erfolgende Abnahme des Energietransportes durch die Hohlleiterwelle um

$$\mathrm{d}P = -\mathrm{d}x\,P\,2\alpha_h. \tag{8.63}$$

Für die wandstrombedingte Dämpfungskonstante ergibt sich also

$$\alpha_h = \frac{1}{2}\,\frac{R_\square \int\limits^{\mathrm{Umf}} (|H_{qw}|^2 + |H_{xw}|^2)\,\mathrm{d}s}{Z \int\limits_{\mathrm{QSchn}} |H_q|^2\,\mathrm{d}A}. \tag{8.64}$$

Diese Näherungsformel gilt nur für $f > f_c$, während für $f < f_c$ Gl. (8.16) in guter Näherung zutrifft.

Von den Dämpfungsformeln für die TE- und TM-Wellen in rechteckigen und runden Hohlleitern sollen hier nur die beiden wichtigsten Erwähnung finden, für die TE_{10}-Welle im Rechteckhohlleiter:

$$\alpha_h = \frac{R_\square}{b Z_0} \cdot \frac{1 + \dfrac{2b}{a}\left(\dfrac{\lambda_0}{2a}\right)^2}{\sqrt{1 - \left(\dfrac{\lambda_0}{2a}\right)^2}} \tag{8.65}$$

und für die TE_{0n}-Wellen im Rundhohlleiter:

$$\alpha_h = \frac{R_\square}{a Z_0} \cdot \frac{(\lambda_0/\lambda_c)^2}{\sqrt{1 - \left(\frac{\lambda_0}{\lambda_c}\right)^2}} . \tag{8.66}$$

Die Dämpfungskonstante nach Gl. (8.65) fällt, wie aus dem Diagramm Bild 8.19 ersichtlich, mit wachsender Frequenz nahe f_c zunächst ab, durchläuft ein Minimum und steigt für $f \gg f_c$ wie der Skinwiderstand $R_\square$ proportional zu $\sqrt{f}$ an. Diese Merkmale zeigen auch die Dämpfungskurven aller anderen

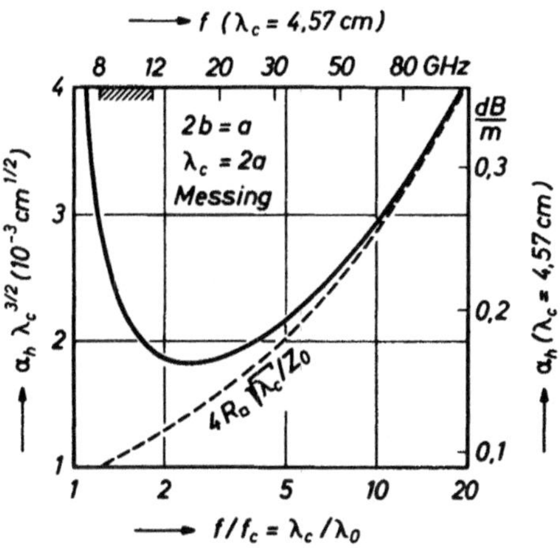

Bild 8.19. Wandstrombedingte Dämpfungskonstante α_h der TE_{10}-Welle in Rechteckhohlleitern aus Messing ($\sigma = 1{,}6 \cdot 10^7\,\Omega^{-1}\,m^{-1}$) der Breite a und Höhe $b = a/2$ in Abhängigkeit von der auf die Grenzfrequenz $f_c = c/\lambda_c$ bezogenen Frequenz f. Die obere und die rechte Skala gelten im Fall des Normalhohlleiters für 8,2 ... 12,4 GHz mit $a \approx 2{,}3$ cm.

Wellenformen, TE_{0n}-Rundhohlleiterwellen ausgenommen. Sie beruhen darauf, daß mit steigender Frequenz nahe f_c zunächst die Zunahme des Energietransports (wachsender Teilwellen-Reflexionswinkel, wachsende Gruppengeschwindigkeit, Bilder 8.1, 8.3) und für $f \gg f_c$ dann die Zunahme der Verlustleistung (Gl. (8.62)) durch den Skineffekt (Gl. (4.15)) im Einfluß auf die Dämpfung überwiegt. Die mit Tabellenwerten der Gleichstromleitfähigkeit berechneten Flächenwiderstände und Dämpfungskonstanten kommen gegenüber Meßwerten infolge von Oberflächenrauhigkeit etwas zu klein heraus (bei 9 GHz z.B. um bis zu 20 %).

Abweichend von allen anderen Wellenformen nimmt die Dämpfung der TE_{0n}-Rundhohlleiterwellen, Gl. (8.66), monoton mit wachsender Frequenz ab, wie das Bild 8.20 am Beispiel der TE_{01}-Wellendämpfung zeigt. Wegen der fehlenden H_ζ-Komponente (Gl. (8.57)) treten in Verbindung mit den TE_{0n}-Wellen keine longitudinalen Wandströme auf. Bei Anregung mit konstanter radialer Magnetfeldstärke H_r, Gl. (8.56), geht die magnetische Längsfeldkomponente H_x, Gl. (8.55), mit wachsender Frequenz wie $1/\sqrt{(f/f_c)^2 - 1}$ gegen

Null. Für den Fall der H-Wellenausbreitung zwischen planparallelen Platten ersieht man die H_x-Erniedrigung bei wachsendem Teilwellenreflexionswinkel φ unmittelbar aus dem Bild 8.1 b. Mit H_x nehmen die Querwandströme, also auch die Dämpfung ab. Die TE_{01}-Welle (Bild 8.16b) könnte wegen dieses günstigen Dämpfungsverhaltens für Fernübertragungszwecke von großer Bedeutung sein. Jedoch vermögen sich in einem Rohr, in dem die H_{01}-Welle gerade ausbreitungsfähig ist, außerdem noch die E_{11}-, H_{21}-, E_{01}- und H_{11}-

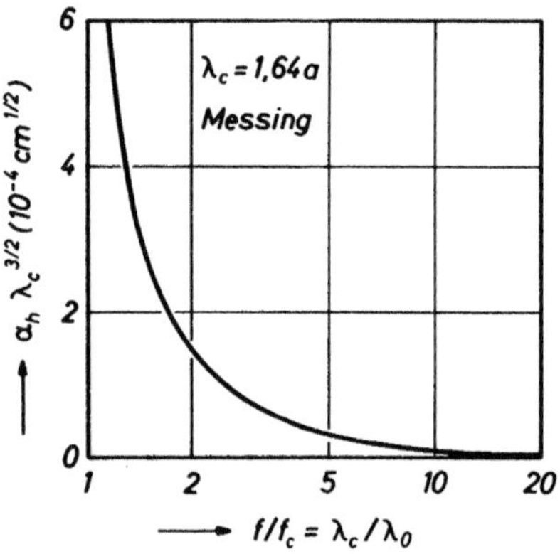

Bild 8.20 Wandstrombedingte Dämpfungskonstante α_h der TE_{01}-Welle im Rundhohlleiter aus Messing mit dem Radius a in Abhängigkeit von der auf die Grenzfrequenz $f_c = c/\lambda_c$ bezogenen Frequenz f.

Welle auszubreiten, deren Dämpfung mit der Frequenz zunimmt. Es erfordert einigen technischen Aufwand, diese unerwünschten Wellenformen auszufiltern und eine an kleinsten Störstellen (z. B. Krümmung des Rohres, geringe elliptische Querschnittsverformung) mögliche Umwandlung der H_{01}-Welle in diese Wellenformen zu vermeiden.

8.2. Hohlleitermeßtechnik

Ebenso wie in Leitungssystemen für TEM-Wellen sind auch in Hohlleiteranlagen Impedanzen, Übertragungsparameter und Wellenlängen häufig zu messende Größen. Alle Ausführungen im Abschnitt 6.4 über die Bedeutung und die Methoden zur Messung dieser Größen gelten im Wesentlichen auch für Hohlleiteranlagen.

8.2.1. Reflexions- und Impedanzmessungen

Die für Reflexions- und Impedanzmessungen meist benutzten Geräte, die geschlitzte Meßleitung mit axial verschiebbarer Sonde und der Richtkoppler, haben in Hohlleiterausführung das im Bild 8.21 bzw. 8.22 gezeigte Aussehen.

Für die Güte geschlitzter Meßleitungen (vgl. auch Abschnitt 6.4.1) ist die genau symmetrische Anordnung des Schlitzes und der Sonde im Schlitz sowie die genau achsenparallele Führung der Sonde entscheidend. Nur damit lassen sich Welligkeitswerte $m = |E|_{max}/|E|_{min}$ bis herab zu etwa 1,005 und bis herauf zu etwa 2000 sowie Minimumsverschiebungen Δl bis herab zu etwa $10^{-3}\Lambda$ sicher messen.

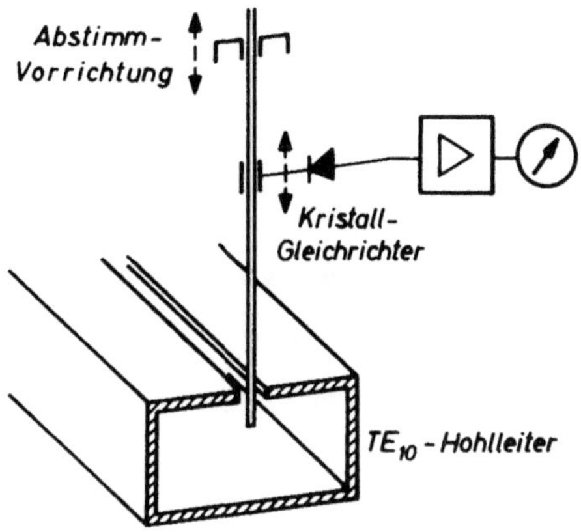

Bild 8.21. Hohlrohr-Meßleitung mit abstimmbarer Stiftsonde, Gleichrichter, Verstärker und Anzeigeinstrument.

Die Werte der Kopplungsfaktoren handelsüblicher Richtkoppler betragen $-20 \log(E_k/E_r) = 3$; 10; 20 dB. Die Richtverhältnisse überschreiten $-20 \log(E_k/E_e) = 40$ dB. Zum Aufbau eines Reflektometers (s. Abschnitt 6.4.1) setzt man zwei gegensinnig auskoppelnde Richtkoppler hintereinander. Außer dem im Bild 8.22 beispielsweise gezeigten Viel-Löcher-Richtkoppler gibt es noch verschiedene andere Ausführungen, wie mit einem einzigen elektrisch und magnetisch koppelnden Loch oder einer ebenso koppelnden Leiterschleife. Die miteinander koppelnden Hohlleiter müssen hierbei um einen geeigneten Winkel gegeneinander gedreht sein, bzw. die Leiterschleife muß geeignet ausgerichtet

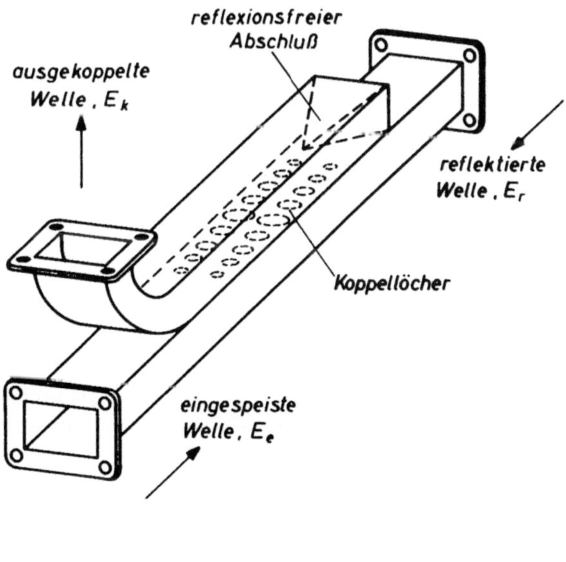

Bild 8.22. Hohlleiter-Richtkoppler.

sein, so daß nur eine bestimmte Komponente des Magnetfelds im Haupthohlleiter zur Kopplung beiträgt. Im handelsüblichen Kreuzkoppler vermitteln zwei Öffnungen in der gemeinsamen Hohlleiterbreitseite die Richtkopplung zwischen zwei unter 90° sich kreuzenden Hohlleitern.

Eine weitere gebräuchliche Impedanzmeßmethode beruht auf dem Vergleich der zu messenden mit einer in geeichter oder berechenbarer Weise veränderlichen Impedanz. Der Vergleich gelingt besonders einfach mit Hilfe einer symmetrischen Doppel-T-Hohlleiter-Verzweigung in der Anordnung nach Bild 8.23. Die in den Arm 1 der Verzweigung eingespeiste Welle teilt sich gleichmäßig in die Arme 2 und 3 auf, ohne in den Detektorarm 4 überzukoppeln. Das resultierende Feld der von der zu messenden und der Vergleichsimpedanz reflektierten Welle regt im Arm 4 nur dann eine Welle an, wenn die reflektierten Wellen nicht gleiche Amplitude und Phase haben, die beiden Impedanzwerte sich also unterscheiden. Die Impedanzmessung erfolgt durch Nullabgleich des Empfangssignals im Arm 4, so daß vom Empfänger große Empfindlichkeit, jedoch keine Linearität gefordert werden muß.

Die erwähnten Eigenschaften der Doppel-T-Verzweigung lassen sich aus der im Bild 8.24 dargestellten Feldverteilung ableiten. Das elektrische Feld E_1 der eingespeisten Welle hat an der Verzweigungsstelle nur z- und x-Komponenten, die im Arm 4 keine TE_{10}-Welle anzuregen vermögen (s. Gl. (8.33)). Die elektrischen Felder E_2, E_3 der Wellen in den Seitenarmen können mit ihrer y-Komponente an der Verzweigungsstelle TE_{10}-Wellen im Arm 4 anregen, jedoch nur gegenphasig. Wegen der symmetrischen Bauweise der Verzweigung ist im Fall $E_2 = E_3$ also $E_{2y} = -E_{3y}$ und folglich $E_4 = 0$.

Durch Einbau von Metall-Stiften und -Blenden an der Verzweigungsstelle läßt sich erreichen, daß bei Einspeisung in irgendeinen der 4 Arme und bei reflexionsfreiem Abschluß aller übrigen Arme keine Reflexion auftritt. Die so beschaffene Hohlleiterverzweigung nennt man „Magisches T“. Im magischen T mit symmetrischem Abschluß der Arme 1 und 4 sind auch die Seitenarme 2, 3 voneinander entkoppelt.

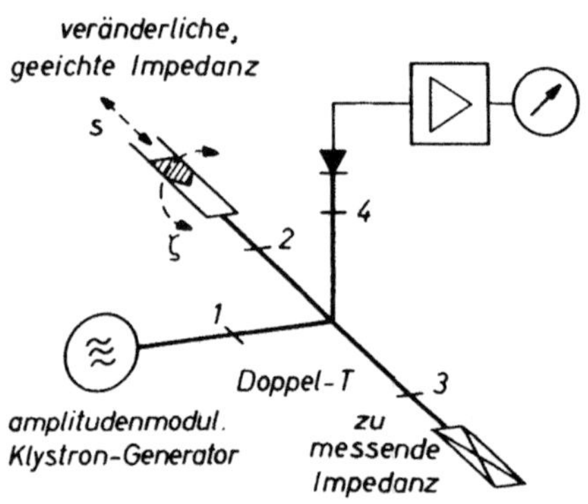

Bild 8.23. Meßanordnung zum Impedanzvergleich.

Als Vergleichsimpedanz, die sich in leicht berechenbarer Weise verändern läßt, eignet sich das im Abschnitt 8.2.2 beschriebene phasenkonstante Dämpfungsglied mit einem Kurzschlußschieber dahinter. Die Kurzschlußverschiebung s verändert den Phasenwinkel ρ des Reflexionsfaktors $r = |r|\exp(\mathrm{i}\rho)$ um $\Delta\rho = -2\beta_h s$. Die nur vom Drehwinkel ζ der Dämpfungsfolie abhängige Dämpfung a_h des Dämpfungsgliedes bestimmt den Betrag des Reflexionsfaktors gemäß $|r| = \exp(-2a_h)$.

Bei der unmittelbaren Deutung der im Hohlleiter gemessenen Reflexionsfaktoren verschiedenster in den Hohlleiter eingeführter Objekte (Platten,

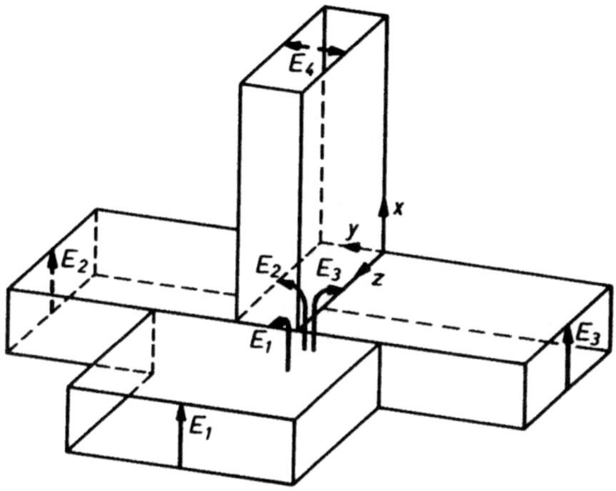

Bild 8.24. Doppel-T-Hohlleiterverzweigung.

Blenden, Stäbe) ist im Vergleich zu Freifeldmeßergebnissen immer zu beachten, daß sich die TE_{10}-Hohlleiterwelle aus schräg laufenden ebenen Wellen zusammensetzt (Bild 8.1). Daher weicht der Hohlleiter-Wellenwiderstand vom Wellenwiderstand im freien Feld ab.

Schiebesondenmeßleitung

Wie im Bild 8.25 angedeutet, speisen wir mit einem 9,2-GHz-Klystron über eine Einwegleitung (s. Abschnitt 8.4.2) eine geschlitzte Schiebesondenmeßleitung der im Bild 8.21 gezeigten Art. Durch Motorantrieb wird die Sonde längs einer Strecke von etwa $\frac{3}{2}$ Hohlrohrwellenlängen peri-

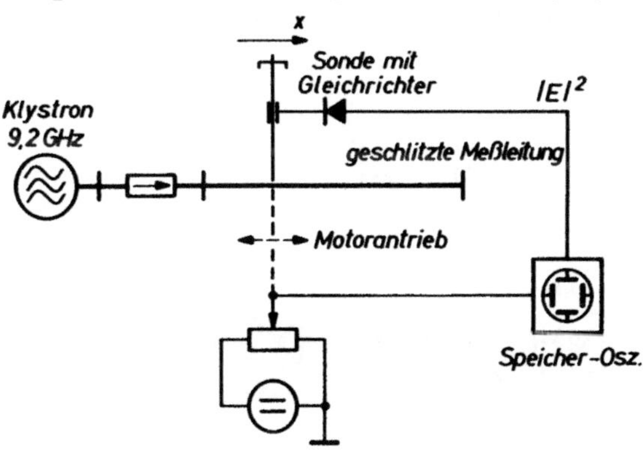

Bild 8.25. Apparatur zur Aufzeichnung der Feldverteilung längs einer geschlitzten Schiebesonden-Meßleitung.

odisch hin und her geschoben. Das quadratisch gleichgerichtete Sondensignal steuert den Elektronenstrahl eines Speicheroszillographen vertikal aus. Die Horizontalablenkung erfolgt proportional zur Sondenstellung x längs der Meßleitung. Wir schließen das Ende der Meßleitung durch Andrücken einer Metallplatte kurz oder lassen es offen, oder wir führen eine schwach leitende, spitz auslaufende Folie (z. B. graphitiertes Papier) parallel zum elektrischen Feld als reflexionsfreien Abschluß (s. Bild 5.9) in den Hohlleiter ein. So erhalten wir die im Bild 8.26 zusammen-

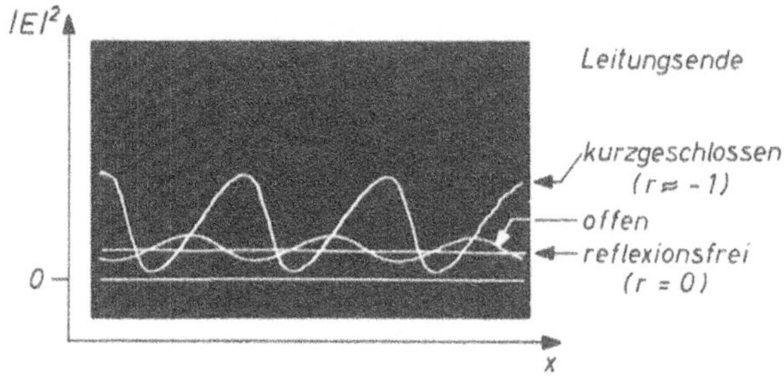

Bild 8.26. In der Apparatur nach Bild 8.25 quadratisch aufgezeichneter Betrag der elektrischen Feldstärke längs der Schiebesonden-Meßleitung unter verschiedenen Bedingungen am Leitungsende.

gestellten Oszillogramme des Quadrats der Feldverteilung längs der Meßleitung. Die Kurve für das kurzgeschlossene Leitungsende weist lehrreiche Unterschiede gegenüber der entsprechenden theoretisch zu erwartenden Kurve im Bild 6.18 auf. Die nicht auf Null gehenden Minima lassen vermuten, daß die Kurzschlußplatte nur mangelhaften Kontakt mit dem Hohlleiterende hat und daß sie daher die Welle nicht vollständig reflektiert. Die unsymmetrische Form der Kurve rührt von zu großer Sondeneintauchtiefe her (etwa halbe Hohlleiterhöhe $b/2$). Die geringe Reflexion am offenen Leitungsende zeigt, daß die in ihren Querabmessungen $\lambda_0/2$ nahe kommende Öffnung gut abstrahlt (vgl. mit Stabantennen, Abschnitt 10.2.1).

8.2.2. Dämpfungs- und Phasenmessungen

Die von einem übertragungsfähigen Meßobjekt in einer Leitung hervorgerufene Dämpfung und Phasendrehung läßt sich besonders einfach mit Hilfe geeichter veränderlicher Dämpfungsglieder und Phasenschieber messen. Dazu bildet man die Übertragungseigenschaften des Meßobjektes durch diese Geräte

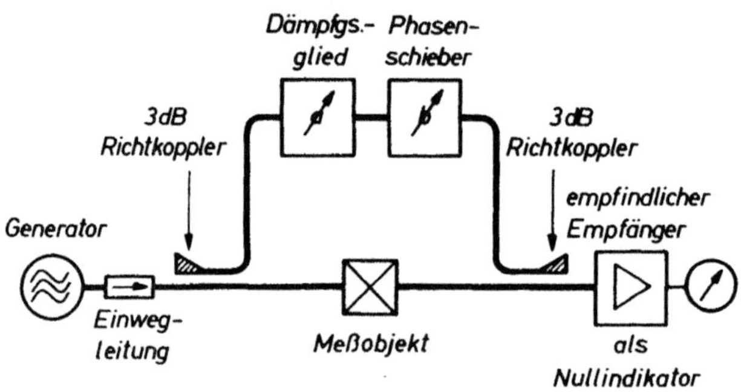

Bild 8.27. Apparatur zur Dämpfungs- und Phasenmessung der von einem Meßobjekt übertragenen Welle durch Interferenz mit einer Vergleichswelle.

nach. Das kann durch Austausch oder rascher durch Vergleich in einer aus zwei Leitungszweigen bestehenden Meßanordnung der im Bild 8.27 gezeigten Art geschehen. Hierbei handelt es sich um eine verbesserte Ausführung der im Bild 6.24 dargestellten Anordnung grundsätzlich gleicher Wirkungsweise (s. Abschnitt 6.4.2). Zur Vermeidung störender Rückwirkungen zwischen den beiden Leitungszweigen müssen die Einwegleitung in Rückwärtsrichtung und der Empfänger angepaßt ($r \approx 0$) sein.

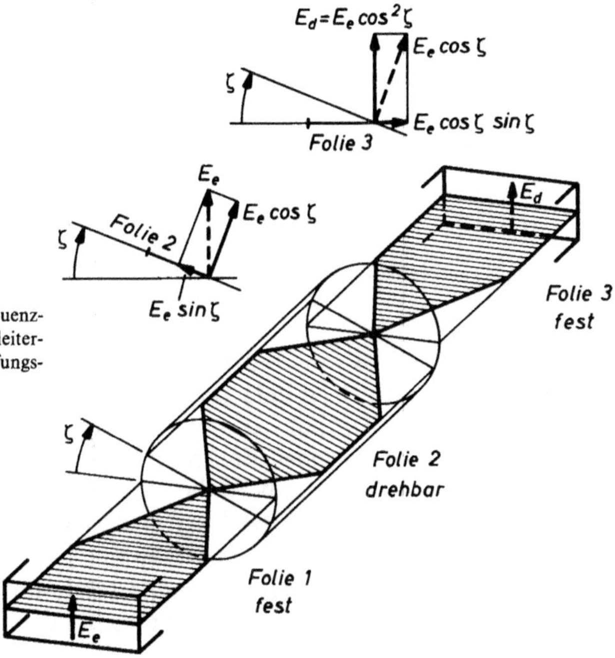

Bild 8.28. Veränderliches, frequenzunabhängig eichbares Hohlleiter-Wirkdämpfungsglied mit dämpfungsunabhängigem Phasenmaß.

Für die gerade erwähnte Meßanordnung und für manche anderen Zwecke (s. z. B. Abschnitt 8.2.1) bewährt sich das im Bild 8.28 angedeutete Hohlleiter-Wirkdämpfungsglied. Die aus einem Rechteckhohlleiter einfallende TE_{10}-Welle mit der elektrischen Feldstärke E_e gelangt durch ein geeignet geformtes Übergangsstück reflexionsfrei in ein drehbares TE_{11}-Rundhohlleiterstück (Drehwinkel ζ). In diesem ist innerhalb einer Durchmesserebene eine dünne, schwach leitende Folie 2 (z. B. metallbedampfte Glimmerfolie) befestigt. Leitfähigkeit und Länge der Folie sind so bemessen, daß sie die Teilwelle mit der parallel dazu liegenden elektrischen Feldstärkekomponente $\hat{E}_e \cdot \sin\zeta$ vollständig absorbiert. Die Teilwelle mit der senkrecht darauf stehenden Feldkomponente $\hat{E}_e \cdot \cos\zeta$ durchläuft das Rundhohlleiterstück ungedämpft und mit einer Phasendrehung, die vom Folienwinkel ζ nicht abhängt. Von der das Rundhohlleiterstück verlassenden Welle wird der Teil mit der Feldkomponente

$\hat{E}_e \cos\zeta \sin\zeta$ in der feststehenden Dämpfungsfolie 3 vollständig absorbiert. Der Teil mit $\hat{E}_d = \hat{E}_e \cos^2\zeta$ gelangt durch einen reflexionsfreien Rund-Rechteck-Übergang (stetig verlaufender Berandungsform) in den anschließenden Rechteckhohlleiter. Das meist in Dezibel angegebene Dämpfungsmaß des beschriebenen handelsüblichen Drehfolien-Dämpfungsgliedes beträgt also

$$a_h(\mathrm{dB}) = 20\log|E_e/E_d| = 40\log\left(\frac{1}{\cos\zeta}\right). \tag{8.67}$$

Die praktische Bedeutung dieses Meßdämpfungsgliedes liegt darin, daß der absolute Dämpfungswert lediglich von der Geometrie und nicht von der Frequenz (innerhalb des üblichen Hohlleiteranwendungsbereichs 1 : 1,5) abhängt und daß das Phasenmaß von der eingestellten Dämpfung unbeeinflußt bleibt:

$$\frac{\mathrm{d}a_h}{\mathrm{d}f} = 0, \tag{8.68}$$

$$(E_d = E_e\, \mathrm{e}^{-(a_h + \mathrm{i}b_h)})$$

$$\frac{\mathrm{d}b_h}{\mathrm{d}\zeta} = 0. \tag{8.69}$$

Vielen Meßaufgaben kommt auch die geringe Reflexion entgegen ($|r| < 0{,}07$). Sie beruht für die durchgehende Teilwelle auf der geringen Dicke und für die absorbierten Teilwellen auf der spitz auslaufenden Form der Dämpfungsfolien. Von den feststehenden Folien 1, 3 ist je nach Wellenlaufrichtung nur die am jeweiligen Ausgang befindliche wirksam. Die geeicht einstellbaren maximalen Dämpfungswerte handelsüblicher Geräte liegen bei 50 dB.

Das Bild 8.29 zeigt ein weiteres Meßdämpfungsglied, dessen Dämpfungsmaß sich ebenfalls lediglich aus der Geometrie bestimmt und dessen Phasenmaß sich mit der Dämpfung nicht ändert. Es besteht aus einem Hohlleiter so gerin-

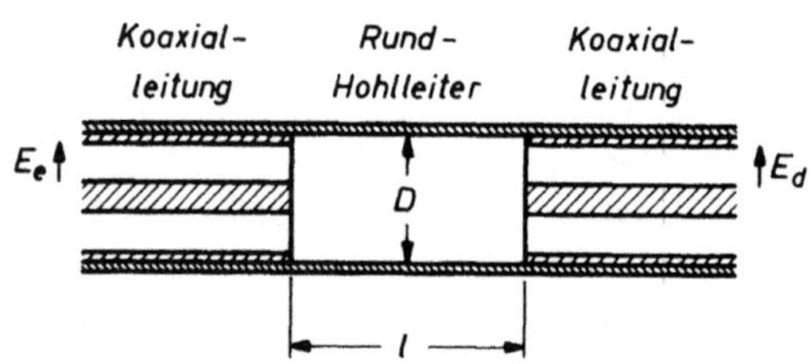

Bild 8.29. Veränderliches Blinddämpfungsglied aus einem unterhalb seiner Grenzfrequenz angeregten Rundhohlleiter.

ger Querabmessung, daß die der Anregungsfeldverteilung entsprechende Hohlleiterwellenform nicht ausbreitungsfähig ist. Zur Anregung und Abnahme können sich mit Dielektrikum genügend hoher Dielektrizitätszahl $\varepsilon' > (\lambda_0/\lambda_c)^2$ gefüllte Hohlleiter oder, wie im Beispiel Bild 8.29 und häufiger in den Anwendungen, Koaxialleitungen anschließen. Im Dämpfungsglied nach Bild 8.29

regt das Feld E_e der eingespeisten Koaxialleitungswelle im Rundhohlleiter des Durchmessers D das TM_{01}-Wellenfeld (Bild 8.15a) in der axial exponentiell und überall gleichphasig abklingenden Form an. Genügend kleine Rohrdurchmesser D bzw. große Wellenlängen vorausgesetzt, ändert sich das Dämpfungsmaß mit der Länge l des Rundhohlleiterstücks auf Grund der Gleichungen (8.15), (8.16) und (8.52) gemäß

$$a_h = \ln\left|\frac{E_e}{E_d}\right| \approx \frac{2\pi}{\lambda_c} l = 2\frac{l}{D} v_{mn}, \qquad (\lambda_c \ll \lambda_0). \tag{8.17a}$$

Im Fall der Koaxialfeldanregung gilt $v_{mn} = v_{01} = 2{,}405$. Die von dem Dämpfungsglied nicht übertragene Leistung wird vollständig reflektiert. Anpassung erreicht man näherungsweise dadurch, daß man die in den Rundhohlleiter mündenden Koaxialleitungsenden mit schwach leitender Folie des Flächenwiderstands $R_\square = Z$ abschließt. In der Nähe der ein- und auskoppelnden Koaxialleitungsenden ist das exponentiell und phasenkonstant abklingende Hohlleiterfeld noch nicht rein ausgebildet. Das einfache Dämpfungsgesetz (8.17a) und die Konstanz des Phasenmaßes

$$\frac{db_h}{dl} = 0 \tag{8.70}$$

gelten daher erst oberhalb genügend großer Rohrlängen l, denen bei handelsüblichen Dämpfungsgliedern Grunddämpfungswerte zwischen etwa 15 dB und 35 dB entsprechen. Diesem Nachteil steht der Vorteil gegenüber, in einfacher Weise Dämpfungsänderungen über den gesamten praktisch interessierenden Bereich von etwa 150 dB sehr genau messen zu können.

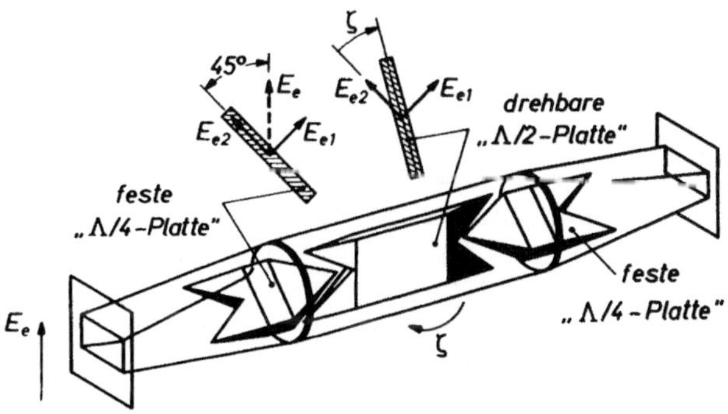

Bild 8.30. Drehplatten-Phasenschieber.

Eine Dämpfungs- und Phasen-Meßanlage der im Bild 8.27 gezeigten Art erfordert neben dem veränderlichen Dämpfungsglied konstanten Phasenmaßes einen veränderlichen Phasenschieber, der die Amplitude möglichst wenig beeinflußt und eine einfache Eichung ermöglicht. Den Aufbau eines solchen

Geräts stellt das Bild 8.30 dar. Das Kernstück bildet ein für TE_{11}-Wellenausbreitung bemessenes, um seine Achse drehbares Rundhohlleiterstück (Drehwinkel ζ). Darin befindet sich innerhalb einer Durchmesserebene eine Platte aus verlustfreiem Dielektrikum (Bild 8.31). Sie ist gerade so lang, daß die Teilwelle mit parallelem elektrischen Feld $E_{e1} \sin \zeta$ eine um π größere Phasendrehung als die Teilwelle mit senkrechtem elektrischen Feld $E_{e1} \cos \zeta$ (entsprechend $\Lambda/2$ Wegunterschied) beim Durchlaufen des Rundhohlleiterstücks erfährt. Die unterschiedliche Phasendrehung beruht auf der größeren dielektrischen Wirksamkeit der Platte im parallelen elektrischen Feld (kleine Entelektrisierung) als im senkrechten Feld (große Entelektrisierung). War die eingespeiste Welle mit der elektrischen Feldstärke $\boldsymbol{E}_{e1}$ linear polarisiert, so erweist sich auch die durchgegangene Welle mit der Feldstärke $\boldsymbol{E}_{d1}$ ($|E_{d1}| = |E_{e1}|$) nach Zusammensetzen der Teilwellenfelder als linear polarisiert, ihre Polarisationsebene jedoch um den Winkel 2ζ gegen $\boldsymbol{E}_{e1}$ gedreht und ihre Phase um einen von ζ unabhängigen, hier nicht weiter interessierenden Betrag verschoben. Die Polarisationsebenendrehung verdeutlicht das Bild 8.31. Die gleiche Betrachtung gilt auch für jede der beiden senkrecht zueinander linear polarisierten, um $\pi/2$ gegeneinander phasenverschobenen Komponenten einer eingestrahlten zirkular polarisierten Welle $\boldsymbol{E}_e$. Die Polarisationsebenendrehung 2ζ bzw. $2\zeta + \pi$ der durchgegangenen Komponenten bedeutet nun aber für die resultierende zirkular polarisierte Welle $\boldsymbol{E}_d$ eine Phasenverschiebung 2ζ und die Umkehrung des Drehsinns gegenüber $\boldsymbol{E}_e$. Das drehbare Rundhohlleiterstück mit der „$\Lambda/2$-Platte" wirkt also nur für eine zirkular polarisierte Welle als Phasenschieber. Eine linear polarisierte TE_{10}-Welle aus einem Rechteckhohlleiter muß nach Überführung in den TE_{11}-Rundhohlleiter daher erst in eine zirkular polarisierte Welle umgewandelt und hinterher wieder zurückverwandelt werden. Das bewirken die im Bild 8.30 angedeuteten „$\Lambda/4$-Platten" am Ein- und Ausgang. Es sind ebenfalls aus verlustfreiem Dielektrikum bestehende, gegen die E-Feldrichtung der anschließenden Rechteckhohlleiter um 45° geneigte Platten, die zwischen den Teilwellen mit parallelem und senkrechtem elektrischen Feld die Phasendifferenz $\pi/2$ hervorrufen. Die besondere, aus dem

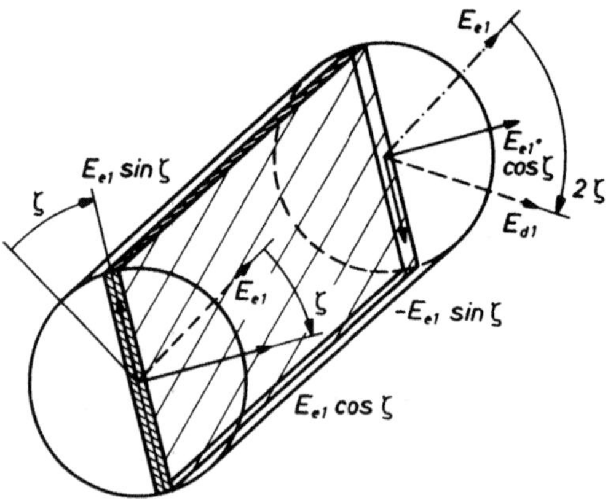

Bild 8.31. Drehbare „$\Lambda/2$-Platte" des Phasenschiebers nach Bild 8.30 mit den auf die Platte bezogenen Feldkomponenten.

Bild 8.30 ersichtliche Form der drei Platten dient dazu, Reflexionen klein und die Senkrecht-/Parallelfeld-Phasendifferenzen innerhalb des Hohlleiterfrequenzbereichs 1:1,5 frequenzunabhängig auf dem Wert π bzw. $\pi/2$ festzuhalten. Geringe Reflexion und geringe Verluste der Platten vermeiden Amplitudenänderungen.

Gasabsorptionsmessung

Als Beispiel für eine Dämpfungsmeßanlage ohne Phasenvergleich führen wir das im Bild 8.32 dargestellte einfache Mikrowellenspektrometer für Gase vor. Alle dick ausgezogenen Leitungen bestehen aus TE_{10}-Rechteckhohlleitern. Wir speisen die Apparatur mit einem durch sägezahnförmige Reflektorspannungsvariation frequenzmodulierten 24-GHz-Klystron. Die von ihm erzeugte Welle gelangt über eine Einwegleitung und ein Dämpfungsglied in einen 3-dB-Richtkoppler. Mit dem Dämpfungsglied vermindern wir die Leistung der Welle soweit (< 1 mW), daß keine Sättigung der Gasabsorption auftritt. Der Richtkoppler teilt die Welle gleichmäßig zwischen dem Meß- und dem Vergleichszweig auf. Der Meßzweig besteht aus einem etwa 2 m langen Hohlleiterstück, dessen Enden mit druckdichten, reflexionsarmen Glimmerfenstern verschlossen sind. Nach

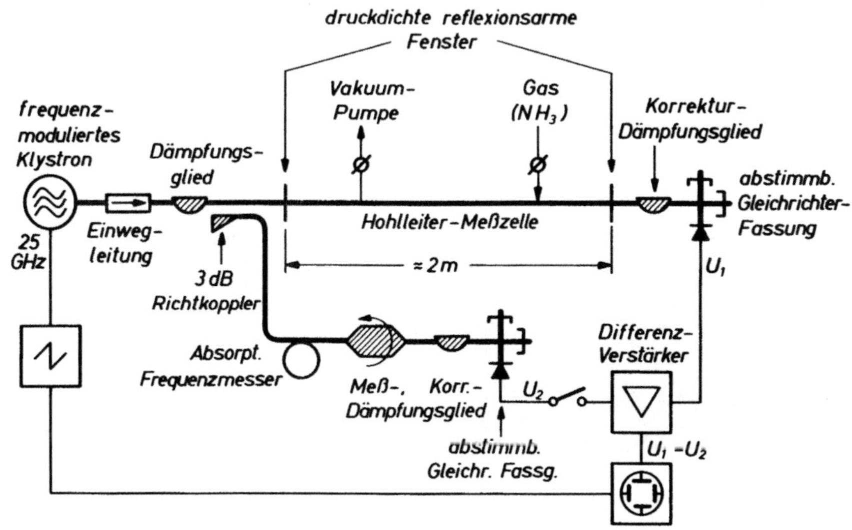

Bild 8.32. Hohlleiterapparatur zur Gasabsorptionsmessung.

Abpumpen der Luft bis auf einen Druck von etwa 10^{-2} Torr lassen wir das zu untersuchende Ammoniak-(NH_3-)Gas ein und pumpen dann wieder ab auf 10^{-1} bis 10^{-2} Torr. Im Vergleichszweig befinden sich ein Absorptionsfrequenzmesser und ein Meßdämpfungsglied. Die Ausgangssignale beider Zweige gelangen auf je eine abstimmbare Gleichrichterfassung. Wir gleichen sie mittels kurzer Abstimmleitungen und vorgesetzter Korrekturdämpfungsglieder so genau aufeinander ab, daß ohne Absorption in der Hohlleiter-Meßzelle und im Meßdämpfungsglied die gleichgerichteten Signale U_1, U_2 unabhängig von der Frequenz gleich groß sind. Das von einem Differenzverstärker gebildete Differenzsignal $U_1 - U_2$ lassen wir von einem Oszillographen über der Klystron-Reflektorspannung und damit über der Frequenz aufzeichnen. Die Frequenzeichung der Abszisse nehmen wir mit dem Absorptionsfrequenzmesser vor, der bei der jeweils eingestellten Resonanzfrequenz einen kleinen Teil der Welle im Vergleichszweig absorbiert und so zu einem Differenzsignal $U_1 - U_2 \neq 0$ führt. Die Schirmbildordinate können wir mit Hilfe des Meßdämpfungsgliedes eichen.

Bei einem Ammoniakdruck zwischen 10^{-1} und 10^{-2} Torr in der Meßzelle erhalten wir die Absorptionskurve im Bild 8.33a. Das Bild 8.33b zeigt lediglich das gleichgerichtete Ausgangssignal U_1 der Meßzelle ohne Differenzbildung mit dem Vergleichssignal. Die Kurve stellt den Klystron-Schwingbereich (s. Abschnitt 11.1.2) dar, auf dem die NH_3-Absorption nur als kleine Einbuchtung erscheint. Der Vergleich der beiden Diagramme erweist die Überlegenheit der Differenzschaltung.

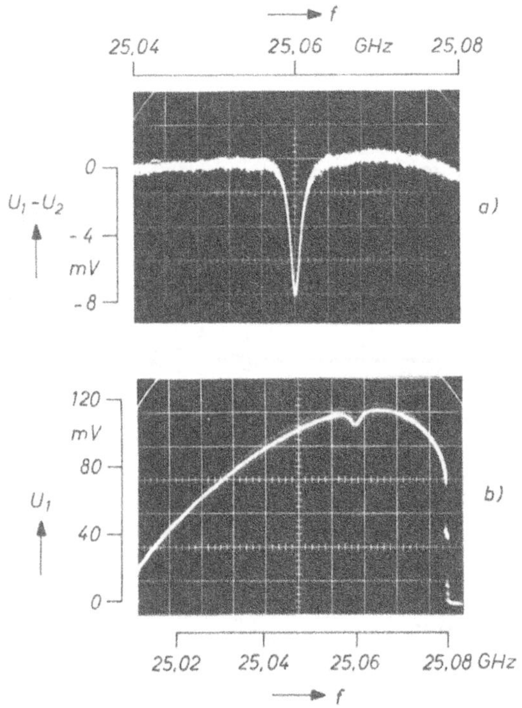

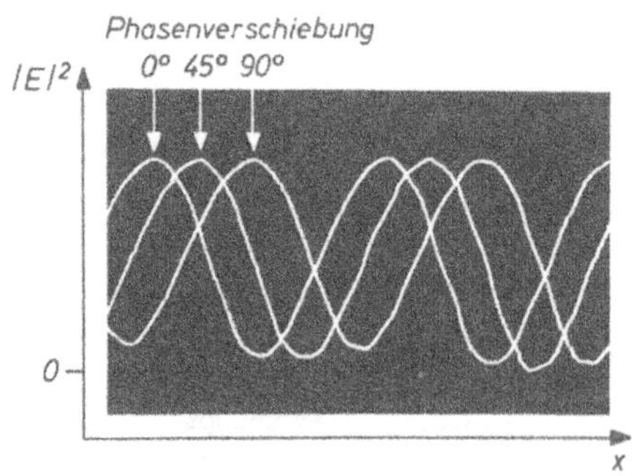

Bild 8.34. In der Apparatur nach Bild 8.25 aufgezeichnete Stehwellenfeldverteilung auf der Meßleitung, an die sich ein Drehplatten- oder Quetschleitungs-Phasenschieber mit kurzgeschlossenem Ausgang anschließt.

◄ Bild 8.33. Durch Ammoniak-Absorption bei 25 GHz beeinflußter Verlauf der Spannung U_1 in Abhängigkeit von der Frequenz f am Ausgang der Hohlleitermeßzelle in der Apparatur nach Bild 8.32; (a) nach, (b) ohne Subtraktion der Vergleichsspannung U_2.

Bei der beobachteten Absorption handelt es sich um die 6,6-Linie des NH_3-Inversionsspektrums. Dieses beruht auf der Schwingung, die das Stickstoffatom durch die Ebene der drei Wasserstoffatome hindurch ausführt (quantenmechanischer Tunneleffekt). Der Einfluß des Molekül-Rotationszustandes auf diese Schwingung führt zu einer Vielzahl von Inversionslinien.

Da Gasabsorptionslinien sehr geringe relative Halbwertsbreiten $\Delta f/f$ bis herab zu etwa 10^{-6} haben können, benutzt man mit geeigneten Gasen gefüllte Hohlraum- oder Fabry-Perot-Resonatoren als Frequenznormale.

Phasenschieber

Um die Wirkung des behandelten Drehplatten-Phasenschiebers und der im Abschnitt 8.3.2 beschriebenen Quetschleitung sichtbar zu machen, bedienen wir uns der im Bild 8.25 dargestellten Apparatur. Den am Ausgang kurzgeschlossenen Phasenschieber schließen wir dazu an die Meßleitung an. Für verschiedene Phasenschiebereinstellungen lassen wir die von der motorgetriebenen Schiebesonde abgetastete stehende Wellenfeldverteilung vom Speicheroszillographen aufzeichnen und erhalten so das Bild 8.34.

8.2.3. Hohlraum-Resonator-Messungen

Wie schon im Abschnitt 6.4.3 beschrieben, zeigt ein verlustarmes, an beiden Enden stark reflektierendes Leitungsstück bei geeigneten Abmessungen oder Frequenzen Resonanz. Das Leitungsstück vermag dann viel Energie aus einer schwach eingekoppelten Welle zu speichern.

Leitungsrèsonatoren finden in der Hohlleiter- ebenso wie in der Koaxialleitungs-Meßtechnik vorwiegend zur genauen Frequenzmessung Anwendung. Eine übliche Ausführungsform eines Hohlraumfrequenzmessers ist im Bild 8.35 dargestellt. Der kreiszylindrische Hohlraum mit gut leitenden, polierten Wänden wird durch Verschieben einer Endplatte für die zu messende Frequenz auf Resonanz der TE_{111}-Eigenschwingung abgestimmt. Hierbei stimmt die Hohl-

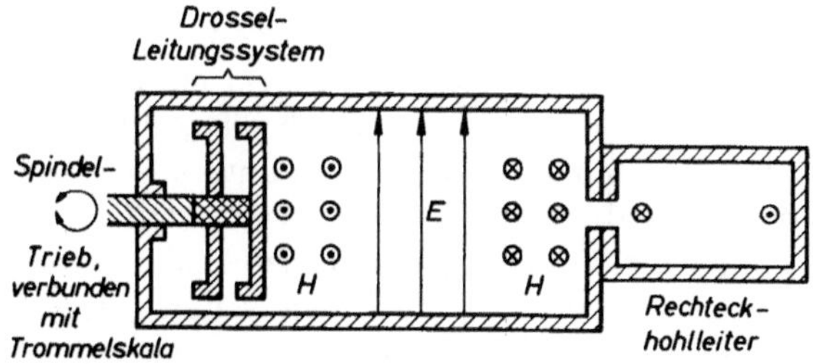

Bild 8.35. Abstimmbarer zylindrischer Hohlraumresonator, der als Frequenzmesser an einen Rechteckhohlleiter angekoppelt ist.

raumlänge mit der halben Rundhohlrohr-Wellenlänge überein. In der Resonanz entzieht der Hohlraum dem durch ein Loch magnetisch schwach angekoppelten Rechteckhohlleiter einen geringen Leistungsbetrag. Die geringe Amplitudenabnahme der im Rechteckhohlleiter laufenden Welle mit der zu messenden Frequenz beobachtet man an der Empfangsstelle als Resonanzanzeige. Die Stellung der durch Feingewinde-Spindeltrieb verschiebbaren Resonatorendplatte läßt sich auf einer in Frequenzen geeichten Trommelskala genau ablesen. Die bewegliche Endplatte hat keinen metallischen Kontakt mit der Zylinderwand, um Unsicherheiten im Kontakt zu vermeiden. Den dadurch bedingten Spalt sperrt ein Drosselleitungssystem (s. Abschnitt 8.3.1, Bild 8.53). Die Gütewerte $f/\Delta f$ derartiger Hohlraumresonatoren betragen 10^3 bis 10^4.

Außer zur Frequenzmessung dienen Hohlraumresonatoren auch zur Bestimmung der Dielektrizitätszahl und der Permeabilitätszahl von Stoffen mit nicht allzu großen Verlusten. Dazu mißt man die Resonanzfrequenzverschiebung $f_1 - f_0$ und die Änderung der Halbwertsbreite $(\Delta f)_1 - (\Delta f)_0$ der Resonanzkurve (s. Abschnitt 6.4.3), die beim Einführen einer kleinen Stoffprobe in den Resonator auftreten. In leicht überschaubarer Weise kann man den Einfluß der Stoffprobe auf Resonanzfrequenz und Halbwertsbreite im Fall der Probenform und -anordnung nach Bild 8.36 näherungsweise beschreiben. Die Probe

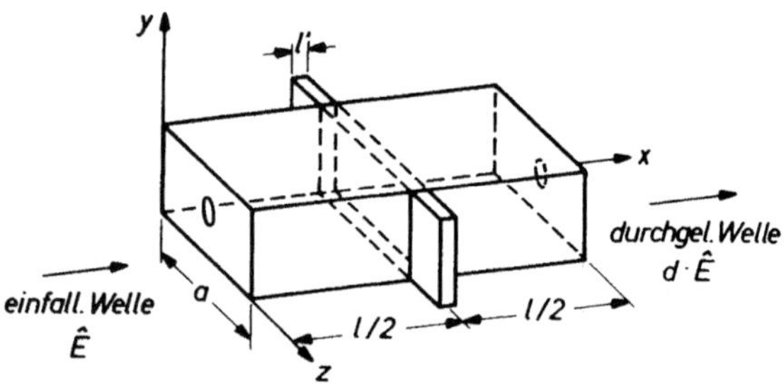

Bild 8.36. TE_{10p}-Hohlraumresonator, in den durch Seitenwandschlitze eine scheibenförmige Stoffprobe eingeführt ist, um deren Dielektrizitäts- oder Permeabilitätszahl zu bestimmen. Die Wellen-Ein- und Auskopplung erfolgt durch die Löcher in den Stirnwänden.

wird als dünne planparallele Scheibe durch seitliche Schlitze so in einen rechteckigen TE_{10p}-Hohlraumresonator eingeschoben, daß sie die E-Feld-parallele Querschnittsfläche ganz ausfüllt. Da die Schlitze in den Seitenwänden keine Stromlinien (s. Bild 8.8a) schneiden, stören sie das Hohlraumfeld nicht. Die Anordnung nach Bild 8.36 ist nicht nur als Lehrbeispiel, sondern auch für die Meßpraxis vorteilhaft, weil sich die rechteckförmigen Probenplatten einfach herstellen und durch die Hohlraumwandschlitze leicht auswechseln lassen. Um die Permeabilitätszahl $\mu = \mu' - \mathrm{i}\mu''$ und die Dielektrizitätszahl $\varepsilon = \varepsilon' - \mathrm{i}\varepsilon''$ bestimmen zu können, benötigt man einen Hohlraum der Länge $l_g \approx p_g \Lambda/2$ mit geradzahligem $p = p_g$ und einen weiteren der Länge $l_u \approx p_u \Lambda/2$ mit ungeradzahligem $p = p_u$. Auf diese Weise gelangt die Probeplatte in der Mitte des Hohlraums genau in einen Bauch des magnetischen bzw. elektrischen Feldes, unabhängig von der dann neu einzustellenden Resonanzfrequenz f_1. Für Probeplatten sehr geringer Dicke l' im Vergleich zur Wellenlänge im Material $(2\pi l' |\sqrt{\varepsilon\mu}| \ll \lambda_0)$ erhält man aus den gemessenen Änderungen der Resonanzfrequenz, $f_1 - f_0$, und der Halbwertsbreite, $(\Delta f)_1 - (\Delta f)_0$, näherungsweise:

$$\mu \approx 1 - \frac{l_g}{l'}\left(1 + \frac{l_g^2}{p_g^2 a^2}\right)\left[\left(\frac{f_1 - f_0}{f_0}\right)_g + \mathrm{i}\left(\frac{(\Delta f)_1 - (\Delta f)_0}{2 f_0}\right)_g\right], \tag{8.71}$$

$$\varepsilon \approx 1 - \frac{l_u}{l'}\left[\left(\frac{f_1 - f_0}{f_0}\right)_u + \mathrm{i}\left(\frac{(\Delta f)_1 - (\Delta f)_0}{2 f_0}\right)_u\right] - \left(1 - \frac{1}{\mu}\right)\left(\frac{c}{2 a f_0}\right)^2. \tag{8.72}$$

Ein einfacher Weg zur Ableitung dieser Formeln geht davon aus, daß die Impedanz (E_y/H_z) in der Mitte des Resonators $(x=l/2)$ sich für Frequenzen in und nahe der Resonanz wie die Impedanz eines L, C-Serien- oder Parallel-Schwingkreises verhält (Gl. (6.66) für $\beta_0 l \simeq p_g \pi$ bzw. $p_u \pi$), je nachdem ob bei $x=l/2$ ein Bauch des magnetischen oder des elektrischen Feldes liegt. Die Probeplatte ruft im ersten Fall die Induktivitätsänderung $\Delta L/L \sim (\mu'-1)l'/l$, im zweiten die Kapazitätsänderung $\Delta C/C \sim (\varepsilon'-1)l'/l$ und damit die hierzu proportionalen Resonanzfrequenzverschiebungen $[(f_1-f_0)/f_0]_{g,u}$ hervor

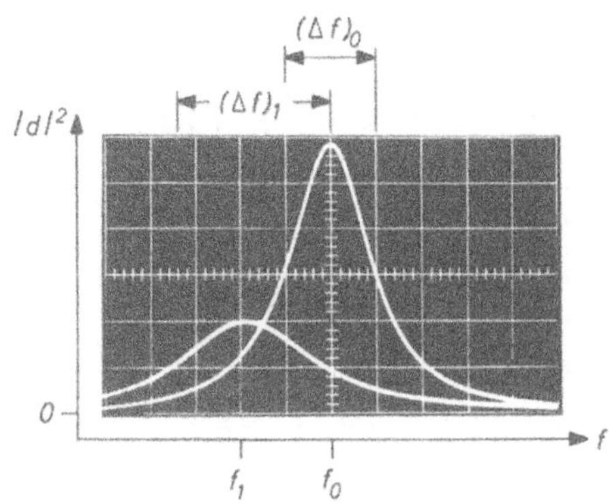

Bild 8.37. Durchlaßgrad $|d|^2$ eines TE_{104}-Hohlraumresonators nach Bild 8.36 in Abhängigkeit von der Frequenz ohne (hohe Resonanzkurve) und mit (niedrige Resonanzkurve) Probenplatte aus verlustbehaftetem Stoff.
(Resonator: $a=7{,}11$ mm; $l=21{,}46$ mm; $l'=0{,}146$ mm. Resonanzfrequenzen: $f_0=34{,}608$ GHz; $f_1=34{,}566$ GHz. Stoffprobe: Kobalt-Ferrit $CoFe_2O_4$; $\mu'=1{,}28$; $\mu''=0{,}13$.)

(Bild 8.37). Die Platte fügt dem Serienresonanzkreis den relativen Verlustwiderstand $R/(\omega L) \sim \mu'' l'/l$ und dem Parallelresonanzkreis den relativen Verlustleitwert $G/(\omega C) \sim \varepsilon'' l'/l$ hinzu, wodurch die hierzu proportionalen Halbwertsbreiteänderungen $[(\Delta f/f_0)_1-(\Delta f/f_0)_0]_{g,u}$ entstehen (Bild 8.37). Das μ enthaltende Glied in Gl. (8.72) beruht auf dem Einfluß des magnetischen Längsfeldes H_x.

Die Güte $Q=f/\Delta f$ eines leeren Hohlraumresonators (s. auch Gl. (6.64)) wird von der Abstrahlung durch die Koppelöffnungen und von der Wandbeschaffenheit bestimmt. Zur Erzielung hoher Gütewerte sind möglichst große elektrische Leitfähigkeit und möglichst geringe Oberflächenrauhigkeit erforderlich, was mit Versilbern und Polieren angestrebt wird. Besonders große Güten erreicht man mit Resonatoren aus supraleitenden Metallen, z. B. Blei bei der Temperatur 4,2 °K. Zur Messung der damit erreichbaren Gütewerte von 10^6 oder mehr bedarf es eines besonderen Verfahrens. Die Anregung des Resonators geschieht mit einem Signal, dessen Frequenz $f(t)$ den Bereich $f_R \ldots f_R+\Delta f$ ungefähr innerhalb der Abklingzeit $\tau=Q/\omega_R=1/\Delta\omega$ (s. Gl. (6.65)) stetig überstreicht. Die während dieses Signalfrequenz-Durchlaufs im Resonator gespeicherte Energie klingt in der Form einer gedämpften Schwingung mit der Resonanzfrequenz f_R ab. Die Überlagerung des Resonator-Ausschwingsignals mit dem frequenzveränderlichen Anregungs-Signal auf einem nichtlinearen Detektor (Kristall-Mischdiode) ergibt das im Bild 8.38 gezeigte Mischsignal mit der zeitlich anwachsenden Differenzfrequenz $f(t)-f_R$. Seine Amplitude fällt gemäß $e^{-t/2\tau}$ ab. Eine entsprechende Schwebungserscheinung kann man an akustischen piezoelektrischen Resonatoren (z. B. aus dem sehr verlustarmen Quarz) beobachten. Sie läßt sich bei Übertragung auf einen Lautsprecher im Bereich niedriger Differenzfrequenzen mit dem Ohr wahrnehmen und wird als „Cadyscher Klick" bezeichnet.

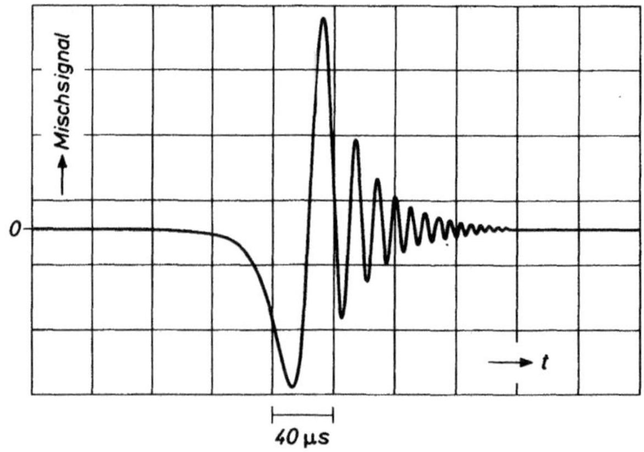

Bild 8.38 Ausschwingen eines Hohlraumresonators mit supraleitenden Wänden (Blei bei der Temperatur 4,2 °K) bei 9,4 GHz, dargestellt durch nichtlineare Mischung mit dem frequenzveränderlichen Anregungs-Signal ($df/dt = 1{,}33$ GHz/s).

Die obere Grenze für die Güte eines leeren Hohlraumresonators ergibt sich unter Vernachlässigung von Koppelverlusten als Verhältnis der im Resonator gespeicherten Energie zu der während der Zeit $1/\omega_R$ in den Wänden in Stromwärme umgewandelten Energie:

$$Q_0 = \omega_R \frac{\mu_0 \int \boldsymbol{H}^2 \, dV}{\frac{1}{\sigma} \int \boldsymbol{j}^2 \, dV} \tag{8.73}$$

(hier und in (8.74) sind $\boldsymbol{j}, \boldsymbol{H}$ in reeller Schreibweise einzusetzen). Das Integral im Zähler ist über das lichte Hohlraumvolumen V, das im Nenner über das Wandvolumen zu erstrecken. Die Teilintegration senkrecht zur Oberfläche innerhalb der Wand läßt sich unter Berücksichtigung des Skineffekts (Abschnitt 4.1) ohne weitere Voraussetzungen ausführen. Drückt man noch nach Gl. (2.15) den Wandstrom durch das Magnetfeld an der Oberfläche und die Leitfähigkeit σ nach Gl. (4.11) durch die Skintiefe $s\,(=\alpha^{-1})$ aus, so findet man

$$Q_0 = 2 \frac{V}{sA} \left(\frac{\overline{\boldsymbol{H}^2}^{V}}{\overline{\boldsymbol{H}^2}^{A}} \right). \tag{8.74}$$

Die maximale Güte wird vorwiegend durch das Verhältnis von lichtem Volumen zum „Skinvolumen" (Skintiefe s mal Wandoberfläche A) bestimmt. Das

Verhältnis aus Volumen- und Oberflächen-Mittelwert der Magnetfeldintensitäten hängt nur von der Gestalt des Hohlraums und von den angeregten Schwingungsformen ab und nimmt Werte der Größenordnung 1 an.

Die Güte Q_0 von Räumen, deren Ausdehnungen in allen drei Raumrichtungen wachsen, nimmt mit dem Volumen zu. So hat z. B. der in Göttingen gebaute, 338 m^3 fassende akustische Hallraum, dessen Wände mit Kupferfolie beklebt sind, für elektromagnetische 9,4-GHz-Wellen die Güte $1{,}75 \cdot 10^6$ entsprechend etwa $\tau = 30\,\mu s$ Abklingzeit. Große Hohlräume mit vielen angeregten Eigenschwingungen ermöglichen Absorptionsmessungen an Objekten (z. B. Absorbern) unter Bestrahlung mit allseitig gleichmäßig verteilten Polarisations- und Einfallsrichtungen („Diffuses Feld“).

Raumakustische Probleme (z. B. Eigenfrequenzverteilungen in Räumen) lassen sich durch Modellmessungen in großen Hohlraumresonatoren mit elektromagnetischen Wellen besser untersuchen, da die der stromführenden Haut entsprechende Zähigkeitsgrenzschicht an den Wänden und die Luftabsorption in den akustisch zu untersuchenden Räumen nicht so hohe Güten für Schallwellen zu erzielen gestatten.

Einen außerordentlich großen Hohlraumresonator bildet die Kugelschale zwischen Erde und Ionosphäre (s. Abschnitt 10.4.2). Die Resonanzfrequenz der Eigenschwingung niedrigster Ordnung (elektrisches Feld senkrecht zur Erdoberfläche) liegt bei 8 Hz. Die Eigenschwingungen dieses Kugelschalenresonators werden durch Gewitter-Blitzentladungen angeregt.

Beeinflussung der Eigenschwingungen von Hohlraumresonatoren

Änderungen der Resonanzfrequenz und der Güte von Hohlraumresonatoren durch verschiedene Einflüsse lassen sich gut an „entarteten“ Eigenschwingungen beobachten. Entartet heißen Eigenschwingungen mit verschiedener Feldverteilung, aber gleicher Resonanzfrequenz. Einfache Beispiele finden sich in gestreckten Hohlräumen kreiszylindrischen oder quadratischen Querschnitts, in denen Entartung wegen der beiden voneinander unabhängigen, zueinander senkrechten Polarisationsrichtungen auftritt.

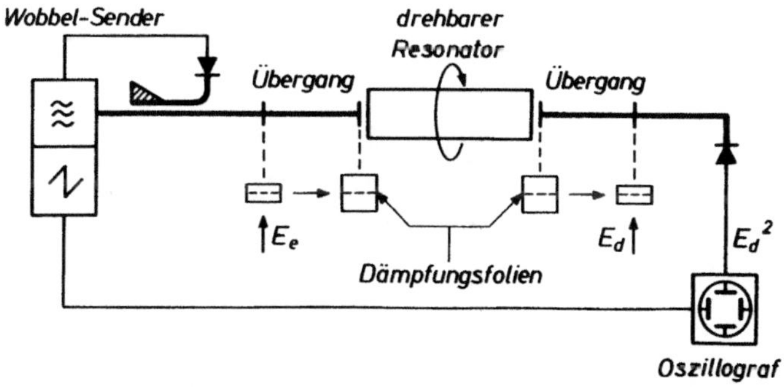

Bild 8.39. Apparatur zur Untersuchung entarteter Eigenschwingungen in einem rechteckförmigen Hohlraumresonator mit quadratischem Querschnitt (3,7 cm × 3,7 cm × 25,5 cm).

Wir benutzen einen rechteckförmigen Hohlraum quadratischen Querschnitts (3,7 cm × 3,7 cm × 25,5 cm) mit je einem Loch zur Ein- und Auskopplung in den Endplatten. Zur Anregung und Abnahme schließen sich Hohlleiterübergangsstücke auf übliche rechteckförmige TE_{10}-Hohlleiter an. Die Übergangsstücke enthalten Dämpfungsfolien zur reflexionsarmen Absorption falsch orientierter E-Feldkomponenten, die vom Resonator ausgehen können. Die Speisung besorgt

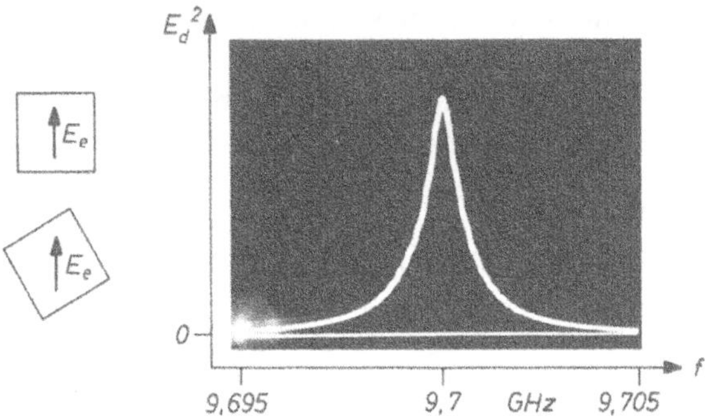

Bild 8.40. Vom Hohlraumresonator in der Apparatur nach Bild 8.39 durchgelassenes Signal in Abhängigkeit von der Frequenz für verschiedene Resonatorstellungen (links) ohne Aufspaltung der beiden entarteten Eigenschwingungen.

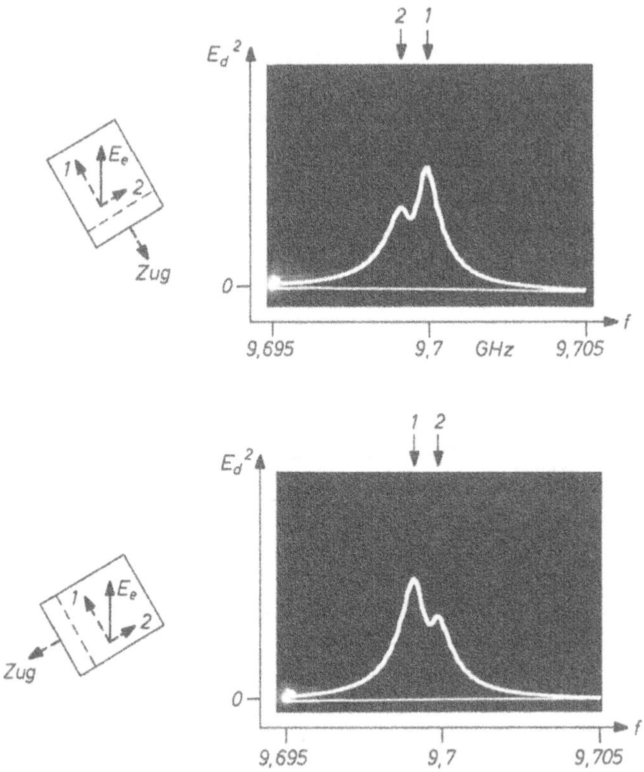

Bild 8.41. Vom Hohlraumresonator in der Apparatur nach Bild 8.39 durchgelassenes Signal in Abhängigkeit von der Frequenz für verschiedene Stellungen des Resonators, dessen entartete Eigenschwingungen durch Querschnittsverformung aufgespalten sind.

ein Wobbelsender mit periodisch zwischen 8 und 12,4 GHz veränderlicher Frequenz. Das Resonator-Ausgangssignal gelangt nach quadratischer Gleichrichtung auf einem Oszillographen in Abhängigkeit von der Frequenz zur Anzeige. Das Bild 8.39 zeigt die Vorführungsapparatur schematisch.

Durch Drehung des Resonators um seine Längsachse sind nun bei der Frequenz 9,7 GHz die $TE_{1,0,15}$- und die $TE_{0,1,15}$-Eigenschwingung getrennt oder gemeinsam anregbar. Bei völliger axialer Symmetrie des leeren Hohlraums erhalten wir wegen der Entartung dieser beiden Eigenschwingungen unabhängig von der Stellung des Resonators die frequenzfeststehende Resonanzkurve im Bild 8.40. Leichte Querschnittsverformungen haben Resonanzfrequenzunterschiede der beiden senkrecht zueinander polarisierten Eigenschwingungen zur Folge. Wir finden dann die aufgespaltenen Resonanzkurven im Bild 8.41. Bei der gewählten TE-Schwingungsform hat nur die zu $\boldsymbol{E}$ senkrechte Rohrweite auf die Rohrwellenlänge und damit auf die Resonanzfrequenz Einfluß.

Im unverformten Hohlraum können wir die Entartung der beiden Eigenschwingungen auch durch eine dünne dielektrische Platte aufheben, die wir parallel zu einer Längswand an die Stelle eines elektrischen Feldstärkemaximums bringen. Wir erhalten dann ähnliche aufgespaltene Resonanzkurven wie im Bild 8.41 oder, bei geeigneter Drehung des Resonators (die eine oder andere Längswand senkrecht zu $\boldsymbol{E}_e$), auch die Resonanzkurve für jede Eigenschwingung getrennt. Aus den

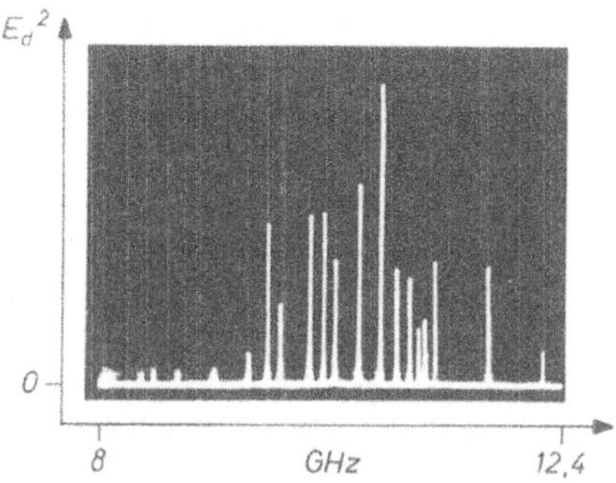

Bild 8.42. Vom Hohlraumresonator in der Apparatur nach Bild 8.39 durchgelassenes Signal innerhalb eines viele Eigenresonanzen enthaltenden Frequenzbereichs.

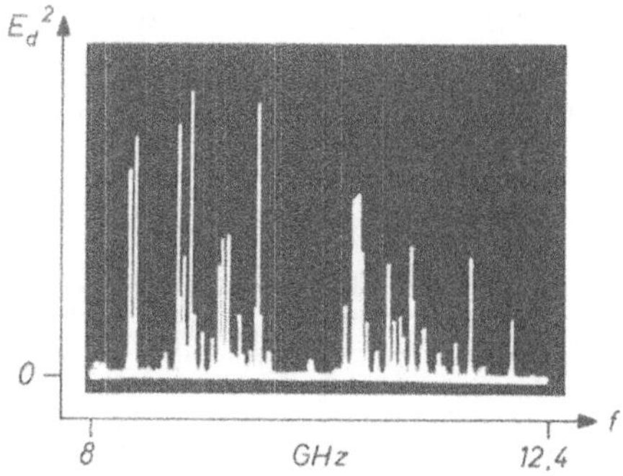

Bild 8.43. Von einem 10 cm × 15 cm × 30 cm großen Hohlraumresonator in der Apparatur nach Bild 8.39 durchgelassenes Signal in Abhängigkeit von der Frequenz f.

Unterschieden der Resonanzfrequenzen und der Halbwertsbreiten oder (empfindlicher) der Resonanzkurvenhöhen können wir den Real- bzw. Imaginärteil der Dielektrizitätszahl der eingeführten Platte bestimmen. Wir haben damit ein Meßverfahren kennengelernt, das besonders geringe dielektrische Verluste zu bestimmen gestattet.

Regen wir den leeren Resonator innerhalb des gesamten vom Wobbelsender überstrichenen Frequenzbandes 8 ... 12,4 GHz an, so finden wir das im Bild 8.42 wiedergegebene Spektrum der TE_{10p}-Eigenschwingungen mit $p = 12 \dots 20$ sowie einiger TE_{11p}-, TM_{11p}-, TE_{20p}-Eigenschwingungen niedriger Ordnung p.

Ersetzen wir in der Apparatur nach Bild 8.39 den Hohlraum (3,7 cm × 3,7 cm × 25,5 cm) durch einen größeren Rechteckraum mit den Abmessungen 10 cm × 15 cm × 30 cm aus versilbertem Messing, so erhalten wir das wesentlich dichter besetzte Spektrum im Bild 8.43. Eine als Störkörper in den Hohlraum eingebrachte kleine Stahlkugel von z. B. 6 mm Durchmesser können wir von außen mit einem Magneten bewegen. Die Kugel beeinflußt die Kopplung zwischen verschiedenen Eigenschwingungen und damit auch deren Anregungsstärke und Frequenzlage. Daher machen sich Änderungen der Kugellage im Spektrum stark bemerkbar.

8.3. Hohlleiterbauteile

Zum Aufbau von Meß- und Übertragungseinrichtungen für elektromagnetische Wellen im 1- bis 100-GHz-Frequenzbereich verfügt die Hohlleitertechnik über eine Vielzahl von Bauteilen. Man kann damit den verschiedensten Anforderungen entsprechende „Schaltungen" herstellen. Nur eine Auswahl von Hohlleiter-Bauteilen soll hier Erwähnung finden.

8.3.1. Verlustfreie, reflektierende Bauteile

Als Koppelglieder für Hohlraumresonatoren, zum Aufbau von Filtern oder für Anpassungsglieder, um nur einige Beispiele zu nennen, benötigt man verlustfreie, teildurchlässige bzw. teilreflektierende Schaltelemente (Blindwiderstände). Grundformen bilden in den Hohlleiter eingefügte Blenden und Stifte

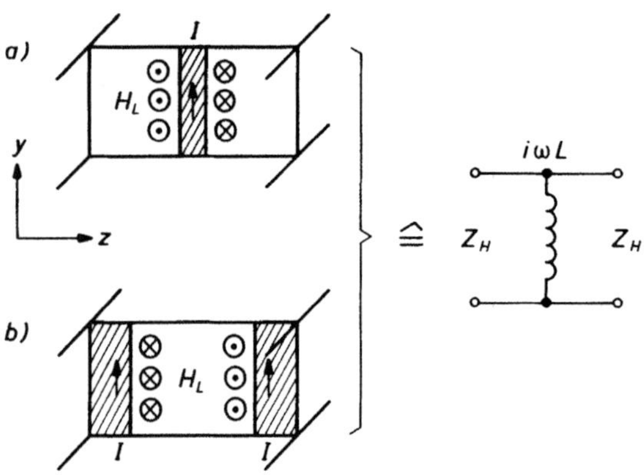

Bild 8.44. Induktiver Stab (a) und induktive Blende (b) im TE_{10}-Rechteckhohlleiter.

sowie zusätzlich angeschlossene Leitungsstücke. Den weiteren Betrachtungen liegt immer der TE_{10}-Rechteckhohlleiter mit der Feld- und Stromverteilung nach Bild 8.5a zugrunde.

Ein gegen die Wellenlänge λ_0 dünner Metallstab oder -streifen, der die Hohlleiterbreitwände miteinander an der Stelle maximalen elektrischen Feldes verbindet, führt Strom und speichert daher Energie aus der Hohlleiterwelle in dem Zusatzmagnetfeld, mit dem er sich umgibt (Bild 8.44a). Entsprechendes gilt für dünne Metallschirme mit Kanten parallel zum elektrischen Feld E_y, die den Hohlleiterquerschnitt in H_z-Richtung einengen (Bild 8.44b). Als Speicher magnetischer Energie stellen Stab und Blende nach Bild 8.44 induktive Schaltelemente dar. Für ihren Widerstand in einer Leitungsersatzschaltung gilt vorbehaltlich einer geringen Frequenzabhängigkeit der Induktivität L näherungsweise $W = \mathrm{i}\omega L$ (genau genommen wächst L mit ω). Mit steigender Frequenz nimmt der Reflexionsgrad dieses der Leitung parallel geschalteten Widerstandes (s. Gl. (6.24) mit $W^{-1}(0) = W^{-1} + Z_{\mathrm{H}}^{-1}$),

$$|r|^2 \approx \frac{1}{1+4\left(\dfrac{\omega L}{Z_{\mathrm{H}}}\right)^2}, \tag{8.75}$$

ab und der Durchlaßgrad $|d|^2 = 1 - |r|^2$ zu.

Dünne Metallschirme mit Kanten parallel zum Magnetfeld H_z, die den Hohlleiterquerschnitt in E_y-Richtung einengen (Bild 8.45), führen zu einer Kon-

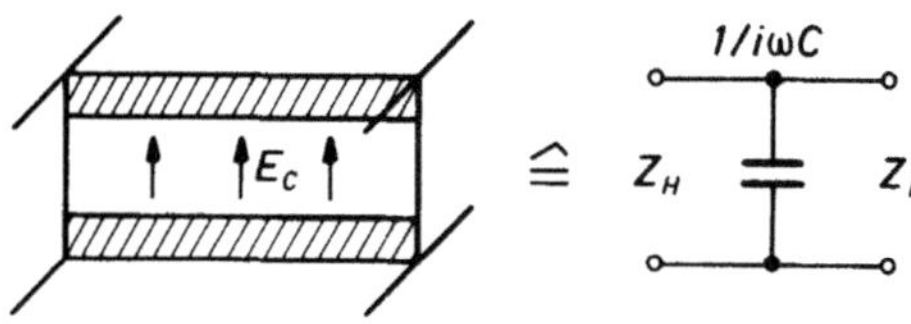

Bild 8.45. Kapazitive Blende im TE_{10}-Rechteckhohlleiter.

zentration des elektrischen Feldes und wirken daher als zusätzlicher kapazitiver Parallelwiderstand $W \approx 1/(\mathrm{i}\omega C)$ (genau genommen wächst C mit ω). Sein Reflexionsgrad

$$|r|^2 \approx \frac{1}{1+\dfrac{4}{(\omega C Z_{\mathrm{H}})^2}} \tag{8.76}$$

nimmt mit wachsender Frequenz zu und sein Durchlaßgrad $|d|^2$ ab.

Für einen induktiven Metallstreifen nach Bild 8.44a und eine kapazitive Blende zeigt das Bild 8.46 den erwarteten Frequenzgang des Durchlaßgrades.

Die Kurven wurden aus einer einfachen Durchgangsmessung mittels eines 8 ... 12-GHz-Wobbelsenders, eines angepaßten Detektorabschlusses (Abschnitt 8.3.3) und eines Oszillographen gewonnen. Das durch den ungestörten Hohlleiter übertragene Bezugssignal ($|d|^2 = 1$) gibt die oberste Kurve wieder. Sie läßt die einwandfreie Amplitudenregelung des Senders und die frequenzunabhängige Empfindlichkeit des Empfängers erkennen.

Wird der Stromfluß im induktiven Stab durch einen Spalt senkrecht zum elektrischen Feld unterbrochen, so wird dadurch eine Kapazität in Serie mit der

Induktivität eingeführt (Bild 8.47). Bei geeigneter Wahl der Abmessungen ist also das Resonanzverhalten eines Serienschwingkreises zu erwarten. Der Nulldurchgang seines Widerstandes $W \approx \mathrm{i}\omega L + 1/(\mathrm{i}\omega C)$ in der Resonanz äußert sich im Minimum der experimentell erhaltenen Durchlaßgrad-Frequenzkurve, Bild 8.48.

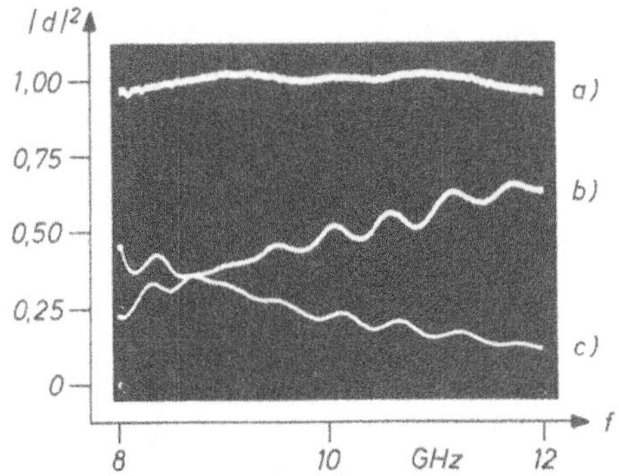

Bild 8.46. Durchlaßgrad $|d|^2$ eines induktiven Metallstreifens (b) nach Bild 8.44a, einer kapazitiven Blende (c) nach Bild 8.45 und des ungestörten TE_{10}-Rechteckhohlleiters (a) in Abhängigkeit von der Frequenz f.

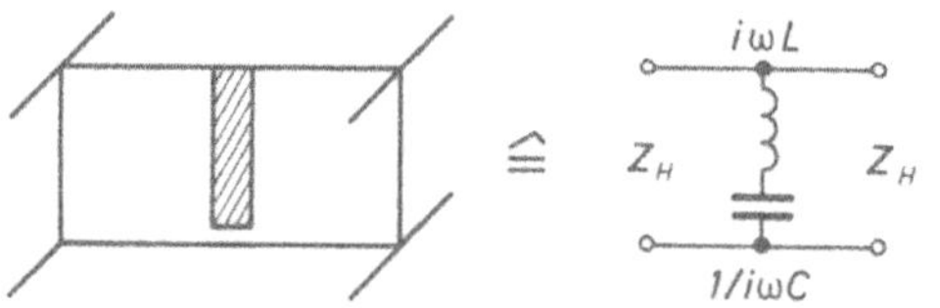

Bild 8.47. Stab mit Spalt als Serienschwingkreis im TE_{10}-Rechteckhohlleiter.

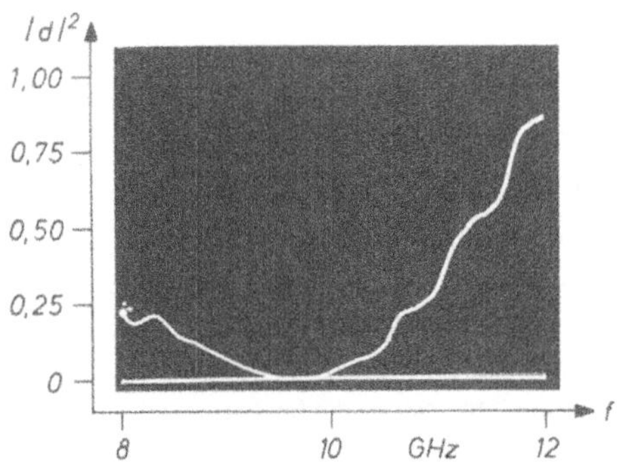

Bild 8.48. Durchlaßgrad $|d|^2$ des Stabes mit Spalt nach Bild 8.47 in Abhängigkeit von der Frequenz f.

Setzt man die induktive Blende nach Bild 8.44b und die kapazitive Blende nach Bild 8.45 zusammen, so entspricht das der Parallelschaltung von Induktivität und Kapazität (Bild 8.49). Resonanzabstimmung des resultierenden Parallelschwingkreises liegt vor, wenn die Blendenabmessungen a' in H_z-Richtung und b' in E_y-Richtung der Näherungsbeziehung

$$a' \approx \frac{\lambda_0}{2}\sqrt{1+\left(\frac{b'}{b}\right)^2\left[\left(\frac{2a}{\lambda_0}\right)^2-1\right]} \tag{8.77}$$

genügen, wenn also die Blendenbreite a' im Fall $b' \ll b$ nur wenig mehr als eine halbe Freifeldwellenlänge, $\lambda_0/2$, beträgt. Der Betrag des Widerstandes $W \approx \mathrm{i}\omega L/(1-\omega^2 LC)$ wird in der Resonanz unter Vernachlässigung von ohmschen Verlusten unendlich groß, was sich im Maximum der experimentell erhaltenen Durchlaßgrad-Frequenzkurve, in Bild 8.50, äußert.

(Die den Kurven in den Bildern 8.46, 8.48 und 8.50 überlagerte Welligkeit rührt von Interferenzen mit Wellen her, die durch schwache Reflexionen am Sende- oder Empfangsende der Hohlleitung entstanden sind.)

Der induktive/kapazitive Stab nach Bild 8.47 läßt sich für ein gut zu handhabendes Anpassungsglied verwenden. Dazu wird er durch einen zentralen Längsschlitz in der Hohlleiterbreitwand tiefenverstellbar eingeführt und kann ebenso wie bei einer Meßleitung (Bild 8.21) mittels eines Schlittens in Hohlleiterlängsrichtung verschoben werden. Dieses Anpassungsglied wirkt ähnlich wie das im Abschnitt 6.5.2 beschriebene, das aus „Stichleitung" und „Posaune" besteht.

Häufig findet für Anpassungszwecke das „E-H-Abstimmglied" Anwendung. Es besteht aus einer symmetrischen Doppel-T-Verzweigung, deren E-Arm (4) und deren H-Arm (3), wie im Bild 8.51a dargestellt, in Kurzschlußschiebern enden. Das anzupassende Gerät schließt den Arm (2) ab. Die Einspeisung er-

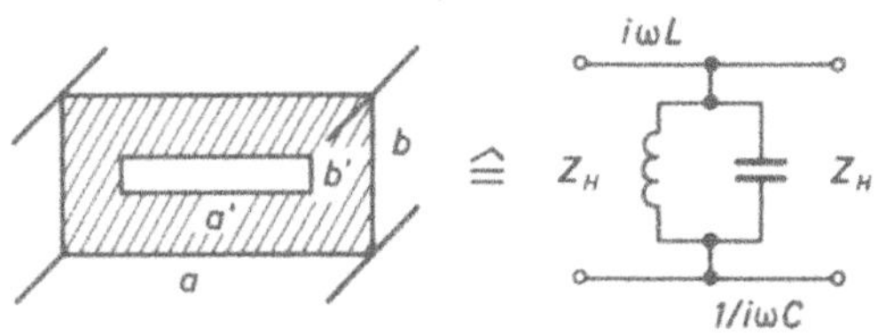

Bild 8.49. Höhe und Breite des TE_{10}-Rechteckhohlleiters einengende Blende als Parallelschwingkreis.

folgt durch den Arm (1). Der E-Arm (4) unterbricht die Längsströme (s. Bild 8.8a), der H-Arm (3) die Querströme in den Wänden der Hauptleitung (1)–(2). In der näherungsweise gültigen Ersatzschaltung Bild 8.51b des E-H-Abstimmgliedes sind daher die kurzgeschlossenen Leitungsstücke (4), (3) veränderlicher Länge als regelbarer Serien-Blindwiderstand $\mathrm{i}X_4$ bzw. Parallel-Blind-

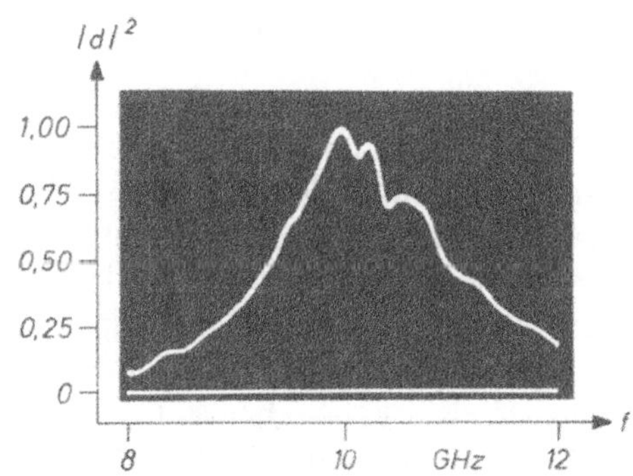

Bild 8.50. Durchlaßgrad $|d|^2$ der Resonanzblende nach Bild 8.49 in Abhängigkeit von der Frequenz f.

widerstand $\mathrm{i}X_3$ anzusetzen (Gl. (6.66)). Genau genommen müßten noch die Feldverzerrungen an der Verzweigungsstelle durch weitere feste Blindwiderstände im Ersatzschaltbild Berücksichtigung finden. Der Vierpol nach Bild 8.51b transformiert einen Abschlußwiderstand $W_2 = R_2 + \mathrm{i}X_2$ nach Gl. (7.23) unter Berücksichtigung der Gln. (7.41) und (7.42) in den Eingangswiderstand

W_1. Die zur Anpassung erforderliche Einstellung der Blindwiderstände X_3, X_4 leitet sich aus Gl. (7.23) mit $W_1 = Z_H$ (Z_H Hohlleiterwellenwiderstand nach Gl. (8.37)) ab:

$$X_3 = \pm \sqrt{Z_H R_2 \left[1 + \left(\frac{X_2}{R_2 - Z_H}\right)^2\right]}, \tag{8.78}$$

$$X_4 = 2\left\{\frac{Z_H X_2}{R_2 - Z_H} \mp \sqrt{Z_H R_2 \left[1 + \left(\frac{X_2}{R_2 - Z_H}\right)^2\right]}\right\}. \tag{8.79}$$

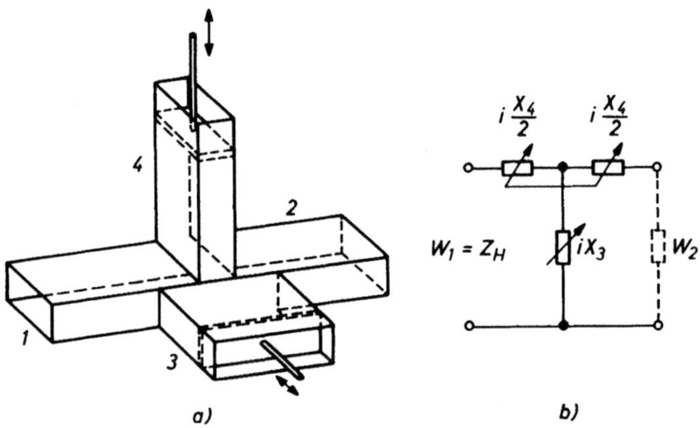

Bild 8.51. „*E*-*H*-Abstimmglied" (a) mit Ersatzschaltung (b).

Das E-H-Abstimmglied stellt ein Beispiel für die Anwendung von Hohlleiterstücken als Schaltelementen in reflektierenden Bauteilen dar. Weitere wichtige Anwendungen finden Leitungsstücke in Drosselsystemen. Drosselsysteme haben die Aufgabe, möglicherweise störende Spalte in Leitungen, z. B. zwischen Verbindungsflanschen oder an den Rändern verschiebbarer Kurzschlußplatten, weitgehend oder völlig zu sperren. Die Bilder 8.52 und 8.53 zeigen zwei häufig vorkommende Arten solcher Drosselsysteme. Aus dem ein Wellenfeld mit der elektrischen Feldstärke $\boldsymbol{E}$ enthaltenden Leitungsraum links in den Bildern könnte ohne Drosselanordnung längs des gestrichelt gezeichneten Spaltpfades unerwünschte Übertragung nach rechts heraus stattfinden, sofern die Spaltausdehnung senkrecht zur Zeichenebene mehr als $\lambda_0/2$ beträgt. Für Felder mit $\boldsymbol{E}$-Richtung senkrecht zur Zeichenebene wirkt der Spalt als ein unterhalb seiner Grenzfrequenz angeregter Hohlleiter jedenfalls sperrend (s. Abschnitt 8.1.1, Gl. (8.14)), da die Spaltbreite in der Zeichenebene meist wesentlich weniger als $\lambda_0/2$ beträgt.

In der Anordnung nach Bild 8.52 geschieht die Verdrosselung des Spalts mit Hilfe einer $\lambda/2$ langen, einseitig kurzgeschlossenen Leitung, in deren Stromknoten (s. Strompfeile) gerade der Spalt ansetzt. Eine Anregung der Spaltleitung findet daher nicht statt. Der Eingangswiderstand der $\lambda/2$-Leitung ist Null (s. Gl. (6.66)) und beeinflußt folglich die Wandstromverteilung und damit das Feld im Hauptleitungsraum nicht.

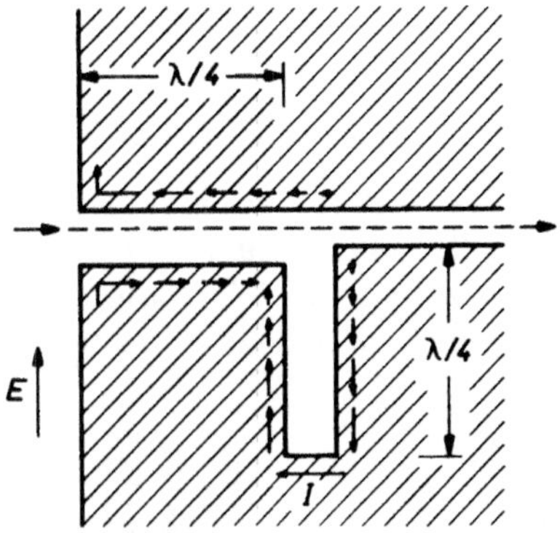

Bild 8.52. Drosselleitungssystem zur Sperrung des gestrichelt gezeichneten möglichen Übertragungsweges durch einen Spalt (rechts) in einer Metallwand.

In der Anordnung nach Bild 8.53 bewirken mehrere hintereinander geschaltete $\lambda/4$ lange Leitungsstücke sehr unterschiedlicher Wellenwiderstände Z_1, Z_2 die Verdrosselung des Spaltweges. Da für den Leitungswellenwiderstand nach Gl. (6.17) $Z=\sqrt{L'/C'}$ gilt und die längenbezogene Leitungskapazität C' umgekehrt proportional der Leitungshöhe b_s (in $\boldsymbol{E}$-Richtung) ist, lassen sich die erforderlichen großen Wellenwiderstandsunterschiede durch große Unterschiede in den Höhen b_{s1}, b_{s2} der $\lambda/4$-Leitungsstücke erzielen. Die dreifache Anwendung der Transformationsbeziehung (6.78) für $\lambda/4$-Leitungen ergibt den relativen Eingangswiderstand

$$\frac{W}{Z_H} = \frac{(Z_1/Z_H)^4}{(Z_2/Z_H)^2} \tag{8.80}$$

der Spaltleitung. Mit den praktisch vorkommenden Werten $Z_1/Z_H=0{,}1$, $Z_2/Z_H=0{,}5$ folgt $W/Z_H=4\cdot 10^{-4}$. Dem entspricht der Durchlaßfaktorbetrag

Bild 8.53. Drosselleitungssystem zur Sperrung des gestrichelt gezeichneten möglichen Übertragungsweges durch einen Spalt, z. B. am Rand eines Kurzschlußkolbens (unten).

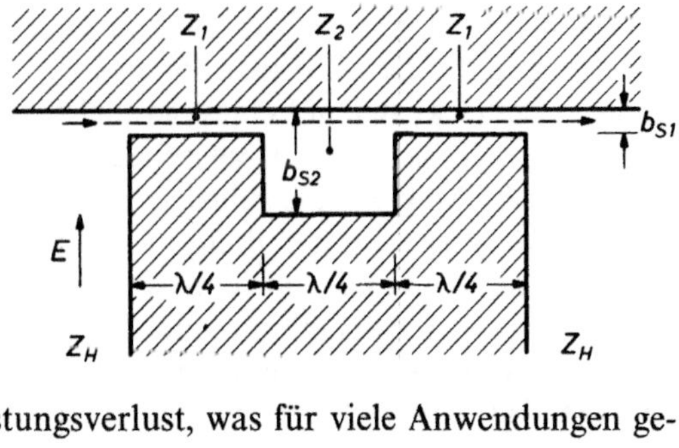

$|d|=0{,}04$ oder rund 0,01 dB Leistungsverlust, was für viele Anwendungen genügend klein ist.

Wenn reflektierende Wände luft- und lichtdurchlässig gemacht werden sollen, benutzt man unterhalb ihrer Grenzfrequenz ($\lambda_0/2 > a$) angeregte Hohlleiter als Drosselleitungen. Aus vielen solcher sperrenden Hohlleiter wabenförmig zusammengesetzte Gitter können z. B. als Fenster für abgeschirmte Meßräume („Faraday-Käfige“) oder als Belüftungsöffnungen in den Abschirmhauben viel Wärme entwickelnder Senderöhren dienen.

8.3.2. Verlust- und reflexionsfrei übertragende Bauteile

In die Gruppe verlust- und reflexionsfrei übertragender Bauteile gehören Hohlleitungskrümmer zur Richtungsänderung des Leitungsverlaufs, verdrillte Hohlleiter zur Polarisationsebenendrehung, flexible Hohlleiter, Übergänge zwischen Hohlleitern verschiedener Querschnittsgröße oder -form (z. B. rechteckig-rund mit längs etwa einer Wellenlänge stetig veränderlicher Längsschnittberandung) und der viel benötigte Hohlleiter-Koaxialleitungsübergang (Bild 8.54). Allen diesen Bauteilen sind bestimmte Konstruktionsmerkmale eigen, die darauf hinzielen, den Reflexionsfaktor innerhalb des gesamten ausnutzbaren Hohlleiterfrequenzbereichs 1:1,5 möglichst niedrig zu halten. Es würde hier zu weit führen, diese technischen Konstruktionsmerkmale zu behandeln.

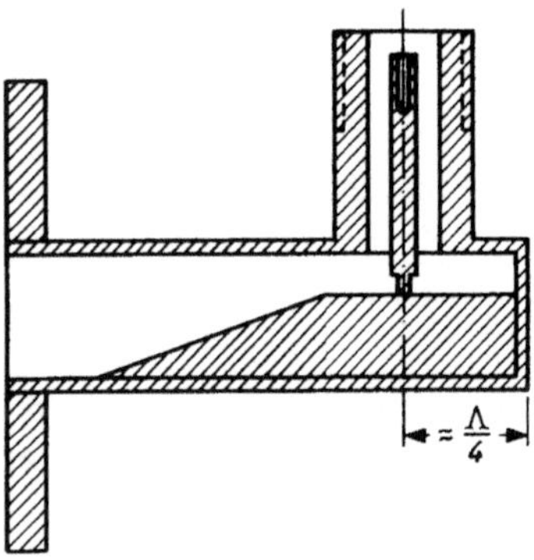

Bild 8.54. TE_{10}-Hohlleiter-Koaxialleitungsübergang ($|r| < 0{,}12$ für $f = 1{,}25\,f_c \ldots 1{,}9\,f_c$).

Eine originelle Kombination von rundem Hohlleiter, TEM-Wellenleitung und rechteckigem Hohlleiter stellt die „Flossenleitungskoppler“ genannte Polarisationsrichtungsweiche im Bild 8.55 dar. Innerhalb einer Durchmesserebene des runden Hohlleiters befindet sich eine fischflossenförmig zugeschnittene Metallfolie. Mit ihrem nichtunterbrochenen Ende (rechts) teilt sie den Hohlleiter in zwei Hälften, die, jede für sich, zu eng sind, um die Welle mit der Richtung $\boldsymbol{E}_1$ des elektrischen Feldes parallel zur Folie übertragen zu können. Diese Welle vermag sich jedoch zwischen den zusammenlaufenden Flossenteilen (links) als TEM-Welle auszubreiten und gelangt so in den Rechteckhohlleiter (oben). Die Welle mit der Richtung $\boldsymbol{E}_2$ des elektrischen Feldes senkrecht zur Folie bleibt von ihr fast unbeeinflußt und breitet sich deshalb weiter im runden Rohr aus. Die Flossenleitung und den Rechteckhohlleiter kann die $\boldsymbol{E}_2$-Welle nicht anregen, da beide senkrecht zu $\boldsymbol{E}_2$ zu schmal sind. Die beiden von links einfallenden, senkrecht zueinander polarisierten Wellen werden also völlig voneinander getrennt.

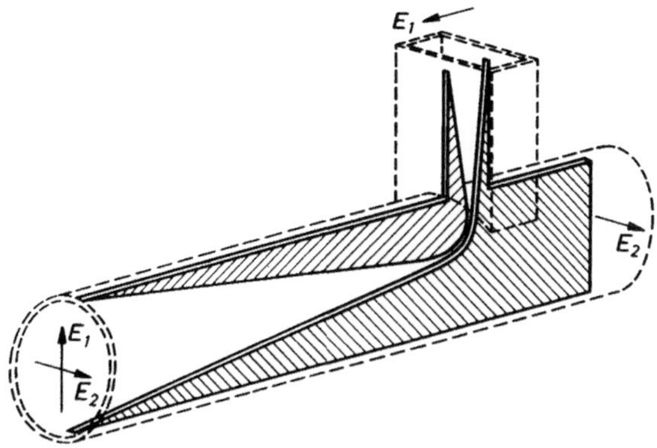

Bild 8.55. „Flossenleitungskoppler" zur Trennung der im runden Hohlleiter von links kommenden Wellen verschiedener Polarisationsrichtungen $\boldsymbol{E}_1, \boldsymbol{E}_2$.

Hohlleitungen stetig veränderlicher mechanischer Länge lassen sich wegen Kontaktschwierigkeiten kaum mit genügend guten Eigenschaften herstellen. Mit der „Quetschleitung", Bild 8.56, steht ein sehr einfach herstellbarer Hohlleiterbauteil zur Verfügung, dessen elektrische Länge l/Λ man reflexionsfrei stetig verändern kann. Zentrale Längsschlitze in den Hohlleiterwänden, die die Strom- und Feldverteilung nicht stören, ermöglichen es, die Hohlleiterbreite a durch Zusammendrücken oder Auseinanderziehen der Seitenwände mit einer Schraubzwinge zu ändern. Auf Grund ihrer Breitenabhängigkeit nimmt dabei die Hohlrohrwellenlänge $\Lambda = \lambda_0/\sqrt{1-(\lambda_0/2a)^2}$ zu bzw. ab. Die

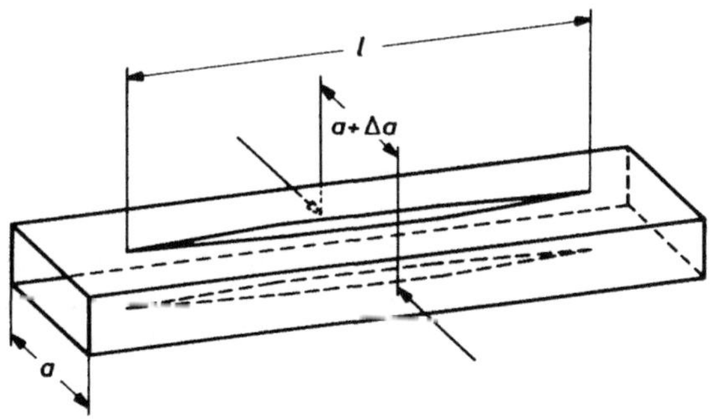

Bild 8.56 Quetschleitung aus einem TE_{10}-Rechteckhohlleiter veränderlicher Breite.

maximale Verformung $\Delta a(\gtrless 0)$ an der Einspannstelle führt in erster Näherung auf

$$\frac{\Delta\left(\dfrac{l}{\Lambda}\right)}{\left(\dfrac{l}{\Lambda}\right)} \approx \frac{\Delta a}{2a}\left(\frac{\Lambda}{2a}\right)^2 \tag{8.81}$$

mit $\Delta a/2$ als Mittelwert der Verformung entlang des Schlitzes. Beschränkt man die Quetschung auf $|\Delta a/a| \leq 0{,}1$, so muß die Schlitzlänge $l \approx 13\Lambda$ betragen, um mitten im Hohlleiterfrequenzbereich $(f \approx 1{,}5 f_c)$ die elektrische Länge bis auf $\Delta(l/\Lambda) = \pm 0{,}5$ ändern zu können.

8.3.3. Absorbierende Bauteile

Wie schon im Abschnitt 6.5.2 erwähnt, werden für Zwecke frequenzunabhängiger Anpassung oder Entkopplung von Leitungsteilen oder Geräten reflexionsarme Dämpfungsglieder benötigt. Das Bild 8.57 zeigt eine einfache, häufig benutzte Ausführungsform. An der Stelle maximalen elektrischen Feldes taucht parallel dazu eine schwach leitfähige Graphitpapierfolie oder eine metallbedampfte Glimmerfolie in den Hohlleiter ein. Die vom elektrischen Feld in der Folie hervorgerufenen Ströme (j) überführen einen Teil der eingestrahlten elektromagnetischen Leistung in Wärme. Die „Brotmesser"-Form der Folie wirkt reflexionsmindernd, da die von der einen oder anderen wenig ein-

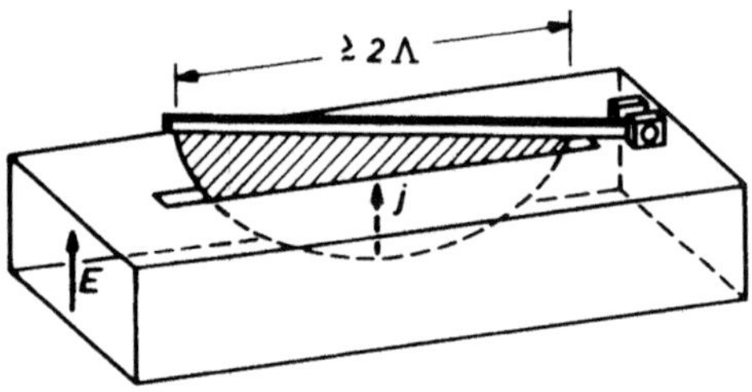

Bild 8.57. Veränderliches Hohlleiter-Dämpfungsglied mit „brotmesser"-förmiger Dämpfungsfolie.

tauchenden Folienspitze schwach reflektierten Teilwellen mit den etwa $\Lambda/4$ weiter nahe der Folienmitte stärker reflektierten, aber auch stärker gedämpften Teilwellen annähernd zu Null interferieren. Durch den Schlitz in der Hohlleiterwand hindurch läßt sich die Folieneintauchtiefe und damit die Dämpfung einfach verändern. So eignet sich das Dämpfungsglied auch zur Leistungsregelung, falls die frequenzabhängige und nur ungenau mögliche Eichung nicht erforderlich ist.

In Richtkopplern (Bild 8.22), zur Prüfung von Schiebesonden-Meßleitungen und in Impedanz-Vergleichsmeßanordnungen (Bild 8.23), um nur einige Beispiele zu nennen, benötigt man unabhängig von der Frequenz reflexionsfrei absorbierende Hohlleiterabschlüsse. Am besten bewährt sich die Pyramiden- oder Keilrippenform nach Bild 5.9 (s. Abschnitt 5.2.3).

Da man sehr große Leistungen (> 10 Watt) mit Durchgangsdämpfungsgliedern der in den Bildern 8.28, 8.57 dargestellten Arten wegen mangelnder Wärmeabfuhr nicht mehr regeln kann, ist man auch hierzu auf den absorbierenden Hohlleiterabschluß angewiesen. Er ermöglicht eine entsprechend günstigere

Anordnung des Absorptionsmaterials längs der Hohlleiterwände. Die Leistungsregelung erfolgt mittels eines veränderlichen Leistungsteilers, z.B. der im Bild 8.58 gezeigten Art, der einen Teil der eingestrahlten Welle in den völlig absorbierenden Hohlleiterabschluß überführt und den restlichen Teil weiterzuleiten gestattet. In der Anordnung nach Bild 8.58 hängt das Teilungsverhältnis von der Phasendifferenz zwischen den beiden Wellen gleicher Amplitude ab, die in den „E"- und „H"-Arm der magischen Doppel-T-Verzweigung (s. Abschnitt 8.2.1, Bild 8.24) eingespeist werden. Zur Regelung der Phasendifferenz und damit der Dämpfung dient der veränderliche Phasenschieber.

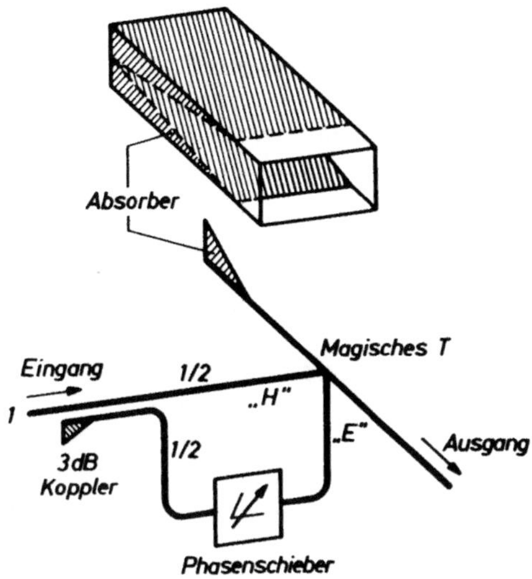

Bild 8.58. Veränderlicher Leistungsteiler.

Neben den Durchgangsdämpfungsgliedern und den reflexionsfreien Leitungsabschlüssen stehen als dritte wichtige Gruppe absorbierender Bauteile diejenigen, in denen die absorbierte elektromagnetische Leistung eine Umsetzung zu Zwecken der Anzeige erfährt: Temperaturabhängige Widerstandselemente (Bolometer, Thermistoren) sowie Halbleiter-Kristalldioden zur Gleichrichtung und zur Frequenzumsetzung.

Bild 8.59. Hohlleiterabschluß zur Anzeige und Messung elektromagnetischer Strahlungsleistung mittels Bolometer (oder anstelle dessen Halbleiter-Kristalldiode). Der verschiebbare und in seiner Eintauchtiefe veränderliche Metallstift (links) sowie der Kurzschlußschieber (rechts) dienen der Anpassung des Detektorelements.

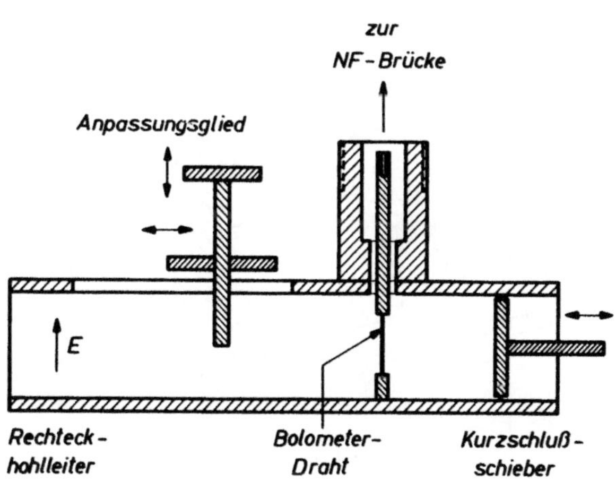

Zum Nachweis, aber besonders zur Absolutmessung elektromagnetischer Strahlungsleistung dienen Hohlleiterbauteile der im Bild 8.59 dargestellten Art. Etwa $\Lambda/4$ vor dem kurzgeschlossenen Leitungsende befindet sich am Ort des elektrischen Feldstärkebauchs im Fall des Bolometers ein sehr dünner Metalldraht ($\varnothing \approx 1{,}4 \cdot 10^{-4}$ cm) oder im Fall des Thermistors eine sehr kleine Halbleiterpille, in denen die eingestrahlte Welle durch geeignete Einstellung des davorgesetzten Anpassungsgliedes und des Kurzschlußschiebers dahinter vollständig absorbiert werden kann. Die von der Hochfrequenzstromwärme verursachte Änderung des ohmschen Widerstandes läßt sich in einer Niederfrequenzmeßbrücke (Bandbreite Δf) empfindlich nachweisen bzw. messen. Die kleinste mit einem Bolometer nachweisbare Strahlungsleistung beträgt etwa $10^{-10}\sqrt{\Delta f\,(\mathrm{Hz})}$ Watt.

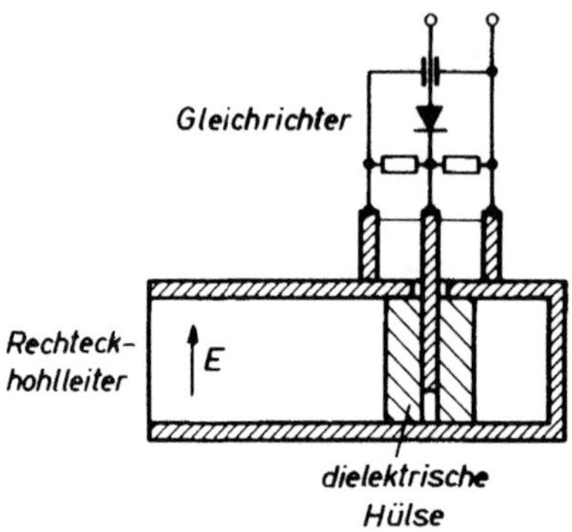

Nild 8.60. Breitbandig angepaßter Hohlleiterabschluß mit Gleichrichter.

Falls Absolutmessungen der Leistung nicht erforderlich sind, bevorzugt man für Anzeigezwecke den Halbleitergleichrichter, für den sich die Anordnung nach Bild 8.59 ebenfalls eignet. Eine ohne veränderliche Abstimm-Mittel über den gesamten Hohlleiterfrequenzbereich (1:1,5) näherungsweise angepaßte Gleichrichterfassung gibt das Bild 8.60 wieder. Auch den mit der Hohlleiterwelle verbundenen Wandstrom kann man zur Anzeige bringen, wenn man die Kristalldiode in einen quer zur Stromrichtung liegenden Wandschlitz einfügt (Bild 8.61). Auf diese Weise gelingt es, die Welle in einem durchgehenden Hohlleiter fast ohne Auftreten von Reflexion zu beobachten.

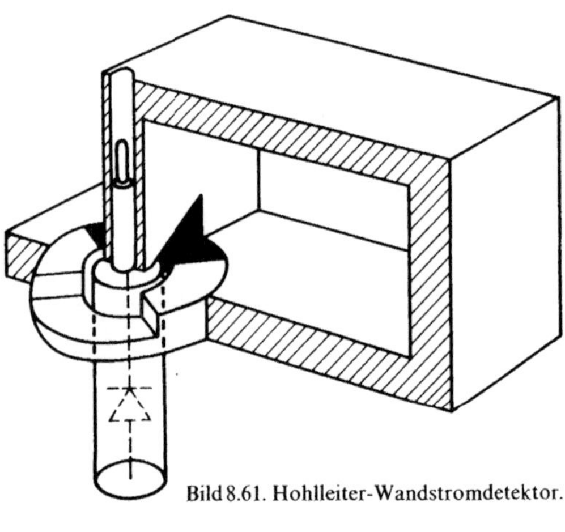
Bild 8.61. Hohlleiter-Wandstromdetektor.

Der Gleichrichterstrom hängt annähernd quadratisch mit der elektrischen Feldstärke zusammen. Die kleinste mit einer Kristalldiode nachweisbare Strahlungsleistung beträgt etwa $2 \cdot 10^{-12}\sqrt{\Delta f\,(\mathrm{Hz})}$ Watt, wenn die angeschlossene Anzeigevorrichtung die Bandbreite Δf hat.

Hohlleiterabschlüsse mit Kristalldioden als Mischern dienen außerdem zur Umsetzung der nachzuweisenden hochfrequenten Welle in ein tieferfrequentes („Zwischenfrequenz"-)Signal, die in Überlagerungsempfängern vor der Weiterverstärkung vorgenommen wird. Dazu bedarf es der Einspeisung einer zusätzlichen Hilfswelle etwas abweichender Frequenz. An der nichtlinearen Strom-Spannungskennlinie der Mischdiode bildet sich u.a. das gewünschte Differenzfrequenzsignal.

Ohne Hilfssignalüberlagerung wird eine leistungsstarke Welle an einer Kristalldiode in Teilwellen ganzzahlig vielfacher Frequenz („Harmonische") umgesetzt, was zur Erzeugung besonders hochfrequenter Signale von Bedeutung sein kann (s. Abschnitt 11.2.3.2).

Frequenzgang der Reflexion verschiedener Bauteile

Wir speisen die Hohlleiterapparatur nach Bild 8.62 mit einem Wobbelsender, dessen Frequenz periodisch von 8 ... 12 GHz durchläuft. Aus der von den zu untersuchenden Objekten (*a*)...(*g*) reflektierten Welle trennen wir mit einem Richtkoppler einen Teil ab. Dessen Amplitude lassen wir nach quadratischer Gleichrichtung von einem Oszillographen aufzeichnen.

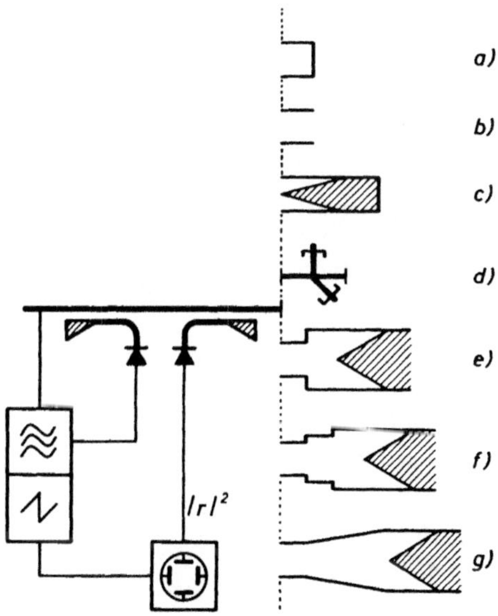

Bild 8.62. Apparatur zur Aufzeichnung des Reflexionsgrades $|r|^2$ verschiedener Hohlleiterbauteile in Abhängigkeit von der Frequenz. (a) Kurzgeschlossenes, (b) offenes, (c) mit einer Absorber-Rippe reflexionsfrei abgeschlossenes und (d) mit einem E-H-Abstimmglied angepaßtes offenes Hohlleiterende. (e) Sprunghafter Übergang, (f) Übergang mit Λ/4-Transformationsstück und (g) stetiger Übergang auf einen reflexionsarm abgeschlossenen Hohlleiter 1,5-facher Höhe.

Im Diagramm Bild 8.63 sehen wir ganz oben die Reflexionsgradkurve des kurzgeschlossenen Leitungsendes. Sie läßt erkennen, daß die Senderamplitude, die Richtkopplereigenschaften (s. Abschnitt 8.2.1, Bild 8.22) und die Detektorempfindlichkeit sich nur wenig mit der Frequenz ändern. Die mittlere Kurve beschreibt die Reflexion des offenen Leitungsendes. Knapp über der Null-Linie liegt die Reflexionsgradkurve einer angespitzten Graphitpapier-Rippe nach Bild 5.9 als

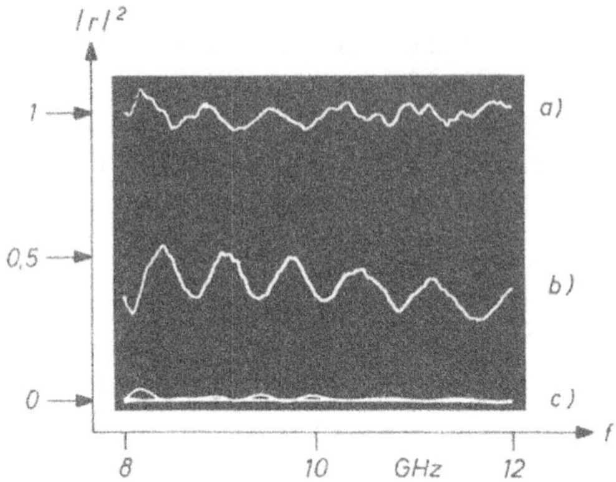

Bild 8.63. In der Apparatur nach Bild 8.62 aufgenommener Reflexionsgrad $|r|^2$ des kurzgeschlossenen (a), offenen (b) und mit einer angespitzten Graphitpapier-Rippe abgeschlossenen (c) Hohlleiterendes in Abhängigkeit von der Frequenz f.

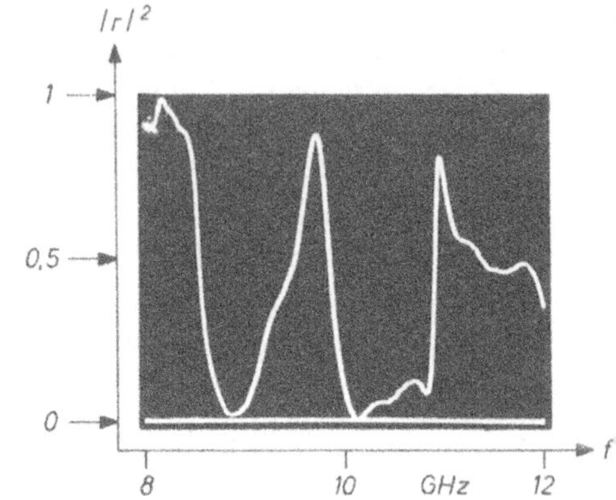

Bild 8.64. In der Apparatur nach Bild 8.62 aufgenommener Reflexionsgrad $|r|^2$ des mit einem E-H-Abstimmglied für einige Frequenzen angepaßten offenen Hohlleiterendes in Abhängigkeit von der Frequenz f.

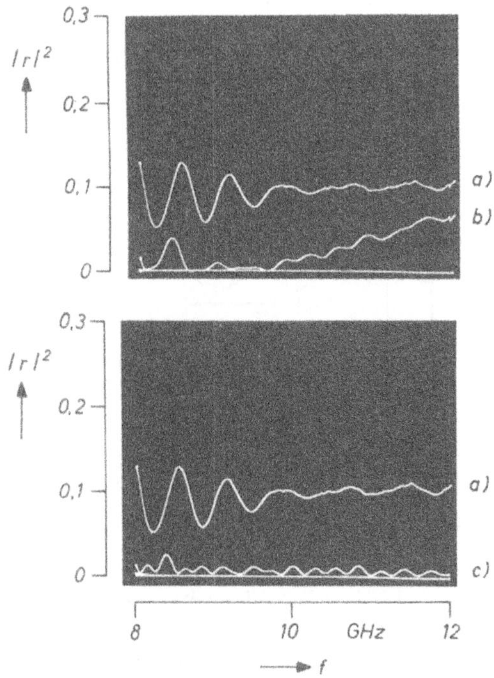

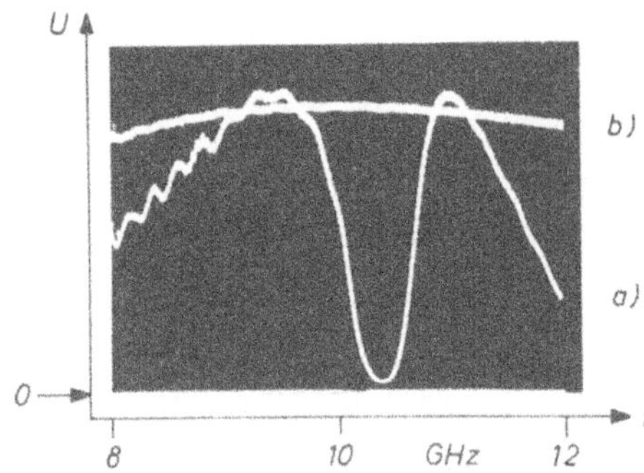

Bild 8.66. Ausgangsspannung U (a) eines nur schmalbandig angepaßten Gleichrichterhalters nach Bild 8.59 und (b) eines breitbandig wirksamen Gleichrichterhalters nach Bild 8.60 in Abhängigkeit von der Frequenz f.

◂Bild 8.65. In der Apparatur nach Bild 8.62 aufgenommener Reflexionsgrad $|r|^2$ des sprunghaften Übergangs (a), des Übergangs mit $\Lambda/4$-Transformationsstück (b) und des $4{,}4a$ langen stetigen Übergangs (c) auf den reflexionsarm abgeschlossenen Hohlleiter 1,5-facher Höhe in Abhängigkeit von der Frequenz f.

Absorber. Mit einem E-H-Abstimmglied (Bild 8.51 a) können wir die Reflexion des offenen Leitungsendes, wie aus dem Reflexionsgraddiagramm Bild 8.64 ersichtlich, bei einigen Frequenzen unterdrücken.

Der sprunghafte Übergang auf einen reflexionsarm abgeschlossenen Hohlleiter 1,5facher Höhe b ruft die im Bild 8.65, Kurve (a), wiedergegebene Reflexion hervor. Eine zwischengeschaltete $\Lambda/4$ lange Leitung der Höhe $b\sqrt{1{,}5}$ ($\Lambda/4$-Trafo, s. Abschnitt 6.5.3) erniedrigt die Reflexion nahe der Anpassungsfrequenz ganz erheblich, wie aus der Kurve (b) im Bild 8.65 hervorgeht. Die Kurve (c) im Bild 8.65 erhalten wir, wenn wir die beiden Hohlleiter verschiedener Höhe durch einen stetigen Übergang der Länge 10 cm $\approx$ 4,4 a verbinden. Die Reflexion bleibt dann unabhängig von der Frequenz sehr niedrig.

Frequenzgang des Ausgangssignals von Gleichrichterhaltern

Wir leiten die amplitudenkonstante Welle eines 8 ... 12-GHz-Wobbelsenders auf einen schmalbandig angepaßten Gleichrichterhalter der Art nach Bild 8.59 und auf den breitbandig wirksamen Gleichrichterhalter nach Bild 8.60. Den Frequenzgang der Ausgangsspannung sehen wir im Bild 8.66. Einen ähnlich glatten Spannungsverlauf wie nach Kurve (b) finden wir auch mit dem Wandstrom-Gleichrichterhalter nach Bild 8.61.

8.4. Nichtreziproke Hohlleiterbauteile

Übertragungsfähige Leitungsbauteile stellen, allgemein ausgedrückt, Verbindungsstücke zwischen zwei oder mehreren, gleichen oder verschiedenen Leitungen dar. Sie können ganz unterschiedlich geformte „Schaltelemente“ aus Metall, verlustfreiem oder verlustbehaftetem Dielektrikum enthalten. Allen solchen Verbindungsstücken ist gemeinsam, daß ihre, z.B. mit dem komplexen Durchlaßfaktor d beschreibbaren Übertragungseigenschaften nicht von der Übertragungs*richtung* abhängen.

Die Übertragungssymmetrie von Hohlleitungsteilen läßt sich jedoch durch Einführen ferromagnetischer Materialien unter geeigneten Bedingungen aufheben. Um ausgeprägt *nichtreziproke Übertragung* zu erreichen, muß die Hohlleiterwelle in starke Wechselwirkung mit dem ferromagnetischen Material treten, also genügend tief eindringen können. Das ermöglichen die nichtleitenden ferromagnetischen Oxide, die *Ferrite*. Es handelt sich um eisen- und andere metallionenhaltige kubisch oder hexagonal kristallisierende Stoffe, die als Sinterkeramik oder als Einkristalle Anwendung finden. Das Ferritmaterial muß eine starke magnetische Anisotropie aufweisen, die es durch ein äußeres magnetostatisches Feld erhält oder auch durch ein kristalleigenes Feld schon besitzt.

8.4.1. Ferromagnetische Resonanz

Ein vereinfachend als kugelförmig angenommenes Ferritstück befinde sich an einem Ort, an dem ohne Ferritstück das homogene statische Magnetfeld $\boldsymbol{H}_0$ und das homogene magnetische Wechselfeld $\boldsymbol{H}$ (z.B. einer Hohlleiterwelle) bestehe. In dem resultierenden Magnetfeld $\boldsymbol{H}_0+\boldsymbol{H}$ (die außerdem noch vorhandenen entmagnetisierenden Felder brauchen im Fall der Kugel nicht berücksichtigt zu werden) unterliegt jedes ferromagnetisch wirksame Elektron mit dem spinbedingten magnetischen Moment $\boldsymbol{\mu}_B$ dem Drehmoment $\boldsymbol{\mu}_B \times (\boldsymbol{H}_0+\boldsymbol{H})$, das die Richtung des Drehimpulses $\boldsymbol{L}$ (Spin), wie im Bild 8.67 angedeutet, ändert gemäß

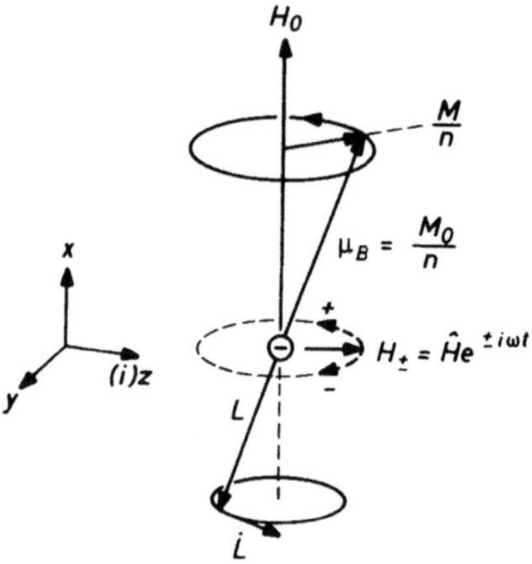

Bild 8.67. Elektron mit dem Drehimpuls $\boldsymbol{L}$ und dem magnetischen Moment $\boldsymbol{\mu}_B$ unter dem Einfluß eines statischen Magnetfeldes $\boldsymbol{H}_0$ und eines magnetischen Wechselfelds $\boldsymbol{H}$.

$$\frac{\mathrm{d}\boldsymbol{L}}{\mathrm{d}t} = \boldsymbol{\mu}_B \times (\boldsymbol{H}_0+\boldsymbol{H}) + \boldsymbol{T}_a. \qquad (8.82)$$

$\boldsymbol{T}_a$ bedeutet ein die Bewegung dämpfendes Drehmoment. Die Feldstärke H_0 des statischen Feldes überschreite die Sättigungsfeldstärke des kugelförmigen Ferritstücks, so daß die ferromagnetisch wirksamen Elektronen der Anzahldichte n alle gleichsinnig parallel ausgerichtet sind und ihre magnetischen Momente sich zur Magnetisierung $\boldsymbol{M}_0 = n\boldsymbol{\mu}_B$ zusammensetzen. Die Magnetisierung kann dann nur noch ihre Richtung, nicht ihren Betrag ändern. Ersetzt man in der Gl. (8.82) mittels der gyromagnetischen Beziehung $-\mu_B/L = \Gamma \approx \mu_0 e/m = 2\pi \cdot 0{,}035\,\mathrm{MHz \cdot m/A} = 2\pi \cdot 2{,}8\,\mathrm{MHz/Oe}$ $\boldsymbol{L}$ durch $\boldsymbol{\mu}_B$ und $\boldsymbol{\mu}_B$ durch $\boldsymbol{M}_0$, so folgt für die präzessionsförmige Richtungsänderung der Magnetisierung:

$$\frac{\mathrm{d}\boldsymbol{M}_0}{\mathrm{d}t} \approx -\Gamma[\boldsymbol{M}_0 \times (\boldsymbol{H}_0+\boldsymbol{H})] - \frac{\boldsymbol{M}}{\tau}. \qquad (8.83)$$

Die Elektronenspinpräzession unterliegt einer Dämpfung, die in der Gl. (8.82) durch das Dämpfungsdrehmoment $\boldsymbol{T}_a$ und in der Gl. (8.83) durch $-\boldsymbol{M}/\tau$ unter der Voraussetzung $|M| \ll M_0$ näherungsweise Berücksichtigung findet. $\boldsymbol{M}$ ist die zu $\boldsymbol{H}_0$ senkrechte Wechselmagnetisierung und τ die Abklingzeit der freien $(H=0)$ Elektronenspinpräzession (in vielen praktisch interessierenden Materialien von der Größenordnung 10^{-8} s).

In den meisten Ferritanwendungen haben die magnetischen Wechselfelder gegenüber dem magnetostatischen Feld sehr kleine Amplituden $\hat{H} \ll H_0$, so daß $|M| \ll M_0$ und $|M_{0x}| \approx M_0$ gilt. Unter Vernachlässigung von Größen der Ordnung $|MH|, |M|^2$ läßt sich die Gl. (8.83) für die hier lediglich interessierenden zirkularen Drehfelder $\boldsymbol{H}_\pm = (H_y + \mathrm{i}H_z)_\pm = \hat{H}\,\mathrm{e}^{\pm \mathrm{i}\omega t}$ (Darstellung von $\boldsymbol{H}$

in der komplexen $y, \mathrm{i}z$-Ebene; $\boldsymbol{H}_+$ in $\boldsymbol{H}_0$-Richtung gesehen rechts, $\boldsymbol{H}_-$ links drehend, s. Bild 8.67) auf die einfache Form

$$\boldsymbol{M}_\pm = \mu_0(\mu_\pm - 1)\boldsymbol{H}_\pm \tag{8.84}$$

bringen. Sie gestattet, die Permeabilitätszahl $\mu_\pm$ anzugeben, die das dem statischen Feld $\boldsymbol{H}_0$ unterliegende Ferritmaterial dem rechts- bzw. linkszirkularen Wechselfeld $\boldsymbol{H}_\pm$ gegenüber aufweist:

$$\mu_\pm = \mu'_\pm \mp \mathrm{i}\mu''_\pm = 1 + \frac{\Gamma M_0/\mu_0}{\omega_0 \mp \omega \pm \dfrac{\mathrm{i}}{\tau}}. \tag{8.85}$$

Hierin bedeutet

$$\omega_0 = \Gamma H_0 \tag{8.86}$$

die Eigenfrequenz der freien Elektronenspinpräzession. Die vom gleichsinnig (rechts)drehenden Wechselfeld $\boldsymbol{H}_+$ erzwungene Elektronenspinpräzession gerät gemäß Gl. (8.85) in Resonanz, wenn die Eigenfrequenz ω_0 mittels des statischen Magnetfeldes auf die Anregungsfrequenz ω abgestimmt wird (oder umgekehrt). μ'_+ und μ''_+ durchlaufen in Abhängigkeit von $H_0 = \omega_0/\Gamma$ die im Bild 8.68 für $f = 9\,\mathrm{GHz}$ dargestellten typischen Resonanzkurven. Die gleichen Kurven beschreiben in umgekehrter Abszissenrichtung auch die Frequenzabhängigkeit von μ'_+ bzw. μ''_+ bei festem H_0. Die vom linksdrehenden Wechselfeld $\boldsymbol{H}_-$ erzwungene Präzession weist keine Resonanz auf, wie aus dem

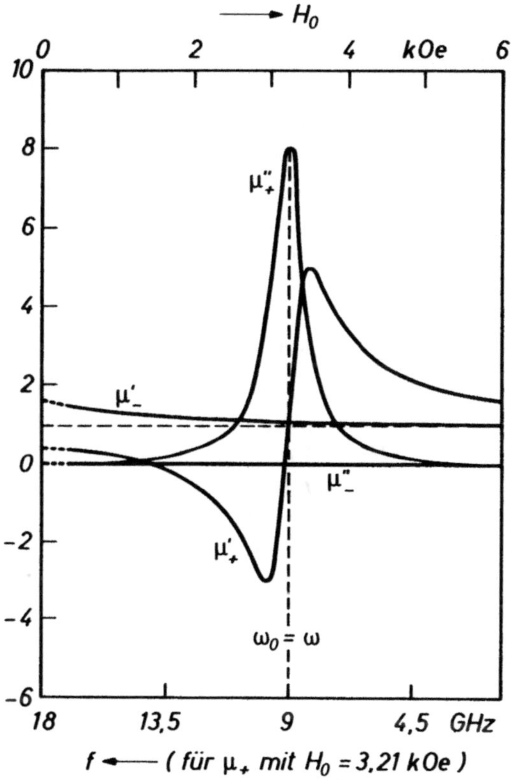

Bild 8.68. Realteile μ'_+, μ'_- und Imaginärteile μ''_+, μ''_- der Permeabilitätszahlen μ_+, μ_- eines Ferritmaterials für zirkulare magnetische Drehfelder in Abhängigkeit vom statischen Magnetfeld H_0 bei der Frequenz 9 GHz und für μ_+ auch in Abhängigkeit von der Frequenz f bei der Magnetfeldstärke 3,21 kOe.

monotonen Verlauf von μ'_- mit H_0 im Bild 8.68 hervorgeht. Wegen $\omega_0 \gg 1/\tau$ bleibt μ''_- vernachlässigbar klein.

Die Gl. (8.85) gilt nicht nur für die Permeabilitätszahl einer im Verhältnis zur Wellenlänge λ im Material kleinen Ferritkugel im homogenen Feld. Sie beschreibt ebenso die Permeabilitätszahl, die die Ausbreitung ebener, zirkular polarisierter Wellen mit dem Magnetfeld $\boldsymbol{H} = \boldsymbol{H}_\pm \exp(-\gamma_\pm x)$ im unendlich ausgedehnten Ferritmedium gemäß $\gamma_\pm^2 = -\varepsilon_0 \mu_0 \varepsilon \mu_\pm \omega^2$ bestimmt, sofern die Ausbreitung in $\boldsymbol{H}_0$-Richtung erfolgt.

Die Berechnung der Permeabilitätszahl endlicher, nicht kugelförmiger Ferritstücke erfordert, entmagnetisierende Felder zu berücksichtigen. Sie führt auf kompliziertere Formeln als Gl. (8.85), die jedoch grundsätzlich ähnliche Abhängigkeiten vom statischen Feld H_0 (aber von ω/Γ abweichende Resonanzfeldstärken H_0) ergeben. Für die folgende qualitative Behandlung nichtreziproker Hohlleiterbauteile genügt daher die Kenntnis der Kurven im Bild 8.68. Die Nichtreziprozität Ferrite enthaltender Hohlleiter beruht auf dem einen oder dem anderen zweier wesentlicher Merkmale der $\mu_\pm(H_0)$-Kurven: dem Unterschied zwischen μ''_+ und $\mu''_- \approx 0$ für $H_0 \approx \omega/\Gamma$ oder dem Unterschied zwischen μ'_+ und μ'_- für $H_0 < \omega/\Gamma$. Die Folgen davon sind unterschiedliche Dämpfung bzw. unterschiedliche Phasengeschwindigkeit der rechts und links zirkular polarisierten Wellen.

8.4.2. Resonanzabsorption. Einwegleitung

Das magnetische Wechselfeld einer TE_{10}-Welle im Rechteckhohlleiter ist seitlich der Hohlleiterachse ein Drehfeld. Zur Veranschaulichung dessen dienen die kleinen Pfeile im Bild 8.69a. Sie geben die Richtung der magnetischen Feldlinien an den Kreuzungspunkten mit einer achsenparallelen (gestrichelten) Geraden zwischen Hohlleitermitte und einer Schmalwand an. Breitet sich die Welle in $(+x)$-Richtung aus, so beobachtet man an einem festen Ort auf der Bezugslinie positive Drehung (H_+), bei Ausbreitung in $(-x)$-Richtung negative Drehung (H_-) des magnetischen Wechselfeldes in der x,z-Ebene. Im Verhältnis

$$\frac{H_z}{H_x} = \pm\, i \frac{2a}{\Lambda} \tan\left(\frac{\pi z}{a}\right) \tag{8.87}$$

der Quer- und Längsfeldkomponenten nach den Gl. (8.35), (8.36) kommt dieser Tatbestand im Faktor $\pm i$ zum Ausdruck. Nach Gl. (8.87) hat das Drehfeld im Abstand

$$z_c = \frac{a}{\pi} \operatorname{arctan}\left(\frac{\Lambda}{2a}\right) \tag{8.88}$$

von der Hohlleiterschmalwand rein zirkulare Polarisation, beiderseits davon elliptische Polarisation.

Die Abhängigkeit des H-Felddrehsinns von der Wellenausbreitungsrichtung läßt sich zur Erzielung nichtreziproker Dämpfung ausnutzen. Dazu wird in den Hohlleiter nahe bei $z=z_c$ eine dünne Ferritplatte, wie im Bild 8.69 b dargestellt, eingesetzt. Ein Permanentmagnet sorgt für das statische Feld $\boldsymbol{H}_0$ (senkrecht zu $\boldsymbol{H}$), das für die gewünschte Betriebsfrequenz auf Resonanz ab-

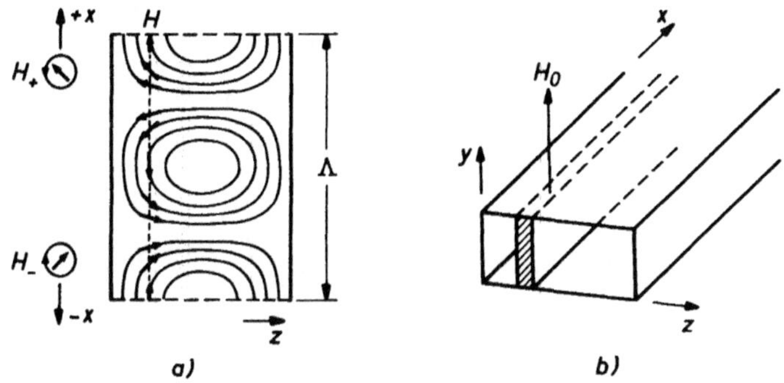

Bild 8.69. Magnetisches Drehfeld in einem TE_{10}-Rechteckhohlleiter seitlich der Achse (a) und an dieser Stelle eingesetzter Ferritstreifen zur Erzielung nichtreziproker Dämpfung (b).

gestimmt sein soll. Geeignete Wahl des Plattenorts etwas abseits von $z=z_c$ ermöglicht, den elliptisch verformenden Einfluß des entmagnetisierenden Feldes annähernd auszugleichen und in der Platte ein fast zirkulares (effektives) Feld zu erhalten. Dieses regt die in Resonanz stark absorbierende positive Spinpräzession an ($\mu''_+=\max$, Bild 8.68), wenn es einer in $(+x)$-Richtung laufenden Welle angehört, die daraufhin starker Dämpfung unterliegt. Das Drehfeld einer in $(-x)$-Richtung laufenden Welle vermag lediglich die schwache, fast nicht absorbierende negative Spinpräzession anzuregen. Die Welle bleibt nahezu ungedämpft.

In dieser Weise wirkt die gebräuchlichste Art von „Einweg-Leitungen“. Andere Arten, die die „Faraday-Rotation“ oder den „Feldverdrängungseffekt“ (auf Grund von $\mu'_+<0$) in Ferriten ausnutzen, seien hier nur am Rande erwähnt.

Ihre häufigste Anwendung finden nichtreziproke Dämpfungsglieder, um Sender von angeschlossenen Geräten zu entkoppeln, d.h. reflektierte Wellen vom Sender fernzuhalten, ohne dabei eingespeiste Leistung zu verlieren. Die Rückwärtsdämpfung handelsüblicher Resonanzabsorptions-Einwegleitungen beträgt etwa 30 bis 40 dB und die Vorwärtsdämpfung $\lesssim 1$ dB.

8.4.3. Faraday-Rotation. Gyrator. Zirkulator

Eine linear polarisierte Welle, die in Wechselwirkung mit einem in Wellenausbreitungsrichtung magnetisierten Ferritmedium tritt, erfährt unter geeigneten Bedingungen eine Drehung ihrer Polarisationsebene. Diesen Vorgang veranschaulicht das Bild 8.70 für eine linear polarisierte TE_{11}-Welle in einem runden Hohlleiter. In der Hohlleiterachse befindet sich ein Ferritstab, dessen Enden zwecks Reflexionsminderung spitz auslaufen. Eine den Hohlleiter umgebende stromdurchflossene Spule hält im Ferritstab das statische Magnetfeld $\boldsymbol{H}_0$ in Achsenrichtung $+x$ aufrecht. Die Feldstärke H_0 soll so weit unterhalb des Resonanzwertes liegen, daß $\mu''_+ \approx 0$ und $\mu'_- > \mu'_+ \gtrsim 0$ gilt (Bild 8.68). Die linear polarisierte Welle mit dem transversalen Magnetfeld $\boldsymbol{H}$ läßt sich in zwei gegensinnig zirkular polarisierte Wellen mit den transversalen Magnetfeldern $\boldsymbol{H}_+$, $\boldsymbol{H}_-$ zerlegen. Im leeren Hohlleiter unterliegen die beiden zirkularen Teilwellen gleichen Ausbreitungsbedingungen ($\beta_+ = \beta_-$), nicht dagegen im Bereich des Ferritstabes. Die zirkulare Welle mit positivem Drehsinn (am festen Ort beobachtet!) regt im Ferritmaterial die für $H_0 \ll (H_0)_{\mathrm{Res.}}$ nur schwache positive Spinpräzession an. Der kleinen Permeabilitätszahl $0 < \mu'_+ < 1$ entsprechend hat die positiv drehende Welle im Bereich des Ferritstabes die vergrößerte Wellenlänge $\Lambda_+ > \Lambda$. Der negativ drehenden Welle gegenüber weist der Stab die mit der negativen Spinpräzession verknüpfte größere Permeabilität $\mu'_- > 1$ auf, so daß diese Welle die verkleinerte Wellenlänge $\Lambda_- < \Lambda$ hat. Das Bild 8.70 zeigt zu festgehaltener (!) Zeit die Richtungen von $\boldsymbol{H}_+$ (*räumlich* negativ drehend!)

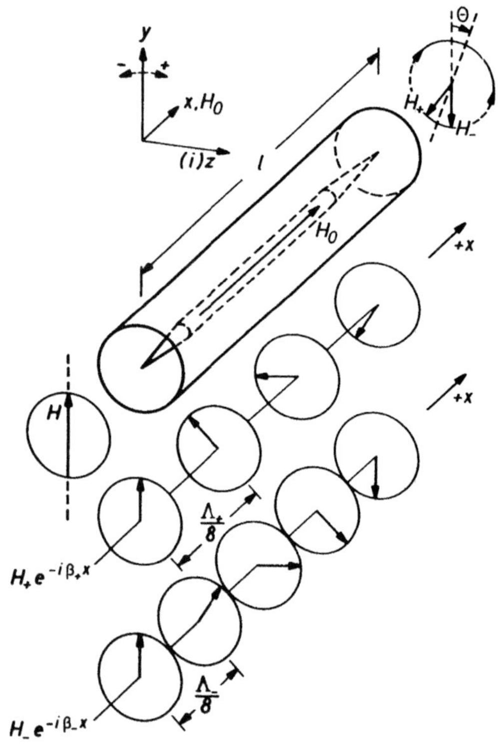

Bild 8.70. Drehung der Polarisationsebene ($\boldsymbol{H}$) einer linear polarisierten TE_{11}-Welle in einem runden Hohlleiter durch einen im statischen Magnetfeld H_0 axial magnetisierten Ferritstab. Die linear polarisierte Welle ist in zwei gegensinnig zirkular polarisierte Komponenten zerlegt, deren *räumliche* Änderung bei *fester* Zeit das Bild wiedergibt.

und $\boldsymbol{H}_-$ (*räumlich* positiv drehend!) in aufeinanderfolgenden Abständen von $\Lambda_+/8$ bzw. $\Lambda_-/8$. Aufgrund des Wellenlängenunterschiedes $\Lambda_- < \Lambda_+$ bzw. des Unterschiedes $\beta_- > \beta_+$ der Phasenkonstanten $\beta_\pm = 2\pi/\Lambda_\pm$ ist die räumliche Felddrehung der negativ zirkularen Welle am Ende des Stabes der Länge l um den Winkel $(\beta_- - \beta_+)l$ weiter fortgeschritten als die der positiv zirkularen Welle. Nach Zusammensetzen der beiden zirkularen Komponenten $\boldsymbol{H}_+$, $\boldsymbol{H}_-$ ergibt sich daher die um den Winkel

$$\Theta = \tfrac{1}{2}(\beta_- - \beta_+)l \tag{8.89}$$

gedrehte Ebene der wegen $\mu''_+ \approx \mu''_- \approx 0$ erhaltenen gebliebenen linearen Polarisation. Bezüglich der $\boldsymbol{H}_0$-Richtung liegt der Drehsinn der Polarisationsebenendrehung unabhängig von der Wellenausbreitungsrichtung fest allein aufgrund des mit dem Unterschied zwischen μ'_- und μ'_+ vorgegebenen Anregungszustandes der Elektronenspinpräzession im Ferrit. Bezüglich der Wellenausbreitungsrichtung ändert sich bei deren Umkehr also der Drehsinn, womit nichtreziproke Übertragung vorliegt.

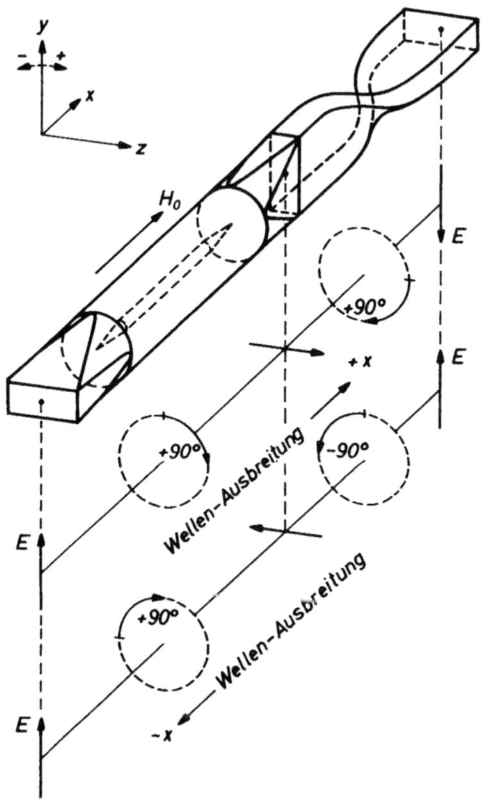

Bild 8.71. Hohlleitungs-Gyrator aus einem TE_{11}-Rundhohlleiter mit magnetisiertem Ferritstab und einem verdrillten TE_{10}-Rechteckhohlleiter. Das Bild gibt die *räumliche* Änderung der elektrischen Feldstärkerichtung wieder, wenn man eine feste Feldphase durchlaufend verfolgt.

Im unendlich ausgedehnten Ferritmedium beträgt die längenbezogene Polarisationsebenendrehung unter den Voraussetzungen $\Gamma H_0 \ll \omega$; $\Gamma M_0/\mu_0 \ll \omega$ nach Gl. (8.89), (8.85) näherungsweise

$$\frac{\Theta}{l} \approx \frac{\sqrt{\varepsilon'}}{2c} \frac{\Gamma M_0}{\mu_0}. \tag{8.90}$$

Für die typischen Werte $\varepsilon' = 13$, $M_0 = 0{,}2\ \mathrm{Vs/m^2} \mathrel{\hat{=}} 2\ \mathrm{kG}$ folgt daraus $\Theta/l \approx 120°/\mathrm{cm}$. Viel geringer ist die 1846 von *Michael Faraday* an Lichtwellen entdeckte Polarisationsebenendrehung in Glas, die auf der diamagnetischen Präzession der gesamten atomaren Elektronenhüllen in einem statischen Magnetfeld beruht.

Ebenso wie die diamagnetisch bedingte bezeichnet man auch die ferromagnetisch bedingte Polarisationsebenendrehung als „Faraday-Rotation".

Unter Ausnutzung der Faraday-Rotation in einem runden Hohlleiter mit längsmagnetisiertem Ferritstab in der Achse nach Bild 8.70 läßt sich ein Hohlleitungs-*Gyrator* (s. Abschnitt 7.1) verwirklichen. Magnetfeldstärke H_0, Sättigungsmagnetisierung M_0 und Ferritstablänge l müssen so gewählt sein, daß die magnetische Polarisationsebenendrehung 90° beträgt. Ein anschließender verdrillter TE_{10}-Rechteckhohlleiter dreht die Polarisationsebene um weitere 90°. In der Anordnung nach Bild 8.71 erfährt die in $(+x)$-Richtung laufende Welle +90° magnetische und +90° mechanische, zusammen 180° Drehung der Polarisationsebene. Für die in $(-x)$-Richtung laufende Welle ändert sich, wie bei einer Schraubenmutter, der mechanische Drehsinn, nicht dagegen aber der magnetische Drehsinn (bezüglich $+x$- und $\boldsymbol{H}_0$-Richtung). Die magnetische Polarisationsebenendrehung (+90°) macht die mechanische (−90°) also gerade wieder rückgängig[1]. Da die elektrische Länge des Systems

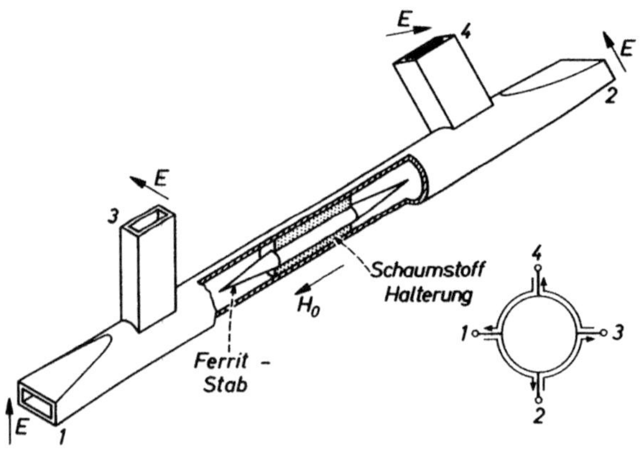

Bild 8.72. Hohlleitungs-Zirkulator.

nach Bild 8.71, abgesehen von der Auswirkung der Polarisationsebenendrehung, nicht von der Wellenlaufrichtung abhängt, ergibt sich der Unterschied π in den Phasenmaßen für $(+x)$- und $(-x)$-Übertragung, der einen Gyrator kennzeichnet.

Als Gyrator, allgemeiner als nichtreziproken Phasenschieber, kann man auch den Rechteckhohlleiter mit asymmetrisch gelagertem Ferritstreifen nach Bild 8.69 benutzen, wenn man ihn außerhalb der Resonanz $(\mu''_+ = 0)$ betreibt

[1]) Die Übertragungs-Unsymmetrie (magnetisch) bzw. Symmetrie (mechanisch) kommt im Drehsinn zum Ausdruck, wenn man ihn auf die jeweilige Wellenausbreitungsrichtung bezieht.

und so den Unterschied zwischen μ'_+, μ'_- wirksam werden läßt. Ein derartig aufgebauter Gyrator bildet zusammen mit zwei 3-dB-Richtkopplern die in der Praxis häufige Ausführungsform eines „Zirkulators“. Das Prinzip des Zirkulators läßt sich aber an der praktisch weniger günstigen Faraday-Rotations-Anordnung nach Bild 8.72 kürzer erläutern.

Ein TE_{11}-Rundhohlleiter mit 45° Faraday-drehendem Ferritstab endet beidseitig in TE_{10}-Rechteckhohlleitern 1, 2, die um 45° gegeneinander verdrillt sind. Bei der gezeichneten $\boldsymbol{H}_0$-Richtung kann daher nur Übertragung von 1 nach 2, nicht umgekehrt, stattfinden. Die seitlich ansetzenden Rechteckhohlleiterarme 3, 4 sind vom Übertragungsweg $1 \rightarrow 2$ entkoppelt, da keine zu ihrer Anregung geeigneten Feldkomponenten auftreten. Dagegen weist eine bei 2 eingespeiste Welle zwar nicht für den Arm 4, aber nach 45°-Drehung für den Arm 3 die richtige $\boldsymbol{E}$-Feldrichtung zur Auskopplung auf, ohne Arm 1 verlassen zu können. Entsprechend findet man die übrigen möglichen Übertragungswege $3 \rightarrow 4$ und $4 \rightarrow 1$. Insgesamt ergibt sich das im Bild 8.72 rechts gezeichnete Übertragungsschema, das den Zirkulator kennzeichnet. Zirkulatoren benötigt man z. B., um einen Sender und einen Empfänger an der gleichen Antenne betreiben zu können oder um zu verstärkendes und verstärktes Signal bei Verstärkerzweipolen, wie parametrischen Verstärkern oder Masern (s. Abschnitte 11.2.3.1 und 11.2.5), voneinander trennen zu können.

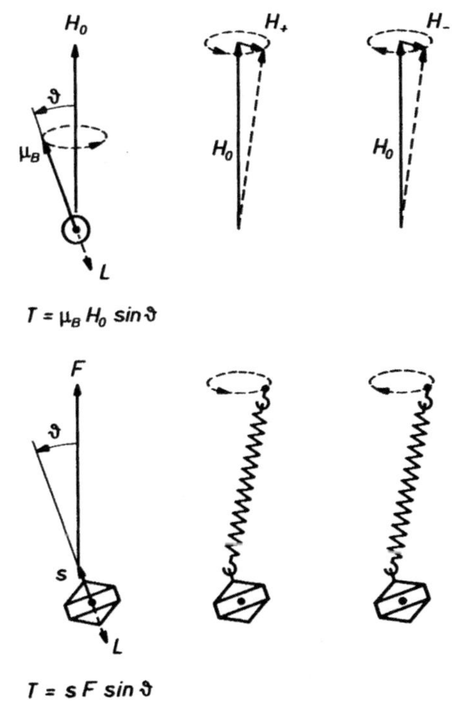

Bild 8.73. Mechanische Nachbildung eines Elektrons mit dem Spin $\boldsymbol{L}$ und dem magnetischen Moment $\boldsymbol{\mu}_B$ unter dem Einfluß eines statischen Magnetfelds $\boldsymbol{H}_0$ und eines magnetischen Drehfelds H_+ oder H_- durch einen Kreisel mit dem Drehimpuls $\boldsymbol{L}$, an dem über den Hebelarm $\boldsymbol{s}$ durch eine gespannte Schraubenfeder eine Kraft $\boldsymbol{F}$ konstanter oder wechselnder Richtung angreift.

Mechanische Nachbildung der Elektronenspinpräzession

Die Elektronenspinpräzession der ferromagnetisch wirksamen Elektronen in Ferriten, die für das im Bild 8.68 dargestellte Verhalten der Permeabilitätszahl verantwortlich ist, veranschaulichen wir an einem mechanischen Kreisel. Der als Elektromotor ausgebildete Kreisel ist schwach reibungsgehemmt allseitig drehbar aufgehängt. Im Abstand s vom Aufhängepunkt greift eine gespannte Schraubenfeder mit der Kraft F an und erzeugt das zur Kreiselachse senkrechte

Drehmoment $T = sF \sin\vartheta$, wenn die Kreiselachse mit der Federzugrichtung den Winkel ϑ einschließt. Die bei fester Federspannung ablaufende freie gedämpfte Kreiselpräzession hat bezüglich der Kraftrichtung $\boldsymbol{F}$ denselben Drehsinn wie die Elektronenspinpräzession bezüglich $\boldsymbol{H}_0$, wenn der Kreiseldrehimpuls $\boldsymbol{L}$ dem Hebelarm $\boldsymbol{s}$ entgegengerichtet ist. Dann entsprechen im mechanischen Modell und beim ferromagnetisch wirksamen Elektron, wie im Bild 8.73 angedeutet, die beiden Drehimpulse $\boldsymbol{L}$, der Hebelarm $\boldsymbol{s}$ und das magnetische Moment μ_B sowie die Federkraft $\boldsymbol{F}$ und das Magnetfeld $\boldsymbol{H}_0$ einander. Das kleine überlagerte magnetische Drehfeld $\boldsymbol{H}_+$ oder $\boldsymbol{H}_-$ bilden wir dadurch mechanisch nach, daß wir den Federaufhängepunkt auf einem kleinen Kreis links oder rechts herum führen. Indem wir nun dieses mit langsam monoton veränderlicher Frequenz bei fester Federspannung oder mit fester Frequenz und langsam monoton veränderlicher Federspannung tun, können wir aus der Beobachtung der Präzessions-Amplitude und -Phase den im Bild 8.68 wiedergegebenen Verlauf von $\mu'_+, \mu''_+, \mu'_-, \mu''_-$ unmittelbar erschließen. Insbesondere fällt die Resonanz der Kreiselpräzession auf, wenn wir den Federaufhängepunkt mit dem gleichen Drehsinn und mit der gleichen Frequenz herumführen, die wir bei der freien Präzession beobachten.

Faraday-Rotation

Wie im Bild 8.74 dargestellt, speisen wir aus einem amplitudenmodulierten 9,2-GHz-Klystron durch einen TE_{10}-Rechteckhohlleiter eine linear polarisierte Welle in einen runden TE_{11}-Hohlleiter ein. Dieser enthält einen axial gelagerten Ferritstab und ist von einer stromdurchflossenen Spule umgeben. Zum Nachweis der Polarisationsebenendrehung dient der anschließende, um seine Achse drehbare Rechteckhohlleiter mit Gleichrichterhalter. Mit zunehmendem Spulen-

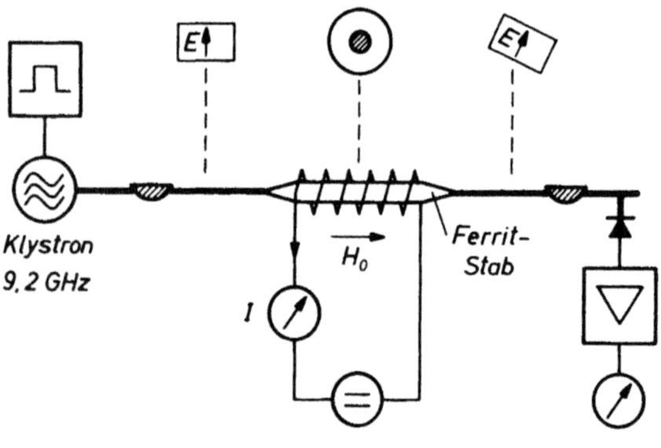

Bild 8.74. Apparatur zur Beobachtung der Faraday-Rotation in einem TE_{11}-Rundhohlleiter mit magnetisiertem Ferritstab. Zur Einspeisung und Auskopplung schließen sich TE_{10}-Rechteckhohlleiter an, deren ausgangsseitiger drehbar ist.

strom I müssen wir den „Analysator"-Hohlleiter immer weiter gegenüber dem Einspeisehohlleiter verdrehen, um das Ausgangssignal unverändert aufrecht erhalten zu können.

Einen der Faraday-Rotation nur äußerlich ähnlichen Vorgang führen wir mit Schallwellen vor. Wir benutzen zu ihrer Übertragung Metallhohlleiter der gleichen Abmessungen und Zusammenstellung wie in der Anordnung nach Bild 8.74. Mit der Frequenz 10 kHz erhalten wir auch die gleiche Wellenlänge $\lambda_0 \approx 3{,}3$ cm wie bei den elektromagnetischen 9,2-GHz-Wellen. Unter diesen Bedingungen können wir im Rechteckhohlleiter Schallausbreitung durch Zickzackreflexion zwischen den Hohlleiterschmalwänden wie bei der elektromagnetischen TE_{10}-Welle (s. Bild 8.1) erreichen. Wir regen dazu, wie im Bild 8.75 ersichtlich, an der Hohlleiterschmalseite an. Bei dieser Ausbreitungsform hat die Schallschnelle Längs- und Querkomponenten (parallel zur Hohlleiterbreitseite), die der Schallwelle eine Polarisationsebene zuordnen. Diese erfährt im runden Hohlleiter eine Drehung, wenn er, als Achse eines Elektromotors, rasch umläuft (3000 U/min), so daß sich die Luftfüllung mitdreht. Der anschließende Rechteckhohlleiter mit Mikrophon dient uns wieder als Analysator, dessen Orientierung für maximales Ausgangssignal uns die Polarisations-

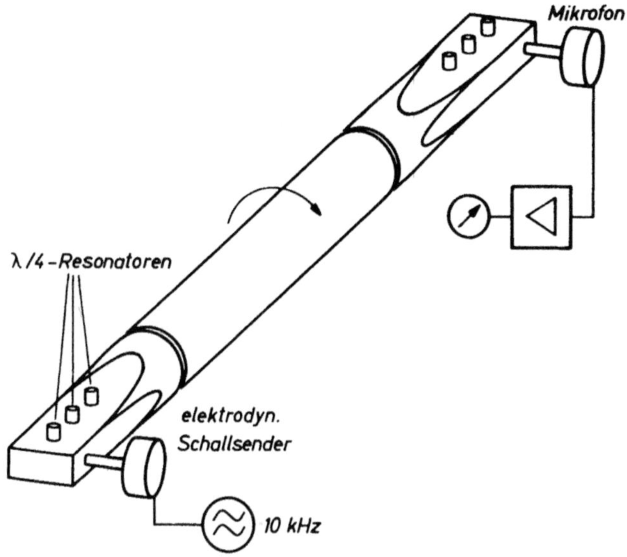

Bild 8.75. Apparatur zur Beobachtung der Schwingungsebenen-Drehung „polarisierter" Schallwellen in einem rotierenden, kreisrunden Rohr, an das sich zur Einspeisung und Auskopplung rechteckige Rohre anschließen.

ebenendrehung anzeigt. Die im Bild 8.75 angedeuteten $\lambda/4$-Resonatoren in der Mitte der Rechteckhohlleiterbreitwände erzwingen dort das Verschwinden des Schalldrucks und unterdrücken so die ebenfalls ausbreitungsfähige unpolarisierte Wellenform mit lediglich longitudinaler Schnelle.

Gyrator

Die Gyratoreigenschaft der Hohlleiteranordnung nach Bild 8.71, nämlich den Unterschied π in den Phasenmaßen zwischen Vorwärts- und Rückwärtsübertragung, führen wir mit der im Bild 8.76 dargestellten Apparatur vor. Die vom amplitudenmodulierten 9,2-GHz-Klystron eingespeiste TE_{10}-Rechteckhohlleiterwelle teilen wir mit der T-Verzweigung (1) in der E-Ebene gegenphasig auf zwei Hohlleiterzweige auf. Den unteren Zweig bildet der Hohlleitergyrator nach Bild 8.71. Der obere Zweig enthält ein veränderliches Dämpfungsglied zur Amplitudenregelung und eine Quetschleitung zur Phasenregelung. Die beiden Teilwellen vereinigen sich wieder in der E-Ebenen-T-Verzweigung (2), an die sich ein Gleichrichterhalter mit Verstärker und Anzeigeinstrument zum Empfang anschließt.

Zunächst vertauschen wir Sender und Empfänger und strahlen, abweichend von der Darstellung im Bild 8.76, bei (2) ein und empfangen bei (1). Wir stellen nun im Vergleichszweig (oben) das Dämpfungsglied und die Quetschleitung so ein, daß beide Zweige in der Richtung (2) → (1)

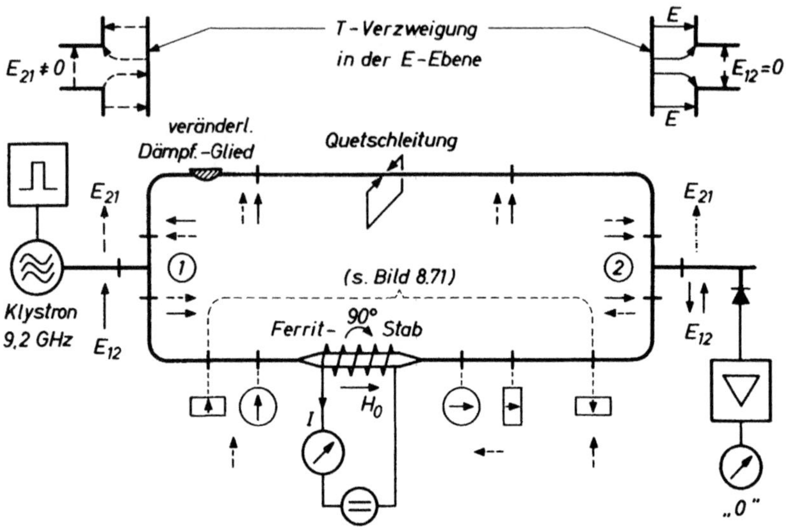

Bild 8.76. Apparatur zur Vorführung der Übertragungseigenart des Hohlleitungsgyrators nach Bild 8.71.
Ausgezogene Pfeile: Elektrische Feldstärke bei Übertragung von (1) nach (2).
Gestrichelte Pfeile: Elektrische Feldstärke bei Übertragung von (2) nach (1).

amplituden- und phasenmäßig völlig gleich übertragen, was wir am Maximum des Empfangssignals erkennen. Abermalige Vertauschung von Sender und Empfänger ergibt für die Übertragungsrichtung (1) → (2) kein Empfangssignal („0"), da sich das Phasenmaß des Gyratorzweiges um π, nicht aber das des Vergleichszweiges geändert hat. Zur Verdeutlichung der Phasenbeziehungen zwischen den beiden Teilsignalen ist im Bild 8.76 an mehreren Stellen der Leitungen durch Pfeile die E-Feldrichtung angegeben, die man vorfindet, wenn man eine feste Feldphase vom Sender zum Empfänger durchlaufend verfolgt. Die ausgezogenen Pfeile gelten für den Übertragungsweg (1) → (2), die gestrichelten für (2) → (1).

9. Wellen mit Längsfeldkomponenten auf offenen Leitungen

Die Führungseigenschaft metallisch geschlossener Wellenleiter (Koaxialleitung, Abschnitt 6; Hohlleiter, Abschnitt 8) beruht in unmittelbar einleuchtender Weise darauf, daß durch die Metallhülle eine Abstrahlung in den Außenraum zwangsläufig unterbunden ist. Dagegen schließen offene Wellenleiter eine Abstrahlung nicht so selbstverständlich aus, zumal ihr Feld sich naturgemäß mehr oder weniger weit in den umgebenden Raum ausdehnt. Offene Wellenleiter haben die Fähigkeit zur Führung nur dann, wenn die materiellen Elementarstrahler, aus denen man sich die Leitung zusammengesetzt denken kann (besonders anschaulich im Fall der Yagi-Leitung, Bild 9.8), bestimmten Bedingungen genügen: Geeignete räumliche Anordnung und geeignete Phasenbeziehungen zwischen ihren Schwingungen müssen gewährleisten, daß ihre von der Führungsrichtung abweichenden Strahlungsanteile in abbauender Weise interferieren. Bei den schon beschriebenen offenen metallischen Doppelleitungen (Abschnitt 6.1) geschieht das dadurch, daß nebeneinanderliegende Elemente der beiden Leiter gegenphasig schwingen; die Phasengeschwindigkeit der geführten Welle stimmt im Fall vernachlässigbarer Leiterverluste mit derjenigen freier Wellen im umgebenden Medium (meist Luft) überein.

Der Führungseigenschaft der hier nun zu behandelnden weiteren Gruppe offener Wellenleiter liegt ein anderer Mechanismus zugrunde. Während nebeneinanderliegende Elementarstrahler der führenden Struktur gleichphasig schwingen, bestehen zwischen hintereinanderliegenden Strahlern Phasenunterschiede, denen eine im Vergleich zur Phasengeschwindigkeit der freien Wellenausbreitung *verminderte* Geschwindigkeit der Strahlerschwingungsphasen entspricht. Dadurch wird seitliche Abstrahlung unterbunden. (Dagegen führt gleiche oder größere Phasengeschwindigkeit auf offenen Leitungen der erwähnten Art zur Abstrahlung (s. Abschnitt 10.3.2.1)). Zwischen der führenden Struktur und ihrem Außenfeld erfolgt Energie*austausch*, der an das Auftreten von *Längs*feldkomponenten geknüpft ist. Die meisten Arten der auf diese Weise geführten Wellen faßt man unter dem Begriff *Oberflächenwellen* zusammen.

9.1. Oberflächenwellen an ebenen Grenzflächen

Unter geeigneten Bedingungen kann sich eine Welle ohne Abstrahlung längs einer Grenzfläche zwischen zwei verschiedenen Medien ausbreiten. Am übersichtlichsten lassen sich die Eigenschaften einer solchen Oberflächenwelle an „ebenen" Grenzflächen darstellen, die jedoch im Vergleich zur Wellenlänge kleine Unebenheiten aufweisen dürfen. Der Einfachheit halber, und wie in allen praktisch wichtigen Fällen, soll das eine der beiden aneinandergrenzenden Medien, (1), Luft sein. Über die Beschaffenheit des anderen Mediums (2) brauchen zunächst keine Voraussetzungen gemacht zu werden (es kann z.B. inhomogen sein).

Das Feld einer sich in x-Richtung längs der Oberfläche $y=0$ im Bild 9.1 ausbreitenden TM-Welle mit oberflächenparallelem Magnetfeld H_z gewinnt man aus den Maxwell-Gleichungen (2.17) und (2.20) mit Hilfe des Ansatzes

$$H_z(x,y)=H(y)e^{i\omega t-\gamma_s x}, \qquad H_x=H_y=E_z=0. \tag{9.1}$$

Er unterscheidet sich von dem Ansatz für das Feld einer ebenen Welle im freien Raum dadurch, daß eine Ortsabhängigkeit senkrecht zur Ausbreitungsrichtung (und zur Grenzfläche) und eine Längskomponente des elektrischen Feldes

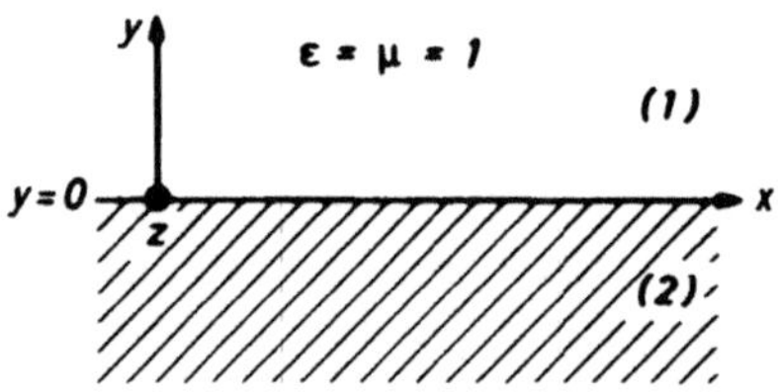

Bild 9.1. Koordinatensystem zur Beschreibung der Wellenausbreitung längs der Grenzfläche zwischen den beiden Medien (1) (Luft) und (2).

vorgesehen werden. Der Ansatz (9.1) ergibt für den Außenraum (1), ($\varepsilon=\mu=1$), die Feldausdrücke

$$H_z=\hat{H}\,e^{-ky}e^{i\omega t-\gamma_s x}, \tag{9.2}$$

$$E_y=\frac{-i\gamma_s}{\beta_0}Z_0H_z, \tag{9.3}$$

$$E_x=\frac{+ik}{\beta_0}Z_0H_z \tag{9.4}$$

mit

$$k\;=_{(-)}^{\;+}\sqrt{-\gamma_s^2-\beta_0^2}, \tag{9.5}$$

$\beta_0=2\pi/\lambda_0=\omega\sqrt{\varepsilon_0\mu_0}$ nach Gl. (3.24) und $Z_0=\sqrt{\mu_0/\varepsilon_0}$ nach Gl. (3.13). Abstrahlung in den Außenraum (1) und Absorption im führenden Medium (2) sind nur ausgeschlossen, wenn die zur Wellenausbreitungsrichtung senkrechte Komponente $\bar{S}_y$ der zeitlich gemittelten Energieflußdichte (Gl. (3.14b)) verschwindet:

$$\bar{S}_y=\tfrac{1}{2}\mathrm{Re}(-E_xH_z^*)=\tfrac{1}{2}\mathrm{Re}\left(\frac{-ik}{\beta_0}Z_0|H_z|^2\right)=0. \tag{9.6}$$

Also muß die Größe k reell und dazu wegen Gl. (9.5) die Ausbreitungskonstante

$$\gamma_s = \mathrm{i}\beta_s \tag{9.7}$$

imaginär und die Phasenkonstante $\beta_s > \beta_0$ sein. Diese Feststellungen bedeuten: Die Feldkomponenten im Außenraum (Gln. (9.2), (9.3) und (9.4)) nehmen mit wachsender Entfernung $y(>0)$ von der führenden Grenzfläche nach Maßgabe der Abklingkonstante k exponentiell ab, wenn man in Gl. (9.5) das physikalisch allein sinnvolle positive Vorzeichen der Wurzel auswählt (*quergedämpfte* oder *inhomogene* Welle). Die Ausbreitung längs der Grenzfläche erfolgt ungedämpft mit der im Vergleich zur Vakuum-Lichtgeschwindigkeit $c = \omega/\beta_0$ kleineren Phasengeschwindigkeit $v_s = \omega/\beta_s$. Je mehr sich die Phasengeschwindigkeiten v_s, c unterscheiden, desto geringer ist die „Feldausdehnung" k^{-1} und als desto stärker bezeichnet man die Führung der Oberflächenwelle. Die Größe der räumlichen Abklingkonstante und der Phasenkonstante hängt von der Beschaffenheit des Mediums (2) ab. Seine Oberflächenimpedanz Z_s gegenüber der Oberflächenwelle muß wegen der Stetigkeit der Tangentialfeldkomponenten an der Grenzfläche $y=0$ der Bedingung

$$Z_s = \frac{E_x(x,0,z)}{H_z(x,0,z)} = \frac{+\mathrm{i}k}{\beta_0} Z_0 \tag{9.8}$$

genügen. Diese verlangt wegen $k>0$ eine induktive (im Fall der TE-Welle kapazitive) Oberflächenimpedanz, deren Größe die Abklingkonstante k und die Phasenkonstante β_s gemäß

$$k = \frac{Z_s}{\mathrm{i}Z_0}\beta_0, \tag{9.9}$$

$$\beta_s = \beta_0 \sqrt{1 + \left(\frac{Z_s}{\mathrm{i}Z_0}\right)^2} \tag{9.10}$$

bestimmt. Wenigstens die Oberflächenschicht des Mediums (2) muß also magnetische Feldenergie speichern können. Der Ausdruck

$$\frac{1}{2}\mathrm{Im}(-E_x H_z^*) = -\frac{1}{2}\frac{k}{\beta_0} Z_0 |H_z|^2 = \frac{i}{2} Z_s |H_z|^2 \tag{9.11}$$

beschreibt den mit dem Führungsmechanismus verknüpften Energieaustausch (Blindleistungstransport) zwischen dem Außenfeld und der Oberflächenschicht. Handelt es sich beim Medium (2) um ein homogenes, verlustfreies, bis $y \to -\infty$ ausgedehntes Medium mit der Dielektrizitätszahl ε' und der Permeabilitätszahl μ', so gelten für die Feldkomponenten im Halbraum $y \leq 0$ den Gln. (9.2), (9.3) und (9.4) entsprechende Ausdrücke mit $\beta_2 = \sqrt{\varepsilon'\mu'}\beta_0$,

$Z_2 = \sqrt{\mu'/\varepsilon'}\, Z_0$ anstelle von β_0, Z_0 und mit der veränderten Abklingkonstante $k_2 = \sqrt{\beta_s^2 - \beta_2^2}$. Die hier als Führungsmedien etwa in Frage kommenden Plasmen mit $\mu' = 1$, $\varepsilon' < -1$ bei Frequenzen unterhalb der Plasmafrequenz (s. Abschnitt 4.3) oder beschränkt leitfähige Stoffe (z.B. schlecht leitende Metalle) weisen entweder nur sehr kleine, lediglich sehr schwache Führung ermöglichende Impedanzwerte $|Z_s|$ auf, oder sie haben Verluste. Daher spielen solche Medien als Oberflächenwellenleiter kaum eine Rolle. Jedoch tritt die Führungs-

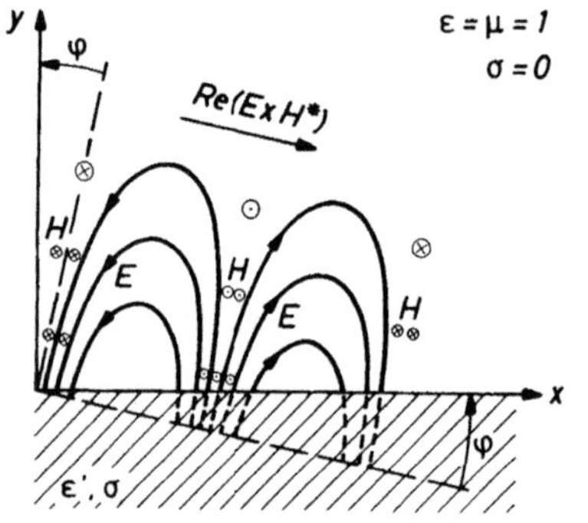

Bild 9.2. Elektrisches (**E**) und magnetisches (**H**) Feld einer stark gedämpften „Zenneck-Welle", die entlang der Oberfläche eines leitenden Mediums ($\sigma \neq 0$) geführt wird. Das gemäß den φ-Pfeilen gedrehte Feldlinienbild zeigt die TM-Oberflächenwelle im Fall eines verlustfreien induktiven Führungsmediums. Die Feldliniendichte entspricht etwa dem Feldstärkebetrag.

eigenschaft eines beschränkt leitfähigen Mediums bei der Ausbreitung elektromagnetischer Wellen längs der Erdoberfläche (Seewasser: Leitfähigkeit $\sigma \approx 4\,\Omega^{-1}\,\mathrm{m}^{-1}$; Dielektrizitätszahl $\varepsilon' \approx 80$ ($f < 1$ GHz)) schwach in Erscheinung. Die Oberflächenimpedanz Z_s, die im Fall $\omega\varepsilon_0\varepsilon' \ll \sigma$ mit dem Wellenwiderstand des leitenden Mediums, Gl. (4.12), in guter Näherung übereinstimmt,

$$Z_s \approx \sqrt{\frac{\mu_0 \omega}{2\sigma}}\,(1+\mathrm{i}), \tag{9.12}$$

hat außer dem hier entscheidenden induktiven noch den Absorption veranlassenden, gleichgroßen ohmschen Anteil. Demzufolge werden nach Gl. (9.9) k und nach Gl. (9.5) γ_s komplex:

$$k \approx \beta_0 \sqrt{\frac{\varepsilon_0 \omega}{2\sigma}}\,(1-\mathrm{i}), \tag{9.13}$$

$$\gamma_s = \alpha_s + \mathrm{i}\beta_s \approx \beta_0 \left(\frac{\varepsilon_0 \omega}{2\sigma} + \mathrm{i}\right). \tag{9.14}$$

Die durch diese Abkling-, Dämpfungs- und Phasenkonstanten beschriebene Oberflächenwelle hat den Namen „Zenneck-Welle". Als maßgeblicher Faktor geht dabei in k und γ_s das π-fache Verhältnis von Skintiefe zu Wellenlänge, $\sqrt{\varepsilon_0\omega/2\sigma}$, linear bzw. quadratisch ein. Beispielsweise beträgt die Feldausdehnung über Seewasser bei der Frequenz $f = 30$ MHz ($\lambda_0 = 10$ m)

$[\mathrm{Re}(k)]^{-1} \approx 110\,\mathrm{m}$ und die Dämpfung $\alpha_s \approx 0{,}131\,\mathrm{Np/km} \mathrel{\hat{=}} 1{,}14\,\mathrm{dB/km}$. Das Bild 9.2 zeigt die räumliche Verteilung der Feldlinien einer stark gedämpften Zenneck-Welle. Dreht man das Feldlinienbild in der durch die φ-Pfeile angegebenen Weise, so beschreibt es die Oberflächenwelle im Fall eines verlustfreien induktiven Mediums.

Starke Führung bei vernachlässigbarer Dämpfung läßt sich an guten metallischen Leitern ($\sigma \to \infty$) verwirklichen, deren Oberflächenschicht eine geeignete Inhomogenität aufweist. Zwei einfache Ausführungsformen zeigt das Bild 9.3.

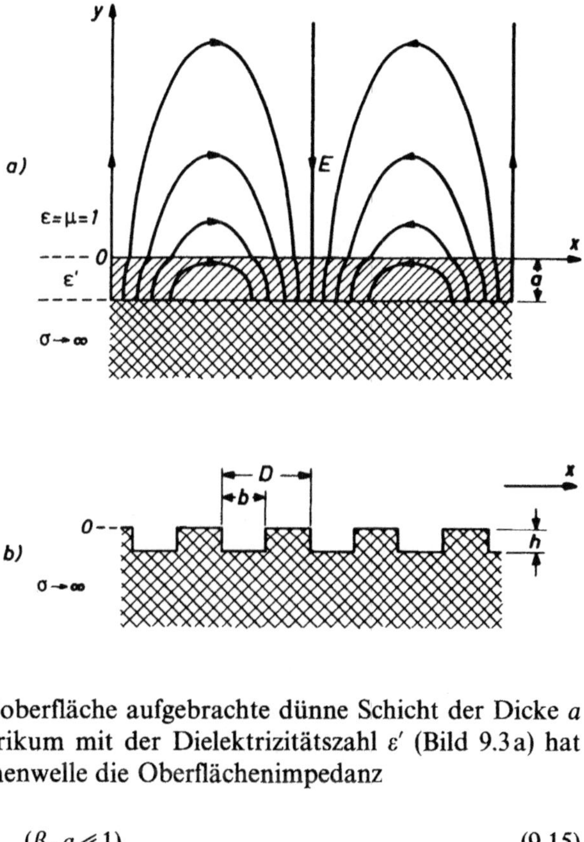

Bild 9.3. Zwei Arten von Inhomogenitäten in der Oberflächenschicht guter metallischer Leiter ($\sigma \to \infty$), die die Führung von TM-Oberflächenwellen ermöglichen: (a) dünne Schicht aus verlustfreiem Dielektrikum ($\varepsilon' > 1$) der Dicke $a \ll \lambda_0$; (b) Rillen der Tiefe $h < \lambda_0/4$ im Abstand $D < \lambda_0/3$ voneinander. Oben: Elektrische Feldlinien (**E**) der TM-Oberflächenwelle.

Die auf eine glatte Metalloberfläche aufgebrachte dünne Schicht der Dicke a aus verlustfreiem Dielektrikum mit der Dielektrizitätszahl ε' (Bild 9.3a) hat gegenüber einer Oberflächenwelle die Oberflächenimpedanz

$$Z_s \approx \mathrm{i}\,\frac{\varepsilon' - 1}{\varepsilon'}\, Z_0 \beta_0 a, \qquad (\beta_0 a \ll 1), \tag{9.15}$$

die z.B. für $\beta_0 a = 0{,}1$; $\varepsilon' = 2{,}5$ die schon recht geringe Feldausdehnung $k^{-1} \approx 2{,}65\,\lambda_0$ ergibt. Rillen in einer Metalloberfläche mit der Tiefe $h < \lambda_0/4$, der Breite b und dem Abstand $D < \lambda_0/3$ (Bild 9.3b) wirken als kurzgeschlossene Bandleitungsstücke mit dem Eingangswiderstand $W = \mathrm{i}\,Z_0 \tan(\beta_0 h)$ und rufen zusammen mit den dazwischenliegenden Stegen ($W=0$) die induktive Oberflächenimpedanz

$$Z_s \approx \mathrm{i} Z_0 \frac{b}{D} \tan(\beta_0 h) \tag{9.16}$$

hervor.

9.2. Oberflächenwellen an kreiszylindrischen Grenzflächen

Für Messungen der Oberflächenwellenausbreitung und für die quantitative Auswertung der Messungen sind kreiszylindrische Leitungen besser geeignet und für Anwendungen interessanter als die im Abschnitt 9.1 behandelten ebenen, lediglich theoretisch einfachen Anordnungen. Die grundsätzlichen

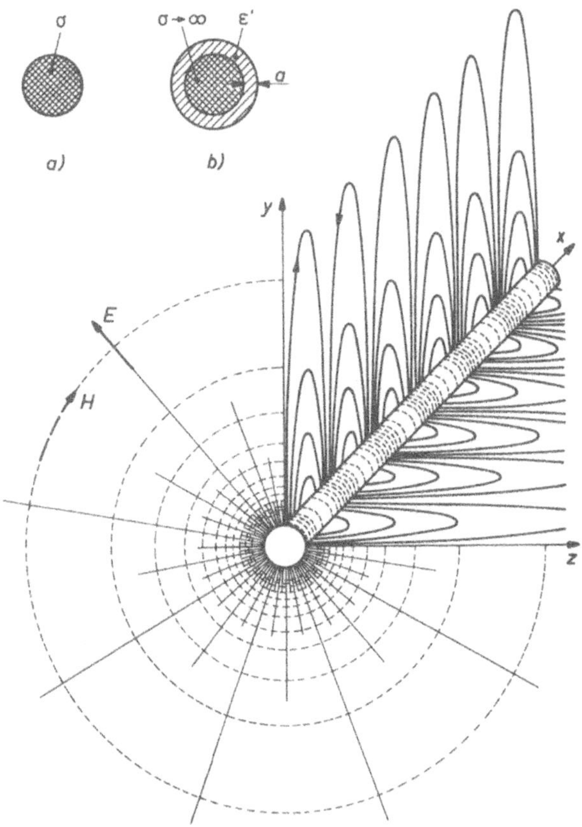

Bild 9.4. Elektrisches (***E***) und magnetisches (***H***) Feld der TM-Oberflächenwelle an einem blanken Draht beschränkter Leitfähigkeit $0<\sigma<\infty$ („Sommerfeld-Draht", (a)) oder an einem dielektrisch beschichteten ($\varepsilon'>1$) Draht möglichst großer Leitfähigkeit $\sigma\to\infty$ („Harms-Goubau-Leitung", (b)). Die Feldliniendichte entspricht etwa dem Feldstärkebetrag.

Eigenarten des Führungsmechanismus bleiben vom Übergang auf die Zylindergeometrie unbeeinflußt.

Die zylindrische Form der Zenneck-Welle tritt an einem Metalldraht beschränkter Leitfähigkeit auf, den man als „Sommerfeld-Draht" bezeichnet. Der stärker und verlustärmer führende dielektrisch beschichtete Draht möglichst hoher Leitfähigkeit findet als „Harms-Goubau-Leitung" Anwendung. Das beiden Wellenleitern im Außenraum gemeinsame Feldlinienbild der TM-Oberflächenwelle ist im Bild 9.4 dargestellt.

Um zu rein dielektrischen Oberflächenwellenleitern zu gelangen, denke man sich im Fall der ebenen, dielektrisch beschichteten Metalloberfläche, Bild 9.3a, die Metallunterlage zu einer dünnen (> Skintiefe) Folie in der Ebene $y=-a$ zusammengezogen. Eine unmittelbar darunter $(-a>y>-2a)$ gesetzte, der oberhalb befindlichen genau gleichende dielektrische Schicht möge die gleiche

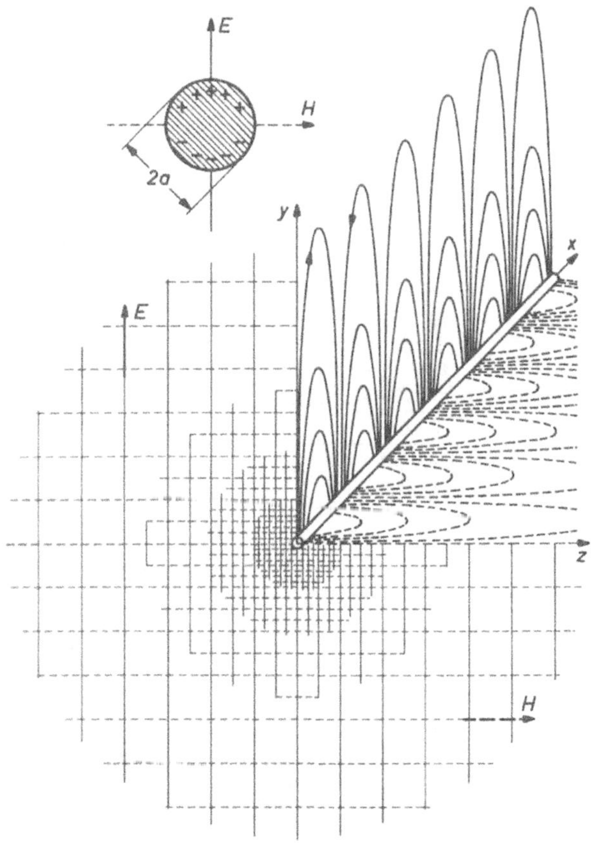

Bild 9.5. Elektrisches (**E**) und magnetisches (**H**) Feld der E, H-Oberflächenwelle („Dipolwelle") an einem dielektrischen Faden ($\varepsilon'>1$) des Durchmessers $2a<0{,}766\,\lambda_0/\sqrt{\varepsilon'-1}$. Die Feldliniendichte entspricht etwa dem Feldstärkebetrag.

TM-Oberflächenwelle führen wie die obere Schicht. Die Phase sei so gewählt, daß die Feldlinien der oberen und unteren Welle bei $y=-a$ (von der Unterbrechung durch die Metallfolie abgesehen) stetig ineinander übergehen. Die Feldverteilung bleibt dann unbeeinflußt davon, daß man die dünne Metallfolie herauszieht. Man hat daraufhin die planparallele dielektrische Schicht der Dicke $2a$ als TM-Oberflächenwellenleiter vor sich. Eine zylindrische Abart davon ist der kreisrunde dielektrische Faden (Durchmesser $2a$) mit dem im Bild 9.5 dargestellten Feld der „Dipolwelle" (außer ihr können in dickeren Stäben mit $2a>0{,}766\,\lambda_0/\sqrt{\varepsilon'-1}$ noch andere Wellenformen auftreten). Abweichend von der Welle an der unendlich ausgedehnten, ebenen dielektrischen Schicht hat hier außer dem elektrischen auch das magnetische Feld Längskomponenten („E, H-Welle").

Über die Eigenschaften der von dielektrischen Fäden verschiedener Durchmesser $2a$ geführten Dipolwellen verschiedener Frequenzen $f=c/\lambda_0$ geben die Kurven im Diagramm Bild 9.6 Auskunft. Mit wachsendem Verhältnis $2a/\lambda_0$

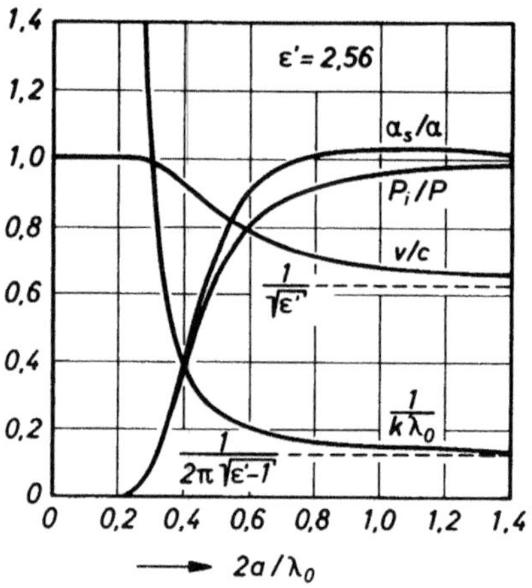

Bild 9.6. Eigenschaften der Dipolwelle an kreisrunden dielektrischen Fäden aus verlustarmem Material der Dielektrizitätszahl $\varepsilon'=2{,}56$ (Polystyrol) in Abhängigkeit vom Verhältnis Fadendurchmesser $2a$ zu Vakuumwellenlänge λ_0: Verhältnis der Phasengeschwindigkeit v zur Vakuumlichtgeschwindigkeit c; Verhältnis der transversalen Feldausdehnung $1/k$ zu λ_0; Verhältnis P_i/P der im Innern des Fadens zur gesamten übertragenen Leistung; Dämpfungskonstante α_s der Dipolwelle bezogen auf die Dämpfungskonstante α der freien Welle im unendlich ausgedehnten Dielektrikum.

wird die Führung der Welle durch den Faden stärker: Die Phasengeschwindigkeit v nimmt ab und nähert sich dem Wert $c/\sqrt{\varepsilon'}$ der freien Welle im unendlich ausgedehnten Dielektrikum; die transversale Feldausdehnung, d.h. der Grenzradius k^{-1}, innerhalb dessen die Feldstärke auf den Bruchteil e^{-1} abgeklungen ist, fällt bis $2a/\lambda_0 \approx 0{,}5$ steil ab und geht dann in den Wert $\lambda_0/(2\pi\sqrt{\varepsilon'-1})$ über. Je stärkerer Führung die Welle unterliegt, ein um so größerer Bruchteil P_i/P des gesamten Energieflusses P wird im Innern des dielektrischen Fadens oder Stabes übertragen. Dem entspricht auch die Zunahme der Dämpfung α_s der geführten Welle bis auf den Wert α der freien Welle im unendlich ausgedehnten Dielektrikum auf Grund der unvermeidlichen, wenn auch möglicherweise sehr geringen dielektrischen Verluste. Optimale Verhältnisse ergeben sich für Wellen auf etwa $0{,}2\,\lambda_0$ bis $0{,}3\,\lambda_0$ dicken Fäden ($\varepsilon' = 2{,}56$), die bei noch recht geringer Feldausdehnung mehr als 90% der Energie im Außenraum transportieren und dementsprechend schwache Dämpfung erfahren. Solche Fäden spielen als besonders dämpfungsarme Leitungen für mm-Wellen in der Meßtechnik eine bedeutende Rolle. In qualitativer Weise gibt das Diagramm Bild 9.6 auch die Verhältnisse an der Harms-Goubau-Leitung (Bild 9.4b) und an der ebenen dielektrischen Schicht (Bild 9.3a) wieder.

In dielektrischen Wellenleitern, deren kleinste Querabmessung den Wert $\lambda_0/(2\sqrt{\varepsilon'-1})$ merklich überschreitet, kann die Wellenausbreitung, ähnlich wie in metallischen Hohlleitern, durch Zickzackreflexion (Bild 8.1) unter dem Totalreflexionswinkel (s. Abschnitt 5.3.1) oder größeren Winkeln zwischen den Grenzflächen erfolgen. Hierbei greift das Feld nur sehr wenig in den Außenraum über. Die mit der Feldkonzentration im Innern verbundene erhebliche Dämpfung kann bei Verwendung dielektrischer Hohlleiter, z.B. kreiszylindrischer Rohre (Plastikschlauch), teilweise umgangen werden. Gegen Krümmungen des Leitungsweges sind solche dicken dielektrischen Wellenleiter fast unempfindlich, während vergleichsweise schwach führende Leitungen mit Feldkonzentration im Außenraum dabei leicht abstrahlen.

Zur wirkungsvollen Anregung von Oberflächenwellen muß deren Feldverteilung durch eine geeignete Antennenform (z.B. Trichter) möglichst gut nachgebildet sein.

Radialsymmetrische TM-Welle auf dünnen Leitungen

Mit der im Bild 9.7 angedeuteten Apparatur zeigen wir die Führungseigenschaften der Scheiben-(oder Rillen-)Leitung, des Sommerfeld-Drahtes und der Harms-Goubau-Leitung. Das amplitudenmodulierte 9,2-GHz-Klystron speist eine Koaxialleitung, deren Außenleiter sich zu einem runden Trichter erweitert und deren Innenleiter sich als Eindrahtleitung fortsetzt. Der Trichter regt auf der Eindrahtleitung die radialsymmetrische TM-Oberflächenwelle (s. Bild 9.4) an. Die Eindrahtleitung bilden drei je etwa $16\,\lambda_0 \approx 52$ cm lange, unmittelbar aneinander anschließende Teilstücke: Messingdraht mit Umfangsrillen (Scheibenleitung), blanker Messingdraht ($\sigma \approx 1{,}6 \cdot 10^7\,\Omega^{-1}\,\mathrm{m}^{-1}$, Sommerfeld-Draht) und dielektrisch ($\varepsilon' \approx 2{,}3$) beschichteter Messingdraht (Harms-Goubau-Leitung). Ihre Abmessungen gehen aus Bild 9.7 (unten) hervor.

Wir tasten mit einer elektrischen Dipolsonde nacheinander das elektrische Längsfeld E_x in unmittelbarer Nähe der Leitungen und das elektrische Transversalfeld E_r in einigen Wellenlängen Entfernung ab. Führen wir die Sonde in jeweils festem Abstand an den Leitungen entlang, so finden wir den im Bild 9.7 oben graphisch qualitativ wiedergegebenen Verlauf der quadratisch gleichgerichteten und verstärkten Sondenspannung. Den Gleichungen (9.4) und (9.8) entsprechend ist für die elektrische Längsfeldstärke außer dem transversalen Magnetfeld, das sich nahe entlang der verschiedenen Leitungsstücke nicht wesentlich ändert, die Oberflächenimpedanz maßgebend. Daher ergibt die Abtastung von E_x bei der Scheibenleitung mit ihrer stark induktiven Oberflächenimpedanz Z_s (nach Gl. (9.16) hier $Z_s \approx 0{,}165\,\mathrm{i}\,Z_0$) das größte Sondensignal, beim Sommerfeld-Draht mit seiner sehr niedrigen Oberflächenimpedanz (nach Gl. (9.12) hier $Z_s \approx 1{,}3 \cdot 10^{-4}\,(1+\mathrm{i})\,Z_0$) nahezu verschwindende Anzeige und beim Harms-Goubau-Leiter (nach Gl. (9.15) hier $Z_s \approx 0{,}19\ \mathrm{i}\ Z_0$) wieder ein großes Sondensignal. Letzteres erreicht nicht mehr den Ausgangswert, da am Anfang und Ende des Sommerfeld-Drahtstückes die Welle durch Abstrahlung und Reflexion geschwächt wird.

Die im Abstand einiger Wellenlängen von der Scheibenleitung annähernd verschwindende transversale elektrische Feldstärke E_r deutet auf die wegen starker Führung geringe Feldausdehnung k^{-1} hin, während das starke E_r-Sondensignal beim Sommerfeld-Draht zu dessen äußerst geringer Führungsfähigkeit paßt. Seitlich des dielektrisch beschichteten Drahtes beobachten wir steilen Feldabfall nach außen, jedoch in etwas geringerem als erwartetem Maße wegen der Störung durch das übergreifende Feld des blanken Drahtes davor (Bild 9.7 oben, strichpunktierte Kurve).

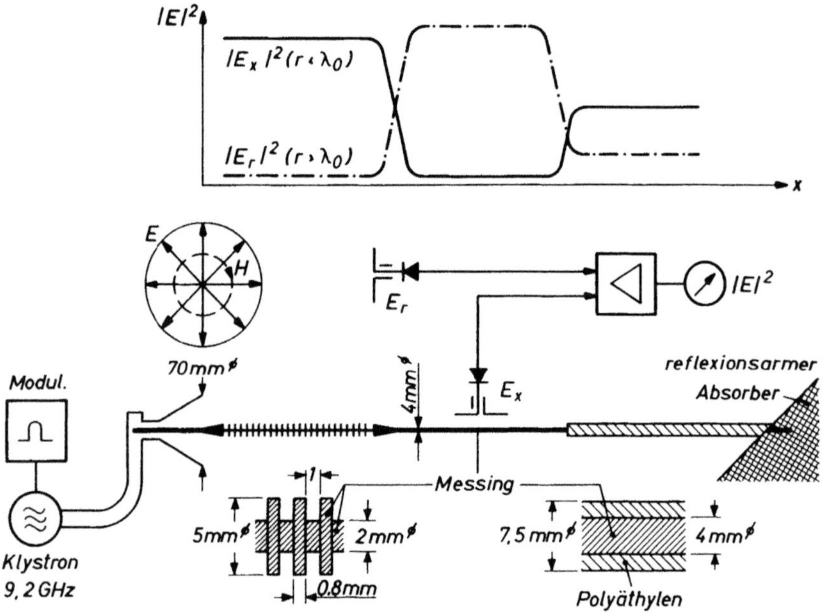

Bild 9.7. Apparatur zur Untersuchung der Führungseigenschaften der Scheibenleitung (links), des Sommerfelddrahtes (Mitte) und der Harms-Goubau-Leitung (rechts) für die radialsymmetrische TM-Oberflächenwelle (Bild 9.4) durch Abtastung des radialen (E_r) und longitudinalen (E_x) elektrischen Feldes. Oben: Sondenanzeige beim Verschieben der Sonde entlang der verschiedenen Leitungen.

Dipolwelle auf einer Yagi-Leitung

Eine Dipolwelle tritt als geführte Welle nicht nur an einem dielektrischen Faden auf, sondern sie kann sich auch längs einer Reihe kleiner, etwa $\lambda_0/3$ langer Metallstifte, wie im Bild 9.8a angedeutet, ausbreiten. Diese Stifte wirken ähnlich wie die Moleküle im dielektrischen Faden als elektrisch polarisierbare Gebilde (induzierbare elektrische Dipole), so daß man die Stiftleitung als makroskopisches Modell der dielektrischen Dipolwellenleitung betrachten kann. Von den ähnlich aufgebauten Richtantennen in der UKW-Technik (s. Abschnitt 10.3.1) hat die Stiftleitung den Namen „Yagi-Leitung“. Wir weisen ihre Führungseigenschaft dadurch nach, daß wir eine sich frei ausbreitende Welle mit einem gekrümmten Stück Yagi-Leitung umlenken. Die benutzte Apparateanordnung gibt das Bild 9.8 wieder. Die vom amplitudenmodulierten 9,2-GHz-Klystron über einen Trichter abgestrahlte Welle ($\lambda_0 \approx 3{,}3$ cm) ruft ohne Umlenkleitung im seitlich aufgestellten

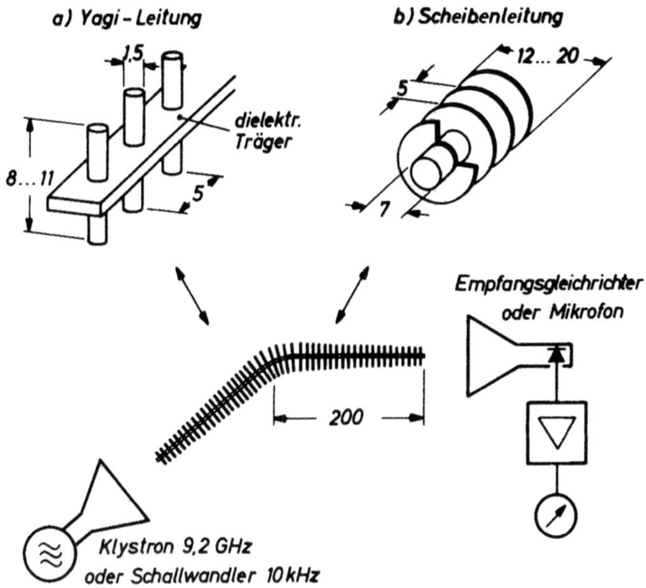

Bild 9.8. „Yagi“-Leitung aus kurzen ($< \lambda_0/3$), voneinander isolierten Metallstiften zur Umlenkung einer elektromagnetischen 9,2-GHz-Welle und Metallscheibenleitung zur Umlenkung einer 10-kHz-Schallwelle. (Alle Abmessungen in mm.)

Empfangstrichter mit Gleichrichter und Verstärker nur ein sehr schwaches Signal hervor. Bringen wir dagegen das gekrümmte Stiftleitungsstück in geeigneter Orientierung zwischen die beiden Trichter, so beobachten wir dämpfungsarme Übertragung. Um die Abstrahlung an der Leitungskrümmung niedrig zu halten, haben wir dort die Stiftlänge abweichend von den Leitungsenden etwas größer gewählt und so der Leitung erhöhte Führungsfähigkeit verliehen. Geringere Führung an den Leitungsenden begünstigt die wirksame Anregung der Leitungswelle bzw. deren Abstrahlung.

In völlig entsprechender Weise (Bild 9.8) zeigen wir auch die Umlenkung einer 10-kHz-Schallwelle ($\lambda_0 \approx 3{,}3$ cm). Als umlenkende Führungsstruktur benutzen wir die im Bild 9.8b gezeichnete Messingscheibenleitung. Die Scheibenzwischenräume wirken als schallhart abgeschlossene Radialleitungsstücke. Sie sind weniger als $\frac{1}{4}$ Wellenlänge tief und ergeben damit die erforderliche „kapazitive“ akustische Oberflächenimpedanz der Scheibenleitung. Auch die kurzen Dipole der Yagi-Leitung (Bild 9.8a) wirken kapazitiv.

Dipolwellen im Fabry-Perot-Resonator

Die im Diagramm Bild 9.6 zum Ausdruck kommenden Unterschiede in der Führung von Dipolwellen verschiedener Frequenz f an dielektrischen Fäden oder Rundstäben verschiedener Durchmesser $2a$ können wir mit der Versuchsanordnung nach Bild 9.9 sichtbar machen. Die beiden planparallelen Metallplatten mit dem verbindenden Polystyrol-Rundstab ($\varepsilon' = 2{,}56$) bilden einen „Fabry-Perot-Resonator" für Oberflächenwellen. Der Stab durchsetzt die beiden Metallplatten und taucht links in den Einspeise-, rechts in den Empfangshohlleiter mit Gleichrichter ein. Die von dem 8 ... 12 GHz-Wobbelsender im Einspeisehohlleiter erzeugte TE_{10}-Welle (elektrische Feldstärke E) regt am dielektrischen Stab die Dipolwelle an. Das vom Resonator durchgelassene Signal (elektrische Feldstärke $d \cdot E$) lassen wir nach quadratischer Gleichrichtung und Verstärkung vom Oszillographen über der Frequenz aufzeichnen. Die so erhaltenen Spektren zeigt das Bild 9.10 für einen $2a = 0{,}6$ cm

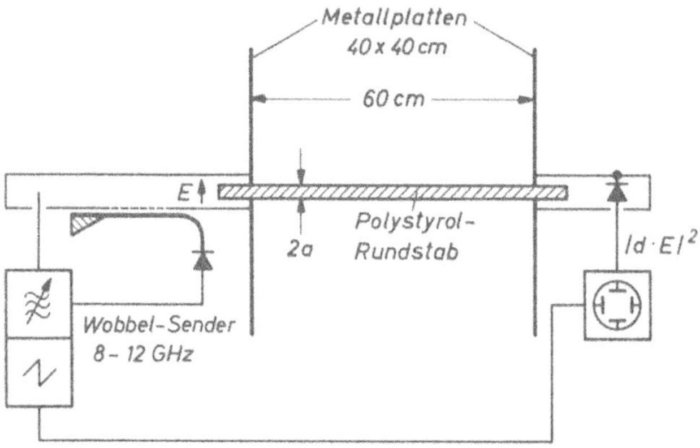

Bild 9.9. Fabry-Perot-Resonator für Dipolwellen, die von einem dielektrischen Rundstab ($\varepsilon' = 2{,}56$) geführt werden, mit TE_{10}-Rechteckhohlleitern zur Einspeisung und Auskopplung.

dicken Stab und das Bild 9.11 für einen $2a = 1{,}0$ cm dicken Stab. Nach Bild 9.6 beträgt die Feldausdehnung der vom dünneren Stab geführten Oberflächenwelle zwischen 8 und 12 GHz: $1/k \approx \infty \ldots$ 9,5 cm. Durch die im Verhältnis dazu kleinen Resonatorplattenöffnungen von 0,8 cm Durchmesser ist daher nur eine sehr schwache Ein- und Auskopplung der Dipolwelle möglich. Das erklärt die Schärfe der Resonanzkurven im Bild 9.10, während ihre zu tiefen Frequenzen hin abnehmende Höhe auf der Zunahme der Beugungsverluste an den Reflektorplatten mit wachsendem Grenzradius beruht.

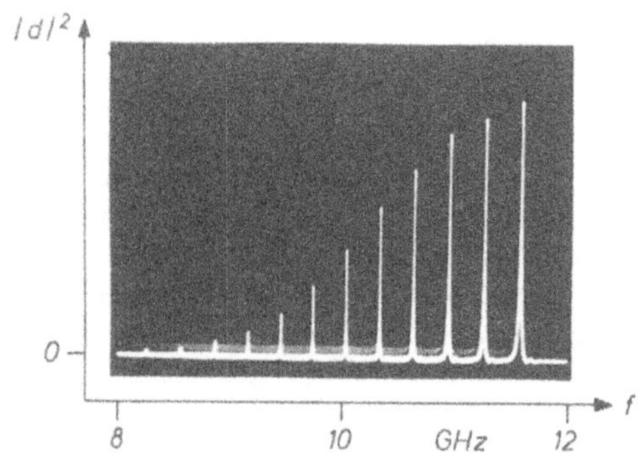

Bild 9.10. Durchlaßgrad $|d|^2$ des Fabry-Perot-Resonators nach Bild 9.9 in Abhängigkeit von der Frequenz f mit $2a = 0{,}6$ cm Durchmesser des Führungsstabes.

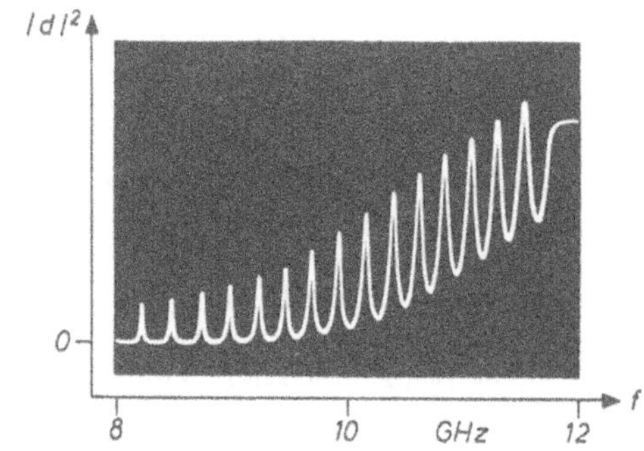

Bild 9.11. Durchlaßgrad $|d|^2$ des Fabry-Perot-Resonators nach Bild 9.9 in Abhängigkeit von der Frequenz f mit $2a = 1{,}0$ cm Durchmesser des Führungsstabes.

Eine erheblich stärkere Ein- und Auskopplung ermöglicht der 10 mm dicke Stab wegen der geringeren Feldgrenzradien $1/k \approx 7{,}1 \ldots 1$ cm zwischen 8 und 12 GHz. Dementsprechend werden die Resonanzkurven im Bild 9.11 mit wachsender Frequenz breiter, oberhalb von etwa 10 GHz sogar so breit, daß ihre unteren Teile sich überlappen und das Resonatordurchlaßsignal zwischen den Resonanzstellen nicht mehr auf Null geht.

Noch unmittelbarer können wir die Unterschiede in der Feldausdehnung der einzelnen Resonatoreigenschwingungen nachweisen, wenn wir ein Störobjekt (Hand genügt) zwischen die Resonatorplatten bis auf einige Wellenlängen (7…15 cm) an den Stab heranbringen. Dipolwellen, deren Felder soweit reichen, erfahren dadurch Abstrahlung, was Erniedrigung und Verbreiterung der betreffenden Resonanzkurven zur Folge hat. Dementsprechend stellen wir fest, daß die Störung beim 6-mm-∅-Stab alle Resonanzkurven (Bild 9.10), beim 10-mm-∅-Stab (Bild 9.11) jedoch nur die im unteren Teil des Frequenzbereiches verändert.

Mit dielektrisch schwach geführten Wellen lassen sich Fabry-Perot-Resonatoren sehr hoher Güte (z. B. $Q \approx 10^5$ bei $f = 75$ GHz) herstellen.

Wellenausbreitung auf dicken dielektrischen Leitern

Mit der im Bild 9.12 gezeigten Apparatur führen wir die Wellenübertragung mittels eines dicken dielektrischen Leiters vor. Wir benutzen ein Stück Polyäthylenschlauch solchen Durchmessers ($0{,}6\,\lambda_0$), daß er sich gerade passend in Metallrundhohlleiterstücke für 9,2-GHz-TE_{11}-Wellen stecken läßt, die zur Anregung und Abnahme dienen. Die Sende- und Empfangshohlleiteröffnungen orientieren wir zunächst ohne Schlauch so, daß keine Signalübertragung erfolgt. Der zwischengesteckte Schlauch ermöglicht Übertragung weitgehend unabhängig von der Form des Schlauchweges, weil

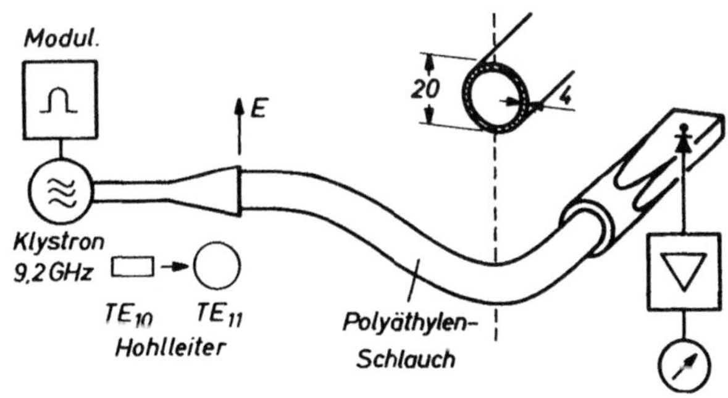

Bild 9.12. Apparatur zur Vorführung der Wellenübertragung durch eine dicke ($0{,}6\,\lambda_0$) dielektrische Leitung. (Abmessungen in mm.)

das Feld der geführten Welle fast vollständig im Innern des Schlauches konzentriert ist. Wir können mit einem Störobjekt (Schraubenzieher) bis auf wenige mm an die Schlauchoberfläche herangehen, ehe wir eine Beeinträchtigung der Übertragung beobachten.

Mit der Wellenlänge verglichen wesentlich dickere dielektrische Fäden von etwa 100 λ_0 bis 20 λ_0 Durchmesser finden als Lichtwellenleiter ($\lambda_0 \approx 3{,}5 \cdot 10^{-5} \ldots 20 \cdot 10^{-5}$ cm) Anwendung. Bündel vieler etwa $4 \cdot 10^{-3}$ cm starker Glasfäden ($\varepsilon' \approx 2{,}65$) sind in einem solchen Lichtleiter zu einem flexiblen Kabel zusammengefaßt. Zur optischen Isolierung benachbarter Fasern gegeneinander besitzt jeder Faden eine dünne Mantelschicht aus einem anderen Glas mit kleinerer Dielektrizitätszahl ($\varepsilon' \approx 2{,}31$).

10. Abstrahlung und freie Ausbreitung

Führen elektrische Ladungen oder magnetische Dipole beschleunigte Bewegungen aus, so wird dabei elektromagnetische Energie abgestrahlt, wenn nicht gerade besondere Arten räumlicher und zeitlicher Koordination dieser Bewegungen die Abstrahlung unterbinden (Beispiele: Leitungen, Abschnitte 6 und 9). Die Wirkung der im folgenden betrachteten abstrahlenden Systeme beruht meist auf periodischen Bewegungen von Leitungselektronen in Metallteilen und gelegentlich auch von gebundenen Ladungen in Stücken dielektrischer Stoffe.

Strahlergrundformen sind der mit der Wellenlänge verglichen kurze lineare Stromfaden und kleine Kreisstromfaden (Stromelemente). Hiervon leiten sich unmittelbar die größeren ($\lambda_0/2$) und damit wirksameren praktischen Formen einfacher Strahler ab, die Stab- bzw. Rahmen- und Schlitzantenne, deren Strahlungsfelder weitgehend denjenigen der Grundformen ähneln. Die abgestrahlte Leistung der einfachen Strahler verteilt sich auf einen sehr großen Raumwinkelbereich.

Aus einzelnen einfachen Strahlern zusammengesetzte oder aus kontinuierlich verteilten Elementarstrahlern bestehende Strahlersysteme mit Größtabmessungen von mehreren Wellenlängen ermöglichen gerichtete Abstrahlung. Beispiele sind Dipolgruppen, Yagi-Antennen, Trichter und Langdrahtantennen.

Vielfach erfolgt die Abstrahlung von der Erdoberfläche aus in den erdnahen Raum. Die Ausbreitung der abgestrahlten Welle wird dann von der Erdoberfläche und von den verschiedenen Schichten der irdischen Lufthülle (Troposphäre, Stratosphäre, Ionosphäre) beeinflußt.

10.1. Elementarstrahler

Ein gegen die Wellenlänge λ_0 sehr kurzer ($\mathrm{d}l \ll \lambda_0/2\pi$), gegen seine Länge $\mathrm{d}l$ sehr dünner, gerader Stromfaden stellt das Modell eines Elementarstrahlers dar. Der Einfachheit halber soll die Amplitude $\hat{I}$ des im Faden fließenden Wechselstroms $I = \hat{I}\exp(\mathrm{i}\omega t)$ längs des Fadens konstant sein. An diesem Modell läßt sich der Abstrahlungsvorgang noch mit mäßigem mathematischen Aufwand übersichtlich quantitativ beschreiben. Näherungsweise wird ein derartiger Strahler mit konstanter Stromverteilung durch ein sehr kurzes und dünnes Drahtstück als Kurzschlußbügel am Ende einer Paralleldrahtleitung, die selbst ja nicht abstrahlt, gebildet (Bild 10.1 a).

Das Strahlungsfeld des linearen Stromelements wird durch die „Hertzsche Lösung" der Maxwell-Gleichungen in den hierfür angemessenen Polarkoordinaten r, ϑ, φ beschrieben. Bezüglich der Ableitung sei auf die Lehrbücher der Elektrodynamik verwiesen. Für die einzelnen Feldkomponenten findet man:

$$H_\varphi = \mathrm{i}\hat{I}\beta_0 \mathrm{d}l \frac{\sin\vartheta}{4\pi r}\left(1 + \frac{1}{\mathrm{i}\beta_0 r}\right) \mathrm{e}^{\mathrm{i}(\omega t - \beta_0 r)}, \tag{10.1}$$

$$E_\vartheta = \mathrm{i} Z_0 \hat{I}\beta_0 \mathrm{d}l \frac{\sin\vartheta}{4\pi r}\left(1 + \frac{1}{\mathrm{i}\beta_0 r} + \frac{1}{(\mathrm{i}\beta_0 r)^2}\right) \mathrm{e}^{\mathrm{i}(\omega t - \beta_0 r)}, \tag{10.2}$$

$$E_r = \mathrm{i} Z_0 \hat{I}\beta_0 \mathrm{d}l \frac{\cos\vartheta}{2\pi r}\left(\frac{1}{\mathrm{i}\beta_0 r} + \frac{1}{(\mathrm{i}\beta_0 r)^2}\right) \mathrm{e}^{\mathrm{i}(\omega t - \beta_0 r)}, \tag{10.3}$$

$$H_r = H_\vartheta = E_\varphi = 0 \tag{10.4}$$

mit $Z_0 = \sqrt{\mu_0/\varepsilon_0}$ und $\beta_0 = 2\pi/\lambda_0 = \omega/c$. In sehr geringer Entfernung $r \ll \lambda_0$ (jedoch $r \gg \mathrm{d}l$) vom Stromelement stimmt der dort überwiegende Anteil des Ma-

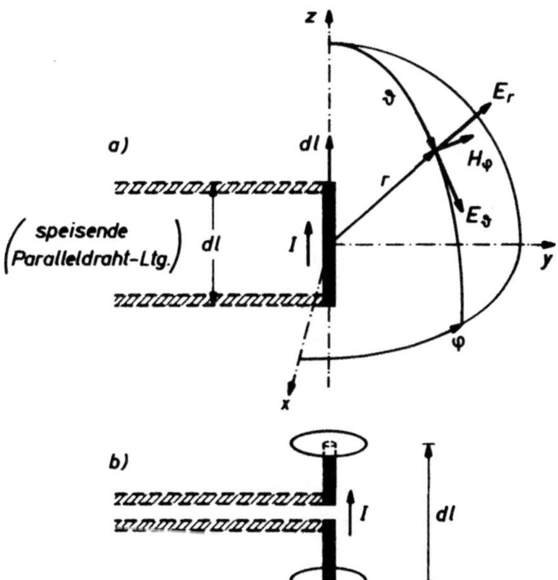

Bild 10.1. Gegen die Wellenlänge λ_0 kurzes, dünnes, den Strom I führendes Drahtstück (a) und aus zwei solchen Drahtstücken mit ladungsspeicherfähigen Endplatten gebildeter Dipol (b) als „elektrische" Elementarstrahler. Koordinatensystem im Teilbild (a) zur Beschreibung des Strahlungsfeldes.

gnetfeldes mit demjenigen eines Gleich- oder Niederfrequenzstromelements nach dem Biot-Savartschen Gesetz

$$\boldsymbol{H}_\mathrm{N} = I \frac{\mathrm{d}\boldsymbol{l} \times \boldsymbol{r}}{4\pi r^3} \tag{10.5}$$

überein. Der überwiegende elektrische „Nahfeld"-Anteil ($\beta_0 r \ll 1$) ist das Feld eines quasistatischen elektrischen Dipols mit dem Dipolmoment $\boldsymbol{p} = p(\mathrm{d}\boldsymbol{l}/\mathrm{d}l)$, dessen zeitliche Änderung den längs $\mathrm{d}l$ konstanten Strom

$$I = \frac{\mathrm{d}p/\mathrm{d}t}{\mathrm{d}l} = \frac{\mathrm{i}\omega p}{\mathrm{d}l} \tag{10.6}$$

zur Folge hat:

$$\boldsymbol{E}_{\mathrm{N}} = -\operatorname{grad}\left(\frac{p\cos\vartheta}{4\pi\varepsilon_0 r^2}\right). \tag{10.7}$$

Ein derartiger kleiner Dipol wird z. B., wie im Bild 10.1 b dargestellt, durch zwei aus einer Paralleldrahtleitung gespeiste Drahtstücke mit Endplatten gebildet. Die Endplatten gewährleisten wegen ihrer Fähigkeit, Ladung zu speichern, konstanten Strom längs des Dipols. Der überwiegende Anteil des magnetischen

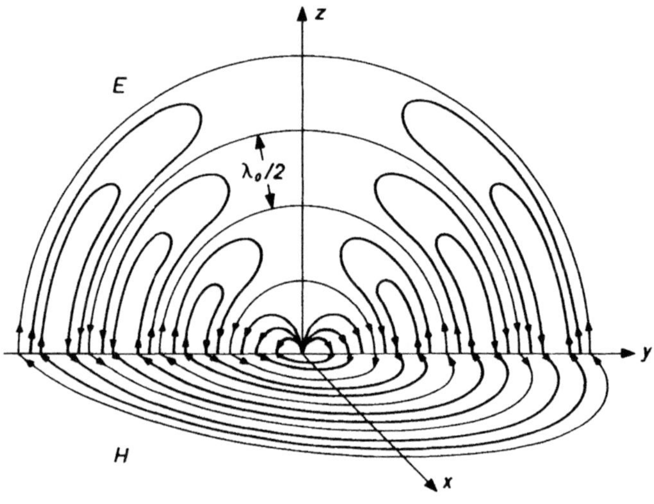

Bild 10.2. Elektrisches Feld $\boldsymbol{E}$ ($\varphi = \mathrm{const}$) und magnetisches Feld $\boldsymbol{H}$ ($\vartheta = \pi/2$) elektrischer Elementarstrahler nach Bild 10.1. Die Feldliniendichte entspricht etwa dem Feldstärkebetrag.

und der des elektrischen Nahfeldes unterscheiden sich um $\pi/2$ in ihrer Phase und tragen daher nicht zur Energieabstrahlung bei, sondern tauschen nur Energie mit dem Stromelement (oder Dipol) aus.

In großem Abstand $r \gg \lambda_0$ hat das Strahlungsfeld nur die gleichphasigen, auf dem Radiusvektor $\boldsymbol{r}$ und aufeinander senkrecht stehenden Komponenten H_φ, E_ϑ:

$$E_\vartheta = Z_0 H_\varphi = \mathrm{i} Z_0 \hat{I} \beta_0 \,\mathrm{d}l \frac{\sin\vartheta}{4\pi} \frac{\mathrm{e}^{\mathrm{i}(\omega t - \beta_0 r)}}{r}, \quad (\beta_0 r \gg 1). \tag{10.8}$$

Der Faktor $(1/r)\exp[\mathrm{i}(\omega t - \beta_0 r)]$ beschreibt eine Welle mit kugelförmigen, konzentrischen Flächen konstanter Phase und Amplitude, eine „Kugelwelle". Hiervon abweichend nimmt jedoch die Amplitude der vom Stromelement abgestrahlten Welle zur Stromrichtung $\vartheta \to 0, \pi$ hin gemäß $\sin\vartheta$ ab. Das Bild

10.2 stellt die räumliche Verteilung der elektrischen Feldlinien in einer Meridianebene ($\varphi = \text{const}$) und der magnetischen Feldlinien in der Äquatorebene ($\vartheta = \pi/2$) dar.

Der die Energieflußdichte beschreibende Poyntingvektor hat überall im Strahlungsfeld des linearen Stromelements die Richtung des Radiusvektors $\boldsymbol{r}$. Für die zeitlich gemittelte Energieflußdichte gilt nach Gl. (3.14b):

$$\bar{S}_r = \frac{1}{2}\,\mathrm{Re}(E_\vartheta H_\varphi^*) = \frac{Z_0}{2}(\hat{I}\beta_0\,\mathrm{d}l)^2\,\frac{\sin^2\vartheta}{(4\pi r)^2}. \tag{10.9}$$

Ihre räumliche Verteilung ist im Bild 10.3 (ausgezogene Kurve) wiedergegeben. Der lineare Strahler strahlt nicht in die Achsenrichtung ab. Aus der Integration von $\bar{S}_r$ über eine das Stromelement umgebende Kugelfläche ergibt sich die im zeitlichen Mittel insgesamt abgestrahlte Leistung

$$P = \frac{Z_0}{6\pi}(\beta_0\,\mathrm{d}l)^2\left(\frac{\hat{I}}{\sqrt{2}}\right)^2 = R_s\left(\frac{\hat{I}}{\sqrt{2}}\right)^2. \tag{10.10}$$

Die Leistungsumsetzung im strahlenden Stromelement äußert sich von der Speiseleitung aus (s. Bild 10.1) gemessen so, als ob es den ohmschen Widerstand

$$R_s = \frac{Z_0}{6\pi}(\beta_0\,\mathrm{d}l)^2 = 80\,\pi^2\left(\frac{\mathrm{d}l}{\lambda_0}\right)^2\,(\Omega) \tag{10.11}$$

besäße. Man nennt R_s den „Strahlungswiderstand".

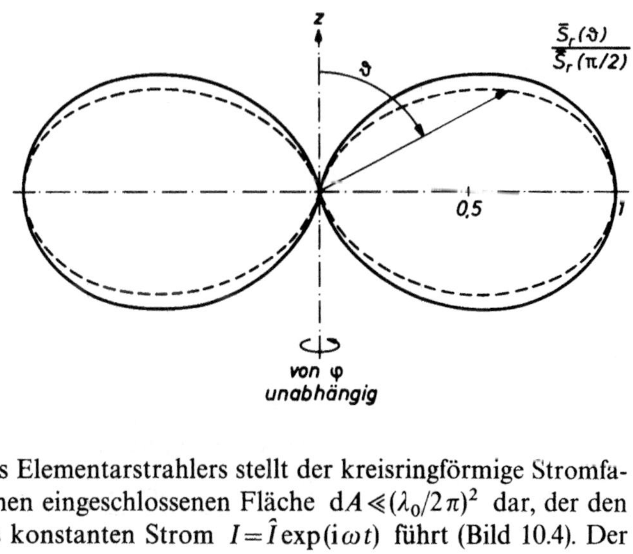

Bild 10.3. Räumliche Verteilung der zeitlich gemittelten Energieflußdichte $\bar{S}_r$, bezogen auf den Wert für $\vartheta = \pi/2$, im Strahlungsfeld elektrischer Elementarstrahler nach Bild 10.1 (ausgezogen) und im Strahlungsfeld einer dünnen, $\lambda_0/2$ langen Stabantenne nach Bild 10.5 (gestrichelt).

Die zweite Form eines Elementarstrahlers stellt der kreisringförmige Stromfaden mit der sehr kleinen eingeschlossenen Fläche $\mathrm{d}A \ll (\lambda_0/2\pi)^2$ dar, der den längs seines Umfangs konstanten Strom $I = \hat{I}\exp(\mathrm{i}\omega t)$ führt (Bild 10.4). Der aus dem Biot-Savartschen Gesetz Gl. (10.5) berechenbare überwiegende Magnetfeldanteil in geringer Entfernung r ($\sqrt{\mathrm{d}A} \ll r \ll \lambda_0$) vom Kreisstromelement,

$$\boldsymbol{H}_\mathrm{N} = -\operatorname{grad}\left(\frac{m\cos\vartheta}{4\pi\mu_0 r^2}\right), \tag{10.12}$$

hat die gleiche räumliche Verteilung (Dipolfeld) bezüglich der Ringachse ($z \perp I$, Bild 10.4) wie das überwiegende Teilnahfeld $\boldsymbol{E}_\mathrm{N}$ des linearen Stromelements (Gl. (10.7)) bezüglich seiner Achse ($z \| I$, Bild 10.1). Anstelle des elektrischen Dipolmoments $\boldsymbol{p}$ des linearen Stromelements in Gl. (10.7) steht in der Gl. (10.12) das magnetische Dipolmoment

$$\boldsymbol{m} = \mu_0 I\,\mathrm{d}\boldsymbol{A} \tag{10.13}$$

des Kreisstromelements. Das zeitlich wechselnde Magnetfeld $\boldsymbol{H}_\mathrm{N}$ dieses „magnetischen Dipols“ induziert ein die Dipolachse ringförmig umgebendes elektrisches Feld E_φ. Diese Feststellungen über $\boldsymbol{H}_\mathrm{N}$ und E_φ und die Symmetrie der Maxwellgleichungen in $\boldsymbol{E}$ und $\boldsymbol{H}$ für nichtleitende Medien ($\sigma = 0$) führen darauf,

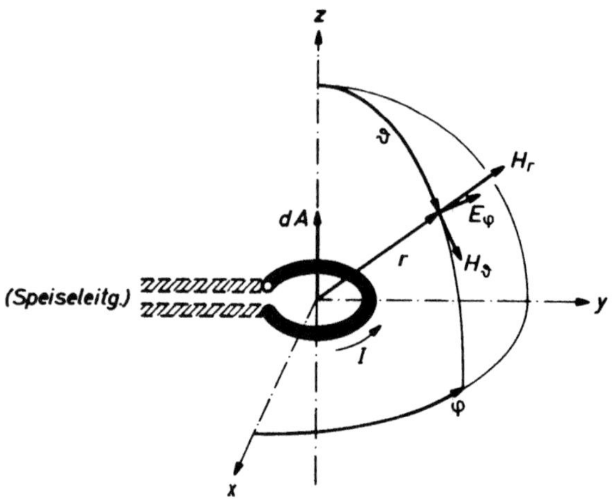

Bild 10.4. Dünner, den Strom I führender Drahtring mit gegen λ_0^2 kleiner umschlossener Fläche dA als „magnetischer“ Elementarstrahler. Koordinatensystem zur Beschreibung des Strahlungsfeldes.

daß das Bild 10.2 nach Ersetzen der Bezeichnungen $\boldsymbol{E}$ durch $\boldsymbol{H}$, $\boldsymbol{H}$ durch $-\boldsymbol{E}$ auch die Feldlinien im Strahlungsfeld des Kreisstromelements darstellt. Seine Feldkomponenten folgen als $-E_\varphi/Z_0$, $H_\vartheta Z_0$, $H_r Z_0$ aus den Gln. (10.1), (10.2) und (10.3), sofern nur in allen $\mathrm{i}I\,\mathrm{d}l = -\omega p$ durch $-\beta_0 I\,\mathrm{d}A = -\omega m/Z_0$ ersetzt wird. Man erhält dann für die Strahlungsdichte

$$\bar{S}_r = \frac{1}{2}\operatorname{Re}(E_\varphi H_\vartheta^*) = \frac{Z_0}{2}(\hat{I}\beta_0^2\,\mathrm{d}A)^2\frac{\sin^2\vartheta}{(4\pi r)^2}, \tag{10.14}$$

also auch die im Bild 10.3 gezeigte räumliche Verteilung, und für den Strahlungswiderstand

$$R_s = \frac{Z_0}{6\pi}(\beta_0^2 \mathrm{d}A)^2. \tag{10.15}$$

Ein kreisringförmiger Elementarstrahler, dessen Durchmesser mit der Länge eines linearen Elementarstrahlers übereinstimmt, $2\sqrt{\mathrm{d}A/\pi} = \mathrm{d}l$, hat demgegenüber einen um den Faktor $(\pi\beta_0 \mathrm{d}l/4)^2 \ll 1$ kleineren Strahlungswiderstand und strahlt daher bei gleicher Stromstärke I entsprechend weniger Leistung ab.

Elementarstrahler können wegen der voraussetzungsgemäß kleinen Werte von $\beta_0 \mathrm{d}l$ bzw. $\beta_0^2 \mathrm{d}A$ nur sehr schwach abstrahlen. Wirksamere Strahler müssen mit der Wellenlänge λ_0 vergleichbare Abmessungen haben. Solche „Antennen" kann man sich aus Elementarstrahlern, meist linearen Stromelementen, aufgebaut denken. Falls die Stromverteilung auf der Antenne bekannt ist, ergibt sich ihr Strahlungsfeld durch Summation über die Elementarstrahlerfelder. Schon diese Summation, aber viel mehr noch die zunächst immer bestehende Unkenntnis der wirklichen Stromverteilung machen die Berechnung von Antennen-Strahlungsfeldern besonders schwierig. Die folgende Beschreibung einiger wichtiger Antennenformen muß daher auf qualitative Angaben beschränkt bleiben.

10.2. Einfache Antennen

Unter „einfachen Antennen" sind hier diejenigen zu verstehen, die sich aus den Grundformen (s. Abschnitt 10.1) im wesentlichen durch Vergrößerung ableiten und deren Strahlungsfeld dem der Grundformen weitgehend ähnelt.

10.2.1. Stabantennen

Die vergrößerte Ausführung des elementaren elektrischen Dipolstrahlers („Hertzschen Dipols") ist die im Bild 10.5 dargestellte Metallstabantenne der Länge $2l$, die in der Mitte aus einer Paralleldrahtleitung gespeist wird. Um Auskunft über die Stromverteilung und die optimale Länge zu erhalten, stelle man sich die beiden Antennenhälften als Doppelleitung vor, die durch Spreizen der beiden Leiterenden einer Paralleldrahtleitung entstanden ist. Die beiden Antennenhälften bilden eine inhomogene Leitung, deren längenbezogene Induktivität L' und Kapazität C' (s. Abschnitt 6.2) vom Ort längs der Antenne abhängen. Die Abstrahlung äußert sich im ortsabhängigen längenbezogenen ohmschen Längswiderstand R'. Die Ortsabhängigkeit der Größen L', C', R' wird mit abnehmendem Drahtradius schwächer. Das Leitungsbild legt nahe, die Stromverteilung auf der Antenne vereinfachend ebenso wie in der Nähe des offenen Endes einer homogenen Doppelleitung anzunehmen, also vom Ende her sinusförmig ansteigend (Bild 6.29). Da hier die Stromstärke im Abstand $\lambda_0/4$ vom Leitungsende ihr erstes Maximum erreicht, ist in Übertragung auf die Antenne für eine Länge $2l$ von etwa $\lambda_0/2$ maximale Abstrahlung zu erwarten. Die Ausmessung oder die genähert mögliche Berechnung der Stromverteilung

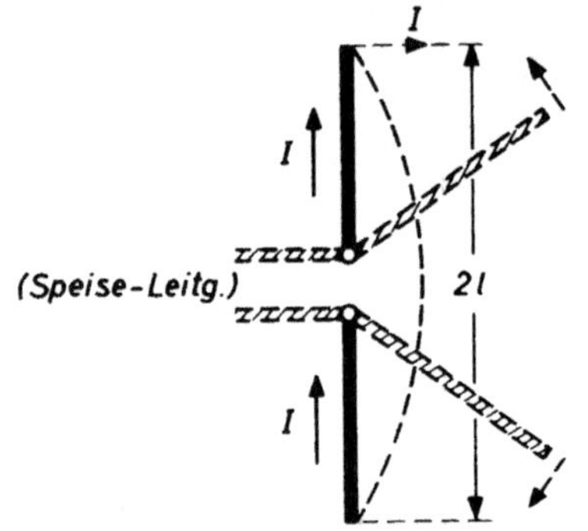

Bild 10.5. Metallstabantenne und ihre Entstehung durch Spreizen der Enden einer Paralleldrahtleitung. Der gestrichelt eingezeichnete Sinus-Bogen gibt die Strom-(I-) Verteilung für eine $2l=\lambda_0/2$ lange Antenne an.

auf einer solchen $2l=\lambda_0/2$ langen Antenne zeigt im Fall sehr kleiner Stabdicken ($a \ll l$) den angenommenen, in das Bild 10.5 eingezeichneten sinusförmigen Verlauf. Der Strahlungswiderstand der sehr dünnen $\lambda_0/2$-Stabantenne beträgt $R_s = 73{,}2\ \Omega$.

Die im Bild 10.6 dargestellte „Ortskurve" des komplexen Eingangswiderstandes der dünnen Stabantenne ($a/l < 0{,}1$) in Abhängigkeit vom Verhältnis $2l/\lambda_0$ entspricht der eines Stücks homogener, bedämpfter, am Ende offener Doppel-

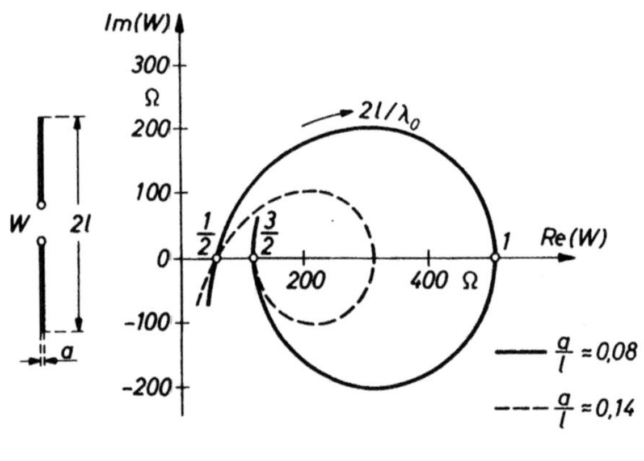

Bild 10.6. Ortskurve des komplexen Eingangswiderstandes W von verschieden dicken Stabantennen in Abhängigkeit vom Verhältnis der Antennenlänge zur Wellenlänge. Die genauen $2l/\lambda_0$-Werte, für die $\mathrm{Im}(W)=0$ wird, sind um einige % kleiner als die im Diagramm angegebenen. Für $2l/\lambda_0=0{,}5$ und $a/l \to 0$ gilt $W=(73+\mathrm{i}\,42{,}5)\,\Omega$.

leitung (vgl. Bild 6.11, $\alpha \neq 0$). Wegen der verhältnismäßig geringen Strahlungsdämpfung hat die vom Antennenende reflektierte „Leitungswelle" am Eingang noch erhebliche Amplitude („schlechte Anpassung der Antenne an den freien Raum"), so daß sich der Blindwiderstand $\mathrm{Im}(W)$ nahe $2l/\lambda_0=1/2$ mit l/λ_0

stark ändert. Die praktischerweise für $2l/\lambda_0 = 1/2$ auf den Strahlungswiderstand vorgenommene Anpassung der Speiseleitung geht daher schon bei geringen Frequenzänderungen verloren. Signale großer Frequenzbandbreite lassen sich von einer dünnen Stabantenne nicht amplituden- und phasenverzerrungsfrei abstrahlen. Mit wachsender Antennenstabdicke a dagegen hängen der Eingangsblindwiderstand nahe der $\lambda_0/2$-Resonanz und damit die Wirkleistungsaufnahme aus der Speiseleitung weniger von der Frequenz ab (gestrichelte Ortskurve im Bild 10.6). Dickere Antennenstäbe haben wegen der vergrößerten Anzahl parallel geschalteter Stromfäden geringere Induktivität L' und wegen der vergrößerten Oberfläche höhere Kapazität C'. Die Dämpfungskonstante

$$\alpha \approx \frac{R'}{2}\sqrt{\frac{C'}{L'}} \tag{10.16}$$

auf der als Doppelleitung (s. Gl. (6.11)) betrachteten Antenne nimmt demnach mit der Stabdicke zu, da der längenbezogene Strahlungswiderstand jedes Antennen-Leiterelements, R', bis zu mäßigen Stabdicken ($a < 0.1\,l$) annähernd konstant bleibt. Die vergrößerte Strahlungsdämpfung verringert die Amplitude der reflektierten Welle am Eingang und vermindert damit den Betrag des Eingangsblindwiderstandes $|\mathrm{Im}(W)|$ nahe der $\lambda_0/2$-Resonanz.

Die Speiseleitung für die $2l = \lambda_0/2$ lange Dipolantenne nach Bild 10.5 muß den für Zweidrahtleitungen sehr niedrigen (s. Bild 6.7) Wellenwiderstand von etwa $73\,\Omega$ haben. Derart niederohmige Zweidrahtleitungen lassen sich nicht optimal dämpfungsarm herstellen. Deshalb findet häufig der im Bild 10.7 gezeigte „Faltdipol" mit seinem größeren Eingangswiderstand Anwendung. Die freien Enden der bisher behandelten Stabantenne sind durch einen weiteren, dicht benachbarten Stab verbunden. Der Strom I im leitungsgespeisten Stab induziert im parallelgeschalteten Stab den gleichphasigen und gleich starken Strom I, wenn die Antennenlänge $2l$ knapp $\lambda_0/2$ beträgt und die Stabdicken übereinstimmen. Bezüglich der abgestrahlten Leistung entspricht der Faltdipol der Einstabantenne mit dem Strom $2I$ und dem allerdings etwas verminderten Strahlungswiderstand $R_s \approx 65\,\Omega$. Da der Faltdipol aus der Speiseleitung aber nur den Strom I aufnimmt, muß er den aus der Leistungsbilanz

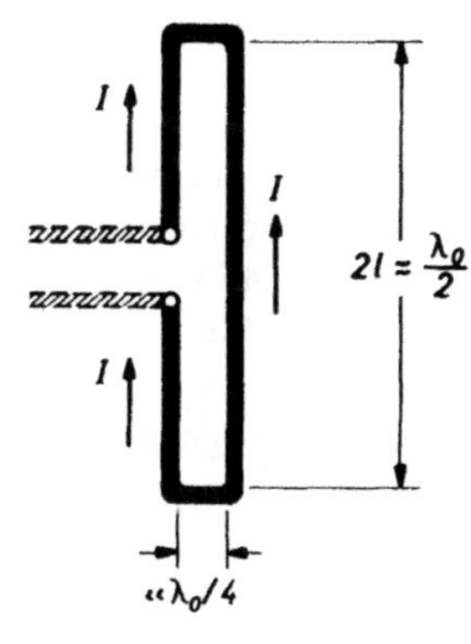

Bild 10.7. Faltdipol-Antenne.

$$R_s(2I)^2 = R_F I^2 \tag{10.17}$$

folgenden Eingangswiderstand

$$R_F = 4\,R_s \approx 260\,\Omega \tag{10.18}$$

haben. Wegen der größeren wirksamen Dicke ist die nutzbare Frequenzbandbreite des Faltdipols etwas größer als die der Einstabantenne gleicher Drahtdicke.

Das Strahlungsfeld der Stabantenne (Bild 10.5) bleibt unverändert, wenn man den einen Halbstab wegläßt und den anderen Halbstab der Länge l senkrecht auf einen vollständig leitenden, ebenen Untergrund setzt. Wie im Bild 10.8 angedeutet, ersetzt die von jedem Element dl des vorhandenen Halbstabs ausgehende und an der leitenden Fläche reflektierte Strahlung den Beitrag des entsprechenden Elements der fehlenden Stabhälfte zum Strahlungsfeld im nichtleitenden Halbraum. Da die halbe Stabantenne der Länge l nur diesen Halbraum bei gleichem Speisestrom mit gleicher Strahlungsleistungsdichte versorgt wie die ganze Antenne der Länge $2l$, nimmt sie nur halb so viel Speiseleistung auf und hat demgemäß auch nur den halben Strahlungswiderstand wie diese, also etwa $R_s \approx 36{,}6\,\Omega$.

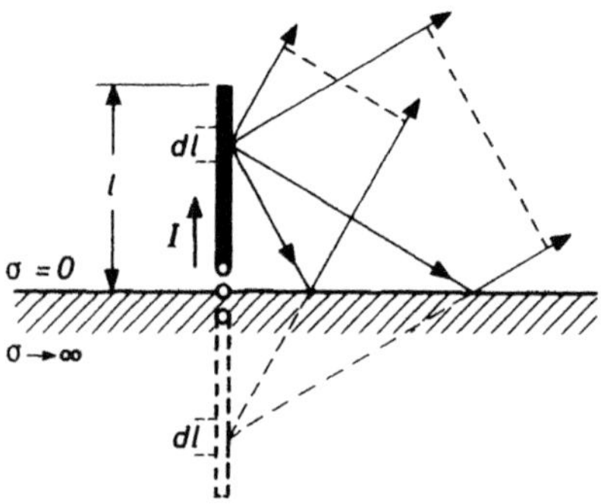

Bild 10.8. Metallstabantenne auf vollständig leitendem Untergrund.

Die Speisung der halben Stabantenne über leitendem Grund kann vorteilhafterweise unsymmetrisch aus einer Koaxialleitung erfolgen (s. Bild 10.9).

Abweichend vom gegen λ_0 sehr kurzen Hertzschen Elementarstrahler liefern die einzelnen Elemente dl einer mit λ_0 vergleichbar langen Stabantenne Beiträge verschiedener Phase und Amplitude zum Strahlungsfeld in einem fernen ($r \gg \lambda_0$) Beobachtungspunkt. Das äußert sich in einer Abflachung der Richtungsverteilung der Energieflußdichte. Für die $2l = \lambda_0/2$ lange Stabantenne ebenso wie für den $\lambda_0/4$-Stab über leitendem Grund gilt das im Bild 10.3 gestrichelt eingezeichnete Strahlungsdiagramm:

$$\frac{\bar{S}_r(\vartheta)}{\bar{S}_r\left(\dfrac{\pi}{2}\right)} = \frac{\cos^2\left(\dfrac{\pi}{2}\cos\vartheta\right)}{\sin^2\vartheta}. \tag{10.19}$$

Antennenabstimmung

Wir speisen, wie aus Bild 10.9 a ersichtlich ist, eine auf einer Metallplatte stehende dünne Stabantenne durch ein Koaxialkabel aus einem etwa 10 Watt liefernden 1-GHz-Sender. Zum Nachweis der Strahlungsleistung in einigen Wellenlängen Abstand dient uns eine zweite Stabantenne der Resonanzlänge $\lambda_0/4$, deren Fußpunktstrom eine kleine zwischengeschaltete Glühbirne anzeigt. Wir verändern kontinuierlich die Länge l der Sendeantenne, indem wir sie in einer Hülse verschieben, und stellen so für $l = \lambda_0/4$ deutlich ein Maximum des Empfangssignals fest.

Machen wir die Sendeantenne zu kurz ($l < \lambda_0/4$), so setzt der damit auftretende Eingangsblindwiderstand ihre Leistungsaufnahme aus dem Generator herab. Wir können die Antenne jedoch dadurch wieder auf Resonanz abstimmen, daß wir an ihrer Spitze eine Zusatzkapazität, z. B. in Form einer Scheibe (Bild 10.9b), anbringen oder an ihrem Fuß eine Zusatzinduktivität einfügen (Bild 10.9c). Beide Maßnahmen erhöhen die abgestrahlte Leistung, wegen der geringeren Länge jedoch nicht bis auf den Wert des $\lambda_0/4$-Stabes. Im Leitungsbild der Antenne entsprechen die zusätzliche Endkapazität und die zusätzliche Fußpunktinduktivität einer scheinbaren Leitungsverlängerung (s. Abschnitt 6.5.1). Diese Abstimmung spielt bei Langwellenantennen eine Rolle, die sich technisch nicht mehr in der Resonanzlänge ausführen lassen.

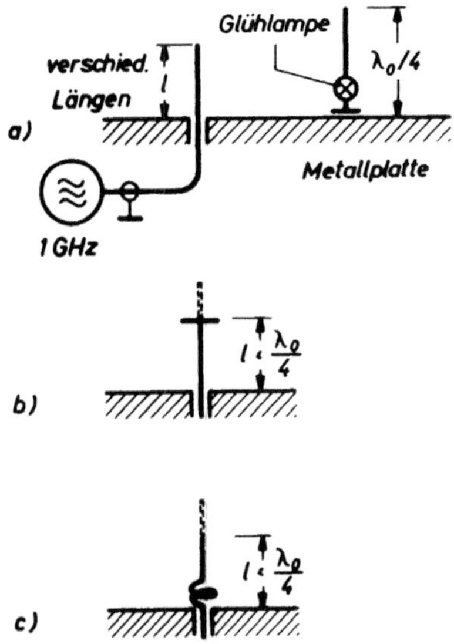

Bild 10.9. Versuchsanordnung zur Beobachtung der Abstrahlung einer Stabantenne über leitendem Grund bei Abstimmung auf Resonanz durch Längenänderung ($l \to \lambda_0/4$) (a), durch eine zusätzliche Endkapazität (b) oder eine zusätzliche Fußpunktinduktivität (c).

Antennenbandbreite

Wir speisen eine Stabantenne auf einer Metallplatte aus einem 8...12-GHz-Wobbelsender konstanter Leistung und messen mit der im Bild 10.10 skizzierten Apparatur den Reflexionsfaktor des Antennenfußpunktes. Wir lassen den in einem Richtkoppler abgetrennten Teil des rücklaufenden Signals nach quadratischer Gleichrichtung und Verstärkung von einem Oszillographen über der Frequenz aufzeichnen. Der besseren Sichtbarkeit halber haben wir die Antennenlänge etwa $3\lambda_0/4$ gewählt. Für einen 0,5 mm dicken Stab (Bild 10.10a) erhalten wir den Frequenzgang des Reflexionsgrades $|r|^2$ im Bild 10.11a. Das Minimum mit seinen steilen Flanken verdeutlicht die geringe Bandbreite

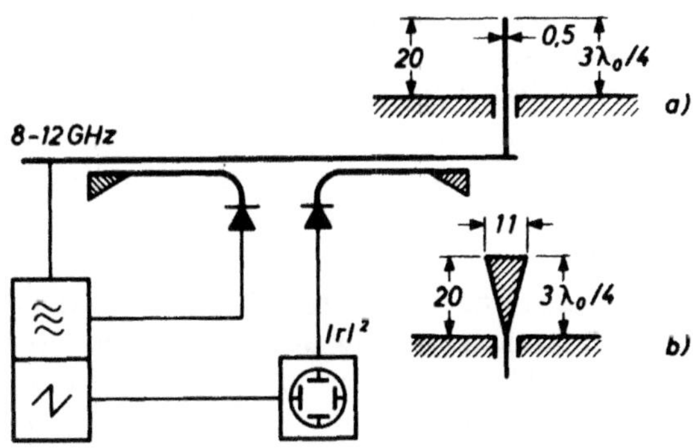

Bild 10.10. Apparatur zur Beobachtung des Reflexionsgrades $|r|^2$ des Fußpunkts von Stabantennen über leitendem Grund in Abhängigkeit von der Frequenz f. (Abmessungen in mm.)

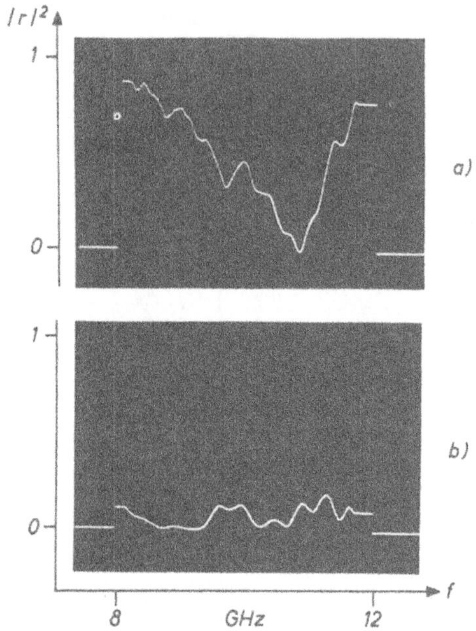

Bild 10.11. In der Apparatur nach Bild 10.10 aufgenommener Reflexionsgrad $|r|^2$ der dünnen Stabantenne (a) und der dicken kegelförmigen Antenne (b) in Abhängigkeit von der Frequenz f.

der dünnen Antenne. Für die dicke kegelförmige Antenne der im Bild 10.10b angegebenen Abmessungen bleibt dagegen $|r|^2$ innerhalb des ganzen Frequenzbereiches 8...12 GHz niedrig: Bild 10.11 b. Die von dem Kegel zusammen mit der Metallgrundplatte gebildete „Doppelleitung" ist sowohl an den freien Raum als auch an die Speiseleitung besonders gut angepaßt. Die Kegelantenne, durch abgerundete Kanten noch verbessert, stellt folglich eine ausgeprägt breitbandige Art dicker Stabantennen dar.

10.2.2. Schlitzantennen

Zu einer vergrößerten Ausführung des elementaren „magnetischen" Dipolstrahlers (Ringstrom) gelangt man, indem man viele kleine stromdurchflossene Drahtringe parallel zueinander in ihrer Achsenrichtung aneinander reiht. Als Windungen einer schlanken Spule könnten sie alle in Serie gespeist werden. Diese Spule läßt sich jedoch nicht mit einer strahlungslosen Speiseleitung verbinden, ohne daß dabei je nach den Abmessungen unerwünschte zusätzliche elektrische und magnetische Dipolstrahlung auftritt, wie es die Strompfeile im Bild 10.12a andeuten. Um die Entstehung der Störstrahlung auszuschließen, müssen die Drahtringe parallel gespeist werden. Wegen ihres sehr kleinen Strahlungswiderstandes (Gl. (10.15)) entsteht dabei aber ohne besondere Maßnahmen ein für die Bemessung der Speiseleitung und -quelle untragbar niedriger Eingangswiderstand. Er läßt sich heraufsetzen, wenn die Drahtringe mit einem beidseitig kurzgeschlossenen Paralleldrahtleitungsstück verbunden werden (Bild 10.12b). Hat es die wegen der induktiven Belastung durch die Ringe zwischen $\lambda_0/2$ und λ_0 betragende Resonanzlänge, so tritt in der Mitte zwischen den beiden Enden ein Strom-Minimum auf. Diese Stelle maximaler Eingangsimpedanz eignet sich für den Anschluß der Speiseleitung. Wegen der vernachlässigbar kleinen Spannungen zwischen benachbarten Drahtringen können diese längs ihres ganzen Umfangs miteinander verbunden werden, so daß sie zusammen einen Hohlzylinder bilden. Das den Speisestrom verteilende, beidseitig kurzgeschlossene, zwischen $\lambda_0/2$ und λ_0 lange Paralleldrahtleitungsstück spart dann in der Zylinderwand einen gegen $\lambda_0/2$ schmalen Schlitz aus. Die derart aus vielen parallel gespeisten magnetischen Elementarstrahlern zusammen-

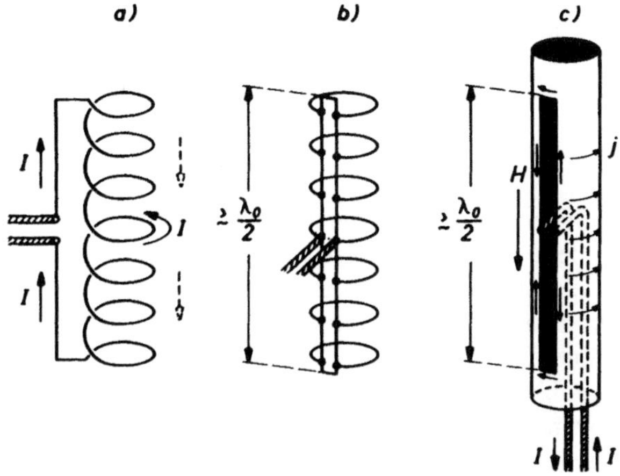

Bild 10.12. Aufbau „magnetischer" Dipolantennen aus vielen stromführenden Drahtringen: (a) ungünstige, zusätzliche elektrische und magnetische Störstrahlung erzeugende Serienschaltung; (b) störstrahlungsfreie Parallelschaltung mittels zweier etwas mehr als $\lambda_0/2$ langer kurzgeschlossener Paralleldrahtleitungsstücke; (c) aus der Form (b) hervorgehende Rohrschlitzantenne, auf der die Verteilung der Wandstromdichte j angedeutet ist.

gesetzte Antenne heißt danach „Rohrschlitzantenne" (Bild 10.12c). Wegen des gegen $\lambda_0/2$ kleinen Rohrumfangs ist der Eingangswiderstand noch sehr niedrig. Zur Erzielung höherer Werte wählt man bei praktischen Antennen den Rohrumfang nahe $\lambda_0/2$.

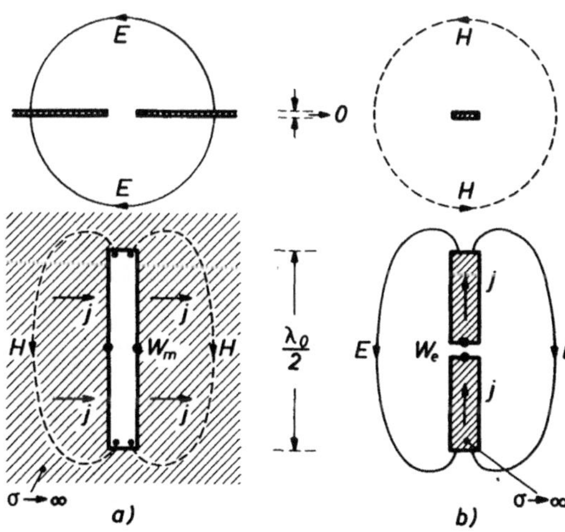

Bild 10.13. Komplementäre Strahler: Schlitz in einer ideal leitenden Metallwand sehr geringer Dicke (a) und gleich bemessener Metallstreifen (b).

Geht man zu immer größeren Rohrdurchmessern über, so nimmt der Umfangsstrom in den schlitzfernen Wandteilen ab. Stattdessen finden die von den Schlitzrändern ausgehenden Leitungsströme ihre Fortsetzung als Verschiebungsströme der Dichte $\varepsilon_0 \dot{\boldsymbol{E}}$ in der Umgebung des Schlitzes. Läßt man den Durchmesser und die Länge des Rohres unendlich groß werden, so hat man den Schlitz in einer dünnen, ebenen, unendlich ausgedehnten Metallwand, Bild 10.13a. Die senkrecht zum Schlitz fließenden Wandstromkomponenten rufen beiderseits der Wand magnetische Dipolstrahlung hervor. Die Resonanzlänge des Schlitzes in der ebenen Wand beträgt annähernd $\lambda_0/2$. Der Eingangswiderstand W_m des Schlitzes steht in der einfachen Beziehung

$$\frac{2\,W_m}{Z_0} = \frac{Z_0}{2\,W_e} \tag{10.20}$$

mit dem Eingangswiderstand W_e des komplementären Strahlers. Das ist der aus einem dünnen Metallstreifen mit den Abmessungen des Schlitzes bestehende elektrische Dipolstrahler, Bild 10.13b. Die Felder der achsenparallel orientierten komplementären Strahler gehen durch Vertauschen von $\boldsymbol{E}$ mit $\boldsymbol{H}$ ineinander über. Die Beziehung (10.20) zwischen den Eingangswiderständen folgt aus dem „Babinetschen Prinzip". Danach ergänzen sich die „Durchlaßfaktoren" komplementärer Strahler in 90° gekreuzter Stellung bezüglich der gleichen auftreffenden freien Welle gerade zu Eins (s. Bild 10.14).

Babinetsches Prinzip

Wie im Bild 10.14 angedeutet, strahlen wir mit einem elektrischen Dipol eine amplitudenmodulierte 3-GHz-Welle in den freien Raum ab, zu deren Empfang in etwa 0,5 m Entfernung eine Dipolsonde mit quadratischem Gleichrichter, Verstärker und Anzeigegerät dient. In den Weg der Welle bringen wir an die gleiche Stelle einen ebenen, dünnen Metallschirm mit 8 mm breitem $\lambda_0/2$-Resonanz-

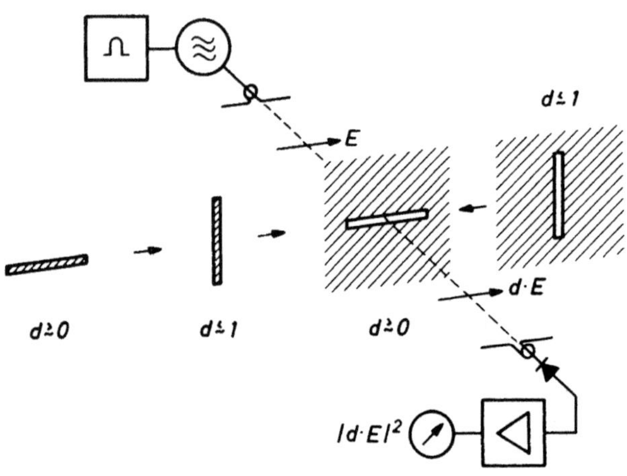

Bild 10.14. Apparatur zur Vorführung des Babinetschen Prinzips an den komplementären Strahlern nach Bild 10.13.

schlitz oder einen dünnen Metallstreifen, dessen Abmessungen mit denen des Schlitzes übereinstimmen. Wir wählen die Schlitz- und Streifenrichtung sowohl parallel als auch senkrecht zum elektrischen Feld $\boldsymbol{E}$ der einfallenden Welle und erhalten dabei die im Bild 10.14 angegebenen Empfangssignale $|d \cdot E|^2$. Sie zeigen uns, daß die Summe der Durchlaßfaktoren d von Schlitz und Streifen in gekreuzter Stellung annähernd 1 ergibt (Babinetsches Prinzip). Der zu $\boldsymbol{E}$ parallele Schlitz und der zu E senkrechte Streifen erfahren nur unbedeutende Anregung, so daß der Schlitz fast völlig sperrt, während der Streifen die Welle kaum beeinflußt. Die wegen der Resonanzabstimmung starke Anregung des zu E senkrechten Schlitzes ermöglicht weitgehenden Durchlaß der Welle. Der zu $\boldsymbol{E}$ parallele Streifen streut dagegen einen großen Teil der gerichtet einfallenden Welle rückwärts und seitwärts weg und läßt nur noch wenig Strahlung zum Empfänger gelangen.

10.3. Richtantennen

Strahleranordnungen mit $\lambda_0/2$ überschreitenden Größtabmessungen ermöglichen, Wellen in eine oder wenige Vorzugsrichtungen eng gebündelt abzustrahlen. Am Beispiel einer linearen Anordnung von elektrischen Elementarstrahlern gleicher Schwingungs-Amplitude und -Phase zeigt das Bild 10.15, wie sich die räumliche Verteilung der Strahlungsflußdichte, die „Richtcharakteristik" (hier lediglich in der Zeichenebene, $\vartheta = \pi/2$) mit zunehmender Länge s der gegen $\lambda_0/2$ dicht besetzten Strahler-„Zeile" verschärft. Es finden sich immer mehr Elementarstrahler, deren Strahlungsfelder in anderen Richtungen

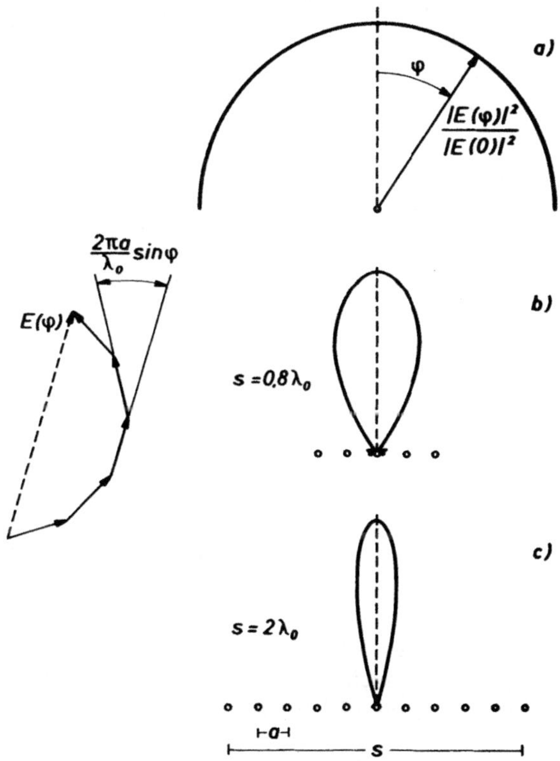

Bild 10.15. Richtungsverteilung der Energieflußdichte, $|E(\varphi)/E(0)|^2$, in der Äquatorebene $\vartheta = \pi/2$ von einem Elementarstrahler (a) und von Strahlerzeilen aus 5 (b) bzw. 11 (c) Elementarstrahlern (senkrecht zur Zeichenebene stehende elektrische Dipole) in gegen $\lambda_0/2$ kleinem Abstand voneinander. Links: Zeigerdiagramm zur Bestimmung der von den Strahlern einer Zeile in der Richtung φ erzeugten resultierenden elektrischen Feldstärke $E(\varphi)$.

als der Vorzugsrichtung (hier $\varphi=0;\pi$) zu Null interferieren. Die Richtcharakteristiken im Bild 10.15 kann man zeichnerisch ermitteln, wenn man die Feldstärkebeiträge der einzelnen Strahler zur Gesamtstrahlung in jeder Richtung φ als kleine gleichlange Zeiger darstellt. Die Zeiger benachbarter Strahler (Abstand a) sind unter dem Winkel $(2\pi a/\lambda_0)\sin\varphi$ aneinanderzusetzen (Bild 10.15 links), der die Phasendifferenz ihrer Feldstärkebeiträge am fernen Beobachtungsort ($r \gg \lambda_0 \gg a$) angibt. Mit der so oder rechnerisch bestimmten resultierenden elektrischen Feldstärke $E(\varphi)$ ergibt sich für die Richtcharakteristik der Strahlerzeile mit konstanter Phasen- und Amplitudenverteilung (Gruppencharakteristik):

$$\frac{[\bar{S}_r(\varphi)]_{\vartheta=\pi/2}}{[\bar{S}_r(0)]_{\vartheta=\pi/2}} = \frac{|E(\varphi)|^2}{|E(0)|^2} = \left[\frac{a\sin\left\{\dfrac{\pi}{\lambda_0}(a+s)\sin\varphi\right\}}{(a+s)\sin\left\{\dfrac{\pi}{\lambda_0}a\sin\varphi\right\}}\right]^2. \tag{10.21}$$

Um auch die Verteilung der Energieflußdichte über den Zenitwinkelbereich $0 \leq \vartheta \leq \pi/2$ (in Ebenen senkrecht zur Zeichenebene des Bildes 10.15) zu berücksichtigen, ist Gl. (10.21) mit der Richtcharakteristik der Einzelstrahler, im hier betrachteten Fall von elektrischen Elementarstrahlern also nach der Gl. (10.9) mit $\sin^2\vartheta$ zu multiplizieren.

Die im Bild 10.15b gerade noch erkennbaren „Nebenzipfel" der Richtcharakteristik verschwinden, wenn die Schwingungsamplituden der einzelnen Strahler von der Mitte zu den Enden der Zeile hin abnehmen. Durch geeignete Phasenbeziehungen zwischen den Schwingungen der einzelnen Strahler läßt sich die Hauptstrahlungskeule in beliebige Richtungen schwenken.

Wichtige Kennzeichen der Richtcharakteristik sind der *Richtfaktor*

$$D = \frac{\text{maximale Energieflußdichte}}{\text{mittlere Energieflußdichte}} \tag{10.22}$$

und die *Richtschärfe* oder Halbwertsbreite der Hauptstrahlungskeule. Die Halbwertsbreite bezeichnet den Winkelbereich, an dessen Grenzen die Energieflußdichte den halben Maximalwert annimmt. Anstelle des Richtfaktors D gibt man auch den *Gewinn* an gemäß

$$G = \frac{\text{maximale Energieflußdichte}}{\text{max. Energieflußdichte einer Normalantenne}}. \tag{10.23}$$

Als Normalantenne dient praktischerweise der $\lambda_0/2$ lange Stabdipol. Der bezüglich des nicht zu verwirklichenden Kugelstrahlers berechnete Gewinn stimmt mit dem Richtfaktor D überein. Er beträgt 1,5 für den gegen λ_0 sehr kurzen Dipol und 1,64 für den $\lambda_0/2$-Dipol.

Eine von einem linearen, passiven und isotropen Medium umgebene Antenne weist im Sende- und Empfangsbetrieb die gleiche Richtcharakteristik auf. (Die Richtcharakteristik für Empfang gibt die Empfangsleistung in Abhängigkeit von der Einfallsrichtung, bezogen auf den Wert für eine ausgezeichnete Richtung, an.) Das folgt aus dem auf *Rayleigh* und *Helmholtz* zurückgehenden *Umkehrsatz* (Reziprozitätstheorem) in seiner Anwendung auf Antennen: Wird eine Antenne 1 (Bild 10.16a) mit der Klemmenspannung U_1 als Sender betrieben und zwischen den Klemmen einer beliebig entfernten und beliebig angeordneten

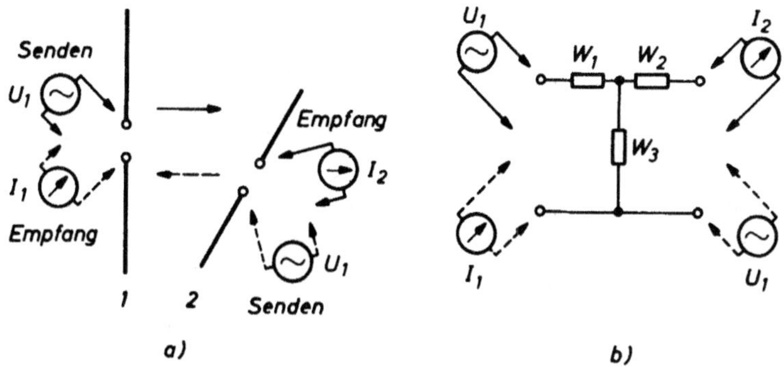

Bild 10.16. Aus zwei Antennen bestehendes Übertragungssystem (a) und dessen Nachbildung durch einen Vierpol (b) zum Beweis des Umkehrsatzes für Antennen.

Empfangsantenne 2 der Strom I_2 gemessen, so findet man den gleichen Strom auch beim Empfang mit der Antenne 1, wenn man an die Antenne 2 als Sender dieselbe Klemmenspannung anlegt. Der Beweis gelingt einfach, wenn man die Antennenklemmen als die Klemmen eines unbekannten linearen passiven Vierpols betrachtet, der die Antennen und den dazwischenliegenden Raum in ihren Übertragungseigenschaften nachbildet und ohne Einschränkung als T-Vierpol mit den drei Widerständen W_1, W_2, W_3 (Bild 10.16b) angesetzt werden kann (s. Abschnitt 7). Die Spannungsquelle und der Strommesser mögen gleichen Innenwiderstand, z.B. Null, haben. Dann folgt

$$I_2 = I_1 = U_1 \frac{W_3}{W_1 W_2 + W_1 W_3 + W_2 W_3}. \tag{10.24}$$

Eine Empfangsantenne befinde sich optimal orientiert im Feld einer Welle, so daß ihren Klemmen bei angepaßtem Abschlußwiderstand die maximale Leistung P entnehmbar ist. Die gleiche Leistung transportiert die ungestörte Welle mit dem Poyntingvektor S durch die Fläche der Größe

$$A_w = \frac{P}{\bar{S}} \tag{10.25}$$

am Ort der Antenne (wenn sie nicht da ist). A_w heißt *wirksame Antennenfläche.* Für den gegen λ_0 sehr kurzen Stabdipol hat sie den Wert $(3/8\pi)\lambda_0^2$, für den $\lambda_0/2$-Dipol etwa 10% mehr. Die wirksame Antennen-(oder *Absorptions-*) Fläche übersteigt die geometrische Antennenfläche (geringe Stabdicke mal Länge) also erheblich. Die wirksame Absorptionsfläche einer beliebigen Antenne steht mit ihrem Richtfaktor (abgeleitet aus der für Senden und Empfang gleichen Richtcharakteristik) in Beziehung gemäß

$$A_w = \frac{\lambda_0^2}{4\pi} D. \tag{10.26}$$

Der Faktor $\lambda_0^2/4\pi$ folgt aus dem Vergleich der beliebigen Antenne mit der gegen λ_0 sehr kurzen Stabantenne $[D=3/2;\ A_w=(3/8\pi)\lambda_0^2]$.

Unter Anwendung der Formel (10.26) läßt sich eine einfache Beziehung für die Leistungsübertragung zwischen einer Sendeantenne 1 (Speiseleistung P_1) und einer Empfangsantenne 2 (Empfangsleistung P_2 im angepaßten Abschlußwiderstand) im Abstand $s \gg \lambda_0$ voneinander herleiten:

$$P_2 = P_1 \frac{A_{w1} A_{w2}}{\lambda_0^2 s^2}. \tag{10.27}$$

Hierin ist mittels Gl. (10.26) auch der Sendeantenne eine wirksame Antennenfläche, A_{w1}, zugeordnet worden, die mit deren wirksamer Absorptionsfläche bei Verwendung als Empfangsantenne übereinstimmt.

Aus der Vielzahl gebräuchlicher oder möglicher Richtantennen werden in den beiden folgenden Abschnitten nur einige typische Formen behandelt. Richtantennen, die sich aus mehreren diskret angeordneten einfachen Antennen (Abschnitt 10.2) zusammensetzen, und solche, die aus kontinuierlich verteilten Elementarstrahlern (Abschnitt 10.1) bestehen, sind getrennt voneinander in je einer Gruppe zusammengefaßt.

10.3.1. Systeme aus einfachen Antennen

Als Richtantennen für den Frequenzbereich von etwa 100...1000 MHz findet man häufig ein- oder zweidimensionale Anordnungen meist $\lambda_0/2$ langer Stabdipole (Dipol-Zeilen oder -Felder). Zwei Beispiele von Dipolzeilen zeigt das Bild 10.17. Die $\lambda_0/2$ langen Dipole haben $\lambda_0/2$ Abstand voneinander. Im Fall der gleichsinnigen Parallelspeisung nach Bild 10.17a schwingen benachbarte Dipole gegenphasig, da die $\lambda_0/2$ langen Verbindungsleitungsstücke die Phase um π drehen. Durch die gekreuzten Verbindungsleitungsstücke bei der zweiten Dipolzeile (Bild 10.17b) wird diese Phasendrehung wieder aufgehoben, so daß alle Dipole gleichphasig schwingen.

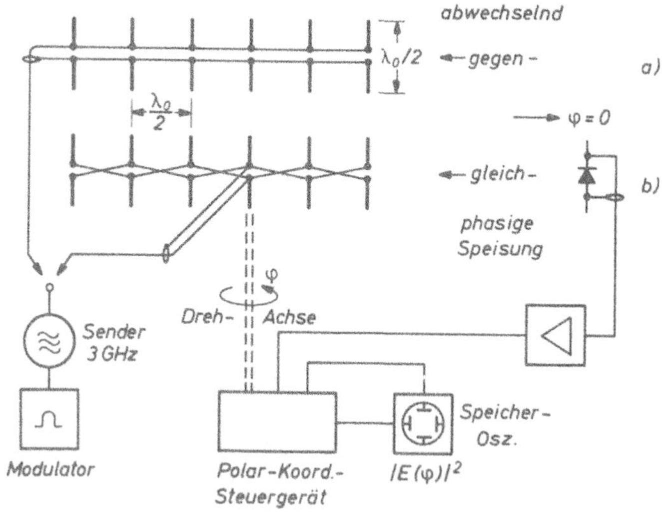

Bild 10.17. Zeile gegenphasig gespeister (a) und Zeile gleichphasig gespeister (b) $\lambda_0/2$ langer Stabdipole, sowie Apparatur zur Aufnahme der Richtcharakteristiken $|E(\varphi)|^2$.

Richtcharakteristiken zweier Dipolzeilen

Wir speisen die eine oder andere Dipolzeile mit einem amplitudenmodulierten 3-GHz-Sender ($\lambda_0 = 10$ cm) und lassen sie, wie in Bild 10.17 angedeutet, durch Motorantrieb rotieren. Das abgestrahlte Signal nehmen wir mit einer feststehenden, quadratisch gleichrichtenden Dipolsonde auf. Mit Hilfe des im Bild 5.28 dargestellten Polarkoordinatensteuergeräts schreibt ein Speicheroszillograph das Empfangssignal als Radialauslenkung auf, deren Richtung sich durch die Dipolzeilenorientierung φ bestimmt. Bei $\varphi = 0$ weist die Dipolzeile mit ihrer Längsachse auf die Empfangssonde.

Die Strahlungsbeiträge der abwechselnd gegenphasig schwingenden Dipole der ersten Antenne interferieren in der Richtung senkrecht zur Zeilenachse zu

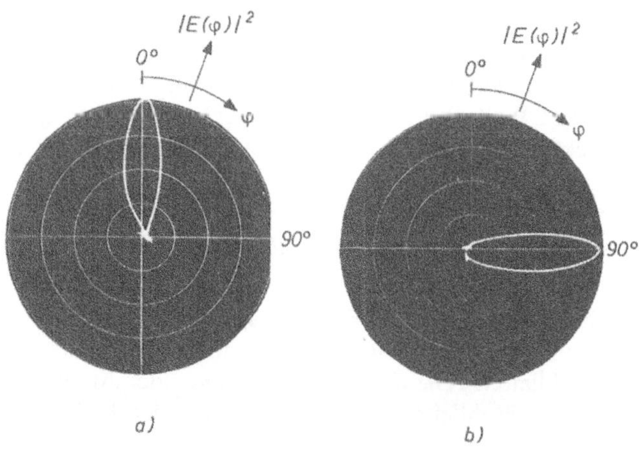

Bild 10.18. In der Apparatur nach Bild 10.17 aufgenommene Richtcharakteristiken der Zeile gegenphasig gespeister (a) und der Zeile gleichphasig gespeister (b) $\lambda_0/2$ langer Stabdipole.

Null, während sie sich in Achsenrichtung ($\varphi = 0$) gleichphasig addieren. Dem entspricht die experimentell gewonnene Richtcharakteristik im Bild 10.18a. Die Zeile gleichphasig gespeister Dipole dagegen strahlt senkrecht zu ihrer Achse ($\varphi = 90°$) maximal ab, wie die Richtcharakteristik Bild 10.18b zeigt.

Während bei den beiden gerade behandelten Dipolzeilen alle Dipole gespeist sind, finden vielfach auch Dipolzeilen als Richtantennen Anwendung, bei denen nur einer der Dipole gespeist (oder mit dem Empfänger verbunden) wird und

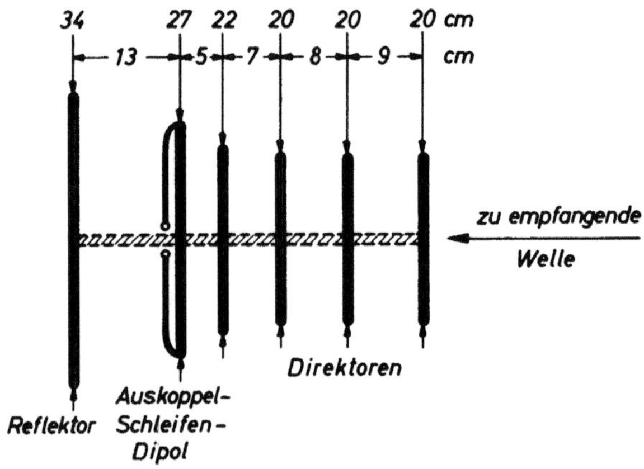

Bild 10.19. Yagi-Empfangsantenne für den Frequenzbereich 500...600 MHz ($\lambda_0 = 60...50$ cm).

die übrigen strahlungsgekoppelt sind. Es handelt sich um die als Fernsehempfangsantennen weit verbreiteten Yagi-Antennen, die man als kurze Dipolleitungsstücke der im Abschnitt 9.2 (Bild 9.8a) beschriebenen Art verstehen kann. Das Bild 10.19 zeigt eine solche typische Yagi-Empfangsantenne für den Frequenzbereich 500...600 MHz ($\lambda_0 = 60...50$ cm). Zur Auskoppelung dient ein ($\lambda_0/2$)-Schleifendipol. Die rechts davor befindlichen weniger als $\lambda_0/2$ langen „Direktoren" bilden eine eingangsseitig schwach, zum Schleifendipol hin stärker führende Dipolleitung, die für eine in der bezeichneten Längsrichtung einfallende Welle gut angepaßt ist. Der etwas über $\lambda_0/2$ lange Reflektor unterdrückt den Empfang von rückwärts einfallender Wellen und unterstützt die Anpassung des Schleifendipols an die Dipolwellenleitung. Der Gewinn der im Bild 10.19 gezeigten Yagi-Antenne beträgt etwa 9 dB, ihre Richtschärfe in der Dipolebene etwa 50° und ihr „Vorwärts-/Rückwärtsverhältnis" etwa 20 dB.

Anstelle von Stabdipolen lassen sich sehr gut auch Schlitzantennen für Strahlerzeilen verwenden. Zwei Beispiele sind im Bild 10.20 dargestellt. Jede der beiden Antennen besteht aus mehreren Schlitzen in der Breitwand eines TE_{10}-Rechteckhohlleiters. Die $\lambda_0/2$ langen Schlitze der Antenne nach Bild 10.20a liegen quer zur Hohlleiterachse in Abständen der Hohlleiterwellenlänge Λ, so daß sie untereinander gleichphasig mit dem transversalen Magnetfeld der Hohlleiterwelle koppeln. Die $\lambda_0/2$ langen Schlitze der Antenne nach Bild 10.20b liegen parallel zur Hohlleiterachse und abwechselnd nahe der einen und anderen Wandkante in Längsabständen der halben Hohlleiterwellenlänge $\Lambda/2$. Sie koppeln daher untereinander gleichphasig mit dem Längsmagnetfeld der Hohlleiterwelle. (Man vergleiche in beiden Fällen die Lage der Schlitze mit dem im Bild 8.5a punktiert gezeichneten Magnetfeld.)

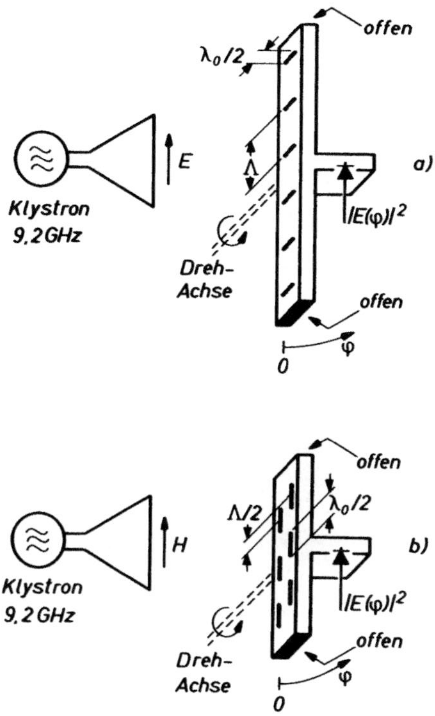

Bild 10.20. Hohlleitergekoppelte Schlitzantennen-Zeilen mit Kopplung der Schlitze an das transversale (a) oder das longitudinale (b) Magnetfeld der TE_{10}-Hohlleiterwelle, in Anordnungen zur Aufnahme der Empfangs-Richtcharakteristiken $|E(\varphi)|^2$.

Richtcharakteristiken zweier Schlitzstrahlerzeilen

Wir benutzen die im Bild 10.20 dargestellten Schlitzstrahlerzeilen als Empfangsantennen, die wir in der bezeichneten Weise durch Motorantrieb rotieren lassen. Das quadratisch gleichgerichtete Empfangssignal wird wie in der Apparatur nach Bild 10.17 mittels des Polarkoordinaten-Steuergerätes von einem Speicheroszillographen als Richtdiagramm aufgeschrieben. Auf die eine oder andere Antenne trifft eine annähernd ebene Welle aus einem feststehenden Hohlleiter-Trichterstrahler, den ein 9,2-GHz-Klystron speist. Das Magnetfeld der einfallenden Welle muß jeweils parallel zu den Antennenschlitzen liegen, so daß sich die Polarisationsrichtungen bei den Messungen um 90° unterscheiden.

Eine senkrecht ($\varphi=0$) auf die Schlitzantennenzeilen treffende Welle regt alle Schlitze gleichphasig und damit die Hohlrohrwelle maximal an. Die Richtcharakteristiken beider Antennen, Bilder 10.21a, b, weisen daher ein Empfangssignalmaximum für $\varphi=0$ auf. Wegen des die Freifeldwellenlänge λ_0 übersteigenden Schlitzabstandes Λ (im Beispiel $\Lambda:\lambda_0\approx 4{,}6:3{,}3$) ist bei der Querschlitzantenne aber auch noch bei je einem Einfallswinkel φ_Q zwischen 0° und $\pm 90°$ gemäß $\sin\varphi_Q = \pm\lambda_0/\Lambda$ gleichphasige Anregung aller Schlitze möglich. Dem entsprechen die beiden weiteren Keulen bei $\varphi\approx\pm 45°$ in der Richtcharakteristik Bild 10.21a. Die Richtcharakteristik Bild 10.21b der Längsschlitzantenne zeigt dagegen keine zusätzlichen Maxima, da der λ_0 unterschreitende Schlitzabstand $\Lambda/2$ dies nicht zuläßt.

Aus einfachen Antennen zusammengesetzte Richtantennensysteme der behandelten und ähnlicher Arten dienen nicht nur zur Herstellung möglichst störunempfindlicher drahtloser Nachrichtenverbindungen, sondern auch zu Peilzwecken, z.B. in der Flugnavigation oder in der Radio-Astronomie.

Antennengruppen haben, wie oben gezeigt, bei geeignetem Aufbau und Betrieb eine hohe Bündelschärfe, die durch Interferenz zwischen den Teilwellen der Einzelstrahler zustandekommt. Da diese Interferenzerscheinung unabhängig von der Art der Wellen ist, findet man auch in der technischen Akustik den oben behandelten weitgehend entsprechende Richtstrahler-Anordnungen. Meist benutzt man hier Lautsprecherzeilen.

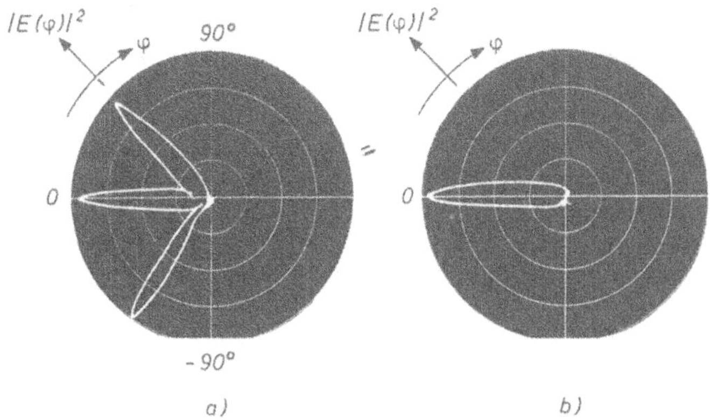

Bild 10.21. Richtcharakteristiken $|E(\varphi)|^2$ der Schlitzantennenzeilen nach Bild 10.20 mit Schlitzabständen $\Lambda > \lambda_0$ (a) und $\Lambda/2 < \lambda_0$ (b).

10.3.2. Systeme aus kontinuierlich verteilten Elementarstrahlern

Läßt man im einleitend erwähnten Beispiel der Elementarstrahlerzeile die Besetzungsdichte gegen unendlich ($a \to 0$) gehen, so erhält man ein eindimensionales System kontinuierlich verteilter Elementarstrahler. Es stellt in praktischen Ausführungsformen eine mehr oder weniger gut führende Wellenleitung dar. Die darauf entlang laufende Welle regt benachbarte Elementarstrahler phasenverschoben an. Ist die Phasengeschwindigkeit und damit die Wellenlänge der Leitungswelle gleich der im umgebenden Medium oder größer, so erfolgt Abstrahlung parallel oder schräg (zwischen 0° und 90°) zur Leitungsrichtung, wie bei der Langdrahtantenne und dem Hohlleiter mit teildurchlässiger Wand. Kleinere Phasengeschwindigkeit bedingt Führung der Welle und ermöglicht nur Längsabstrahlung am Leitungsende, wie bei dielektrischen oder Wendelleitungen.

Richtantennen mit flächenhaft kontinuierlich verteilten Elementarstrahlern findet man als Trichter-, Parabol- und als kombinierte Trichter-Paraboloid-Antennen für Frequenzen oberhalb von etwa 1 GHz. Auch die die Richtwirkung von Antennen erhöhenden Linsen sind hier einzuordnen. Bei Richtantennen dieser Gruppe erfolgt die Strahlungsbündelung weitgehend nach geometrisch-optischen Methoden, sofern die Wellenlänge wesentlich kleiner als die Antennenabmessungen ist.

10.3.2.1. Leitungen mit $v \gtrless c$

Die einfachste Form einer Langdrahtantenne ist ein gerader, mehrere Wellenlängen langer Draht, der parallel zu einer leitenden Ebene (Erdboden), wie im Bild 10.22a dargestellt, verläuft. Das System Draht – leitende Ebene bildet eine TEM-Wellenleitung (s. Abschnitt 6), die an einem Ende durch einen ohmschen Widerstand annähernd reflexionsfrei abgeschlossen ist. Folglich tritt bei Ein-

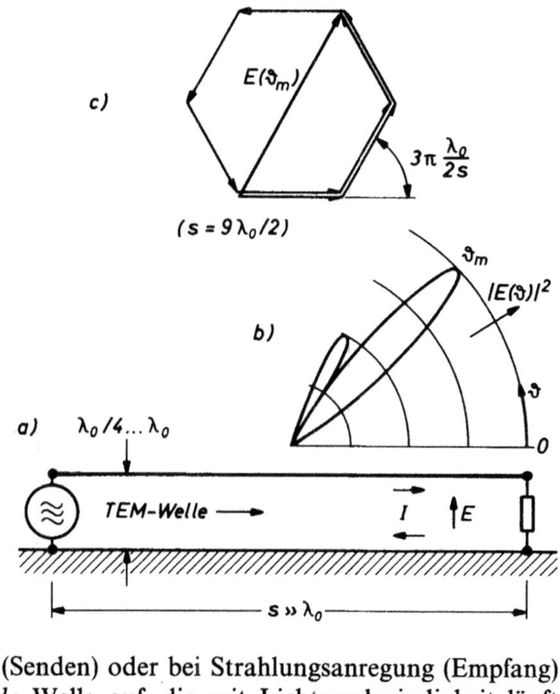

Bild 10.22. Langdrahtantenne über einer leitenden Ebene ($\varphi = 0$, senkrecht zur Zeichenebene) (a) und ihre Richtcharakteristik $|E(\vartheta)|^2$ in der Zeichenebene $\varphi = \pi/2$ (b). (c): Die phasengemäße Addition der Beiträge der im Abstand $\lambda_0/2$ längs der Leitung aufeinanderfolgenden Stromelemente zum elektrischen Feld ergibt im Zeigerdiagramm den maximalen Betrag $E(\vartheta_m)$ der resultierenden elektrischen Feldstärke für die Phasendifferenz $3\pi\lambda_0/2s$. Hieraus bestimmt sich der Hauptabstrahlungswinkel zu $\vartheta_m \approx \sqrt{3\lambda_0/s} \approx 100\sqrt{\lambda_0/s}\,[°]$. Dieses Näherungsverfahren ist am Beispiel einer $9\lambda_0/2$ langen Antenne dargestellt.

speisung am anderen Ende (Senden) oder bei Strahlungsanregung (Empfang) lediglich eine *fortschreitende* Welle auf, die mit Lichtgeschwindigkeit läuft ($v = c$). Die mit dieser TEM-Welle verknüpfte Stromverteilung entspricht der im Bild 6.1 angedeuteten. Der Abstand zwischen Draht und leitender Ebene muß mehr als $\lambda_0/4$ betragen, damit das die seitliche Abstrahlung unterbindende Zusammenwirken zweier eng benachbarter, gegenläufige Ströme führender Leiter (s. Abschnitt 6.1) aufgehoben wird. Allein aufgrund der Phasenverteilung des Stromes längs der Leitung wäre die Hauptstrahlungskeule wie bei der Dipolzeile nach Bild 10.17a in der Antennenlängsrichtung ($\vartheta = 0$) zu erwarten. Sie fällt jedoch aus, da die linearen Stromelemente in Längsrichtung nicht abstrahlen (Bild 10.3). Die Hauptstrahlungskeule der Langdrahtantenne entspricht also der ersten Nebenkeule im Fall der erwähnten Dipolzeile. Für einen Draht der Länge s im freien Raum liegt sie etwa unter dem Winkel $\vartheta_m \approx 100\sqrt{\lambda_0/s}\,[^\circ]$ zur Drahtrichtung, unter dem die Strahlungsbeiträge $\lambda_0/2$ voneinander entfernter Stromelemente annähernd $3\pi\lambda_0/2s$ Phasendifferenz haben (s. Zeigerdiagramm-Beispiel im Bild 10.22c). Die Interferenz zwischen den Strahlungsbeiträgen der im leitenden Untergrund ($\varphi = 0$) und im Draht fließenden Ströme bewirkt, daß die Abstrahlung unter dem Winkel ϑ_m vorwiegend nach oben ($\varphi = \pi/2$) und weniger nach der Seite ($0 \leq \varphi < \pi/2$) erfolgt (Bild 10.22b). Damit die Langdrahtantenne in die Richtung $\vartheta = \vartheta_m$, $\varphi = \pi/2$ maximal abstrahlt, dürfen die dorthin gerichteten Strahlungsbeiträge nebeneinander liegender Stromelemente des Drahtes und des leitenden Untergrundes keine Phasendifferenz haben. Dazu muß der Abstand zwischen ihnen am günstigsten $\lambda_0/(4\sin\vartheta_m)$ betragen.

Aus mehreren einfachen Langdrahtantennen ist die häufig im 1 ... 100-MHz-Frequenzbereich angewandte Rhombusantenne (Bild 10.23) zusammengesetzt. Die Rhombusebene liegt parallel zum leitenden Untergrund. Aus der phasenrichtigen Überlagerung der Strahlungsfelder der einzelnen Drahtstücke folgt,

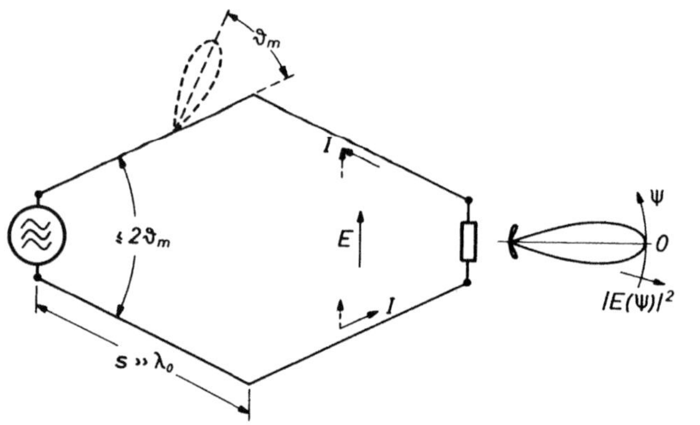

Bild 10.23. Rhombusantenne über einer leitenden Ebene (Zeichenebene) und ihre Richtcharakteristik $|E(\psi)|^2$ in der Rhombusebene, wenn der spitze Rhombuswinkel mit dem doppelten Abstrahlungswinkel der Teildrähte, $2\vartheta_m$, übereinstimmt, oder in einer dazu geneigten durch die Rhombusquerachse gehenden Ebene, wenn der spitze Rhombuswinkel kleiner als $2\vartheta_m$ ist.

daß die Strahlungskeule die Richtung der Rhombuslängsachse hat, wenn der spitze Rhombuswinkel mit dem zweifachen Abstrahlungswinkel ϑ_m der Teildrähte übereinstimmt; unterschreitet er $2\vartheta_m$, so dreht sich die Keule aus der Rhombusebene heraus. Nur die zur Rhombuslängsachse senkrechten Stromkomponenten (im Bild 10.23 gestrichelt) tragen zur Abstrahlung bei. Das elektrische Feld liegt parallel zu ihnen in der Rhombusebene. Gute Bündelung und großer Frequenzbereich (1 : 3) sind die Vorzüge der Rhombusantenne.

Die Richtcharakteristiken der einfachen Langdrahtantenne und der Rhombusantenne führen wir an Modellen mit Drahtlängen $s = 14$ cm bzw. 8 cm und mit Abständen 2,5 cm bzw. 1,8 cm von der Metallgrundplatte bei der Wellenlänge $\lambda_0 = 3{,}3$ cm vor und benutzen dazu die im Bild 10.17 gezeigte Schwenk- und Aufnahmeapparatur.

Der im Bild 10.24 gezeigte mehrere Wellenlängen lange Hohlleiter mit teildurchlässiger Seitenwand empfängt Strahlung oder strahlt schräg zu seiner Achse gerichtet ab aufgrund der die Lichtgeschwindigkeit $c=f\lambda_0$ überschreitenden Phasengeschwindigkeit $v=f\Lambda>c$ der Hohlleiterwelle.

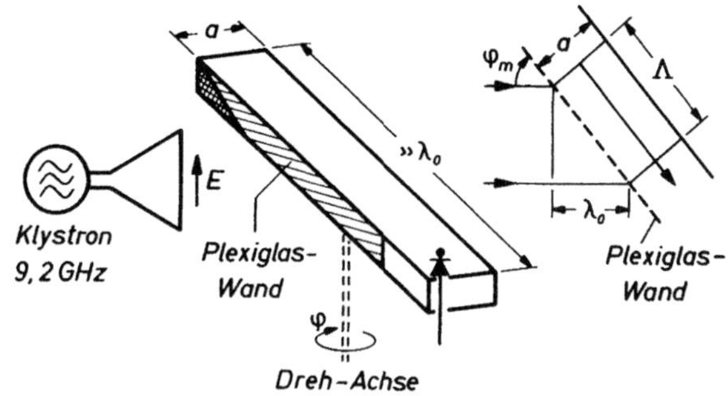

Bild 10.24. TE_{10}-Hohlleiter mit teildurchlässiger Seitenwand als Empfangsantenne in einer Anordnung zur Aufnahme der Richtcharakteristik $|E(\varphi)|^2$. Rechts: Darstellung der „Koinzidenzbeziehung" zwischen der aus dem freien Raum einfallenden Welle (λ_0) und der Hohlleiterwelle (Λ).

Richtcharakteristik des seitwärts strahlenden Hohlleiters

Wir strahlen eine annähernd ebene 3,3-cm-Welle auf die eine aus Plexiglas bestehende Schmalwand eines TE_{10}-Wellen-Rechteckhohlleiters. Der etwa 9 λ_0 lange Hohlleiter ist an einem Ende reflexionsfrei und am andern Ende mit einem Kristallgleichrichter zum Empfang abgeschlossen. Während er in der bezeichneten Weise rotiert (Bild 10.24), wird das quadratisch gleichgerichtete Empfangssignal wie in der Apparatur nach Bild 10.17 von einem Speicheroszillographen als Richtdiagramm aufgeschrieben. Durch Verschieben der Plexiglaswand können wir verschiedene Hohlleiterbreiten $a=2{,}4\ldots3{,}9$ cm einstellen.

Das Empfangssignalmaximum soll nach Bild 10.24 (rechts) unter dem Winkel φ_m zur Hohlleiterachse auftreten gemäß

$$\cos\varphi_m=\frac{\lambda_0}{\Lambda}=\frac{c}{v}. \tag{10.28}$$

Nur unter diesem Winkel kann die aus dem freien Raum einfallende Welle eine Hohlleiterwelle anregen („Koinzidenz-Effekt" oder „Spurwellen-Anpassung"), deren ebene Teilwellen unter dem gleichen Winkel gegen die Hohlleiterwände zickzackförmig hin- und herreflektiert werden. Der Gl. (8.38) entsprechend wächst Λ mit abnehmender Hohlleiterbreite a. Das Bild 10.25 zeigt die für zwei verschiedene a-Werte experimentell erhaltenen entsprechend orientierten Empfangsrichtkeulen.

Für größere Hohlleiterbreiten, etwa $a>1{,}6\,\lambda_0$, nähert sich die Phasengeschwindigkeit v der Hohlleiterwelle immer mehr der Lichtgeschwindigkeit c an und damit die Hauptabstrahlungsrichtung der Hohlleiterlängsrichtung ($\varphi_m\to0$). Der so bemessenen Hohlleiterantenne entspricht für Schallwellen das „Rohrschlitzmikrophon". Die frei einfallende Schallwelle erregt über einen Längsschlitz eine Schallwelle in einem schallhartwandigen Rohr ($\varnothing\ll\lambda_0$), an dessen einem Ende sich die Mikro-

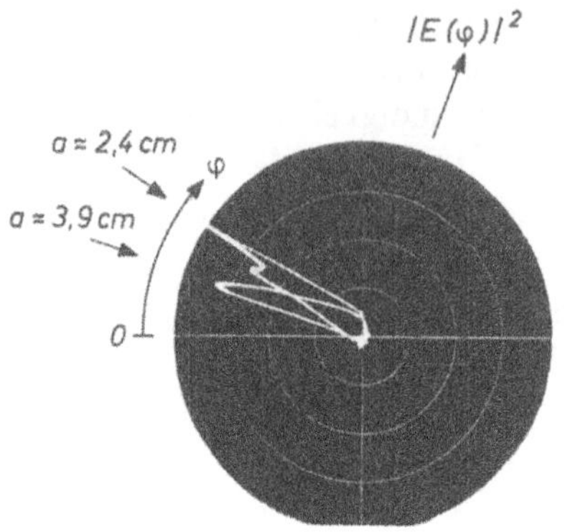

phonkapsel und an dessen anderem Ende sich ein reflexionsfreier Abschluß (Schluckstoffkeil) befindet. Die Schallgeschwindigkeit im Rohr stimmt fast mit der im Außenraum überein. Daher wird die Rohrwelle nur dann stark erregt, wenn der Schall in Rohrrichtung einfällt. Zur Erzielung großer Richtschärfe muß das Rohr mehrere Wellenlängen lang sein.

Bild 10.25. Richtcharakteristik $|E(\varphi)|^2$ des Hohlleiters mit teildurchlässiger Seitenwand nach Bild 10.24 für zwei verschiedene Hohlleiterbreiten *a*.

10.3.2.2. Leitungen mit $v < c$

Auf den im Abschnitt 9.2 erwähnten dielektrischen Wellenleitern ist die Phasengeschwindigkeit kleiner als die Lichtgeschwindigkeit, sofern die größte Querabmessung den Wert $\lambda_0/(2\sqrt{\varepsilon'-1})$ nicht überschreitet. Eine solche dielektrische Leitung vermag nur vom Ende her in Achsenrichtung abzustrahlen, und zwar umso wirksamer, je weniger sich die Phasengeschwindigkeit v auf der Leitung von der Lichtgeschwindigkeit c unterscheidet. Nähert sich v/c dem Wert 1, so nimmt die transversale Feldausdehnung auf der Leitung zu (s. Diagramm Bild 9.6). Das Leitungsende strahlt dann wie ein überall gleichphasig schwingender, ebener Flächenstrahler mit zum Rande abnehmender Amplitude. Die Strahlungskeule weist daher keine Nebenzipfel und bei mehreren Wellenlängen Feldausdehnung erhebliche Richtschärfe auf.

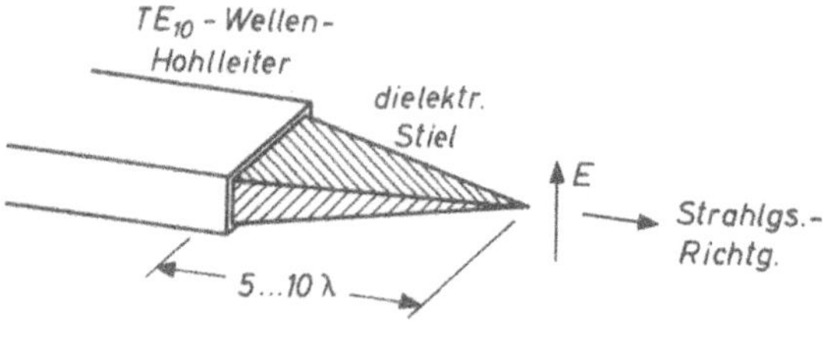

Bild 10.26. Aus einem TE_{10}-Hohlleiter gespeister dielektrischer Stielstrahler.

Die Speisung einer solchen dielektrischen Fadenantenne bereitet Schwierigkeiten und ist mit zusätzlicher Abstrahlung verbunden. Eine verkürzte, praktische Ausführungsform stellt der dielektrische Stielstrahler, Bild 10.26, dar. Die Speisung erfolgt durch einen Metallhohlleiter, in dem der Stiel steckt. Die Verjüngung des dielektrischen Stiels zum Ende hin bewirkt, daß sich die Phasengeschwindigkeit dem Wert c nähert und daß die transversale Feldausdehnung wächst.

Als letztes Beispiel einer axial abstrahlenden Leitung mit verminderter Phasengeschwindigkeit sei die Wendelantenne erwähnt, die im Dezimeterwellenbereich (0,2...2 GHz) vielfach angewandt wird. Sie besteht aus einem zu einer Wendel aufgewickelten Draht (Bild 10.27). Der Umfang einer Windung beträgt etwa eine Freifeldwellenlänge λ_0 ($3\lambda_0/4$ bis $4\lambda_0/3$ möglich) und ihre Steigung $0{,}21 \ldots 0{,}27\,\lambda_0$. Die so bemessene Wendelleitung vermag eine Welle zu führen, die sich mit etwas unter c liegender Phasengeschwindigkeit den Drahtwindungen folgend, also mit etwa $0{,}2\,c$ axialer Phasengeschwindigkeit ausbreitet. Die momentane Ladungsverteilung, Stromverteilung und Hauptrichtung des elektrischen Feldes dieser Welle sind im Bild 10.27 oben für eine Drahtwindung gesondert dargestellt. Das gezeigte Ladungs-, Strom- und Feldbild rotiert während der axialen Ausbreitung im Wendeldrehsinn. Die am Ende einer Wendelleitung abgestrahlte Welle ist also zirkular polarisiert. Die Phasengeschwindigkeit der Welle längs des Drahtes nimmt in einem weiten Frequenzbereich (knapp 1:2) gerade solche Werte an, daß sich die Strahlungsbeiträge benachbarter Windungen in axialer Richtung weit vom Leitungsende entfernt mit annähernd 2π Phasenunterschied überlagern. Aufgrund dessen entsteht die Längsstrahlungscharakteristik. Die Richtschärfe der Hauptstrahlungskeule beträgt bei n Windungen ($n > 3$) ungefähr $100/\sqrt{n}\,[°]$.

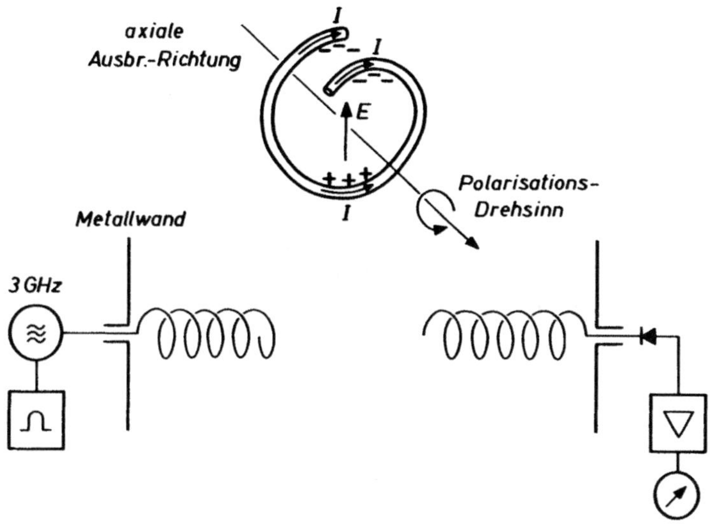

Bild 10.27. Drahtwendeln als Sende- und Empfangsantennen in einer Übertragungsanordnung (unten). Ladungsverteilung, Stromverteilung (I) und Hauptrichtung des elektrischen Feldes (E) in einer Windung der Wendelantenne (oben).

Wendelantennen werden senkrecht vor einer Metallwand (häufig zu mehreren in einer Gruppe) angeordnet und zur Ein- oder Auskoppelung mit dem Innenleiter einer Koaxialleitung verbunden. Für optimale Übertragung müssen Sende- und Empfangsantenne gleichen Wendeldrehsinn haben.

Die Auswirkung der zirkularen Polarisation führen wir mit der Übertragungsanordnung nach Bild 10.27 vor, indem wir eine der Antennen gegen eine mit anderem Drehsinn auswechseln. Lassen wir die von der Sendewendelantenne abgestrahlte Welle annähernd senkrecht von einer ebenen Metallplatte reflektieren, so ermöglicht die für direkte Übertragung geeignete Antenne (Bild 10.27), neben der Sendeantenne aufgestellt, keinen Empfang der reflektierten Welle, da sich bei der Reflexion nicht der Drehsinn (bezüglich einer festen Richtung), jedoch der Schraubensinn (bezüglich der Wellenausbreitungsrichtung) geändert hat. Erst zweimalige Reflexion in einem Winkelspiegel führt wieder zum Empfang.

10.3.2.3. Flächenstrahler

Im Fall genügend kleiner Wellenlängen (etwa $\lambda_0 < 10$ cm) bilden Systeme flächenhaft kontinuierlich verteilter Elementarstrahler die einfachsten und wirksamsten Richtantennenformen. Es handelt sich um Trichter (oder Hörner) und Parabolspiegel und deren Kombinationen mit viele Wellenlängen betragenden Abmessungen.

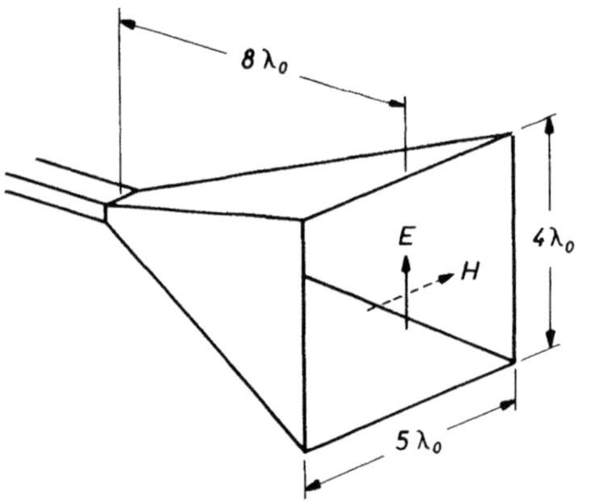

Bild 10.28. Aus einem TE_{10}-Hohlleiter gespeister Trichterstrahler mit in der Praxis üblichen Abmessungen.

Für nicht übermäßig scharf gebündelte Abstrahlung aus Hohlleitern finden vorzugsweise in der Meßtechnik Trichter der im Bild 10.28 angedeuteten Art verbreitet Anwendung. Mit den hier angegebenen üblichen Abmessungen beträgt der Gewinn etwa 20 dB und die Richtschärfe der Strahlungskeule in der E- und H-Ebene etwa 13°. Die Nebenzipfel der Richtcharakteristik sind um 10 dB kleiner als die Hauptkeule.

In der Trichteröffnung hat die Fläche gleicher Phase Kugelform. Sie läßt sich durch Vorsetzen einer Linse „einebenen". Die Richtschärfe des vorstehend erwähnten Trichters erreicht damit etwa 8°. Als Linsenmaterialien benutzt man neben homogenen verlustfreien Dielektrika, wie Polystyrol mit $\varepsilon' \approx 2{,}5$, auch inhomogene „künstliche Dielektrika" (Bild 10.29a). Sie bestehen aus gegen λ kleinen Metallteilchen (Kugeln, Scheiben, Streifen), die in gegen λ kleinen Abständen voneinander in einem leichten, verlustfreien Dielektrikum (z. B. Schaumpolystyrol) eingebettet sind. Solche Linsen zeichnen sich durch geringes Gewicht aus. Mit n Kugeln oder Scheiben je cm^3 vom Radius a, die unter dem Einfluß des elektrischen Feldes einer das Medium durchsetzenden Welle zu induzierten makroskopischen Dipolen werden, erhält man die Dielektrizitätszahl

$$\varepsilon' = 1 + g n a^3, \tag{10.29}$$

worin $g = 4\pi$ für Kugeln oder $g = 16/3$ für Scheiben zu setzen ist.

Auch aus vielen Metallplatten lassen sich Linsen zusammensetzen, wenn sie parallel zum elektrischen Feld und zur Ausbreitungsrichtung im Abstand zwischen $\lambda_0/2$ und λ_0 voneinander angeordnet werden (Bild 10.29b). Zwischen den Platten ist dann nur die TE_{10}-Wellenausbreitung möglich, deren erhöhte Phasengeschwindigkeit bei geeigneter Plattenberandung (konkav für Sammellinse) die Linsenwirkung ergibt („Beschleunigungslinse").

Die Apparatur nach Bild 10.29 benützen wir dazu, den Einfluß verschiedener Linsen auf die Übertragung von 3,3-cm-Wellen zwischen zwei Trichterantennen im Versuch vorzuführen. Die konvexe Sammellinse nach Bild 10.29a läßt sich leicht durch Zusammenschichten von mehreren dünnen Kreisscheiben aus Schaumpolystyrol mit dem gewünschten Linsendurchmesser herstellen, in die Reißzwecken in geeigneter Zahl und Anordnung hineingesteckt sind.

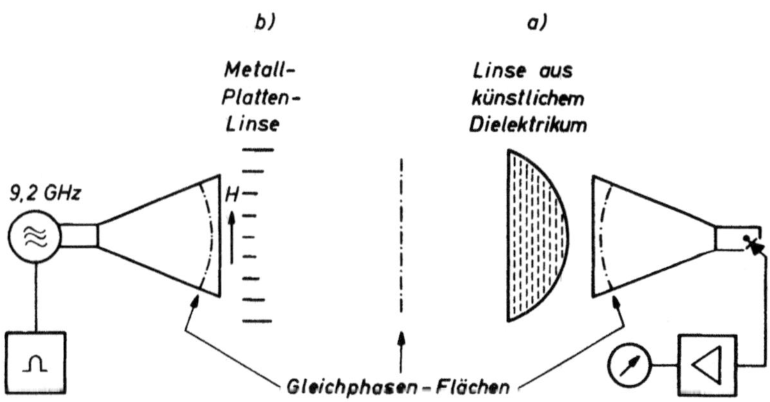

Bild 10.29. Linsen verschiedener Art zur Erhöhung der Richtwirkung von Antennen in einer Übertragungsanordnung, die der Vorführung des Linseneinflusses dient.

Eine entsprechende bikonvexe Anordnung gegen λ kleiner Metallkreisscheiben, die von dünnen angelöteten Verbindungsdrähten in ihrer Lage gehalten werden, wirkt als Sammellinse für Schallwellen. Die von den Metallscheiben erzwungene Umlenkung und die dazu erforderliche Zusatzbeschleunigung der Luft in der Schallwechselströmung wirkt wie eine Vergrößerung der Luftmasse in dem Scheibenmedium, wodurch die Schallgeschwindigkeit gegenüber der in freier Luft herabgesetzt ist. Mit einer solchen Linse etwa gleicher Größe wie beim Versuch mit elektromagnetischen Wellen führen wir auch die Fokussierung von 3,3-cm-Schallwellen vor, indem wir 10-kHz-Schall mit elektrostatischen Wandlern abstrahlen bzw. empfangen.

Praktischer als die oben erwähnten einachsigen Linsen erweist sich eine Linsenart, die die Strahlung eines kleinen, schwach bündelnden Strahlers (z. B. eines kleinen Horns) unabhängig von der Einspeiserichtung streng bündelt. Es handelt sich um die *Luneberg-Linse*, eine Kugel aus inhomogenem, verlustfreiem Dielektrikum (z. B. Polystyrol), dessen Dielektrizitätszahl ε' vom Wert 1 (z. B. stark aufgeschäumtes Polystyrol) an der Kugeloberfläche auf den Wert 2 (z. B. wenig aufgeschäumtes Polystyrol) gemäß $\varepsilon'=2-(r/R)^2$ mit abnehmendem Abstand r vom Kugelmittelpunkt, bezogen auf den Kugelradius R, ansteigt. Der Brennpunkt dieser Linse, in den der Erreger zu setzen ist, liegt auf der Kugeloberfläche. Die Luneberglinse hat für die Antennen von Nachrichten-Satelliten Bedeutung. – Mit teilweise metallisierter Oberfläche wirkt sie wie ein räumlicher Winkelspiegel, der aus einem weiten Winkelbereich einfallende Strahlung in die Einfallsrichtung zurückwirft. Der Luneberglinsen-Reflektor wird in der Radartechnik zur wirksamen weitwinkeligen Objektmarkierung eingesetzt.

Sehr scharf bündelnde Trichter müßten nicht nur eine große Öffnung, sondern auch eine sehr große Länge haben. Zur Erzielung besonders großer Richtschärfe eignen sich daher besser Parabolspiegel, deren Axialausdehnung kleiner gehalten werden kann. Die Speisung oder Auskopplung erfolgt durch einen Dipol oder einen kleinen Trichter im Brennpunkt (Bild 10.30). Bei der „Cassegrain“-Anordnung befindet sich im Brennpunkt ein kleiner konvex-hyperbolischer Fangreflektor und diesem gegenüber im Scheitel des Paraboloids eine kleine Hornantenne. Mit Parabolantennen des Durchmessers $\varnothing \gg \lambda_0$ lassen sich praktisch Richtschärfen von ungefähr $73\lambda_0/\varnothing[°]$ und Gewinne (bezüglich $\lambda_0/2$ Dipol) von etwa $(2\varnothing/\lambda_0)^2$ erreichen. Große schwenkbare Parabolspiegel benutzt man in der Radioastronomie. Ein besonders großer unbeweglicher Parabolspiegel wurde zwischen 1958 und 1963 als Radarantenne für das Ionosphären-Observatorium Arecibo in den Bergen des nördlichen Puerto Rico horizontal in einen Talkessel fest eingebaut. Sein Durchmesser beträgt 300 m. Er dient auch zur Radarbeobachtung von Planeten und für radioastronomische Untersuchungen des Universums. Solche großen Antennen haben mit dazu beigetragen, die Radarempfindlichkeit bis zur Nachweisbarkeit der Jupitermonde zu steigern.

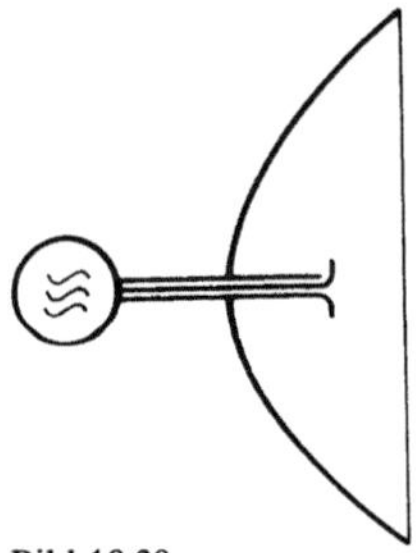

Bild 10.30. Parabolantenne mit Dipolspeisung.

10.4. Ausbreitung im erdnahen Raum

Die von einer Antenne nahe der Erdoberfläche abgestrahlte Welle unterliegt einer Reihe von Einflüssen, die für ihre Ausbreitung maßgebend sind. Sie rühren sowohl von der Erdoberfläche als auch von der Atmosphäre her. Die elektrisch leitfähige Erdoberfläche kann Reflexion, Führung, Absorption und Beugung der Welle bewirken. In der Atmosphäre ist Streuung, Brechung, Reflexion und Absorption möglich. Die Vielfalt dieser Erscheinungen und ihr meist kompliziertes, zeitveränderliches Verhalten wird in einer umfangreichen Spezialliteratur behandelt. In den folgenden Abschnitten kann nur eine sehr kurze und grobe Übersicht gegeben werden.

10.4.1. Beeinflussung durch die Erdoberfläche

Die Abstrahlung einer Antenne über dem leitfähigen Erdboden kann im Vergleich zur Abstrahlung im freien Raum erheblich verändert sein. Im idealisierten Fall unendlich großer Bodenleitfähigkeit erhält man die veränderte Richtcharakteristik durch Berücksichtigung der vollständigen Reflexion am Boden aus der phasenrichtigen Überlagerung der direkten Antennenstrahlung und der Strahlung des Antennenspiegelbildes (s. Bild 10.8). Als Beispiel zeigt das Bild 10.31 die vertikale Strahlungsverteilung eines $\lambda_0/2$ langen Vertikaldipols für verschiedene Höhen des Dipols über dem Boden. Die in Wirklichkeit endliche Bodenleitfähigkeit gestaltet die Bestimmung des Bodeneinflusses auf die Abstrahlung einer Antenne dadurch schwieriger, daß die Reflexion nicht mehr vollständig ist und von der Einfalls- und Polarisationsrichtung abhängt (s. Abschnitt 5.3).

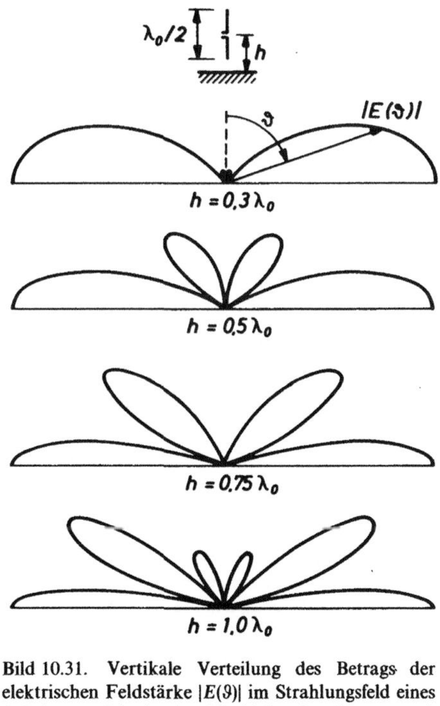

Bild 10.31. Vertikale Verteilung des Betrags der elektrischen Feldstärke $|E(\vartheta)|$ im Strahlungsfeld eines $\lambda_0/2$ langen Dipols über ideal leitendem Untergrund.

Auf die Wellenausbreitung wirkt der beschränkt leitende Boden in geringem Maße dadurch ein, daß die Oberfläche eines leitenden Mediums eine Welle mit oberflächenparallelem Magnetfeld schwach führen kann („Zenneck-Welle", s. Abschnitt 9.1). Bedeutsamer ist die Dämpfung, die die Welle über die mit ihrem Feld verknüpften, im Boden fließenden Leitungsströme erfährt. Bis zu einer Höhe y von mehreren Wellenlängen läßt sich das Feld der in x-Richtung über den Boden (x, z-Ebene) laufenden Welle durch die folgende Lösung der Maxwell-Gleichungen näherungsweise beschreiben:

$$H_z = \hat{H}\left(1 + \mathrm{i}\beta_0 \frac{\sqrt{\varepsilon - 1}}{\varepsilon} y\right) \mathrm{e}^{\mathrm{i}(\omega t - \beta_0 x)}, \tag{10.30}$$

$$E_x = \hat{H} Z_0 \frac{\sqrt{\varepsilon - 1}}{\varepsilon} \mathrm{e}^{\mathrm{i}(\omega t - \beta_0 x)}, \tag{10.31}$$

$$E_y = H_z Z_0. \tag{10.32}$$

Hierin bedeutet $\varepsilon = \varepsilon' - \mathrm{i}(\sigma/\varepsilon_0 \omega)$ die komplexe Dielektrizitätszahl des Erdbodens.

Das Bild 10.32 zeigt Ergebnisse von Modellmessungen der Wellenausbreitung über der Oberfläche von Glykol als verlustbehaftetem Medium bei $\lambda_0 = 3$ cm Wellenlänge ($f = 10$ GHz), die zur Nachprüfung der Gleichungen (10.30), (10.31) und (10.32) unternommen wurden. Die Energiestromdichte $\bar{S}_x$ in Ausbreitungsrichtung x nimmt zum Boden hin ab, während ein Energiestrom höhenunabhängiger Dichte $\bar{S}_y$ in den Boden abfließt. Die zum örtlichen Ener-

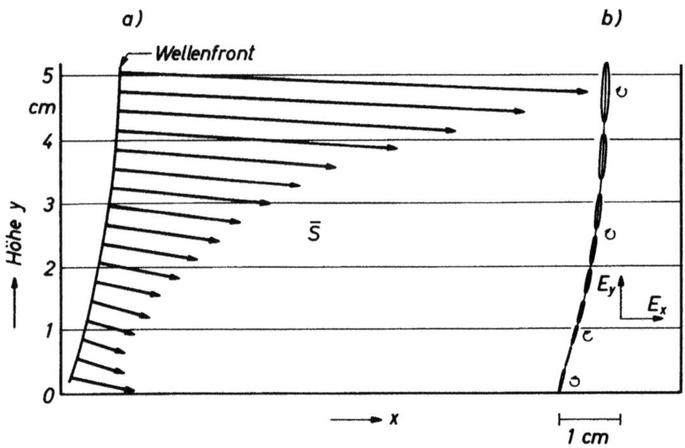

Bild 10.32. Höhenverteilung der zeitlich gemittelten Energiestromdichte $\bar{S}$ nach Richtung und Betrag (Länge der Pfeile) bei der Wellenausbreitung über der ebenen Oberfläche (x, z-Ebene) eines verlustbehafteten Mediums (Glykol mit geringem Wassergehalt: $\varepsilon = 8{,}2 - i8{,}6$ bei der Frequenz $f = 10$ GHz) (a) und Schwingungsellipsen des elektrischen Feldstärkevektors (b).

giestromdichtevektor senkrechte Wellenfront, die mit der Fläche gleicher Phase von E_y und H_z übereinstimmt, ist daher gekrümmt (Bild 10.32a). Der elektrische Feldstärkevektor beschreibt in einer Schwingungsperiode mit seiner Spitze eine Ellipse, deren Längsachse näherungsweise in der Wellenfront liegt und deren Achsenverhältnis und Umlaufsinn von der Höhe abhängen

(Bild 10.32b). Die elliptische Polarisation des elektrischen Feldes hängt mit dem vertikalen Energieaustausch zusammen.

Die Absorption von Feldenergie im verlustbehafteten Untergrund kommt in der Beschreibung Gl. (10.30), (10.31) und (10.32) zwar durch $\bar{S}_y < 0$, jedoch nicht durch eine Amplitudenabnahme der Welle in x-Richtung zum Ausdruck. Diese scheinbare Unstimmigkeit beruht darauf, daß es sich hier lediglich um eine bis zu einigen Wellenlängen Abstand vom Untergrund gültige Näherungsbeschreibung handelt, die das Feld in größeren Höhen nicht mit einschließt, aus dem der Energieverlust des untergrundnahen Feldes laufend gedeckt wird.

Die Neigung, die der elektrische Feldstärkevektor bei der Ausbreitung einer Welle parallel zur Oberfläche eines verlustbehafteten Mediums (graphitierter Schaumstoff) bei oberflächenparallelem Magnetfeld im Vergleich zur Ausbreitung über einer Metalloberfläche erfährt, weisen wir im Vorführungsversuch mit einer kleinen Dipolsonde nach. Am besten läßt sich die Richtungsänderung zeigen, wenn wir den Empfangsdipol senkrecht zur Haupt-Feldrichtung auf minimales Sondensignal einstellen.

Akustische Analogie: Bei der Ausbreitung von Luftschallwellen entlang der Oberfläche eines porösen Schluckstoffes kann man die elliptische Polarisation der Schallschnelle dadurch sichtbar machen, daß man die Bewegung kleiner, in der Luft schwebender Staub- oder Flüssigkeitsteilchen, die an der Luftbewegung vollständig teilnehmen, mit dem Mikroskop beobachtet.

Außer durch seine beschränkte Leitfähigkeit wirkt der Erdboden auch durch seine Form auf die Wellenausbreitung ein. Die Krümmung der Erdoberfläche veranlaßt Beugung langer Wellen; an Unebenheiten (z. B. Bergen) werden kurze Wellen gebeugt. Die Beugung ermöglicht Ausbreitung entlang des Bodens über die optische Schattengrenze hinaus.

10.4.2. Beeinflussung durch die Atmosphäre

Die Wellenausbreitung in der Atmosphäre unterliegt je nach der Höhe über dem Erdboden verschiedenen Einflüssen. Im untersten Höhenbereich 0 bis 10 km, in dem sich das Witterungsgeschehen abspielt („Troposphäre"), erfahren Zentimeterwellen durch Regen, Schnee und Nebel Streuung sowie Absorption und Dezimeterwellen Streuung an Turbulenzballen. Diese Streuung an Dichteinhomogenitäten der Luft ermöglicht Dezimeter- bis Meterwellenübertragung längs Entfernungen erheblich über den Horizont hinaus. Änderungen der Luftdichte und des Wasserdampfgehaltes mit der Höhe bewirken Brechung, die außer für die cm- und dm- auch für die Meterwellenausbreitung Bedeutung hat. Für Wellen mit Frequenzen unter 30 MHz ($\lambda_0 > 10$ m) spielt der atmosphärische Höhenbereich von etwa 70 bis 400 km eine wesentliche Rolle. Hier ist die Luft durch ultraviolette Sonnenstrahlung ionisiert („Ionosphäre"). Die Höhenverteilung der Elektronendichte läßt, wie im Bild 10.33 dargestellt, Schichten erkennen, die tages- und jahreszeitlichen Schwankungen unterliegen. Die Wellen treten vornehmlich mit dem Elektronenplasma in Wechselwirkung.

Ihr Verhalten läßt sich grundsätzlich aus der Beziehung (4.24) für die Dielektrizitätszahl eines Plasmas oder noch besser aus dem Frequenzgang der Ausbreitungskonstante nach Bild 4.6 erschließen. Je nachdem, wie sich die Wellenfrequenz zur durch die Elektronendichte bestimmten Plasmafrequenz verhält, tritt mit $1 > \varepsilon' > 0$ Brechung oder mit $\varepsilon' < 0$ Totalreflexion auf. Darauf beruhen die großen mit Kurzwellen erzielbaren Übertragungsreichweiten. Die Stöße der Elektronen mit den Ionen oder neutralen Atomen haben eine Wirkdämpfung der Wellen zur Folge.

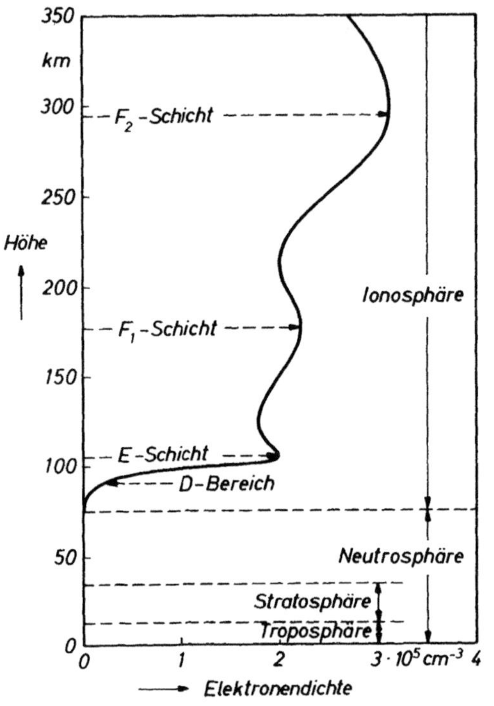

Bild 10.33. Ungefähre Höhenverteilung der Elektronendichte in der Erdatmosphäre.

Besondere Eigenschaften erhält das ionosphärische Plasma noch durch das Erdmagnetfeld $\boldsymbol{H}_0$. Auf die vom elektrischen Wellenfeld zu Schwingungen mit der Geschwindigkeit $\boldsymbol{u}$ angeregten Elektronen wirkt im Magnetfeld die Kraft

$$\boldsymbol{F}_H = -e\mu_0[\boldsymbol{u} \times \boldsymbol{H}_0], \quad (10.33)$$

die in der vektoriell zu schreibenden Bewegungsgleichung (4.7) hinzuzufügen ist. Die Kraft $\boldsymbol{F}_H$ zwingt die Elektronen auf Kreisbahnen, die mit der „Zyklotronfrequenz"

$$\omega_H = \frac{e}{m}\mu_0 H_0 \quad (10.34)$$

durchlaufen werden (in 100 km Höhe: $H_0 \approx 0{,}5$ Oe; $\omega_H/2\pi \approx 1{,}4$ MHz). Das Magnetfeld bewirkt, daß die Dielektrizitätszahl des Plasmas von der Wellenausbreitungs- und Polarisationsrichtung abhängt, wodurch Doppelbrechung auftritt. Das Plasma kann mehrere Sperr- und Durchlaß-Frequenzbereiche aufweisen.

Abgesehen von den Lichtwellen können nur Wellen mit Frequenzen zwischen etwa 20 MHz und 50 GHz die Atmosphäre vollständig durchdringen und in den außerirdischen Raum oder von dort zur Erde gelangen. Unterhalb 20 MHz sperrt das ionosphärische Plasma. Oberhalb 50 GHz ruft die molekulare Absorption des Sauerstoffs und Wasserdampfs starke Dämpfung hervor.

11. Schwingungs-Verstärkung und -Erzeugung

Die *Verstärkung* elektromagnetischer Schwingungen geht grundsätzlich folgendermaßen vor sich: Aus einem elektrischen Gleich- oder Wechselfeld als Speisequelle nehmen Elektronen Energie auf und übertragen sie mittels besonderer Steuerungs- und Wechselwirkungsmechanismen auf das zu verstärkende elektromagnetische Wechselfeld.

Die *Erzeugung* elektromagnetischer Schwingungen beginnt mit der Verstärkung der entsprechenden Schwingungen aus dem immer vorhandenen „Rauschen". Die als Rauschen bezeichneten elektromagnetischen Schwingungen aller Frequenzen mit zeitlich statistisch veränderlichen Amplituden und Phasen rühren von der thermischen Bewegung der Elektronen und von den räumlichen Schwankungen der Ladungsdichte in Elektronenströmungen her.

Schwingungs-Verstärker oder -Erzeuger mit elektrischem Gleichfeld als Speisequelle und freien Elektronen im Vakuum als Energieträger sind z.B. die *Triode* (oder Pentode) in entsprechender Schaltung, das *Klystron*, die *Wanderfeldröhre*, die *Rückwärtswellenröhre* und das *Magnetron*. Ebenfalls mit elektrischer Gleichfeldspeisung, jedoch mit Leitungselektronen in halbleitenden Festkörpern arbeiten die *Tunnel-*, die *Lawinen-* und die *Gunn-Diode*. Der *parametrische* (blindwiderstandsgesteuerte) *Verstärker* und der *Maser* benötigen Wechselfeldspeisung. Auch hier sind die Energieträger meist Festkörperelektronen, beim Maser jedoch in gebundenem Zustand.

Bei den oben genannten Schwingungs-Verstärkern oder -Erzeugern handelt es sich um die gegenwärtig wichtigsten Formen. Weitere Systeme beruhen auf anderen der vielen möglichen Mechanismen zur Energieübertragung von Elektronen auf elektrische Wechselfelder, zu denen immer wieder neue hinzukommen.

11.1. Energieübertragung durch freie Elektronen

Allen fünf hier zu behandelnden Systemen ist gemeinsam, daß innerhalb eines evakuierten Gefäßes aus einer beheizten Elektrode, der Kathode, Elektronen austreten und in einem elektrischen Gleichfeld zwischen der Kathode und einer zweiten Elektrode, der Anode, beschleunigt werden. Die aus dem speisenden elektrischen Gleichfeld entnommene Energie speichern die Elektronen also zunächst als kinetische Energie. Die Systeme unterscheiden sich durch die Mechanismen, die die Wechselwirkung der Elektronen mit dem zu verstärkenden elektromagnetischen Wechselfeld so steuern, daß möglichst alle Elektronen möglichst weitgehend in diesem Feld abgebremst werden und so ihre Energie an das Wechselfeld abgeben.

11.1.1. Vakuum-Triode

Das Bild 11.1 zeigt am Beispiel der häufig benutzten „Dreipunktschaltung", wie eine Dreielektroden-Vakuumröhre mit einem Schwingungskreis zusammenzuschalten ist, um Selbsterregung zu bewirken. Außer der die Elektronen beschleunigenden Speisegleichspannung $U_{A=}$ liegt zwischen Kathode und Anode die Schwingkreisteilspannung $U_{A\sim}$. In ihrer negativen Halbwelle ($A-$, $K+$) bremst sie die Elektronen ab, so daß diese einen Teil ihrer Energie an den Schwingkreis abgeben. Der umgekehrte Energieübergang in der positiven Halbwelle von $U_{A\sim}$ ($A+$, $K-$) wird dadurch unterbunden, daß die zwischen dem Steuergitter und der Kathode liegende Schwingkreisteilspannung $U_{G\sim}$ dann gerade den Elektronenstrom sperrt ($G-$, $K+$). Diese Phasenbeziehung zwischen $U_{G\sim}$ und $U_{A\sim}$ (Phasenverschiebung π) allein gewährleistet jedoch noch nicht die Selbsterregung des Schwingkreises. Außerdem muß die in der negativen $U_{A\sim}$-Halbwelle dem Schwingkreis zugeführte Energie die ihm während der ganzen Schwingungsperiode durch Eigenverluste oder Auskopplung entzogene Energie übersteigen. Das ist der Fall, wenn das Verstärkungsverhältnis $\Delta U_A/\Delta U_G$ der Röhre und der Bruchteil $\hat{U}_{G\sim}/\hat{U}_{A\sim}$ der auf das Gitter rückgekoppelten Anodenwechselspannung gemäß

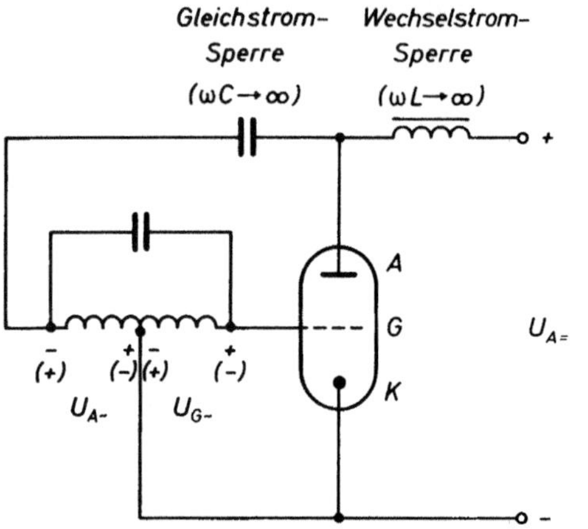

Bild 11.1. Dreielektroden-Vakuumröhre in „Dreipunktschaltung" zur Anregung eines Schwingungskreises.

$$\frac{\Delta U_A}{\Delta U_G} \cdot \frac{\hat{U}_{G\sim}}{\hat{U}_{A\sim}} \geq 1 \tag{11.1}$$

aufeinander abgestimmt sind. Unter Einführung des Röhrendurchgriffs $D=(\Delta U_G/\Delta U_A)_{I_A}$, der Röhrensteilheit $S=(\Delta I_A/\Delta U_G)_{U_A}$ und des zwischen Anode und Kathode liegenden (reellen) Schwingkreis-Resonanzwiderstandes W_r lautet die Selbsterregungsformel

$$D + \frac{1}{S W_r} \leq \frac{\hat{U}_{G\sim}}{\hat{U}_{A\sim}}. \tag{11.2}$$

Mit *einer* Röhre, wie z.B. in der Schaltung nach Bild 11.1, kann dem Schwingungskreis nur während *einer* Hälfte jeder Schwingungsperiode Energie zugeführt werden. Eine zweite im „Gegentakt" gesteuerte Röhre ermöglicht die Speisung auch während der anderen Periodenhälfte. Gegentaktschaltungen weisen besondere Vorteile bei Frequenzen zwischen etwa 0,1 GHz und 1 GHz auf, für die die Schwingkreisspule zu einem Drahtbügel „entartet" und die Röhrenelektroden den Schwingkreiskondensator bilden.

Sehr hohe Frequenzkonstanz (relative Frequenzschwankungen $\lesssim 10^{-8}$) der selbsterregten Schwingung läßt sich dadurch erzielen, daß anstelle des rein elektromagnetischen L,C-Schwingungskreises ein dämpfungsärmerer elektromechanischer Schwingungskreis als frequenzbestimmendes Element benutzt wird, der aus einem Kondensator mit einer piezoelektrischen Quarzscheibe als Dielektrikum besteht.

Die Triode verliert ihre Fähigkeit, Elektronenenergie an den Schwingkreis zu übertragen, falls dessen Resonanzfrequenz so hoch liegt, daß die Schwingungsdauer die Laufzeit der Elektronen durch die Röhre unterschreitet. Die während der Durchlaßphase des Gitters ($G+$, $K-$) in den Anodenraum eingetretenen Elektronen erreichen dann wegen der zu großen Gitter-Anoden-Laufzeit die Anode nicht mehr während der Anodenbremsphase ($A-$, $K+$) und gelangen auch in die Anodenbeschleunigungsphase ($A+$, $K-$), in der sie dem Schwingkreis wieder Energie entziehen. Die zu große Kathoden-Gitterlaufzeit beeinträchtigt die Stromsteuerung.

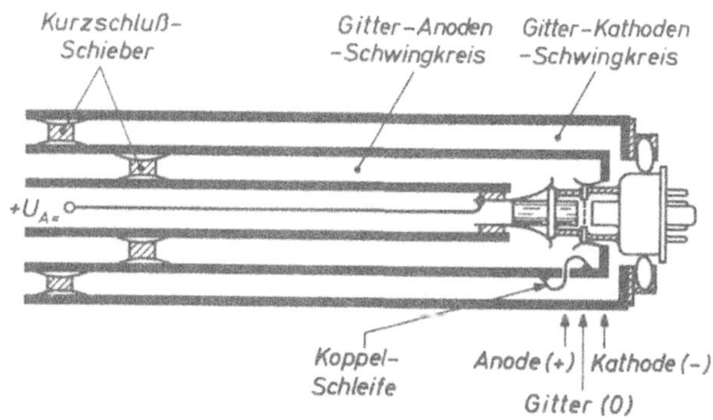

Bild 11.2. Scheibentriode (rechts), angesetzt an zwei konzentrisch ineinanderliegende Koaxialleitungsstücke (Längsschnitt entlang der horizontal liegenden Achse der kreiszylindrischen Anordnung), die mit Kurzschlußschiebern in etwa $\lambda_0/4$ Abstand von der Röhre abgeschlossen sind und so als Gitter-Anoden- bzw. Gitter-Kathoden-Schwingkreis wirken. (In dieser „Gitterbasis"-Schaltung sind die Anode und die Kathode über Kondensatoren vernachlässigbar kleinen Hochfrequenzwiderstandes mit dem Koaxialschwingungskreissystem verbunden, um dieses von der Anodengleichspannungs- bzw. von der Gittervorspannungsquelle zu trennen.)

Abhilfe bringen größere Elektronengeschwindigkeit und kürzere Elektronenlaufwege. Zur Erzeugung von Schwingungen mit Frequenzen zwischen etwa 100 MHz und 10 GHz benutzt man daher *Scheibentrioden* und betreibt sie mit hohen Speisegleichspannungen (≈ 1 kV). Abweichend von der koaxialen Anordnung der zylindrischen Elektroden in den Röhren für niedrigere Frequenzen haben die Elektroden in den Scheibentrioden ebene Form und äußerst geringe Abstände ($10^{-2} \ldots 10^{-3}$ cm). Das Bild 11.2 zeigt im Schnitt eine Scheibentriode mit dem zugehörigen Schwingkreissystem, das aus zwei kurzgeschlossenen konzentrisch angeordneten Koaxialleitungsstücken besteht. Um die geeignete Phasenbeziehung zwischen $U_{G\sim}$ und $U_{A\sim}$ zu erhalten, muß hier der Gitter-Anoden-Schwingkreis induktiv und der Gitter-Kathoden-Schwingkreis kapazitiv abgestimmt sein. (Sie bilden zusammen einen Spannungsteiler zwischen Anode und Kathode, an dessen Abgriff das Gitter nur bei dieser Abstimmung die um 180° gegenüber der Anodenspannung phasenverschobene Steuerspannung erhält).

Während sich in den üblichen Trioden-Schwingschaltungen die Elektronenlaufzeit bei hohen Frequenzen störend auswirkt, wird sie in den folgend behandelten Röhren (Abschnitte 11.1.2...5) unmittelbar bei der Steuerung der Elektronen ausgenutzt. Man bezeichnet sie daher auch als *Laufzeitröhren*.

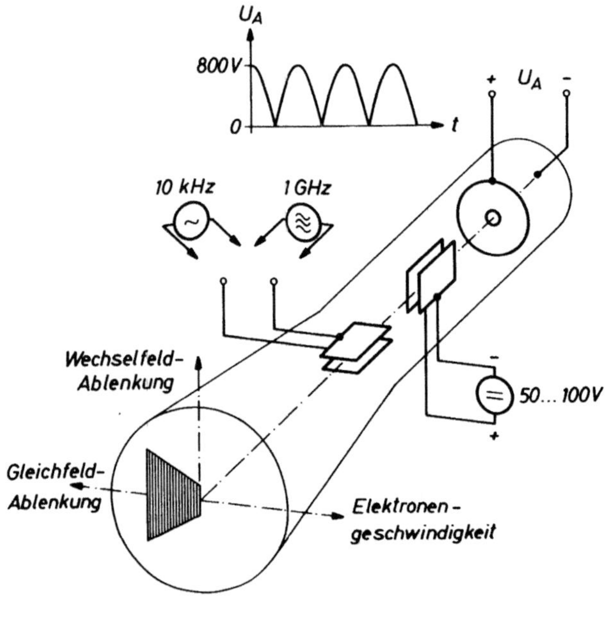

Bild 11.3. Elektronenstrahl-Oszillographenröhre mit periodisch wechselnder Beschleunigungsspannung zur Beobachtung des Laufzeiteinflusses auf die Ablenkung von Elektronen verschiedener Geschwindigkeit in nieder- (10 kHz) und hochfrequenten (1 GHz) Ablenkungsfeldern.

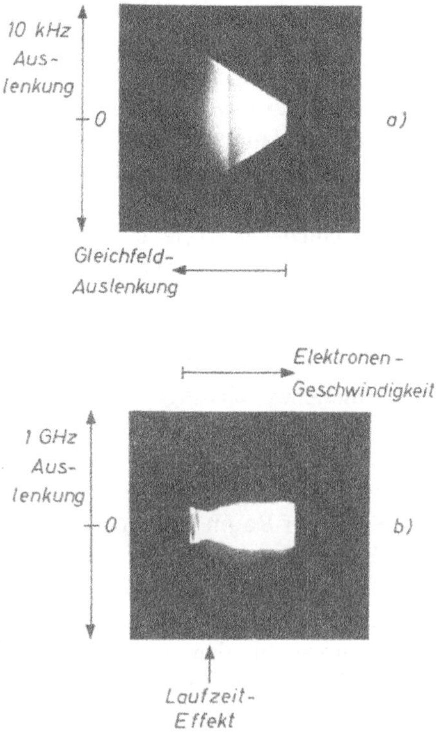

Bild 11.4. Schirmbild der in der Anordnung nach Bild 11.3 betriebenen Elektronenstrahlröhre, das die Wechselfeldauslenkung der Elektronen bei 10 kHz (a) und 1 GHz (b) in Abhängigkeit von der Gleichfeldauslenkung zeigt, die umgekehrt proportional zum Quadrat der Elektronengeschwindigkeit erfolgt.

Elektronenlaufzeit

Wir legen zwischen die Kathode und Anode einer Elektronenstrahl-Oszillographenröhre (Bild 11.3) eine mit 100 Hz zwischen 0 V und 800 V schwankende Spannung. Die die Beschleunigungsstrecke verlassenden Elektronen unterschiedlicher Geschwindigkeit werden im Gleichfeld des ersten Ablenkplattenpaars verschieden weit horizontal ausgelenkt. Das zweite, vertikal ablenkende Plattenpaar erhält eine Wechselspannung der Frequenz 10 kHz. Die Geschwindigkeit all der Elektronen, deren Energie ausreicht, um auf dem Leuchtschirm sichtbar zu werden, ist so groß, daß sie die Wechselfeldablenkstrecke in erheblich weniger als einer halben Schwingungsperiode durchlaufen. Die sichtbare Vertikalablenkung folgt also genau dem zeitlichen Verlauf der Wechselspannung. Die schnellen Elektronen unterliegen den ablenkenden Feldern kürzere Zeit und werden daher weniger abgelenkt als die langsamen. Dem entspricht das bei 10 kHz Ablenkfrequenz erhaltene Leuchtschirmbild 11.4a. Wesentlich davon unterscheidet sich das Bild 11.4b, das wir mit einer Vertikalablenkspannung der Frequenz 1 GHz beobachten. Dabei kann die Aufenthaltszeit der langsameren Elektronen (im Bild links) in der Wechselfeldablenkstrecke etwa eine Schwingungsperiode betragen, so daß sie während dieser Zeit eine Beschleunigung sowohl nach oben als auch nach unten erfahren. Hieraus resultiert das im Bild 11.4b links erkennbare Minimum der Vertikalablenkung.

11.1.2. Reflexklystron

Für die Schwingungserzeugung im Frequenzbereich zwischen etwa 1 GHz und 150 GHz finden *Reflexklystrons* verbreitet Anwendung. Den grundsätzlichen Aufbau eines Reflexklystrons stellt das Bild 11.5 dar. Die Anode ist als zylindrischer Hohlraumresonator ausgebildet, der nahe seiner Achse zu einem von Gittern begrenzten Spalt zusammengezogen ist. Die zwischen der Kathode (K) und der Anode (A) beschleunigten Elektronen durchlaufen den Resonatorspalt in einer zur Eigenschwingungsperiode des Resonators sehr kurzen Zeit. Dabei treten sie mit dem im Spalt axial gerichteten elektrischen Wechselfeld $\boldsymbol{E}$

des schwingenden Resonators in Wechselwirkung, das anfangs lediglich in der entsprechenden Spektralkomponente des Rauschens besteht. Je nach dem das elektrische Feld in den verschiedenen Schwingungsphasen des Resonators der Elektronenbewegung gleich- oder entgegengerichtet ist, werden die Elektronen verzögert oder zusätzlich beschleunigt. Nach Durchlaufen des Resonatorspalts gelangen sie in das rücktreibende Feld der negativ geladenen Reflektorelektrode (R). Das Bild 11.6 zeigt für zwei verschiedene Werte der Reflektorspannung die Weg-(s-)Zeit-(t-)Kurven einer Reihe von Elektronen im Reflektor-Raum, die den Resonatorspalt nacheinander während verschiedener Schwingungsphasen von $E(t)$ durchlaufen haben. Das zusätzlich beschleunigte Elektron 1, beispielsweise, dringt weiter in den Reflektor-Raum ein und hält sich daher dort länger auf als das im Spalt abgebremste, später eintreffende Elektron 3. So treffen sie zusammen mit dem unbeeinflußt gebliebenen Elektron 2 und allen weiteren zwischen 1 und 3 laufenden Elektronen beim Rückflug gleichzeitig im Resonatorspalt ein. Der auf dem Hinweg homogene, im Resonatorspalt *geschwindigkeitsmodulierte* Elektronenstrahl kehrt *dichtemoduliert*, unterteilt in voneinander getrennte Elektronen-„Pakete“, dorthin zurück. Durch geeignete Wahl der Reflektorspannung U_R läßt es sich einrichten, daß die Elektronen-Pakete nur während der (auf ihre Laufrichtung bezogenen) Bremsphasen des Resonatorfeldes E den Spalt durchsetzen und dabei einen Teil ihrer Energie (einige %) an die Resonatorschwingung abgeben. Wie aus dem Bild 11.6 hervorgeht, gibt es mehrere derart günstige Reflektorspannungswerte, nämlich diejenigen, die zu mittleren Aufenthaltszeiten der Elektronen im Reflektor-Raum von $(3/4)+m$ Schwingungsperioden T führen ($m=0,1,2,\ldots$). Bei anderen Reflektorspannungswerten gelangen die Elektronenpakete teilweise oder ganz in die Beschleunigungsphase des Spaltfeldes, in der sie diesem Energie entziehen. Sofern jedoch die Zahl der abgebremsten die Zahl der beschleunigten Elektronen genügend überwiegt, ist noch Schwingungsanregung möglich. Daher schwingt das Kly-

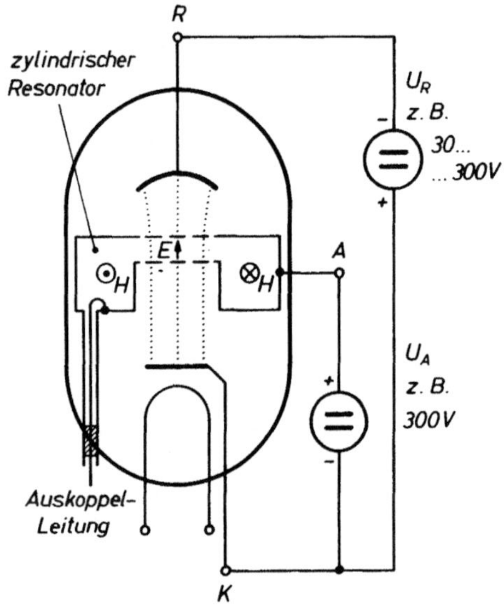

Bild 11.5. Reflexklystron (Längsschnitt entlang der vertikal stehenden Achse der kreiszylindrischen Anordnung).

stron nicht nur bei den genau optimalen Reflektorspannungen, sondern in Spannungs*bereichen*, den im Bild 11.8a gezeigten *Schwingbereichen.*

Die Frequenz der Klystronschwingung wird im wesentlichen durch die Resonatorabmessungen bestimmt. Bei den vom optimalen Wert abweichenden Reflektorspannungen jedes Schwingbereiches geben die Elektronenpakete nicht nur Energie an den Resonator während der Bremsphase des Spaltfeldes ab, sondern nehmen in der vorhergehenden oder nachfolgenden Beschleunigungsphase einen geringeren Energiebetrag auch daraus auf. Bezüglich des periodisch *ausgetauschten* Energieanteils wirkt der Elektronenstrahl wie eine dem Resonator-

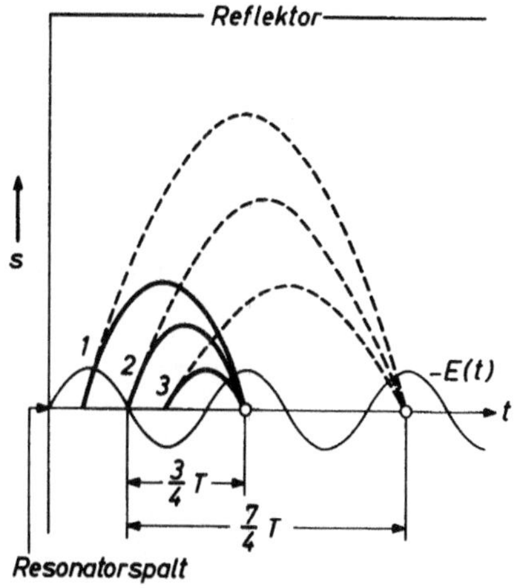

Bild 11.6. Weg-Zeit-Kurven einer Reihe von Elektronen im Reflektor-Raum eines Reflexklystrons: Abstand s der Elektronen vom Resonatorspalt in Abhängigkeit von der Flugzeit t für zwei Reflektorspannungen U_{R1} (dick ausgezogene Kurven) und $U_{R2} < U_{R1}$ (gestrichelte Kurven). Dünne Kurve: zeitlicher Verlauf der elektrischen Feldstärke E im Resonatorspalt. Weist ihr Vektor zum Reflektor hin, so gilt $E > 0$. $-E(t) > 0$ bezeichnet die Bremsphase für die zurücklaufenden Elektronenpakete.

spalt parallelgeschaltete Induktivität (wenn $U_R > U_{R\,opt}$) bzw. Kapazität (wenn $U_R < U_{R\,opt}$). Dementsprechend hängt die Frequenz der Klystronschwingung etwas von der Reflektorspannung (etwa 0,1 ‰ je Volt), wie im Bild 11.8b angedeutet, ab. Das Klystron läßt sich daher leicht frequenzmodulieren. Frequenzmodulationsfreie Amplitudenmodulation erzielt man durch streng rechteckförmige Änderung der Reflektorspannung.

Verstärkerklystrons enthalten anstelle des Reflektors einen zweiten, gleich abgestimmten Hohlraumresonator. Das zu verstärkende Signal wird in den ersten Resonator eingekoppelt und ruft dort die Geschwindigkeitsmodulation des Elektronenstrahls hervor. Nach Durchlaufen des anschließenden feldfreien Raumes erzeugt der optimal dichtemodulierte Strahl im zweiten Resonator das verstärkte Signal.

Klystron-Schwingbereiche

Wir modulieren die Reflektorspannung eines 9,8-GHz-Klystrons mit der Sägezahnablenkspannung eines Oszillographen. Das Klystron speist einen Hohlleiter mit seitlich angesetztem Absorptionsfrequenzmesser und mit einem reflexionsarmen Gleichrichterdioden-Abschluß (Bild 11.7). Der Os-

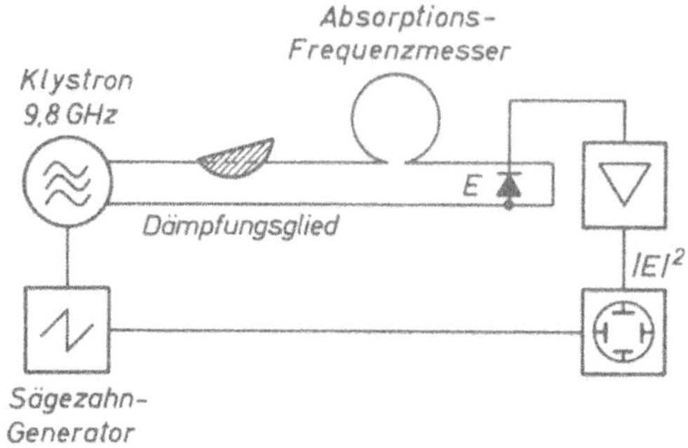

Bild 11.7. Apparatur zum Aufzeichnen der Klystron-Schwingbereiche und zum Nachweis der Reflektorspannungsabhängigkeit der Frequenz.

zillograph zeichnet das quadratisch gleichgerichtete und verstärkte Klystron-Ausgangssignal über der Reflektorspannung auf. Das Bild 11.8a zeigt die so beobachtbaren Schwingbereiche. Die vom Frequenzmesser herrührende Absorptionsmarke läßt erkennen, daß die Frequenz von der Reflektorspannung abhängt. Durch Verstimmen des Frequenzmesser-Resonators können wir die Absorptionsmarke verschieben und so für jede Reflektorspannung innerhalb des Schwingbereiches die zugehörige Frequenz bestimmen. Wir erhalten dann die im Bild 11.8b wiedergegebene Kurve.

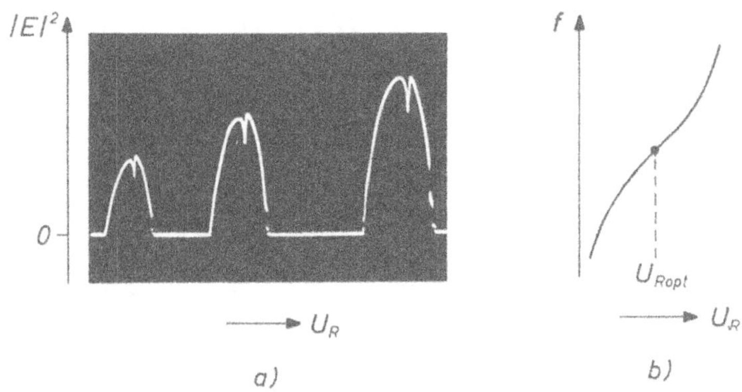

Bild 11.8. Klystron-Schwingbereiche: Der Klystron-Ausgangsleistung proportionales Empfangssignal in der Apparatur nach Bild 11.7 aufgezeichnet über der Reflektorspannung (a). Klystronfrequenz f in Abhängigkeit von der Reflektorspannung (b).

11.1.3. Wanderfeldröhre

Der geringe Wirkungsgrad der Umsetzung von Elektronenenergie in Wechselfeldenergie beim einfachen Klystron (etwa bis zu 6 %) hängt damit zusammen, daß die Wechselwirkung der Elektronen mit dem Hochfrequenzfeld nur längs der sehr kurzen Resonatorspaltstrecke stattfinden kann. Größere Wirkungsgrade lassen sich durch längere Wechselwirkungsstrecken erreichen, wie sie *Wanderfeldröhren* eigen sind. Hier läuft die zu verstärkende Welle etwa 25 Wellenlängen weit an einem Elektronenstrahl entlang, den ein magnetostatisches

Längsfeld H_0 zusammenhält (Elektronen mit radialen Geschwindigkeitskomponenten u_r werden durch die Kraft $-e\mu_0[\boldsymbol{u}_r \times \boldsymbol{H}_0]$ auf Schraubenbahnen um die Achse gezwungen). Zwecks einseitigen Energieüberganges zwischen Elektronen und Welle müssen beide annähernd gleiche Geschwindigkeit haben. Praktisch günstige Beschleunigungsspannungen von $U_0 \approx 1$ kV führen auf Elektronengeschwindigkeiten $u_0 = \sqrt{2U_0\,e/m} = 6{,}95 \cdot 10^5 \sqrt{U_0(\mathrm{V})}$ (m/s) $\approx c/16$. Um derart kleine Phasengeschwindigkeiten zu erhalten, muß die Welle von einer Verzögerungsleitung geführt werden. Häufig findet die *Wendelleitung* Anwendung, jedoch mit anderen Abmessungen als denen der Wendelantenne (Abschnitt 10.3.2.2). Während bei der Wendelantenne der Windungsumfang etwa eine Freifeldwellenlänge λ_0 beträgt (Bild 10.27), muß er bei der Verzögerungswendelleitung kleiner als $\lambda_0/2$ sein. Das Verzögerungsverhältnis v/c stimmt dann näherungsweise mit dem Verhältnis der Steigung je Windung zum Umfang überein.

Wellenlänge auf einer Wendelleitung

Als Wendelleitung benutzen wir eine schlanke, einlagig dicht gewickelte Spule von 4,7 cm Durchmesser. Auf ihrer Länge von 2 m trägt sie ungefähr 3600 Windungen. Das Steigungs-/Umfangsverhältnis der Wendel beträgt also ungefähr $4 \cdot 10^{-3}$. Auf dieser Wendelleitung regen wir eine Welle an, indem wir über das eine Ende eine Koppelspule schieben und diese aus einem 100-Watt-Kurzwellensender der Frequenz 2 MHz speisen. Um die Radialkomponente des elektrischen Wendelfeldes sichtbar zu machen, befestigen wir, wie im Bild 11.9 erkennbar, entlang der Wendel nahe der Oberfläche eine Reihe radial orientierter Glimmröhrchen (mit Neon gefüllte Glasröhrchen). Wegen der Reflexionen an den Enden der Wendelleitung erhalten wir ein stehendes Wellenfeld. An den $\lambda_w/2$ voneinander entfernten Stellen maximaler radialer elektrischer Feldstärke leuchten die Glimmlampen auf. In den dazwischen liegenden Nullstellen können wir eine axial orientierte Glimmröhre zum Leuchten bringen, da hier das elektrische Längsfeld seine Maxima erreicht (vgl. mit Bild 11.10). Aus dem Abstand übernächster Feldstärkemaxima entnehmen wir für die Wendelwellenlänge $\lambda_w \approx 71$ cm. Das Verhältnis λ_w/λ_0 ($\lambda_0 = 15 \cdot 10^3$ cm) stimmt also mit dem Steigungs-/Umfangsverhältnis der Wendel ungefähr überein.

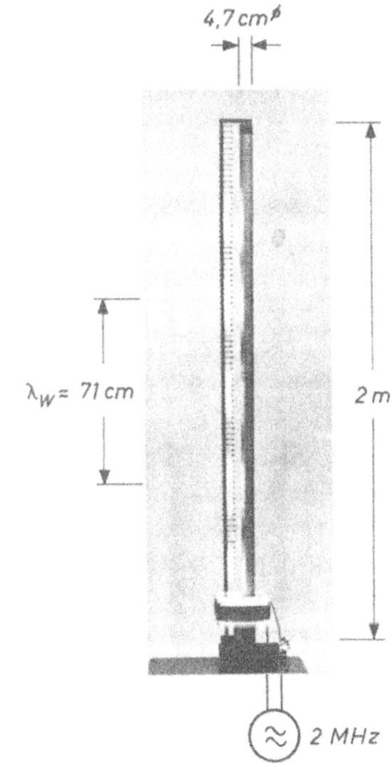

Bild 11.9. Stehende Welle auf einer Wendelleitung mit Neon-Glimmröhren zum Nachweis der radialen Komponente des elektrischen Feldes.

Unter den vielen verschiedenen möglichen Wellenformen auf einer Wendelleitung zeichnet sich die hier interessierende dadurch aus, daß die dazugehörigen elektrischen Ladungen entgegengesetzten Vorzeichens mehrere Drahtwindungen voneinander entfernt sitzen. Daher weist diese Wellenform das für die Wechselwirkung mit dem Elektronenstrahl wichtige, genügend starke elektrische Längsfeld in der Wendelachse auf. Die Feldverteilung auf der Wendel und ihre Anordnung in einer Wanderfeldröhre zeigt das Bild 11.10. Die zwischen Kathode

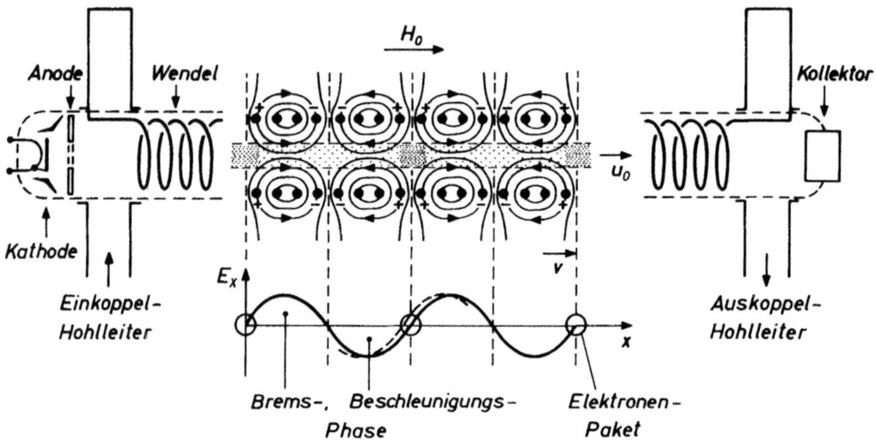

Bild 11.10. Wanderfeldröhre mit Axialschnitt durch die Wendelleitung, in den die elektrischen Feldlinien der Wendelwelle (Phasengeschwindigkeit v), die zugehörige Ladungsverteilung auf der Wendel und die Ladungsverteilung im axial durch das statische Magnetfeld H_0 geführten Elektronenstrahl (mittlere Geschwindigkeit u_0) eingezeichnet sind (oben). Unter dem Wendelschnitt: Elektrisches Feld E_x in der Wendelachse in Abhängigkeit vom Ort x längs der Wendel ohne Elektronenstrahl (ausgezogene Kurve) und nach Phasenverschiebung durch Wechselwirkung mit dem Elektronenstrahl (gestrichelte Kurve).

und Anode beschleunigten Elektronen laufen mit annähernd konstanter mittlerer Geschwindigkeit u_0 entlang der Wendelachse und werden am Ende der Röhre vom Kollektor aufgefangen. Die zu verstärkende Welle gelangt aus einer Hohl- oder Koaxialleitung auf die Wendel und läuft dort mit der Phasengeschwindigkeit v in gleicher Richtung wie die Elektronen. Im Fall $u_0 \approx v$ erfahren die Elektronen in den Gebieten positiven elektrischen Längsfeldes Abbremsung ($F = -eE_x$) und die in den Gebieten negativer Längsfeldrichtung Beschleunigung. Daher häufen sich Elektronen in *den* Nullstellen des Längsfeldes an, denen die Bremsphase vorausgeht und die Beschleunigungsphase folgt. Während dieser Bildung von Elektronenpaketen hat die Welle in der Bremsphase Energie von den Elektronen erhalten und in der Beschleunigungsphase an sie abgegeben. Die entsprechende Zu- bzw. Abnahme des Feldstärkebetrages führt zu der im Bild 11.10 (unten) gestrichelt gezeichneten verschobenen Phasenlage der Leitungswelle. So gelangt jedes Elektronenpaket zum größeren Teil in die Bremsphase der Welle und kann Energie an sie abgeben. Dabei verlangsamt es sich und fällt auf die folgende Nullstelle des Feldes zurück, so daß der einseitige

Energieübergang rasch aufhört. Damit die Elektronenpakete möglichst lange in den Bremsphasen verharren können, muß die mittlere Elektronengeschwindigkeit u_0 etwas größer als die Phasengeschwindigkeit der Welle auf der Wendelleitung sein. Die anfänglich gleichverteilten und gleich schnellen (u_0) Elektronen ändern dann ihre Lage $x'=x-vt$ bezüglich der Welle gemäß dem Weg-Zeit-Diagramm Bild 11.11. Sie häufen sich in der Bremsphase an.

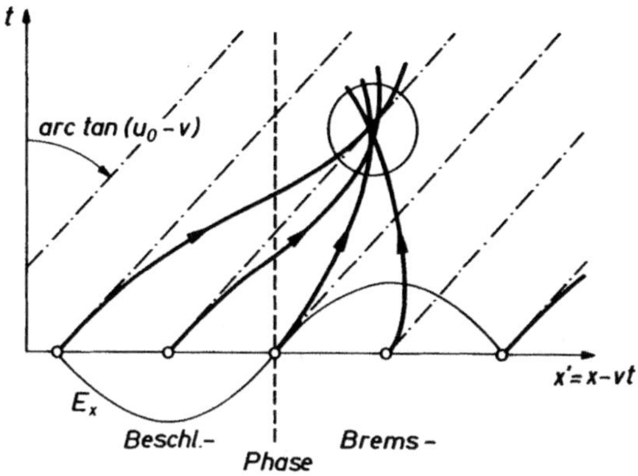

Bild 11.11. Weg-(x'-)Zeit-(t-)Diagramm der Elektronenbewegung bezüglich der Wendelwelle mit dem axialen elektrischen Feld E_x (Phasengeschwindigkeit v) in einer Wanderfeldröhre nach Bild 11.10. Die Elektronen mit der einheitlichen Anfangsgeschwindigkeit u_0 unterliegen dem Feld E_x seit der Zeit $t=0$.

Die obige Beschreibung des Verstärkungsmechanismus der Wanderfeldröhre gilt unter der Voraussetzung so geringer Anzahldichte und so hoher Geschwindigkeit der Strahlelektronen, daß sich die Coulombsche Abstoßung zwischen ihnen während der Laufzeit durch die Wendel noch nicht auswirken kann. Andernfalls beeinflußt die *Plasmaschwingung* der Elektronen die Vorgänge auf dem Strahl, die dann durch *Raumladungswellen* zu beschreiben sind.

Die Wanderfeldröhre ermöglicht Verstärkungen von etwa 40 dB. Da die Wendelleitung für die benutzte Wellenform ($\lambda_0/2>$ Windungsumfang) kaum Dispersion aufweist ($dv/d\omega\approx 0$), verstärkt die Wanderfeldröhre weitgehend unabhängig von der Frequenz. Die Begrenzung des Frequenzbandes auf etwa 1:2,2 beruht darauf, daß es nicht gelingt, die Ein- und Ausgangswellenleiter beliebig frequenzunabhängig mit der Wendelleitung zu koppeln.

Der Wanderfeldverstärker wird zum Generator, wenn die Leitungswelle am Ende der Wendel reflektiert wird, zurückläuft und nach Reflexion am Anfang der Wendel wieder in Energie entziehender Weise mit dem Elektronenstrahl in Wechselwirkung tritt. In Wanderfeldverstärkern wird dieser Selbsterregungsmechanismus durch eine die Wendel ein kurzes Stück umgebende dämpfende Graphitschicht auf der Röhre unterbunden. Die Wirkungsgrade von Wanderfeldröhren betragen 25 %.

Wird die mittlere Elektronengeschwindigkeit u_0 etwas kleiner als die Phasengeschwindigkeit v der Leitungswelle gewählt, so bilden sich die Elektronenpakete in den Beschleunigungsfeldphasen aus und nehmen Energie aus der Welle auf. Dieser Vorgang findet in Teilchenbeschleunigern, den „Linearbeschleunigern", Anwendung. Hierbei dienen Hohlleiter als Verzögerungsleitungen, die in zur Wellenlänge dichter periodischer Folge Blenden enthalten.

Mechanisches Modell der Wanderfeld-Elektronenstrahl-Wechselwirkung

Als wellenführende Struktur benutzen wir eine Kette gekoppelter Pendel. Das Bild 11.12 zeigt einen Ausschnitt davon. Die Elektronen ersetzen wir durch Sand, der in einer Rinne an der Pendelkette entlanggeführt wird. Die Rinne besteht aus gelenkig miteinander verbundenen Teilstücken von der Länge des Pendelabstandes. Dem die Elektronen beschleunigenden elektrischen Gleichfeld ent-

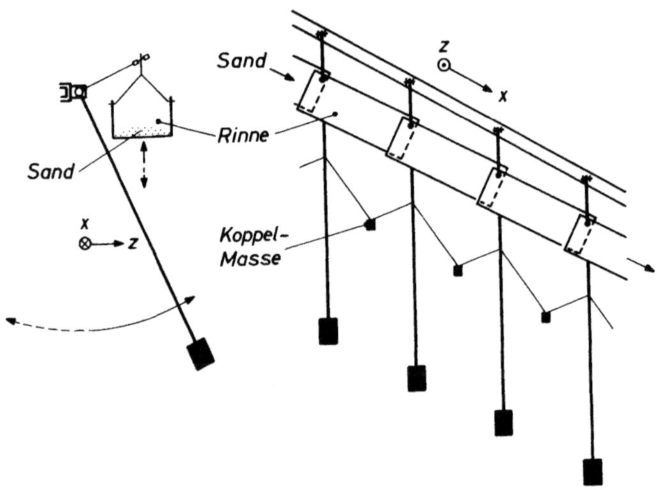

Bild 11.12. Mechanisches Modell zur Vorführung der Wanderfeld-Elektronenstrahl-Wechselwirkung: Mit einem Sandstrom wechselwirkende Kette gekoppelter Pendel. Daten z. B.: Pendellänge 38 cm; Pendelmasse 40 g; Pendelabstand 6 cm; Pendelanzahl 20; Koppelpendellänge 6,5 cm; Koppelpendelmasse 7 g; Koppelpendelaufhängung bei halber Hauptpendellänge. Rinne aus Aluminiumfolie gebogen; Querabmessungen 1,5 cm × 3,5 cm; Hebellänge des Rinnenträgers 9 cm.

spricht im Modell das Erdschwerefeld. Es beschleunigt den Sand in der geneigt angeordneten Rinne. Während die Elektronen entlang des Wellenleiters laufen, unterliegen sie keinem elektrischen Gleichfeld mehr. Der Sand ist dagegen immer dem Schwerefeld ausgesetzt. Nach kurzer Laufstrecke heben jedoch Gleitreibungs- und Schwerkraft einander auf, so daß die Sandkörner ebenso wie die Elektronen konstante mittlere Geschwindigkeit annehmen. Die Wechselwirkung zwischen dem Sand-„Strahl" und der Pendelkettenquerschwingung kommt dadurch zustande, daß die Sandrinne in jedem Gelenk an einem Pendelquerhebel aufgehängt ist, der die Querschwingung des jeweils benachbarten Pendels in eine Vertikalschwingung des angehängten Sandrinnenteilstücks umsetzt (Bild 11.12, links). Je nach der örtlichen Pendelschwingungsphase bewegt sich die Rinne aufwärts, bremst dabei den Sand und überträgt etwas von dessen kinetischer Energie auf die Pendel, oder sie bewegt sich abwärts, der Sand wird schneller und nimmt etwas kinetische Energie der Pendel mit. Die Wechselwirkung zwischen Sandstrahl und Pendelkettenwelle entspricht also völlig derjenigen zwischen Elektronenstrahl und Verzögerungsleitungswelle. Um den Verstärkungsvorgang in einer Wanderfeldröhre am mechanischen Modell beobachten zu können, haben wir nun lediglich die Neigung der Sandrinne so zu wählen, daß die Sandgeschwindigkeit die Phasengeschwindigkeit der Pendelkettenwelle etwas überschreitet. Durch leichtes Anstoßen des Pendels am Anfang der Kette regen wir eine Welle an und erkennen bald die Bildung periodisch längs der Rinne verteilter „Sandpakete" (Bild 11.13). Die Schwingungsamplitude der Pendel nimmt zum Ende der Kette hin zu. Um Reflexion am Ende der Pendelkette zu vermeiden, lassen wir dort mehrere Pendel zur Schwingungsdämpfung mit ihrem Masseklotz in Wasserbehälter eintauchen. Wählen wir die Sandgeschwindigkeit etwas kleiner als die Phasengeschwindigkeit der Pendelkettenwelle, so beobachten wir die der Theorie entsprechende Dämpfung der Welle.

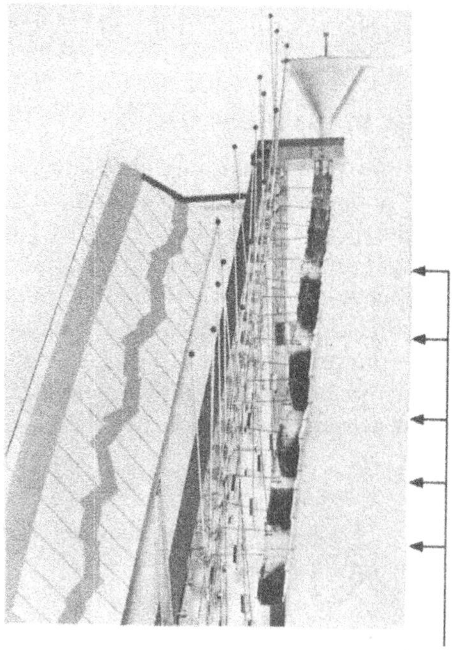

Bild 11.13. „Sandpaket"-Bildung in der von der schwingenden Pendelkette (Mitte) nach Bild 11.12 mitbewegten Rinne (rechts). Links: Schattenwurf der von rechts beleuchteten Rinne.

Der Mechanismus der Schwingungsverstärkung und -Erzeugung durch Teilchen-Wanderfeld-Wechselwirkung ist nicht allein auf freie Elektronen im Vakuum und elektromagnetische Wellen beschränkt. Auch Elektronen oder Löcher (Defektelektronen) in halbleitenden Festkörpern können auf diese Weise die aus einem elektrischen Gleichfeld gewonnene Energie in Schwingungsenergie überführen. Z.B. vermögen driftende Elektronen in Indiumantimonid (InSb) mit gleicher Elektronen- und Löcherzahldichte *Helikonwellen* zu verstärken. Helikonwellen sind besonders langsam laufende, zirkular polarisierte elektromagnetische Wellen, die in Halbleitern und Plasmen mit hochbeweglichen Ladungsträgern entlang eines starken statischen Magnetfeldes auftreten (Phasengeschwindigkeit $v = c\sqrt{\omega\omega_c}/\omega_p$ mit ω_c = Zyklotronfrequenz nach Gl. (11.10) und ω_p = Plasmafrequenz nach Gl. (4.30)).

In dem piezoelektrischen Cadmiumsulfid (CdS) lassen sich driftende Elektronen mit Ultraschallwellen in Wechselwirkung bringen. Die mit der Schallwelle verknüpften Verformungen des Kristalls rufen elektrische Felder hervor. Diese werden von den Elektronen verstärkt und haben ihrerseits wieder erhöhte Verformungen zur Folge („Schallverstärker").

An einer verzögernden Struktur (mit Hohlraumresonatoren besetzte Wand) entlanglaufende Luftschallwellen können aus einer Luftströmung konstanter mittlerer Geschwindigkeit Energie aufnehmen.

Diese Beispiele zeigen die große allgemeine Bedeutung des Prinzips der Wanderfeldverstärkung durch Wechselwirkung mit Teilchenströmen.

11.1.4. Rückwärtswellenröhre

Um die Wanderfeldröhre als Schwingungserzeuger eindeutig und kontinuierlich in der Frequenz durchstimmen zu können, benötigt man besondere Abstimmglieder (Resonator, Phasenschieber) im Rückkopplungsweg der vom Ausgang auf den Eingang zurückgeführten Welle. Diese Notwendigkeit entfällt bei der *Rückwärtswellenröhre* (auch *Carcinotron* genannt). Ihre Wirkungsweise beruht auf dem beschriebenen Mechanismus der Elektronen-Wanderfeld-Wechselwirkung (Abschnitt 11.1.3). Der Unterschied zur gewöhnlichen Wanderfeldröhre besteht darin, daß die Energie der Verzögerungsleitungswelle dem Elektronenstrahl entgegengerichtet fließt und so die Rückkopplung ohne besondere

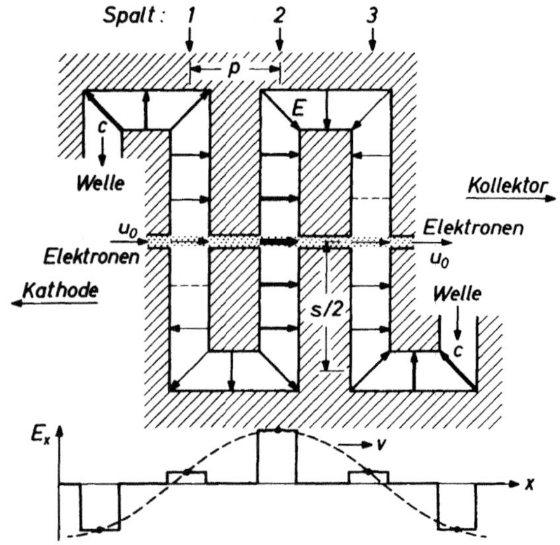

Bild 11.14. Teilstück der gefalteten TEM-Wellen-Bandleitung als Verzögerungsleitung in einer Rückwärtswellenröhre. Die Dicke der elektrischen Feldlinien entspricht dem Betrag $|E|$ der örtlichen Feldstärke. Unten: Verteilung des elektrischen Feldes E_x der Leitungswelle längs des Elektronenstrahls.

Maßnahmen über den Elektronenstrahl erfolgt. Die Frequenz läßt sich einfach durch Verändern der Elektronenstrahlgeschwindigkeit regeln. Der überwiegend anzutreffende Wanderfeldschwingungserzeuger ist daher der Rückwärtswellengenerator.

Von den vielen möglichen Verzögerungsleitungsformen für Rückwärtswellenröhren findet häufig die gefaltete Leitung (*Interdigitalleitung*) Anwendung. Im übersichtlichsten Fall handelt es sich um eine vielfach gefaltete TEM-Wellenleitung (Bandleitung: Abschnitt 6.1; Bilder 6.1, 6.2a) ohne Kopplung benachbarter Leitungsteile über seitliche Streufelder. Wie im Bild 11.14 dargestellt, durchsetzt der Elektronenstrahl die Leitung wiederholt (50 mal und mehr) so, daß das elektrische Feld der Leitungswelle in Strahlrichtung auf die Elektronen wirkt. Zwischen den Wechselwirkungsspalten läuft der kreiszylindrische Strahl in feldfreien Kanälen. Bei sehr dünner Ausführung der ineinander greifenden Kämme läßt man Flachstrahlen außen (im Bild 11.14 ober- und unterhalb der Zeichenebene) an der Mäanderstruktur entlanglaufen.

Längs der Bandleitungswindungen hat die TEM-Welle Lichtgeschwindigkeit (c). Im Bild 11.14 sind ihre elektrischen Feldlinien eingezeichnet. Die Strichdicke gibt den Betrag der elektrischen Feldstärke an. Der Abstand der gestrichelt gezeichneten Nullstellen beträgt eine halbe Freifeldwellenlänge λ_0. Die Welle schreite im räumlichen Mittel von rechts nach links, dem Elektronenstrahl entgegen, fort. Der Abstand aufeinanderfolgender Wechselwirkungsspalte sei p, die Länge der Bandleitungsquerschenkel s. Für die Wechselwirkung der Bandleitungswelle mit dem Elektronenstrahl ist die Geschwindigkeit v der im Bild 11.14 unten dargestellten Verteilung des elektrischen Feldes $E_x(x)$ in den Spalten entscheidend. Sie läßt sich einfach aus der Zeit t_{ij} bestimmen, nach der die gerade im Spalt i vorhandene Feldphase im Nachbarspalt j auftritt. Im Beispiel Bild 11.14 herrscht im Spalt 2 gerade positive Feldstärke maximalen Betrags. Aus der Bandleitungswegstrecke $p+s$ zwischen aufeinanderfolgenden Spalten erhält man unter Berücksichtigung der faltungsbedingten Phasendrehung π und unter der Voraussetzung $\lambda_0/2>p+s$ für die Laufzeit dieser Phase zum Spalt 1 bzw. 3:

$$t_{21} = \frac{(p+s)+(\lambda_0/2)}{c}, \tag{11.3}$$

$$t_{23} = \frac{(\lambda_0/2)-(p+s)}{c}. \tag{11.4}$$

Demnach ist $t_{23}<t_{21}$, d. h. das betrachtete Feldmaximum erscheint im Spalt 3 eher als im Spalt 1. Die Spaltfeldverteilung rückt also gleichsinnig mit dem Elektronenstrahl vor, und zwar mit der Geschwindigkeit

$$v = \frac{p}{t_{23}} = \frac{cp}{(\lambda_0/2)-(p+s)} \qquad (v<c \text{ für } 2p+s<\lambda_0/2). \tag{11.5}$$

Die Gesamtheit der Spaltfelder zeigt das räumlich-zeitliche Verhalten einer „Rückwärtswelle“, da die zugehörige Feldenergie (in der Bandleitungswelle) gegensinnig zur Phasenlaufrichtung fließt. Die Gruppen- und die Phasengeschwindigkeit der Rückwärtswelle sind einander entgegengerichtet. Gemäß der Beziehung (11.5) sind für kleine Phasengeschwindigkeitsverhältnisse $v/c<1$ kleine Werte der Strukturhalbperiode p erforderlich. Praktisch wählt man z. B. $p\approx 0{,}03\,\lambda_0$.

Ebenso wie beim Vorwärtswellen-Wanderfeldverstärker ist die Elektronengeschwindigkeit u_0 etwas größer als v zu bemessen, so daß auf die gleiche Weise (s. Bilder 11.10 und 11.11) durch die Wechselwirkung mit dem Rückwärtswellenfeld die Bildung von Elektronenpaketen und deren Abbremsung erfolgt. Die im kollektornahen Leitungsteil an das Rückwärtswellenfeld abgegebene Energie wird von der Bandleitungswelle zum kathodennahen Leitungsteil transportiert, wo sie verstärkte Geschwindigkeitsmodulation der Elektronen bewirkt und so die Rückkopplungsschleife schließt. Die Schwingungsanfachung wird durch das Elektronenstrahlrauschen ausgelöst. Ein an das kathodenseitige Bandleitungsende anschließender Hohlleiter koppelt die Nutzenergie aus. Eine hier etwa entstehende reflektierte Welle wird in einem gut angepaßten Absorber am kollektorseitigen Leitungsende beseitigt. Auf Grund der Dispersion der Rückwärtswelle, Gl. (11.5), richtet sich die Frequenz $f = c/\lambda_0(v)$ der selbsterregten Schwingung nach der Elektronengeschwindigkeit $u_0 \gtrsim v$. Die Frequenz läßt sich also einfach (etwa im Bereich 1:2) mit der Beschleunigungsspannung kontinuierlich durchstimmen: eine in „Wobbelsendern" häufig ausgenutzte Eigenschaft der Rückwärtswellenröhre.

Einen solchen Rückwärtswellenröhren-Wobbelsender, dessen Ausgangsleistung von einem automatisch geregelten PIN-Dioden-Dämpfungsglied (Bild 6.48) konstant gehalten wird, benutzen wir für viele der beschriebenen Vorführungsversuche im Frequenzbereich 8…12 GHz.

Rückwärtswellengeneratoren können Schwingungen mit Leistungen bis zu mehreren 100 W und, wesentlich leistungsschwächer, mit Frequenzen bis zu 500 GHz erzeugen.

Eine im Spalt 2 (Bild 11.14) vorhandene Feldphase tritt im Nachbarspalt 3 nicht nur nach der Zeit t_{23}, Gl. (11.4), sondern auch nach den um ganze Schwingungsperioden $T = 1/f = \lambda_0/c$ vermehrten Zeiten

$$t_{23n} = \frac{(\lambda_0/2) - (p+s)}{c} + n\frac{\lambda_0}{c} \qquad (n = 1, 2, \ldots) \tag{11.6}$$

auf. Die Elektronen können also auch dann mit den Spaltfeldern günstig koppeln, wenn sie annähernd mit den der Gl. (11.6) entsprechenden kleineren Geschwindigkeiten

$$v_n = \frac{p}{t_{23n}} = \frac{cp}{(n+\frac{1}{2})\lambda_0 - (p+s)} \qquad (v_n < c \quad \text{für} \quad 2p + s < (n+\tfrac{1}{2})\lambda_0) \tag{11.7}$$

laufen. Die damit ausgewählten Phasenteilfolgen bezeichnet man als *räumliche Teilwellen (Hartree-Harmonische)*. Sie ergeben sich aus der räumlichen Fourierzerlegung der ausgezogenen Kurve $E_x(x)$ im Bild 11.14 unten. Auf die n-te Teilwelle synchronisierte Elektronen befinden sich während rund n Schwingungsperioden des Feldes in dem feldfreien Kanal zwischen aufeinanderfolgenden Spalten. Während derart langsame Elektronen einen Spalt durchlaufen, ändert sich die Phase des Spaltfeldes, so daß die Gesamtwirkung klein oder ungünstigenfalls Null werden kann. Man synchronisiert daher den Elektronenstrahl möglichst nicht mit einer Teilwelle, sondern mit der Rückwärts-Hauptwelle ($n = 0$, gestrichelte Kurve im Bild 11.14 unten).

Außer der beschriebenen Bandleitung finden als Verzögerungsleitungen auch gefaltete Hohlleiter mit zusätzlicher Kopplung zwischen benachbarten Leitungsstücken sowie Wendelleitungen mit $\lambda_0/4$ bis $\lambda_0/2$ Windungsumfang Anwendung.

11.1.5. Magnetron

Bei der Wanderfeldröhre (Abschnitt 11.1.3) und der Rückwärtswellenröhre (Abschnitt 11.1.4) kann die günstige Wechselwirkung zwischen dem Elektronenstrahl und der Leitungswelle nur längs einer begrenzten Wegstrecke erfolgen. Da die Elektronen die an die Welle abgegebene Energie nicht nachgeliefert erhalten, wird ihre Geschwindigkeit gegenüber derjenigen der Welle schließlich zu klein. Ehe das passiert, muß die Wechselwirkung enden.

Im *Magnetron* dagegen unterliegen die Elektronen dauernd dem beschleunigenden elektrischen Gleichfeld E_0, das ihnen die an das Wechselfeld übertragene Energie laufend ersetzt. Die Elektronenpakete bleiben in Phase mit dem Bremsfeld der Welle. Deswegen erreichen Magnetrons Wirkungsgrade bis zu etwa 60%.

Den üblichen Aufbau eines Magnetrons zeigt das Bild 11.15a. Die Elektronen werden von der Mantelfläche des Kathodenzylinders emittiert. Das sie beschleunigende elektrische Gleichfeld E_0 liegt radial zwischen der Kathode und dem sie konzentrisch um-

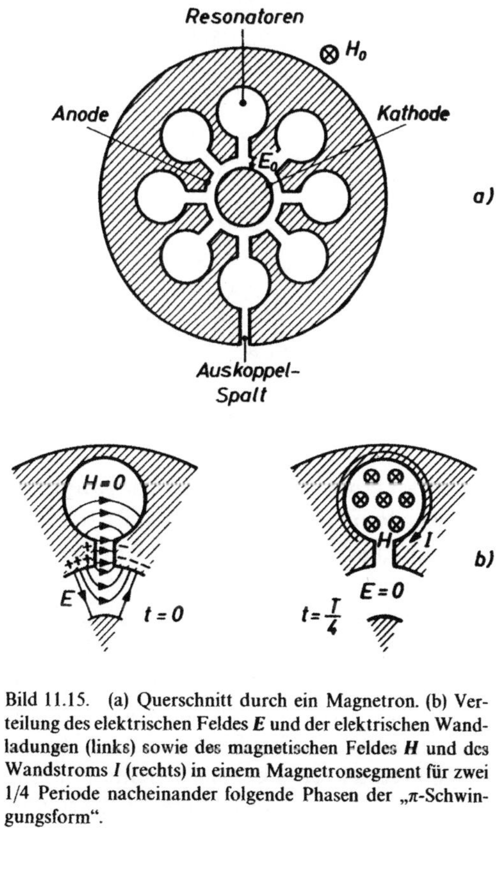

Bild 11.15. (a) Querschnitt durch ein Magnetron. (b) Verteilung des elektrischen Feldes **E** und der elektrischen Wandladungen (links) sowie des magnetischen Feldes **H** und des Wandstroms *I* (rechts) in einem Magnetronsegment für zwei 1/4 Periode nacheinander folgende Phasen der „π-Schwingungsform".

gebenden Anodenzylinder. Der Kathoden- und der Anodenzylindermantel bilden zusammen eine in sich zurücklaufende Bandleitung. Wegen der dadurch zwangsläufig vorhandenen Rückkopplung ist das Magnetron ein Schwingungserzeuger. Die Wirkungsweise des Magnetrons wird wesentlich durch das axial, also senkrecht zum elektrischen Gleichfeld E_0 gerichtete statische Magnetfeld H_0 bestimmt. Es sorgt dafür, daß die Elektronen nicht radial zur Anode fliegen, sondern im Mittel tangential in der Bandleitung umlaufen. Die Verzögerung der Bandleitungswelle auf die tangentiale Elektronengeschwindigkeit bewirken die längs der Bandleitung zwischengeschalteten Resonatoren. Ihre Koppelspalte wirken vorwiegend kapazitiv ($E = \max$), ihre Zylinderhohlräume (Durchmesser $< \lambda/2\pi$) vorwiegend induktiv ($H = \max$). Ihre Eigenfrequenz liegt etwas über der Frequenz der zu erzeugenden Schwingung. Die Resonatoren stellen also in der Bandleitung zusätzliche Längsinduktivitäten dar, die die Phasenlaufzeit vergrößern (s. Abschnitt 7.3.2.1). Eine von irgend einer Stelle der Leitung ausgehende Welle muß

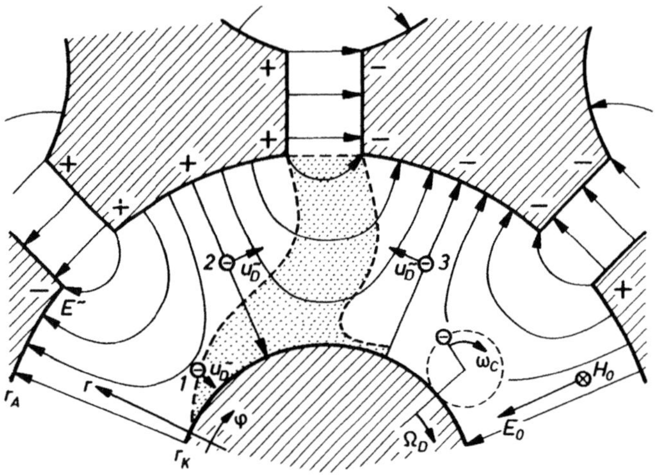

Bild 11.16. Teilquerschnitt durch ein Magnetron nach Bild 11.15a mit der räumlichen Verteilung des elektrischen Feldes $E^{\sim}$ der Ringleitungswelle und der Driftgeschwindigkeit u_D der Elektronen sowie mit weiteren Bezeichnungen zur Beschreibung der Elektronenbewegung. Punktiertes Gebiet: Im schwingenden Magnetron sich ausbildende speichenförmige Elektronenwolke, die zusammen mit der Feldverteilung mit der Winkelgeschwindigkeit Ω_D umläuft.

nach einem Umlauf durch die Ringleitung wieder die ursprüngliche Phase haben, damit Rückkopplung auftritt. Ein ganzzahliges Vielfaches der Leitungswellenlänge muß also auf den Anodenumfang passen. Das Ringleitungssystem hat dementsprechend viele verschiedenfrequente Eigenschwingungsformen. Jedoch findet beim normalen Magnetronbetrieb nur die *π-Schwingungsform* Anwendung, bei der nebeneinanderliegende Resonatoren gegenphasig (Phasendifferenz π) schwingen. Das Bild 11.15b zeigt die zugehörige Feldverteilung in der Phase maximalen elektrischen Feldes (links) und nach einer viertel Schwingungsperiode in der Phase verschwindenden elektrischen Feldes (rechts). Die Eigenfrequenzen der erwünschten π-Schwingungsform und unerwünschter anderer Schwingungsformen unterscheiden sich nur sehr wenig (Größenordnung %). Deshalb sind besondere Maßnahmen erforderlich, damit die π-Schwingungsform sicher und rein auftritt: Alle geradzahligen und alle ungeradzahligen Anodensegmente werden durch je einen Koppelring untereinander leitend verbunden, oder es werden unterschiedliche Resonatoren benutzt („rising-sun"-Anodenform), um den Abstand zwischen der Eigenfrequenz der erwünschten Schwingungsform und den Eigenfrequenzen der unerwünschten Schwingungsformen zu vergrößern.

Das im einzelnen komplizierte Verhalten der Elektronen im Magnetron unter dem Einfluß des radialen elektrischen Gleichfeldes $\boldsymbol{E}_0$, des hochfrequenten elektrischen Wechselfeldes $\boldsymbol{E}^{\sim}$ mit Radial-($E_r^{\sim}$) und Tangential-($E_\varphi^{\sim}$)Komponenten und des axialen statischen Magnetfeldes $\boldsymbol{H}_0$ (senkrecht zu allen elektrischen Feldern) richtet sich nach der Bewegungsgleichung für die Elektronengeschwindigkeit $\boldsymbol{u}$:

$$m\dot{\boldsymbol{u}} = -e\boldsymbol{E} - e\mu_0[\boldsymbol{u} \times \boldsymbol{H}_0]. \tag{11.8a}$$

Zur Erläuterung dient das Bild 11.16. Abweichend davon wird vereinfachend für die anschließenden quantitativen Angaben ein sehr kleiner relativer Kathoden-Anodenabstand $(r_A - r_K)/r_A \ll 1$, also annähernd ebene Geometrie vorausgesetzt. Praktisch ist $(r_A - r_K)/r_A \approx 0{,}3$.

Über die Elektronenbewegung im nichtschwingenden Magnetron ($\boldsymbol{E}^{\sim} = 0$, $\boldsymbol{E} = \boldsymbol{E}_0$) sagt die Gl. (11.8a) folgendes aus: Ein die Kathode verlassendes Elektron erhält im radialen elektrischen Feld $\boldsymbol{E}_0$ zunehmende Geschwindigkeit $\boldsymbol{u}$. Es folgt aber nicht der Feldrichtung, da die senkrecht zu $\boldsymbol{u}$ wirkende Kraft $-e\mu_0[\boldsymbol{u} \times \boldsymbol{H}_0]$ seine Bahn krümmt (im Bild 11.16 rechts herum). E_0 und H_0 seien so bemessen, daß das Elektron vor Erreichen der Anode umkehrt. Im Scheitelpunkt der Bahn ($u_r = 0$, $\boldsymbol{u} \perp \boldsymbol{E}_0$) sind magnetische und elektrische Kraft einander entgegengerichtet. Der Betrag der magnetischen Kraft übersteigt hier jedoch den der elektrischen. Von der Gesamtbewegung kann folglich eine kräftefreie *Teil*bewegung („Drift") mit der dementsprechend konstanten tangentialen *Teil*geschwindigkeit $\boldsymbol{u}_{\varphi D}$ (Driftgeschwindigkeit) ($u_{\varphi D} < u_\varphi$ im Bahnscheitel!) abgetrennt werden, für die die magnetische *Teil*kraft $-e\mu_0[\boldsymbol{u}_{\varphi D} \times \boldsymbol{H}_0]$ und die elektrische Kraft $-e\boldsymbol{E}_0$ sich gerade aufheben. Mit $\dot{\boldsymbol{u}}_{\varphi D} = 0$ ergibt Gl. (11.8a) (nach Vektormultiplikation mit $\boldsymbol{H}_0$) für die Driftgeschwindigkeit

$$u_{\varphi D} = \frac{E_0}{\mu_0 H_0}. \tag{11.9a}$$

Allgemeiner lautet dieses für die Wirkungsweise des Magnetrons entscheidende Ergebnis: Unter dem Einfluß gekreuzter elektro- und magnetostatischer Felder führen Elektronen eine Driftbewegung senkrecht zu $\boldsymbol{E}$ und $\boldsymbol{H}_0$ aus mit der mittleren Geschwindigkeit

$$\boldsymbol{u}_{\mathrm{D}} = \frac{[\boldsymbol{E} \times \boldsymbol{H}_0]}{\mu_0 H_0^2}. \tag{11.9b}$$

Für die der Drift noch überlagerte, keinem elektrischen Feld mehr unterliegende Teilbewegung mit der Geschwindigkeit $\boldsymbol{u} - \boldsymbol{u}_{\varphi\mathrm{D}} = \boldsymbol{u}_c$ gilt nach Gl. (11.8a) mit $\boldsymbol{E} = 0$:

$$m \dot{\boldsymbol{u}}_c = -e\mu_0 [\boldsymbol{u}_c \times \boldsymbol{H}_0]. \tag{11.8b}$$

Die immer auf $\boldsymbol{u}_c$ senkrechte und daher $|\boldsymbol{u}_c|$ nicht ändernde magnetische Kraft führt das Elektron auf einer Kreisbahn um $\boldsymbol{H}_0$, die es mit der Winkelgeschwindigkeit

$$\omega_c = \frac{e}{m} \mu_0 H_0, \tag{11.10}$$

der *Zyklotronkreisfrequenz*, durchläuft. Die Gesamtbewegung eines Elektrons im nichtschwingenden Magnetron besteht also aus einer tangentialen Driftbewegung mit der mittleren Winkelgeschwindigkeit $\Omega_{\mathrm{D}} = u_{\varphi\mathrm{D}}/r$ und einer überlagerten Kreisbewegung (ω_c), die im Bild 11.16 rechts angedeutet sind.

Damit die Elektronen zur Schwingungsanregung Energie an das Wechselfeld $E^{\sim}$ mit der Kreisfrequenz ω abgeben können, sind E_0 und H_0 so zu bemessen, daß die tangentiale Driftgeschwindigkeit mit der Phasengeschwindigkeit der Verzögerungsleitungswelle übereinstimmt,

$$u_{\varphi\mathrm{D}} = \frac{E_0}{\mu_0 H_0} = v \mathrel{\hat{=}} \Omega_{\mathrm{D}} = \frac{2\omega}{n_{\mathrm{A}}}, \tag{11.11}$$

(n_{A} Zahl der Anodensegmente) und daß der Kreisbahndurchmesser der Zyklotronbewegung kleiner als der Kathoden-Anodenabstand (praktisch etwa halb so groß) bleibt,

$$2r_c = \frac{2u_c}{\omega_c} = \frac{2u_{\varphi\mathrm{D}}}{\omega_c} = \frac{2mE_0}{e\mu_0^2 H_0^2} < r_{\mathrm{A}} - r_{\mathrm{K}}, \tag{11.12}$$

daß also im nichtschwingenden Magnetron keine Elektronen zur Anode gelangen ($u_c = u_{\varphi\mathrm{D}}$ in Gl. (11.12) folgt aus dem Energiesatz im Bahnscheitel zusammen mit Gl. (11.9a)).

In dem mit der Elektronendrift-Winkelgeschwindigkeit Ω_{D}, also mit der Phasen-Winkelgeschwindigkeit $2\omega/n_{\mathrm{A}}$ der Welle rotierenden Bezugssystem bleibt die räumliche Verteilung des im schwingenden Magnetron vorhandenen elektrischen Wellenfeldes $\boldsymbol{E}^{\sim}$ (Bild 11.16) unverändert. Die sehr rasch wechselnde Zyklotronbewegung führt in diesem quasistatischen Feld (hier und weiterhin im rotierenden Bezugssystem betrachtet) zu keinem bedeutenden

Energieaustausch zwischen den Elektronen und der Welle. Vereinfachend darf die Zyklotronbewegung hier also außer acht bleiben. Unter dem Einfluß des quasistatischen Wellenfeldes $\boldsymbol{E}^{\sim}$ und des dazu senkrechten statischen Magnetfeldes $\boldsymbol{H}_0$ führen die Elektronen gemäß Gl. (11.9b) zusätzliche Driftbewegungen $\boldsymbol{u}_{\mathrm{D}}^{\sim}=[\boldsymbol{E}^{\sim}\times\boldsymbol{H}_0]/(\mu_0 H_0^2)$ aus, die durch die $\boldsymbol{u}_{\mathrm{D}}^{\sim}$-Pfeile im Bild 11.16 angedeutet sind. In die Beschleunigungsphase des tangentialen $\boldsymbol{E}^{\sim}$-Feldes hineingestartete Elektronen (1) werden zur Kathode zurückgelenkt und damit ausgeschieden. Aus den Gebieten radialen $\boldsymbol{E}^{\sim}$-Feldes laufen die Elektronen (2), (3) in das bremsende tangentiale Spaltfeld. Die radialen Feldkomponenten verursachen also Anhäufung der Elektronen („Speichenbildung“) im tangentialen Bremsfeld, an das sie ihre Energie abgeben. Während die speichenförmige Elektronenwolke an einem Anodensegment vorbeiläuft, ist überall $\boldsymbol{E}^{\sim}=0$ (Bild 11.15b, rechts). Am folgenden Spalt findet sie dann wieder das bremsende Tangentialfeld vor. Die an die Welle übertragene Energie nehmen die Elektronen aus dem elektrostatischen Feld E_0 laufend wieder auf, indem sie sich stetig der Anode nähern und ihre Bahn schließlich dort mit sehr geringer Energie beenden. So kommt es zu der verhältnismäßig geringen Anodenverlustleistung und dem entsprechend hohen Wirkungsgrad.

Magnetrons finden hauptsächlich als Senderöhren in Radargeräten Anwendung. Sie werden hier mit kurzen Anodenspannungsimpulsen von etwa $1\,\mu$s Dauer und 1 ms Folgezeit betrieben und können dabei bis zu mehreren MW Spitzenleistung erzeugen. Dauerbetriebsmagnetrons liefern bis zu einigen 100 W Leistung. Magnetrons gibt es für Frequenzen zwischen 0,5 GHz und 100 GHz.

11.2. Energieübertragung durch Festkörper-Elektronen

Den hier zu behandelnden Systemen zur Schwingungs-Verstärkung oder -Erzeugung ist, abgesehen vom Maser, gemeinsam, daß sie aus einer sehr dünnen ($\lesssim 0{,}1$ mm) Schicht kleiner Fläche ($\approx 1\ \mathrm{mm}^2$) eines halbleitenden Materials bestehen. Als halbleitende Materialien finden diamantartige Einkristalle, wie Si, Ge, und Ioneneinkristalle, wie GaAs, mit definierten Mengen eingebauter Fremdatome ($10^{16}\ldots10^{20}$ je cm^3 gegenüber $10^{22}\ldots10^{23}$ Atomen je cm^3 des Wirtskristalls) Anwendung. Im ideal reinen Zustand leiten diese Materialien bei Zimmertemperatur elektrisch nur sehr wenig. Erst die Fremdatome ermöglichen dadurch bedeutende Leitfähigkeit, daß sie (z.B. P, As in Ge) als „Donatoren“ Elektronen in das leere Leitfähigkeitsband abgeben (in „n-Leitern“) oder (z.B. B, Ga in Ge) als „Akzeptoren“ Elektronen aus dem vollen Valenzband aufnehmen und so dort bewegliche, positive Löcher schaffen (in „p-Leitern“). Beide Seiten der kleinen halbleitenden Schicht tragen, als Kathode bzw. Anode, eine sperrschichtfrei aufgebrachte Metallelektrode. Die so beschaffenen, hier weiterhin nur interessierenden Halbleitersysteme sind also *Dioden.*

Beim *Transistor* befindet sich an der Halbleiterschicht zwischen der Kathode und der Anode noch eine dritte Elektrode, die eine ähnliche Steuerwirkung wie das Gitter in einer Vakuum-Triode hat. Die Schwingungserzeugung mittels Transistor erfolgt im Prinzip auf die gleiche Weise wie mit der Vakuum-Triode (Abschnitt 11.1.1). Auf den bis zu Frequenzen von etwa 5 GHz verwendbaren Transistor wird deshalb hier nicht weiter eingegangen.

Die *Tunneldiode* und die *Lawinendiode* übertragen Leistung aus einer Gleichspannungsquelle in einen angeschlossenen Schwingungskreis (z. B. Hohlleitungsresonator), dessen Spannung den Diodenstrom steuert. Die *Gunndiode* kann einen Gleichstrom ohne äußeres steuerndes Wechselfeld in einen hochfrequenten Wechselstrom umwandeln. Die Kapazitätsvariationsdioden, *Varactor* und *Step-Recovery-Diode*, werden aus einer Wechselspannungsquelle hoher Frequenz gespeist und verstärken (Parametrischer Verstärker) oder erzeugen (Frequenzvervielfacher) Schwingungen anderer hoher Frequenzen.

Der *Maser* entspricht formal dem parametrischen Verstärker. Während im parametrischen Verstärker Resonanzkreise die Energiespeicher für die zwei oder mehr verschiedenfrequenten, in Austausch miteinander stehenden Schwingungen bilden, sind es im Maser bestimmte elektronische bzw. molekulare Energiezustände einzelner Atome (Ionen) oder Moleküle.

11.2.1. Tunneldiode

Wie im Bild 11.17a angedeutet, grenzen in einer *Tunneldiode* ein n-leitendes und ein p-leitendes Gebiet eines besonders hoch dotierten Halbleiters ($10^{19} \ldots 10^{20}$ Fremdatome je cm^3) aneinander. Einige Elektronen des n-leitenden Gebiets diffundieren durch die Grenzfläche und rekombinieren mit Löchern des p-leitenden Gebiets, so daß nahe der Grenzfläche nur ionisierte Donator- und Akzeptoratome übrigbleiben. Diese bilden im vorliegenden Fall der hohen Dotierung eine besonders dünne ($< 10^{-6}$ cm) elektrische Doppelschicht, in der ein elektrisches Feld der Stärke 10^4 bis 10^5 V/cm herrscht. Die negative Aufladung des p-leitenden Gebiets verleiht den Elektronen dort eine höhere Energie gegenüber den Elektronen vergleichbarer Zustände im n-leitenden Gebiet, wie es das Energiebänder-Diagramm im Bild 11.17b veranschaulicht. Die mittlere thermische Energie der Leitungselektronen des n-Gebiets reicht nicht aus, um diese Potentialstufe zu überwinden, in das Leitungsband des p-Gebiets und von dort in die Löcher des Valenzbandes zu gelangen. Wegen der breiten Energielücke zwischen Valenz- und Leitungsband ist auch der umgekehrte Übergang von Valenzelektronen des p-Gebiets in das Leitungsband des n-Gebiets gesperrt.

Die im Vergleich zur thermischen Elektronenenergie *zu große Höhe* des Potentialwalls der p-n-Grenzschicht verhindert also, daß die Elektronen *über* ihn hinweg gelangen. Die der kleinen Grenzschichtdicke ($< 10^{-6}$ cm) entsprechende *geringe Breite* des Potentialwalls ermöglicht jedoch, daß die Elektronen ihn mit kleiner, aber endlicher Wahrscheinlichkeit auf Grund des quantenmechanischen *Tunneleffekts durchdringen* können. Dieser Tunnelprozeß bestimmt

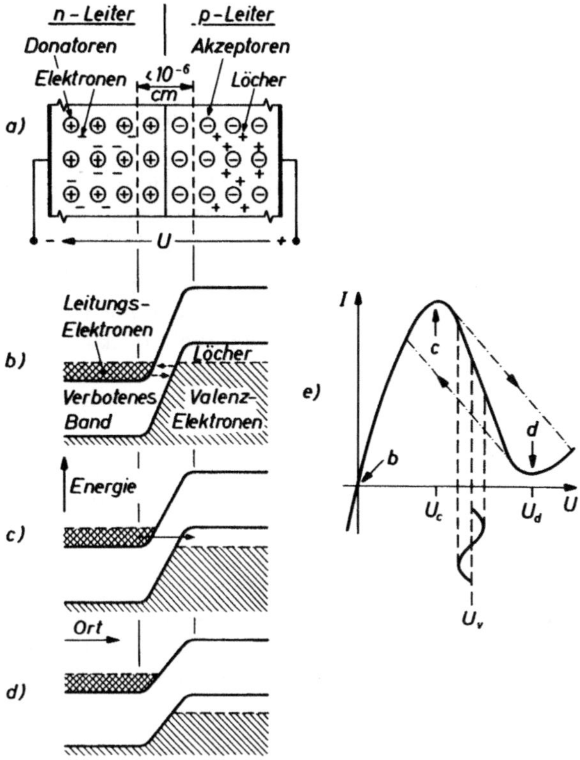

Bild 11.17. Ladungsträgerverteilung (a) und Energiebandverlauf (b) in der Tunneldiode ohne angelegte Spannung ($U=0$), Energiebandverlauf für zwei verschiedene Spannungen U_c, U_d der in (a) angegebenen Polarität (c), (d) sowie Strom-(I-)/Spannungs-(U-)Kennlinie (e). Mit einem den Betrag des negativen differentiellen Widerstandes überschreitenden Außenwiderstand (s. Bild 11.18) stellt sich der strichpunktierte Verlauf der I-U-Kennlinie (e) ein.

entscheidend den Ladungstransport durch die Diode im hier interessierenden Spannungsbereich. Er hängt sowohl vom Verhältnis der Höhe zur Breite des Potentialwalls als auch davon ab, daß den Elektronen auf der einen Seite der Grenzschicht genügend freie, gleichenergetische Zustände auf der anderen Seite gegenüberstehen.

Ohne außen an die Diode angelegte Spannung fließen gleich kleine Tunnelströme in beiden Richtungen durch die p-n-Grenzschicht (gestrichelte Pfeile im Bild 11.17b), so daß der Gesamtstrom I Null ist (Punkt b im Bild 11.17c). Eine in „Vorwärtsrichtung" angelegte Spannung U ($-\to$n, $+\to$p) hebt die Energie der Leitungselektronen im n-Gebiet gegenüber der der Valenzelektronen im p-Gebiet an. Mit wachsender Spannung schiebt sich das Leitungsband am Löcherband vorbei (Bilder 11.17c, d). Dabei finden sich die Leitungselektronen zunächst einer zunehmenden (Bild 11.17c), dann aber einer abnehmenden und schließlich verschwindenden (Bild 11.17d) Anzahl freier Valenzbandzustände gegenüber. Dementsprechend steigt der „Vorwärtsstrom" zunächst stark an (Pfeil im Bild 11.17c, Kurventeil b–c im Bild 11.17e) und fällt dann auf $\frac{1}{10}$ bis $\frac{1}{20}$ des Maximalstroms ab (Kurventeil c–d im Bild 11.17e). Noch höhere Spannungen $U(>U_d)$ erniedrigen den Potentialwall der p-n-Grenzschicht so weit, daß normaler Ladungstransport und damit wieder Stromanstieg erfolgt.

Der fallende Teil c–d der Strom-/Spannungskennlinie, dem ein *negativer differentieller Widerstand* entspricht, ermöglicht Schwingungs-Verstärkung oder -Erzeugung. Dazu wird der Tunneldiode ein Schwingungskreis parallel geschaltet und ihr eine Gleichvorspannung $U_v(\approx 0{,}2\ \text{V})$ zwischen U_c und U_d gegeben (Beispiel im Bild 11.18). Die der Gleichspannung überlagerte Schwingkreis-Wechselspannung beschleunigt und bremst abwechselnd die durch die p-n-Grenzschicht tunnelnden Elektronen. Sie steuert dabei durch die Energiebandverschiebung den Strom aber so, daß in der Beschleunigungsphase nur wenige, in der Bremsphase dagegen viele gleichspannungsbeschleunigte Elektronen die Diode durchlaufen, die Elektronen also insgesamt Energie an das Wechselfeld abgeben.

Tunneldioden arbeiten bis zu Frequenzen von etwa 50 GHz. Sie erzeugen Schwingungsleistungen bis zu etwa 10 mW.

Schwingungskreisanregung mittels Tunneldiode

Gemäß der Schaltung nach Bild 11.18 speisen wir die mit einem LC-Schwingkreis verbundene Tunneldiode über einen 200-Ω-Widerstand aus einer 100-Hz-Halbwellen-Wechselspannungsquelle. Wir steuern damit periodisch den Vorwärtsteil der Strom-/Spannungskennlinie der Diode von der Spannung Null bis über den Stromtal-Spannungswert hinweg aus. Die Summenspannung U aus

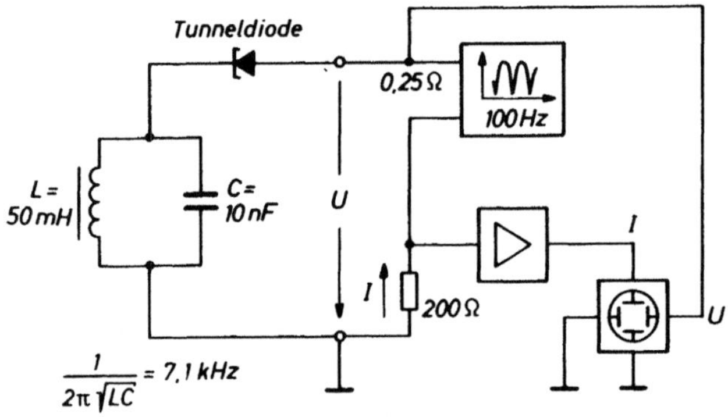

Bild 11.18. Apparatur zur Aufzeichnung der Strom-/Spannungskennlinie einer Tunneldiode und zur Beobachtung der von ihr bewirkten Anregung eines Schwingkreises.

Diodenspannung und 7,1-kHz-Schwingkreisspannung dient zur Horizontalablenkung und die Spannung am 200-Ω-Widerstand als Maß für den Diodenstrom I zur Vertikalablenkung eines Oszillographen. Auf diese Weise schreibt der Oszillograph die durch den Strom-Meßwiderstand etwas veränderte Strom-/Spannungskennlinie, Bild 11.19, der Tunneldiode auf. Wegen des Meßwiderstandes $R = 200\ \Omega$ verläuft der aufgezeichnete fallende Kennlinienteil gemäß $I = (U_{\text{Quelle}} - U)/R$ flacher (strichpunktierte Linien im Bild 11.17e), weil R größer als der Betrag des negativen differentiellen Widerstandes der Tunneldiode ist. Während die Diodenspannung den fallenden Kennlinienteil durchläuft, wird der Schwingkreis angeregt. Der Dioden-Vorspannung überlagert sich dabei die rasch wechselnde Schwingungskreisspannung, die den Oszillographen zur vielfachen Aufzeichnung des fallenden Kennlinienteils veranlaßt. Der 200-Ω-Meßwiderstand bewirkt, daß der Strom mit steigender Diodenspannung anders als mit fallender verläuft (im Bild 11.17e strichpunktiert). Deshalb ist der fallende Teil dieser „dynamischen" Kennlinie in der Oszillographenaufnahme Bild 11.19 auseinandergezogen und läßt die angeregte Schwingung erkennen.

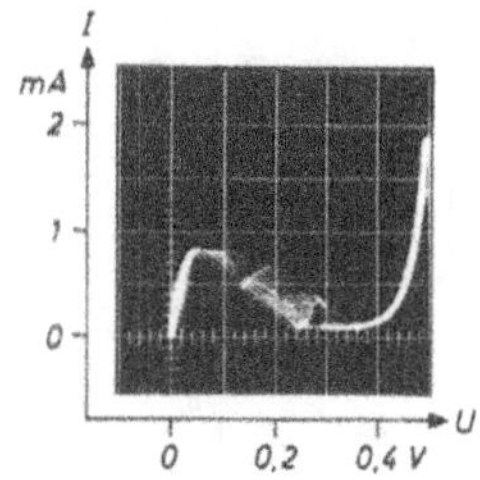

Bild 11.19. In der Apparatur nach Bild 11.18 aufgezeichneter Tunneldioden-Strom I in Abhängigkeit von der Summenspannung U der Dioden- und der am angeregten Schwingkreis liegenden Spannung.

11.2.2. Lawinendiode

Die Wirkungsweise der *Lawinendiode* läßt sich in stark vereinfachter Weise mit dem Bild 11.20 erklären. Die Diode besteht aus einem Stück halbleitenden Materials, in dem ein n-leitendes und ein p-leitendes Gebiet möglichst scharf eben aneinandergrenzen. Sie erhält in „Rückwärtsrichtung" ($+ \rightarrow$n, $- \rightarrow$p) eine Gleichvorspannung solcher Größe, daß beiderseits der p-n-Grenze je eine Schicht von $10^{-2} \ldots 10^{-4}$ cm Dicke von beweglichen Ladungsträgern (Löchern bzw. Leitungselektronen) entleert ist. Die übrigbleibenden ionisierten Akzeptor- und Donatoratome bilden hier eine feste Raumladung (Bild 11.20a), die zusammen mit dem von außen angelegten elektrischen Gleichfeld die im Bild 11.20b gezeichnete räumliche Feldverteilung $E(x)$ zur Folge hat. Die elektrische Feldstärke nimmt in der dünnen elektrischen Doppelschicht an der p-n-Grenzfläche ein scharfes Maximum an, das nur wenig unter der Durchbruchsfeldstärke (mehrere 100 kV/cm) liegen soll, bei der Ladungsträgervervielfachung, „Lawinenbildung", auftritt.

Zur Schwingungserzeugung wird die Diode in einen Koaxial- oder Hohlleitungsresonator (Beispiel Bild 11.22) eingesetzt, dessen Wechselspannung sich der Gleichvorspannung überlagert und im Raumladungsgebiet das Wechselfeld $E_{\sim}$ hervorruft. Während der positiven Halbwelle des Wechselfeldes $E_{\sim}$ überschreitet damit das räumliche Feldmaximum in der elektrischen Doppelschicht den Durchbruchsfeldstärkewert. Die wenigen an Kristallgitterstörungen thermisch erzeugten, auch im Raumladungsgebiet immer vorhandenen beweglichen Ladungsträger erhalten in der Hochfeldzone so viel Energie, daß sie Elektronen aus dem Valenz- in das Leitungsband überführen, also Elektron-Loch-Paare erzeugen können. Solange das Feld groß genug ist, tragen auch die neu gebildeten Ladungsträger zur Ionisation bei, so daß eine Lawine beweglicher Ladungsträger entsteht, die, wie im Bild 11.21 angedeutet, einen starken Stromanstieg zur Folge hat. Überall im Raumladungsgebiet ist die Gleichfeldstärke so groß (>10 kV/cm), daß das Ohmsche Gesetz nicht mehr gilt, sondern die Ladungsträger infolge unelastischer Streuung an optischen Gitterschwingungen mit konstanter Sättigungsgeschwindigkeit u_{D-} bzw. u_{D+} (z. B. in Si: $u_{D-} \approx 10^7$ cm/s) driften. Dadurch, daß die neu gebildeten Ladungsträger die Vervielfachungszone rasch verlassen und die hier herrschende Feldstärke nach der Lawinenauslösung den Durchbruchswert wieder unterschreitet, bleibt die eingespritzte Ladungswolke begrenzt.

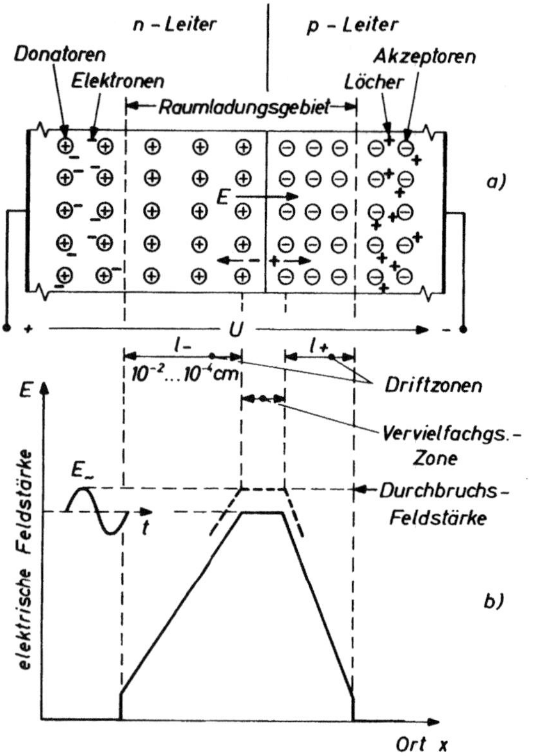

Bild 11.20. Ladungsträgerverteilung (a) und Verlauf der elektrischen Feldstärke $E(x)$ (b) in einer Lawinendiode.

Unter dem Einfluß des Raumladungsfeldes (Bild 11.20b) driften die Lawinen-Elektronen durch das n- und die Lawinen-Löcher durch das p-Raumladungsgebiet. Währenddessen bleibt dort die Summe $I_\sim$ aus Träger- und Verschiebungsstrom (bzw. in den anderen Teilen des Stromkreises der Leitungsstrom) annähernd konstant (Bild 11.21). Nach ihrer Erzeugung sind die driftenden Ladungsträger noch etwa eine viertel Schwingungsperiode ($T/4$) lang der Beschleunigungsphase, dann aber der Bremsphase des Wechselfeldes $E_\sim$ ausgesetzt. Sie können also insgesamt Energie an das Feld abgeben, wenn sie länger als $T/4$ in der Bremsphase driften und bis zu deren Ende das Raumladungsgebiet verlassen haben. Dementsprechend müssen die Längen l_-, l_+ der Driftzonen etwa

$$\tfrac{2}{4} T u_{D\mp} < l_{\mp} < \tfrac{3}{4} T u_{D\mp} \tag{11.13}$$

betragen, wenn Selbsterregung von Schwingungen mit der Frequenz $f = 1/T$ erfolgen soll.

Das Bild 11.22 zeigt einen $\lambda/4$ langen Koaxialleitungsresonator mit Lawinendiode und Hohlleiterauskopplung zur Erzeugung von Schwingungen mit Frequenzen um 10 GHz. Bisher wurden mit Lawinendioden Frequenzen nahe 200 GHz, Dauerbetriebsleistungen von einigen Watt und Wirkungsgrade über 10% erreicht.

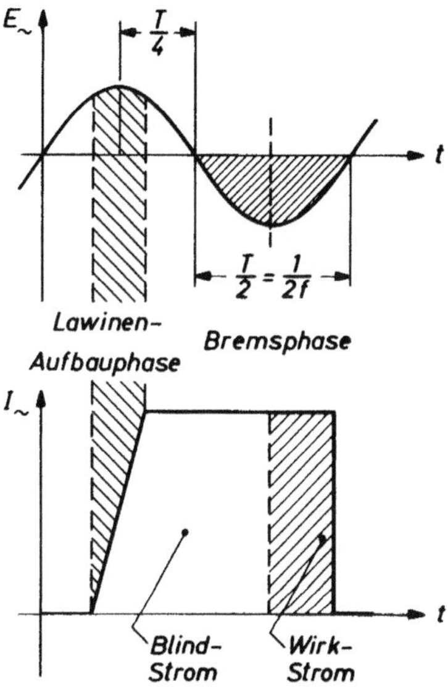

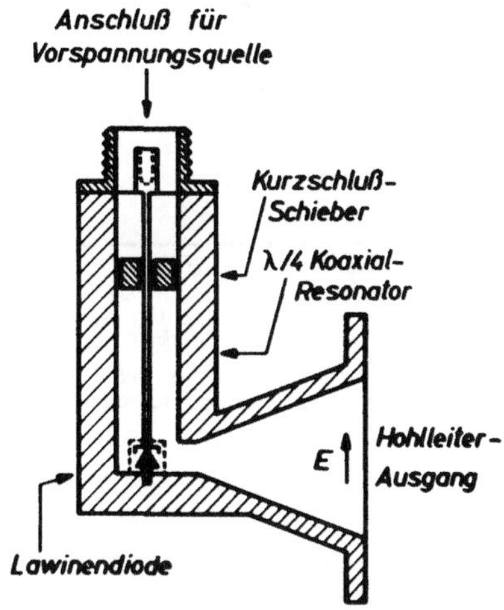

Bild 11.22. Technische Ausführung eines Lawinendioden-Oszillators.

Bild 11.21. Zeitlicher Verlauf des Wechselfeldes $E_\sim$ und des durch Lawinenbildung hervorgerufenen Wechselstroms $I_\sim$ im Raumladungsgebiet der Lawinendiode (vgl. Bild 11.20).

11.2.3. Gunn-Diode

Die *Gunn-Diode* besteht aus einer beidseitig sperrschichtfrei kontaktierten, etwa $l = 10^{-2} \dots 10^{-3}$ cm dicken, n-leitenden GaAs-Scheibe (z. B. mit Te oder O_2 dotiertes GaAs). Im n-leitenden GaAs gehen Elektronen unter dem Einfluß eines elektrischen Feldes E von 3 bis 4 kV/cm aus dem Hauptminimum des Leitungsbandes (Elektronen-Wellenzahlvektor $\boldsymbol{k} = 0$, effektive Elektronenmasse $m_1^* = 0{,}072\ m_0$) in ein 0,36 eV höher liegendes Nebenminimum des Leitungsbandes (Elektronen-Wellenzahlvektor $\boldsymbol{k}$ parallel zu den sechs [100]-Kristallrichtungen) über, in dem ihre effektive Masse m_2^* rund 17mal größer und ihre Beweglichkeit u_D/E etwa 50mal kleiner als im Leitungsband-Hauptminimum ist. Die Driftgeschwindigkeit u_D der Elektronen ändert sich daher in der im Bild 11.23 vereinfacht dargestellten Weise mit der elektrischen Feldstärke E.

Dürfte man die elektrische Feldstärke, die Elektronenzahldichte und die Driftgeschwindigkeit in der Diode als räumlich konstant voraussetzen, so hätte man im Bild 11.23 die Strom-/Spannungskennlinie der Diode vor sich ($I = -neu_D$; $U = El$). Die Schwingungserzeugung *wäre dann* im fallenden Teil der Kennlinie folgendermaßen möglich: Dem zwischen E_c und E_d (Bild 11.23) gewählten Gleichfeld überlagert sich das Wechselfeld $E_\sim$ eines mit der Diode verbundenen Schwingungskreises. In der positiven Halbwelle überführt das Wechselfeld die Leitungselektronen in den Zustand verminderter Beweglichkeit und bringt sie in der negativen Halbwelle wieder in den Zustand normaler Beweglichkeit zurück. In der Bremsphase des Wechselfeldes driften die Elektronen also rascher als in der Beschleunigungsphase und geben daher insgesamt Energie an das Wechselfeld ab. Der Wechsel der Elektronen zwischen den beiden Zuständen verschiedener effektiver Masse muß dazu in weniger als einer halben Schwingungsperiode $1/(2f)$ des Wechselfeldes vor sich gehen. Die Übergangszeit beträgt etwa 10^{-12} s.

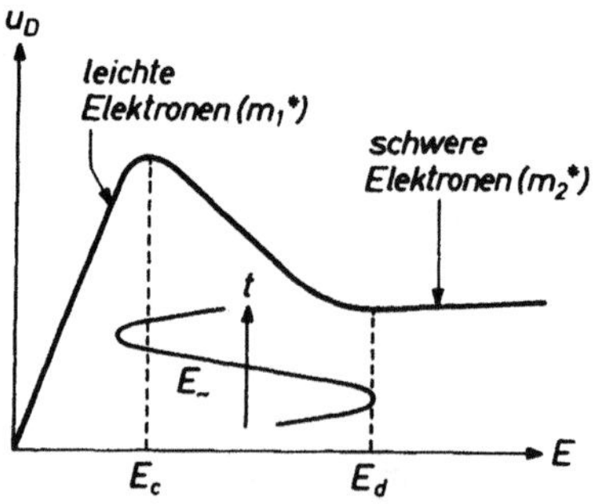

Bild 11.23. Driftgeschwindigkeit u_D der Elektronen in n-GaAs in Abhängigkeit von der elektrischen Feldstärke E (qualitativ).

In der bisher geschilderten Weise läuft der Vorgang der Schwingungserzeugung nun jedoch *nicht ohne weiteres* ab, da die gleichmäßige räumliche Verteilung des elektrischen Feldes und der Elektronen nicht in jedem Fall erhalten bleibt, wenn die Feldstärke den Wert E_c überschreitet, oberhalb dessen die Elektronen in den Zustand erhöhter effektiver Masse übergehen. Die Abnahme der Elektronenbeweglichkeit mit zunehmender Feldstärke zwischen E_c und E_d führt nämlich dazu, daß kleine räumliche Schwankungen der Elektronendichte, als Folge unvermeidlicher geringer Dotierungsinhomogenitäten, sich nicht, wie sonst üblich, ausgleichen, sondern daß eine von ihnen, bevorzugt an der Kathode, rasch zu einer dichten Ladungsansammlung heranwächst. Diesen Vorgang soll das Bild 11.24 verdeutlichen. Das Teilbild (a) zeigt schematisch die Donatoratome und Leitungselektronen im Diodenkristall der Dicke l, an dem eine feste Gleichspannung der Größe $U \gtrsim E_c l$ liege. Eine zunächst geringe räumliche Störung der Elektronendichte bestehe aus einer kleinen Elektronenanhäufung mit negativer Raumladung und einer in Richtung zur Anode hin dicht benachbarten Elektronenverarmungsstelle mit positiver Donator-Raumladung. Innerhalb der so gebildeten elektrischen Doppelschicht überlagert sich das elektrische Raumladungsfeld dem äußeren Feld gleichsinnig. Außerhalb der Doppelschicht nimmt das Feld wegen Veränderung der in der Kathode und Anode gespeicherten Ladungen ab. In dem Gebiet erhöhter elektrischer Feldstärke $E > E_c$ gehen bevorzugt Elektronen in den Zustand verminderter Beweglichkeit über, werden langsamer, gelangen in das Gebiet erniedrigter Feldstärke $E < E_c$ an der kathodenseitigen Grenze der negativen Raumladung und sammeln sich hier an, da sie hier wieder in den Zustand großer Beweglichkeit übergehen und dabei die Driftgeschwindigkeit $u_D \approx 10^7$ cm/s der übrigen Elektronen annehmen. Es bildet sich die im Bild 11.24b dargestellte räumliche Elektronendichteverteilung aus. Sie hat eine sehr hohe Feldstärke $E > E_d$ in der etwa 10^{-4} cm dicken elektrischen Doppelschicht und eine unter E_c abgesenkte Feldstärke außerhalb davon zur Folge (Bild 11.24c). An einer anderen Stelle kann sich daher kein weiterer Elektronensammelbereich mehr aufbauen, solange *eine* „Hochfeldzone" durch den Kristall wandert. Bei der so bestehenden Aufteilung des Kristalls in eine schmale Zone schwerer und zwei breite Zonen leichter, im Mittel mit $u_D \approx 10^7$ cm/s driftender Elektronen vermag ein dem äußeren Gleichfeld $E_0 \gtrsim E_c$ überlagertes schwaches Wechselfeld $E_\sim$ den Strom kaum zu beeinflussen. Die durch Felderhöhung bewirkte Verminderung der Zahl leichter Elektronen wird bezüglich des Stroms ($I = -neu_D$) durch Vergrößerung der Elektronenzahldichte n in der Ansammlungszone mehr als ausgeglichen. Die

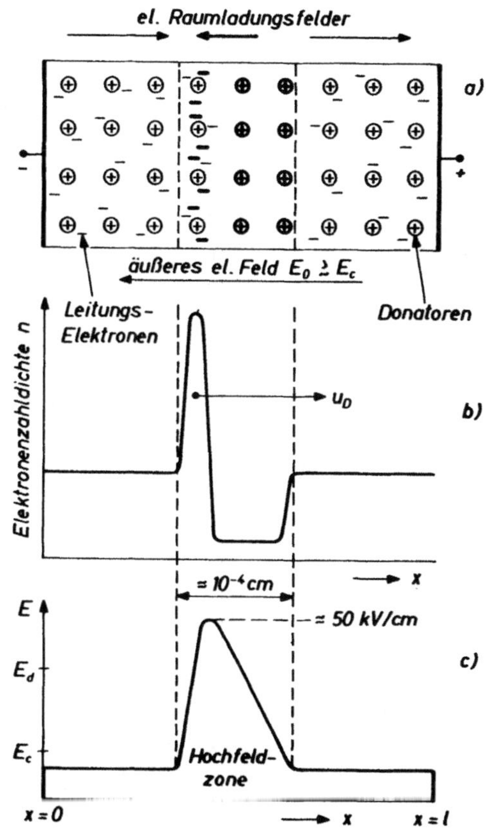

Bild 11.24. Räumliche Verteilung der Ladungsträger (a), der Elektronenzahldichte n (b) und der elektrischen Feldstärke (c) in einer Gunn-Diode bei anliegender überkritischer Gleichspannung $U \gtrsim E_c l$ (vgl. Bild 11.23).

Diode weist deshalb in diesem Betriebszustand keinen negativen differentiellen Widerstand auf, so daß die eingangs an Hand des Bildes 11.23 erwähnte Art der Schwingungserzeugung ausgeschlossen ist.

Jedoch führt dieser, nach dem Entdecker *Gunn* benannte Betriebszustand zu zeitlichen Stromschwankungen gemäß Bild 11.25. Immer dann, wenn eine Hochfeldzone an der Anode verschwindet, steigt kurzzeitig die Feldstärke innerhalb des ganzen Kristalls auf U/l und der Strom zu einer Spitze an, bis sich an der Kathode eine neue Hochfeldzone aufgebaut hat. Dementsprechend folgen die Stromspitzen mit der Laufzeit l/u_D der Hochfeldzone durch den Kri-

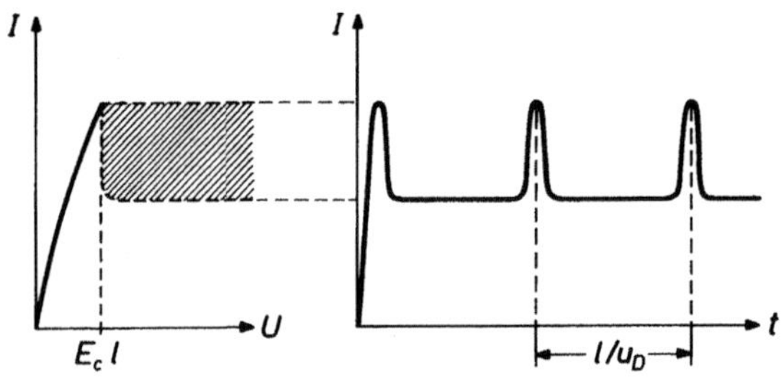

Bild 11.25. Schwankungen des Stroms I durch die Gunn-Diode im Strom-/Spannungsdiagramm (links) und im zeitlichen Verlauf (rechts).

stall aufeinander. Auf Grund dieses pulsierenden Stromanteils strahlt die Gunn-Diode als kleiner Hertzscher Dipol (s. Abschnitt 10.1) elektromagnetische Energie in den freien Raum oder in eine angeschlossene Leitung ab, ohne daß dazu ein Resonator erforderlich ist. Die erzeugte Schwingung der Grundfrequenz

$$f = \frac{u_D}{l} \tag{11.14}$$

weicht stark von der Sinusform ab und enthält daher viele Oberfrequenzen. Bezüglich des Grundfrequenzanteils ist der Wirkungsgrad gering. Gunn-Schwingungen wurden bisher mit Dauerleistungen bis zu 100 mW und bei Frequenzen bis zu 40 GHz erhalten.

Der Ausgleich oder der Aufbau von Raumladungen in leitenden Kristallen wird auf Grund der dielektrischen Polarisierbarkeit des Kristalls, die in seiner Dielektrizitätszahl ε' zum Ausdruck kommt, und der endlichen Leitfähigkeit σ für die raumladungsbildenden beweglichen Ladungsträger verlangsamt (Relaxation). Dementsprechend benötigt die elektrische Hochfeld-Doppelschicht in der Gunn-Diode zu ihrem Aufbau im Feld $E > E_c$ ungefähr die Zeit $\varepsilon_0 \varepsilon'/\sigma_2$. Eine bei Feldstärken $E < E_c$ noch vorhandene Raumladung klingt in der Zeit $\varepsilon_0 \varepsilon'/\sigma_1$ ab. Hierbei bedeuten σ_2 die kleine Hochfeldleitfähigkeit und σ_1 die große Niedrigfeldleitfähigkeit für die Leitungselektronen. Stehen diese Zeiten gemäß

$$\frac{\varepsilon_0 \varepsilon'}{\sigma_2} > \frac{1}{f} > \frac{\varepsilon_0 \varepsilon'}{\sigma_1} \tag{11.15}$$

mit der Schwingungsdauer $1/f$ eines genügend großen an der Diode liegenden Wechselfeldes $E_{\sim}$ in Beziehung, dann kann die Hochfeldphase mit $E > E_c$ zum Aufbau einer starken Ladungsanhäufung zu kurz sein und die Niedrigfeldphase mit $E < E_c$ lang genug sein, um eine bevorzugt an der Kathode auftretende Elektronenansammlung abklingen zu lassen. Durch Wahl einer geeigneten Ladungsträgerdichte n (Dotierung) lassen sich diese Bedingungen erfüllen, so daß übermäßig feldverzerrende Raumladungszonen nicht mehr entstehen. Daraufhin kann ein den Bereich von $E < E_c$ bis etwa $E > 2E_c$ überstreichendes Wechselfeld (Bild 11.23) fast alle Leitungselektronen des Kristalls zwischen den beiden Zuständen verschiedener Beweglichkeit hin- und herbefördern und so auf die eingangs beschriebene Weise (fallender I-U-Kennlinienteil!) Energie mit großem Wirkungsgrad aufnehmen. Um die für diesen *raumladungsbegrenzten Betrieb* erforderliche hohe Wechselfeldamplitude im angeschlossenen Resonator zu erreichen, muß die Schwingungserzeugung erst von einer subharmonischen Gunn-Schwingung mit ihrem reichen Oberfrequenzgehalt eingeleitet werden.

Im raumladungsbegrenzten Betrieb der „Zweizustands-n-Halbleiter"-Diode ist der Energieübertragungsmechanismus nicht an die Elektronenlaufzeit gebunden. Der Diodenkristall darf daher in Stromflußrichtung eine viel größere Dicke als bei der Lawinen- oder Gunn-Diode haben und erlaubt entsprechend wirksamere Erzeugung sehr hochfrequenter Schwingungen. Wirkungsgrade über 10 % sind möglich. Die höchste bisher erreichte Frequenz beträgt 100 GHz.

Stromschwingung der Gunn-Diode

In der Anordnung nach Bild 11.26 speisen wir eine n-GaAs-Diode aus einem Impulsgenerator mit 0,5 μs langen Spannungsimpulsen der Folgefrequenz 200 Hz über einen Spannungsteiler, der die Spannung U an der Diode annähernd stromunabhängig macht. Der Diodenstrom I fließt durch einen kleinen Meßwiderstand. Die daran auftretende Spannung geben wir zur Beobachtung des

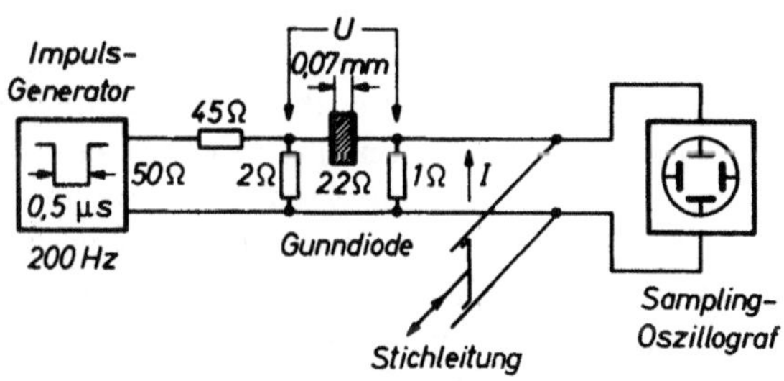

Bild 11.26. Apparatur zur Vorführung der Stromschwingung einer Gunn-Diode.

zeitlichen Diodenstromverlaufs auf einen Sampling-Oszillographen, der besonders kurzzeitige Vorgänge durch stroboskopische Abtastung aufzuzeichnen vermag. Zur Anpassung dient eine Koaxialstichleitung mit Kurzschlußschieber.

Schirmbildaufnahmen des Diodenstroms für verschiedene Impulsspannungsamplituden U zeigt das Bild 11.27. Ab $U \approx 22$ V wird im Kristall die kritische Feldstärke $E_c = 3 \dots 4$ kV/cm überschritten,

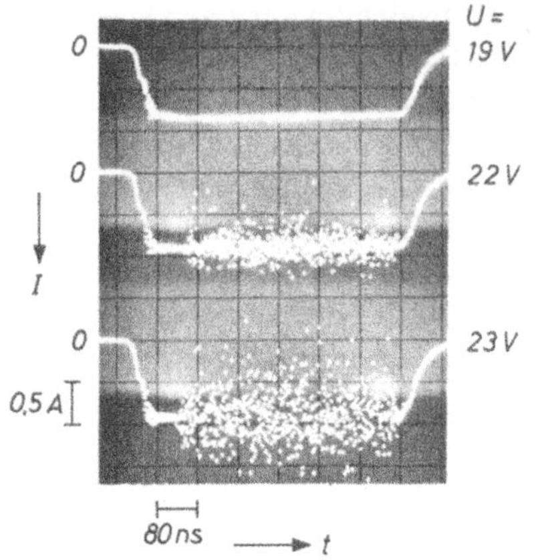

so daß Gunn-Schwingungen der mit einem Spektrum-Analysator festgestellten Frequenz 1,4 GHz $\hat{=} u_D/l \approx (10^7 \text{ cm/s})/(7 \cdot 10^{-3} \text{ cm})$ auftreten. Sie äußern sich im Bild 11.27 als unregelmäßige Stromschwankungen. Auf die zugrundeliegende Stromschwingung ließ sich der Oszillograph nicht synchronisieren, weil das Einschwingen in den nacheinander abgetasteten Spannungsimpulsen zeitlich nicht genügend fixiert erfolgte.

Bild 11.27. Zeitlicher Verlauf des Stroms I durch die Gunn-Diode in der Apparatur nach Bild 11.26 für verschiedene Diodenspannungen U.

11.2.4. Kapazitätsvariations-Dioden

Kapazitätsvariations-Dioden sind grundsätzlich ebenso wie die Tunneldiode (Abschnitt 11.2.1) aufgebaut, enthalten also einen p-n-Halbleiterübergang (Bild 11.17a), jedoch mit dickerer Verarmungszone. In den Anwendungen wird ausgenutzt, daß die an beweglichen Ladungsträgern verarmte, dünne p-n-Übergangszone zusammen mit den angrenzenden, hochleitenden n- und p-Gebieten einen Kondensator darstellt, dessen Kapazität sich durch eine angelegte Spannung verändern läßt. Kapazitätsvariations-Dioden finden zur parametrischen Verstärkung und zur Frequenzvervielfachung elektromagnetischer Schwingungen Anwendung.

11.2.4.1. Parametrischer Verstärker

Die Wirkungsweise *parametrischer Verstärkung* beruht darauf, daß der zu verstärkenden Schwingung mittels Veränderung eines Blindwiderstandes (Kapazität oder Induktivität) Energie zugeführt wird. Die Bezeichnung „parametrisch" leitet sich daraus ab, daß bei diesem Vorgang ein Parameter der das Schwingungssystem beschreibenden Differentialgleichung zeitlicher Änderung unterliegt. Das Bild 11.28 zeigt das Schaltschema eines parametrischen Verstärkers mit steuerbarer Kapazität $C(t)$. Das zu verstärkende Signal mit der Kreisfrequenz ω_s wird in den auf diese Frequenz abgestimmten Signalschwingungskreis hoher Güte eingekoppelt. Der regelbare Kondensator der Kapazität $C(t)$ verbindet den Signalkreis mit einem weiteren Schwingungskreis hoher Güte, der auf die von ω_s verschiedene Kreisfrequenz ω_i abgestimmt ist und Leerlauf- oder „Idlerkreis" heißt. Bleibt der dritte im Bild 11.28 gezeichnete Kreis erst einmal außer Betracht (gestrichelte Verbindung geschlossen), so liegt am Kondensator

C die Summe der Signalkreisspannung U_s und der vereinfachend als gleich groß angenommenen Idlerkreisspannung U_i, die in noch zu erklärender Weise (Gl. (11.19)) aus der Signalkreisspannung durch die Kapazitätsänderung $C(t)$ entsteht:

$$U_s + U_i = \hat{U}(\sin\omega_s t + \sin\omega_i t) = 2\,\hat{U}\cos\left(\frac{\omega_s - \omega_i}{2}\,t\right)\sin\left(\frac{\omega_s + \omega_i}{2}\,t\right). \quad (11.16)$$

Für den als Beispiel gewählten Fall $\omega_s : \omega_i = 2:3$ sind im Bild 11.29a bis 11.29c die Spannungen U_s, U_i und deren Summe in Abhängigkeit von der Zeit t dargestellt. Abgesehen von den Knoten der gestrichelten Schwebungshüllkurve entspricht die Lage der Nullstellen von $U_s + U_i$ der Frequenz $(\omega_s + \omega_i)/2$. Mit der doppelten Frequenz nimmt die Ladung q auf dem Kondensator C gemäß $q = C(U_s + U_i)$ zusammen mit der Spannung maximale Beträge an. Werden die Kondensatorplatten, wie im Bild 11.29d mit der Kapazitätsänderung angedeutet, periodisch bei maximaler Plattenladung etwas voneinander entfernt und im ungeladenen Zustand wieder in die Ausgangslage zurückgeführt, so ist beim ersten Vorgang mechanische Arbeit gegen die Coulombsche Anziehungskraft $q^2/(2\varepsilon_0\varepsilon' A)$ der geladenen Platten der Fläche A zu leisten, während der zweite Vorgang ohne Energieaustausch vor sich geht. Die an den Kondensatorladungen geleistete Arbeit findet sich als elektrische bzw. magnetische Feldenergie zunächst im gesteuerten Kondensator und dann, aufgeteilt im Verhältnis ω_s/ω_i („Manley-Rowe-Beziehung"), im Signal- und Idlerkreis wieder. Sie nimmt mit der Zeit, wie im Bild 11.29e gezeigt, zu, falls keine Verluste auftreten.

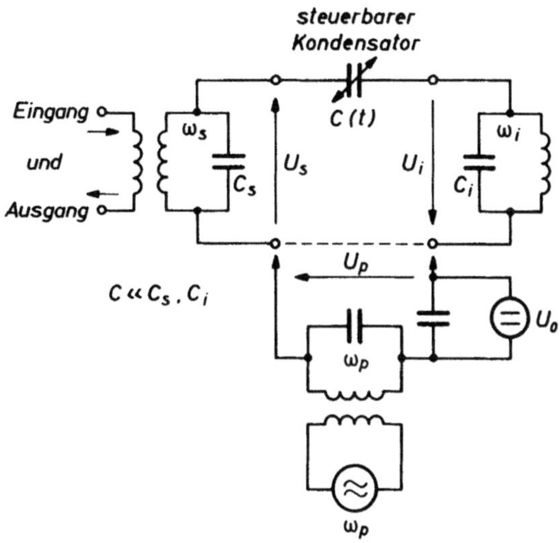

Bild 11.28. Schaltschema eines parametrischen Verstärkers mit Kapazitätssteuerung.

Der Steuerkondensator vermag also an die Signal- und Idlerschwingung Energie zu übertragen, wenn seine Kapazität C durch eine „Pumpschwingung" zeitlich periodisch mit der Grundfrequenz

$$\omega_p = \omega_s + \omega_i \quad (11.17)$$

verändert wird gemäß

$$C(t)=C_0\left[1+\zeta_1 \sin\omega_p t+\sum_{n=2}^{\infty} \zeta_n \sin(n\omega_p t)\right]. \tag{11.18}$$

Es kommt hierbei nicht genau auf die im Bild 11.29d gezeichnete Rechteckform der Pumpschwingung, also nicht auf eine bestimmte Form der Summe $\sum$ in Gl. (11.18) an, sofern nur das Grundschwingungsglied vorherrscht $(1>|\zeta_1|\gg|\sum|)$.

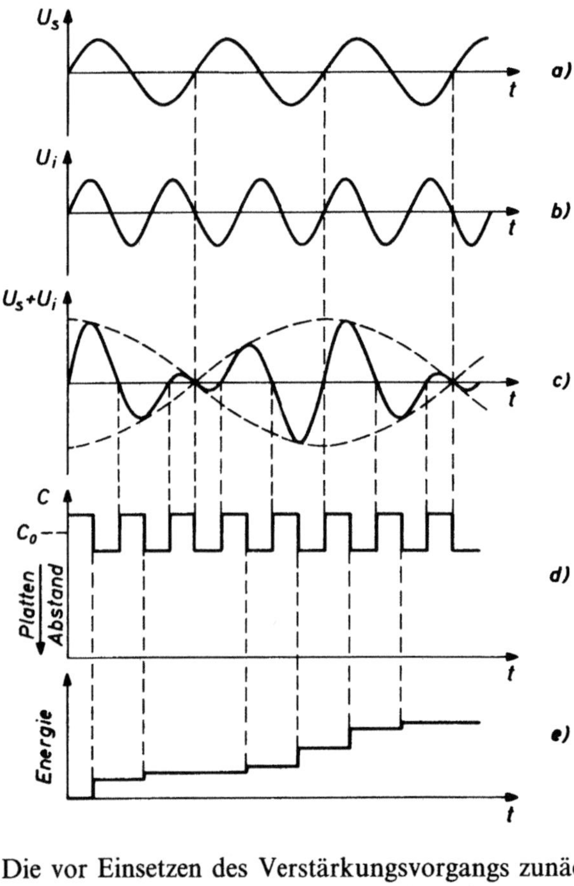

Bild 11.29. Für das Beispiel ω_s: $\omega_i=2:3$ dargestellter zeitlicher Verlauf der Spannungen U_s, U_i, U_s+U_i sowie der Kapazität C des veränderlichen Kondensators und der dadurch zugeführten Energie im parametrischen Verstärker nach Bild 11.28.

Die vor Einsetzen des Verstärkungsvorgangs zunächst allein vorhandene Signalspannung U_s hat bei schwingendem Kondensator (Gl. (11.18)) den Strom

$$\begin{aligned} I &= \frac{\mathrm{d}}{\mathrm{d}t}[C(t)\,U_s(t)] \approx C_0\,\hat{U}\,\frac{\mathrm{d}}{\mathrm{d}t}\{(1+\zeta_1 \sin\omega_p t)\sin\omega_s t\} \\ &= \omega_s C_0\,\hat{U}\left[\cos\omega_s t+\zeta_1\left(1+\frac{\omega_i}{2\omega_s}\right)\sin(2\omega_s+\omega_i)t-\zeta_1\frac{\omega_i}{2\omega_s}\sin\omega_i t\right] \end{aligned} \tag{11.19}$$

zur Folge, dessen Komponente mit $\sin\omega_i t$ am Idlerkreis die in Gl. (11.16) vorausgesetzte Spannung $U_i \sim \sin\omega_i t$ hervorruft. Die Bedeutung der Idlerschwingung liegt darin, daß sich deren Phase je nach der beliebigen Phasenbeziehung zwischen Signal- und Pumpschwingung immer gerade so einstellt, daß die Spannung $U_s + U_i$ die zur Energieaufnahme günstige Phase gegenüber der Pumpschwingung (Bild 11.29c, d) erhält.

Die parametrische Energieübertragung zeichnet sich im Vergleich zu anderen Verstärkungsmechanismen dadurch aus, daß sie im Idealfall verlustfreier gesteuerter Blindwiderstände rauschfrei erfolgt, weil reine Blindwiderstände keine Rauschleistung abgeben.

Die als steuerbarer Kondensator benutzte p-n-Diode („Varactor") ändert ihre Kapazität im Sperrspannungsbereich (Gleichvorspannung U_0 erforderlich: $- \rightarrow$p, $+ \rightarrow$n) gemäß Bild 11.30 mit der anliegenden Spannung. Zur Steuerung wird in die Verstärkeranordnung nach Bild 11.28 über einen dritten, auf ω_p abgestimmten Schwingungskreis die „Pumpspannung" U_p der Frequenz ω_p eingekoppelt (gestrichelte Verbindung offen). Das Pumpfeld verschiebt in der Diode die Elektronen- und Löcherfront beiderseits der p-n-Grenze gegeneinander (Bild 11.17a) und gibt dabei in der entsprechenden Phase Energie an die mit der Spannung $U_s + U_i$ verknüpfte Zusatzladung $q = C(U_s + U_i)$ ab.

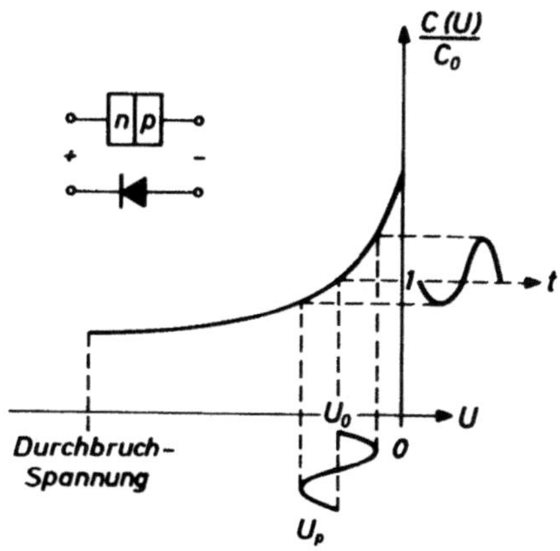

Bild 11.30. Abhängigkeit der Kapazität C einer pn-Diode von der in Sperrichtung angelegten Spannung U.

Parametrische Verstärker finden besonders im GHz-Frequenzbereich als rauscharme Vorverstärker (z.B. in radioastronomischen Empfangsanlagen) Anwendung. Als Signal-, Idler- und Pump-Schwingungskreise dienen dann Koaxial- oder Hohlleiter-Resonatoren. Z.B. können zwei verschiedene Eigenschwingungen eines einzigen Hohlraumresonators die Signal- und Idlerschwingung bilden. Das zu verstärkende und das verstärkte Signal treten im parametrischen Verstärker *nicht* voneinander getrennt auf. Die Trennung läßt sich mit einem davorgeschalteten Zirkulator (s. Abschnitt 8.4.3) erreichen.

An einer gemäß Bild 11.28 geschalteten Vorführungsapparatur beobachten wir mit einem Oszillographen die Spannungen U_s, U_i, $U_s + U_i$, U_p und ihre relative Phasenlage (Bild 11.29a...d). Mit einem Frequenzzähler prüfen wir die Beziehung (11.17) nach.

Wählt man die Pump- und Signalfrequenz im Verhältnis $\omega_p/\omega_s = 2:1$, so verliert der Idlerkreis wegen $\omega_i = \omega_s$ (s. Gl. (11.17)) seine Bedeutung. Verstärkung ist dann nur möglich, wenn Pump- und Signalspannung in der geeigneten, aus Bild 11.29 ersichtlichen festen Phasenbeziehung miteinander stehen.

Zur Vorführung wählen wir auch diese „entartete" Form eines parametrischen Verstärkers für 1 MHz und entnehmen sowohl die Pump- als auch die Signalspannung einem einzigen Generator. Mit einem Phasenschieber verändern wir die Phase der Pumpspannung und zeigen diese sowie das zu verstärkende und verstärkte Signal gleichzeitig auf einem Oszillographen, um die Phasenabhängigkeit der Verstärkung zu beobachten.

Parametrische Verstärkung bzw. Schwingungserzeugung gibt es in verschiedenen Gebieten der Physik in mannigfachen Abwandlungen. Beispiele aus der Mechanik sind die Kinderschaukel (Schwerpunktsverlagerung mit der doppelten Pendelfrequenz) und die Anregung von Oberflächenwellen auf Wasser durch periodisches vertikales Schütteln einer mit Wasser gefüllten Schale (Wellenfrequenz gleich halber Schüttelfrequenz). – Parametrische Schwingungsbeeinflussung kann auch vereint mit dem Mechanismus der Wanderfeldwechselwirkung erfolgen.

11.2.4.2. Frequenzvervielfacher

Um GHz-Schwingungen sehr hoher Frequenzkonstanz zu erhalten, geht man von den mit Schwingquarzen besser zu stabilisierenden MHz-Generatoren aus und wendet Frequenzvervielfacher mit Zwischenverstärkung an. Frequenzvervielfacher werden auch zur Erzeugung besonders hoher Frequenzen von z. B. einigen 100 GHz eingesetzt, wenn die unmittelbare Erzeugung auf Schwierigkeiten stößt.

Grundsätzlich tritt Frequenzvervielfachung an jedem Schaltelement mit nichtlinearer Strom-Spannungskennlinie

$$I = g_1 U + g_2 U^2 + g_3 U^3 + \cdots \tag{11.20}$$

mit $U = \hat{U} \sin \omega t$ gemäß

$$\begin{aligned} I = \tfrac{1}{2} g_2 \hat{U}^2 + \; & g_1 \hat{U} \sin \omega t - \tfrac{1}{2} g_2 \hat{U}^2 \cos 2\omega t - \tfrac{1}{4} g_3 \hat{U}^3 \sin 3\omega t + \cdots \\ + \;\vdots \quad & + \tfrac{3}{4} g_3 \hat{U}^3 \sin \omega t + \;\vdots \qquad\qquad + \;\vdots \\ + \;\vdots \quad & + \;\vdots \qquad\qquad + \;\vdots \qquad\qquad + \;\vdots \end{aligned} \tag{11.21}$$

auf. Je stärker die Kennlinie gekrümmt ist, um so höhere Frequenzen sind erreichbar. Zur Erzielung hoher Wirkungsgrade bei der Frequenzumsetzung muß das nichtlineare Schaltelement möglichst verlustarm sein. So eignet sich die Kapazitätsvariations-Diode (Varactor) besonders gut zur wirksamen Frequenzvervielfachung. Ihre Stromverzerrung folgt mit $C(U)$ nach Bild 11.30 aus $I = \mathrm{d}[U\,C(U)]/\mathrm{d}t$. Handelsübliche Varaktoren verdreifachen z. B. 400 MHz mit etwa 70 % und 12 GHz mit etwa 60 % Wirkungsgrad, wenn sie in geeignet bemessenen Schwingkreisschaltungen betrieben werden.

Wesentlich höhere Frequenzvervielfachung (10- bis 100fach) ermöglicht die *Speicher-Schalt-Diode (Step-Recovery-Diode)*. Diese p-n-Diode ist so beschaffen, daß bei in Vorwärtsrichtung anliegender Spannung (− →n, + →p) Elektronen aus dem n-Gebiet auf die p-Seite und Löcher aus dem p-Gebiet auf die n-Seite der Sperrschicht (s. Bild 11.17a) gelangen *(Minoritäts-Ladungsträger)* und dort bis zu etwa 10^{-7} s lang gespeichert werden können, ohne daß Rekombination auftritt. Nimmt die Spannung daraufhin ab und geht in die Sperrrichtung über, so fließen die gespeicherten Ladungsträger rückwärts aus der Sperrschicht ab, wonach der Strom dann innerhalb von etwa 10^{-10} s auf Null abfällt. Dem entspricht der zeitliche Stromverlauf im Bild 11.31a, wenn eine sinusförmige Wechselspannung zusammen mit einer geringen Gleichvorspannung in Rückwärtsrichtung (+ →n, − →p) an der Diode liegt. Die Schwingungsdauer $1/f$ der Wechselspannung muß kürzer als die Speicherzeit für die „Minoritäts"-Ladungsträger in der p-n-Sperrschicht sein. Die Spannungsabhängigkeit der dynamischen Diodenkapazität gibt das Bild 11.31b wieder. Die steile Stromänderung nach Bild 11.31a bzw. der scharfe Knick in der $C(U)$-Kurve nach Bild 11.31b verursachen die überaus hohe Frequenzvervielfachung der Speicher-Schalt-Diode.

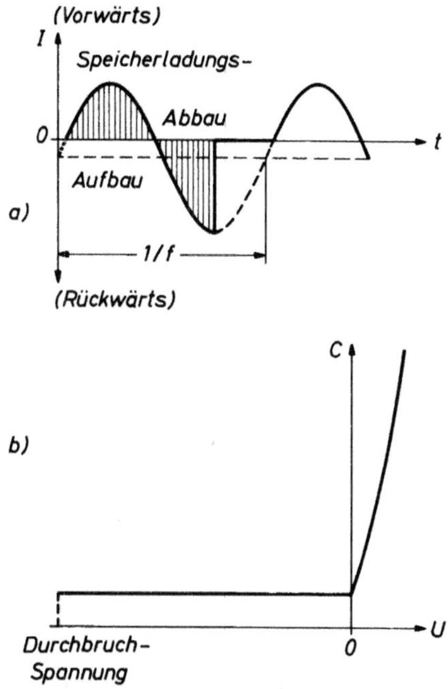

Bild 11.31. (a) Zeitlicher Verlauf des Stroms I durch eine Speicherschalt-Diode, wenn eine sinusförmige Wechselspannung zusammen mit einer geringen Gleichvorspannung in Rückwärtsrichtung (der die gestrichelte Strom-Symmetrielinie entspricht) anliegt. (b) Spannungsabhängigkeit der dynamischen Diodenkapazität C.

Frequenzvervielfachung mit Speicher-Schalt-Diode und Gleichrichterdiode

Wir speisen die Dioden über einen 50-Ω-Widerstand aus einem 50-MHz-Sender und nehmen das Spektrum der verzerrten Diodenspannung mit einem Spektrum-Analysator auf. Im hier benutzten Gerät wird die zu analysierende Spannung nichtlinear mit der „Suchspannung" eines Generators gemischt, dessen Frequenz mit 30 Hz periodisch den Bereich 2 bis 4 GHz durchläuft. Das Mischprodukt gelangt auf einen fest abgestimmten Überlagerungsempfänger, der die 2 GHz-Differenzfrequenz-Spannung aussiebt und verstärkt. Das gleichgerichtete Ausgangssignal zeichnet ein Oszillograph logarithmisch über der Frequenz (0...2 GHz) auf.

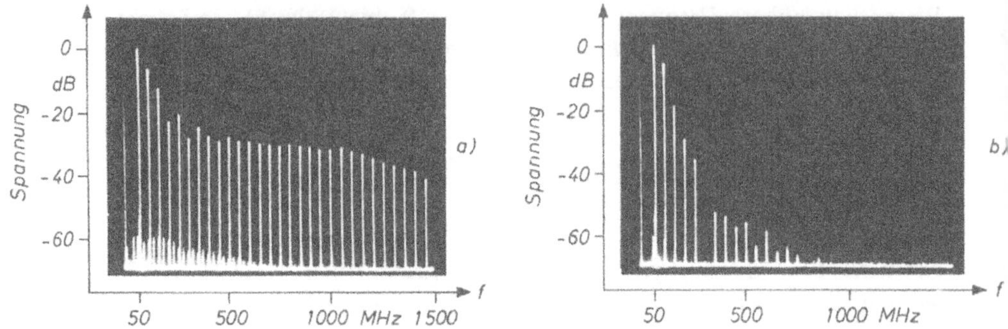

Bild 11.32. Von einer Speicher-Schalt-Diode (a) und von einer Gleichrichterdiode (b) erzeugtes Oberfrequenzspektrum der Diodenspannung bei Speisung mit einem 50 MHz-Strom.

Im Bild 11.32a ist das mit einer Speicher-Schalt-Diode erzeugte, sehr oberfrequenzreiche Spektrum wiedergegeben. Demgegenüber finden sich in dem mit einer normalen Ge-p-n-Diode erzeugten Spektrum im Bild 11.32b wesentlich weniger Oberfrequenzen. Diese Diode stellt einen nichtlinearen ohmschen Widerstand mit annähernd kubischer Strom-Spannungskennlinie ($I/U^3 \approx 0{,}05\,\mathrm{A/V^3}$) in Flußrichtung und mit sehr großem Widerstandswert ($>1\,\mathrm{M}\Omega$) in Sperrichtung dar. Sie dient als Schalter oder Gleichrichter.

11.2.5. Maser

„*Maser*" ist die Abkürzung für **m**olecular **a**mplification by **s**timulated **e**mission of **r**adiation. Dieses von GHz- bis zu Ultraviolettlicht-Frequenzen anwendbare, im optischen Bereich auch „Laser" genannte Prinzip der Schwingungsverstärkung und -Erzeugung beruht darauf, daß Atome oder Moleküle unter geeigneten Bedingungen die aus einer Speisequelle erhaltene Energie in angeregten Zuständen zu speichern vermögen und sie erst unter dem Einfluß („stimuliert" von) der zu verstärkenden Welle passender Frequenz gleichphasig mit dieser und proportional zu deren Amplitude abstrahlen.

Die hier nur zu behandelnden Maser für Frequenzen f zwischen etwa 1 und 100 GHz benötigen atomare Systeme mit entsprechend geringen Unterschieden $\Delta V = hf$ der ausnutzbaren Energiezustände ($h = 6{,}63 \cdot 10^{-34}\,\mathrm{Ws}^2$, *Planck-Konstante*). Im thermischen Gleichgewicht verhält sich die Anzahldichte n_j der im Energiezustand V_j befindlichen Atome zur Anzahldichte n_i der im niedrigeren Zustand V_i befindlichen Atome nach dem Boltzmannschen Energieverteilungsgesetz wie

$$\frac{n_j}{n_i} = \mathrm{e}^{-(V_j - V_i)/kT} = \mathrm{e}^{-hf_{ij}/kT} \tag{11.22}$$

(T absolute Temperatur; $k = 1{,}38 \cdot 10^{-23}$ Ws/°K, *Boltzmann-Konstante*). Diese Verteilung hat im vorliegenden Fall (1 GHz $< f <$ 100 GHz) wegen $hf \ll kT$ ($T > 10$ °K) die im Bild 11.33 strichpunktiert gezeichnete lineare Form. Übergänge zwischen zwei Energiezuständen V_i, $V_j > V_i$ gehen auf folgende vier Weisen vor sich:

(1) Unter *Absorption von Strahlung* mit der Frequenz $f_{ij} = (V_j - V_i)/h$ und der Energiedichte $w (= \varepsilon_0 \varepsilon' \hat{E}^2/2 = \mu_0 \mu' \hat{H}^2/2)$ innerhalb des Frequenzbandes Δf gehen je s und cm³

$$\left(\frac{\mathrm{d}n}{\mathrm{d}t}\right)_{i \to j} = \frac{B n_i w}{\Delta f} \tag{11.23}$$

Atome aus dem Zustand V_i in den höheren Zustand V_j über.

(2) Strahlung mit der Frequenz f_{ij} und der Energiedichte w innerhalb des Frequenzbandes Δf ruft bei den Atomen im Zustand V_j phasengleiche *stimulierte Strahlungsemission* mit der Frequenz f_{ij} hervor, so daß je s und cm³

$$\left(\frac{\mathrm{d}n}{\mathrm{d}t}\right)_{j \to i} = \frac{B n_j w}{\Delta f} \tag{11.24}$$

Atome aus dem Zustand V_j in den niedrigeren Zustand V_i übergehen.

(3) Das durch Energieunschärfe stets verbleibende Nullpunkts-Strahlungsfeld der Energiedichte $(8\pi f_{ij}^2 \Delta f/c^3)(hf_{ij}/2)$ innerhalb des Frequenzbereichs $f_{ij} \ldots f_{ij} + \Delta f$ ($8\pi f^2 \Delta f/c^3$ = Anzahldichte der räumlich und frequenzmäßig voneinander unterscheidbaren Wellen) veranlaßt die Atome im angeregten Zustand V_j zu *spontaner Strahlungsemission* mit regelloser Phase, so daß je s und cm³

$$\left(\frac{\mathrm{d}n}{\mathrm{d}t}\right)_{j \to i} = B n_j \left(\frac{8\pi f_{ij}^2}{c^3} h f_{ij}\right) \tag{11.25}$$

Atome aus dem Zustand V_j in den niedrigeren Zustand V_i übergehen.

(4) *Elektromagnetisch strahlungslose Übergänge* können

$$\left(\frac{\mathrm{d}n}{\mathrm{d}t}\right)_{j \to i} = \frac{n_j}{(\tau_{ji})_{\mathrm{sl}}} \tag{11.26}$$

Atome je s und cm³ aus dem oberen Zustand V_j in den unteren Zustand V_i innerhalb der Relaxationszeit $(\tau_{ji})_{\mathrm{sl}}$ (sl = strahlungslos) dadurch ausführen, daß sie die Energie $V_j - V_i$ im Festkörper durch Anregung von Schall an das Kristallgitter oder im Gas durch Stöße an andere Atome abgeben.

Die Konstante B (*„Einstein-Koeffizient“*) in den Gln. (11.23)...(11.25) ist proportional dem Quadrat des atomaren, Strahlungsabsorption und -emission bewirkenden elektrischen oder magnetischen Dipolmoments. Δf bedeutet die atomare Absorptions-/Emissionslinienbreite oder, falls kleiner, die Übertragungsbandbreite des Leitungssystems (z. B. Resonator), in dem sich das Maser-aktive Material befindet.

Die überall vorhandene thermische („Rausch"-)Strahlung der Energiedichte $\approx (8\pi f_{ij}^2 \Delta f/c^3)kT$ innerhalb des Frequenzbereichs $f_{ij} \ldots f_{ij} + \Delta f$ (s. Abschnitt 12.3.2) würde allein durch Absorption (1) und stimulierte Emission (2) nach den Gln. (11.23) und (11.24) zur Gleichbesetzung ($n_i = n_j$) der Zustände V_i, V_j führen. In Abwesenheit „strahlungsloser" Übergänge (4) sorgt lediglich die spontane Emission (3) für die Einstellung der thermischen Gleichgewichtsverteilung Gl. (11.22). Eine gestörte Verteilung nähert sich durch spontane Emission dem thermischen Gleichgewicht mit der Relaxationszeit (s. Gl. (11.25))

$$(\tau_{ji})_{\mathrm{sp}} = \frac{1}{B(8\pi f_{ij}^2/c^3)h f_{ij}} \tag{11.27}$$

an, die wegen der kleinen Strahlungsquanten hf im 1 ... 100-GHz-Frequenzbereich im Vergleich zu optischen Frequenzen sehr lang ist. Sie beträgt z. B. bei $f = 10$ GHz für magnetische Dipolstrahlung etwa 10^{11} s und für elektrische Dipolstrahlung etwa 10^6 s (gegenüber $10^{-3} \ldots 10^{-10}$ s bei optischen Frequenzen). Wesentlich schneller (im unten behandelten Beispiel in 10^{-8} s) erfolgt dagegen die Relaxation durch strahlungslose Übergänge (Gl. (11.26)):

$$(\tau)_{\mathrm{sl}} \ll (\tau)_{\mathrm{sp}}. \tag{11.28}$$

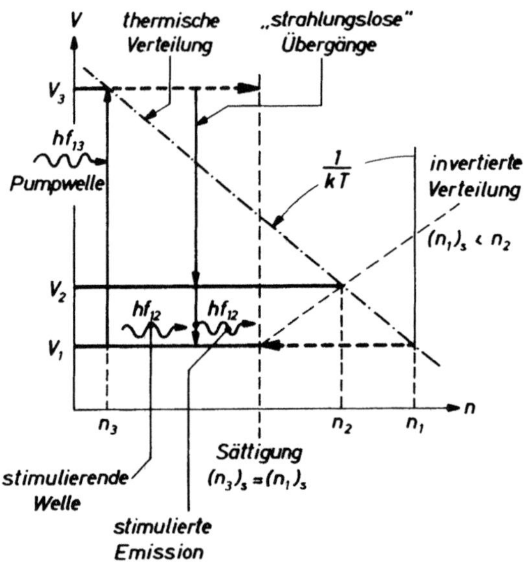

Bild 11.33. Energiezustände V_i eines typischen Maser-aktiven Materials und Anzahldichten n_i der in diesen Zuständen befindlichen Atome oder Moleküle im Fall $\Delta V \ll kT$. Die horizontalen gestrichelten Pfeile geben die durch Pumpen bewirkten n-Änderungen gegenüber der thermischen Verteilung an.

Eine typische Maser-aktive Substanz weist die im Bild 11.33 eingetragenen drei Energiezustände V_1, V_2, V_3 mit den Besetzungszahldichten n_1, n_2, n_3 im thermischen Gleichgewicht auf. (Besondere Maßnahmen ermöglichen auch Maserbetrieb mit zwei oder vier Energiezuständen.) Zur Energieversorgung des Verstärkers wird eine „Pumpwelle" der Frequenz $f_{13}=(V_3-V_1)/h$ eingestrahlt. Wegen $n_1>n_3$ überführt sie gemäß den Beziehungen (11.23) und (11.24) mehr Atome von V_1 nach V_3 als umgekehrt. Diesem Vorgang wirken strahlungslose Übergänge $V_3\rightarrow V_2$ mit der Relaxationszeit $(\tau_{32})_{sl}$ und $V_3\rightarrow V_1$ mit der Relaxationszeit $(\tau_{31})_{sl}$ so rasch entgegen, daß die vergleichsweise viel selteneren Übergänge durch spontane Emission mit den Relaxationszeiten $(\tau_{32})_{sp}$, $(\tau_{31})_{sp}$ für den Abbau von n_3 keine Bedeutung haben. Liefert die Pumpwelle der Energiedichte w_p mehr Energie als durch strahlungslose Übergänge abfließt, so stellt sich schließlich mit dem Gleichgewicht zwischen den Besetzungszahländerungen nach den Gln. (11.23), (11.24) und (11.26) für

$$w_p \gg \frac{\Delta f}{B}\left[\frac{1}{(\tau_{32})_{sl}}+\frac{1}{(\tau_{31})_{sl}}\right] \tag{11.29}$$

die Sättigungsverteilung

$$(n_3)_s \approx (n_1)_s \approx \frac{n_1+n_3}{2} \tag{11.30}$$

der Besetzungszahlen zwischen V_3 und V_1 ein. Wie das Bild 11.33 erkennen läßt, ist daraufhin der Zustand V_1 gegenüber dem Zustand V_2 unterbesetzt, sofern $V_2<(V_1+V_3)/2$ gilt. Diese im Vergleich zur thermischen Verteilung *invertierte* Verteilung

$$\frac{(n_1)_s}{n_2} \approx \tfrac{1}{2}(e^{hf_{12}/kT}+e^{-hf_{23}/kT})<1 \tag{11.31}$$

der Besetzungszahlen bildet die Grundlage für die Maserwirkung. Eine eingestrahlte zu verstärkende Welle der Frequenz $f_{12}=(V_2-V_1)/h$ ruft nun nach den Gln. (11.24) und (11.23) wegen $n_2>(n_1)_s$ mehr stimulierte Emissionsvorgänge als Absorptionsvorgänge hervor. Sie erhält also Energie von den Atomen im Zustand V_2, die von den Atomen im Zustand V_3 durch strahlungslose Übergänge $V_3\rightarrow V_2$ und letztlich aus der Pumpwelle nachgeliefert wird. Die auf diese Weise der stimulierenden Signalwelle mit der anfänglichen Energiedichte w_s zuführbare Leistung hängt gemäß

$$\frac{dw_s}{dt} = w_s B\frac{hf_{12}}{\Delta f}[n_2-(n_1)_s] \tag{11.32}$$

von dem Unterschied der Besetzungszahlen der invertierten Zustände V_1, V_2 ab. Dieser erreicht wegen $hf \ll kT$ bei Zimmertemperatur nach Gl. (11.31)

(s. auch Bild 11.33) nur unbedeutende und erst weit darunter brauchbare Werte (z.B. 0,17% für $f_{13}=30$ GHz und $f_{12}=4$ GHz bei $T=300\,°\mathrm{K}$ gegenüber 11% bei $T=4\,°\mathrm{K}$). Signale des GHz-Frequenzbereichs vermögen Maser also nur bei sehr tiefen Temperaturen wirksam zu verstärken.

Im Vergleich mit allen anderen Verstärker- und Schwingungserzeuger-Arten zeichnet sich der Maser durch äußerst geringes Rauschen aus, weil die Energieübertragung nicht durch strömende elektrische Ladungsträger erfolgt, deren thermische Bewegung mit erheblicher Rauschstrahlung verbunden ist. Der Maser rauscht lediglich aufgrund der bei GHz-Frequenzen sehr seltenen spontanen Emission. Die dadurch nach Gl. (11.25) bei der Betriebsfrequenz f_{12} entstehende Rauschstrahlung der Leistungsdichte $n_2 h f_{12}/\tau_{sp}$ unterliegt ebenso wie das Nutzsignal der Verstärkung durch stimulierte Emission nach Gl. (11.32). Integration der zusammengefaßten Gln. (11.25) und (11.32) mit $\mathrm{d}/\mathrm{d}t = v'\,\mathrm{d}/\mathrm{d}x$ (v' = Gruppengeschwindigkeit) über den vom Masermaterial ausgefüllten Raum ergibt als Rauschenergiedichte aufgrund spontaner Emission am Ausgang des G-fach verstärkenden Masers

$$w_r = (G-1)\frac{n_2}{n_2-(n_1)_s}\left(\frac{8\pi f_{12}^2 \Delta f}{c^3}\right) h f_{12} \tag{11.33}$$

(Gewinn G = Verhältnis der Ausgangs- zur Eingangs-Nutzleistung). Das Rauschen besteht aus Wellenzügen endlicher Länge Δx (Bild 7.13) und Dauer $\Delta t \approx \Delta x/v'$, die bei der Bandbreite Δf des Verstärkers $\Delta t \approx 1/\Delta f$ beträgt. Die Energie eines Wellenzuges erscheint also innerhalb dieses Zeitintervalls am Verstärkerausgang. Von den vielen möglichen, räumlich und frequenzmäßig voneinander unterscheidbaren Wellen der Anzahldichte $8\pi f_{12}^2 \Delta f/c^3$, auf die sich im allgemeinen Fall die Rauschenergie verteilt, wird in praktischen Masern möglichst nur eine angeregt oder ausgekoppelt. Für die Rauschleistung des Masers folgt daher aus Gl. (11.33)

$$P_r = (G-1)\frac{n_2}{n_2-(n_1)_s} h f_{12} \Delta f\,. \tag{11.34}$$

Zur Kennzeichnung des Rauschens dient häufig die in Anlehnung an Gl. (11.22) durch

$$\frac{n_2}{(n_1)_s} = e^{h f_{12}/k T_r} \tag{11.35}$$

definierte *Rauschtemperatur* T_r des Masers. Für $G \gg 1$, $h f_{12} \ll k T_r$ erhält der Ausdruck (11.34) nach Einführen der Definition (11.35) die Form

$$P_r \approx G k T_r \Delta f. \tag{11.36}$$

Diese Beziehung wendet man auch auf andere Verstärker an und ordnet ihnen dadurch als Rauschtemperatur diejenige Temperatur zu, die ein in den Eingang gegebenes thermisches Rauschen haben müßte, um am Ausgang des rauschfrei gedachten Verstärkers die gleiche Rauschleistung zu verursachen, wie sie im wirklichen rauschenden Verstärker erzeugt wird. Im schon erwähnten Beispiel des mit $f_{12}=4$ GHz, $f_{13}=30$ GHz bei $T=4\,°K$ arbeitenden Masers beträgt die Rauschtemperatur aufgrund spontaner Emission $T_r \approx 1{,}7\,°K$. Praktisch unvermeidliche zusätzliche Rauschquellen tragen noch einige °K zur Gesamtrauschtemperatur bei. Bei Zimmertemperatur betriebene parametrische 4-GHz-Verstärker mit Kapazitäts-Variationsdiode (Abschnitt 11.2.4.1) haben Rauschtemperaturen um 100...200 °K. Die Rauschtemperaturen rauscharmer Wanderfeldröhren-Verstärker liegen etwa zwischen 250 und 450 °K.

Bei typischen Festkörper-Masern werden die aktiven atomaren Systeme von paramagnetischen Ionen gebildet, die in geringer Konzentration in nichtparamagnetischen, verlustarmen Wirtskristallen eingebaut sind. Als Beispiel sei

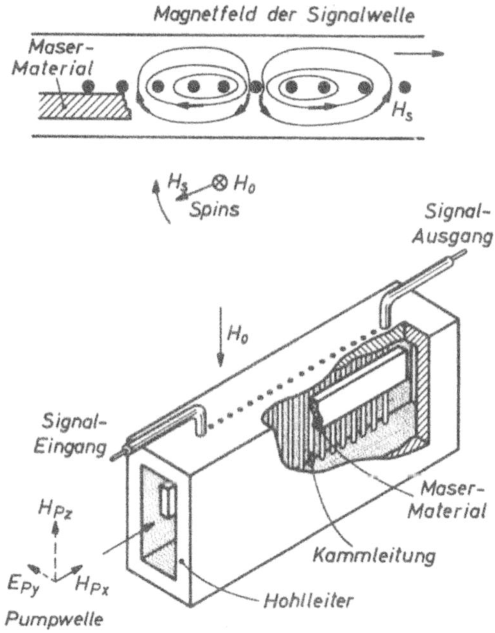

Bild 11.34. Wanderwellen-Maser mit kammförmiger Verzögerungsleitung für die Signalwelle, deren Magnetfeld $\boldsymbol{H}_s$ oben gesondert dargestellt ist. Es rotiert im Masermaterial gleichsinnig mit den um das statische Magnetfeld $\boldsymbol{H}_0$ präzedierenden Elektronenspins. Die Anregung der Spinpräzession erfolgt durch die Hohlleiterfeldkomponente H_{Px} der Pumpwelle.

Rubin erwähnt, in dem die paramagnetischen Cr^{3+}-Ionen im Verhältnis von etwa $4:10^4$ die Plätze von Al^{3+}-Ionen des Al_2O_3-Kristalls einnehmen. Das Cr^{3+}-Ion besitzt in der inneren, nicht aufgefüllten $3d$-Schale drei ungepaarte Elektronen. Ihr resultierendes spinmagnetisches Moment erhält in einem statischen Magnetfeld H_0 von einigen kOe vier Einstellmöglichkeiten verschiedener

Energie, von denen drei die Energiezustände V_1, V_2, V_3 für den Maserbetrieb bilden. Der Energieaustausch mit der Pump- und Signalwelle erfolgt durch die Wechselwirkung des zu $\boldsymbol{H}_0$ senkrechten magnetischen Strahlungsfeldes mit dem um $\boldsymbol{H}_0$ präzedierenden spinmagnetischen Moment in paramagnetischer Resonanz (ähnlich ferromagnetischer Resonanz, Abschnitt 8.4.1). Die Spin-Gitter-wechselwirkung führt zu strahlungslosen Übergängen mit der Relaxationszeit τ_{sl} von etwa 10^{-8} s.

Um die für wirksamen Maserbetrieb erforderliche möglichst hohe Energiedichte w_s des zu verstärkenden Signals zu erreichen, benutzt man ganz oder teilweise mit der aktiven Substanz gefüllte Hohlraumresonatoren, die jedoch nur Signale geringer Bandbreite $\Delta f \approx 0{,}1 \ldots 1$ MHz zu verstärken gestatten. Größere Bandbreiten bis etwa 100 MHz weist der Wanderwellen-Maser auf, bei dem eine fortschreitende Welle das in einem Hohlleiter angeordnete Material durchsetzt. Hier verhilft erniedrigte Gruppengeschwindigkeit v' zu möglichst hoher Signal-Energiedichte w_s bei vorgegebener Signal-Energieflußdichte $\bar{S}$ gemäß $w_s = \bar{S}/v'$. Zur Signalverzögerung kann ein Wirtskristallmaterial mit großer Dielektrizitätszahl (z.B. TiO_2 mit ε' bis 260) oder eine Verzögerungsleitung dienen. Als Beispiel ist im Bild 11.34 ein Wanderwellen-Maser mit kammförmiger Verzögerungsleitung dargestellt.

12. Schwingungs-Modulation und -Demodulation

Bei Messungen mit elektromagnetischen Schwingungen besteht ein verwertbares Meßergebnis meist darin, daß *Änderungen* der Amplitude, der Frequenz oder der Phase einer Schwingung in einem physikalischen Vorgang gefunden werden. In umfassendem Sinn und zugleich in der Ausdrucksweise der Nachrichtentechnik kann man derartige Änderungen als *Modulation* bezeichnen. Die Modulation kann durch eine zu untersuchende Erscheinung, z. B. die Wechselwirkung von Wellen mit Ladungsträgern, bedingt sein. In engerem Sinn spricht man von Modulation, wenn absichtliche Änderungen eines Schwingungsparameters dazu dienen, Nachrichten zu übermitteln. Zum Nachweis oder zur Auswertung der Modulation einer Schwingung bedarf es des Vorgangs der *Demodulation.*

Jede Signalübertragung unterliegt Störungen. Wie weit sich Störungen auswirken können, hängt vom Modulations- und Demodulationsverfahren ab. Aus dem Bestreben, Störeinflüsse möglichst gering zu halten und zudem möglichst viel Information je „Nachrichtenträger" zu übermitteln, sind zahlreiche Modulations- und Demodulationsarten entstanden, von denen hier nur einige einfache Formen behandelt werden.

12.1. Modulation sinusförmiger Schwingungen

12.1.1. Amplitudenmodulation

Bei der einfachsten Form der Amplitudenmodulation führt die Amplitude einer sinusförmigen hochfrequenten „Trägerschwingung" der Kreisfrequenz ω_T sinusförmige Schwankungen mit der kleineren Modulationsfrequenz ω_M aus. Dementsprechend gilt für den zeitlichen Verlauf einer amplitudenmodulierten Wechselspannung

$$U(t) = \hat{U}(1 + m\cos\omega_M t)\sin\omega_T t \tag{12.1 a}$$

$$= \hat{U}\sin\omega_T t + \frac{m}{2}\hat{U}\sin(\omega_T + \omega_M)t + \frac{m}{2}\hat{U}\sin(\omega_T - \omega_M)t. \tag{12.1 b}$$

Er ist im Bild 12.1 dargestellt. Das Verhältnis m der Amplitude $m\hat{U}$ der modulierenden Schwingung *(Amplitudenhub)* zur Amplitude $\hat{U}$ der unmodulierten Trägerschwingung bezeichnet man als *Modulationsgrad* $(0 \leq m < 1)$.

In einem ebenen, rechtwinkligen Koordinatensystem kann man die Trägerschwingung $\hat{U}\sin\omega_T t$ durch die Projektion eines gleichförmig mit der Winkelgeschwindigkeit ω_T rotierenden Zeigers der Länge $\hat{U}$ auf eine der beiden Koordinatenachsen beschreiben. Die zur Amplitudenmodulation erforderliche periodische Längenänderung dieses Zeigers läßt sich durch zwei weitere, an seiner Spitze angesetzte Zeiger der Länge $m\hat{U}/2$ erreichen. Sie müssen, wie im Bild 12.2a gezeigt, bezüglich des $\hat{U}$-Zeigers mit der Winkelgeschwindigkeit ω_M und mit solcher Phase gegenläufig zueinander rotieren, daß ihre Resultierende jederzeit die Richtung des $\hat{U}$-Zeigers hat. Bezüglich des Koordinatensystems rotieren die $m\hat{U}/2$-Zeiger folglich mit den Winkelgeschwindigkeiten $\omega_T - \omega_M$ bzw. $\omega_T + \omega_M$. Aus dieser Beschreibungsweise geht also unmittelbar hervor, daß die sinusförmig amplitudenmodulierte Schwingung in drei Teilschwingun-

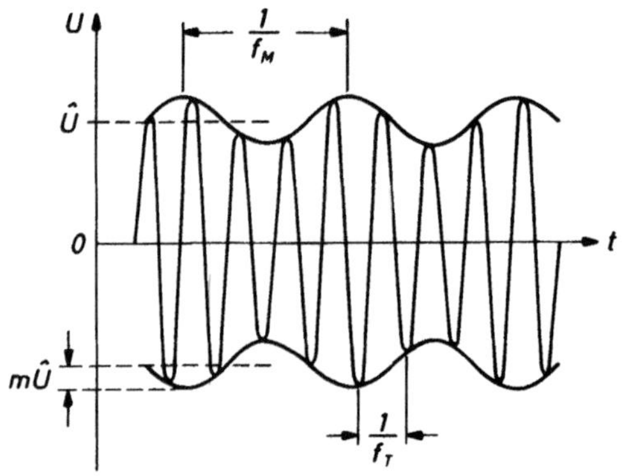

Bild 12.1. Zeitlicher Verlauf einer sinusförmig amplitudenmodulierten sinusförmigen Wechselspannung mit der Trägerfrequenz f_T und der Modulationsfrequenz f_M.

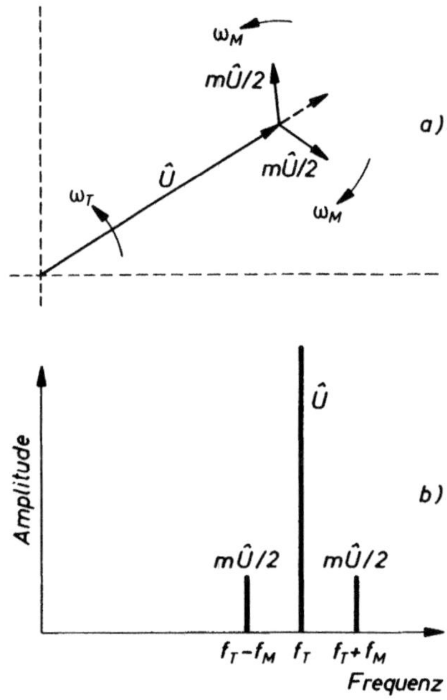

Bild 12.2. Zeigerdiagramm (a) und Spektrum (b) einer sinusförmig amplitudenmodulierten sinusförmigen Wechselspannung.

gen, die Trägerschwingung mit $\hat{U}$, ω_T und zwei „Seitenschwingungen" mit $m\hat{U}/2$, $\omega_T \pm \omega_M$, zerlegbar ist, was auch, weniger anschaulich, die trigonometrische Umformung des Ausdrucks (12.1 a) in (12.1 b) ergibt. Das entsprechende Spektrum findet sich im Bild 12.2b. Bei nichtsinusförmiger Modulation treten im Spektrum anstelle der einen oberen und der einen unteren Seitenfrequenz Seiten*bänder* mit der der modulierenden Schwingung entsprechenden spektralen Zusammensetzung auf.

Auf sehr einfache Weise können wir das Spektrum einer amplitudenmodulierten Schwingung mit einem Zungenfrequenzmesser zur Netzfrequenzmessung sichtbar machen. Er enthält eine Reihe von Metallzungen verschiedener mechanischer Eigenfrequenzen. Ein Elektromagnet regt jeweils die Zunge am stärksten zu Schwingungen an, deren Eigenfrequenz mit der Frequenz des die Magnetspule durchfließenden Wechselstroms übereinstimmt. Den 50-Hz-Netzwechselstrom unterbrechen und schließen wir mit einem Handtastenschalter etwa 3 bis 4 mal je Sekunde. Wir beobachten, wie im Bild 12.3 wiedergegeben, daß außer der 50-Hz-Zunge auch die beiden um die Modulationsfrequenz 3,5 Hz benachbarten Zungen schwingen.

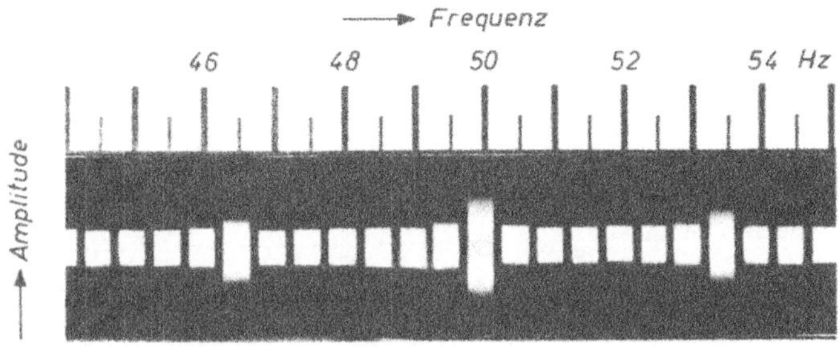

Bild 12.3. Zungenfrequenzmesser, erregt durch 3- bis 4mal je Sekunde unterbrochenen Netzwechselstrom.

Elegantere Mittel, um grundsätzlich das gleiche zu zeigen, sind ein Transistor oder eine Vakuumtriode an Stelle des Handschalters und ein Spektrumanalysator an Stelle des Zungenfrequenzmessers. Die durch Steuerung mit der Modulationsspannung auftretenden Widerstandsänderungen des Transistors oder der Röhre ermöglichen die Modulation eines Trägerfrequenzsignals; der Analysator zeichnet unmittelbar das Spektrum wie im Bild 12.2 auf. Zur Erzielung rein sinusförmiger Modulation durch eine sinusförmige Modulationsspannung, also einer linearen Modulationskennlinie, bedarf es besonderer Schaltungsmaßnahmen.

Nach Bild 12.2a und Gl. (12.1b) enthält der trägerfrequente (ω_T) Anteil des amplitudenmodulierten Signals keine Information. Er brauchte also nicht unbedingt übertragen zu werden. Zur Rückgewinnung der Modulation setzt man die Trägerschwingung aus einem beliebigen Generator, der jedoch genau frequenz- und phasengleich mit dem ursprünglichen Träger schwingen muß, den Seitenschwingungen wieder zu. Das läßt sich am einfachsten erreichen, wenn der ursprüngliche Träger, nur unvollständig unterdrückt, mit übertragen wird. Zur Amplitudenmodulation mit Trägerunterdrückung eignet sich eine „Brücke" aus vier gleichen Gleichrichterdioden in der Schaltung nach Bild 12.4. Die beiden Diodenzweige 1–2 und 3–4 stellen zwei Spannungsteiler dar, die zwar je nach der Phase der anliegenden Trägerfrequenzspannung abwechselnd hoch- oder niederohmig sind, jedoch übereinstimmende Teilungsverhältnisse 2:1 aufweisen. Zwischen den Abgriffen *a*, *a'* besteht also keine Spannung. Das gilt bei fehlender Modulationsspannung oder in den Nullstellen der anliegenden Modulationsspannung. Bei von Null verschiedenem Momentanwert der Modulationsspannung ändern sich die Teilungsverhältnisse der beiden Spannungsteiler in entgegengesetztem Sinn. Der Modulationsgenerator erteilt jeder Diode eine „Vorspannung", deren Phasenlage die Pfeile im Bild 12.4 andeuten. Z.B. werden im Fall der ausgezogenen Pfeile Diode 1 nieder-, Diode 2 hochohmiger, dagegen jedoch Diode 3 hoch- und Diode 4 niederohmiger. Zwischen

a, a' erscheint also jetzt eine Spannung mit der Frequenz ω_T und mit einer Amplitude, die im Idealfall linearer Diodenkennlinie proportional dem Momentanwert der Modulationsspannung ist. Mit jedem Nulldurchgang der Modulationsspannung springt die Phase der Spannung zwischen a, a' um 180°. So ergibt sich insgesamt der im Bild 12.5a oszillographierte Schwingungsverlauf, die Schwebung der beiden Seitenschwingungen mit den Frequenzen $f_T \pm f_M$. Das davon aufgenommene Spektrum zeigt Bild 12.5b. In praktischen Nachrichtenübertragungssystemen wird häufig außer der Trägerschwingung auch noch eine der beiden Seitenschwingungen unterdrückt, um mit einem möglichst schmalen Frequenzband je Nachricht auszukommen (Einseitenband-Übertragung).

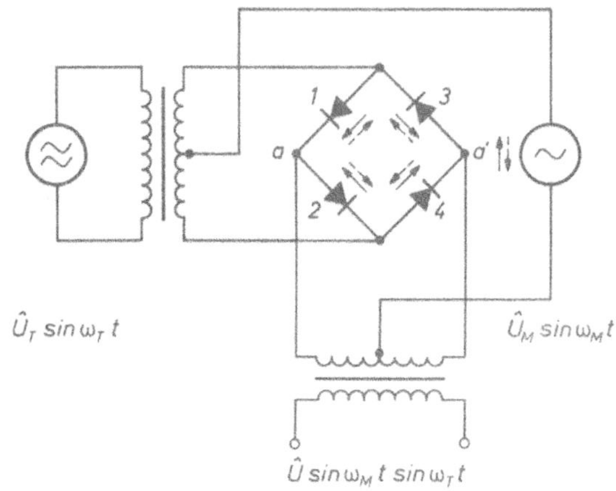

Bild 12.4. Amplitudenmodulator mit Trägerunterdrückung.

Die Amplitudenmodulation mit vollständig übertragenem Spektrum findet man bei allen Rundfunksendern des Lang-, Mittel- und Kurzwellenbereichs. Üblicherweise beträgt die Breite des Modulationsfrequenzbandes 30 Hz $\leq f_M \leq$ 4,5 kHz.

Beim Fernsehrundfunk (41 MHz $\leq f_T \leq$ 68 MHz; 174 MHz $\leq f_T \leq$ 223 MHz; 470 MHz $\leq f_T \leq$ 790 MHz) erfolgt die Übertragung der Bildinformation

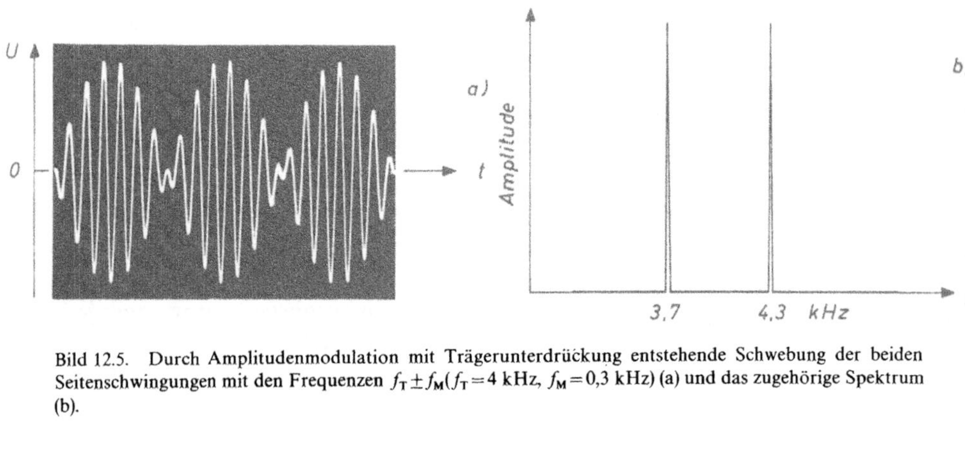

Bild 12.5. Durch Amplitudenmodulation mit Trägerunterdrückung entstehende Schwebung der beiden Seitenschwingungen mit den Frequenzen $f_T \pm f_M$ (f_T = 4 kHz, f_M = 0,3 kHz) (a) und das zugehörige Spektrum (b).

(Helligkeit; Zeilen-, Bildwechsel) auch mittels Amplitudenmodulation. Die maximale Modulationsfrequenz beträgt $(f_M)_{max} = 5{,}5$ MHz. Das untere Seitenband ist unterdrückt. Die Zeilenwechselimpulse geben dem Bildmodulationsspektrum die Grundform eines Linienspektrums. In den darin enthaltenen Lücken liegen bei der Farbfernsehmodulation die Seitenlinien des Farbartsignals, dessen oberes Seitenband teilweise und dessen Träger unterdrückt sind.

Neben der Amplitudenmodulation im Zeitbereich kommt bei der Ausbreitung von Wellen oft auch räumliche Amplitudenmodulation vor. Einen typischen „Modulator" bildet in dieser Beziehung ein Gitter räumlich periodisch wechselnder Durchlässigkeit oder räumlich periodisch wechselnden Reflexionsgrades *(Amplitudengitter)*, das die durchgelassenen bzw. reflektierten und gebeugten Anteile einer auftreffenden Welle zur Interferenz veranlaßt. Die nullte Beugungsordnung entspricht dem Träger, die höheren Beugungsordnungen bilden die Seitenbänder.

12.1.2. Phasen- und Frequenz-Modulation

Bei der einfachsten Form der *Phasenmodulation* führt der Nullphasenwinkel der hochfrequenten Trägerschwingung sinusförmige, niederfrequente Schwankungen aus gemäß

$$U(t) = \hat{U} \sin[\omega_T t + \hat{\varphi}_M \sin(\omega_M t)]. \tag{12.2}$$

Zeitdifferentiation des Ausdrucks in den eckigen Klammern ergibt die *Momentanfrequenz*

$$f(t) = f_T + \hat{\varphi}_M f_M \cos(\omega_M t). \tag{12.3}$$

Dadurch erweist sich die Phasenmodulation als Sonderfall der *Frequenzmodulation*, in dem der Modulationshub von der Modulationsfrequenz abhängt. Für die normale frequenzmodulierte Schwingung, deren Modulationshub und -frequenz ebenso wie bei der Amplitudenmodulation nicht zusammenhängen, ist also zu schreiben

$$U(t) = \hat{U} \sin\left[\omega_T t + m \frac{\omega_T}{\omega_M} \sin(\omega_M t)\right]. \tag{12.4}$$

Sie hat die Momentanfrequenz

$$f(t) = f_T(1 + m \cos \omega_M t), \tag{12.5}$$

in der m den Modulationsgrad und $m f_T$ den *Frequenzhub* bedeuten $(0 \leq m < 1)$. Das Bild 12.6 zeigt eine mit einem Analogrechner hergestellte frequenzmodulierte Schwingung und die zugehörige modulierende Schwingung. Der Modulationsgrad beträgt hier etwa 0,36.

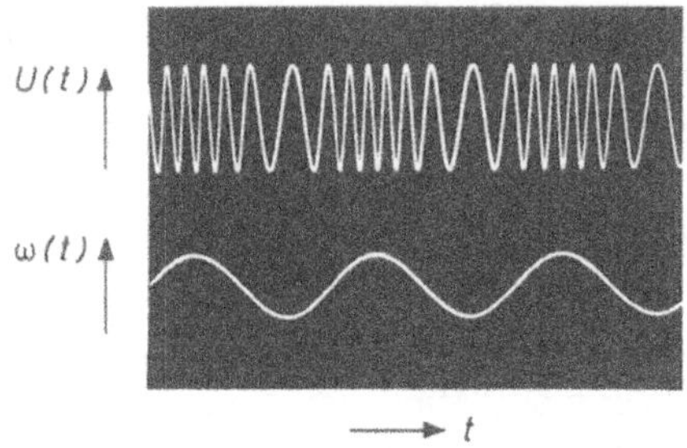

Bild 12.6. Zeitlicher Verlauf einer sinusförmig frequenzmodulierten sinusförmigen Wechselspannung $U(t)$ und ihrer Momentanfrequenz $\omega(t)$, hergestellt mit einem Analogrechner. Trägerfrequenz $f_T \approx 1{,}1$ Hz; Modulationsfrequenz $f_M = 0{,}14$ Hz.

Die frequenzmodulierte Schwingung geringen Frequenzhubes läßt sich ähnlich wie die amplitudenmodulierte Schwingung (Bild 12.2a) durch drei rotierende Zeiger beschreiben. Abweichend davon muß jedoch hier die Resultierende der beiden kleinen, mit ω_M gegensinnig umlaufenden Zeiger der Längen $m\hat{U}\,\omega_T/2\,\omega_M \ll \hat{U}$ senkrecht auf dem sich mit ω_T drehenden $\hat{U}$-Zeiger stehen, Bild 12.7a. Dann bleibt der Betrag der Resultierenden aller Zeiger annähernd konstant (konstante Amplitude), während die resultierende Winkelgeschwindigkeit zwischen $\omega_T(1 \pm m)$ schwankt. Die einzelnen Drehbewegungen der drei Zeiger bezüglich des Koordinatensystems bedeuten, daß die schwach frequenzmodulierte Schwingung $(m\,\omega_T \ll \omega_M)$ ebenso wie die amplitudenmodulierte Schwingung aus drei Teilschwingungen besteht, deren Amplituden-Spektrum im Bild 12.7b dargestellt ist. Darauf führt auch die trigonometrische Umformung der Gl. (12.4) nach Entwicklung der $m\,\omega_T/\omega_M \ll 1$ enthaltenden cos- und sin-Glieder:

$$U(t) \approx \hat{U}\sin\omega_T t + \frac{m}{2}\,\hat{U}\,\frac{\omega_T}{\omega_M} \times \{\sin(\omega_T+\omega_M)t - \sin(\omega_T-\omega_M)t\}\,. \tag{12.6}$$

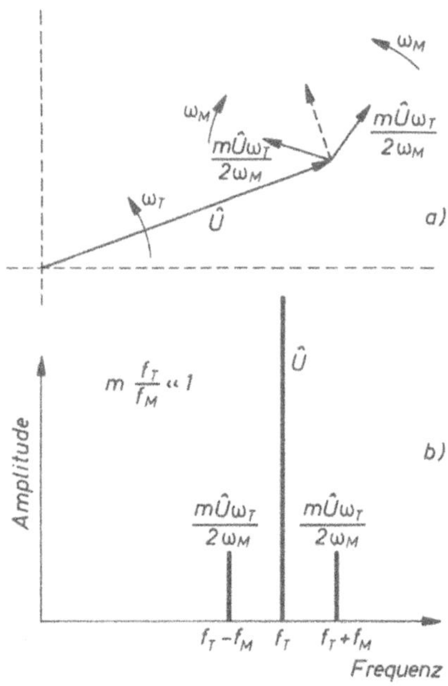

Bild 12.7. Zeigerdiagramm (a) und Spektrum (b) einer sinusförmig frequenzmodulierten sinusförmigen Wechselspannung geringen Frequenzhubs.

Der Vergleich von Gl. (12.6) mit Gl. (12.1b) und von Bild 12.7 mit Bild 12.2 ergibt, daß sich die unteren Seitenschwingungen bei der Frequenz- und Amplitudenmodulation um π in der Phase unterscheiden. Auf Grund dessen läßt sich z. B. ein geringer, einer Amplitudenmodulation überlagerter Frequenzmodulationsanteil im Spektrum an der ungleichen Amplitude der Seitenschwingungen erkennen.

Umwandlung von Amplituden- in Frequenzmodulation

Aus dem Vergleich der Zeigerdiagramme Bilder 12.2a, 12.7a geht hervor, daß sich ein amplitudenmoduliertes Signal durch Hinzufügen eines trägerfrequenten Signals geeigneter Amplitude und Phase (entsprechend einer Drehung der Trägerphase um $\pi/2$) gemäß Bild 12.8 in ein frequenzmodu-

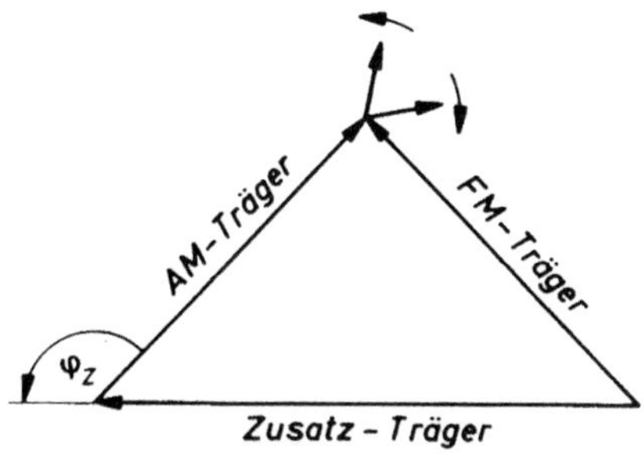

Bild 12.8. Umwandlung der Amplituden- in Frequenzmodulation durch Hinzufügen eines trägerfrequenten Signals, dargestellt im Zeigerdiagramm (vgl. Bilder 12.2a, 12.7a).

liertes Signal überführen läßt. Dazu dient uns die Apparatur nach Bild 12.9. Wir modulieren eine 10-kHz-Trägerspannung mit 200 Hz und setzen eine unmodulierte, phasenverschobene trägerfrequente Spannung zu. Die Oszillogramme der amplitudenmodulierten Spannung (a), der Zusatzträgerspannung (b) und der frequenzmodulierten Spannung (c) gibt das Bild 12.10 wieder. Der Vergleich zwischen (c) und (a) läßt die Trägerphasenverschiebung $\pi/2$ erkennen.

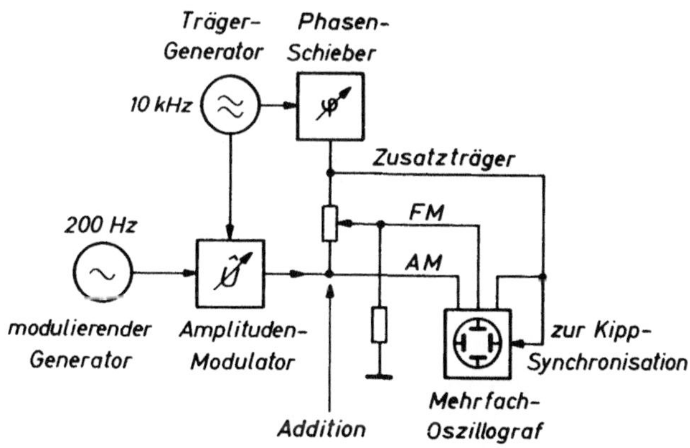

Bild 12.9. Apparatur zur Umwandlung von Amplituden- in Frequenzmodulation in der Art nach Bild 12.8.

Für beliebige Modulationsgrade gilt folgende Entwicklung der Gl. (12.4) in eine Fourier-Reihe:

$$U(t) = \hat{U} \sum_{\nu=-\infty}^{\infty} I_\nu \left(m \frac{\omega_T}{\omega_M} \right) \sin(\omega_T + \nu\,\omega_M)t, \tag{12.7}$$

worin die I_ν Besselfunktionen erster Art der Ordnung ν bedeuten. Demnach weist die frequenzmodulierte Schwingung grundsätzlich ein unendlich breites Spektrum auf. Die Amplituden der Seitenschwingungen mit den Frequenzen $f_T \pm \nu f_M$ nehmen jedoch wegen

$$\left| I_{\pm\nu}\left(m\frac{\omega_T}{\omega_M}\right)\right| \approx \frac{1}{\sqrt{2\pi\nu}}\left(\frac{e\,m\,\omega_T}{2\nu\,\omega_M}\right)^{\nu}, \qquad (\nu \to +\infty) \tag{12.8}$$

für $\nu > e\,m\,\omega_T/(2\omega_M)$, ($e = 2{,}718\ldots$), mit wachsender Ordnungszahl ν stark ab.

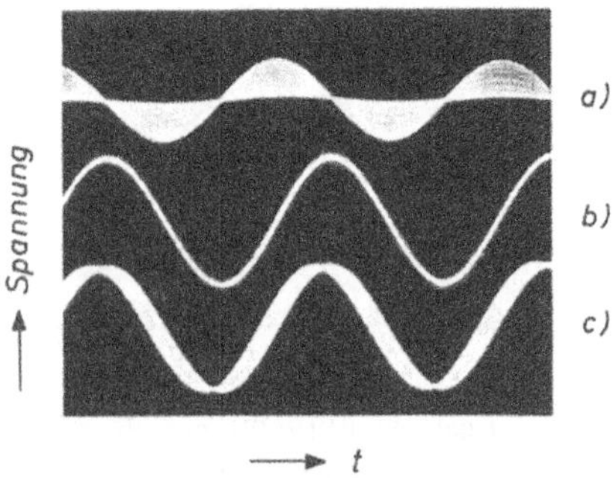

Bild 12.10. In der Apparatur nach Bild 12.9 aufgenommene Oszillogramme der amplitudenmodulierten Spannung (a), der zwecks Umwandlung in Frequenzmodulation addierten Zusatzträgerspannung (b) und der resultierenden frequenzmodulierten Spannung (c).

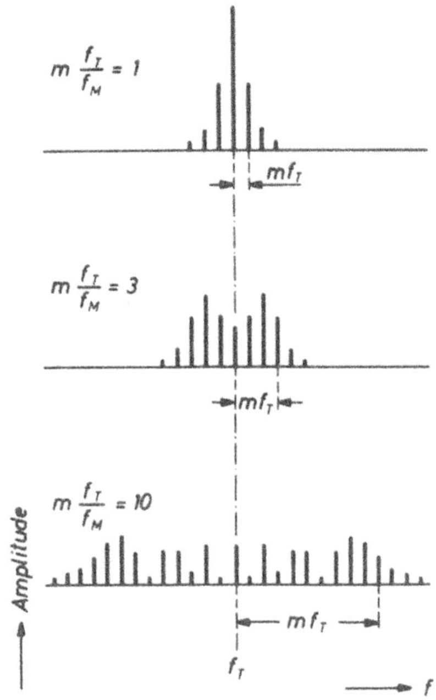

Bild 12.11. Spektren frequenzmodulierter Schwingungen mit verschiedenen Werten des Modulationsindexes mf_T/f_M und des Frequenzhubes mf_T.

Im Bild 12.11 sind Spektren frequenzmodulierter Schwingungen für verschiedene Werte des *Modulationsindexes* mf_T/f_M und des Frequenzhubes mf_T dargestellt. Die Spektralkomponenten jenseits von $f_T(1 \pm m)$ haben nur noch kleine Amplituden.

Eine Schwingung läßt sich dadurch frequenzmodulieren, daß man die Kapazität des Kondensators oder die Induktivität der Spule des zur Schwingungsanregung dienenden Schwingungskreises mit der Modulationsfrequenz verändert. Zur Kapazitätsänderung eignet sich z. B. gut die Kapazitätsvariationsdiode (Abschnitt 11.2.4).

Frequenzmodulation durch Induktivitätsänderung

Wir führen die Frequenzmodulation einer 4-kHz-Schwingung mittels Induktivitätsänderung vor. Die Trägerschwingung (f_T) erzeugen wir mit einem Überlagerungsgenerator (Schwebungssummer) als Differenzfrequenzspannung durch nichtlineares Mischen der Spannungen zweier um f_T gegeneinander verstimmter Hochfrequenzoszillatoren (596 kHz, 600 kHz). Die Induktivität der Schwingkreisspule eines der beiden Oszillatoren steuern wir dadurch, daß wir den ferromagnetischen Spulenkern in der Anordnung nach Bild 12.12 mit einem Gleichstrom I_0 und mit dem Modulationsstrom I_M der Frequenz $f_M = 300$ Hz bis in das nichtlineare Gebiet der Magnetisierungskurve $M(H)$ hinein periodisch vormagnetisieren und so die Permeabilität μ des Spulenkerns mit der Frequenz f_M verändern. Ein Oszillogramm des zeitlichen Verlaufs der frequenzmodulierten Schwingung ist im Bild 12.13 wiedergegeben. Es entsteht dadurch, daß der Oszillograph die Schwingung für die verschiedenen Modulationsphasen und entsprechend verschiedenen Werte der Schwingungsdauer $1/f$ bei festgehaltenem Triggereinsatzpunkt übereinanderschreibt. Das Bild 12.14 zeigt das Ergebnis der automatischen Spektralanalyse der frequenzmodulierten Schwingung für den Fall des Modulationsindexes $mf_T/f_M = 2{,}4$. Da die Besselfunktion nullter Ordnung für diesen Wert gerade eine Nullstelle hat, fehlt der Träger im Spektrum (s. Gl. (12.7)).

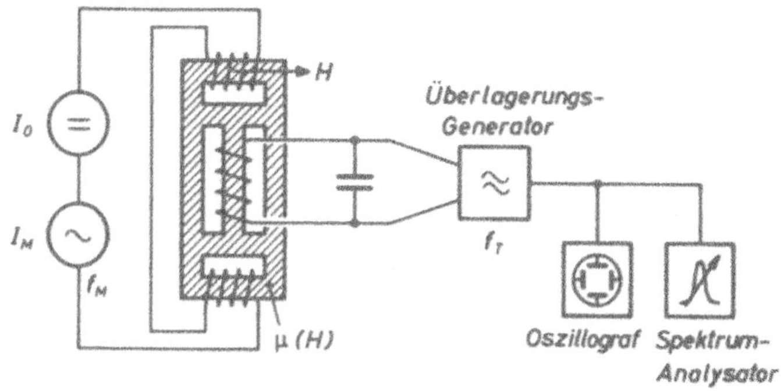

Bild 12.12. Apparatur zur Frequenzmodulation durch Induktivitätsänderung.

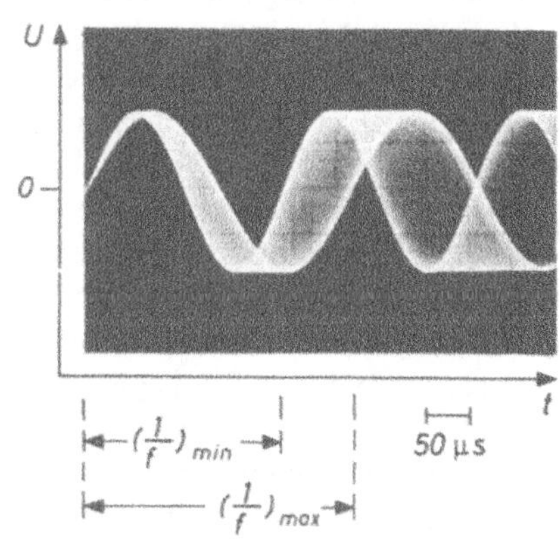

Bild 12.13. In der Apparatur nach Bild 12.12 aufgenommenes Oszillogramm des zeitlichen Verlaufs der frequenzmodulierten Schwingung mit der Trägerfrequenz $f_T = 4$ kHz und der Modulationsfrequenz $f_M = 0{,}3$ kHz.

Frequenzmodulierte Schwingungen mit großem Frequenzhub sind gegenüber Amplitudenstörungen weniger anfällig als amplitudenmodulierte. Die bei keiner Signalübertragung auszuschließenden zusätzlich auftretenden Amplitudenstörschwankungen lassen sich im Empfangsgerät bei *frequenzmodulierten*

Schwingungen durch *Amplitudenbegrenzung* beseitigen, ohne daß darunter die in der Modulation enthaltene Nachricht leidet, die in den Abstandsunterschieden der Nulldurchgänge liegt. Daher findet die Frequenzmodulation zur Erhöhung der Übertragungsqualität im gesamten Ultrakurzwellen-Hörrundfunk

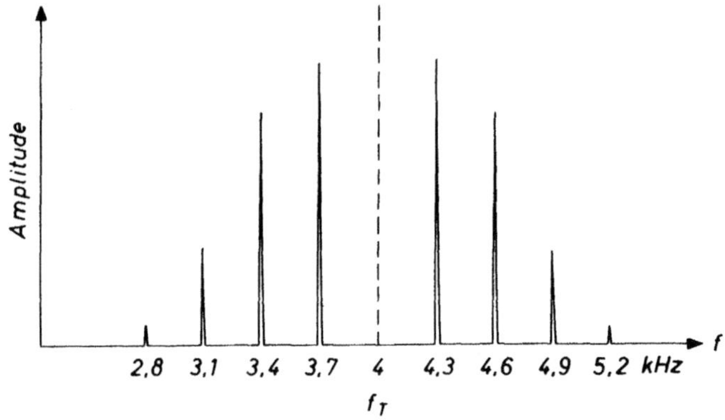

Bild 12.14. In der Apparatur nach Bild 12.12 aufgenommenes Spektrum der frequenzmodulierten Schwingung mit der Trägerfrequenz $f_T = 4$ kHz, der Modulationsfrequenz $f_M = 0{,}3$ kHz und dem Modulationsindex $mf_T/f_M = 2{,}4$.

und auch für die Tonübertragung im Fernsehrundfunk Anwendung. Beim UKW-Rundfunk (87,5 MHz $\leq f_T \leq$ 108 MHz) liegen die Modulationsfrequenzen im Bereich 30 Hz $\leq f_M \leq$ 15 kHz. Der Frequenzhub beträgt maximal $mf_T = 75$ kHz. Das Spektrum der frequenzmodulierten Schwingung erstreckt sich gemäß Gl. (12.8) mit $v_{max} \gtrsim e\,mf_T/(2f_M)$ bis etwa ± 120 kHz beiderseits f_T.

Ein etwas breiteres Spektrum ergibt sich bei der Frequenzmodulation mit stereophonen Signalen. Hier sollen die Signale von zwei Mikrophonen, L (links) und R (rechts), so übertragen werden, daß sich im Empfänger die Signale L, R und für nicht stereophonen Empfang außerdem noch L+R getrennt voneinander zurückgewinnen lassen („Kompatibilität"). Das Modulationsfrequenzspektrum enthält deshalb das Summensignal L+R im Frequenzbereich 30 Hz $\leq f_M \leq$ 15 kHz und außerdem das Differenzsignal L−R, das sich jedoch als Amplitudenmodulation eines 38-kHz-Hilfsträgers gut getrennt vom Summensignal im Frequenzbereich 23 kHz $\leq f_M \leq$ 53 kHz befindet. Der 38-kHz-Hilfsträger wird beim Amplitudenmodulationsvorgang unterdrückt und statt seiner ein 19-kHz-„Pilotsignal" in die zwischen 15 kHz und 23 kHz vorhandene Lücke des Modulationsfrequenzspektrums eingefügt, um davon im Empfänger den zur Rückgewinnung des (L−R)-Signals erforderlichen Hilfsträger durch Frequenzverdopplung ableiten zu können. Das also insgesamt den Frequenzbereich 30 Hz $\leq f_M \leq$ 53 kHz überdeckende Stereophoniesignal wird zur Rundfunkverbreitung dem UKW-Träger als Frequenzmodulation aufgeprägt. Nach der Demodulation im Empfänger ergeben sich die Signale L, R aus L+R, L−R durch Summenbildung, (L+R)+(L−R)=2L, bzw. Differenzbildung, (L+R)−(L−R)=2R. Man hat hier ein Beispiel dafür, wie sich durch mehrfache Modulation und mehrere Modulationsarten schwierigere Aufgaben der Nachrichtenübermittlung, also etwa mehrere Nachrichten über einen Träger zu geben, mit hoher Qualität und möglichst geringem technischen Aufwand lösen lassen. Auch in der Telephontechnik wird hiervon bei der Vielkanalübertragung über Kabel oder Richtfunkstrecken starker Gebrauch gemacht.

Ebenso wie im Zeitbereich gibt es die Phasenmodulation auch räumlich. Ein „Phasengitter“ als räumlichen Modulator bildet z. B. eine Schallwelle in Flüssigkeiten oder Festkörpern, die räumliche Dichteschwankungen und damit Änderungen der Dielektrizitätszahl ε' hervorruft. Eine senkrecht oder schräg die Schallwelle kreuzende elektromagnetische Welle (z. B. Lichtwelle) erleidet daher räumliche Phasenänderungen, die zur Beugung der Welle führen. Die Verteilung der Intensität auf die einzelnen Beugungsordnungen (ν) entspricht genau den im Bild 12.11 gezeigten Spektren, wobei das Argument der Besselfunktionen in Gl. (12.7) durch den Phasenhub $(\Delta\varepsilon'/2\varepsilon')(2\pi l\sqrt{\varepsilon'}/\lambda_0)$ gegeben ist ($\Delta\varepsilon'$ Scheitelwert der Dielektrizitätszahländerung; l geometrische Weglänge der Lichtwelle durch das Schallwellenbündel; λ_0 Lichtwellenlänge).

12.2. Modulation von Impulsfolgen

Für die Nachrichtenübermittlung ist es häufig nicht erforderlich, die Momentanwerte eines Signals zeitlich lückenlos zu übertragen. Es genügt, in periodischer Folge kurze Ausschnitte („Proben“) des Signals zu nehmen, wenn nur die Abtastperiode weniger als die halbe Periode der höchstfrequenten Signalkomponente beträgt („Abtast-Theorem“). Als Signalträger dienen bei diesem Verfahren der Nachrichtenübermittlung Impulsfolgen, d. h. Folgen kurzer Spannungs- oder Stromimpulse. Eine solche Impulsfolge kann zur weiteren Verarbeitung ihrerseits noch eine höherfrequente Sinusschwingung amplituden- oder frequenzmodulieren, was in diesem Abschnitt aber außer Betracht bleibt.

Auf welche Weisen man einer Impulsfolge eine Nachricht aufprägen kann, zeigt das Bild 12.15 am Beispiel einer modulierenden Sinusschwingung. Ihre lückenhaft abgetasteten Momentanwerte finden sich entweder in der Impulsamplitude (-höhe) (c), in der Impulsbreite (-dauer) (d) oder in der Impulslage (-phase) (e) wieder.

Da die *Impulsamplitudenmodulation* ebenso wie die Amplitudenmodulation sinusförmiger Signale gegen hinzutretende Störsignale besonders anfällig ist, hat sie weniger Bedeutung als die beiden anderen Impulsmodulationsarten.

Zur Erzeugung der *Impulsbreitenmodulation* bedient man sich eines bistabilen Kippgeräts („Trigger“), an dessen Eingang man die Modulationsspannung

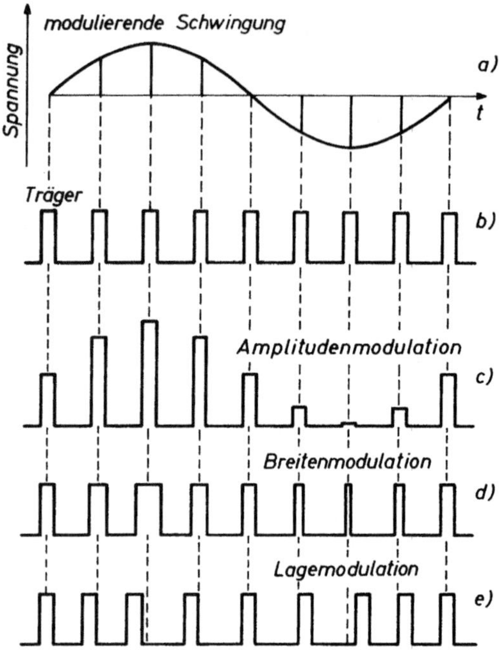

Bild 12.15. Verschiedene Arten der Impulsmodulation.

(f_M) zusammen mit einer höherfrequenten Sägezahnspannung ($f_T \gg f_M$) wesentlich größerer Amplitude legt. Das bistabile Kippgerät hat die Eigenschaft, daß sich beim Überschreiten eines bestimmten Eingangsgleichspannungswertes U_K am Ausgang sehr rasch eine konstante Gleichspannung einstellt. Die Ausgangsspannung verschwindet wieder sehr rasch, wenn die Eingangsspannung den Wert U_K unterschreitet. (Genau genommen unterscheiden sich Einschalt- und Ausschalt-Spannungswert U_K etwas voneinander, was hier aber unberücksichtigt bleiben kann.) Allein mit der Sägezahnspannung am Eingang liefert das bistabile Kippgerät, wie im Bild 12.16b dargestellt, eine periodische Folge gleich breiter und gleich hoher Rechteckimpulse, den Träger. Durch Hinzufügen der Modulations- zur Sägezahnspannung wird der Sägezahn im Takt der Modulationsfrequenz am festen Umschaltniveau U_K vorbeigeschoben (Bild 12.16c), wobei sich nach Bild 12.16d die Breite der Impulse am Ausgang des Kippgeräts ändert, nicht dagegen ihre Höhe entsprechend der Wirkungsweise des bistabilen Kippgeräts. Das Bild 12.17a zeigt ein Oszillogramm breitenmodulierter Impulse, in dem die aufeinanderfolgenden Impulse verschiedener Breite übereinander geschrieben worden sind.

Zur Erzeugung der *Impulslagemodulation* geht man z.B. in einem der verschiedenen möglichen Verfahren von einer breitenmodulierten Impulsfolge aus, differenziert sie und schneidet durch Gleichrichtung die „Nadelimpulse" eines Vorzeichens (im Beispiel die negativen Impulse) weg. Wie aus dem Bild 12.16e durch Vergleich mit der Lage der äquidistanten steilen Sägezahnflanken, Bild 12.16c, hervorgeht, ist diese Nadelimpulsfolge bereits lagemoduliert. Um aus ihr eine lagemodulierte Impulsfolge größerer Signalleistung abzuleiten, gibt man sie auf den Eingang eines monostabilen Kippgeräts. Es hat die Eigenschaft, daß beim Überschreiten eines bestimmten Eingangs-Gleichspannungswertes U_K am Ausgang ein Rechteckimpuls vorgebbarer fester Dauer und konstanter Höhe auftritt, die nicht davon abhängen, ob und wann die Eingangsspannung den Wert U_K wieder unterschreitet. Auf diese Weise entsteht aus der Nadelimpulsfolge, Bild 12.16e, die lagemodulierte Rechteckimpulsfolge im Bild 12.16f. Ein Oszillogramm lagemodulierter Impulse zeigt das Bild 12.17b.

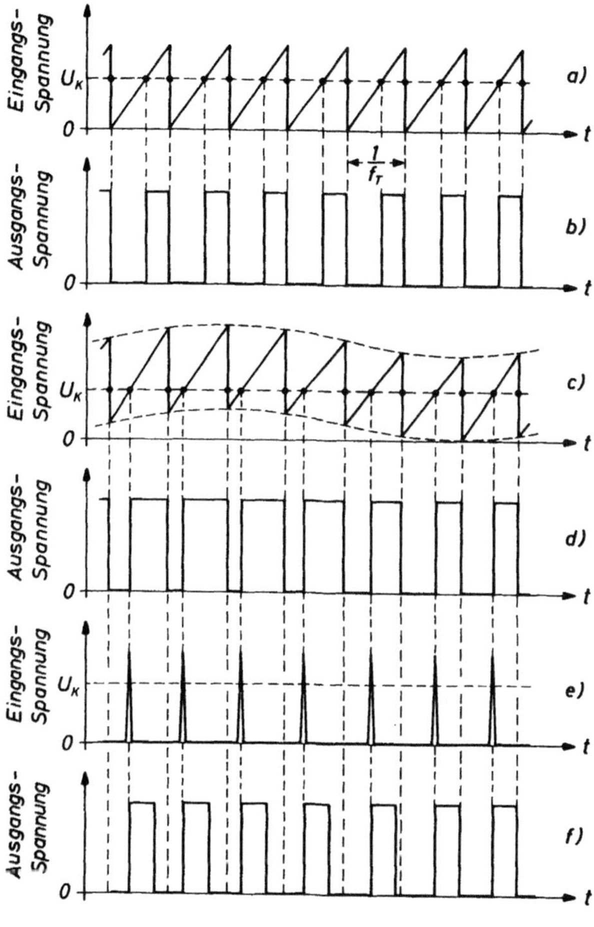

Bild 12.16. Erzeugung einer Trägerimpulsfolge (b) und ihrer Breiten- (d) und Lage- (f) Modulation aus einer Sägezahnspannung (a) mit überlagerter modulierender Sinusspannung (c) mittels eines bistabilen Kippgeräts (b), (d) bzw. durch Differentiation und Gleichrichtung (e) und mittels eines monostabilen Kippgeräts (f).

Mit dem Verfahren der Impulsmodulation gelingt es, mehrere mit verschiedenen Nachrichten modulierte Impulsfolgen zeitlich ineinander zu schachteln und sie im Empfänger mit geringem technischen Aufwand wieder voneinander zu trennen („Zeitfilterung"). Dem entspricht bei den kontinuierlichen Modulationsverfahren (Abschnitt 12.1) die frequenzmäßige Schachtelung (schon erwähntes Beispiel: Fernseh-Bild- und Farbartsignal, Abschnitt 12.1.1), deren Herstellung und Auflösung („Frequenzfilterung") jedoch größere technische

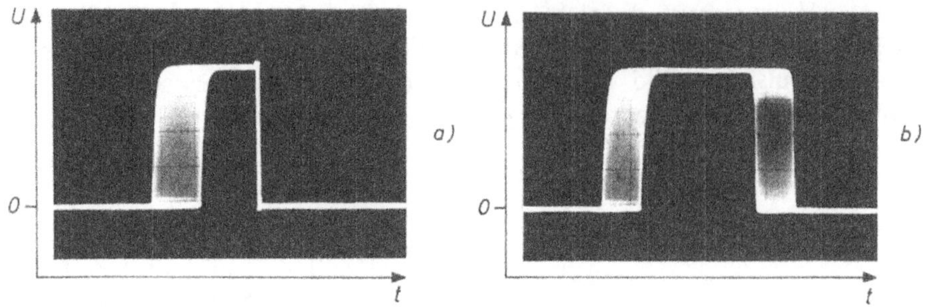

Bild 12.17. Übereinandergeschriebene Impulse einer breitenmodulierten (a) und einer lagemodulierten (b) Impulsfolge. (Trägerfrequenz $f_T = 5\,\text{kHz}$; Modulationsfrequenz $f_M = 100\,\text{Hz}$).

Schwierigkeiten machen. Bei der Impulslagemodulation kommt als Vorteil hinzu, daß während der Übertragung auftretende Impulsverformungen nicht stören, da nur der gegenseitige Abstand der Impulse die Information enthält. Die Impulsform kann im Empfänger und bei längeren Übertragungsstrecken zwischendurch immer wieder erneuert werden.

12.3. Demodulation

12.3.1. Demodulationsverfahren

Die Demodulationsverfahren haben zum Ziel, die Modulation aus dem modulierten Signal möglichst verzerrungsfrei zurückzugewinnen.

Zur *Demodulation amplitudenmodulierter Sinusspannungen* dienen Schaltelemente mit geknickter Strom-/Spannungskennlinie nach Bild 12.18, wie Gleichrichterdioden sie näherungsweise besitzen. Die im Strom noch enthaltenen ein- und mehrfach trägerfrequenten Anteile werden mit einem Tiefpaß herausgesiebt. Unter

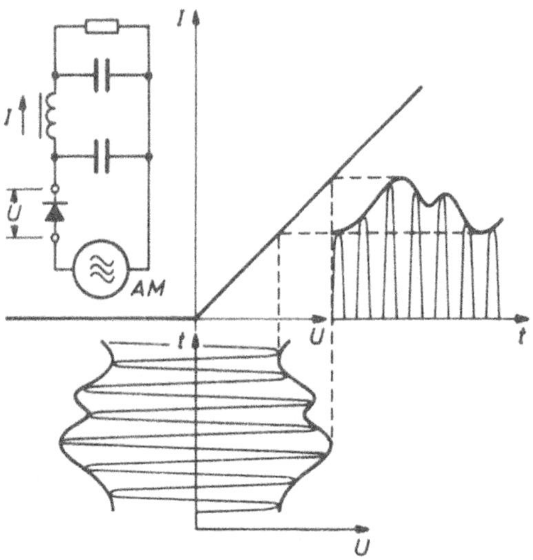

Bild 12.18. Demodulation einer amplitudenmodulierten Spannung an einer Diode mit geknickter Strom-(I-)/Spannungs-(U-)Kennlinie.

Verwendung von zwei im Gegentakt betriebenen Gleichrichterdioden tragen beide Halbwellen (positive und negative) der Trägerschwingung zum demodulierten Signal bei.

Die *Demodulation frequenzmodulierter Sinusspannungen* erfolgt durch Umwandlung der Frequenzmodulation in Amplitudenmodulation und durch anschließende Amplitudendemodulation. Die FM/AM-Umwandlung kann an der Flanke der Resonanzkurve eines Schwingungskreises (Abschnitt 6.4.3) geschehen, dessen Halbwertsbreite die Bandbreite des modulierten Signals überschreitet und dessen Eigenfrequenz um etwa die halbe Halbwertsbreite von der FM-Trägerfrequenz abweicht. Gegenüber dem frequenzmodulierten Signal weist der Schwingungskreis dann einen mit der Frequenz schwankenden Widerstand auf, der Amplitudenschwankungen des Stroms oder der Spannung bewirkt, je nachdem welche der beiden Größen fest vorgegeben ist. Überwiegend findet jedoch eine andere Methode Anwendung, bei der die von Signalfrequenzschwankungen bewirkten Phasenänderungen ausgenutzt werden, die zwischen Strom und Spannung eines trägerfrequent abgestimmten Schwingungskreises auftreten. Das Bild 12.19a zeigt einen so arbeitenden *Phasendiskriminator* (Ratio-Detektor). Stimmt die Momentanfrequenz des frequenzmodulierten Signals mit der Trägerfrequenz f_T, also mit der Eigenfrequenz des LC-Schwingkreises, überein, so sind die durch die induktive Kopplung zwischen Eingangsspule (L_E) und Schwingkreisspule (L) hervorgerufenen, gleich großen Schwingkreisteilspannungen U_{23}, U_{24} um $\pm 90°$ gegen die Eingangsspannung U_{12} phasenverschoben. Wie aus dem Zeigerdiagramm, Bild 12.19b, ersichtlich, haben daher die an den Gleichrichterdioden D_1, D_2

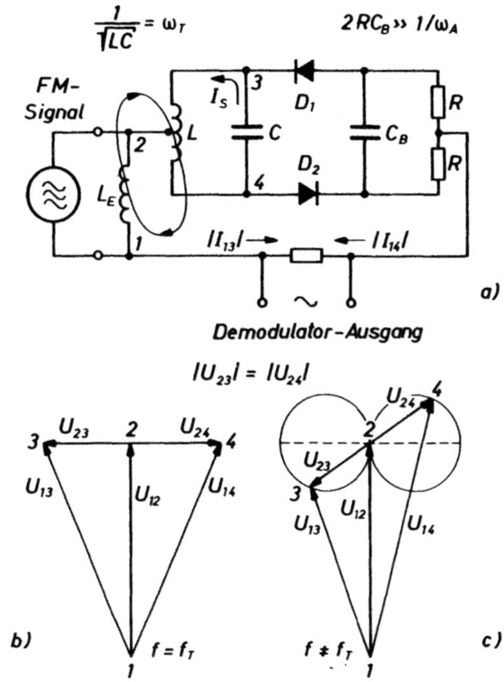

Bild 12.19. Phasendiskriminator (a) zur Demodulation frequenzmodulierter Signale und die seine Wirkungsweise beschreibenden Zeigerdiagramme (b), (c) der zwischen den bezeichneten Punkten in der Schaltung (a) liegenden Spannungen.

liegenden resultierenden Spannungen U_{13} bzw. U_{14} gleichen Betrag. Die entsprechenden „Gleich"-Ströme $|I_{13}|$, $|I_{14}|$ fließen wegen der *gegensinnigen* Polung der Dioden am Demodulatorausgang einander entgegen, so daß hier für $f=f_T$ keine Spannung auftritt.

Weicht die Signalfrequenz f von der Eigenfrequenz f_T des Schwingkreises ab, so sind der Schwingkreisstrom I_S und die aus L_E induktiv in L eingekoppelte Spannung nicht mehr in Phase. Dementsprechend weicht der Phasenwinkel zwischen U_{12} und U_{23} bzw. U_{24}, wie im Zeigerdiagramm Bild 12.19c dargestellt, von $\pm 90°$ ab, und zwar proportional zu $|f-f_T|$, solange $|(f/f_T)-1| \ll 1$ ist. Ebenso unterscheiden sich damit auch die Beträge der an den Dioden liegenden Spannungen U_{13}, U_{14}, so daß am Demodulatorausgang ein von Null verschiedener Gleichstrom $(|I_{14}|-|I_{13}|) \sim (f-f_T)$ auftritt. Ein Oszillogramm der vollständigen an der Schaltung nach Bild 12.19a aufgenommenen Demodulationskennlinie ist im Bild 12.20 wiedergegeben.

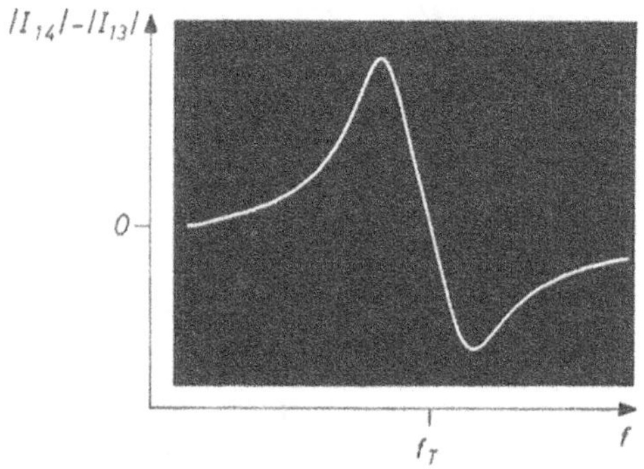

Bild 12.20. Demodulationskennlinie (Ausgangsstrom über Eingangsfrequenz) des Phasendiskriminators nach Bild 12.19 für $f_T = 10\,\text{kHz}$ Trägerfrequenz (Schirmbildaufnahme).

In der Schaltung Bild 12.19a dient der Kondensator mit der gemäß $2RC_B\omega_A \gg 1$ sehr groß gewählten Kapazität C_B zusammen mit den Widerständen R zur Unterdrückung von Amplitudenstörmodulation der Modulationsfrequenz ω_A. Schwankungen der am Kondensator liegenden *Summen*spannung $(|I_{14}|+|I_{13}|)R$ gleicht er durch zusätzliche Stromaufnahme oder -abgabe und damit verbundene Erhöhung bzw. Erniedrigung der Schwingkreisdämpfung aus.

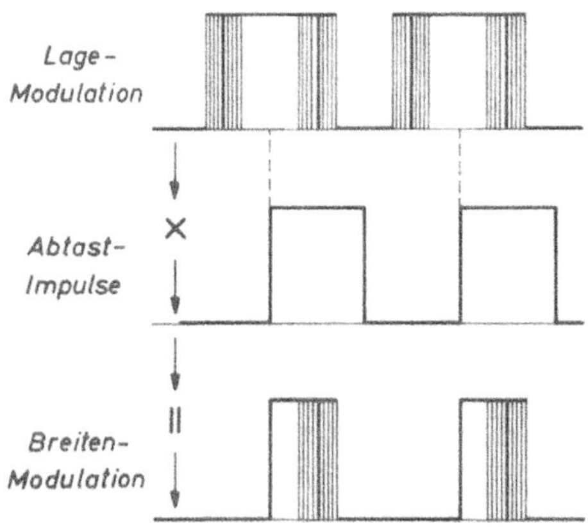

Bild 12.21. Umwandlung einer lagemodulierten in eine breitenmodulierte Impulsfolge.

Eine frequenz- oder phasenmodulierte Schwingung kann nach Bild 12.8 auch durch Zusatz eines trägerfrequenten Signals geeigneter Phase und Amplitude, entsprechend einer Drehung der Trägerphase um 90°, in eine amplitudenmodulierte Schwingung umgewandelt werden. Zur Umwandlung einer *räumlich* phasenmodulierten in eine amplitudenmodulierte Welle nutzt man dieses Verfahren im Phasenkontrast-Mikroskop aus: Ein zu betrachtendes Objekt, das keine Lichtdurchlässigkeitsunterschiede (Kontraste), sondern nur Brechzahlunterschiede aufweist, wird dadurch sichtbar, daß das ungebeugte Licht (nullte Ordnung; „Träger") ein „$\lambda/4$-Blättchen" durchsetzt und dabei die zur Phasen-/Amplitudenmodulationsumwandlung nötige 90°-Phasendrehung gegenüber dem gebeugten Licht (erste und höhere Ordnungen; „Seitenbänder") erfährt.

Die *Demodulation einer* amplituden- oder breitenmodulierten *Impulsfolge* gelingt durch Mittelwertbildung mit Hilfe eines Tiefpasses (Abschnitt 7.3.2.1), dessen Grenzfrequenz oberhalb der höchsten Modulationsfrequenz liegt. Eine lagemodulierte Impulsfolge kann in eine breitenmodulierte Impulsfolge umgewandelt und dann ebenso demoduliert werden. Die Umwandlung ist, wie das Bild 12.21 zeigt, durch Multiplikation mit einer trägerfrequenten, phasenverschobenen, unmodulierten Impulsfolge möglich.

12.3.2. Rauschen

Nach der Übertragung, Verstärkung und Demodulation eines Signals gelingt es grundsätzlich nicht mehr, die Signalinformation völlig rein zurückzugewinnen. Das empfangene Signal enthält außer dem Nutzanteil, der stets so groß wie möglich sein sollte, immer Störanteile verschiedener Frequenzen mit unregelmäßig sich ändernden Amplituden und Phasen, die man als *Rauschen* bezeichnet. Rauschen ist die Folge der Diskontinuität des elektrischen Ladungstransports und der thermischen Bewegung der Ladungsträger (auch gebundener), auf Grund deren jegliche Materie elektromagnetische Energie ausstrahlt. Andererseits wird diese „Rauschstrahlung" von der Materie auch wieder absorbiert. Zwischen Abstrahlung und Absorption herrscht in einem abgeschlossenen, auf der Temperatur T befindlichen System unveränderlichen Energieinhalts Gleichgewicht. Im thermischen Gleichgewicht hat das Rausch-Strahlungsfeld im Frequenzbereich $f \dots f + \Delta f$ die Energiedichte

$$w = \frac{8\pi f^2 \Delta f}{c^3} \cdot \frac{hf}{e^{hf/kT} - 1} \tag{12.9a}$$

$$\approx \frac{8\pi f^2 \Delta f}{c^3} kT \quad \text{für} \quad hf \ll kT, \tag{12.9b}$$

wenn die Abmessungen des Systems groß gegenüber der Wellenlänge $\lambda_0 = c/f$ des betrachteten Strahlungsanteils sind *(Plancksches Gesetz* der *Hohlraumstrahlung).* Diese Energiedichte setzt sich zusammen aus gleichen Beiträgen der bezüglich Frequenz, Ausbreitungs- und Polarisationsrichtung unterscheidbaren

Wellen der maximalen Anzahldichte $8\pi f^2 \Delta f/c^3$. Jede einzelne dieser Wellen transportiert die Leistung

$$P_r \approx \frac{hf\Delta f}{e^{hf/kT}-1} \tag{12.10a}$$

$$\approx kT\Delta f \quad \text{für} \quad hf \ll kT. \tag{12.10b}$$

Z.B. findet man in einem Stück einer gegen λ_0 engen Koaxialleitung, das mit ohmschen Widerständen von der Größe des Leitungswellenwiderstandes ($R=Z$) abgeschlossen ist, lediglich eine hin- und eine rücklaufende „Rausch"-Welle der Leistung $kT\Delta f$, wenn sich die Beobachtung auf das sehr schmale Frequenzintervall $f \ldots f+\Delta f$ beschränkt. Hat die Koaxialleitung keine Verluste, so stammt diese Leistung in jeder der beiden Wellen von der Rauschabstrahlung des Abschlußwiderstandes $R=Z$, die man gemäß Bild 12.22 auch ersatzweise durch eine dem Widerstand innewohnende Rauschspannungsquelle mit der Spannung

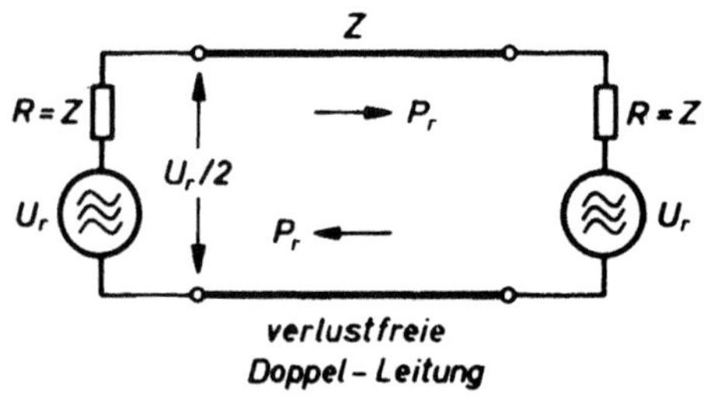

Bild 12.22. Rauschleistungstransport P_r auf einer verlustfreien, an beiden Enden mit ihrem Wellenwiderstand Z abgeschlossenen Doppelleitung. Das Widerstandsrauschen ist durch Ersatzspannungsquellen (U_r) dargestellt.

$$U_r \approx \sqrt{4kTR\Delta f}, \qquad (hf \ll kT) \tag{12.11}$$

beschreiben kann (Nyquist-Formel).

Ersetzt man im vorstehend gewählten Beispiel einen der Abschlußwiderstände des Koaxialleitungsstückes durch eine angepaßte Antenne, und erweitert man die Begrenzung des abgeschlossenen Systems auf einen gegen λ_0 großen, die Antenne umgebenden Raum, so führt die Antenne dem Koaxialleitungsstück ebenso wie der Widerstand $R=Z$ lediglich die Rauschleistung $kT\Delta f$ aus dem Strahlungsfeld der Umgebung zu und umgekehrt. Das folgt zwangsläufig aus der Erhaltung des thermischen Gleichgewichts, die sich mit der über alle Richtungen gemittelten wirksamen Absorptionsfläche $\bar{A}_w$ der Antenne (Abschnitt 10.3) in der Beziehung

$$wc\bar{A}_w = kT\Delta f \tag{12.12}$$

ausdrückt. Berücksichtigt man, daß wirkliche Antennen eine Polarisationsrichtung unterdrücken, so folgt hieraus mit Gl. (12.9b)

$$\bar{A}_w = \frac{\lambda_0^2}{4\pi}, \tag{12.13}$$

was natürlich auch die alle Richtungen umfassende Integration über die Antennen-Richtkeule ergibt.

Hebt man die Abgrenzung des die Antenne umgebenden Raums auf, so daß das beispielsweise betrachtete, aus Antenne und Koaxialleitung bestehende System nicht mehr abgeschlossen ist, dann kann auch Rauschstrahlung von anderen irdischen wie kosmischen Quellen auf die Antenne gelangen. Das von ihnen am Ort der Antenne erzeugte Rauschstrahlungsfeld hat im allgemeinen nicht die thermischem Gleichgewicht zugehörige Beschaffenheit (spektrale Energiedichteverteilung nach Gl. (12.9a) und Isotropie). Mit der von der Antenne aus diesem

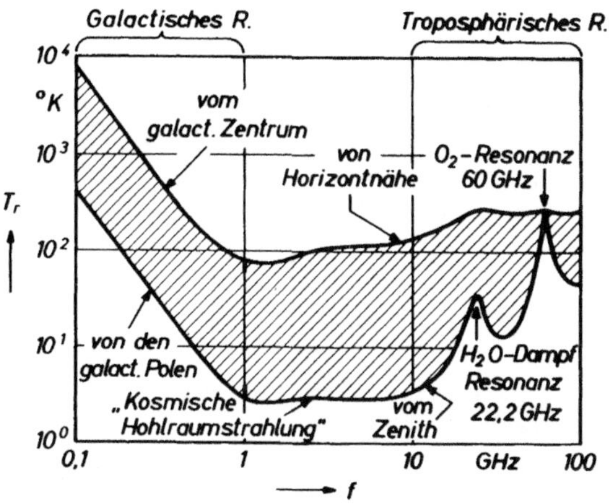

Bild 12.23. Effektive Rauschtemperaturen T_r der Rauschstrahlung, die eine von der Erde abgewandte Richtantenne aus verschiedenen Richtungen aufnimmt, in Abhängigkeit von der Frequenz f.

Strahlungsfeld aufgenommenen Leistung P_r ordnet man ihm durch die Beziehung (12.10b) eine *effektive Rauschtemperatur* T_r zu, die jedoch nicht nur von den effektiven Rauschtemperaturen T_{ri} der einzelnen Rauschquellen, sondern auch von der Form der Antennenrichtcharakteristik abhängt. Zwischen T_r und T_{ri} gilt näherungsweise die Beziehung

$$T_r = \sum_{i=1}^{n} D_i T_{ri}. \tag{12.14}$$

D_i bedeutet das Verhältnis der aus dem Raumwinkel Ω_i zu der insgesamt aus einem isotropen Strahlungsfeld von der Antenne aufgenommenen Leistung, so daß $\sum_{i=1}^{n} D_i = 1$ gilt. Die Ω_i bezeichnen die Raumwinkel, die die n einzelnen

Rauschquellen einnehmen. Die effektiven Rauschtemperaturen der Rauschstrahlung, die eine von der Erde abgewandte Antenne unvermeidlich aufnimmt, gibt das Bild 12.23 in Abhängigkeit von der Frequenz wieder. Die zugrundeliegenden Messungen werden mit Antennen sehr großer Richtschärfe gemacht.

Nachweis von Rauschstrahlung bei 9 GHz

Wir wollen den Unterschied zwischen der von Hauswänden ausgehenden Rauschstrahlung und der „Himmels"-Rauschstrahlung (Bild 12.23) bei der Frequenz 9 GHz feststellen und benutzen dazu die im Bild 12.24 dargestellte Apparatur. Eine Trichterantenne nimmt die Rauschstrahlung auf und gibt sie in einen Hohlleiter weiter, den rotierende Dämpfungsfolien etwa alle 17 ms abwechselnd sperren und öffnen. Das dadurch 100%ig amplitudenmodulierte Antennensignal ge-

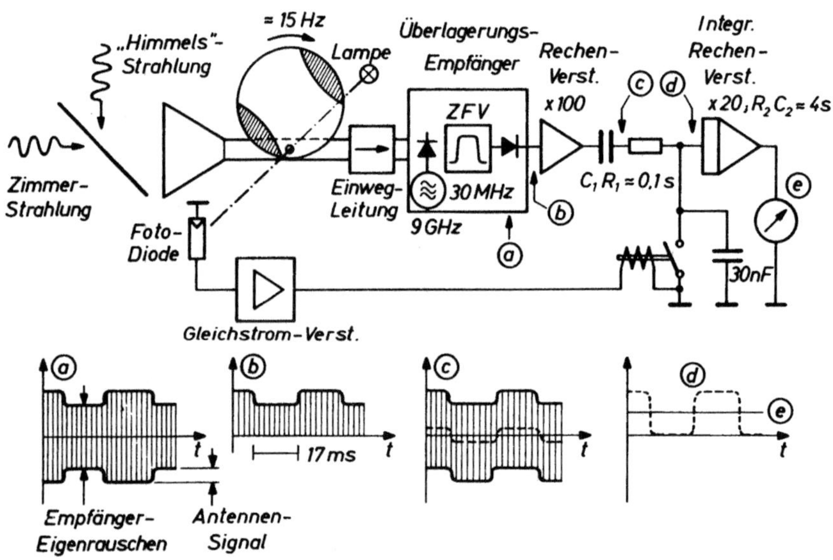

Bild 12.24. Apparatur zum Nachweis von Rauschstrahlung bei 9 GHz.

langt über eine Einwegleitung (Abschnitt 8.4.2) in einen 9-GHz-Überlagerungsempfänger mit $\Delta f_1 = 10$ MHz Bandbreite des 30-MHz-Zwischenfrequenzverstärkers. Das Diagramm (a) im Bild 12.24 zeigt schematisch die Amplitudeneinhüllende des Rauschens am Ausgang des Zwischenfrequenzverstärkers (ZFV). Während der Sperrperioden des Eingangshohlleiters bestimmt allein das Empfängereigenrauschen die Amplitude. Ihm überlagert sich während der Öffnungsperioden das von der Antenne aufgenommene Rauschsignal. Nach Gleichrichtung der Zwischenfrequenzspannung und Bandbreiteneinengung auf $\Delta f_2 = 25$ kHz hat das Rauschsignal die im Diagramm (b), Bild 12.24, dargestellte Form. Zusätzlich zur etwa 10^5fachen Zwischenfrequenzverstärkung bei $\Delta f_1 = 10$ MHz Bandbreite gestattet die anschließende Erniedrigung der Bandbreite auf 25 kHz noch weitere 100fache Verstärkung mit einem Rechenverstärker. Dessen Ausgangsspannung würde einen darauf noch folgenden Verstärker ohne besondere Maßnahmen übersteuern, sich also nicht mehr verstärken lassen. Um den allein interessierenden, sehr kleinen mit der Antenne empfangenen Rauschanteil aus dem Gesamtsignal herausheben zu können, muß möglichst viel vom überwiegenden Empfängereigenrauschanteil abgetrennt werden. Zu diesem Zweck beseitigt der Kondensator C_1 den Gleichspannungsanteil des verstärkten Signals (b), so daß sich die Signalform (c), Bild 12.24, ergibt (man beachte die gestrichelt gezeichnete schwankende Mittellinie). Während der Sperrperioden des Eingangshohlleiters schließt ein Schalter die Stelle (d) des Signalweges kurz. Der Schalter wird über einen Gleichstromverstärker von einer Photodiode gesteuert, auf die ein den Eingangshohlleiter quer durchsetzendes Lichtbündel trifft, das ebenso wie das Antennensignal von der rotierenden Dämpfungsscheibe periodisch unterbrochen wird. Aus der so erfolgten „phasenempfindlichen Gleichrichtung" des Signals (c) geht die Signalform (d), Bild 12.24 (gestrichelt), hervor, nachdem der rauschfrequente Wechselanteil mittels des 30-nF-Kondensators herausgesiebt worden ist. Ein über 4 s integrierender Rechenverstärker überführt das Signal (d) in das von einem Meßinstrument angezeigte Signal (e), das der mit der Antenne empfangenen Rauschstrahlung proportional ist.

Schirmen wir die Trichterantenne mit einer ebenen Metallplatte von der Strahlung der Zimmerwände ab und lenken mit diesem Reflektor die durch ein Zimmerfenster eintretende „Himmelsstrahlung" auf den Trichter, so beobachten wir eine deutliche Abnahme der Rauschanzeige. Diese Abnahme erklärt sich daraus, daß dem dann zwischen Zenith und Horizont empfangenen Rauschstrahlungsfeld gemäß Bild 12.23 Rauschtemperaturen $3\,°\mathrm{K} < T_r < 150\,°\mathrm{K}$ zukommen im Vergleich zu ungefähr 290 °K der Zimmerwände. Halten wir eine Hand oder eine Glühlampe vor die Trichterantenne, so nimmt die Rauschanzeige zu.

Eine besonders starke Zunahme der Ausgangsanzeige finden wir für die Strahlung einer Gasentladungslampe. Ihre Rauschstrahlung können wir auch allein mit dem Überlagerungsempfänger (Eigenrauschtemperatur 4100 °K (Abschnitt 11.2.5)) ohne die zusätzlichen Rechenverstärker und ohne die phasenempfindliche Gleichrichtung gut nachweisen. Gasentladungslampen mit elektronenbedingten Rauschtemperaturen zwischen 10000 °K und 32000 °K im GHz-Frequenzbereich benutzt man deswegen als Vergleichsrauschquellen bei Rauschleistungsmessungen.

Literatur zur Vertiefung der Grundlagen und zum weiterführenden Studium

R. P. Feynman, R. B. Leighton, M. Sands, The Feynman Lectures on Physics, Vol. 2: Electromagnetism and Matter, Addison-Wesley, Reading, Mass., 1966.

L. Brillouin, Wave Propagation and Group Velocity, Academic Press, New York, 1960.

W. Franz, Theorie der Beugung elektromagnetischer Wellen, Springer, Berlin, 1957.

R. E. Collin, Field Theory of Guided Waves, McGraw-Hill, New York, 1960.

H. M. Barlow, J. Brown, Radio Surface Waves, Clarendon Press, Oxford, 1962.

R. Feldtkeller, Vierpoltheorie, Hirzel, Stuttgart, 1962.

B. Lax, K. J. Button, Microwave Ferrites and Ferrimagnetics, McGraw-Hill, New York, 1962.

J. D. Kraus, Antennas, McGraw-Hill, New York, 1950.

C. H. Walter, Travelling Wave Antennas, McGraw-Hill, New York, 1965.

K. Fränz, H. Lassen, Antennen und Ausbreitung, Springer, Berlin, 1956.

M. Chodorow, C. Susskind, Fundamentals of Microwave Electronics, McGraw-Hill, New York, 1964.

S. Wang, Solid-State Electronics, McGraw-Hill, New York, 1966.

A. E. Siegmann, Microwave Solid-State Masers, McGraw-Hill, New York, 1964.

H. S. Black, Modulation Theory, D. van Nostrand, New York, 1953.

H. Meinke, F. W. Gundlach, Taschenbuch der Hochfrequenztechnik, Springer, Berlin, 1968.

A. F. Harvey, Microwave Engineering, Academic Press, London, 1963.

Sachwortverzeichnis

GPSR Compliance

The European Union's (EU) General Product Safety Regulation (GPSR) is a set of rules that requires consumer products to be safe and our obligations to ensure this.

If you have any concerns about our products, you can contact us on ProductSafety@springernature.com

In case Publisher is established outside the EU, the EU authorized representative is:

Springer Nature Customer Service Center GmbH
Europaplatz 3
69115 Heidelberg, Germany

Batch number: 08566355

Printed by Printforce, the Netherlands